W. Greiner · L. Neise · H. Stöcker

THERMODYNAMIQUE
ET MÉCANIQUE STATISTIQUE

D1500922

Springer

Berlin
Heidelberg
New York
Barcelone
Hong Kong
Londres
Milan
Paris
Singapour
Tokyo

Walter Greiner · Ludwig Neise · Horst Stöcker

THERMODYNAMIQUE ET MÉCANIQUE STATISTIQUE

Traduit et adapté par Hans Aksas

Avant-propos de Hubert Curien
Professeur honoraire à l'Université de Paris VI
Membre de l'Académie des Sciences

Avec 185 figures
et 94 exemples et exercices

Springer

Professeur Dr. Walter Greiner
Professeur Ludwig Neise
Professeur Horst Stöcker

Institut für Theoretische Physik der
Johann Wolfgang Goethe-Universität Frankfurt
Postfach 11 19 32
D-60054 Frankfurt am Main
Allemagne

Addresse de visite :

Robert-Mayer-Strasse 8–10
D-60325 Frankfurt am Main
Allemagne

Mél : greiner@th.physik.uni-frankfurt.de
neise@th.physik.uni-frankfurt.de
stoecker@th.physik.uni-frankfurt.de

Titre de l'édition originale allemande : *Thermodynamik und Statistische Mechanik*,
© Verlag Harri Deutsch, Thun 1987

Traduit à partir de l'édition anglaise : *Thermodynamics and Statistical Mechanics*,
© Springer-Verlag New York, Inc., 1995

Traducteur:

Professeur Hans Aksas

Faculté des Sciences et Techniques
Université Aix-Marseille III
6 avenue du Pigonnet
F-13090 Aix en Provence
France

Die Deutsche Bibliothek – CIP-Einheitsaufnahme
Greiner, Walter : Thermodynamique et mécanique statistique / Walter Greiner ; Ludwig Neise ;
Horst Stöcker. Trad. de l'anglais par H. Aksas. –
Berlin ; Heidelberg ; New York ; Barcelone ; Hong Kong ; Londres ; Milan ; Paris ; Singapour ;
Tokyo : Springer, 1999
ISBN 3-540-66166-2

ISBN 3-540-66166-2 Springer-Verlag Berlin Heidelberg New York

Traitement de texte/conversion des données : LE-TEX, Leipzig
Réalisation de la couverture : Design Concept, Emil Smejkal, Heidelberg
SPIN 10549690   56/3144/tr - 5 4 3 2 1 0 - Imprimé sur papier non-acide

Avant-propos

Après l'édition originale en allemand, puis la traduction en anglais, voici la version française du «Greiner». Depuis dix ans, cette monumentale collection de traités de physique constitue une référence pour les étudiants.

Le succès de ces ouvrages repose sur de solides qualités. D'abord, ils nous offrent une présentation cohérente et homogène de toute la physique moderne. Quel que soit le domaine, de la physique de l'atome, du noyau et des particules à l'électrodynamique et à la thermodynamique, on trouve le même style de présentation, les mêmes notations, la même démarche qui va, chaque fois que cela est possible, du concret vers l'abstrait. Le plaisir est réel de se pénétrer de l'unité de la physique, de l'unité de la science. Plaisir d'autant plus grand que le lecteur a le sentiment de le partager avec les auteurs, dont la rigueur n'émousse pas l'enthousiasme.

C'est une physique vivante, une physique vécue qui vous est présentée. Les exposés de base sont abondamment accompagnés d'exercices et d'exemples. Des notes biographiques apportent une touche d'humanisme à la fin de chaque chapitre. Les développements mathématiques sont, bien sûr, abondants, mais assez explicites pour ne pas dérouter les étudiants qui, par formation ou prédilection sont plus portés vers l'observation que vers le calcul. Les auteurs gardent une constante préoccupation : la physique est une science de la nature, il faut la traiter comme telle, avec l'aide indispensable des mathématiques, bien entendu!

Le mode de présentation est d'autant plus plaisant que, derrière l'écrit, on sent le cours oral : ces «leçons» de physique on été exposées devant des étudiants. Il n'est pas de test plus utile pour un cours que la confrontation directe avec les usagers : les étudiants sont les meilleurs juges pour les professeurs. Leurs verdicts poussent à la modestie mais aiguillonnent aussi le souci de la rigueur et d'un enthousiasme communicatif. Car il s'agit bien de communiquer, d'établir un dialogue avec l'auditeur, puis le lecteur, de partager la connaissance scientifique, qui est le joyau de la culture des temps modernes.

La physique quantique pose les problèmes essentiels de la compréhension de l'univers, à toute échelle dans le temps et dans l'espace. Les auteurs n'ont pas cherché à traiter tous les problèmes philosophiques qui apparaissent dans l'approfondissement des phénomènes naturels, mais ils n'en masquent aucun et ils les posent avec clarté. Ils donnent au lecteur l'occasion d'y réfléchir, et les moyens d'aller plus loin si l'envie leur en vient.

En un temps où l'on s'interroge sur les domaines de recherche prioritaires pour l'avenir de l'humanité, la biologie vient souvent au premier rang pour beaucoup de bonnes raisons. Mais comment imaginer que l'on puisse progresser dans la connaissance du monde vivant sans avancer d'un même pas dans la connaissance de la matière? Les savoirs sont strictement solidaires. La recherche prioritaire est, en fait, celle qui s'attaque aux problèmes qui exigent la plus forte dose d'imagination.

C'est bien dans cet esprit que les auteurs de ce traité s'adressent à leurs lecteurs. Ils les guident d'une main sûre le long du chemin de la physique. En leur servant un banquet de connaissances agréablement présentées, ils les mettent en appétit pour trouver plaisir dans l'application, et aussi peut-être dans la découverte.

Hubert Curien
Professeur honoraire à l'Université de Paris VI
Membre de l'Académie des Sciences

Préface à l'édition anglaise

Plus d'une génération d'étudiants germanophones à travers le monde ont abordé la physique théorique moderne – la plus fondamentale de toutes les sciences, avec les mathématiques – et apprécié sa beauté et sa puissance en s'aidant des livres de cours de Walter Greiner.

L'idée de développer une présentation complète d'un champ entier de la science, dans une série de manuels étroitement liés entre eux, n'est pas nouvelle. Beaucoup de physiciens plus âgés se souviennent du plaisir réel de l'aventure et de la découverte en progressant dans les ouvrages classiques de Sommerfeld, Planck et Landau et Lifshitz. Du point de vue des étudiants, il y a des avantages évidents à apprendre en utilisant des notations homogènes, une suite logique des sujets et une cohérence dans la présentation. De surcroît, la couverture complète d'une science procure à l'auteur l'occasion unique de communiquer son enthousiasme personnel et l'amour pour son sujet.

Le présent ensemble de cinq ouvrages, *Physique Théorique*, est en fait seulement une partie de la série complète de manuels, développés par Walter Greiner et ses étudiants, qui présente la Théorie Quantique. Depuis longtemps j'ai vivement encouragé Walter Greiner à rendre disponibles à une audience anglophone les volumes restants sur la mécanique classique et la dynamique, l'électromagnétisme, la physique nucléaire et la physique des particules et les thèmes spéciaux ; et nous pouvons espérer que ces volumes, couvrant toute la physique théorique, seront disponibles dans un futur proche.

Ce qui, pour l'étudiant, de même que pour l'enseignant, confère une valeur particulière aux livres de Greiner, c'est qu'ils sont complets. Greiner évite le trop courant «il s'ensuit que … » qui dissimule souvent plusieurs pages de manipulations mathématiques et confond l'étudiant. Il n'hésite pas à inclure des données expérimentales pour illuminer ou illustrer un point théorique et celles-ci, comme le contenu théorique, ont été soigneusement actualisées par de fréquentes révisions et développements des notes de cours qui servent de base à ces ouvrages.

De plus, Greiner augmente la valeur de sa présentation en incluant environ une centaine d'exemples entièrement traités dans chaque tome. Rien n'est plus important pour l'étudiant que de voir, en détail, comment les concepts théoriques et les outils étudiés sont appliqués à des problèmes réels préoccupant un physicien. Enfin, Greiner ajoute de brèves notes biographiques à chacun de ses chapitres, relatives aux personnes responsables du développement des idées théoriques et/ou des résultats expérimentaux présentés. Ce fut Auguste Comte

(1798–1857) qui, dans son *Cours de Philosophie Positive* écrivit : «pour comprendre une science il est nécessaire de connaître son histoire». Ceci est trop souvent oublié dans l'enseignement moderne de la physique et les ponts que Greiner établit vers les pionniers de notre science, sur les travaux desquels nous construisons, sont les bienvenus.

Les cours de Greiner, qui sont à la base de ces ouvrages, sont internationalement reconnus pour leur clarté et les efforts visant à présenter la physique comme un ensemble complet ; son enthousiasme pour son domaine est contagieux et transparaît presque à chaque page.

Ces tomes constituent seulement une partie d'un travail unique et herculéen accompli pour rendre toute la physique accessible aux étudiants intéressés. De plus, ils sont d'une valeur énorme pour le physicien de profession et pour tous ceux qui étudient des phénomènes quantiques. À plusieurs reprises, le lecteur constatera qu'après avoir plongé dans un tome particulier pour revoir un sujet donné, il finira par feuilleter le livre, pris par de nouveaux aperçus et développements souvent fascinants qui ne lui étaient pas familiers auparavant.

Pour avoir utilisé plusieurs des volumes de Greiner dans leur version originale allemande pour mes cours ou mes travaux de recherche à Yale, je me réjouis de cette nouvelle version révisée dans sa traduction anglaise et la recommande avec enthousiasme à tout un chacun à la recherche d'une vision cohérente de la Physique.

Université de Yale   *D.A. Bromley*
New Haven, CT, USA   Henry Ford II Professor of Physics
1989

Préface

Thermodynamique et mécanique statistique présente les cours qui forment une partie de l'enseignement de physique théorique à l'université Johann Wolfgang Goethe de Francfort sur le Main. Ces cours sont destinés à des étudiants de physique se trouvant dans leur cinquième ou sixième semestre et sont précédés de Mécanique théorique I (premier semestre), Mécanique Théorique II (second semestre), électromagnétisme classique (troisième semestre), mécanique quantique I (quatrième semestre), et mécanique quantique II – Symétries et mécanique quantique relativiste (cinquième semestre). Les enseignements après la licence, qui commencent avec mécanique quantique II et thermodynamique et statistiques, se poursuivent avec électrodynamique quantique, théorie des jauges et interactions faibles, chromodynamique quantique, et d'autres cours plus spécialisés en physique nucléaire et physique du solide, cosmologie, etc.

Comme dans tous les autres domaines cités, nous présenterons la thermodynamique et la statistique suivant une méthode inductive qui se rapproche le plus de la méthode du chercheur en physique. On développera le cadre de la théorie en partant de quelques observations expérimentales capitales et on étudiera des phénomènes nouveaux après avoir obtenu les équations de base.

La première partie du livre couvre l'ensemble de la thermodynamique de base avec son large domaine d'applications en physique, en chimie et en sciences de l'ingénieur. Pour guider le lecteur à travers ce domaine on introduit un grand nombre d'exemples et d'applications, en fournissant des descriptions détaillées des outils mathématiques nécessaires. On attache une importance considérable à la compréhension microscopique et à l'interprétation des processus macroscopiques. L'interprétation statistique de la température et de l'entropie (celle-ci est discutée en détail, en particulier dans la deuxième partie du livre), les machines thermiques, les transitions de phase et les réactions chimiques font partie des sujets traités dans la première partie.

La seconde partie traite des mécaniques statistiques. Nous introduirons les ensembles microcanonique, canonique et grand-canonique et fournirons des démonstrations des applications variées qui en découlent (gaz parfaits et gaz réels, fluctuations, paramagnétisme et transitions de phase).

La troisième partie traite des statistiques quantiques. En commençant par les gaz parfaits quantiques, nous étudierons les gaz de Fermi et de Bose en montrant leurs multiples applications qui vont de la physique du solide à l'astrophysique (étoiles à neutrons et naines blanches), ainsi qu'à la physique nucléaire (noyaux, matière hadronique et la transition de phase possible vers un plasma quark-gluon).

La dernière partie du livre offre une vue d'ensemble des gaz réels et des transitions de phase. Le développement en agrégats de Mayer ainsi que les modèles d'Ising et de Heisenberg servent de base à une introduction à ce domaine plein de défis et nouveau de la recherche scientifique.

Ces cours en sont maintenant à leur troisième édition en langue allemande. Au cours des années de nombreux étudiants et collaborateurs ont apporté leur aide à la réalisation d'exercices et d'exemples d'applications.

Pour cette première édition en anglais nous nous sommes réjouis de l'apport enthousiaste de Steffen A. Bass, Adrian Dumitri, Dirk Rischke (maintenant à l'université de Columbia) et de Thomas Schoenfeld. Mademoiselle Astrid Steidl a réalisé les figures et les illustrations. Nous les remercions tous sincèrement. Nous sommes également reconnaissant au Professeur Jess Madsen de l'université d'Aarhus au Danemark et au Professeur Laszlo Csernai de l'université de Bergen en Norvège pour leurs remarques appréciables au sujet du texte et des illustrations. Nous remercions particulièrement le Professeur Martin Gelfand de l'université d'état du Colorado à Fort Collins et son équipe d'étudiants qui ont détectés de nombreuses erreurs typographiques et qui nous ont mis en garde sur plusieurs problèmes physiques.

Nous remercions enfin Springer-Verlag New York, en particulier le Docteur Hans-Ulrich Daniel et le Docteur Thomas von Foerster pour leur encouragement et leur patience, ainsi que Ms. Margaret Marynowski, pour son expertise en éditant la version anglaise.

Francfort sur le Main   *Walter Greiner*
1995   *Ludwig Neise*
                                                        Horst Stöcker

Table des matières

II   Mécanique statistique

III Statistique quantique

IV Gaz réels et transitions de phase

Table des exemples et des exercices

I Thermodyamique

1. Grandeurs d'état et équilibre

1.1 Introduction

La description théorique des systèmes comportant un très grand nombre de particules constitue le centre d'intérêt de ce volume de la série des leçons en *physique théorique*. Ces systèmes à très grand nombre de particules se rencontrent partout dans la nature : que ce soient les atomes et molécules dans les gaz, fluides, solides ou plasmas (qui nous sont pour la plupart familiers dans notre expérience quotidienne) ou que ce soient les gaz quantiques d'électrons dans les semi-conducteurs ou les métaux.

Dans les étoiles consumées (naines blanches) on trouve les gaz d'électrons et la matière nucléaire (au centre des étoiles à neutrons et des explosions de supernova), qui est constituée d'un grand nombre de neutrons et de protons. Notre univers fut créé au cours du «big bang» à partir d'un système à grand nombre de particules comprenant des leptons, des quarks et des gluons.

Par la suite nous verrons que tous ces systèmes complètement différents obéissent à des lois physiques communes très générales. Nous étudierons plus particulièrement les propriétés de ces systèmes à grand nombre de particules à l'équilibre thermodynamique. Nous accorderons une attention toute particulière au point de vue microscopique en thermodynamique statistique. La thermodynamique macroscopique classique ne sera néanmoins pas négligée car elle est d'une grande importance : les concepts de la thermodynamique sont très généraux et dans une grande mesure indépendants de modèles physiques particuliers, si bien qu'ils s'appliquent à de nombreux domaines de la physique et des sciences techniques.

Le but de la thermodynamique est de définir des quantités physiques appropriées (les *grandeurs d'état*), qui caractérisent les propriétés macroscopiques de la matière, que l'on nomme *état macroscopique*, de manière aussi claire que possible, et de relier ces grandeurs par des équations dont la validité est universelle (les *équations d'état* et les *principes de la thermodynamique*). Partant de notre expérience de tous les jours nous formulons tout d'abord un ensemble de relations dont la validité est générale et indépendante de tout système physique particulier envisagé. Ces relations vont constituer les lois axiomatiques de la thermodynamique. Il nous faut donc pour commencer définir certaines grandeurs d'état afin de formuler et de fonder les principes de la thermodynamique, c'est-à-dire, le premier (énergie interne) et le second (entropie) principe.

Ces principes sont toutefois complétés par un grand nombre de relations empiriques entre les grandeurs d'état (les équations d'état) qui ne seront valables que pour des systèmes physiques particuliers. Il suffit alors de définir un nombre limité de variables, que l'on nomme *variables* d'état, de sorte que toutes les autres variables aient des valeurs définies de manière unique. La thermodynamique ne peut et ne veut expliquer pourquoi une certaine fonction d'état décrit un système. Elle se restreint à décrire des relations entre grandeurs d'état lorsqu'une certaine équation d'état est donnée. Il est déjà très important de savoir qu'il existe une équation d'état (même si on ne peut pas la donner sous forme explicite), afin d'expliquer certaines relations générales.

Cependant, la généralité de la thermodynamique, qui est due au fait qu'elle se base sur un nombre limité de principes empiriques comporte simultanément une limitation très sérieuse. Les grandeurs d'état sont définies de manière phénoménologique à partir d'une procédure de mesure. La thermodynamique ne peut faire aucune prédiction sur les causes et les interprétations au niveau microscopique, qui pour la plupart dépendent d'un modèle physique. En particulier, l'interprétation très instructive du concept central de la chaleur au moyen du mouvement thermique aléatoire des particules ne fait pas l'objet de la thermodynamique. Néanmoins, nous ne comprendrons à plusieurs occasions certains concepts qu'en faisant par avance appel à des interprétations microscopiques. Comme déjà indiqué auparavant nous nous intéressons à des états d'équilibre. Il nous faut donc définir précisément ce concept fondamental et le distinguer des états stationnaires et hors d'équilibre. En raison de cette restriction la thermodynamique d'équilibre n'est pas en mesure de décrire l'évolution temporelle des processus. Il est cependant possible, par une simple comparaison des états d'équilibre, de savoir si un processus peut se produire ou non. Pour cela on se sert fréquemment de changements d'état infinitésimaux. En général, en thermodynamique on a affaire à des fonctions de plusieurs variables, nous devrons donc fréquemment manipuler des différentielles et des intégrales curvilignes. Nous ne nous préoccuperons pas trop de la rigueur mathématique, mais nous chercherons plutôt à entrevoir les fondements physiques des phénomènes. De nombreux étudiants considèrent la thermodynamique comme très abstraite et «aride». Nous avons donc ajouté, comme dans les autres volumes de la série, de nombreux exemples et problèmes d'illustration, qui permettent d'éclairer les notions générales en thermodynamique.

1.2 Systèmes, phases et grandeurs d'état

Le concept de système thermodynamique nécessite plus de précision. On le définira comme étant une quantité arbitraire de matière, dont les propriétés peuvent être décrites de façon unique et complète par la donnée de certaines paramètres macroscopiques. Cette matière sera séparée par des parois physiques de son milieu extérieur. Si l'on impose des contraintes supplémentaires à ces parois (récipient), on distingue :

(a) *Les systèmes isolés.* Ceux-ci n'interagissent en aucune manière avec le milieu extérieur. Le récipient doit être imperméable aux échanges d'énergies de toutes formes ou de matière. En particulier, l'énergie totale E (mécanique, électrique, etc.) d'un tel système se conserve et peut donc servir à caractériser l'état macroscopique, il en est de même du nombre de particules N et du volume V.

(b) *Les systèmes fermés.* Ceux-ci peuvent seulement échanger de l'énergie, mais pas de la matière, avec le milieu extérieur. L'énergie n'est donc plus une grandeur qui se conserve. Bien plus, l'énergie que possède le système fluctue en raison des échanges d'énergie avec le milieu extérieur. Cependant, si un système fermé est en équilibre avec le milieu extérieur, l'énergie va prendre une valeur moyenne reliée à la température du système ou du milieu extérieur. En plus de N et de V, on pourra se servir de la température pour caractériser l'état macroscopique.

(c) *Systèmes ouverts.* Ces systèmes peuvent échanger de l'énergie et de la matière avec le milieu extérieur. Donc ni l'énergie, ni le nombre de particules ne sont des grandeurs qui se conservent. Si le système ouvert est en équilibre avec le milieu extérieur, l'énergie et le nombre de particules prendront des valeurs moyennes reliées à la température et au potentiel chimique (qui sera défini dans les paragraphes suivants). L'état macroscopique peut être caractérisé par la température et le potentiel chimique.

Il est évident qu'au moins le système isolé représente un cas idéal, puisqu'en réalité on ne peut entièrement empêcher les échanges d'énergie avec le milieu extérieur. Cependant, en utilisant des récipients bien isolés (vases - Dewar), on peut réaliser approximativement des systèmes isolés.

Si les propriétés d'un système sont les mêmes en tout point de celui-ci, on dira que le système est *homogène*. Cependant, si les propriétés varient de façon discontinue en certaines frontières, le système sera *hétérogène*. Les parties homogènes d'un système hétérogène s'appellent des *phases* et les surfaces de séparation les interfaces. Un exemple typique d'un tel système est un récipient fermé contenant de l'eau, de la vapeur d'eau et de l'air. Dans ce cas l'interface est la surface de l'eau. On parle alors d'une phase gazeuse (vapeur d'eau et air) et d'une phase liquide (eau). Dans certains cas les propriétés macroscopiques d'un système dépendent de la taille (et de la forme) des interfaces. Dans notre exemple, les propriétés macroscopiques seront différentes si l'eau occupe le fond du récipient ou si elle est distribuée sous forme de fines gouttelettes (brouillard).

Les paramètres macroscopiques qui décrivent l'état d'un système sont appelés grandeurs d'état. À coté de grandeurs telles que l'énergie E, le volume V, le nombre de particules N, l'entropie S, la température T, la pression p et le potentiel chimique μ, on trouve également des grandeurs telles que la charge, le moment dipolaire, l'indice de réfraction, la viscosité, la composition chimique et la dimension des interfaces. D'un autre coté, des grandeurs microscopiques, par exemple, les coordonnées ou impulsions généralisés des particules constitutives, n'entrent pas dans le cadre de la définition des grandeurs d'état. Nous verrons plus tard (voir règle des phases de Gibbs) que le nombre de grandeurs d'état nécessaire pour déterminer de façon unique un état thermodynamique est relié étroitement au nombre de phases du système. Il suffit de choisir un nombre limité de grandeurs d'état (variables d'état), de telle sorte que toutes les autres grandeurs d'état prennent des valeurs qui dépendent des variables d'état. Les équations qui relient ainsi les grandeurs d'état sont appelées équations d'état. Les équations d'état d'un système doivent être déterminées de manière empirique. Pour cela on se sert fréquemment de polynômes des variables d'état, dont les coefficients sont déterminés de façon expérimentale. Il est très important de comprendre que dans la plupart des cas ces équations d'état empiriques ne sont en accord raisonnable avec les expériences que pour un domaine très limité des valeurs des variables d'état. Rappelons à ce propos le concept du gaz parfait, qui sert souvent de modèle pour le gaz réel, mais qui ne permet des prédictions correctes que dans la limite d'une densité très faible.

En général on distingue deux classes de grandeurs d'état :

(a) *Les grandeurs d'état extensives (additives).* Ces grandeurs sont proportionnelles à la quantité de matière présente dans la système, par exemple, au nombre de particules ou à la masse. Des exemples caractéristiques de propriétés extensives sont le volume et l'énergie. En particulier, une grandeur d'état extensive d'un système hétérogène s'obtient par l'addition des propriétés extensives correspondantes des phases individuelles. Ainsi, le volume d'un récipient contenant de l'eau, de la vapeur d'eau et de l'air est la somme des volumes des phases liquide et gazeuse. La grandeur d'état extensive la plus caractéristique en thermodynamique (et pour la mécanique statistique) est l'entropie, celle-ci est étroitement reliée à la probabilité d'un état microscopique.

(b) *Les grandeurs d'état intensives.* Ces grandeurs sont indépendantes de la quantité de matière et ne sont pas additives pour les phases individuelles d'un système. Elles peuvent avoir des valeurs différentes dans les différentes phases, mais ce n'est pas nécessairement le cas. L'indice de réfraction, la densité, la pression, la température, etc. en sont des exemples. Typiquement les grandeurs d'état intensives peuvent être définies localement ; c'est-à-dire, elles peuvent varier spatialement. Considérons à titre d'exemple la masse volumique de l'atmosphère, celle-ci a sa valeur la plus élevée à la surface de la terre et décroît de façon continue avec l'altitude, ou la pression de l'eau dans les océans qui augmente avec la profondeur.

Pour le moment, nous nous limiterons cependant à des propriétés intensives constantes spatialement. La détermination de la dépendance spatiale des variables intensives nécessite des équations supplémentaires (par exemple, de l'hydrodynamique), ou il faut utiliser d'autres équations d'état (sans compréhension exacte de leur établissement). On passe fréquemment de variables d'état extensives à des variables d'état intensives qui décrivent pour l'essentiel des propriétés physiques très semblables. Par exemple, l'énergie, le volume et le nombre de particules sont des grandeurs extensives, alors que l'énergie par unité de volume (densité d'énergie) ou l'énergie par particule, ainsi que le volume par particule sont des grandeurs d'état intensives. Les variables extensives changent en proportion avec la taille du système (si les variables intensives ne changent pas et en négligeant les phénomènes de surface), mais cela ne donne aucun éclairage nouveau sur les propriétés thermique du système.

1.3 Equilibre et température – principe 0 de la thermodynamique

La température est une grandeur d'état inconnue en mécanique et en électro-magnétisme. Elle a été spécialement introduite en thermodynamique, et sa définition est étroitement reliée au concept d'équilibre (thermique). *L'égalité des températures* de deux corps est la condition de l'équilibre thermique entre ces corps. *Les grandeurs d'état thermodynamiques ne sont définies (et mesurables) qu'à l'équilibre.*

On définit ici *l'état d'équilibre* comme l'état macroscopique d'un système isolé qui est automatiquement atteint après un temps suffisamment long, de telle sorte que les grandeurs d'état macroscopiques ne varient plus en fonction du temps. Il faut cependant manipuler avec précaution la notion d'état d'équilibre pour un tel système. Par exemeple il n'est pas évident de savoir si notre univers tend vers un tel état d'équilibre. Nous nous limiterons donc aux situations pour lesquelles l'existence d'un état d'équilibre est évidente. Il est souvent raisonnable de parler d'équilibre thermodynamique même si les grandeurs d'état varient encore très lentement. Ainsi le soleil n'est évidemment pas en état d'équilibre (il perd sans cesse de l'énergie par rayonnement), néanmoins l'utilisation de grandeurs d'état thermodynamiques se justifie dans ce cas par la très grande lenteur des changements. Supposons que l'on mette en contact thermique (pas d'échange de matière) deux systèmes partiels initialement à l'équilibre, dans un système isolé ; alors, en général on observe dans la plupart des cas différents processus qui sont reliés à des variations des grandeurs d'état, jusqu'à ce que au bout d'un temps suffisamment long un nouvel état d'équilibre soit atteint. Cet état s'appelle l'équilibre thermique. Comme le montre l'expérience, tous les systèmes en équilibre thermique avec un système donné sont également en équilibre thermique entre eux. Comme ce fait empirique, que nous utiliserons pour fonder notre définition de la température, est très important, nous le désignerons sous le nom de principe zéro de la thermodynamique.

Par conséquent, les systèmes qui sont en équilibre thermique les uns avec les autres ont une grandeur intensive en commun, que l'on nomme la *température*. Des systèmes qui ne sont pas en équilibre thermique possèdent donc des températures différentes. La thermodynamique ne nous dit cependant rien sur le temps nécessaire pour atteindre l'équilibre. Nous pouvons à présent définir précisément la température en indiquant comment la mesurer et avec quelles unités. La mesure se fait de la manière suivante : un système dont l'état d'équilibre thermique est relié de façon univoque à une grandeur d'état simple à observer (par exemple, un thermomètre), est mis en contact thermique avec un système dont il faut mesurer la température. La grandeur d'état à mesurer peut être, par exemple, le volume d'un liquide (thermomètre à liquide) ou d'un gaz (thermomètre à gaz), mais la résistance de certains conducteurs convient également (thermomètre à résistance).

Mentionnons en ce point que le concept de température s'étend aussi à des systèmes qui ne sont pas en équilibre thermique dans leur ensemble. Cela reste vrai tant que l'on peut diviser le système total en systèmes partiels, auxquels on peut assigner des températures locales (dépendant de la position). Dans ce cas le système ne se trouve pas en équilibre global, mais simplement en équilibre thermique local. On rencontre, par exemple, de tels systèmes dans les collisions entre ions lourds ou dans les étoiles, où des zones différentes peuvent avoir des températures variées.

De plus, il n'est pas nécessaire de mettre l'appareil de mesure (thermomètre) en contact direct avec le système (en équilibre thermique). Par exemple, la température de surface du soleil ou celle de la flamme d'un brûleur peuvent être déterminées en mesurant le spectre du rayonnement électromagnétique émis. L'hypothèse que l'on fait est que l'équilibre thermique local n'est pas notablement perturbé par les processus en cours (rayonnement). Nous reviendrons sur cette question lorsque nous étudierons plus largement l'équilibre global et local.

Comme nous le voyons, la mesure de la température est reliée à une équation d'état, c'est-à-dire, la relation entre la grandeur d'état observée (volume, résistance) et la température. Il nous faut donc choisir un système standard au moyen duquel on pourra fixer une échelle générale des températures. On exploite ici le fait que beaucoup de gaz dilués se comportent de façon semblable. Le volume d'une certaine quantité définie d'un tel gaz (à une certaine pression non nulle) pourra servir de mesure de la température, et nous pourrons calibrer d'autres thermomètres da manière concordante. Nous définissons la température thermodynamique T à l'aide du volume d'un tel gaz dilué comme étant

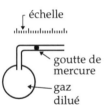

Fig. 1.1. Thermomètre à gaz

$$T = T_0 \frac{V}{V_0} \tag{1.1}$$

à pression constante et à nombre de particules constant (voir figure 1.1).

En définissant une température particulière T_0 pour un volume standard V_0 (par exemple à la pression d'une atmosphère) on pourra définir une échelle des températures. Actuellement on se sert du point de fusion de la glace tel que $T = 273,15$ K, où l'unité a été appelée en l'honneur de Lord Kelvin, qui apporta des contributions importantes en thermodynamique. Historiquement, l'unité de température a été fixée en définissant la température de fusion de la glace comme étant 0 °C et 100 °C pour celle d'ébullition de l'eau (à la pression atmosphérique), que l'on désigne sous le nom d'échelle Celsius. La conversion à l'échelle Fahrenheit se fait selon y (°C) $= (5/9)(x$ (°F) $- 32)$.

Si l'on trace le graphe donnant le volume d'un gaz dilué en fonction de la température en °C, on trouve que l'intersection avec l'axe des abscisses a lieu pour une température de $-273,15$ °C (figure 1.2).

On ne peut pas évidemment mesurer expérimentalement le volume d'un gaz à de très basses températures, puisque celui-ci se liquéfie, mais on peut trouver le point d'intersection par extrapolation. Nous avons ainsi construit un système idéal (un gaz parfait), dont le volume est exactement $V = 0$ m^3 à la température absolue (que nous appellerons simplement température) $T = 0$ K. À première

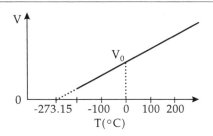

Fig. 1.2. Diagramme *VT* pour un gaz dilué

vue il ne semble pas très pratique, pour définir l'unité, d'utiliser un tel système idéal qui ne peut jamais servir de thermomètre réel (à basses températures).

Dans l'approche statistique nous verrons cependant que cette notion de la température fournit des relations très simples dans le cadre de la théorie cinétique des gaz. Notre température absolue est, par exemple, directement proportionnelle à l'énergie cinétique moyenne des particules gazeuses (voir exemple 1.1) et possède donc une interprétation microscopique simple et parlante. On remarque, en particulier, qu'il n'y a pas de températures absolues négatives en thermodynamique de l'équilibre, puisque si toutes les particules sont au repos (énergie cinétique nulle), l'énergie moyenne ainsi que la température sont nulles. Il ne peut pas y avoir d'énergies cinétiques négatives, mais nous verrons néanmoins plus tard qu'il est possible de définir des températures négatives pour certains états hors d'équilibre ou pour certains sous-systèmes.

Il est très important de distinguer la notion d'équilibre de celle d'état stationnaire. Dans un état stationnaire les grandeurs d'état macroscopiques sont aussi indépendantes du temps, mais dans ces états il y a toujours un flux d'énergie, ce qui n'est pas le cas pour les états d'équilibre. Considérons par exemple une plaque chauffante électrique, que l'on peut trouver dans de nombreux foyers. Si l'on y pose une casserole contenant de la nourriture, celle-ci atteindra au bout d'un certain temps un état stationnaire au cours duquel la température de la nourriture ne changera plus. Il ne s'agit cependant pas d'un état d'équilibre tant que le milieu extérieur possède une température différente. Il faut fournir sans cesse de l'énergie (électrique) au système si l'on veut éviter que les aliments, qui rayonnent continûment de l'énergie (chaleur) vers le milieu extérieur, ne se refroidissent. Ce système n'est pas isolé, puisque de l'énergie est reçue et émise.

EXEMPLE

1.1 Le gaz parfait

Pour illustrer les concepts de base de la thermodynamique, étudions plus en détail un gaz parfait. Pour un gaz parfait les particules sont considérées sans interaction (comme en mécanique classique) et ponctuelles. Ceci ne constitue évidemment qu'un modèle simpliste d'un gaz réel, dont les particules ont des

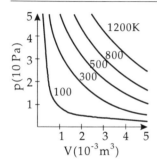

Fig. 1.3. Diagramme pV pour une mole de gaz parfait

dimensions atomiques et interagissent. Cette approximation est d'autant plus exacte que le gaz est dilué.

Dès 1664, R. Boyle et indépendamment de lui un peu plus tard (1676), E. Mariotte ont trouvé une relation générale reliant la pression et le volume d'un gaz à température constante (figure 1.3) :

$$pV = p_0 V_0 , \quad T = \text{cste}$$

où la pression est définie comme la force par unité de surface s'exerçant perpendiculairement sur la surface A. Du point de vue microscopique, la pression résulte du choc des particules sur cette surface, d'où elles sont réfléchies en lui transférant une certaine quantité de mouvement. Ce n'est qu'en 1802 que Gay-Lussac étudia la dépendance du volume d'un gaz vis-à-vis de la température. L'équation correspondante est identique à celle qui nous a servi à définir la température absolue,

$$V = \frac{T}{T_0} V_0 , \quad p = \text{cste} .$$

Les grandeurs p_0, V_0, et T_0 sont la pression, le volume et la température d'un état arbitraire mais donné. On peut alors se demander quelle relation lie la pression, le volume et la température si l'on va de l'état (p_0, T_0, V_0) à l'état final (p, T, V). Pour ce faire modifions tout d'abord la pression à température constante, jusqu'à la pression désirée p, le volume obtenu étant alors V_0'

$$pV_0' = p_0 V_0 , \quad T_0 = \text{cste} .$$

Modifions à présent la température à pression constante pour obtenir

$$V = \frac{T}{T_0} V_0' , \quad p = \text{cste} .$$

En éliminant le volume intermédiaire V_0 de ces deux équations on obtient

$$\frac{pV}{T} = \frac{p_0 V_0}{T_0} = \text{cste} .$$

Puisque l'expression pV/T est une quantité extensive elle doit, pour des conditions identiques par ailleurs, augmenter proportionnellement au nombre de particules ; c'est-à-dire, doit être égale à kN , où nous avons introduit la *constante de proportionnalité de Boltzmann* $k = 1{,}380658 \cdot 10^{-23}\, \text{J K}^{-1}$. On obtient

$$\frac{pV}{T} = \frac{p_0 V_0}{T_0} = Nk , \quad pV = NkT \quad \text{ou} \quad p = \varrho kT . \tag{1.2}$$

Ceci constitue *l'équation d'état du gaz parfait*, que nous utiliserons souvent c'est également un exemple d'équation d'état : la pression est le produit de la masse volumique ϱ et de la température.

1.4 Théorie cinétique du gaz parfait

Montrons à présent que la température d'un gaz parfait s'interprète très simplement comme étant l'énergie cinétique moyenne des particules. Pour cela nous allons introduire ici quelques concepts de mécanique statistique qui seront utilisés très fréquemment par la suite. Chaque particule du gaz possède un vecteur vitesse v qui va, bien sur, varier énormément au cours du temps. Dans un état d'équilibre il y aura cependant toujours en moyenne un même nombre de particules dans un certain intervalle de vitesse $d^3 v$, bien que les vitesses des particules individuelles changent. Il est alors raisonnable de chercher la probabilité pour que la vitesse d'une particule soit dans l'intervalle $d^3 v$, c'est-à-dire, de parler d'une *distribution des vitesses* dans le gaz qui ne change pas au cours du temps à l'équilibre thermodynamique. Nous ne voulons pas connaître sa forme exacte pour le moment, pour nos besoins il suffit de savoir qu'une telle distribution existe! (Dans l'exemple suivant nous étudierons plus en détail la forme de la distribution.) Ecrivons pour le nombre de particules $dN(v)$ dans l'intervalle de vitesse autour de v

$$dN = N f(v)\, d^3 v , \qquad f(v) = \frac{1}{N} \frac{dN}{d^3 v} \tag{1.3}$$

où $f(v)$ est la distribution des vitesses et vérifie évidemment la relation $\int_{-\infty}^{+\infty} f(v)\, d^3 v = 1$. Comme nous l'avons indiqué plus haut, la pression du gaz résulte du transfert de quantité de mouvement des particules lorsqu'elles sont réfléchies par une surface A (par exemple, les parois d'un récipient).

Supposons que l'axe des z de notre système de coordonnées soit perpendiculaire à la surface A, une particule de vitesse v frappant cette surface lui transmettra la quantité de mouvement $p = 2m v_z$. La question est alors de savoir combien de particules de vecteur vitesse v frappent l'élément de surface A pendant le temps dt? Comme on peut le voir sur la figure 1.4, ce sont en fait toutes les particules contenues dans un parallélépipède de surface de base A et de hauteur $v_z\, dt$.

Toutes les particules de vitesse v parcourent la distance $dr = v\, dt$ pendant le temps dt et heurtent par conséquent la surface si elles se trouvent quelque part dans le parallélépipède au début de l'intervalle de temps. Par ailleurs le nombre de particules de vitesse v dans le parallélépipède est

$$dN = N \frac{dV}{V} f(v)\, d^3 v \tag{1.4}$$

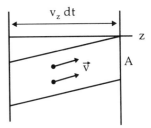

Fig. 1.4. Schéma pour le calcul de la pression

si dV/V représente la fraction du volume total occupé par le parallélépipède. Nous avons $dV = A v_z\, dt$. Chaque particule transfère une quantité de mouvement $2m v_z$, l'impulsion reçue par la surface A sera donc

$$dF_A\, dt = 2m v_z\, dN = 2N m v_z^2 f(v)\, d^3 v \frac{A\, dt}{V} . \tag{1.5}$$

Si l'on omet dt dans les deux membres cela représente exactement la contribution à la pression des particules de vitesse v. La pression totale s'obtient alors en intégrant sur toutes les vitesses possibles ayant une composante v_z positive (sinon les particules se déplacent dans la direction opposée et ne heurtent pas la paroi),

$$p = \frac{1}{A} \int dF_A = \frac{N}{V} \int\limits_{-\infty}^{+\infty} dv_x \int\limits_{-\infty}^{+\infty} dv_y \int\limits_{0}^{+\infty} dv_z f(\boldsymbol{v}) \, 2mv_z^2 \, . \qquad (1.6)$$

Une courte déduction nous permettra de poursuivre l'évaluation du membre de droite de l'équation (1.6). Puisque le gaz est au repos, la distribution $f(\boldsymbol{v})$ ne peut pas dépendre de la direction de $\boldsymbol{v}$, mais seulement de $|\boldsymbol{v}|$. Mais, alors, nous pouvons écrire l'intégrale $\int_0^\infty dv_z$ sous la forme $(1/2) \int_{-\infty}^{+\infty} dv_z$ et obtenons donc

$$pV = mN \int\limits_{-\infty}^{+\infty} d^3\boldsymbol{v} \, f(\boldsymbol{v}) v_z^2 \, . \qquad (1.7)$$

Cette intégrale représente simplement la vitesse quadratique moyenne dans une direction perpendiculaire à la surface. Cependant, cette valeur moyenne doit être la même suivant toutes les directions spatiales en raison de l'isotropie du gaz, c'est-à-dire,

$$\int d^3\boldsymbol{v} \, f(\boldsymbol{v}) v_z^2 \equiv \langle v_z^2 \rangle = \langle v_y^2 \rangle = \langle v_x^2 \rangle \qquad (1.8)$$

ou, puisque $\boldsymbol{v}^2 = v_x^2 + v_y^2 + v_z^2$,

$$\langle v_z^2 \rangle = \frac{1}{3} \langle \boldsymbol{v}^2 \rangle = \frac{1}{3} \left(\langle v_x^2 \rangle + \langle v_y^2 \rangle + \langle v_z^2 \rangle \right) \qquad (1.9)$$

on obtient finalement

$$pV = mN \frac{1}{3} \langle \boldsymbol{v}^2 \rangle = \frac{2}{3} N \langle \varepsilon_{\mathrm{cin}} \rangle \, . \qquad (1.10)$$

Dans cette expression $\langle \varepsilon_{\mathrm{cin}} \rangle = m/2 \, \langle \boldsymbol{v}^2 \rangle$ représente l'énergie cinétique moyenne par particule. En comparant ce résultat avec (1.2) du gaz parfait, il est évident que $\langle \varepsilon_{\mathrm{cin}} \rangle = 3kT/2$; c'est-à-dire, la quantité kT mesure exactement l'énergie cinétique moyenne pour une particule de gaz parfait. Dans le paragraphe sur le théorème d'équipartition nous verrons que cette relation ne se limite pas au cas du gaz parfait mais peut être généralisée. L'importance de la constante de Boltzmann, qui fut simplement introduite ici pour un gaz parfait, apparaîtra alors clairement.

EXEMPLE ■■■■■■■■■■■■■■■■■■■■

1.2 Distribution des vitesses de Maxwell

Etudions à présent plus en détail la distribution des vitesses. En raison de l'isotropie du gaz, $f(\boldsymbol{v})$ ne peut dépendre que de $|\boldsymbol{v}|$, ou de façon équivalente de $\boldsymbol{v}^2$. On peut par ailleurs supposer que les distributions des composantes individuelles (v_x, v_y, and v_z) sont indépendantes les unes des autres ; c'est-à-dire, on doit avoir

$$f(v_x^2 + v_y^2 + v_z^2) = f(v_x^2)\, f(v_y^2)\, f(v_z^2)\,. \tag{1.11}$$

Nous allons justifier cette équation de la manière suivante : la fonction $f(\boldsymbol{v}^2)$ représente la densité de probabilité de trouver une particule avec la vitesse $\boldsymbol{v}$. Mais celle-ci doit être proportionnelle au produit des densités de probabilités de trouver une particule en v_x, v_y et v_z, dans la mesure où il s'agit d'événements statistiquement indépendants. La seule fonction mathématique vérifiant la relation fonctionnelle (1.11) est la fonction exponentielle, on peut donc écrire $f(\boldsymbol{v}^2) = C \exp(a\boldsymbol{v}^2)$, les constantes C et a ne doivent pas dépendre de $\boldsymbol{v}$, mais en dehors de cela elles sont arbitraires.

Si l'on suppose que la fonction $f(\boldsymbol{v}^2)$ peut être normée, il est nécessaire que $a < 0$, ce qui correspond à une distribution gaussienne des composantes de la vitesse. La constante C peut être déterminée en normalisant la fonction $f(v_i)$ pour chaque composante,

$$1 = \int\limits_{-\infty}^{+\infty} \mathrm{d}v_i\, f(v_i) = C \int\limits_{-\infty}^{+\infty} \mathrm{d}v_i \exp(-a v_i^2)\,,$$

où nous avons maintenant écrit $-a$ avec $a > 0$. La valeur de cette intégrale est bien connue et vaut $\sqrt{\pi/a}$, c'est-à-dire, $C = \sqrt{a/\pi}$. Nous pouvons à présent calculer la constante a pour un gaz parfait, si nous partons de (1.10)

$$\begin{aligned}
kT = m\langle v_z^2 \rangle &= m \int \mathrm{d}^3\boldsymbol{v}\, f(\boldsymbol{v})\, v_z^2 \\
&= m \int\limits_{-\infty}^{+\infty} \mathrm{d}v_x\, f(v_x^2) \int\limits_{-\infty}^{+\infty} \mathrm{d}v_y\, f(v_y^2) \int\limits_{-\infty}^{+\infty} \mathrm{d}v_z\, v_z^2\, f(v_z^2) \\
&= m \int\limits_{-\infty}^{+\infty} \mathrm{d}v_z\, f(v_z)\, v_z^2 = m\sqrt{\frac{a}{\pi}} \int\limits_{-\infty}^{+\infty} \mathrm{d}v_z \exp(-a v_z^2)\, v_z^2 \\
&= 2m\sqrt{\frac{a}{\pi}} \int\limits_{0}^{+\infty} \mathrm{d}v_z \exp(-a v_z^2)\, v_z^2\,.
\end{aligned}$$

Exemple 1.2

Avec le changement de variables $x = av_z^2$, on trouve, avec $dv_z = (1/2\sqrt{a})(dx/\sqrt{x})$

$$kT = 2m\sqrt{\frac{a}{\pi}}\frac{1}{2a\sqrt{a}}\int\limits_0^{+\infty} dx\ e^{-x}\sqrt{x}\ .$$

Nous rencontrerons souvent des intégrales de ce type. Elles se déterminent par l'introduction des fonctions Γ, qui sont définies par

$$\Gamma(z) = \int\limits_0^{+\infty} dx\ e^{-x}x^{z-1}\ .$$

Avec $\Gamma(1/2) = \sqrt{\pi}$, $\Gamma(1) = 1$ et la formule de récurrence $\Gamma(z+1) = z\Gamma(z)$, nous pourrons facilement calculer des intégrales de ce type pour des z entiers et demi-entiers. Nous avons, avec $\Gamma(3/2) = (1/2)\Gamma(1/2) = \sqrt{\pi}/2$

$$kT = m\frac{1}{a\sqrt{\pi}}\Gamma\left(\frac{3}{2}\right) = \frac{1}{2}\frac{m}{a}\quad \text{ou}\quad a = \frac{m}{2kT}\ .$$

Pour la composante vi la distribution des vitesses d'un gaz parfait s'écrit donc

$$f(v_i) = \sqrt{\frac{a}{\pi}}\exp(-av_i^2) = \sqrt{\frac{m}{2\pi kT}}\exp(-\frac{mv_i^2}{2kT}) \tag{1.12}$$

et pour la distribution totale on aura

$$f(\boldsymbol{v}) = \left(\frac{m}{2\pi kT}\right)^{3/2}\exp\left(\frac{-m\boldsymbol{v}^2}{2kT}\right)\ . \tag{1.13}$$

Ces expressions sont normalisées et vérifient (1.11). La distribution totale fut d'abord découverte par Maxwell et porte son nom. Dans cette démonstration nous avons utilisé de nombreuses hypothèses heuristiques. Nous verrons cependant que (1.12) et (1.13) découlent de principes de base dans le cadre de la mécanique statistique.

1.5 Pression, travail et potentiel chimique

Après nous être préoccupés dans le paragraphe précédent de la notion centrale de température, nous allons maintenant discuter de plusieurs autres grandeurs d'état. D'autres grandeurs d'état seront définies dans les chapitres suivants. Nous mesurerons en général les *quantités de matière* en fonction du nombre de particules N. Puisque N peut prendre des valeurs très grandes dans des systèmes macroscopiques, on se servira souvent de multiples du *nombre d'Avogadro* $N_A = 6{,}0221367 \cdot 10^{23}$. *L'unité de masse atomique* est très pratique pour mesurer la masse de particules individuelles (atomes et molécules) ; elle est définie par

$$1\,\mathrm{u} = \frac{1}{12}\mathrm{m}\,^{12}\mathrm{C} \tag{1.14}$$

c'est-à-dire, par la masse d'un atome de l'isotope $^{12}\mathrm{C}$ du carbone. Cette unité est très utile, car de nos jours on mesure très précisément les masses atomiques dans des spectromètres de masse qui sont très simplement calibrés à l'aide de composés du carbone. Le nombre d'Avogadro est alors exactement le nombre de particules de masse 1u qui ont ensemble une masse de 1 g,

$$N_A = \frac{1\,\mathrm{g}}{1\,\mathrm{u}} = 6.0221367 \cdot 10^{23} \,. \tag{1.15}$$

Le nombre N_A de particules s'appelle aussi 1 mole de particules. Si un système est constitué de plusieurs particules, par exemple $N_1, N_2, \ldots, N_n$ particules de n espèces, la *fraction molaire X* constitue une grandeur pratique pour mesurer la composition chimique,

$$X_i = \frac{N_i}{N_1 + N_2 + \cdots + N_n} \,. \tag{1.16}$$

Comme on le voit sur la définition, on a toujours $\sum_i X_i = 1$. La fraction molaire caractérise donc la constitution fractionnaire d'un système. C'est une grandeur intensive qui peut prendre des valeurs différentes dans les diverses phases.

La *pression* s'interprète de façon purement mécanique comme la force agissant normalement sur une surface donnée A.

$$p = \frac{F_\perp}{A} \,. \tag{1.17}$$

L'unité sera donc $[p] = \mathrm{N\,m^{-2}} = \mathrm{Pa}$. Il est intéressant de remarquer que la pression a la même unité qu'une densité d'énergie, car

$$1\,\mathrm{N\,m^{-2}} = 1\,\mathrm{kg\,ms^{-2}\,m^{-2}} = 1\,\mathrm{J\,m^{-3}} \,.$$

Nous verrons encore souvent dans des systèmes particuliers que la pression est généralement reliée de façon simple à la densité d'énergie. Pour le gaz parfait cela se voit immédiatement : la pression est le produit de la densité par particule et de l'énergie cinétique des particules, c'est-à-dire, de la température. Par conséquent $p = (2e/3)$, où $e = \varrho \langle E_{cin} \rangle$ est la densité d'énergie (cinétique) du gaz parfait.

Tout comme pour la température, on peut définir la pression localement, c'est-à-dire, dans un petit système partiel. Pour mesurer la pression on introduit une petite surface test (surface unité) dans le système et on mesure la force exercée par le système sur une face de la surface. L'autre face de la surface devant être mécaniquement isolée du système. Sur cette face s'exerce par exemple une pression de référence p_0. La différence de pression $p - p_0$ entre la pression du système et la pression interne du baromètre produit une force effective agissant sur la surface test.

Une grandeur centrale en thermodynamique (et en général en physique) est *l'énergie*. Nous connaissons bien l'énergie cinétique et potentielle en mécanique, de même que l'énergie électrique et magnétique en électromagnétisme tout comme l'énergie chimique, qui est également d'origine électrique. En thermodynamique, seule l'énergie totale d'un système, qui est une grandeur macroscopique, joue un rôle : l'énergie d'une particule individuelle n'a pas de sens, mais l'énergie moyenne par particule E/N est très importante. La thermodynamique ne peut pas nous dire comment l'énergie totale est distribuée sur l'ensemble des particules individuelles. Comme exemple de formes d'énergies citées plus haut nous utiliserons le concept de travail tiré de la mécanique en thermodynamique. Nous avons

$$\delta W = -\boldsymbol{F}_i \cdot \mathrm{d}\boldsymbol{s} \tag{1.18}$$

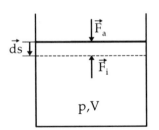

Fig. 1.5. Travail de compression

si $\boldsymbol{F}_i$ représente la force exercée par le système et $\mathrm{d}\boldsymbol{s}$ un petit élément de courbe. Le signe moins provient d'une convention en thermodynamique qui consiste à compter positivement l'énergie acquise par un système et négativement l'énergie soustraite. Comme exemple de travail effectué sur un système considérons le travail de compression d'un gaz contre sa pression interne (figure 1.5). À l'équilibre, la force externe $\boldsymbol{F}_a$ est justement égale à la force $F_i = pA$ qu'exerce une pression p sur un piston de surface A.

Si l'on enfonce le piston d'une distance $\mathrm{d}s$ supplémentaire le travail nécessaire effectué contre la force exercée par le système vaut

$$\delta W = pA\,\mathrm{d}s > 0 \tag{1.19}$$

puisque $\mathrm{d}s$ et $\boldsymbol{F}_i$ sont de sens opposés. $A\,\mathrm{d}s = -\mathrm{d}V$ représente alors la diminution du volume de gaz $\mathrm{d}V < 0$ du récipient et nous avons

$$\delta W = -p\,\mathrm{d}V \,. \tag{1.20}$$

Comme on peut s'en apercevoir cette équation vaut aussi pour une dilatation. Il est à remarquer qu'il faut considérer un travail infinitésimal puisque la pression change pendant la compression. Pour calculer le travail total il faut connaître une équation d'état $p(V)$.

C'est une propriété générale pour l'énergie ajoutée ou enlevée à un système d'être le produit d'une grandeur d'état intensive (pression) par une variation d'une grandeur d'état extensive (volume). Illustrons cela par d'autres exemples. Si le système possède, par exemple, une charge électrique, celle-ci produit un potentiel électrique ϕ. Si l'on veut ajouter une charge dq de même signe au système, il faudra fournir un travail

$$\delta W = \phi \, dq \, . \tag{1.21}$$

Le potentiel électrique défini localement est la grandeur intensive du système et décrit la résistance opposée par le système à l'addition d'une charge supplémentaire, tout comme la pression s'oppose à la compression. Le signe de (1.21) correspond au fait que si l'on ajoute une charge positive alors que le potentiel est positif le travail est reçu par le système.

Si notre système thermodynamique possède un moment dipolaire électrique ou magnétique, l'addition d'un autre dipôle au système requiert le travail

$$\delta W_{\mathrm{el}} = \boldsymbol{E} \cdot \mathrm{d}\boldsymbol{D}_{\mathrm{el}} \, , \tag{1.22}$$
$$\delta W_{\mathrm{mag}} = \boldsymbol{B} \cdot \mathrm{d}\boldsymbol{D}_{\mathrm{mag}} \, . \tag{1.23}$$

Les grandeurs de champ intensives sont ici les champs électrique et magnétique ($\boldsymbol{E}$ et $\boldsymbol{B}$), tandis que $\mathrm{d}\boldsymbol{D}$ désigne la variation du moment dipolaire total, qui est une grandeur extensive.

Pour compléter notre liste de travaux possibles considérons le travail nécessaire pour ajouter une autre particule au système. On pourrait penser que cela ne nécessite aucun travail, mais il n'en est rien. Notre système doit se maintenir à l'équilibre après addition de la particule, nous ne pouvons donc simplement mettre la particule au repos dans le système, elle doit au contraire avoir une certaine énergie comparable à l'énergie moyenne de toutes les autres particules. Nous définissons

$$\delta W = \mu \, \mathrm{d}N \tag{1.24}$$

comme le travail nécessaire pour faire varier de $\mathrm{d}N$ le nombre de particules du système. La grandeur de champ intensive se nomme le *potentiel chimique* et représente la résistance opposée par le système à l'addition de particules. Il est évident que (1.24) permet de définir et de mesurer le potentiel chimique tout comme l'on peut mesurer le potentiel électrique avec (1.21). Si le système est constitué de plusieurs espèces de particules, chacune possède son propre potentiel chimique μ_i, et $\mathrm{d}N_i$ représente la variation du nombre de particules d'espèce i. Cela reste valable tant que les particules des différentes espèces n'interagissent pas.

Toutes ces différentes formes de travail ont ceci en commun qu'elles peuvent être transformées sans restriction les unes en les autres. Nous pouvons par exemple soulever une charge avec de l'énergie électrique ou obtenir de l'énergie électrique à partir d'un travail mécanique en utilisant un générateur. Il n'existe pas d'objections de principe pour que ces conversions ne soient complètes, c'est-à-dire, avec un rendement de 100%, bien que des convertisseurs d'énergie réels possèdent toujours des pertes.

1.6 Chaleur et capacité thermique

Il en va tout autrement pour une autre forme d'énergie d'importance fondamentale en thermodynamique : la chaleur. D'un point de vue historique R. J. Mayer (1842) fut le premier à comprendre, à la suite de certaines considérations générales de Earl Rumford (1798) et Davy (1799), que la chaleur est une forme particulière de l'énergie. Notre expérience journalière nous montre que lorsqu'un système reçoit du travail (sous forme mécanique ou électrique) sa température augmente souvent, cette propriété peut être utilisée pour définir la quantité de chaleur. Définissons donc

$$\delta Q = C\, \mathrm{d}T \, . \tag{1.25}$$

δQ étant une petite quantité de chaleur produisant un accroissement de température $\mathrm{d}T$ du système. La constante de proportionnalité C se nomme la *capacité thermique totale* du système. Pour obtenir l'unité de C nous devons définir un système standard. On se servait de la calorie comme unité pour la chaleur, elle représente la quantité de chaleur nécessaire pour échauffer 1 g d'eau de 14,5 °C à 15,5 °C. Cela revient à prendre par définition $C_{1\,\mathrm{g}\ H_2O,\ 15\,°C} = 1\,\mathrm{cal}/°C$.

Des mesures précises permirent à Joule vers 1843–49 de montrer que 1 cal de chaleur équivaut à 4,184 Joule de travail mécanique. Il apporta une quantité de travail parfaitement définie en brassant de l'eau qui se trouvait dans un récipient isolé, et mesura l'accroissement correspondant de température. De nos jours on produit généralement une quantité de chaleur définie à l'aide d'une résistance électrique chauffante, procédé également étudié par Joule. L'unité en S.I. de la capacité thermique est le J/K.

La différence qualitative entre travail et chaleur s'explique très simplement à l'aide d'une approche microscopique. D'après cette approche la chaleur est une énergie qui se trouve répartie statistiquement entre toutes les particules. Considérons par exemple quelques particules de quantités de mouvement parallèles (ordonnées) qui se déplacent dans une direction. À tout moment on peut récupérer l'énergie cinétique de ces particules pour la convertir en d'autres formes d'énergies, par exemple, en décélérant les particules au moyen d'une force. Cependant si les particules se déplacent de façon statistique et complètement désordonnée, il est évident qu'il ne sera pas possible d'extraire toute l'énergie cinétique au moyen d'un dispositif simple. Par exemple, si l'on exerce une force sur les particules comme en figure 1.6a certaines particules seront décélérées et d'autres accélérées, si bien qu'on ne pourrait pas extraire toute l'énergie cinétique du système.

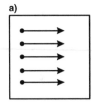 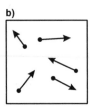

Fig. 1.6. Particules possédant des quantités de mouvement (impulsions) (**a**) parallèles (**b**) distribuées aléatoirement

Il est donc considérablement plus facile de transformer du travail en chaleur (ce qui se produit presque toujours spontanément), que d'obtenir un travail utile à partir de la chaleur (on a alors toujours besoin d'une machine thermique). Le très grand nombre de particules dans des systèmes macroscopiques joue de nouveau un rôle ici. Il est, par exemple possible, dans certaines conditions, de créer un champ de force approprié (spatialement dépendant) pour le petit nombre de particules de la figure 1.6b, ayant la propriété de toutes les décélérer et qu'ainsi les particules transfèrent leurs énergies cinétiques au mécanisme créant ce champ. Mais cela devient inimaginable pour 10^{23} particules et dans la limite thermodynamique $N \to \infty$ cela devient impossible.

Revenons de nouveau à présent sur la capacité thermique définie en relation avec (1.25). Il est évident que la quantité de chaleur δQ est une grandeur extensive, il en est donc de même pour la capacité thermique totale, puisque la température est une grandeur intensive. On peut donc définir une grandeur intensive, la capacité thermique massique c par

$$C = mc \tag{1.26}$$

où m désigne la masse de la substance. Il est également possible de définir la capacité thermique molaire, $C = nc_{\mathrm{mol}}$, avec $n = N/N_{\mathrm{A}}$. La grandeur c_{mol} est la *capacité thermique molaire*. En utilisant (1.25) il faut faire attention au fait que la capacité thermique peut dépendre des conditions extérieures dans lesquelles la chaleur est fournie au système. Il importe de savoir si une mesure se fait à pression ou à volume constant. On distingue respectivement c_V et c_p, les capacités thermiques à volume et à pression constante et on le note par un indice. Puisque nous étudierons la relation entre c_V et c_p par la suite, il nous suffit de remarquer pour l'instant que la définition $c_{\mathrm{H_2O}} = 4,184\,\mathrm{J\,K^{-1}\,g^{-1}}$ est valable à pression atmosphérique constante.

1.7 Equation d'état pour un gaz réel

Ainsi que nous l'avons déjà indiqué la donnée d'un petit nombre de variables d'état pour un système est en général suffisante, toutes les autres grandeurs prennent alors des valeurs qui dépendent de ces variables d'état. Nous en avons déjà rencontré quelques exemples :

$$pV = p_0 V_0 , \quad T = \mathrm{cste} \tag{1.27}$$

ou

$$V = \frac{T}{T_0} V_0 , \quad p = \mathrm{cste} . \tag{1.28}$$

L'exemple de référence d'équation d'état reliant toutes les variables significatives est l'équation d'état du gaz parfait

$$pV = NkT \tag{1.29}$$

celle-ci n'est cependant valable que pour des gaz dilués (pression faible). En mesurant la pression d'un gaz parfait à température, nombre de particules et volume constants, on peut déterminer la valeur de la constante de Boltzmann à l'aide de (1.29). Dans la plupart des cas on prend $N = N_A$ particules, c'est-à-dire, exactement une mole et on obtient

$$N_A k = R = 8,31451 \, \text{J K}^{-1} \, \text{mol}^{-1} \,. \tag{1.30}$$

La constante $N_A k = R$ s'appelle *constante des gaz parfaits*.

En thermodynamique on se donne souvent des équations d'état sous forme d'un développement polynomial d'une variable. Si (1.29) est valable pour de faibles pressions ($p \approx 0$), l'équation

$$pV = NkT + B(T)p + C(T)\,p^2 + \cdots \tag{1.31}$$

devrait constituer une équation d'état meilleure pour des pressions élevées. Si l'on arrête en première approximation le *développement du viriel* (1.31) après le terme linéaire, le coefficient $B(T)$ pourra être déterminé expérimentalement. La grandeur $B(T)$ s'appelle *premier coefficient du viriel*. Si l'on ne développe pas l'équation d'état suivant la pression, mais plutôt suivant les puissances de $(1/V)$ (faible densité), on obtient une équation d'état analogue,

$$pV = NkT + B'(T)\frac{N}{V} + C'(T)\left(\frac{N}{V}\right)^2 + \cdots \tag{1.32}$$

que l'on nomme également développement du viriel. La figure 1.7 montre que de nombreux gaz sont représentés par les mêmes coefficients du viriel, si l'on prend pour unités les caractéristiques principales du potentiel d'interaction $U(r)$ entre les particules. Ces grandeurs caractéristiques sont la distance d'interaction r_0 et la profondeur du potentiel. La figure 16.2 illustre deux formes possibles du potentiel d'interaction entre atomes pour, par exemple des gaz rares. Le potentiel s'annule lorsque la distance entre particules devient grande ; par conséquent tous les gaz se comportent comme un gaz parfait lorsque les densités sont faibles (distance moyenne élevée entre les particules). Pour des distances intermédiaires ($\simeq r_0$) le potentiel possède un domaine où les particules s'attirent, tandis qu'il est fortement répulsif aux distances faibles. Le recouvrement des nuages électroniques atomiques est à l'origine de cette répulsion, tant que la formation d'une liaison chimique entre atomes reste impossible (pas d'orbitales moléculaires communes). On peut donc supposer que les atomes sont approximativement des sphères dures avec un certain volume propre, déterminé par les rayons (moyens) de leurs nuages électroniques. Au-delà de cette région les atomes ressentent cependant une force attractive (force de Van der Waals). Par conséquent des gaz dits simples (typiquement ceux pour lesquels notre modèle schématique d'interaction est une bonne approximation, comme Ar, N_2, etc.) possèdent des comportements très semblables. Les différences ne proviennent que des tailles différentes des atomes (mesurées en fonction de r_0) et des forces d'interaction différentes (mesurées en fonction de U_0). Puisque le premier coefficient du viriel à la dimension d'un volume, on doit obtenir

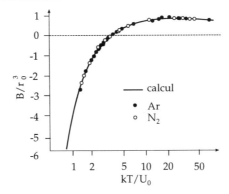

Fig. 1.7. Coefficients du viriel pour différents gaz

des courbes semblables pour tous les gaz, si l'on trace $B(T)$ mesuré en unités de volume atomique ou moléculaire propre, $\sim r_0^3$ en fonction de la température, étroitement reliée à l'énergie cinétique des particules, en prenant pour unité la profondeur du puits de potentiel U_0. La figure 1.7 vérifie la justesse de ces considérations. On montre également les résultats d'un calcul numérique du coefficient du viriel, utilisant les méthodes de la thermodynamique statistique (voir chapitre 16) pour un potentiel de Lennard-Jones. Les paramètres r_0 et U_0 du potentiel sont ajustés pour obtenir une concordance optimale avec les données.

Une autre équation bien connue pour les gaz réels est l'équation de Van der Waals (1873) que l'on justifie d'après les considérations suivantes : l'équation (1.29) néglige le volume propre des molécules ce qui a pour conséquence que $V \to 0$ lorsque $T \to 0$. Nous pouvons éviter cela en remplaçant V par la quantité $V - Nb$, où b représente une mesure du volume propre d'une particule. De plus on néglige l'interaction entre particules dans les gaz parfaits, celle-ci est essentiellement attractive. Considérons à titre d'exemple une sphère de gaz avec une densité par particule N/V. Dans cette sphère les forces d'interaction entre particules auront une moyenne nulle.

Par ailleurs, les particules à la surface sentent une force effective dirigée vers l'intérieur de la sphère. Cela signifie que la pression d'un gaz réel doit être plus faible que celle d'un gaz parfait. On peut tenir compte de ce fait dans l'équation (1.29) si l'on remplace la pression d'un gaz parfait p_{par} par $p_{\text{réel}} + p_0$, où p_0 représente la pression dite interne (voir figure 1.8).

Avec $p_{\text{par}} = p_{\text{réel}} + p_0$ il est évident que la pression d'un gaz réel est plus faible que celle d'un gaz parfait. La pression interne n'est cependant pas constante et dépend de la distance moyenne entre les particules et du nombre de particules qui se trouvent sur la surface. Les deux facteurs dont dépend la pression interne sont très approximativement proportionnels à la densité par particule N/V, donc $p_0 = a(N/V)^2$, où a est une constante.

L'équation de Van der Waals s'écrit donc

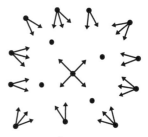

Fig. 1.8. À propos de la pression interne

$$\left(p + \left(\frac{N}{V} \right)^2 a \right) (V - Nb) = NkT \ . \tag{1.33}$$

Fig. 1.9. Isothermes de Van der Waals en coordonnées pV

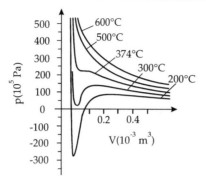

Dans cette équation a et b sont des constantes caractéristiques du gaz et sont généralement données par mole et non par particule. Notons que les équations d'état n'ont pas besoin de justification en thermodynamique! Il est seulement déterminant de savoir si, et pour quel domaine des grandeurs d'état, une équation d'état fournit une description du comportement d'un système.

La figure 1.9 représente la pression en fonction du volume pour $T =$ constante d'après l'équation (1.33) en prenant les paramètres optimums pour l'eau. Manifestement il y a une erreur : pour des températures faibles et pour certains volumes la pression devient négative. Cela signifie que la pression interne est trop grande dans ces régions. Par ailleurs, même pour des pressions positives il y a des régions où la pression diminue lorsque le volume augmente, c'est-à-dire, où le système n'est pas stable et tend à se comprimer lui même en un volume plus faible.

Comme on le verra, l'équation (1.33) est en fait meilleure qu'il ne semble de prime abord, si l'on s'intéresse à la transition de phase gaz–liquide.

Pour des températures élevées et de faibles densités, l'équation de Van der Waals devient l'équation d'état d'un gaz parfait. Des valeurs typiques pour les constantes a et b sont données dans le table 1.1.

On remarque que le volume propre b constitue une correction très faible vis à vis du volume molaire $22{,}4 \cdot 10^{-3}$ m³/mol d'un gaz parfait à 0 °C.

Une approximation souvent utilisée consiste à remplacer le terme N/V dans la pression interne par sa valeur dans le cas du gaz parfait, $N/V \approx p/kT$. On

Table 1.1. Paramètres de l'équation d'état de Van der Waals

Gaz	a (Pam⁶ mol⁻²)	b (10^{-3} m³ mol⁻¹)
H_2	0,01945	0,022
H_2O	0,56539	0,031
N_2	0,13882	0,039
O_2	0,13983	0,032
CO_2	0,37186	0,043

obtient alors

$$\left(p + \frac{p^2}{(kT)^2} a \right) (V - Nb) = NkT \tag{1.34}$$

ou

$$pV = \frac{NkT}{1 + pa/(kT)^2} + pNb . \tag{1.35}$$

Pour des pressions faibles et des températures élevées on a $pa/(kT)^2 \ll 1$, on peut donc faire un développement limité du dénominateur, ce qui donne

$$pV = NkT + N \left(b - \frac{a}{kT} \right) p + \cdots . \tag{1.36}$$

On remarque que l'équation de Van der Waals s'exprime aussi en développement du viriel, avec $B(T) = N[b - a/(kT)]$. On constate que l'accord est satisfaisant entre le premier coefficient du viriel et les mesures de la figure 1.7. Pour des températures élevées le premier coefficient du viriel déterminé par l'équation de Van der Waals tend vers la valeur constante Nb, ce qui détermine le volume propre des particules. Pour $kT = a/b$, $B(T) = 0$ et pour des températures faibles ($kT \to 0$), $B(T)$ devient fortement négatif. En faisant un développement limité de l'équation de Van der Waals aux faibles pressions on obtient aussi des coefficients du viriel d'ordre plus élevé ($C(T) \neq 0$, etc.).

1.8 Capacités thermiques

Etudions d'un peu plus près les capacités thermiques dans ce qui suit. Dans la paragraphe précédent nous avons vu que la capacité thermique dépend de la façon dont le système échange la chaleur. Si cela se produit à pression constante (par exemple à la pression atmosphérique) on obtient c_p, tandis qu'on obtient c_V à volume constant. On peut considérer que les capacités thermiques c_V ainsi que c_p sont des fonctions des variables d'état T et p, qui sont les plus simples à contrôler expérimentalement. Pour des gaz dilués ($p \to 0$), les capacités thermiques sont grandement indépendantes de la pression et même approximativement indépendantes de la température (tout du moins pour les gaz rares, voir figure 1.10).

Si l'on interprète la capacité thermique comme étant l'aptitude d'une substance à absorber de l'énergie distribuée statistiquement, alors cette aptitude doit manifestement augmenter avec le nombre de degrés de liberté d'une particule. Par exemple, les particules des gaz rares n'ont que des degrés de liberté de translation, tandis que pour des molécules diatomiques il y aussi un degré de liberté de rotation. Les gaz polyatomiques possèdent encore plus de degrés de liberté, par exemple, des degrés de vibrations des particules les unes par rapport aux autres. Si la pression augmente, les capacités thermiques vont en dépendre ;

Fig. 1.10. Capacités thermiques à volume constant pour des pressions faibles

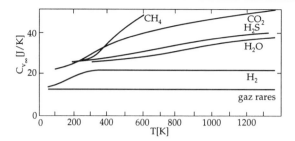

à titre d'exemple nous montrons le comportement de c_p et c_V pour l'ammoniac dans la figure 1.11. La courbe de saturation correspond à la transition gaz $\to$ liquide.

On remarque tout d'abord, en observant la figure 1.11, que la capacité thermique à pression constante c_p, est toujours plus grande que celle à volume constant c_V. Si l'on ajoute une certaine quantité de chaleur δQ à pression constante à un système, celui-ci ne va pas seulement se réchauffer, mais aussi en général se dilater, il fournit donc un travail contre la pression externe (pression atmosphérique). La quantité de chaleur apportée au système n'est donc pas seulement emmagasinée sous forme d'énergie cinétique et potentielle distribuée statistiquement, mais est également utilisée pour fournir un travail contre la pression externe. Un système pourra donc en général emmagasiner une quantité de chaleur plus importante à pression constante qu'à volume constant ($c_p > c_V$). Nous obtiendrons une relation générale liant c_p et c_V dans l'exemple 4.12.

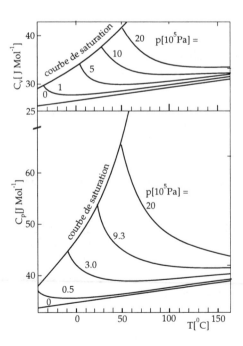

Fig. 1.11. Capacités thermiques c_p et c_V pour l'ammoniac

Par ailleurs, la figure 1.11 nous montre que c_p et c_V augmentent beaucoup, si l'on s'approche de la transition gaz–liquide pour l'ammoniac à pression constante et des températures décroissantes. Une augmentation importante de la capacité thermique (ou une divergence) en fonction de la température est un signe général pour l'apparition d'une transition de phase. D'autres exemples prouveront ce fait (voir, par exemple, les figures au chapitre 17).

Les capacités thermiques (c_p et c_V) augmentent aussi (continûment) avec la pression. Plus les particules dans le gaz se rapprochent en moyenne (pression élevée, densité élevée), plus les forces entre particules sont élevées. Une partie de la chaleur apportée est alors aussi emmagasinée sous forme d'énergie potentielle (et pas seulement sous forme d'énergie cinétique des particules), ce qui conduit à l'augmentation des capacités thermiques à densités élevées (hautes pressions).

Pour les liquides et les solides on donne presque toujours c_p qui est plus facile à mesurer. Alors que les liquides ont des comportements très variés en fonction de la pression et de la température (à l'exception, par exemple, de Hg et H_2O, avec $c_p \approx$ constante), les métaux suivent la loi de Dulong et Petit (1819). D'après cette loi, tous les métaux possèdent une capacité thermique constante $c_p = 25,94\,\mathrm{J\,K^{-1}\,mol^{-1}}$ pour un domaine étendu de températures. La capacité thermique est en général d'une grande importance en thermodynamique, car elle est facile à mesurer et permet le calcul d'un grand nombre d'autres propriétés. De plus, les mesures précises des capacités thermiques à basses températures ont montré que beaucoup de propriétés de la matière ne peuvent se comprendre qu'à l'aide de la mécanique quantique et des statistiques quantiques, respectivement. Nous aurons donc par la suite à nous préoccuper encore souvent des capacités thermiques.

Pour terminer donnons une équation d'état pour les solides correspondant à l'équation d'état d'un gaz parfait. Pour un large domaine de températures et pressions le volume est donné par

$$V(T, p) = V_0[1 + \alpha(T - T_0) - \kappa(p - p_0)] \tag{1.37}$$

c'est-à-dire, par une approximation linéaire. $V(T_0, p_0) = V_0$ représente un état initial arbitraire et les constantes α et κ sont définies par,

$$\alpha = \frac{1}{V_0} \left. \frac{\partial V}{\partial T} \right|_{p=p_0}, \tag{1.38}$$

$$\kappa = -\frac{1}{V_0} \left. \frac{\partial V}{\partial p} \right|_{T=T_0}. \tag{1.39}$$

On les appelle respectivement coefficient de dilatation volumique isobare et coefficient de compressibilité isotherme.

Pour de nombreux matériaux les coefficients de dilatation sont de l'ordre de $\alpha \approx 10^{-5}\,\mathrm{K^{-1}}$, alors que les compressibilités sont de l'ordre de $\kappa \approx 10^{-11}\,\mathrm{Pa^{-1}}$. Cela a pour conséquence que même de petites variations de température à volume constant donné peuvent produire des pressions élevées, c'est-à-dire, des forces élevées.

1.9 Changements d'état – processus réversibles et irréversibles

Nous savons de notre expérience de tous les jours qu'un processus qui a lieu dans un système isolé va se poursuivre jusqu'à ce qu'un état d'équilibre soit atteint. Puisque de tels processus ne vont pas s'inverser spontanément on les appelle processus *irréversibles*. Des exemples de tels processus sont presque tous les processus de la vie de tous les jours, en particulier l'expansion d'un gaz d'un volume plus petit dans un volume plus grand et tous les processus produisant de la chaleur par frottement. Par exemple un pendule non entretenu s'arrêtera d'osciller de lui même au bout d'un certain temps, puisque toute son énergie mécanique aura été transformée en chaleur par frottement. Le processus inverse qu'un pendule se mette à osciller spontanément et que son milieu extérieur se refroidisse n'a encore jamais été observé. Il est caractéristique pour les processus irréversibles de passer par des états qui sont hors d'équilibre.

Par ailleurs, les processus qui ne passent que par des états d'équilibre sont dits *réversibles*. Un processus réversible est une idéalisation, qui à proprement parler n'existe pas, car si un système se trouve dans un état d'équilibre, les variables d'état sont indépendantes du temps et rien ne se produit. On peut cependant simuler des changements d'état réversibles par de petites variations (infinitésimales) des variables d'état, pour lesquelles l'équilibre est très peu perturbé, à condition que ces variations soient suffisamment lentes par rapport au temps de relaxation du système. De tels changements d'état sont aussi appelés *quasistatiques*. L'importance des changements d'état réversibles est la suivante : pour chaque petite étape du processus le système est dans un état d'équilibre avec des valeurs bien définies pour les variables d'état, on peut alors obtenir la variation totale des grandeurs d'état en intégrant sur les changements réversibles infinitésimaux. Cela n'est pas possible pour des processus irréversibles. Il n'est pas possible en général d'attribuer des valeurs aux grandeurs d'état au cours d'un processus irréversible.

EXEMPLE ▬▬▬▬▬▬▬▬

1.3 Dilatation isotherme

Considérons la dilatation d'un gaz à température constante (dilatation isotherme, voir figure 1.12). De façon pratique on réalise une température constante à l'aide d'un thermostat, par exemple, à l'aide d'un grand récipient avec de l'eau à la température T, relié au système et en équilibre thermique avec ce dernier.

On peut simplement réaliser la dilatation isotherme du volume V_1 au volume V_2 en retirant la force extérieure F_a qui agit sur le piston et maintient l'équilibre. Le gaz va alors rapidement se dilater jusqu'au volume V_2 et au cours de ce processus se produiront des différences locales de pression, des turbulences ainsi que des gradients de température et de densité.

Fig. 1.12. Système isotherme

Ce processus a lieu spontanément et ne peut jamais s'inverser par lui même. Il est donc irréversible. Au cours de la dilatation on ne peut pas assigner des valeurs aux grandeurs d'état macroscopiques. Nous ne pourrons le faire que lorsqu'un état d'équilibre aura été atteint. Le travail effectué par le système au cours de la dilatation est nul si l'on utilise un piston idéal sans masse.

On peut cependant également effectuer cette dilatation de manière réversible, ou au moins de manière quasi réversible, si l'on diminue la force agissant sur le piston par quantités infinitésimales et si l'on attend que l'équilibre soit atteint dans cette nouvelle situation. La durée de ces périodes d'attente dépend du temps de relaxation du système. Les différences essentielles avec la dilatation irréversible (isotherme) sont que dans ce cas les variables thermodynamiques ont des valeurs définies pour chaque étape intermédiaire et que l'équation d'état, par exemple, s'applique. Dans notre cas en supposant qu'il s'agit d'un gaz parfait, nous avons $p = NkT/V$ et nous pouvons calculer le travail total effectué au cours de la dilatation du système,

$$\int_1^2 \mathrm{d}W = - \int_{V_1}^{V_2} p\,\mathrm{d}V = -NkT \int_{V_1}^{V_2} \frac{\mathrm{d}V}{V} = -NkT \ln \frac{V_2}{V_1}\,. \tag{1.40}$$

À l'inverse du cas irréversible notre système a maintenant effectué un travail contre la force externe F_a. Remarquons ici que ce travail réversible est le travail maximum que l'on peut extraire du système : il n'existe aucune façon d'obtenir un travail plus élevé d'un système que par un travail réversible.

Des dilatations réelles se situeront, bien sur, entre les cas extrêmes d'une dilatation complètement irréversible ($\Delta W = 0$) et d'une dilatation complètement réversible ($\Delta W = -NkT \ln(V_2/V_1)$). Les processus réversible et irréversible pour notre exemple sont représentés sur la figure 1.13.

Dans le cas irréversible on ne peut déterminer que les états initial et final, alors que tous les points de l'isotherme pV sont atteints au cours du processus réversible. Bien que les états initiaux et finaux soient les mêmes pour les processus réversible et irréversible, le travail effectué (bilan énergétique) est complètement différent. Manifestement le processus irréversible s'accompagne d'un gaspillage de travail. Cela reste valable si l'on considère une compression isotherme. Le travail requis au cours d'un processus réversible sera

$$\int_2^1 \mathrm{d}W = - \int_{V_2}^{V_1} p\,\mathrm{d}V = -NkT \ln \frac{V_1}{V_2} = NkT \ln \frac{V_2}{V_1} > 0\,.$$

On suppose dans ce cas que l'on augmente seulement de façon infinitésimale la force agissant sur le piston à chaque étape. Si au contraire nous enfonçons brusquement le piston avec une force importante, nous devrons effectuer un travail plus important, qui sera absorbé par les turbulences et finalement transmis sous forme de chaleur au thermostat.

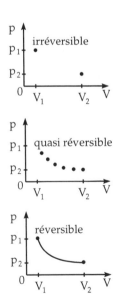

Fig. 1.13. Différentes façons pour réaliser la transformation

Comme on vient de le voir sur cet exemple, le travail effectué dans la dilatation isotherme dépend de la manière dont sont conduits les processus, bien que les états initiaux et finaux soient les mêmes dans les deux cas. Ceci constitue un cas particulier de notre expérience de tous les jours qui montre que le travail effectué dans un processus ainsi que la chaleur échangée, ne dépendent pas que de l'état initial et final du système, mais également de la façon de conduire le processus. Cela signifie donc que travail et chaleur ne sont pas adaptés pour décrire un état macroscopique de manière unique. Ce ne sont pas des grandeurs d'état! Mathématiquement cela signifie que le travail et la chaleur ne sont pas des différentielles (totales exactes). Nous allons étudier en détail ce point au paragraphe suivant.

Si l'on considère une grandeur d'état comme une fonction de variables d'état (par exemple, T, p, etc.), on parle de fonction d'état. L'expérience montre que le nombre de variables d'état nécessaires pour déterminer de façon unique l'état d'un système, dépend des formes possibles d'énergie que le système peut absorber ou émettre. Pour de nombreux systèmes, ce seront par exemple la chaleur δQ, le travail mécanique $\delta W_{\text{méc}}$ ainsi que l'énergie chimique δW_{ch}. À chacune de ces formes d'énergies correspond une variable d'état (par exemle, T, V ou N) et il suffit de se donner ces trois grandeurs pour que toutes les autres grandeurs d'état soient déterminées. Si le système comporte néanmoins plusieurs espèces de particules, chacune possédera son propre nombre de particules. Nous reviendrons sur ce problème en détail lorsque nous étudierons les principes de la thermodynamique et la règle des phases de Gibbs.

Dans le paragraphe suivant nous allons étudier certaines propriétés générales des fonctions d'état et nous nous limiterons aux fonctions d'état de deux variables, par exemple,

$$z = f(x, y). \tag{1.41}$$

La plupart du temps il est impossible d'obtenir l'expression explicite d'une certaine grandeur à partir de l'équation d'état et il faut alors se contenter de l'équation implicite

$$f(x, y, z) = 0. \tag{1.42}$$

C'est une caractéristique des grandeurs d'état et donc aussi des fonctions d'état de ne dépendre que des valeurs des variables d'état, mais pas de la manière (c'est-à-dire, de la transformation suivie) dont ces valeurs ont été atteintes. Si l'on modifie de dx et dy les variables d'état par rapport à leurs valeurs initiales x et y, comme c'est le cas pour un changement d'état réversible, la variation de z vaudra

$$dz = \left. \frac{\partial f(x, y)}{\partial x} \right|_y dx + \left. \frac{\partial f(x, y)}{\partial y} \right|_x dy. \tag{1.43}$$

Il est d'usage en thermodynamique de repérer les variables constantes dans les dérivées partielles sous la forme $|_x$ ou $|_y$. Il faudrait toujours le faire soigneusement car y et x ne sont souvent pas indépendantes l'une de l'autre, mais sont reliées par les principes (lois) de la thermodynamique.

1.10 Formes différentielles et différentielles exactes, intégrales curvilignes

Partons de la fonction d'état

$$z = f(x, y) \tag{1.44}$$

qui a pour différentielle totale

$$dz = \frac{\partial f(x, y)}{\partial x}\bigg|_y dx + \frac{\partial f(x, y)}{\partial y}\bigg|_x dy . \tag{1.45}$$

Introduisons à présent une notation plus générale et mathématiquement plus commode. L'équation (1.45) peut s'interpréter comme le produit scalaire du gradient de f par le vecteur $\binom{dx}{dy} = d\boldsymbol{x}$ et peut s'écrire sous la forme

$$df(\boldsymbol{x}) = \nabla f(\boldsymbol{x}) \cdot d\boldsymbol{x} . \tag{1.46}$$

Une propriété de ces différentielles qui a une importance considérable en thermodynamique est que l'on peut obtenir la fonction originelle (fonction d'état), à une constante additive près, par une intégration curviligne le long d'une courbe *arbitraire* :

$$f(\boldsymbol{x}) - f_0(\boldsymbol{x}_0) = \int_C \nabla f(\boldsymbol{x}) \cdot d\boldsymbol{x} . \tag{1.47}$$

La courbe C va de $\boldsymbol{x}_0 = \binom{x_0}{y_0}$ à $\boldsymbol{x} = \binom{x}{y}$. Si $\boldsymbol{x}(t)$ avec $t \in [0, 1]$ est une représentation paramétrique de cette courbe, le calcul explicite se fait d'après

$$f(\boldsymbol{x}) - f_0(\boldsymbol{x}_0) = \int_0^1 dt \, \nabla f(\boldsymbol{x}(t)) \cdot \frac{d\boldsymbol{x}(t)}{dt} . \tag{1.48}$$

La fonction à intégrer ne dépend que du paramètre t. La question qui se pose alors est de savoir si une différentielle est totale (exacte), ou de manière équivalente sous quelles conditions l'intégrale dans (1.47) ou (1.48) ne dépend pas du chemin suivi. Ce n'est manifestement pas un problème trivial comme on a déjà pu s'en apercevoir au sujet du travail δW qui n'est pas une différentielle. Le problème lié aux équations (1.47) et (1.48) est déjà connu en mécanique où le formalisme pour calculer le travail est le même! Mais en mécanique cependant le travail est une différentielle totale, à l'inverse de la thermodynamique, du moins tant que la force dérive d'un potentiel $\boldsymbol{F} = -\nabla V(\boldsymbol{r})$. D'un point de vue mathématique, l'existence d'un potentiel, est une condition nécessaire et suffisante pour que (1.47) soit indépendante du contour d'intégration. Une forme différentielle arbitraire $\boldsymbol{F}(\boldsymbol{x}) \cdot d\boldsymbol{x}$ donnée, sera une différentielle (totale exacte), si $\boldsymbol{F}(\boldsymbol{x}) = \nabla f(\boldsymbol{x})$ pour un potentiel $f(\boldsymbol{x})$. L'existence d'un potentiel n'est pas encore un critère très pratique pour pouvoir décider si une forme différentielle est une différentielle totale ou non. En mécanique nous connaissons une condition simple pour savoir si une force dérive d'un potentiel. Une condition nécessaire et suffisante est que

$$\nabla \times \boldsymbol{F} = \boldsymbol{0} \tag{1.49}$$

ou

$$\frac{\partial F_z}{\partial y} - \frac{\partial F_y}{\partial z} = 0 \,, \quad \frac{\partial F_x}{\partial z} - \frac{\partial F_z}{\partial x} = 0 \,, \quad \frac{\partial F_y}{\partial x} - \frac{\partial F_x}{\partial y} = 0 \,. \tag{1.50}$$

Si l'on a $\boldsymbol{F} = \nabla f$, (1.50) donne

$$\frac{\partial^2 f}{\partial y \partial z} - \frac{\partial^2 f}{\partial z \partial y} = 0 \,, \quad \frac{\partial^2 f}{\partial z \partial x} - \frac{\partial^2 f}{\partial x \partial z} = 0 \,, \quad \frac{\partial^2 f}{\partial x \partial y} - \frac{\partial^2 f}{\partial y \partial x} = 0 \,. \tag{1.51}$$

Cela ne signifie en fait rien de plus que l'on peut intervertir l'ordre des dérivations partielles, ce qui est certainement vrai pour une fonction $f(x, y, z)$ possédant une différentielle (totale). Pour une forme différentielle $\boldsymbol{F} \cdot \mathrm{d}\boldsymbol{x}$ donnée (avec un nombre arbitraire de variables) il nous suffira donc de vérifier (1.50) pour savoir si c'est une différentielle (exacte).

EXEMPLE

1.4 Une différentielle simple

Considérons la forme différentielle

$$\boldsymbol{F} \cdot \mathrm{d}\boldsymbol{x} = yx\,\mathrm{d}x + x^2\,\mathrm{d}y$$

ce n'est pas une différentielle totale, car alors

$$\frac{\partial F_x}{\partial y} - \frac{\partial F_y}{\partial x} = \frac{\partial(yx)}{\partial y} - \frac{\partial x^2}{\partial x} = x - 2x = -x \tag{1.52}$$

devrait s'annuler, ce qui n'est pas les cas. Cependant,

$$\boldsymbol{F} \cdot \mathrm{d}\boldsymbol{x} = y\,\mathrm{d}x + x\,\mathrm{d}y \tag{1.53}$$

est une différentielle totale, puisque

$$\frac{\partial F_x}{\partial y} - \frac{\partial F_y}{\partial x} = \frac{\partial y}{\partial y} - \frac{\partial x}{\partial x} = 0 \,.$$

Dans ce dernier cas nous pouvons déterminer la fonction dont la différentielle est donnée par (1.53). Pour cela intégrons le long du contour

$$C_1 = \begin{pmatrix} x(t) \\ y(t) \end{pmatrix} = \begin{pmatrix} x_0 + t(x - x_0) \\ y_0 + t(y - y_0) \end{pmatrix} \,, \quad t \in [0, 1]$$

et nous obtenons, d'après (1.48),   *Exemple 1.4*

$$f(x, y) - f_0(x_0, y_0)$$

$$= \int\limits_0^1 dt \left\{ [y_0 + t(y - y_0)](x - x_0) + [x_0 + t(x - x_0)](y - y_0) \right\}$$

$$= y_0(x - x_0) + \frac{1}{2}(y - y_0)(x - x_0) + x_0(y - y_0) + \frac{1}{2}(x - x_0)(y - y_0)$$

$$= xy - x_0 y_0 \, .$$

$$(1.54)$$

En différentiant on vérifie que

$$\left. \frac{\partial f}{\partial x} \right|_y = y \quad \text{et} \quad \left. \frac{\partial f}{\partial y} \right|_x = x \, .$$

Montrons qu'on obtient le même résultat avec une autre courbe C_2 (voir figure 1.14). Prenons donc

$$C_2 = \begin{pmatrix} x(t) \\ y(t) \end{pmatrix} = \begin{cases} \begin{pmatrix} t \\ y_0 \end{pmatrix} \, , & t \in [x_0, \, x] \\ \\ \begin{pmatrix} x \\ t \end{pmatrix} \, , & t \in [y_0, \, y] \end{cases}$$

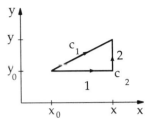

Fig. 1.14. Représentation des contours d'intégration

où il faudra additionner les intégrales sur les deux portions de la courbe (le paramètre t ne doit pas nécessairement être normalisé sur $(0, 1)$) :

$$f(x, y) - f_0(x_0, y_0) = \int\limits_{x_0}^x dt (y_0 \cdot 1 + t \cdot 0) + \int\limits_{y_0}^y dt (t \cdot 0 + x \cdot 1)$$

$$= y_0(x - x_0) + x(y - y_0)$$

$$= xy - x_0 y_0$$

où $(dx(t))/(dt) = 1$, $(dy(t))/(dt) = 0$ sur la portion 1 et $(dx(t))/(dt) = 0$, $(dy(t))(dt) = 1$ sur la portion 2.

On remarque que le résultat est identique à celui de (1.54). Dans beaucoup de cas pratiques la courbe C_2 est très utile. Il est possible de construire une différentielle totale à partir d'une forme différentielle $\boldsymbol{F}(\boldsymbol{x}) \cdot d\boldsymbol{x}$ en la multipliant par une fonction appropriée $g(\boldsymbol{x})$. La détermination de $g(\boldsymbol{x})$ nécessite cependant la résolution d'un système d'équations aux dérivées partielles. Soit $g(\boldsymbol{x}) \boldsymbol{F}(\boldsymbol{x}) \cdot d\boldsymbol{x}$ la différentielle correspondante. Pour n variables, on a alors :

$$\frac{\partial}{\partial x_i} [g(\boldsymbol{x}) F_k(\boldsymbol{x})] = \frac{\partial}{\partial x_k} [g(\boldsymbol{x}) F_i(\boldsymbol{x})] \, , \qquad i, k = 1, 2, \ldots, n \, . \qquad (1.55)$$

Lorsque $\boldsymbol{F}(\boldsymbol{x})$ est donnée, ces équations déterminent $g(\boldsymbol{x})$. $g(\boldsymbol{x})$ s'appelle un *facteur intégrant*.

EXEMPLE ▪▪▪▪▪▪▪▪▪

1.5 Le facteur intégrant

Donnons nous à nouveau la forme différentielle de l'exemple 1.4,

$$\boldsymbol{F} \cdot d\boldsymbol{x} = yx\, dx + x^2\, dy \ .$$

Cherchons à déterminer $g(x, y)$ afin que

$$g\boldsymbol{F} \cdot d\boldsymbol{x} = g(x, y)yx\, dx + g(x, y)x^2 dy$$

soit une différentielle totale. Il faut alors que

$$\frac{\partial}{\partial x}[g(x, y)x^2] = \frac{\partial}{\partial y}[g(x, y)xy] \ . \tag{1.56}$$

Dans ce cas le système différentiel (1.55) se réduit à une simple équation aux dérivées partielles pour $g(x, y)$. Essayons de résoudre cette équation en faisant l'hypothèse $g(x, y) = g_1(x)g_2(y)$. En reportant cette expression dans (1.56) il s'en suit

$$2xg_1(x)g_2(y) + x^2 g_2(y)\frac{dg_1(x)}{dx} = xg_1(x)g_2(y) + xyg_1(x)\frac{dg_2(y)}{dy} \ .$$

Si nous divisons cette équation par $xg_1(x)g_2(y) \neq 0$, en réarrangeant les termes on obtient

$$1 + \frac{x}{g_1(x)}\frac{dg_1(x)}{dx} = \frac{y}{g_2(y)}\frac{dg_2(y)}{dy} \ . \tag{1.57}$$

La séparation des variables x et y est alors complète. On peut alors dire que (1.57) qui doit être vérifiée pour toute combinaison de x et y ne peut être vérifiée que si les deux membres de l'équation sont égaux à une même constante, c'est-à-dire, si

$$1 + \frac{x}{g_1(x)}\frac{dg_1(x)}{dx} = C = \frac{y}{g_2(y)}\frac{dg_2(y)}{dy} \ .$$

Chacune de ces équations s'intègre facilement. De

$$\frac{d \ln g_1(x)}{dx} = \frac{C-1}{x} \quad \text{et} \quad \frac{d \ln g_2(y)}{dy} = \frac{C}{y}$$

il s'en suit que

$$\ln g_1(x) = (C-1)\ln x + K_1 \quad \text{et} \quad \ln g_2(y) = C \ln y + K_2$$

ou

$$g(x, y) = g_1(x)g_2(y) = x^{C-1}y^C K \ , \quad K = e^{K_1 + K_2}$$

où les constantes C, K_1 et K_2 sont arbitraires. Comme nous ne cherchons qu'à déterminer une fonction particulière, nous pouvons choisir $C = 0$, $K_1 = -K_2$ c'est-à-dire, $g(x, y) = x^{-1}$. Notre différentielle s'écrit alors

$$g\boldsymbol{F} \cdot \mathrm{d}\boldsymbol{x} = \frac{1}{x}(xy\,\mathrm{d}x + x^2\,\mathrm{d}y) = y\,\mathrm{d}x + x\,\mathrm{d}y\,.$$

Il s'agit justement de la forme différentielle de l'équation (1.53) dont nous savons que c'est une différentielle totale.

EXERCICE

1.6 Différentielles totales et formes différentielles

Problème. Soit la forme différentielle

$$\boldsymbol{F} \cdot \mathrm{d}\boldsymbol{x} = (x^2 - y)\,\mathrm{d}x + x\,\mathrm{d}y\,. \qquad (1.58)$$

Est-ce une différentielle totale? Calculons $\int_{C_i} \boldsymbol{F} \cdot \mathrm{d}\boldsymbol{x}$ où C_i représente le contour de $(1, 1)$ à $(2, 2)$ sur la figure 1.15. Si ce n'est pas une différentielle totale, déterminer le facteur intégrant? Déterminer la fonction qui admet une différentielle exacte.

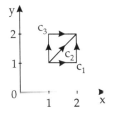

Fig. 1.15. Représentation des contours d'intégration

Solution. Si la forme différentielle (1.58) était une différentielle totale

$$\frac{\partial F_x}{\partial y} - \frac{\partial F_y}{\partial x} = \frac{\partial (x^2 - y)}{\partial y} - \frac{\partial x}{\partial x} = -2$$

devrait nécessairement s'annuler, ce qui n'est pas le cas. Ce n'est donc pas une différentielle totale. Calculons les intégrales $\int_{C_i} \boldsymbol{F} \cdot \mathrm{d}\boldsymbol{x}$ en tant qu'intégrales curvilignes avec un paramétrage approprié :

$$\int\limits_C \boldsymbol{F}(\boldsymbol{x}) \cdot \mathrm{d}\boldsymbol{x} = \int\limits_0^1 \mathrm{d}t \left([x^2(t) - y(t)]\frac{\mathrm{d}x(t)}{\mathrm{d}t} + x(t)\frac{\mathrm{d}y(t)}{\mathrm{d}t} \right)\,.$$

Prenons

$$C_1 = \begin{cases} \begin{pmatrix} x \\ y \end{pmatrix} = \begin{pmatrix} 2t+1 \\ 1 \end{pmatrix}\,, & t \in \left[0, \dfrac{1}{2}\right] \\[3mm] \begin{pmatrix} x \\ y \end{pmatrix} = \begin{pmatrix} 2 \\ 2t \end{pmatrix}\,, & t \in \left[\dfrac{1}{2}, 1\right]\,. \end{cases} \qquad (1.59)$$

Exercice 1.6

Les intégrales correspondantes s'écrivent

$$\int_{C_1} \boldsymbol{F}(\boldsymbol{x}) \cdot \mathrm{d}\boldsymbol{x} = 2 \int_0^{1/2} \mathrm{d}t \, [(2t+1)^2 - 1] + \int_{1/2}^1 \mathrm{d}t \, 2 \cdot 2$$

$$= \left(\frac{1}{3} + 1\right) + 2$$

$$= \frac{10}{3} \, .$$

De la même façon nous avons pour la courbe C_2

$$C_2 = \begin{pmatrix} x \\ y \end{pmatrix} = \begin{pmatrix} t+1 \\ t+1 \end{pmatrix} , \quad t \in [0, 1] \, . \tag{1.60}$$

L'intégrale s'écrit

$$\int_{C_2} \boldsymbol{F}(\boldsymbol{x}) \, \mathrm{d}\boldsymbol{x} = \int_0^1 \mathrm{d}t \, \{[(t+1)^2 - t - 1] \cdot 1 + (t+1) \cdot 1\}$$

$$= \int_0^1 \mathrm{d}t \, (t+1)^2$$

$$= \frac{7}{3} \, .$$

Enfin la courbe C_3 est donnée par

$$C_3 = \begin{cases} \begin{pmatrix} x \\ y \end{pmatrix} = \begin{pmatrix} 1 \\ 2t+1 \end{pmatrix} , & t \in \left[0, \dfrac{1}{2}\right] \\[2mm] \begin{pmatrix} x \\ y \end{pmatrix} = \begin{pmatrix} 2t \\ 2 \end{pmatrix} , & t \in \left[\dfrac{1}{2}, 1\right] \end{cases} \tag{1.61}$$

et l'intégrale le long de cette courbe s'écrit

$$\int_{C_3} \boldsymbol{F}(\boldsymbol{x}) \cdot \mathrm{d}\boldsymbol{x} = \int_0^{1/2} \mathrm{d}t \, 2 \cdot 1 + \int_{1/2}^1 \mathrm{d}t [(2t)^2 - 2)] \, 2$$

$$= -1 + 8 \int_{1/2}^1 t^2 \, \mathrm{d}t$$

$$= \frac{4}{3} \, .$$

Comme on pouvait s'y attendre, les trois courbes donnent des résultats différents pour l'intégration, puisque la différentielle n'est pas exacte. Cherchons à présent le facteur d'intégration. Si nous le notons $g(x, y)$, on doit avoir

$$\frac{\partial}{\partial y}[(x^2 - y)g(x, y)] - \frac{\partial}{\partial x}[xg(x, y)] = 0 \, .$$

Faisons l'hypothèse qu'il s'écrive sous forme d'un produit $g(x, y) = g_1(x)g_2(y)$, cela donne

$$(x^2 - y)g_1(x)\frac{\mathrm{d}g_2(y)}{\mathrm{d}y} - xg_2(y)\frac{\mathrm{d}g_1(x)}{\mathrm{d}x} = 2g_1(x)g_2(y)$$

après division par $g_1(x)g_2(y) \neq 0$ $(g(x, y))$ que l'on suppose non nul, (sinon le facteur d'intégration serait trivial) on obtient

$$(x^2 - y)\frac{\mathrm{d}}{\mathrm{d}y}\ln g_2(y) - x\frac{\mathrm{d}}{\mathrm{d}x}\ln g_1(x) = 2 \, .$$

La dérivée de $\ln\ln(g_2(y))$ doit s'annuler, car sinon il n'y aucune possibilité de choisir les fonctions g_1 et g_2, alors le membre de gauche est égal à celui de droite pour des valeurs quelconques de x et y. Le lecteur pourra le vérifier en distinguant tous les cas. Le second terme ne dépend que de x et à droite nous avons une constante. On en déduit

$$\frac{\mathrm{d}}{\mathrm{d}x}\ln g_1(x) = -\frac{2}{x} \quad \Rightarrow \quad g_1(x) = \frac{1}{x^2}$$

alors que $g_2(y) = 1$ et nous pouvons donc prendre $\ln(g_2(y)) = 0$. Nous avons donc trouvé $g(x, y) = x^{-2}$. On vérifie que,

$$g\boldsymbol{F} \cdot \mathrm{d}\boldsymbol{x} = \left(1 - \frac{y}{x^2}\right)\mathrm{d}x + \frac{1}{x}\mathrm{d}y \tag{1.62}$$

est une différentielle exacte car

$$\frac{\partial}{\partial y}\left(1 - \frac{y}{x^2}\right) = -\frac{1}{x^2} \quad \text{et} \quad \frac{\partial}{\partial x}\left(\frac{1}{x}\right) = -\frac{1}{x^2} \, .$$

Montrons à présent que les intégrales $\int_C g\boldsymbol{F} \cdot \mathrm{d}\boldsymbol{x}$ ont même valeur sur tous les contours d'intégration. En utilisant les équations paramétriques (1.59–61), il s'en suit

$$\int_{C_1} g\boldsymbol{F} \cdot \mathrm{d}\boldsymbol{x} = \int_0^{1/2}\left(1 - \frac{1}{(2t+1)^2}\right)2\,\mathrm{d}t + \int_{1/2}^1 \frac{1}{2}\cdot 2\,\mathrm{d}t$$

$$= \frac{3}{2} - \int_0^{1/2}\frac{2\,\mathrm{d}t}{(2t+1)^2}$$

$$= \frac{3}{2} - \frac{1}{2} = 1$$

et aussi que

$$
\int\limits_{C_2} g\boldsymbol{F}\cdot \mathrm{d}\boldsymbol{x} = \int\limits_0^1 \left[\left(1 - \frac{1}{t+1} \right) + \frac{1}{t+1} \right]\mathrm{d}t = 1
$$

et

$$
\int\limits_{C_3} g\boldsymbol{F}\cdot \mathrm{d}\boldsymbol{x} = \int\limits_0^{1/2} 1\cdot 2\,\mathrm{d}t + \int\limits_{1/2}^1 \left(1 - \frac{2}{(2t)^2} \right) 2\,\mathrm{d}t
$$

$$
= 2 - \int\limits_{1/2}^1 \frac{\mathrm{d}t}{t^2}
$$

$$
= 2 + 1 - 2 = 1\ .
$$

On obtient donc le même résultat pour les contours C_1, C_2 et C_3 (ainsi que pour tous les autres). Nous cherchons maintenant à déterminer une fonction primitive. Intégrons depuis le point initial (x_0, y_0) jusqu'au point final (x, y) par le trajet le plus pratique :

$$
C = \begin{pmatrix} x(t) \\ y(t) \end{pmatrix} = \begin{pmatrix} t \\ \dfrac{y - y_0}{x - x_0}(t - x_0) + y_0 \end{pmatrix} , \qquad t \in [x_0, x]
$$

et nous obtenons la fonction primitive $f(x, y) - f_0(x_0, y_0) = \int_C g\boldsymbol{F}(\boldsymbol{x})\cdot \mathrm{d}\boldsymbol{x}$

$$
f(x, y) - f_0(x_0, y_0) = \int\limits_{x_0}^x \mathrm{d}t \left(1 - \frac{1}{t^2}\left(\frac{y - y_0}{x - x_0}(t - x_0) + y_0 \right) + \frac{1}{t}\frac{y - y_0}{x - x_0} \right)
$$

$$
= \int\limits_{x_0}^x \mathrm{d}t \left[1 + \frac{1}{t^2}\left(\frac{y - y_0}{x - x_0}x_0 - y_0 \right) \right]
$$

$$
= x - x_0 - \left(\frac{y - y_0}{x - x_0}x_0 - y_0 \right)\left(\frac{1}{x} - \frac{1}{x_0} \right)
$$

$$
= x - x_0 + \left(\frac{(y - y_0)x_0 - y_0(x - x_0)}{x - x_0}\frac{x - x_0}{xx_0} \right)
$$

$$
= x - x_0 + \frac{y - y_0}{x} - \frac{y_0}{x_0} + \frac{y_0}{x}
$$

$$
= x - x_0 + \left(\frac{y}{x} - \frac{y_0}{x_0} \right)\ .
$$

En différentiant on s'aperçoit aussitôt qu'il s'agit de la fonction primitive correcte pour l'équation (1.62).

2. Les principes de la thermodynamique

2.1 Le premier principe

Dans le chapitre précédent nous nous sommes rendus compte que la chaleur n'était rien d'autre qu'une forme particulière d'énergie. Ceci fut la découverte de R. J. Mayer (1842). L'idée que la chaleur était de l'énergie distribuée statistiquement entre les particules d'un système, fut émise par Clausius (1857) : il introduisit le concept statistique de vitesse quadratique moyenne et obtint la loi des gaz parfaits à partir de la théorie cinétique.

En physique, le principe de conservation de l'énergie est d'une importance fondamentale et l'expérience confirme que ce principe est valable aussi bien à des échelles macroscopiques que microscopiques. Par conséquent, à coté du travail fourni ou reçu par un système il faut aussi tenir compte de la chaleur échangée avec le milieu extérieur. On peut donc faire correspondre une *énergie interne* U à tout système macroscopique. Pour un système isolé, qui n'échange ni travail ni chaleur avec le milieu extérieur, l'énergie interne U est identique à l'énergie totale E de la mécanique ou de l'électromagnétisme du système. Cependant si le système peut échanger du travail et de la chaleur avec le milieu extérieur, un principe de conservation de l'énergie plus large qu'en mécanique ou en électromagnétisme s'applique. La variation d'énergie interne pour un changement d'état arbitraire (réversible ou irréversible) est donnée par la somme du travail ΔW et de la chaleur ΔQ échangés avec le milieu extérieur. On écrit :

$$\text{Premier principe :} \qquad \mathrm{d}U = \delta W + \delta Q \, . \tag{2.1}$$

Il est essentiel de remarquer ici que le travail et la chaleur échangés avec le milieu extérieur au cours d'une variation d'état infinitésimale peuvent dépendre de la façon dont le processus se déroule ; c'est-à-dire, ce ne sont pas des différentielles exactes. Nous mettrons donc la lettre δ pour ces changements pour les distinguer des différentielles exactes.

La variation d'énergie totale est par contre indépendante de la manière dont le processus se produit et ne dépend que de l'état initial et de l'état final du système. L'énergie interne possède donc une différentielle exacte. Signalons encore une fois explicitement que, par exemple, le travail ne s'écrit $\delta W_{\mathrm{rev}} = -p\,\mathrm{d}V$ que pour des transformations réversibles ; pour des processus irréversibles il se peut que $\delta W_{\text{irr}} = 0$. La même remarque s'applique aux échanges de chaleur : $\delta Q_{\text{rev}} = C_V \, dT$ n'est valable que pour des échanges réversibles, alors que l'équation (2.1) reste toujours vraie.

Il existe beaucoup de formulations du premier principe de la thermodynamique, elles ont cependant toutes la même signification, en l'occurrence que la somme du travail et de la chaleur échangés par un système fournissent la variation d'énergie totale du système. Cette constatation est due principalement à R. Mayer (1814–1878) et J. P. Joule (1818–1889), qui put démontrer par ses expériences précises que la chaleur n'était qu'une forme particulière d'énergie.

Donnons à présent une sélection des formulations du premier principe qui sont toutes équivalentes :

(a) L'énergie interne U d'un système est une fonction d'état. Cela signifie que le contenu énergétique total d'un système est toujours le même pour un état macroscopique donné.

(b) Il n'existe pas de mobile perpétuel de première espèce. Un mobile perpétuel de première espèce est une machine qui fournit de l'énergie en permanence, sans modifier le milieu extérieur. Ce n'est donc pas seulement une machine qui travail en permanence sans s'arrêter, ce qui est approximativement vrai pour notre système planétaire, mais une machine qui fournit effectivement du travail sans source d'énergie.

(c) La variation d'énergie interne pour une variation d'état infinitésimale arbitraire est une différentielle exacte.

L'équivalence des affirmations (a) et (c) se déduit du paragraphe précédent : si dU est une différentielle totale, il existe une fonction d'état et inversement. L'affirmation (b) est aussi équivalente à l'affirmation (c) : si (b) n'était pas vrai il existerait un fluide pour un processus thermodynamique au cours duquel de l'énergie serait crée en permanence, bien qu'au bout d'un certain temps le système se retrouve dans son état initial ; ceci serait en contradiction avec le fait que l'intégrale d'une différentielle totale ne dépend pas du chemin suivi.

Soulignons encore une fois que le premier principe s'applique que les transformations soient réversibles ou irréversibles.

EXEMPLE ▬▬▬▬▬▬▬▬▬▬▬▬

2.1 Energie interne et différentielle totale

À titre d'exemple calculons l'énergie interne d'un gaz parfait. Dans le paragraphe «théorie cinétique du gaz parfait» nous avons déjà trouvé l'équation suivante :

$$pV = NkT = \frac{2}{3} N \langle \varepsilon_{\text{cin}} \rangle$$

où $\langle \varepsilon_{\text{cin}} \rangle$ était l'énergie cinétique moyenne par particule. Dans le cas d'un gaz parfait les particules ne possèdent que de l'énergie cinétique mais pas d'énergie potentielle ; par conséquent $\langle \varepsilon_{\text{cin}} \rangle$ représente aussi l'énergie totale moyenne. Dans l'interprétation statistique, l'énergie interne n'est cependant rien d'autre que l'énergie totale moyenne du système, c'est-à-dire, avec $U = \langle E_{\text{cin}} \rangle = N \langle \varepsilon_{\text{cin}} \rangle$

$$U = \frac{3}{2} NkT \; . \tag{2.2}$$

À titre supplémentaire déterminons la capacité thermique du gaz parfait. Soit un récipient de volume constant contenant un gaz parfait, en contact avec un thermostat à la température T. Si la température varie de dT nous avons

$$dU = \delta W + \delta Q \; .$$

D'autre part, le travail échangé avec le milieu extérieur est nul, car

$$\delta W = -p \, dV = 0 \; , \qquad V = \text{cste} \; .$$

(*Remarque :* Lorsqu'un changement d'état se fait à volume constant on dit qu'il est isochore.) Nous avons donc

$$dU = C_V(T) \, dT \; . \tag{2.3}$$

Nous nous sommes servi de la capacité thermique à volume constant C_V. Remarquons que pour notre transformation on peut intégrer δQ. Pour des gaz dilués la capacité thermique est constante (voir figure dans le paragraphe sur les capacités thermiques), l'équation (2.3) est donc intégrable,

$$U(T) - U_0(T_0) = C_V(T - T_0) \; .$$

Si en plus nous tenons compte du fait que la *capacité thermique totale* est proportionnelle au nombre de particules, $C_V = Nc_V$, et nous trouvons

$$U(T) - U_0(T_0) = Nc_V(T - T_0) \tag{2.4}$$

où c_V est *la capacité thermique* constante *par particule du gaz parfait*. En comparant à l'équation (2.2) on aboutit à

$$c_V = \frac{3}{2} k \quad \text{ou} \quad C_V = \frac{3}{2} Nk$$

respectivement. Nous nous apercevons encore une fois de la très grande importance des capacités thermiques. À l'aide de l'équation (2.3) il est possible de déterminer l'énergie interne des gaz réels à partir des mesures de leurs capacités thermiques. De manière tout à fait générale, on peut identifier la capacité thermique totale à volume constant avec

$$C_V = \left. \frac{\partial U}{\partial T} \right|_V$$

Exemple 2.1 puisque l'équation (2.3) est toujours vraie à $V =$ constante. L'équation (2.4) est d'ailleurs plus générale qu'il n'y semble au premier abord : pour un certain domaine de températures la capacité thermique de nombreux matériaux peut être considérée constante. Par conséquent l'équation (2.4) est valable, par exemple, également pour les métaux et les gaz réels tant que les écarts de températures ne sont pas trop importants.

EXEMPLE

2.2 Equation des adiabatiques pour un gaz parfait

Cherchons maintenant à déterminer la relation entre la température et le volume pour un gaz parfait au cours d'une transformation où il n'échange pas de chaleur avec le milieu extérieur. Une transformation au cours de laquelle il n'y a pas d'échange de chaleur s'appelle une transformation *adiabatique*. D'après le premier principe, avec $\delta Q = 0$ et $\delta W_{\mathrm{rev}} = -p\,\mathrm{d}V$ il s'en suit que

$$\mathrm{d}U = \delta W_{\mathrm{rev}} = -p\,\mathrm{d}V$$

pour une transformation adiabatique réversible. Si le volume du système diminue de $\mathrm{d}V$, c'est-à-dire, si le système reçoit du travail, le contenu énergétique du système augmente de $\mathrm{d}U = -p\,\mathrm{d}V > 0$ ($\mathrm{d}V < 0$). L'équation (2.2) nous dit que de manière très générale pour un gaz parfait (pour $\mathrm{d}V \neq 0$) on a $\mathrm{d}U = C_V\,\mathrm{d}T$. On obtient donc une relation entre $\mathrm{d}T$ et $\mathrm{d}V$ pour des variations adiabatiques du volume d'un gaz parfait :

$$C_V\,\mathrm{d}T = -p\,\mathrm{d}V \ .$$

En reportant l'équation d'état du gaz parfait pour $p(V, T)$ on obtient

$$C_V\,\mathrm{d}T = -\frac{NkT}{V}\,\mathrm{d}V \ . \tag{2.5}$$

C'est une équation différentielle qui décrit la relation entre V et T pour des transformations adiabatiques. Puisque $C_V =$ constante, l'équation (2.5) s'intègre de l'état initial (T_0, V_0) à l'état final (T, V) en séparant les variables,

$$\int_{T_0}^{T} \frac{C_V}{Nk} \frac{\mathrm{d}T}{T} = -\int_{V_0}^{V} \frac{\mathrm{d}V}{V} \quad \Rightarrow \quad \frac{C_V}{Nk} \ln \frac{T}{T_0} = -\ln \frac{V}{V_0} \ .$$

En reportant $C_V = 2/3\,Nk$ et en réarrangeant les termes on obtient

$$\left(\frac{T}{T_0}\right)^{3/2} = \frac{V_0}{V} \ . \tag{2.6}$$

À l'aide de l'équation d'état des gaz parfaits on peut déduire des relations équivalentes entre p et V ou p et T, respectivement ; pour des transformations adiabatiques réversibles, par exemple,

$$\left(\frac{T}{T_0}\right)^{5/2} = \frac{p}{p_0} \quad \text{et} \quad \frac{p}{p_0} = \left(\frac{V_0}{V}\right)^{5/3} . \tag{2.7}$$

Les équations (2.6) et (2.7) sont les équations adiabatiques du gaz parfait. Elles diffèrent logiquement de l'équation d'état d'un gaz parfait, puisqu'ici nous avons considéré une transformation particulière (une transformation adiabatique) : de la même manière que pour les transformations à température constante (isothermes), pression constante (isobares), ou volume constant (isochores) on peut éliminer une variable de l'équation d'état du gaz parfait. Nous verrons que l'entropie reste constante au cours d'une transformation adiabatique réversible (transformations isentropiques). En raison de $pV^{5/3} =$ constante, les *adiabatiques* (courbes isentropiques) ont une pente plus élevée que les *isothermes* dans un diagramme pV, pour lesquelles s'applique la loi de Boyle et Mariotte ($pV =$ constante).

Comme nous l'avons déjà mentionné, le premier principe s'applique qu'une transformation soit réversible ou irréversible :

$$dU = \delta W_{\text{rev}} + \delta Q_{\text{rev}} = \delta W_{\text{irr}} + \delta Q_{\text{irr}} . \tag{2.8}$$

Dans l'exemple de la détente isotherme d'un gaz parfait nous avons déjà appris qu'en général la valeur absolue du travail *effectué* est plus grande pour une transformation réversible que pour une transformation irréversible. De manière analogue, le travail *requis* pour une transformation irréversible (compression) est toujours plus grand que pour une transformation réversible. De façon tout à fait générale, on a algébriquement

$$\delta W_{\text{irr}} > \delta W_{\text{rev}} = -p\,dV . \tag{2.9}$$

Dans un processus irréversible la valeur absolue de la chaleur (négative) perdue est toujours plus grande que pour un processus réversible et nécessite donc moins de chaleur

$$\delta Q_{\text{irr}} < \delta Q_{\text{rev}} . \tag{2.10}$$

Cela se déduit de l'équation (2.8), puisque $\delta W_{\text{irr}} > \delta W_{\text{rev}}$. L'exemple 1.3 illustre la validité de ces relations. En d'autres termes, un processus réversible nécessite le travail le plus faible ou produit le travail le plus élevé, alors que pour un processus irréversible une partie du travail est toujours transformé en chaleur qui est perdue par le système (elle est prise en compte avec un signe moins). Simultanément l'entropie du système augmente. Cette augmentation d'entropie ne peut cependant plus être inversée ; d'où la dénomination «irréversible».

D'un point de vue pratique, les processus thermodynamiques cycliques sont particulièrement intéressants. Il constituent la base de toutes les machines thermiques que nous étudierons par la suite. Quelques conclusions fondamentales peuvent néanmoins déjà être tirées en utilisant le premier principe. Par exemple, un fluide qui décrit un cycle va se retrouver dans son état initial après une série de changements d'état, l'équation

$$\oint dU = 0 \tag{2.11}$$

doit alors être vérifiée, car dU est une différentielle totale et donc indépendante du chemin suivi. Si un tel cycle produit néanmoins du travail, il faut évidemment qu'une certaine quantité de chaleur (extraite du milieu extérieur) se soit transformée en travail. Etudions plus en détail un tel cycle pour un gaz parfait.

2.2 Cycle de Carnot et entropie

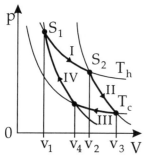

Fig. 2.1. Cycle de Carnot dans le diagramme pV

Ce cycle utilisant un gaz parfait comme fluide fut présenté par Carnot en 1824. Son importance ne provient pas seulement du fait qu'il peut être considéré comme un cas limite pour des cycles réels, mais qu'il illustre clairement certaines idées de base. Le cycle de Carnot se compose de quatre transformations réversibles successives, que nous allons représenter sur un diagramme pV (figure 2.1) :

Etape 1. Dilatation isotherme du volume V_1 jusqu'au volume V_2 à la température constante T_{ch}. Pour l'isotherme on a

$$\frac{V_2}{V_1} = \frac{p_1}{p_2}. \tag{2.12}$$

Dans l'exemple 2.1 nous avons vu que l'énergie interne d'un gaz parfait, qui est le fluide dans notre cas, ne change pas à température constante. Nous avons donc

$$\Delta U_1 = \Delta W_1 + \Delta Q_1 = 0. \tag{2.13}$$

Nous pouvons alors calculer ΔQ_1 à l'aide de l'équation (1.40) :

$$\Delta Q_1 = -\Delta W_1 = NkT_{ch} \ln \frac{V_2}{V_1}. \tag{2.14}$$

Ceci constitue la quantité de chaleur échangée avec la thermostat dans la première étape. Puisque $V_2 > V_1$, $\Delta Q_1 > 0$; c'est-à-dire, la quantité de chaleur ΔQ_1 est gagnée par le système au détriment du thermostat.

Etape 2. Dilatation adiabatique pour le fluide isolé de V_2 à V_3. La température passe alors de T_{ch} à T_{fr}. Les indices ch et fr sont pour *chaud* et *froid*, c'est-à-dire, $T_{ch} > T_{fr}$:

$$\frac{V_3}{V_2} = \left(\frac{T_{ch}}{T_{fr}}\right)^{3/2} . \tag{2.15}$$

Puisque $\Delta Q_2 = 0$ (pour une transformation adiabatique) le travail effectué s'obtient à partir de l'énergie interne,

$$\Delta W_2 = \Delta U_2 = C_V (T_{fr} - T_{ch}) . \tag{2.16}$$

Le signe correspond au sens $T_{ch} \to T_{fr}$. Pour un gaz parfait, $C_V = 3Nk/2$; c'est-à-dire, C_V est une constante indépendante de la température et du volume. La variation d'énergie interne pour cette partie du processus est donnée par l'équation (2.16), bien que le volume change également.

Etape 3. Effectuons à présent une compression isotherme du système de V_3 à V_4, la température (constante) étant T_{fr}. Comme pour l'étape 1 nous avons

$$\frac{V_4}{V_3} = \frac{p_3}{p_4} . \tag{2.17}$$

Le travail fourni au cours de la compression est donné sous forme de chaleur au thermostat, car $\Delta U_3 = 0$ à $T = $ constante :

$$\Delta U_3 = \Delta W_3 + \Delta Q_3 = 0 , \tag{2.18}$$

$$\Delta Q_3 = -\Delta W_3 = Nk T_{fr} \ln \frac{V_4}{V_3} . \tag{2.19}$$

Ceci constitue la quantité de chaleur absorbée par le thermostat au cours de cette étape. Comme $V_4 < V_3$, il s'en suit que $\Delta Q_3 < 0$; c'est-à-dire, le gaz perd cette quantité de chaleur.

Etape 4. Pour terminer nous ramenons le système dans son état initial par une compression adiabatique de V_4 à V_1. La température augmente de T_{fr} à T_{ch} :

$$\frac{V_1}{V_4} = \left(\frac{T_{fr}}{T_{ch}}\right)^{3/2} . \tag{2.20}$$

Comme $\Delta Q_4 = 0$ on en déduit

$$\Delta W_4 = \Delta U_4 = C_V (T_{ch} - T_{fr}) . \tag{2.21}$$

Faisons le bilan énergétique global pour le processus. On a

$$\Delta U_{total} = \underbrace{\Delta Q_1 + \Delta W_1}_{1} + \underbrace{\Delta W_2}_{2} + \underbrace{\Delta Q_3 + \Delta W_3}_{3} + \underbrace{\Delta W_4}_{4} . \tag{2.22}$$

Si l'on reporte les équations (2.14), (2.16), (2.19) et (2.21), on constate qu'on a effectivement $\Delta U_{total} = 0$, comme il se doit pour un cycle. Nous avons $\Delta Q_1 + \Delta W_1 = 0$ et de façon analogue $\Delta Q_3 + \Delta W_3 = 0$ et de plus $\Delta W_2 = -\Delta W_4$.

Nous avons de plus les relations suivantes pour les quantités de chaleur échangées avec le thermostat :

$$\Delta Q_1 = NkT_{\text{ch}} \ln \frac{V_2}{V_1} , \qquad \Delta Q_3 = NkT_{\text{fr}} \ln \frac{V_4}{V_3} . \tag{2.23}$$

On sait par ailleurs d'après les équations (2.15) et (2.20), que

$$\frac{V_3}{V_2} = \frac{V_4}{V_1} \quad \text{ou} \quad \frac{V_2}{V_1} = \left(\frac{V_4}{V_3}\right)^{-1} . \tag{2.24}$$

Nous avons alors pour ΔQ_1 et ΔQ_3, d'après l'équation (2.23), la relation

$$\frac{\Delta Q_1}{T_{\text{ch}}} + \frac{\Delta Q_3}{T_{\text{fr}}} = 0 . \tag{2.25}$$

Cette équation est très importante, car elle n'est pas seulement valable pour notre cycle particulier de Carnot. Toutes les expériences nous indiquent qu'elle reste vraie pour tout cycle *réversible*. La grandeur $\Delta Q/T$ s'appelle la quantité de «chaleur réduite». Si l'on décompose le cycle de Carnot en fractions infinitésimales, on peut manifestement écrire au lieu de l'équation (2.25)

$$\oint \frac{\delta Q_{\text{rev}}}{T} = 0 . \tag{2.26}$$

Si maintenant nous pouvons démontrer que cette équation reste vraie pour des contours fermés arbitraires et pas seulement pour le cycle de Carnot, alors d'après nos résultats du paragraphe concernant les différentielles exactes ou non et les intégrales curvilignes, nous aurons démontré que la chaleur réduite $\Delta Q_{\text{rev}}/T$ ne dépend pas du contour suivi et est donc une différentielle exacte. En d'autres termes : $1/T$ est le facteur intégrant pour la forme différentielle δQ.

Le fait que $\delta Q/T$ soit une différentielle exacte et son équivalence avec l'équation (2.26) peut également se déduire de la manière suivante : si l'on intègre de l'état 1 à l'état 2 et que l'on revient à l'état 1, on a

$$\oint \frac{\delta Q}{T} = \int_{C_A} \frac{\delta Q}{T} + \int_{C_B} \frac{\delta Q}{T} = 0 . \tag{2.27}$$

En inversant le sens d'intégration sur la courbe C_B (c'est-à-dire, en changeant les signes), on constate que l'intégrale $\int_1^2 \delta Q/T$ est indépendante du contour.

Pour prouver que l'équation (2.26) est indépendante du contour pour un cycle arbitraire (et pas seulement pour le cycle de Carnot) nous divisons le cycle arbitraire en une succession de cycles (figure 2.2) de Carnot infinitésimaux ($N \to \infty$), comme indiqué sur la figure 2.3. Toutes les parties hachurées sont parcourues deux fois par des cycles adjacents, mais à chaque fois en sens inverse, et n'apportent donc aucune contribution. Pour N suffisamment grand on pourra toujours s'approcher de la forme exacte du cycle général de Carnot avec une précision aussi grande que l'on veut.

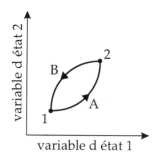

Fig. 2.2. Cycle de Carnot

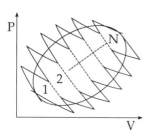

Fig. 2.3. Décomposition d'un cycle arbitraire en un grand nombre de petits cycles de Carnot

Pour chacun des processus de Carnot, l'équation (2.26) est bien sur valable, mais donc aussi pour la somme de tous les processus et donc pour un cycle arbitraire.

On peut vérifier expérimentalement que $\delta Q_{\text{rev}}/T$ est une différentielle exacte non seulement pour un gaz parfait, mais pour tout autre processus thermodynamique réversible. En d'autres termes, il existe une fonction d'état, dont la différentielle est $\delta Q/T$. Cette fonction d'état extensive se nomme l'entropie, et est définie par

$$\mathrm{d}S = \frac{\delta Q_{\text{rev}}}{T} \, , \qquad S_1 - S_0 = \int_0^1 \frac{\delta Q_{\text{rev}}}{T} \, . \tag{2.28}$$

L'équation (2.28) peut évidemment aussi servir de procédure de mesure pour l'entropie. Il faut pour cela mesurer la chaleur réversible que le système échange à une température donnée T. Par cette méthode cependant, on n'accède qu'aux différences d'entropie, mais pas à la valeur absolue de l'entropie.

Dans le plan de coordonnées TS le cycle de Carnot est simplement représenté par un rectangle : $T = $ constante pour les portions 1 et 3 et $S = $ constante pour les portions 2 et 4. Le cycle de Carnot produit effectivement du travail, comme on peut s'en apercevoir sur les équations correspondantes, en effet le travail de compression à fournir dans les portions 3 et 4 est plus faible que le travail de dilatation reçu dans les portions 1 et 2, en effet,

$$\Delta W = \Delta W_1 + \Delta W_2 + \Delta W_3 + \Delta W_4$$
$$= -NkT_{\text{ch}} \ln \frac{V_2}{V_1} - NkT_{\text{fr}} \ln \frac{V_4}{V_3} \tag{2.29}$$

et en utilisant l'équation (2.24)

$$\Delta W = -Nk(T_{\text{ch}} - T_{\text{fr}}) \ln \frac{V_2}{V_1} = -(\Delta Q_1 + \Delta Q_3) \, . \tag{2.30}$$

Puisque $T_{\text{ch}} > T_{\text{fr}}$ et $V_2 > V_1$, cette quantité est négative. ΔW représente donc le travail fourni par le gaz. Une machine de Carnot transforme manifestement de la chaleur en travail. Le travail fourni par la machine augmente avec la différence de température $T_{\text{ch}} - T_{\text{fr}}$ et avec le taux de compression V_2/V_1. Calculons à présent l'efficacité de cette machine. Nous définirons l'efficacité comme le rapport de la chaleur transformée en travail à la chaleur totale absorbée,

$$\eta = \frac{|\Delta W|}{\Delta Q_1} = \frac{\Delta Q_1 + \Delta Q_3}{\Delta Q_1} = 1 + \frac{\Delta Q_3}{\Delta Q_1} \, . \tag{2.31}$$

En reportant dans l'équation (2.25), on obtient

$$\eta = 1 - \frac{T_{\text{fr}}}{T_{\text{ch}}} = \frac{T_{\text{ch}} - T_{\text{fr}}}{T_{\text{ch}}} \, . \tag{2.32}$$

L'efficacité augmente donc avec la différence de températures $T_{\text{ch}} - T_{\text{fr}}$. Comme on ne peut cependant pas éviter de perdre une certaine quantité de chaleur ΔQ_3, qui est donnée au thermostat le plus froid (à la température T_{fr}), l'efficacité (2.32) est nettement inférieure à 1. Par conséquent, même avec cette machine (idéale) il n'est pas possible de transformer complètement la chaleur ΔQ_{ch} en travail, sauf si le thermostat le plus froid se trouve à $T_{fr} = 0$ (ou le thermostat le plus chaud a une température $T_{ch} \to \infty$). Nous allons voir qu'il n'y a en principe pas de machine thermique avec une efficacité meilleure que celle donnée par l'équation (2.32). L'impossibilité de construire une telle machine nous conduit au second principe de la thermodynamique.

2.3 Le second principe et l'entropie

La grandeur d'état entropie fut introduite par Clausius en 1850. Elle est définie par l'équation (2.28) comme la quantité de chaleur réversible échangée à la température T. Puisque la quantité de chaleur δQ_{irr} échangée au cours d'un processus irréversible est toujours plus petite que celle échangée dans un processus réversible, δQ_{rev}, il s'en suit (signe!) que

$$\delta Q_{irr} < \delta Q_{rev} = T\,dS\,. \tag{2.33}$$

En particulier pour des systèmes isolés, nous avons δQ_{rev}. Dans un système isolé l'entropie est donc constante à l'équilibre thermodynamique (réversibilité!) et possède un extremum puisque $dS = 0$. *Toutes les expériences confirment que cet extremum est un maximum.* Tous les processus irréversibles conduisant à l'équilibre dans des systèmes isolés s'accompagnent d'une augmentation de l'entropie, jusqu'à ce que l'entropie soit maximale, lorsque l'équilibre est atteint. Ceci constitue déjà une formulation du second principe, qui peut être condensée dans la formule :

Second principe : Pour des systèmes isolés à l'équilibre on a

$$dS = 0\,, \qquad S = S_{max} \tag{2.34}$$

et pour des processus irréversibles on a

$$dS > 0\,. \tag{2.35}$$

Au cours de processus irréversibles le système tend vers un nouvel état d'équilibre. Au cours de ce processus l'entropie du système augmente, jusqu'à ce qu'elle atteigne un maximum à l'équilibre. Remarquons que l'entropie d'un système peut également diminuer s'il échange de la chaleur avec la milieu extérieur. Pour des systèmes isolés, cependant, $\delta Q = 0$ et dans ce cas l'équation (2.34) est correcte. L'entropie est manifestement une grandeur extensive, puisque l'énergie interne tout comme la quantité de chaleur sont des grandeurs extensives. Par conséquent, lorsque de la chaleur est échangée à la température T, l'entropie est une grandeur analogue au volume, lorsqu'une compression est effectuée à l'encontre d'une pression p. Pour préciser cela, réécrivons une fois explicitement le premier principe pour des changements d'état réversibles,

$$dU = \delta Q_{rev} + \delta W_{rev} = T\,dS - p\,dV + \mu\,dN + \phi\,dq + \cdots\,. \tag{2.36}$$

Nous y avons tenu compte de tous les échanges d'énergies possibles du système avec le milieu extérieur et nous constatons que l'entropie s'insère parfaitement dans la suite des grandeurs extensives $(S, V, N, q, \dots)$ qui décrivent la variation d'énergie interne sous l'influence de grandeurs de champ intensives, définies localement $(T, p, \mu, \phi, \dots)$. Dans l'équation (2.36) l'énergie interne est fonction des *variables* dites *naturelles* $S, V, N, q, \dots$.

Nous pouvons également y reconnaître le nombre de variables d'état nécessaires pour définir de façon unique un certain état. Il s'agit simplement du nombre de termes de l'équation (2.36) tant qu'aucune condition supplémentaire ne doive être vérifiée dans cet état. Une telle condition pourrait être par exemple la coexistence de plusieurs phases. Si on se donne la fonction $U(S, V, N, q, \dots)$, on peut déterminer $T, p, \mu, \phi, \dots$ à l'aide de

$$T = \left.\frac{\partial U}{\partial S}\right|_{V,N,q,\dots} , \quad -p = \left.\frac{\partial U}{\partial V}\right|_{S,N,q,\dots} , \quad \mu = \left.\frac{\partial U}{\partial N}\right|_{S,V,q,\dots} , \quad \dots$$

(2.37)

La fonction $U(S, V, N, \dots)$ détermine entièrement le système. Par conséquent, $U = U(S, V, N, \dots)$ s'appelle une *relation fondamentale*. Les équations (2.37) sont les équations d'état correspondantes. *Les grandeurs intensives sont simplement les dérivées de la relation fondamentale par rapport au grandeurs d'état extensives correspondantes.* D'autre part, la connaissance d'un nombre suffisant d'équations d'état permet de déterminer $U(S, V, N, \dots)$ à des constantes d'intégration près. On peut également se donner l'entropie en fonction des autres grandeurs d'état extensives : $S(U, V, N, \dots)$. Cette relation fondamentale montre que l'entropie est en fait la nouvelle notion en thermodynamique. *L'état d'équilibre se définit désormais comme l'état où l'entropie est maximale,* $dS = 0$.

EXEMPLE

2.3 L'entropie du gaz parfait

Nous voulons déterminer l'entropie d'un gaz parfait à nombre de particules constant en fonction de T et de V.

Pour un changement d'état réversible le premier principe s'écrit

$$dU = T\,dS - p\,dV$$

(2.38)

avec $dN = 0$. Avec l'équation d'état

$$U = \frac{3}{2}NkT , \qquad pV = NkT$$

du gaz parfait on peut tirer dS de l'équation (2.38) :

$$dS = \frac{3}{2}Nk\frac{dT}{T} + Nk\frac{dV}{V} .$$

Exemple 2.3

Intégrons cette équation en partant de l'état initial T_0, V_0 et d'entropie S_0,

$$S(T, V) - S_0(T_0, V_0) = \frac{3}{2} Nk \ln \frac{T}{T_0} + Nk \ln \frac{V}{V_0}$$
$$= Nk \ln \left[\left(\frac{T}{T_0} \right)^{3/2} \left(\frac{V}{V_0} \right) \right] \tag{2.39}$$

et si l'on reporte $V \propto T/p$,

$$S(T, p) - S_0(T_0, p_0) = Nk \ln \left[\left(\frac{T}{T_0} \right)^{5/2} \left(\frac{p_0}{p} \right) \right].$$

L'entropie d'un gaz parfait augmente donc avec la température et le volume. Remarquons cependant que bien que N apparaisse dans l'équation (2.39), cette équation ne peut donner toute la dépendance vis-à-vis de N pour le système puisque le nombre de particules est constant !

Pour cela il aurait fallu ajouter le terme $\mu \, dN$ dans l'équation (2.38) et connaître la fonction $\mu(N, V, T)$. On peut cependant conclure que puisque l'entropie est une grandeur extensive elle doit être proportionnelle au nombre de particules N, c'est-à-dire :

$$S(N, T, p) = Nk \left\{ s_0(T_0, p_0) + \ln \left[\left(\frac{T}{T_0} \right)^{5/2} \left(\frac{p_0}{p} \right) \right] \right\} \tag{2.40}$$

où s $s_0(T_0, p_0)$ est une fonction arbitraire sans dimension correspondant à l'état de référence (T_0, p_0). Dans le traitement statistique nous calculerons directement des valeurs de $s_0(T_0, p_0)$.

Jusqu'à présent nous avons considéré l'entropie d'un point de vue purement thermodynamique et admis certains faits sans les justifier. L'interprétation de l'entropie devient cependant évidente si l'on considère son interprétation microscopique.

2.4 Interprétation microscopique de l'entropie et du second principe

Les considérations statistiques sont d'une importance fondamentale pour acquérir une compréhension plus profonde des relations phénoménologiques de la thermodynamique. Comme nous le verrons, c'est justement le second principe qui établit une relation étroite entre le point de vue statistique et phénoménologique. Le second principe affirme le fait bien connu que tous les systèmes isolés tendent vers un état d'équilibre, dans lequel les grandeurs d'état ne changent plus après un certain temps de relaxation. Il affirme de plus que ce processus ne peut jamais s'inverser. Un bel exemple en est un gaz qui occupe spontanément un volume offert plus grand et qui occupe de façon homogène ce volume au bout d'un certain temps. Un rassemblement spontané du gaz dans un coin du récipient, bien que n'ayant jamais été observé, ne contredirait pas le principe de conservation de l'énergie.

L'entropie est la grandeur d'état qui caractérise de façon unique cette tendance. Des processus qui ont lieu spontanément et qui conduisent à un équilibre sont reliés à un accroissement de l'entropie. En équilibre l'entropie a donc sa valeur maximale et ne change plus. Ludwig Boltzmann fut le premier à montrer, dans son fameux théorème H de Boltzmann (se prononce théorème Eta, $H = $ Eta grec) en 1872, que cette tendance peut également se fonder sur une description statistique de la mécanique classique. En statistique (en mathématique) on peut assigner de manière unique à tout événement aléatoire une mesure pour la prédiction de cet événement. Cette fonction se note communément fonction H et se nomme fonction «incertitude» (voir chapitre 6). Boltzmann put démontrer que l'incertitude associée à une certaine distribution de vitesses hors d'équilibre ne pouvait que croître ou au moins rester constante au cours du temps. La distribution des vitesses de Maxwell-Boltzmann (distribution d'équilibre) est caractérisée par un maximum de la fonction incertitude. Cela signifie que pour la distribution de Maxwell-Boltzmann la prédiction de la quantité de mouvement d'une particule à température donnée est associée à l'incertitude la plus grande. De façon analogue une distribution homogène des particules dans l'espace des coordonnées est associée à l'incertitude la plus grande pour la prédiction des coordonnées. D'autres fonctions de distribution (par exemple toutes les particules rassemblées dans un coin du récipient) permettent une meilleure prédiction. Dans le chapitre 6 nous discuterons plus longuement de la relation entre la fonction incertitude et l'entropie (ces deux grandeurs sont simplement proportionnelles).

Une conséquence importante du théorème H de Boltzmann est qu'une distribution arbitraire (hors d'équilibre) de vitesses se transforme au bout d'un temps suffisamment long en la distribution des vitesses de Maxwell-Boltzmann présentée dans l'exemple 1.2 et de plus cette dernière est la seule distribution d'équilibre possible[1] De nombreux physiciens de renom du temps de Boltzmann pensaient que cela contredisait l'invariance vis-à-vis de l'inversion du temps, qui est un principe connu en mécanique classique. Ce principe stipule que si l'on inverse la quantité de mouvement de toutes les particules dans l'état final, le processus peut se dérouler en sens inverse. En d'autres termes si la diffusion d'un gaz dans un volume plus grand peut s'expliquer d'un point de vue purement mécanique, le processus inverse, c'est-à-dire le rassemblement du gaz dans une petite partie du récipient, devrait également être possible, si toutes les quantités de mouvement dans l'état final étaient inversées. Cette contradiction apparente est levée par l'étude statistique du problème.

---

[1] Voir également : W. Greiner : *Quantum Mechanics – Special Chapters* (Springer, Berlin, Heidelberg 1998) exercice 6.5.

En mécanique classique l'état de mouvement de N particules est entièrement déterminé par la donnée des $3N$ coordonnées et $3N$ quantités de mouvement généralisées (q_ν, p_ν) des N particules à un certain instant. L'ensemble (q_ν, p_ν) se nomme l'état microscopique du système, celui ci varie bien sur au cours du temps. Chaque état microscopique correspond à un point dans un espace à $6N$ dimensions, l'espace des phases. L'ensemble (q_ν, p_ν) c'est-à-dire, l'état microscopique peut donc être identifié avec un point dans cet espace. Considérons alors la diffusion d'un gaz de l'état initial $(q_\nu(t_0), p_\nu(t_0))$ d'un petit volume dans un volume plus grand. Si l'on était réellement en mesure d'inverser tous les moments dans l'état final $(q_\nu(t_f) p_\nu(t_f))$ et de faire un état $(q_\nu(t_f), -p_\nu(t_f))$, le processus s'inverserait effectivement. D'un point de vue statistique il s'agit cependant d'un événement très peu probable. Il n'y a en effet qu'un seul point dans l'espace des phases qui conduit à une inversion du processus : le point $(q_\nu(t_f), -p_\nu(t_f))$. La grande majorité des états microscopiques correspondant à un certain état macroscopique, conduisent cependant après inversion du temps à des états que l'on ne peut pas discerner de l'état macroscopique final (c'est-à-dire la distribution d'équilibre de Maxwell–Boltzmann). L'hypothèse fondamentale de la mécanique statistique est que tous les états microscopiques correspondant à la même énergie totale sont équiprobables. Cela signifie alors que l'état microscopique $(q_\nu, -p_\nu)$ n'est qu'un état parmi beaucoup d'autres qui apparaissent tous avec la même probabilité.

Illustrons cela un peu plus. Bien que l'état microscopique d'un système change beaucoup au cours du temps, nous observons cependant toujours les mêmes grandeurs d'état macroscopiques telles que la pression, la température, le volume, etc. à l'équilibre macroscopique. Ce qui signifie que de nombreux états microscopiques conduisent aux mêmes grandeurs d'état macroscopiques. On peut cependant s'apercevoir immédiatement que le nombre d'état microscopiques accessible pour un gaz qui occupe uniformément un volume V est énormément plus grand que le nombre d'états microscopiques compatibles avec un plus petit volume. Si nous caractérisons l'état macroscopique par le volume V accessible aux N particules, le nombre d'états microscopiques $\Omega(V)$ accessibles à *une* particule est proportionnel à V. Une particule peut en fait avoir toutes les quantités de mouvement possibles $-\infty < p_\nu < \infty$ et toutes les coordonnées q_ν dans le volume V. Pour N particules indépendantes les unes des autres, il faut multiplier les états microscopiques accessibles à chaque particule, si bien que $\Omega(V) \propto V^N$. Si l'on compare à présent $\Omega(V)$ avec le nombre d'états microscopiques d'un volume moitié, alors $\Omega(V/2)$ sera proportionnel à $(V/2)^N$. La probabilité dans ce cas est donc réduite d'un facteur $(1/2)^N$ par rapport au cas où le gaz occupe uniformément tout le volume. Pour un nombre de particules macroscopique, par exemple, de l'ordre de grandeur du nombre d'Avogadro $N_A \approx 10^{23}$, ce nombre est extrêmement petit : $(1/2)^{10^{23}}$.

Nous pouvons donc interpréter la conséquence déduite du second principe – que le rassemblement des particules dans une moitié du récipient est impossible – en termes statistiques et affirmer que c'est possible, mais extrêmement improbable. On comprend en particulier ainsi que la thermodynamique est un cas particulier de la mécanique statistique pour un très grand nombre de particules $(N \to \infty)$, puisqu'alors $(1/2)^N \to 0$ et le rassemblement des particules dans une moitié du récipient a une probabilité nulle. Remarquons que ceci reste vrai pour tout autre volume partiel du récipient, puisque $q^N \to 0$ pour $q < 1$ et $N \to \infty$.

Malgré cette explication simple de la contradiction apparente entre la mécanique classique et le théorème H de Boltzmann, celui-ci dut lutter toute sa vie contre les critiques acerbes de ses idées. En dehors des critiques concernant l'invariance de la mécanique classique par inversion du temps, formulée principalement par Loschmidt, il y eu les objections de Zermelo, qui mit en avant le comportement quasi – périodique de systèmes isolés (cycles de Poincaré).

Même le fondement de la théorie de Boltzmann, la théorie moléculaire ou atomique des gaz, fut critiquée par des thermodynamiciens purs comme Ostwald et Mach. Cette dernière critique fut manifestement battue en brèche par les études de Einstein et de Smoluchowski sur le mouvement brownien en 1905.

Comme nous avons déjà pu nous en rendre compte à l'aide d'une simple réflexion, le nombre d'états microscopiques Ω compatibles avec un état macroscopique donné est une quantité très semblable à l'entropie de cet état macroscopique. Plus Ω est grand, plus la probabilité de l'état macroscopique correspondant est élevée, et *l'état macroscopique possédant le plus grand nombre Ω_{max} possible* de réalisations microscopiques correspond à l'équilibre thermodynamique. Si dans l'état initial d'un système les particules possèdent des coordonnées et des quantités de mouvement quelconques (par exemple le gaz est rassemblé dans un coin du récipient), (q_ν, p_ν) prendront n'importe quelle valeur au cours du temps. Ce très grand nombre d'états microscopiques correspond à un seul état macroscopique, l'état d'équilibre : donc après un temps suffisamment long on n'observera plus que l'état d'équilibre avec une probabilité voisine de 1. Dans cette approche statistique, des écarts par rapport à l'état d'équilibre, pour un nombre fini de particules, ne sont pas impossibles, mais extrêmement peu probables. En particulier pour de très petits systèmes ou des systèmes dans des situations extrêmes (par exemple un gaz au point critique) on observe effectivement des écarts par rapport à l'équilibre sous la forme de fluctuations qui n'ont en fait des valeurs appréciables que dans des conditions particulières.

Nous sommes à présent en mesure d'aller plus loin et d'essayer de trouver un lien entre l'entropie et le nombre d'états microscopiques compatibles avec un état macroscopique. Pour deux systèmes statistiquement indépendants le nombre total d'états microscopiques Ω_{tot} indépendants est évidemment le produit de ces nombres pour les systèmes individuels, c'est-à-dire $\Omega_{tot} = \Omega_1 \Omega_2$. Nous avons vu que l'entropie est une grandeur extensive qui s'additionne simplement pour les deux systèmes partiels : $S_{tot} = S_1 + S_2$. De plus nous avons déduit de l'équation (2.37) que l'entropie S doit être maximale à l'état d'équilibre, tout comme le nombre d'états microscopiques Ω est également maximal à l'équilibre. Supposons à présent qu'il existe une correspondance bijective entre l'entropie et Ω, par exemple $S = f(\Omega)$, alors il n'y qu'une seule fonction mathématique qui vérifie $S_{tot} = S_1 + S_2$ et $\Omega_{tot} = \Omega_1 \Omega_2$, c'est le logarithme. Il est donc nécessaire que $S \propto \ln \Omega$ et ceci constitue en fait la relation fondamentale liant la thermodynamique et la mécanique statistique et sera étudiée abondamment dans cet ouvrage. En particulier on retrouve que l'état d'équilibre en thermodynamique avec un maximum pour l'entropie est celui qui correspond au nombre d'états microscopiques possibles le plus élevé.

À l'aide d'un exemple simple nous allons montrer que même de petits écarts par rapport à l'équilibre réduisent de façon si drastique le nombre d'états Ω microscopiques compatibles qu'on ne les observe dans la nature que sous la forme de petites fluctuations autour de l'état d'équilibre.

EXEMPLE

2.4 Etats microscopiques d'un système simple

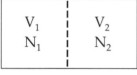

Fig. 2.4. Système envisagé

Considérons de nouveau un récipient de volume V, rempli de façon homogène par N particules de gaz en équilibre. Supposons à présent que le récipient soit partagé en deux compartiments de volumes V_1 et V_2 avec $V = V_1 + V_2$ et contenant N_1 et N_2 particules ($N_1 + N_2 = N$), respectivement. Posons $V_1 = pV$ et $V_2 = qV$. Pour les fractions p et q du volume total on a bien sur $p + q = 1$.

Le nombre d'états microscopiques compatible avec les N particules et le volume V doit être proportionnel à V^N, ainsi que nous l'avons déjà vu. D'après la formule du binôme on a

$$\Omega_{\text{tot}}(N, V) \propto V^N = (V_1 + V_2)^N = \sum_{N_1 = 0}^{N} \binom{N}{N_1} V_1^{N_1} V_2^{N - N_1} \tag{2.41}$$

avec $N - N_1 = N_2$. D'autre part,

$$\Omega_1(N_1, V_1) \propto V_1^{N_1}$$

et

$$\Omega_2(N_2, V_2) \propto V_2^{N_2}$$

sont les nombres d'états microscopiques possibles compatibles avec les volumes partiels V_1 et V_2 et les nombres de particules N_1 et N_2 respectivement. L'équation (2.41) possède alors une signification très claire. Considérons un état macroscopique avec N_1 particules dans le volume V_1. Il y a manifestement $\binom{N}{N_1}$ façons de choisir ces particules parmi N particules dénombrables. Le nombre d'états microscopiques correspondant est proportionnel à $V_1^{N_1}$, tandis que pour les $N_2 = N - N_1$ particules restantes dans le volume V_2 il subsiste $V_2^{N_2}$ états microscopiques accessibles. Chaque terme de la somme est donc le nombre total d'états microscopiques, s'il y a N_1 particules dans le volume V_1. On obtient alors le nombre total de tous les états microscopiques possibles en sommant pour tous les nombres de particules possibles dans V_1. On peut donc interpréter l'expression

$$\Omega(V_1, V_2, K, N) = \binom{N}{K} V_1^K V_2^{N - K}$$

comme le nombre d'états microscopiques d'une situation où il y a K particules dans V_1 et $N - K$ particules dans V_2. On peut alors interpréter

$$p_K = \frac{\Omega(V_1, V_2, N, K)}{\Omega_{\text{tot}}(V, N)} = \frac{1}{V^N}\binom{N}{K}(pV)^K(qV)^{N-K} = \binom{N}{K}p^K q^{N-K}$$

(2.42)

comme la probabilité d'avoir exactement K particules dans le volume fictif V_1 et $N - K$ particules dans V_1.

L'équation (2.42) nous permet alors immédiatement de déterminer le nombre moyen de particules dans V_1. Ce nombre vaut par définition

$$\overline{K} \equiv \sum_{K=0}^{N} p_K K = \sum_{K=0}^{N}\binom{N}{K} K p^K q^{N-K} \ .$$

(2.43)

Utilisons à présent une astuce souvent utilisée dans le calcul de telles moyennes et écrivons que $K p^K$ est égal à $p(\partial p^K/\partial p)$, alors

$$\overline{K} = p\frac{\partial}{\partial p}\sum_{K=0}^{N}\binom{N}{K} p^K q^{N-K} = p\frac{\partial}{\partial p}(p+q)^N = Np(p+q)^{N-1} \ .$$

Puisque $p + q = 1$ on a $\overline{K} = Np$, ou $\overline{K}/N = V_1/V$. En moyenne il y aura dans le volume fictif V_1 exactement un nombre de particules correspondant à la fraction volumique V_1/V. Ce résultat est évident, puisque l'équilibre correspond à une répartition uniforme des particules. De plus, nous pouvons également calculer les fluctuations autour de cette valeur et nous poser la question de trouver la probabilité de trouver une valeur qui s'écarte de $\overline{K} = Np$. Pour cela représentons simplement les probabilités p_K en fonction de K (figure 2.5). Le maximum de la courbe correspond à la valeur moyenne ($K_{\max} = \overline{K}$).

Dans notre exemple, avec un total de $N = 20$ particules et un volume $V_1 = 0,6\,V$ il est encore possible de trouver 11 ou 13 particules dans V_1 au lieu de $\overline{K} = 12$ particules. Une mesure précise de ces écarts par rapport à la valeur moyenne constitue l'écart quadratique moyen. On le définit par

$$\overline{(\Delta K)^2} \equiv \overline{(K - \overline{K})^2} = \sum_{K=0}^{N} p_K (K - \overline{K})^2 = \sum_{K=0}^{N} p_K K^2 - \overline{K}^2$$

(2.44)

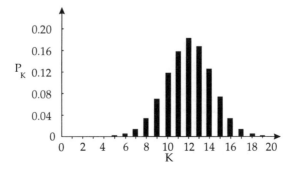

Fig. 2.5. Probabilité de trouver K particules dans le volume $V_1 = 0,6\,V$. Le nombre total de particules étant $N = 20$

puisque

$$\sum_{K=0}^{N} 2p_K K \overline{K} = 2\overline{K}^2$$

et

$$\sum_{K=0}^{N} p_K = 1 \, .$$

Le calcul de l'équation (2.44) se fait comme pour l'équation (2.43), mais maintenant nous posons

$$K^2 p^K = \left(p \frac{\partial}{\partial p} \right)^2 p^K$$

et alors

$$
\begin{aligned}
\overline{(\Delta K)^2} &= \left(p \frac{\partial}{\partial p} \right)^2 (p+q)^N - (pN)^2 \\
&= p \frac{\partial}{\partial p} (pN(p+q)^{N-1}) - (pN)^2 \\
&= p \left[N(p+q)^{N-1} + pN(N-1)(p+q)^{N-2} \right] - (pN)^2 \, .
\end{aligned}
$$

En reportant à nouveau $p + q = 1$, il s'en suit que

$$\overline{(\Delta K)^2} = pN + p^2 N(N-1) - (pN)^2 = pN - p^2 N = Np(1-p) = Npq \, .$$

Ce qui signifie que la largeur de la distribution mesurée par

$$\Delta^* K = \sqrt{\overline{(\Delta K)^2}}$$

augmente comme $\sqrt{N}$. La largeur relative, c'est-à-dire, la largeur $\Delta^* K$ par rapport au nombre moyen de particules dans le volume V_1, vaut alors

$$\frac{\Delta^* K}{\overline{K}} = \frac{\sqrt{Npq}}{Np} = \sqrt{\frac{q}{p}} \frac{1}{\sqrt{N}} \, .$$

Cela représente la fluctuation vis à vis du nombre moyen de particules. On voit alors clairement que l'écart moyen par rapport à la distribution d'équilibre décroît comme $N^{-1/2}$ et est très petit pour un nombre macroscopique de particules $N_A \approx 10^{24} \Rightarrow N_A^{-1/2} \approx 10^{-12}$. Les fluctuations macroscopiques (par exemple toutes les particules soudainement dans V_1) sont donc extrêmement improbables. De petits écarts dans de petites régions de l'espace sont toutefois normales. Cela correspond par exemple à des fluctuations de densité dans les gaz, celles-ci ne sont toutefois appréciables qu'à l'échelle microscopique

($p \rightarrow 0$). Les fluctuations de densité d'un gaz sont, par exemple, très importantes au voisinage du point critique. On les observe par la variation de la diffusion de la lumière dans le gaz (opalescence critique). Il est très difficile de comprendre ce phénomène sans une approche statistique.

Exemple 2.4

Reprenons à présent de manière critique l'ensemble des arguments qui ont conduit à $S \propto \ln \Omega$. Nous verrons que deux problèmes vont apparaître, que nous avons considérés évidents jusqu'alors. Nous étions parti d'un gaz rassemblé dans une partie du récipient avec les valeurs initiales $(q_\nu(t_0), p_\nu(t_0))$ de coordonnées et de quantités de mouvement. Nous avions alors admis qu'au cours du temps les coordonnées et les impulsions prennent statistiquement certaines valeurs et qu'alors en dénombrant tous les états possibles (Ω), l'état macroscopique pour lequel on a $\Omega_{\max}$ est l'état d'équilibre. Mais c'est exactement en ce point que nous avons admis que tous les états microscopiques (q_ν, p_ν) compatibles avec notre état macroscopique sont équiprobables. Dans un système isolé l'état macroscopique est caractérisé par l'énergie totale, le nombre de particules et le volume du système. On détermine Ω en comptant tous les états microscopiques compatibles avec ces valeurs de E, N et V. Il se pourrait très bien que ces états microscopiques n'aient pas la même probabilité. Envisageons à nouveau un exemple :

EXEMPLE

2.5 À propos de l'équiprobabilité de tous les états microscopiques

Considérons un récipient en forme de parallélépipède et mettons à l'instant initial t_0 toutes les particules au voisinage du point P avec des quantités de mouvement parallèles (figure 2.6). Il s'agit bien sur d'un état microscopique très éloigné de l'équilibre. Mais si notre système se comportait de manière idéale, il n'atteindrait *jamais* l'équilibre! Car si les particules se réfléchissent de façon idéale sur les parois, les trajectoires resteront toujours parallèles et certaines coordonnées d'espace ne seront jamais atteintes.

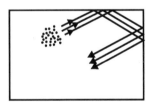

Fig. 2.6. Modèle envisagé pour le système

De plus seule la direction des vitesses des particules serait modifiée (pour des particules ponctuelles sans interaction) et non le module des vitesses. La distribution de Maxwell–Boltzmann ne pourrait alors jamais être atteinte. Cela suppose alors que nous n'admettons pas l'équiprobabilité de tous les états microscopiques pour ce système. Une analyse plus détaillée nous montre que ce système est trop idéalisé. L'objection fondamentale étant qu'en raison du principe d'incertitude en mécanique quantique $\Delta x \Delta p > \hbar$, un tel état initial n'est pas réalisable, si bien que les particules se déplacent aléatoirement dans toutes les directions après un temps très court.

Mais même dans le cadre de la mécanique classique où un tel état initial est possible, il n'existe pas de parois parfaitement réfléchissantes et de parti-

Exemple 2.5

cules ponctuelles sans interaction. Même la structure microscopique d'un mur réel est suffisante pour distribuer uniformément les particules dans tout le récipient (sans parler de l'agitation thermique des particules de la paroi et des collisions mutuelles entre particules du gaz) après un temps très court. De plus les conditions initiales $(q_\nu(t_0),\ p_\nu(t_0))$ ne peuvent pas être réalisées en deçà d'une certaine incertitude de mesure, ce qui conduit aussi à la diffraction du faisceau.

Nous voyons de toute façon que l'équiprobabilité de tous les états microscopiques compatibles est une hypothèse qui ne se vérifie que par ces conséquences expérimentales. *Jusqu'à présent, personne n'a pu réaliser une expérience qui invalide cette hypothèse.* Notre exemple va nous permettre maintenant d'illustrer un autre problème fondamental de mécanique statistique. Nous avions dit qu'un système qui se trouve initialisé à t_0 dans un état hors d'équilibre, ne se trouvera avec une très grande probabilité au bout d'un certain temps de relaxation, que dans des états microscopiques $(q_\nu(t),\ p_\nu(t))$ correspondant à l'état d'équilibre macroscopique, puisque leur nombre est bien plus grand que celui de tous les autres états microscopiques. Mais nous faisons ici l'hypothèse qu'au cours du temps le système s'approche très près de tous les états microscopiques $(q_\nu,\ p_\nu)$ compatibles avec l'état d'équilibre. Car si certains états microscopiques ne sont pas atteints (même pas de façon approchée) nous ne devons pas en tenir compte pour le calcul de Ω! Nous reviendrons sur ce problème dans la partie II de ce livre.

Nous pouvons donc dire en résumé : pour tout état thermodynamique macroscopique il existe un très grand nombre de réalisations microscopiques possibles. Le fait qu'un système isolé tende vers un état d'équilibre après un temps suffisamment long est relié au fait qu'à l'état d'équilibre correspond un nombre bien plus grand d'états microscopiques qu'à un état hors d'équilibre. Nous pouvons donc comprendre la tendance d'un système à atteindre un maximum de l'entropie également comme une transition vers l'état le plus probable, c'est-à-dire, vers l'état possédant le plus grand nombre de réalisations microscopiques possibles. L'entropie représente alors en particulier une mesure du nombre d'états microscopiques accessibles pour un système dans un état macroscopique donné.

Comme pour le premier principe nous pouvons maintenant formuler le second principe de différentes façons.

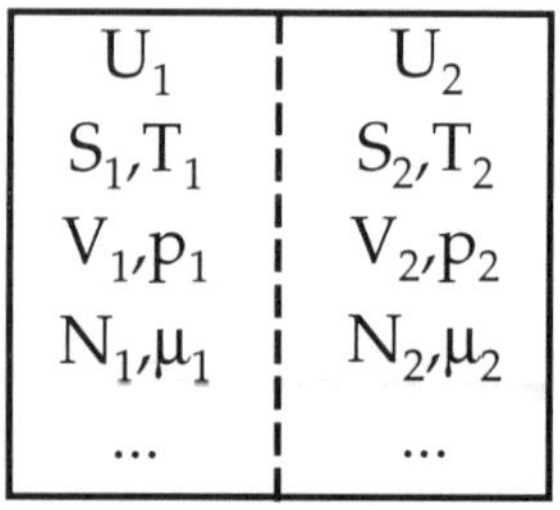

Par analogie avec le premier principe nous pouvons dire par exemple :

(a) Il n'existe pas de mobile perpétuel de seconde espèce. Un mobile perpétuel de seconde espèce est une machine qui ne fait rien d'autre que fournir du travail tout en refroidissant un thermostat (source de chaleur). C'est donc une machine qui transforme de la chaleur en travail avec une efficacité de 100%. D'un point de vue microscopique la formulation suivante est particulièrement importante.

Fig. 2.7. Le système étudié

(b) Tout système macroscopique isolé tend à se retrouver dans l'état le plus probable, c'est-à-dire, l'état caractérisé par le plus grand nombre de réalisations microscopiques possibles.

Utilisons maintenant les deux principes pour en déduire quelques conséquences pour les variables d'état T, p, μ, ϕ, ... dans un système isolé à l'équilibre.

Imaginons pour cela que le système soit divisé en deux parties. Caractérisons le système total par les variables S, V et N, l'énergie interne U étant une fonction de ces variables. *Puisque le système global est isolé, toutes ces grandeurs d'état sont constantes.* Il n'y a pas d'échange de travail ni de chaleur avec le milieu extérieur. Cependant, les deux systèmes partiels peuvent échanger toute forme de travail et de la chaleur.

Les variables d'état U_i, S_i, V_i et N_i avec $i = 1, 2$ ne sont donc pas constantes ; on a cependant

$$U_1 + U_2 = U = \text{cste} , \quad S_1 + S_2 = S = \text{cste} ,$$
$$V_1 + V_2 = V = \text{cste} , \quad N_1 + N_2 = N = \text{cste} , \quad \cdots . \tag{2.45}$$

Récrivons maintenant le premier principe pour un changement d'état réversible pour les deux systèmes partiels :

$$dU_1 = T_1 \, dS_1 - p_1 \, dV_1 + \mu_1 \, dN_1 + \cdots ,$$
$$dU_2 = T_2 \, dS_2 - p_2 \, dV_2 + \mu_2 \, dN_2 + \cdots . \tag{2.46}$$

T_i, p_i et μ_i représentent les températures, pressions et potentiels chimiques des deux systèmes partiels. L'équation (2.45) nous permet alors d'écrire que $dU_1 + dU_2 = 0$. En ajoutant les deux équations (2.46), on en déduit, avec $dS_1 = -dS_2$, $dV_1 = -dV_2, \ldots$, que

$$0 = (T_1 - T_2) \, dS_1 - (p_1 - p_2) \, dV_1 + (\mu_1 - \mu_2) \, dN_1 + \cdots . \tag{2.47}$$

Puisqu'il n'y a aucune contrainte pour les variations des variables S_1, V_1, N_1, ... du système 1, l'équation (2.47) n'est vérifiée que si on a séparément

$$T_1 = T_2 , \quad p_1 = p_2 , \quad \mu_1 = \mu_2 , \quad \ldots . \tag{2.48}$$

Ce sont des conditions nécessaires pour l'équilibre thermodynamique. Puisque la partition de notre système isolé était complètement arbitraire, nous pouvons en conclure que si un système isolé est en équilibre, il a en tout point la même température constante, la même pression et le même potentiel chimique, etc. S'il y a toutefois une séparation réelle et non fictive des systèmes partiels, qui empêche par exemple une variation du volume ou du nombre de particules – $dN_1 = 0$, $dV_1 = 0$, il ne subsiste plus que la condition

$$T_1 = T_2 . \tag{2.49}$$

Les conditions (2.48) restent vraies séparément ou en combinaison, si la partition n'est perméable seulement qu'à certains changements des variables d'état. On parle d'équilibre thermique, mécanique, chimique, etc. Si le système isolé n'est pas en équilibre, par exemple, $T_1 \neq T_2$ et $p_1 \neq p_2$, les temps de relaxation pour atteindre l'équilibre ne sont en général pas les mêmes pour les différentes variables T, p, μ, ... ! Il peut donc se faire qu'un système soit déjà approximativement à l'équilibre thermique ($T_1 = T_2$), mais pas encore à l'équilibre chimique. Dans la plupart des cas, les pressions s'équilibrent le plus vite, c'est-à-dire, l'équilibre mécanique est suivi de l'équilibre thermique. Pour atteindre l'équilibre chimique cela peut être très long dans certains cas. Cela dépend de la vitesse des réactions chimiques entraînant une variation dN_i du nombre de particules.

2.5 Equilibre global et local

Si un système se trouve en équilibre thermodynamique, c'est-à-dire, s'il a partout la même température, la même pression et le même potentiel chimique, on parle d'équilibre global. Les concepts thermodynamiques (grandeurs d'état intensives) ne sont cependant pas limités pour leur utilisation à de tels systèmes. Si l'on peut diviser le système global en petits systèmes partiels qui contiennent toujours un grand nombre de particules et qui sont chacun approximativement à l'équilibre, alors les systèmes partiels peuvent aussi être décrits par les grandeurs d'état thermodynamiques. Ces grandeurs vont cependant varier d'un système partiel à l'autre. Les différences de température, pression et potentiel chimique entraînent des flux thermiques (des parties chaudes vers les parties froides), des variations de volume (les régions de hautes pressions se dilatent au détriment des régions de basses pressions) et des flux de particules. Ces flux sont régis par les différences de potentiel correspondantes et entraînent une égalisation de ces potentiels ce qui conduit pour un système isolé à l'équilibre global au cours du temps. Si le système global peut être divisé de la sorte on parle d'équilibre local. Il est cependant d'une importance essentielle que les systèmes partiels puissent être choisis suffisamment grands (possédant suffisamment de particules) pour qu'une description statistique soit raisonnable. Mais il faut de plus que dans chaque système partiel les grandeurs d'état thermodynamiques (intensives) possèdent des valeurs constantes définies qui ne varient pas trop fortement d'un système partiel à l'autre (gradients faibles). Les relations trouvées dans ce livre pour un système global s'appliquent alors souvent localement dans un système qui ne se trouve pas en fait en équilibre thermique global. Ainsi par exemple au cours des réactions d'ions lourds (collisions noyau–noyau) où se produisent des collisions de gouttes de matière nucléaire, certaines parties du noyau ont, à un instant donné, des densités, températures, nombre de particules, etc. très différents. On peut admettre dans ce cas que des régions partielles se trouvent approximativement à l'équilibre (local). Un raisonnement analogue s'applique aux étoiles. Il est cependant clair que les différences de potentiels locales et les phénomènes de transport qui s'y rattachent ne font pas partie du champ de la thermodynamique de l'équilibre et donc du présent livre. Il faut les traiter à l'aide de la théorie des transferts. L'évolution temporelle d'un système jusqu'à l'équilibre (global) fait partie de ce sujet.

2.6 Machines thermiques

Les machines thermiques cycliques jouent un rôle très important dans la technique. Une grande partie de l'énergie utilisée dans la vie de tous les jours est produite de cette façon. Par exemple, dans des centrales d'énergie (nucléaire) ou des machines à combustion. La raison en est qu'il est simple de produire de la chaleur dans de nombreuses réactions chimiques ou nucléaires. La production directe de formes de travail utile à partir de sources naturelles est par contre bien plus difficile, par exemple dans des centrales hydroélectriques, des usines marémotrices, des centrales éoliennes, ou dans la conversion directe d'énergie solaire en énergie électrique (éléments galvaniques, piles à combustible). Ceci confirme également la constatation expérimentale que la chaleur, en tant qu'énergie distribuée aléatoirement, est presque toujours produite. À l'aide des seuls premier et second principe de la thermodynamique nous pouvons maintenant tirer des conclusions de grande portée au sujet de la transformation de chaleur en travail. L'expérience rassemblée dans le second principe nous dit qu'au cours d'un processus réversible le travail effectué est minimal et la quantité de chaleur maximale

$$\delta W_{\text{irr}} > \delta W_{\text{rev}} = -p\,dV\,, \qquad \delta Q_{\text{irr}} < \delta Q_{\text{rev}} = T\,dS\,. \tag{2.50}$$

Pour une dilatation réversible ou irréversible (compression) d'un gaz parfait nous avons pu vérifier explicitement cette inégalité. Si le gaz parfait se dilate dans le vide sans fournir de travail, on a $\delta W_{\text{irr}} = 0$. Cependant si le gaz si dilate réversiblement (en étant à tout instant en équilibre avec la force extérieure), il fournit le travail $\delta W_{\text{rev}} = -p\,dV$. Avec $dV > 0$ il s'en suit que $\delta W_{\text{irr}} = 0 > \delta W_{\text{rev}} = -p\,dV$. Si d'autre part, on comprime de façon réversible le gaz, on a $\delta W_{\text{rev}} = -p\,dV > 0$. Il faut fournir un certain travail réversible pour comprimer le gaz. Le calcul de ce travail a été effectué dans l'exemple 1.3. Cependant si l'on comprime la gaz de façon irréversible, en enfonçant, par exemple, brusquement le piston dans le cylindre contenant le gaz, une partie de ce travail sert à créer les turbulences et donc de l'énergie (cinétique) désordonnée, c'est-à-dire, de la chaleur. Pour comprimer un gaz de façon irréversible il faut donc fournir plus de travail que pour le cas réversible. On a également $\delta W_{\text{irr}} > \delta W_{\text{rev}} = -p\,dV$ ($dV < 0$). La dilatation irréversible du système fournit donc moins de travail que la dilatation réversible, et la compression irréversible nécessite plus de travail que la compression réversible.

On peut comprendre la seconde inégalité (2.50) de façon absolument équivalente. Par soucis de simplification nous supposerons qu'un gaz parfait (à l'équilibre) a la même température après une dilatation réversible ou irréversible qu'à l'état initial. Puisque l'énergie interne d'un gaz parfait ne dépend que de la température, on a $dU = 0$ et en raison du premier principe $dU = \delta W + \delta Q = 0$. Par conséquent, le travail fourni par le système au cours de la dilatation $\delta W \leq 0$, est pris au thermostat que ce soit dans le processus réversible ou irréversible. Pour la dilatation irréversible on a $\delta W_{\text{irr}} = 0$ et par conséquent $\delta Q_{\text{irr}} = 0$. Au cours de la dilatation réversible le système fournit du travail $\delta W_{\text{rev}} = -p\,dV < 0$, pris au thermostat, qui fournit une température constante ($\delta Q_{\text{rev}} = -\delta W_{\text{rev}} > 0$). Par conséquent $\delta Q_{\text{irr}} < \delta Q_{\text{rev}}$. D'autre part, pour la compression isotherme on a également $\delta W_{\text{irr}} > \delta W_{\text{rev}} > 0$. Dans le cas irréversible le surplus de travail (par rapport au cas réversible) est rayonné vers le thermostat sous forme d'une plus grande quantité de chaleur (par rapport au cas réversible) et l'on a $\delta Q_{\text{irr}} < \delta Q_{\text{rev}} < 0$.

Si l'on considère à présent une machine cyclique qui ramène la substance active à l'état initial après un cycle, on a d'après le premier principe

$$\oint dU = 0 \tag{2.51}$$

et donc

$$0 = \Delta W_{\text{rev}} + \Delta Q_{\text{rev}} = \Delta W_{\text{irr}} + \Delta Q_{\text{irr}} . \tag{2.52}$$

De tous les processus, ce sont donc les processus réversibles qui fournissent la plus grande quantité de travail utilisable (à cause de l'équation (2.50), $\Delta W < 0$, ce travail est effectué par le système (fourni) et est donc compté négativement) et nécessite la quantité de travail la plus faible ($\Delta W > 0$; ce travail est reçu par le système (ajouté) et est donc compté positivement) pour un échange de chaleur ΔQ donné. La plus grande efficacité pour transformer de la chaleur en travail s'obtient donc par une machine qui fonctionne de façon réversible. Comme nous l'avons déjà indiqué les processus réversibles sont une idéalisation et ne représentent pas la réalité. De tels processus devraient se produire infiniment lentement.

Calculons maintenant l'efficacité d'un cycle général réversible. Pour cela schématisons les parties essentielles d'une machine thermique sur la figure 2.8. Toute machine a besoin d'une source chaude ($T = T_{\text{ch}}$) d'où extraire de l'énergie et d'une autre source ($T = T_{\text{fr}}$) pour absorber la chaleur perdue par le processus, c'est-à-dire, pour refroidir la machine. Une machine qui ne travaillerait qu'avec une seule source ne pourrait pas fournir de travail utile au cours d'un cycle. D'après le premier principe on a

$$0 = \Delta W + \Delta Q_{\text{ch}} + \Delta Q_{\text{fr}} . \tag{2.53}$$

Nous avons déjà défini l'efficacité η comme le rapport $|\Delta W|/\Delta Q_{\text{ch}}$ (voir le paragraphe sur le cycle de Carnot), qui nous informe quelle quantité de chaleur ΔQ_{ch} est transformée en travail ($\Delta W < 0$, $\Delta Q_{\text{ch}} > 0$, $\Delta Q_{\text{fr}} < 0$) :

$$\eta_{\text{irr}} < \eta_{\text{rev}} = -\frac{\Delta W}{\Delta Q_{\text{ch}}} = \frac{\Delta Q_{\text{ch}} + \Delta Q_{\text{fr}}}{\Delta Q_{\text{ch}}} . \tag{2.54}$$

Puisque la machine doit fonctionner de manière réversible, on a

$$\delta Q_{\text{ch}} = T_{\text{ch}}\,dS , \qquad \delta Q_{\text{fr}} = -T_{\text{fr}}\,dS . \tag{2.55}$$

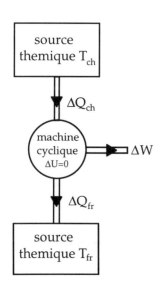

Fig. 2.8. Machine thermique

Dans cette expression dS représente la variation d'entropie (fonction d'état) pour une variation infinitésimale du cycle. Remarquons que $dS \neq 0$, bien qu'il n'y ait que des états d'équilibre. La raison en est que la machine (substance active) n'est pas un système isolé! Les signes dans l'équation (2.55) correspondent au sens des flèches sur la figure. Puisque $\Delta W < 0$ (travail fourni) on a

$$\eta = \frac{|\Delta W|}{\Delta Q_{fr}} = \frac{T_{ch} - T_{fr}}{T_{ch}} \ . \tag{2.56}$$

Pour l'efficacité on a toujours $\eta \leq 1$. La transformation de chaleur en travail ne pourrait être complète que si l'on pouvait éviter les pertes de chaleur (chaleur perdue). Ceci n'est cependant possible que si la source froide est à $T_{fr} = 0$. L'équation (2.56) montre par ailleurs de manière évidente que la température de la source chaude (par exemple, la température de la flamme d'un brûleur) n'est pas la seule qui soit importante, mais que la température à laquelle la chaleur perdue est évacuée l'est également (la température des gaz d'échappement). Pour avoir une efficacité élevée cette dernière température doit être aussi faible que possible. Un point important de notre réflexion est que l'équation (2.56) est toujours valable, quelque soit le matériau actif et la réalisation technique de notre machine, car s'il existait deux cycles réversibles avec des efficacités différentes on pourrait construire un mobile perpétuel de seconde espèce.

Il serait alors possible de connecter les deux processus comme c'est indiqué sur la figure 2.9. La machine A fonctionne ici en sens inverse, c'est-à-dire, comme une pompe à chaleur qui en absorbant le travail W_A extrait la quantité de chaleur Q_{frA} de la source froide et fournit la quantité de chaleur Q_{chA} à la source chaude. Le travail W_A est fourni par le processus B, qui on le supposera possède l'efficacité la plus élevée, si bien qu'il reste un excédent de travail $W_B - W_A$. Si η_A et η_B désignent les efficacités des machines (avec $\eta_B > \eta_A$), en ne considérant que des valeurs absolues et en choisissant les signes de la figure, on a

$$\begin{aligned}
W_A &= \eta_A Q_{chA} \ , \\
W_B &= \eta_B Q_{chB} \ , \\
Q_{frA} &= Q_{chA} - W_A \ , \\
Q_{frB} &= Q_{chB} - W_B \ . \tag{2.57}
\end{aligned}$$

Ajustons à présent la machine de telle sorte que $Q_{chA} = Q_{chB} = Q_{ch}$, alors aucune modification n'aura lieu dans la source chaude pendant une longue période

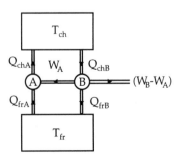

Fig. 2.9. Mobile perpétuel de seconde espèce

de temps, puisqu'elle cède autant de chaleur qu'elle n'en reçoit. Alors

$$Q_{\mathrm{fr}A} = (1 - \eta_A)Q_{\mathrm{ch}} > Q_{\mathrm{fr}B} = (1 - \eta_B)Q_{\mathrm{ch}} \tag{2.58}$$

puisque $\eta_B > \eta_A$. La chaleur

$$\Delta Q_{\mathrm{fr}} = Q_{\mathrm{fr}A} - Q_{\mathrm{fr}B} = (\eta_B - \eta_A)Q_{\mathrm{ch}} \tag{2.59}$$

est donc effectivement retirée de la source froide. La machine fournit donc le travail

$$W_B - W_A = (\eta_B - \eta_A)Q_{\mathrm{ch}} \tag{2.60}$$

tout en refroidissant la source froide. Il s'agit donc d'un mobile perpétuel de seconde espèce qui fournit du travail de façon permanente et refroidit la source froide. Les efforts vains durant des siècles pour construire une machine qui ne contredise pas le premier mais le second principe sur l'entropie, résulte de l'observation que $\Delta Q_{\mathrm{ch}} = W_B = W_A = 0$, ou

$$\eta_A = \eta_B = \frac{T_{\mathrm{ch}} - T_{\mathrm{fr}}}{T_{\mathrm{ch}}} \tag{2.61}$$

pour tous les processus réversibles à T_{ch} et T_{fr} donnés.

Voyons à présent les diagrammes pour certains processus. La figure 2.10 représente les diagrammes pV et TS pour le cycle de Carnot. Le travail effectué par cycle correspond à la surface hachurée

$$\Delta W = - \oint p\,\mathrm{d}V = \oint T\,\mathrm{d}S \,. \tag{2.62}$$

Il correspond exactement à la différence des quantités de chaleur $\Delta Q_{\mathrm{ch}} = T_{\mathrm{ch}}\Delta S$ et $\Delta Q_{\mathrm{fr}} = T_{\mathrm{fr}}\Delta S$ (voir les surfaces marquées sur la figure). Les processus réels, comme par exemple le cycle de Otto d'une machine, s'écartent plus ou moins de ce diagramme. Le matériau actif ne se comporte pas de façon idéale et les processus sont dans la plupart des cas fortement irréversibles. De plus,

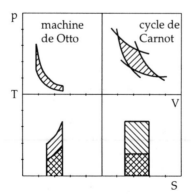

Fig. 2.10. Diagrammes des travaux pour deux machines

dans de telles machines, la substance active est renouvelé au bout d'un cycle. En raison de l'irréversibilité les machines réelles n'atteignent pas l'équilibre thermodynamique, au contraire les processus présentent de fortes turbulences et des gradients de pression (particulièrement au cours de la combustion), les diagrammes ne peuvent alors décrire que des propriétés moyennes (température moyenne, pression, etc.).

Pour l'interprétation du cycle de Otto il faut faire attention au fait que deux cycles du piston correspondent à un cycle de travail (point mort supérieur, aspiration, point mort inférieur, compression, point mort supérieur, allumage, travail, point mort inférieur, expulsion des gaz d'échappement, point mort supérieur).

EXERCICE

2.6 Températures de mélange

Problème. Calculons l'étendue des températures finales T_f possibles à l'équilibre pour un système constitué de deux systèmes partiels A et B de températures initiales T_A et T_B et de capacités thermiques C_V^A et C_V^B indépendantes de la température.

Pour cela on envisagera les cas limites d'un processus entièrement irréversible ($\delta W = 0$) et entièrement réversible (δW_{max}). On calculera le travail maximal que peut fournir le système et les variations d'entropie des systèmes partiels associées au cas irréversible.

Solution. Premier cas : processus entièrement irréversible $\delta W = 0$, $dU = \delta Q_A + \delta Q_B = 0$.

Une variation de température des systèmes partiels est reliée aux échanges de chaleur d'après

$$\delta Q_A = C_A \, dT_A \,,$$
$$\delta Q_B = C_B \, dT_B \,,$$
$$\delta Q_A = -\delta Q_B \,.$$

La température finale vérifie donc

$$\int_{T_A}^{T_f} C_A \, dT_A = - \int_{T_B}^{T_f} C_B \, dT_B \,.$$

Comme C_A et C_B ne dépendent pas de la température on obtient

$$C_A (T_f - T_A) = -C_B (T_f - T_B)$$

ou

$$T_f = \frac{C_A T_A + C_B T_B}{C_A + C_B} \,.$$

Exercice 2.6 T_f représente la «température de mélange» pour un processus irréversible, par exemple, lorsque des fluides de températures différentes sont mélangés. Les variations d'entropie sont

$$\Delta S_A = \int \frac{\delta Q_A}{T} = \int_{T_A}^{T_f} C_A \frac{dT}{T} = C_A \ln \frac{T_f}{T_A} \,,$$

$$\Delta S_B = \int \frac{\delta Q_B}{T} = \int_{T_B}^{T_f} C_B \frac{dT}{T} = C_B \ln \frac{T_f}{T_B} \,.$$

Si on a, par exemple, $T_A > T_B$, alors $T_f < 0$ et $\Delta S_A < 0$ ainsi que $T_f > T_B$ et $\Delta S_A < 0$ respectivement, mais,

$$\Delta S_{\text{tot}} = \Delta S_A + \Delta S_B = C_A \ln \frac{T_f}{T_A} + C_B \ln \frac{T_d}{T_B} \geq 0 \,.$$

Second cas: processus réversible avec une machine thermique entre A et B : on a alors

$$\Delta S = \Delta S_A + \Delta S_B = 0 \,,$$

$$dS = \frac{\delta Q_A}{T_A} + \frac{\delta Q_B}{T_B} = 0$$

d'où l'on déduit immédiatement par intégration que

$$\int_{T_A}^{T_f} C_A \frac{dT_A}{T_A} + \int_{T_B}^{T_f} C_B \frac{dT_B}{T_B} = 0$$

ou

$$C_A \ln \frac{T_f}{T_A} + C_B \ln \frac{T_f}{T_B} = 0$$

$$\Rightarrow \quad \left(\frac{T_f}{T_A}\right)^{C_A} \left(\frac{T_f}{T_B}\right)^{C_B} = 1$$

c'est-à-dire,

$$T_f = T_A^{C_A/(C_A+C_B)} T_B^{C_B/(C_A+C_B)} = \sqrt[C_A+C_B]{T_A^{C_A} T_B^{C_B}} \,.$$

Pour un processus réversible on obtient la moyenne géométrique de T_A et T_B pondérés par C_A et C_B ; pour un processus irréversible on obtient la moyenne arithmétique pondérée par C_A et C_B. On a toujours $T_f^{\text{rev}} < T_f^{\text{irr}}$. Dans le cas réversible le travail fourni par la machine vaut $\delta W = \Delta U = C_A(T_f - T_A) + C_B(T_f - T_B)$.

EXERCICE

2.7 Chauffage d'une pièce

Problème. Il faut maintenir une pièce à 21 °C alors que le milieu extérieur est à 0 °C. Déterminer la relation entre les coûts pour le chauffage si la pièce est chauffée (a) à l'électricité (100% de rendement) (b) avec une pompe à chaleur entre T_1 et T_2, si une fraction ε de l'énergie est perdue dans la pompe à chaleur.

Solution. D'après le schéma, Q_1 est le flux de chaleur (par unité de temps) extrait du milieu extérieur. Avec ce flux et la puissance W (travail par unité de temps) une pompe à chaleur peut donc fournir le flux de chaleur Q_2 (par unité de temps) à la pièce.

Le flux de chaleur Q_3 constitue la chaleur cédée par la pièce au milieu extérieur en raison d'une faible isolation. Ce flux de chaleur est proportionnel à l'écart de température $T_2 - T_1$ ($T_2 > T_1$), c'est-à-dire,

$$Q_3 = \gamma(T_2 - T_1)\,.$$

Le coefficient γ dépend de l'isolation de la pièce et s'appelle *coefficient d'échange thermique*.

En raison du premier principe, les flux d'énergie vérifient (par rapport à la pompe à chaleur)

$$W + Q_1 + Q_2 = 0 \tag{2.63}$$

où Q_2 est négatif c'est-à-dire $|Q_2| = W + Q_1$. Les flèches sur la figure 2.11 indiquent les directions des flux d'énergie positifs. Pour une pompe à chaleur travaillant de façon réversible

$$\frac{Q_2}{T_2} + \frac{Q_1}{T_1} = 0 \quad \text{ou} \quad Q_1 = -Q_2\frac{T_1}{T_2}\,.$$

D'après l'équation (2.63) il s'en suit donc

$$W + Q_2\left(1 - \frac{T_1}{T_2}\right) = 0\,. \tag{2.64}$$

Si les températures externe et interne concordent, aucun travail n'est nécessaire. Cependant si $T_1 < T_2$ un travail W conforme à l'équation (2.64) doit être fourni. En régime stationnaire le flux de chaleur Q_2 doit exactement compenser les pertes thermiques Q_3. Avec $Q_2 = -Q_3$, nous avons donc

$$W = -Q_2\left(1 - \frac{T_1}{T_2}\right) = Q_3\left(1 - \frac{T_1}{T_2}\right)$$
$$= \gamma(T_1 - T_2)\left(1 - \frac{T_1}{T_2}\right)\,.$$

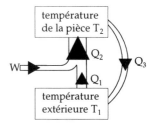

Fig. 2.11. Flux d'énergie pour une pompe à chaleur

Exercice 2.7

Si l'on admet que des pertes peuvent se produire dans la pompe à chaleur, la puissance W_{eff} fournie à la pompe devra être plus grande d'une quantité égale à ces pertes, alors

$$W = W_{\text{eff}}(1 - \varepsilon) = \gamma(T_1 - T_2)\left(1 - \frac{T_1}{T_2}\right) .$$

En chauffant avec une pompe à chaleur nous avons donc besoin de la puissance

$$W_{\text{eff}}^{\text{pc}} = \gamma \frac{T_1 - T_2}{1 - \varepsilon}\left(1 - \frac{T_1}{T_2}\right) .$$

En chauffant directement à l'électricité, la puissance doit compenser les pertes thermiques Q_3 ; on aura donc

$$W^{\text{el}} = \gamma(T_1 - T_2) .$$

La relation entre ces puissances est alors

$$\frac{W_{\text{eff}}^{\text{pc}}}{W^{\text{el}}} = \frac{1}{1 \quad \varepsilon}\left(1 - \frac{T_1}{T_2}\right) . \tag{2.65}$$

On remarque que le chauffage avec une pompe à chaleur est plus économique pour de petits écarts de température que le chauffage électrique. La relation (2.65) n'est cependant pas très parlante, car pour de petits écarts de température le flux de pertes Q_3 devient aussi très petit, l'équation (2.65) ne fournit donc pas l'énergie effectivement économisée. Pour ce faire, la différence

$$W^{\text{el}} - W_{\text{eff}}^{\text{pc}} = \gamma(T_1 - T_2)\left[1 - \frac{1}{1 - \varepsilon}\left(1 - \frac{T_1}{T_2}\right)\right]$$

est mieux adaptée. Comme on le remarque, dans le cas stationnaire pour une pièce adiabatique avec $\gamma = 0$ le mode de chauffage n'intervient pas, car lorsque la température est atteinte aucun chauffage n'est plus nécessaire.

Pour les températures considérées

$$\left(1 - \frac{T_1}{T_2}\right) \approx 0{,}07 .$$

Une pompe à chaleur avec des pertes $\varepsilon = 93\%$, est donc dans le cas stationnaire juste aussi efficace qu'un chauffage électrique.

2.7 Equation d'Euler et relation de Gibbs–Duhem

Ecrivons le premier principe de la thermodynamique pour un changement d'état réversible pour un système aussi général que possible. On considère que le système possède K espèces de particules (constituants chimiques), chacune ayant bien sur un nombre de particules et un potentiel chimique différent. On a alors

$$dU = T\,dS - p\,dV + \sum_{i=1}^{K} \mu_i\,dN_i \;. \tag{2.66}$$

Si par ailleurs d'autres formes de travail peuvent être échangées, par exemple, un travail électrique ou magnétique, il faudra ajouter d'autres termes, mais ceux-ci auront néanmoins une forme tout à fait analogue. Il faut donc interpréter l'énergie interne U extensive comme une fonction des variables d'état extensives S, V, N_1, ..., N_K. On sait alors, de manière générale qu'une grandeur extensive est proportionnelle à la taille absolue du système. En d'autres termes, si l'on double toutes les variables d'état extensives, toutes les autres grandeurs extensives doivent également doubler. Cela signifie en particulier pour l'énergie interne que

$$U(\alpha S, \alpha V, \alpha N_1, \ldots, \alpha N_K) = \alpha U(S, V, N_1, \ldots, N_K) \tag{2.67}$$

si α est le facteur d'accroissement. Des fonctions ayant cette propriété sont appelées fonctions homogènes de degré un. Toutes les variables extensives sont des fonctions homogènes de degré un des autres variables extensives. D'un autre coté, les variables intensives sont des fonctions homogènes de degré zéro des variables extensives,

$$T(\alpha S, \alpha V, \alpha N_1, \ldots, \alpha N_K) = T(S, V, N_1, \ldots, N_K) \tag{2.68}$$

c'est-à-dire, elles ne changent pas si l'on divise ou duplique le système.

L'équation (2.67) a des conséquences d'une portée considérable. Considérons en effet un accroissement infinitésimal du système ($\alpha = 1 + \varepsilon$ avec $\varepsilon \ll 1$), on peut faire un développement en série de Taylor du membre de gauche :

$$U\big((1+\varepsilon)S, \ldots\big) = U + \frac{\partial U}{\partial S}\varepsilon S + \frac{\partial U}{\partial V}\varepsilon V + \cdots + \frac{\partial U}{\partial N_K}\varepsilon N_K \;. \tag{2.69}$$

Si l'on reporte ce résultat dans l'équation (2.67), et en considérant que d'après l'équation (2.66) on a

$$\frac{\partial U}{\partial S} = T\,, \quad \frac{\partial U}{\partial V} = -p\,, \quad \frac{\partial U}{\partial N_1} = \mu_1\,, \ldots\,, \quad \frac{\partial U}{\partial N_K} = \mu_K \tag{2.70}$$

il s'en suit que

$$U\big((1+\varepsilon)S, \ldots\big) = U + \varepsilon U = U + \varepsilon\left(TS - pV + \sum_i \mu_i N_i\right) \tag{2.71}$$

c'est-à-dire, on obtient l'équation d'Euler,

$$U = TS - pV + \sum_i \mu_i N_i \ . \tag{2.72}$$

En d'autres termes, on déduit de l'équation (2.67) que l'équation (2.66) peut être intégrée trivialement. Ce n'était à priori pas du tout évident puisque d'après l'équation (2.70). T, p et μ_i sont des fonctions de S, V et N_i. En calculant la différentielle totale de l'équation d'Euler, on obtient

$$dU = T\,dS - p\,dV + \sum_i \mu_i\,dN_i + S\,dT - V\,dp + \sum_i N_i\,d\mu_i \ . \tag{2.73}$$

Si l'on compare à l'équation (2.66) on voit que la condition

$$0 = S\,dT - V\,dp + \sum_i N_i\,d\mu_i \tag{2.74}$$

doit manifestement toujours être vérifiée (avec des termes supplémentaires, si d'autres variables d'état sont nécessaires). L'équation (2.74) s'appelle la relation de Gibbs–Duhem. Elle signifie que les variables intensives T, p, $\mu_1, \ldots, \mu_K$ conjuguées des variables extensives S, V, $N_1, \ldots, N_K$ ne sont pas toutes indépendantes les unes des autres. En fait cela s'explique très simplement, puisqu'à partir de trois variables d'état extensives, par exemple, S, V et N, on ne peut former que deux variables intensives indépendantes, par exemple, S/N et V/N. Toutes les autres combinaisons s'expriment en fonction de celles là. Dans l'équation (2.74) S, V, $N_1, \ldots, N_K$ sont à présent fonction des variables T, p, $\mu_1, \ldots, \mu_K$ et cette équation fournit donc la possibilité d'éliminer une de ces variables.

EXEMPLE

2.8 Potentiel chimique d'un gaz parfait

Nous voulons démontrer à l'aide d'un exemple que la relation de Gibbs–Duhem permet de calculer le potentiel chimique d'un gaz parfait en fonction de T et de p. Pour une seule espèce de particules la relation de Gibbs–Duhem a la forme

$$0 = S\,dT - V\,dp + N\,d\mu$$

ou

$$d\mu(p, T) = -\frac{S(p, T)}{N}\,dT + \frac{V(p, T)}{N}\,dp \ .$$

Si on remplace ici $S(T, p)$ par l'équation (2.40), on trouve avec $V(T, p) = NkT/p$

$$d\mu(p, T) = -\left\{ s_0 k + k \ln\left[\left(\frac{T}{T_0}\right)^{5/2} \left(\frac{p_0}{p}\right) \right] \right\} dT + kT\,\frac{dp}{p} \ . \tag{2.75}$$

Puisque μ en tant que grandeur d'état possède une différentielle totale (on peut vérifier facilement les conditions nécessaires et suffisantes (1.50)), on peut intégrer l'équation (2.75) le long d'un contour arbitraire de (T_0, p_0) à (T, p). Choisissons le contour représenté sur la figure 2.12.

On a alors

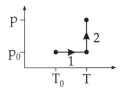

Fig. 2.12. Contour d'intégration

$$\mu(p, T) - \mu_0(p_0, T_0) = -\int_{T_0}^{T} \left[s_0 k + \frac{5}{2} k \ln\left(\frac{T}{T_0}\right) \right] dT + kT \int_{p_0}^{p} \frac{dp}{p} \ . \quad (2.76)$$

Avec $p = p_0$ et $dp = 0$ sur le tronçon 1, alors que $dT = 0$ sur le tronçon 2. Avec $\int dx \ln x = x \ln x - x$ on peut évaluer l'équation (2.76) et on trouve le résultat

$$\mu(p, T) = \mu(p_0, T_0) - s_0 k(T - T_0) - \frac{5}{2} kT \ln \frac{T}{T_0} + \frac{5}{2} k(T - T_0) + kT \ln \frac{p}{p_0}$$

$$= \mu(p_0, T_0) - kT \ln \left[\left(\frac{T}{T_0}\right)^{5/2} \left(\frac{p_0}{p}\right) \right] + \left(\frac{5}{2} - s_0\right) k(T - T_0) \ . \quad (2.77)$$

Comme cela est courant en thermodynamique on n'obtient que la différence par rapport à un état initial (T_0, p_0). Le potentiel chimique dépend essentiellement de l'énergie cinétique moyenne des particules, celle-ci est proportionnelle à kT. Pour ajouter une particule à un gaz parfait en équilibre à la température T et à la pression p, il faut ajouter l'énergie $\mu(p, T)$ correspondant à l'équation (2.77) et ce indépendamment du nombre de particules déjà présentes.

EXERCICE

2.9 Equation d'Euler pour un gaz parfait

Problème. Nous allons montrer que pour un gaz parfait l'équation d'Euler

$$U = TS - pV + \mu N \quad (2.78)$$

est généralement vérifiée, tant que $\mu(p_0, T_0)$ et $s(p_0, T_0)$, les constantes additives indéterminées du potentiel chimique et de l'entropie vérifient une certaine relation.

Solution. Ecrivons d'abord nos résultats déjà obtenus pour les termes individuels. Choisissons N, p et T comme variables indépendantes :

$$U = \frac{3}{2} NkT \ ,$$

$$TS = NkTs_0 + NkT \ln \left[\left(\frac{T}{T_0}\right)^{5/2} \left(\frac{p_0}{p}\right) \right] \ , \quad (2.79)$$

$$pV = NkT \ .$$

Exercice 2.9

Dans l'équation (2.79) nous avons utilisé l'équation (2.40). Avec l'équation (2.77) on obtient alors

$$N\mu = N\mu_0 + \left(\frac{5}{2} - s_0\right) Nk(T - T_0)$$
$$- NkT \ln\left[\left(\frac{T}{T_0}\right)^{5/2} \left(\frac{p_0}{p}\right)\right].$$

L'équation (2.78) devient donc :

$$\frac{3}{2} NkT = NkTs_0 + NkT \ln\left[\left(\frac{T}{T_0}\right)^{5/2} \left(\frac{p_0}{p}\right)\right] - NkT + N\mu_0$$
$$+ \frac{5}{2} Nk(T - T_0) - s_0 Nk(T - T_0) - NkT \ln\left[\left(\frac{T}{T_0}\right)^{5/2} \left(\frac{p_0}{p}\right)\right].$$

Après avoir arrangé de manière appropriée les termes on aboutit à

$$\mu_0 \equiv \mu(p_0, T_0) = \left(\frac{5}{2} - s_0\right) kT_0. \qquad (2.80)$$

Puisque cette équation ne dépend plus ni de p ni de T, l'équation d'Euler est toujours vraie pour un gaz parfait à condition que les constantes additives vérifient la relation (2.80). Les valeurs (p_0, T_0) pour l'état initial sont absolument arbitraires. Si l'on reporte l'équation (2.80) dans l'équation (2.77), on obtient une formulation un peu plus condensée du potentiel chimique d'un gaz parfait,

$$\mu(p, T) = kT \left\{\frac{\mu_0}{kT_0} - \ln\left[\left(\frac{T}{T_0}\right)^{5/2} \left(\frac{p_0}{p}\right)\right]\right\}.$$

3. Transitions de phase et réactions chimiques

3.1 Règle des phases de Gibbs

Nous voulons maintenant revenir au problème important qui est de connaître le nombre effectif de variables d'état pour déterminer de façon unique l'état d'un système. Pour cela partons d'un système contenant K espèces de particules différentes (constituants chimiques) et P phases distinctes (solide, liquide, gazeuse, ...). Chaque phase peut être considérée comme un système partiel du système total et nous pouvons pour chacune de ces phases exprimer le premier principe, dans celui-ci nous affecterons d'un exposant i les quantités se référant à la phase i, $i = 1, \ldots, P$. Pour des changements d'états réversibles nous avons

$$
dU^{(i)} = T^{(i)} \, dS^{(i)} - p^{(i)} \, dV^{(i)} + \sum_{l=1}^{K} \mu_l^{(i)} \, dN_l^{(i)} \, ,
$$
$$
i = 1, 2, \ldots P \, . \tag{3.1}
$$

D'autres termes apparaissent également, si des effets électriques ou magnétiques jouent un rôle. Toutefois, puisque les termes correspondants ont une forme analogue, l'équation (3.1) est suffisamment générale. Dans cette formulation du premier principe, $U^{(i)}$ correspondant à la phase i est une fonction des variables d'état extensives $S^{(i)}$, $V^{(i)}$, $N_1^{(i)}$, ..., $N_K^{(i)}$, c'est-à-dire dépend de $K + 2$ variables (si d'autres termes apparaissent dans (3.1)), le nombre de variables s'en trouvera augmenté). En tout nous avons donc $P(K + 2)$ variables d'état extensives. Si le système total est en équilibre thermodynamique, nous avons en plus pour les variables d'état intensives, les relations suivantes, voir équations (2.45–48)

$$
\begin{aligned}
T^{(1)} &= T^{(2)} = \cdots = T^{(P)} \, , && \text{Equilibre thermique} \, , \\
p^{(1)} &= p^{(2)} = \cdots = p^{(P)} \, , && \text{Equilibre mécanique} \, , \\
\mu_l^{(1)} &= \mu_l^{(2)} = \cdots = \mu_l^{(P)} \, , \quad l = 1, \ldots, K \, , && \text{Equilibre chimique} \, . \tag{3.2}
\end{aligned}
$$

Chaque ligne contient $P - 1$ équations, si bien que l'équation (3.2) est un système de $(P - 1)(K + 2)$ équations. Puisque $T^{(i)}$, $p^{(i)}$ et $\mu_l^{(i)}$ sont des fonctions de $S^{(i)}$, $V^{(i)}$ et $N^{(i)}$ nous pouvons éliminer une variable avec chaque équation.

Nous aurons donc simplement besoin de

$$(K+2)P - (K+2)(P-1) = K+2 \tag{3.3}$$

variables extensives pour déterminer l'état d'équilibre du système total. On constate que ce nombre est indépendant du nombre de phases. Si maintenant nous considérons qu'il faut exactement P variables extensives (par exemple, $V^{(i)}$, $i = 1, \ldots, P$) pour déterminer la taille des phases (c'est-à-dire le volume occupé par chacune), on a besoin de

$$F = K + 2 - P \tag{3.4}$$

variables extensives. L'équation (3.4) est due à J.W. Gibbs et est appelée *règle des phases de Gibbs*. Celle-ci sera aisément compréhensible à l'aide d'exemples concrets. Imaginons par exemple un récipient fermé contenant de la vapeur. Avec $K = 1$ il nous faut 3 $(= K+2)$ variables extensives pour une description complète du système, par exemple, S, V, et N. Toutefois, l'une d'elles (par exemple V), ne détermine que la taille du système. Les propriétés intensives sont complètement déterminées par $F = 1 + 2 - 1 = 2$ variables intensives, par exemple la pression et la température. Alors U/V, S/V, N/V, etc. sont également fixées et en se donnant en plus V on peut obtenir toutes les variables extensives.

Si le récipient contient de la vapeur et du liquide en équilibre, on ne peut plus se fixer qu'une seule variable intensive, $F = 1 + 2 - 2 = 1$, par exemple, la température. *La pression de vapeur se fixe alors automatiquement à sa valeur d'équilibre.* Toutes les autres propriétés intensives des phases sont également déterminées. Si on désire en plus décrire les propriétés extensives, il faut se donner par exemple V^{li} et V^v, c'est-à-dire, une variable extensive pour chaque phase (on peut bien sur aussi se donner N^{li} et N^v, etc.).

Enfin si le récipient contient de la vapeur, du liquide et de la glace en équilibre, nous avons $F = 1 + 2 - 3 = 0$. Cela signifie que toutes les propriétés intensives sont fixées : pression et température ont des valeurs définies. Seule la taille des phases peut être modifiée en se donnant V^{li}, V^s et V^v. Ce point se nomme également point triple du système. Si nous avons plusieurs composés chimiques (par exemple air et eau) ou s'il y a plus de termes dans l'équation (3.1), toutes les affirmations restent valables avec des valeurs correspondantes pour K plus élevées.

Si le système est constitué de plusieurs espèces de particules (composés chimiques) des réactions entre particules, qui transforment une espèce de particules en une autre, sont souvent possibles. Certaines équations réactionnelles, qui sont couramment utilisées en chimie, s'appliquent alors, par exemple :

$$2\,H_2 + O_2 \rightleftharpoons 2\,H_2O \,. \tag{3.5}$$

De façon générale ces équations de réactions s'écrivent de la façon suivante

$$a_1 A_1 + a_2 A_2 + \cdots \rightleftharpoons b_1 B_1 + b_2 B_2 + \cdots \tag{3.6}$$

où a_1 particules de l'espèce A_1 réagissent avec a_2 particules de l'espèce A_2 pour former b_1 particules de l'espèce B_1, etc. Les nombres a_i et b_i sont les *coefficients stoechiométriques* de la chimie. L'équation (3.6) est une condition liant les nombres de particules N_{A1}, N_{A2}, ... et N_{B1}, N_{B2}, ... , puisque les variations de ces nombres sont mutuellement reliées par l'équation de la réaction. Soit dR la variation pour une particule, on doit alors avoir

$$dN_{A_1} = -a_1\, dR\,,$$
$$dN_{A_2} = -a_2\, dR\,,$$
$$\vdots$$
$$dN_{B_1} = b_1\, dR\,,$$
$$dN_{B_2} = b_2\, dR\,,$$
$$\vdots \qquad . \tag{3.7}$$

Les signes sont déterminés par le fait que dans chaque réaction a_1 particules de l'espèce A_1 et a_2 particules de l'espèce A_2, etc., disparaissent tandis que b_1 particules de l'espèce B_1 sont crées. Comme nous le savons déjà, la condition d'équilibre pour un système isolé s'énonce

$$dS = \frac{1}{T}\, dU + \frac{p}{T}\, dV - \frac{1}{T}\sum_i \mu_i\, dN_i = 0\,. \tag{3.8}$$

Toutefois si pour un tel système U et V sont constants, l'équation (3.8) fournit la condition

$$\sum_i \mu_i\, dN_i = 0\,. \tag{3.9}$$

Si nous insérons les expressions des dN_i de l'équation (3.7) dans l'équation (3.9), nous obtenons après division par le facteur commun dR

$$\sum_i a_i \mu_i = \sum_j b_j \mu_j\,. \tag{3.10}$$

Ceci constitue une contrainte pour les potentiels chimiques qui dépend de l'équation de la réaction. Chaque équation de réaction permet donc d'éliminer une autre variable intensive. Si nous avons par exemple R équations de réactions, nous pourrons formuler une règle des phases de Gibbs généralisée :

$$F = K + 2 - P - R\,. \tag{3.11}$$

Le nombre total de variables extensives est maintenant aussi plus faible ($K + 2 - R$). La raison en est que pour chaque phase, seulement $K - R$ composés possèdent un nombre indépendant de particules ; les autres se calculent à l'aide des équations de la réaction.

EXEMPLE ▆▆▆▆▆▆▆▆▆▆▆▆▆▆▆▆▆▆▆▆▆▆▆▆▆▆▆▆▆

3.1 Equation de Clausius–Clapeyron

On désire obtenir une équation générale permettant de déterminer la pression de vapeur d'un liquide en équilibre avec sa vapeur. Pour deux systèmes partiels pouvant échanger énergie, volume et nombre de particules les conditions d'équilibre sont les suivantes :

$$T_{li} = T_v, \qquad p_{li} = p_v, \qquad \mu_{li} = \mu_v.$$

Ces conditions ne sont pas indépendantes les unes des autres en raison de l'équation de Gibbs-Duhem : si l'on connaît l'équation d'état et que l'on se donne T et p on peut calculer μ_{li} et μ_v. L'équation

$$\mu_{li}(p, T) = \mu_v(p, T) \tag{3.12}$$

indique une dépendance entre p et T, c'est-à-dire que l'on peut calculer la pression de vapeur pour une température donnée. Si dans l'équation (3.12) la température varie de dT, la pression de vapeur doit alors aussi varier d'une certaine quantité dp compatible avec l'équilibre. Pour les variations correspondantes de $d\mu_{li}$ et $d\mu_v$ on doit avoir

$$d\mu_{li}(p, T) = d\mu_v(p, T).$$

La relation de Gibbs–Duhem $S\,dT - V\,dp + N\,d\mu = 0$ permet d'exprimer cela de la façon suivante

$$d\mu_{li}(p, T) = -\frac{S_{li}}{N_{li}}\,dT + \frac{V_{li}}{N_{li}}\,dp,$$
$$d\mu_v(p, T) = -\frac{S_v}{N_v}\,dT + \frac{V_v}{N_v}\,dp$$

ou avec $s_{li} = S_{li}/N_{li}$, $v_{li} = V_{li}/N_{li}$ et de façon analogue pour la vapeur :

$$dp(v_{li} - v_v) = dT(s_{li} - s_v),$$
$$\frac{dp}{dT} = \frac{s_{li} - s_v}{v_{li} - v_v}.$$

Ceci constitue *l'équation de Clausius–Clapeyron*. Celle-ci est une équation différentielle pour la pression de vapeur $p(T)$, si l'entropie et le volume par particule sont connus en fonction de T et de p. Maintenant $S_v - S_{li} = \Delta Q_{li \to v}/T$ représente la différence d'entropie entre les phases liquide et vapeur. Cette différence d'entropie, correspond à une température d'évaporation donnée, à la quantité de chaleur $\Delta Q_{li \to v}$ qu'il faut fournir pour évaporer toutes les particules de liquide et les faire passer dans la phase vapeur. Cette quantité dépend aussi en premier lieu de la quantité de liquide à évaporer. On peut toutefois se ramener

aux variables intensives correspondantes et se référer à une quantité déterminée
de matière, par exemple par particule ou par mole,

Exemple 3.1

$$s_v - s_{li} = \frac{S_v}{N_v} - \frac{S_{li}}{N_{li}} = \frac{\Delta Q'_{li \to v}}{T} \; .$$

Le signe a été choisi en fonction du sens liquide $\to$ vapeur. Maintenant
$\Delta Q'_{li \to v} = Q_v/N_v - Q_{li}/N_{li}$ représente la quantité de chaleur nécessaire pour
évaporer une particule. Cette quantité peut de nouveau dépendre de la pression
(pression de vapeur) et de la température. Toutefois, dans de nombreux cas et
pour des écarts de températures relativement faibles, on peut considérer cette
chaleur d'évaporation constante. De façon analogue, les variables intensives v_v
et v_{li}, volumes particuliers dans la phase vapeur et liquide respectivement, dépendent en général de la pression de vapeur et de la température. Avec la chaleur
d'évaporation $\Delta Q'_{li \to v}$ on obtient alors

$$\frac{dp}{dT} = \frac{\Delta Q'_{li \to v}}{T(v_v - v_{li})} \; . \tag{3.13}$$

Puisque le membre de droite est en général une fonction compliquée de la pression de vapeur p et de la température d'évaporation T, on aboutit à une équation
différentielle de la forme $dp/dT = f(p, T)$ pour la pression de vapeur $p(T)$ en
fonction de la température.

Pour un gaz parfait le volume occupé par N_A particules (1 mole) à une température de $0\,^\circ C$ et à une pression d'une atmosphère est $22\,400\,cm^3$, tandis que
pour un liquide tel que H_2O ce volume est seulement de $18\,cm^3$ dans les mêmes
conditions, dans la plupart des cas donc $v_v \gg v_{li}$ et l'on obtient

$$\frac{dp}{dT} \simeq \frac{\Delta Q'}{Tv_v} \; . \tag{3.14}$$

Les grandeurs intensives $\Delta Q'$ et v_v peuvent naturellement être utilisées sous
forme molaire au lieu d'être mesurées par particule. Cependant l'approximation $v_v \gg v_{li}$ devient très mauvaise si l'on s'approche du point critique. Alors
$v_v \approx v_{li}$ et $\Delta Q'_{li \to v} \simeq 0$. Le quotient $\Delta Q'_{li \to v}/(v_v - v_{li})$ reste toutefois toujours
fini (voir chapitre 17).

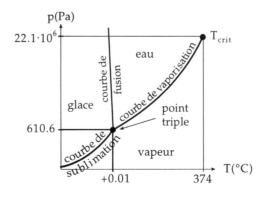

Fig. 3.1. Diagramme des phases de l'eau

EXERCICE

3.2 Pression de vapeur d'un liquide

Problème. Déterminer la pression de vapeur d'un liquide en équilibre avec sa vapeur en supposant que la chaleur d'évaporation par particule est indépendante de la pression ou de la température et que la vapeur se comporte comme un gaz parfait.

Solution. L'équation (3.14) constitue le meilleur point de départ :

$$\frac{dp}{dT} = \frac{\Delta Q'}{T v_v} \, .$$

Avec $v_v = V_v / N_v = kT/p$ on obtient

$$\frac{dp}{dT} = \frac{p}{kT^2} \Delta Q' \, .$$

Ceci s'intègre après séparation des variables, par exemple, d'une température initiale T_0 avec une pression de vapeur p_0 jusqu'à une température T avec une pression de vapeur p,

$$\ln \frac{p}{p_0} = -\frac{\Delta Q'}{k} \left(\frac{1}{T} - \frac{1}{T_0} \right)$$

ou

$$p(T) = p_0(T_0) \exp\left[-\frac{\Delta Q'}{k} \left(\frac{1}{T} - \frac{1}{T_0} \right) \right] \, . \tag{3.15}$$

La pression de vapeur augmente donc fortement avec la température ($\Delta Q' > 0$). Notons que l'équation (3.15) reste valable avec les mêmes conditions pour la sublimation d'un solide : $v_{solide} \ll v_v$ reste vraie, mais la chaleur de sublimation est plus élevée. La courbe de sublimation possède donc une pente plus élevée que la courbe de vaporisation. Les deux courbes se coupent au point triple.

Nous avons donc maintenant compris les points essentiels du diagramme de phase d'une substance. De la même manière que les courbes de vaporisation et de sublimation, la courbe de fusion rejoint également le point triple. En ce point les phases solide, liquide et vapeur sont coexistantes. La courbe de fusion doit toutefois être calculée à partir de l'équation (3.13), car maintenant $v_{solide} \approx v_{li}$. Les courbes de fusion ont donc une pente très élevée dans le diagramme pT (pour $v_{solide} = v_{li}$ elles sont verticales. Pour l'eau la phase solide est moins dense que le liquide, $v_{solide} > v_{li}$, mais la chaleur de liquéfaction $\Delta Q'_{solide \to li}$ est positive, si bien que la courbe de fusion décroît très rapidement lorsque la température augmente (pente négative). Pour la plupart des autres substances on a $v_{solide} < v_{li}$ et $\Delta Q'_{solide \to li} > 0$, si bien que dans ces cas la courbe de fusion a une pente positive. Le comportement particulier de l'eau se nomme anomalie de l'eau. Pour des substances réelles l'équation (3.15) n'est pas une très bonne approximation. Le diagramme pT ne comportant que des variables intensives, il ne nous informe pas sur la quantité de substance présente dans ou l'autre état.

3.2 Equilibre des phases et construction de Maxwell

En introduisant l'équation d'état de van der Waals, nous avions déjà mentionné certaines des incohérences de cette équation. Les isothermes de l'équation de van der Waals (figure 3.2),

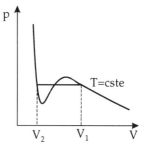

Fig. 3.2. Isotherme d'un gaz de van der Waals

$$\left(p + \frac{N^2 a}{V^2} \right) (V - Nb) = NkT \tag{3.16}$$

montrent des régions de pressions négatives ainsi que des régions mécaniquement instables pour lesquelles $\partial p / \partial V > 0$, où le gaz veut se comprimer lui-même. Les deux cas ne correspondent pas à des situations physiques réelles.

Nous désirons montrer maintenant que ces contradictions peuvent être levées en considérant la transition de phase du gaz vers le liquide. La plupart des gaz lorsqu'ils sont comprimés, commencent à se liquéfier en dessous d'une température critique à un certain volume V_1.

À l'équilibre entre la vapeur et le liquide, il s'établit toutefois une certaine pression de vapeur p_v, que nous avons déjà calculée pour un gaz parfait à partir des conditions d'équilibre dans l'exercice 3.2 :

$$p_{li} = p_v \,, \qquad T_{li} = T_v \,, \qquad \mu_{li}(p, T) = \mu_v(p, T) \,. \tag{3.17}$$

La pression de vapeur $p_v(T)$ ne dépend que de la température et non du volume V, si bien que l'isotherme obtenue est horizontale dans le diagramme pV. Une compression isotherme au delà du point de liquéfaction V_1 a pour effet la conversion d'une quantité de plus en plus grande de vapeur en liquide, jusqu'à ce qu'au point V_2 la totalité du gaz se soit liquéfiée. Si nous continuons à comprimer le système, la pression s'accroît énormément du fait de la faible compressibilité du fluide. Il est remarquable que ni la densité du liquide (donnée par N/V_2) ni la densité de la vapeur (donnée par N/V_1) ne changent au cours de la transition de phase. L'accroissement de la densité moyenne, qui résulte de la transition de V_1 à V_2 provient uniquement de la production d'une quantité croissante de liquide et de la réduction simultanée du volume partiel de la phase vapeur.

La pression p_v peut être calculée à partir de l'équation (3.17), si les températures et les potentiels chimiques de la vapeur et du liquide sont connus. Nous voulons, cependant présenter, maintenant une méthode connue sous le nom de construction de Maxwell : à nombre de particules fixé l'énergie interne $U(V, T)$ est une fonction d'état qui dépend uniquement du volume pour une température donnée. Pour une température constante on obtient donc la différence d'énergie interne (par intégration de l'équation (2.36) pour $dN = 0$)

$$\Delta U = T(S_2 - S_1) - \int_{V_1}^{V_2} p(v)\, dV \tag{3.18}$$

entre les volumes V_1 et V_2 avec les entropies S_1 et S_2 pour les phases gazeuse et liquide pures, respectivement. Puisque U est une différentielle exacte il est indifférent que ΔU soit calculé le long d'une trajectoire à pression constante $(p(V) = p_{li} = p_v = \text{cste})$ ou le long d'une isotherme de van der Waals pour laquelle on a $(T = \text{cste})$:

$$p(V) = \frac{NkT}{V - Nb} - \frac{aN^2}{V^2}\,. \tag{3.19}$$

Dans le premier cas on a simplement ($\Delta Q = T(S_2 - S_1)$ est la chaleur latente de transition de phase)

$$\Delta U_1 = \Delta Q - p_v(V_2 - V_1) \tag{3.20}$$

et dans le cas de l'isotherme de van der Waals nous avons

$$\Delta U_2 = \Delta Q - NkT \ln \frac{V_2 - Nb}{V_1 - Nb} - N^2 a \left(\frac{1}{V_2} - \frac{1}{V_1} \right)\,. \tag{3.21}$$

À partir de la condition

$$\Delta U_1 = \Delta U_2\,,$$

$$\Leftrightarrow -p_v(V_2 - V_1) = -NkT \ln \frac{V_2 - Nb}{V_1 - Nb} - N^2 a \left(\frac{1}{V_2} - \frac{1}{V_1} \right) \tag{3.22}$$

on peut en principe déterminer la pression inconnue p_v ainsi que les volumes inconnus V_1 et V_2 si l'on résolvait l'équation de van des Waals par rapport à $V_1(p, T)$ et $V_2(p, T)$. (Remarque : pour p_v et T données l'équation de van der Waals possède également une troisième solution (instable) en C, figure 3.3).

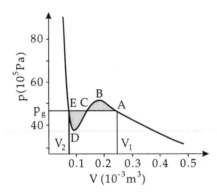

Fig. 3.3. Construction de Maxwell

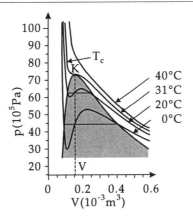

Fig. 3.4. Point critique et isotherme critique

Toutefois l'équation (3.22) s'interprète beaucoup plus facilement. Celle-ci nous indique que la surface $p_v(V_2 - V_1)$ du rectangle entre V_1 et V_2 sous la pression de vapeur inconnue doit être égale à la surface sous l'isotherme de van der Waals.

Ou, en d'autres termes que la surface entre la droite de pression de vapeur et l'isotherme de van der Waals ABC doit être égale à l'aire analogue CDE (voir figure 3.3). Ceci constitue la *construction de Maxwell* bien connue. Le calcul explicite à partir de l'équation (3.22) équivaut à la construction de Maxwell.

Si l'on reporte les points A et B pour un ensemble d'isothermes dans le diagramme, on obtient la frontière de la région de coexistence des phases (figure 3.4). Dans cette région il faut remplacer l'isotherme de van der Waals par les droites de pression de vapeur. Le maximum de la région de coexistence, dénommé *point critique* K, se trouve sur une isotherme qui possède seulement un point d'inflexion (au lieu des extremums D et B). Au dessus du point critique la construction de Maxwell n'est plus possible ; liquide et gaz ne sont plus discernables.

À l'aide de la figure 3.5 on peut également comprendre un autre phénomène. Si l'on comprime de façon isotherme un gaz réel en dessous de la température critique jusqu'à ce que tout le gaz soit liquéfié, puis que l'on augmente la température à volume V_2 constant en un point au dessus de la température critique et qu'alors on dilate le gaz à température constante jusqu'au volume initial V_1, on peut se retrouver à l'état gazeux initial sans pouvoir détecter une seconde transition de phase (en diminuant la température à volume constant).

Cela signifie qu'au dessus de la température critique (isotherme critique) la distinction entre l'état gazeux et liquide n'a plus de sens! Cette distinction n'est possible qu'en dessous du point critique car le liquide et le gaz ont des densités très différentes et que par conséquent une surface frontière existe entre les phases. Au point critique les densités des phases liquide et gazeuse sont les mêmes, et une distinction des phases n'est plus possible au dessus de la température critique.

En raison de l'importance du point critique nous voulons calculer les grandeurs d'état critiques T_{cr}, p_{cr} et V_{cr} à partir de l'équation de van der Waals. Le

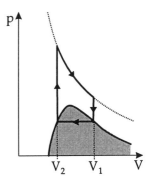

Fig. 3.5. Schéma du processus considéré

point critique est caractérisé par la nullité des deux dérivées (point d'inflexion) :

$$\left.\frac{\partial p}{\partial V}\right|_{T_{cr}, V_{cr}} = 0 , \qquad \left.\frac{\partial^2 p}{\partial V^2}\right|_{T_{cr}, V_{cr}} = 0 \tag{3.23}$$

ou

$$-\frac{NkT_{cr}}{(V_{cr} - Nb)^2} + \frac{2aN^2}{V_{cr}^3} = 0 , \qquad 2\frac{NkT_{cr}}{(V_{cr} - Nb)^3} - 6\frac{aN^2}{V_{cr}^4} = 0 . \tag{3.24}$$

Si l'on fait passer les termes négatifs dans les membres de droite et que l'on divise membre à membre les deux équations, on obtient $V_{cr} - Nb = 2/3 V_{cr}$, et donc

$$V_{cr} = 3Nb . \tag{3.25}$$

En reportant cela dans l'équation (3.24), on obtient

$$T_{cr} = \frac{2aN}{kV_{cr}^3}(V_{cr} - Nb)^2 = \frac{2aN}{kV_{cr}^3}\frac{4}{9}V_{cr}^2 = \frac{8a}{27kb} \tag{3.26}$$

à partir de V_{cr} et T_{cr} l'équation de van der Waals entraine finalement que

$$p_{cr} = \frac{Nk\,8a}{2bN\,27kb} - \frac{aN^2}{9b^2N^2} = \frac{a}{27b^2} . \tag{3.27}$$

Par conséquent les grandeurs d'état critiques sont uniquement déterminées par les paramètres a et b. Pour tous les gaz on devrait donc avoir

$$\frac{p_{cr}V_{cr}}{NkT_{cr}} = \frac{a\,3bN\,27kb}{27b^2\,Nk\,8a} = \frac{3}{8} = 0,375 . \tag{3.28}$$

Expérimentalement on trouve pour l'équation (3.28) des valeurs comprises entre $0,25$ et $0,35$, ce qui confirme une fois de plus l'utilité qualitative de l'équation de van der Waals. Inversement, la mesure des caractéristiques critiques, fournit une méthode commode pour la détermination des paramètres a et b.

On peut d'ailleurs également trouver expérimentalement les portions (métastables) AB et DE de l'isotherme de van der Waals hors d'équilibre. Si l'on comprime avec précaution à température constante un gaz (en évitant les secousses et les germes de condensation) on peut suivre l'isotherme au delà du point A presque jusqu'au point B. La même chose s'applique de l'autre coté au delà du point E jusqu'au point D. On parle de retard à la condensation ou de retard à la vaporisation, respectivement. Dans ces régions, le système est métastable et la moindre perturbation minime le fait basculer dans la phase stable coexistante. Les mêmes phénomènes s'observent pour des variations de températures isochores. On parle alors de liquide en surfusion ou de vapeur sous-refroidie, respectivement. Pour les transitions de phase solide-liquide on observe des phénomènes analogues.

3.3 La loi d'action et de masse

Considérons maintenant un récipient contenant différents gaz pouvant subir des réactions chimiques conformément à l'équation (3.6). Afin de voir un exemple concret, envisageons la réaction

$$H_2 + Cl_2 \rightleftharpoons 2\,HCl\,, \qquad \Delta U = -92,3\,\frac{kJ}{mol(HCl)} \tag{3.29}$$

qui libère une énergie de $-92,3\,kJ/mol$, lorsque se forme une mole d'acide chlorhydrique dans un système isolé. Tout d'abord nous devons généraliser nos formules pour le gaz parfait. Le contenu énergétique purement thermique d'un gaz parfait à la température T était $U = 3NkT/2$. Toutefois cette énergie ne tient pas compte de termes additionnels d'énergies internes de différentes espèces de particules, du fait de leurs structures internes, de leurs masses différentes, etc. Par exemple, les deux molécules H_2 et Cl_2 diffèrent de deux molécules HCl par l'énergie de leurs liaisons chimiques qui se trouve justement libérée au cours de la réaction. Nous devons tenir compte de ces énergies additionnelles dans l'énergie interne et écrire pour chaque espèce de particules i, comportant N_i particules à la température T et à la pression p_i :

$$U_i(N_i, T, p_i) = N_i \varepsilon_i + \frac{3}{2} N_i kT\,, \qquad p_i V = N_i kT\,. \tag{3.30}$$

Les énergies ε_i définissent les origines des échelles d'énergies des particules correspondantes. La différence $2\varepsilon_{HCl} - \varepsilon_{H_2} - \varepsilon_{Cl_2}$, par exemple, représente la différence d'énergie de liaison entre deux molécules de HCl et une molécule de H_2 et de Cl_2 respectivement. Par conséquent ε_i apparaît également dans les potentiels chimiques des gaz parfaits (voir exemple 2.8 et exercice 2.9), puisque les niveaux d'énergies des potentiels chimiques sont décalés les uns par rapport aux autres,

$$\mu_i(p_i, T) = \varepsilon_i + kT \left\{ \frac{\mu_{i0}(p_0, T_0)}{kT_0} - \ln \left[\left(\frac{T}{T_0} \right)^{5/2} \left(\frac{p_0}{p_i} \right) \right] \right\}\,. \tag{3.31}$$

Cette équation se déduit exactement comme dans l'exercice 2.9 en utilisant notre nouvelle définition de l'énergie interne. Bien sur il faut seulement insérer les pressions partielles de chaque constituant dans les potentiels chimiques, puisque chaque constituant lui même vérifie les relations thermodynamiques d'un gaz parfait comportant N_i particules à la pression p_i et à la température T commune à toutes les particules. Alors la pression totale du système est $p = \sum_i p_i$ et vérifie $pV = NkT$ avec $N = \sum_i N_i$. En particulier le rapport $p_i/p = N_i/N = X_i$ représente la fraction molaire du constituant i et mesure la concentration des particules d'espèce i. Nous pouvons alors écrire à nouveau l'équation de $\mu_i(p, T)$ en utilisant $p_0/p_i = (p_0/p) \cdot (p/p_i) = p_0/(pX_i)$,

$$
\begin{aligned}
\mu_i(p_i, T) &= \varepsilon_i + kT \left\{ \frac{\mu_i(p_0, T_0)}{kT_0} - \ln \left[\left(\frac{T}{T_0} \right)^{5/2} \left(\frac{p_0}{p} \frac{1}{X_i} \right) \right] \right\} \\
&= \varepsilon_i + kT \left\{ \frac{\mu_i(p_0, T_0)}{kT_0} - \ln \left[\left(\frac{T}{T_0} \right)^{5/2} \left(\frac{p_0}{p} \right) \right] \right\} + kT \ln X_i \\
&= \mu_i(p, T) + kT \ln X_i \, .
\end{aligned}
\tag{3.32}
$$

Cette équation nous montre que le potentiel chimique du constituant i de pression partielle p_i, la pression totale étant p, ou de fraction molaire X_i, peut se calculer à partir du potentiel chimique d'un gaz pur de particules d'espèce i, de pression totale p, en ajoutant un terme dépendant de la concentration dans le potentiel chimique. Ceci a l'avantage que dorénavant tous les potentiels chimiques se réfèrent à la même pression totale p et que les différentes pressions partielles sont prises en compte par la concentration X_i. (Notons que $\ln X_i = 0$ pour $X_i = 1$, constituant i pur.) La dépendance vis à vis de la concentration introduite plus haut ne s'applique pas seulement aux gaz parfaits, mais également aux solutions diluées de différents constituants dans un solvant. On parle de solutions idéales lorsque la dépendance du potentiel chimique vis-à-vis de la concentration vérifie l'équation (3.31). Reportons maintenant l'équation (3.32) dans la condition d'équilibre (3.10), nous obtenons de façon générale

$$
\sum_i a_i \mu_i(p_i, T) = \sum_j b_j \mu_j(p_j, T) \, ,
$$

$$
\sum_i a_i \mu_i(p, T) - \sum_j b_j \mu_j(p, T) = kT \left(\sum_j b_j \ln X_j - \sum_i a_i \ln X_i \right) \, ,
$$

$$
\exp \left[\frac{1}{kT} \left(\sum_i a_i \mu_i(p, T) - \sum_j b_j \mu_j(p, T) \right) \right] = \frac{X_{B_1}^{b_1} X_{B_2}^{b_2} \cdots}{X_{A_1}^{a_1} X_{A_2}^{a_2} \cdots}
\tag{3.33}
$$

où dans la dernière étape nous avons divisé par kT, pris l'exponentielle et exploitées les propriétés du logarithme. L'équation (3.33) constitue la loi d'action et de masse, elle détermine les concentrations des produits $X_{B1}, X_{B2}, \ldots$ et réactifs $X_{A1}, X_{A2}, \ldots$ dans une réaction chimique conformément à l'équation (3.6). Le membre de gauche de l'équation (3.33) s'écrit fréquemment

$$
K(p, T) = \exp \left[-\frac{1}{kT} \left(\sum_j b_j \mu_j(p, T) - \sum_i a_i \mu_i(p, T) \right) \right] \, .
\tag{3.34}
$$

C'est la constante d'équilibre de la réaction à la pression totale p et à la température T. Pour les gaz parfaits nous pouvons aisément calculer cette constante à différentes pressions et températures puisque nous connaissons le potentiel chimique $\mu_i(p, T)$ à toutes pressions et températures à condition de l'avoir déterminé une fois pour toutes à une pression standard p_0 et à une température standard T_0 (voir (3.31)). Pour ce faire, nous formons le rapport de $K(p, T)$ par $K(p_0, T_0)$ et trouvons avec l'équation (3.31) que

$$K(p, T) = K(p_0, T_0) \exp\left[-\Delta\varepsilon\left(\frac{1}{kT} - \frac{1}{kT_0}\right)\right]$$

$$\times \left[\left(\frac{T}{T_0}\right)^{5/2}\left(\frac{p_0}{p}\right)\right]^{\sum_j b_j - \sum_i a_i} \tag{3.35}$$

où $\Delta\varepsilon = \sum_j b_j\varepsilon_j - \sum_i a_i\varepsilon_i$ représente l'énergie fournie ou absorbée par réaction (différence d'énergie de liaison entre les produits et les réactifs). Considérons tout d'abord la dépendance vis-à-vis de la pression de la constante d'équilibre $K(p, T)$. Celle ci est reliée au fait que $\sum_j b_j - \sum_i a_i$ soit supérieur, inférieur ou égal à zéro. Pour notre exemple dans l'équation (3.29), nous avons par exemple, $a_{H_2} = a_{Cl_2} = 1$ et $b_{HCl} = 2$, alors $a_{H_2} + a_{Cl_2} - b_{HCl} = 0$. Dans le cas idéal de telles réactions ne dépendent pas de la pression, tandis que pour $N_2 + 3H_2 \rightleftharpoons 2NH_3$ on a $\sum_j b_j - \sum_i a_i = -2$. Pour cette dernière réaction $K(p, T_0) = K(p_0, T_0)(p/p_0)^2$. La constante d'équilibre augmente donc lorsque la pression croît. D'après l'équation (3.33) la concentration des produits de la réaction augmente par rapport à celle des réactifs. La synthèse de l'ammoniac à partir des éléments est donc plus efficace à haute pression qu'à la pression atmosphérique. Pour cette réaction $\Delta\varepsilon < 0$ et la constante d'équilibre $K(p_0, T) = K(p_0, T_0)\exp[-\Delta\varepsilon(1/kT - 1/kT_0)](T_0/T)^5$ diminue lorsque la température augmente. On devrait donc travailler à basses températures, afin d'obtenir des quantités importantes d'ammoniac. Dans la pratique toutefois, la synthèse techniquement très importante de l'ammoniac (production d'engrais) se réalise à des températures jusqu'à 500 °C (et des pressions jusqu'à 10^8 Pa). Cela reste d'un point de vue technique plus pratique que d'opérer à température ambiante. Nos considérations sur l'équilibre ne nous disent pas à quelle vitesse l'équilibre est atteint. En général les temps de relaxation nécessaires pour atteindre l'équilibre sont plus longs à basses températures. La vitesse de réaction est faible si la température est basse. Le gain d'ammoniac par unité de temps au cours d'une réaction continue, où les produits sont en permanence retirés du système, peut donc être plus important à hautes températures, bien que l'équilibre soit déplacé vers des valeurs moins favorables. Ces problèmes qui font partie de la cinétique des réactions ne seront pas plus traités en détail ici. Mentionnons simplement que la vitesse de réaction peut être accrue par l'utilisation de catalyseurs qui ne sont pas affectés par la réaction. On utilise alors le fait que le potentiel chimique des matériaux participant à la réaction se trouve modifié par adsorption à la surface de certaines substances, c'est-à-dire s'ils adhèrent à la surface du catalyseur. Les catalyseurs sont donc généralement des matériaux poreux,avec une surface aussi grande que possible.

Nous utiliserons également pour les solutions idéales, dans ce qui suit,la dépendance du potentiel chimique du constituant i vis-à-vis de la concentration.

$$\mu_i(p, T, X_i) = \mu_i(p, T, X_i = 1) + kT\ln X_i . \tag{3.36}$$

Ici $\mu_i(p, T, X_i)$ représente le potentiel chimique des particules d'espèce i dans un système à la pression p, à la température T, avec une concentration X_i. Celui-ci se calcule en utilisant l'équation (3.36) à partir du potentiel chimique $\mu_i(p, T, 1)$ du constituant i pur ($X_i = 1$) à la même pression p et température T. Il s'agit d'une équation d'état phénoménologique et seule l'expérience peut justifier ce postulat. Pour des solutions non idéales l'équation (3.36) n'est pas valable. Toutefois, on peut conserver la forme de l'équation (3.36) si l'on transforme le terme $kT \ln X_i$ pour y inclure les activités $kT \ln f_i X_i$, c'est-à-dire si l'on introduit les concentrations effectives. Les f_i sont des paramètres phénoménologiques qui décrivent la déviation du cas idéal et peuvent dépendre de la pression, de la température et de la concentration. La forme de la loi d'action et de masse reste alors inchangée, il suffit simplement d'y substituer les X_i par les $f_i X_i$.

EXERCICE

3.3 Loi de Raoult relative à l'élévation ébulliométrique

Problème. Calculons la dépendance de la pression de vapeur d'un solvant en fonction de la concentration d'une substance dissoute (peu volatile) et l'augmentation de la température d'ébullition qui en résulte. On considère que la vapeur et la solution sont idéales.

Solution. Comme pour la détermination de l'équation de Clausius–Clapeyron nous partons de la condition d'équilibre

$$\mu_v(p, T) = \mu_{li}(p, T, X_{li})$$

où le potentiel chimique se trouve maintenant modifié en raison de la substance dissoute. Nous avons $X_{li} = N_{li}/(N_{li} + N_{sub})$. L'équation (3.36) nous fournit la dépendance du potentiel chimique vis-à-vis de la concentration :

$$\mu_{li}(p, T, X_{li}) = \mu_{li}(p, T, 1) + kT \ln X_{li} \tag{3.37}$$

où $\mu_{li}(p, T, 1)$ est le potentiel chimique du solvant pur. À température fixée une variation de concentration dX_{li} entraine une variation de pression dp. Nous avons donc la relation

$$\left. \frac{\partial \mu_v(p, T)}{\partial p} \right|_T dp = \left. \frac{\partial \mu_{li}(p, T, 1)}{\partial p} \right|_T dp + kT \frac{dX_{li}}{X_{li}} .$$

La relation de Gibbs–Duhem,

$$d\mu = -\frac{S}{N} dT + \frac{V}{N} dp$$

fournit cependant la relation générale

$$\left. \frac{\partial \mu}{\partial p} \right|_T = \frac{V}{N} = v$$

on obtient donc

$$\frac{dp}{dX_{li}} = \frac{kT}{(v_v - v_{li})X_{li}} . \qquad (3.38)$$

Cette équation fournit la variation de pression de vapeur en fonction de la concentration du solvant. Si nous insérons de nouveau $v_v \gg v_{li}$ et $v_v = V/N_v = kT/p$, (3.38) s'intègre immédiatement. On a

$$\frac{dp}{p} = \frac{dX_{li}}{X_{li}} \quad \Rightarrow \quad \frac{p}{p_0} = \frac{X_{li}}{1} .$$

Si l'on part de la pression de vapeur $p(T, X = 1)$ du solvant pur à la température T, la pression de vapeur $p(T, X)$ à la même température T mais à la concentration X_{li} est donnée par

$$p(T, X) = p(T)X_{li} = p(T)(1 - X_{sub})$$

si $p(T)$ désigne la pression de vapeur connue du liquide pur. Ici X_{sub} représente la concentration de la substance dissoute. Avec $p(T) - p(T, X) = \Delta p$, la diminution relative de pression de vapeur est donc proportionnelle à la fraction molaire de la substance dissoute :

$$\frac{\Delta p}{p(T)} = X_{sub} . \qquad (3.39)$$

Ceci constitue la *loi de Raoult* (1890). Elle ne constitue toutefois pas une très bonne approximation ainsi qu'on peut le voir sur la figure 3.7 : même pour des concentrations modérées de substance dissoute la diminution de pression de vapeur mesurée s'écarte de la diminution calculée. Cependant on peut conserver l'équation (3.39) si l'on introduit au lieu de la concentration rélle de la substance une concentration réduite, effective $a_{sub} = fX_{sub}$, que l'on nomme activité. La mesure de la pression de vapeur permet alors le calcul de l'activité qui constitue une quantité très importante en chimie. Ainsi qu'on peut le voir sur la figure 3.6, pour une solution aqueuse on n'atteint la pression d'ébullition de

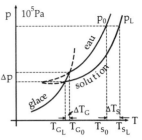

Fig. 3.6. Elévation du point d'ébullition et abaissement du point de solidification

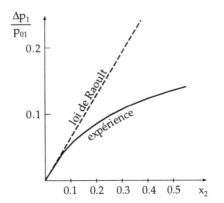

Fig. 3.7. Comparaison de la loi de Raoult avec l'expérience

Exercice 3.3

1 atmosphère qu'à des températures plus élevées en raison d'un abaissement de la pression de vapeur. Cela correspond à une augmentation de la température d'ébullition. De façon analogue le point triple (point d'intersection des courbes de vaporisation et de sublimation) est décalé vers des températures plus basses, ce qui correspond à un abaissement de la température de solidification (à pression quelconque).

Nous pouvons immédiatement calculer la variation de température ΔT, en comparant la pression dans la solution avec celle du solvant pur :

$$p(T + \Delta T, X_{\text{li}}) = p(T, 1) \,,$$

$$(p_0 - \Delta p) \exp\left[-\frac{\Delta Q'}{k}\left(\frac{1}{T + \Delta T} - \frac{1}{T_0}\right)\right] = p_0 \exp\left[-\frac{\Delta Q'}{k}\left(\frac{1}{T} - \frac{1}{T_0}\right)\right]$$

où Δp est la variation de pression de vapeur de la solution comparée à celle du solvant pur à température donnée. Ci-dessus nous avons utilisé l'équation (3.15). Avec $1 - \Delta p / p_0 = 1 - X_{\text{sub}}$, équation (3.39), il s'ensuit que

$$\ln(1 - X_{\text{sub}}) - \frac{\Delta Q'}{k}\left(\frac{1}{T + \Delta T} - \frac{1}{T}\right) \,.$$

Pour de faibles concentrations $X_{\text{sub}} \ll 1$ et une augmentation $\Delta T / T$ de la température d'ébullition nous avons

$$\ln(1 - X_{\text{sub}}) \approx -X_{\text{sub}} \,, \qquad \frac{1}{T + \Delta T} \approx \frac{1}{T}\left(1 - \frac{\Delta T}{T}\right)$$

et donc

$$\Delta T \approx \frac{k}{\Delta Q'} T^2 X_{\text{sub}} \,. \tag{3.40}$$

Dans cette expression $\Delta Q'$ représente la chaleur latente de vaporisation par particule, T la température d'ébullition du solvant pur et X_{sub} la fraction molaire de la substance dissoute.

L'équation (3.40) est d'une grande importance pour la détermination des masses molaires de composés. En mesurant pour des concentrations (kg/m^3) et des chaleurs latentes de vaporisation par particule connues, l'élévation de la température d'ébullition, on peut déterminer X_{sub} et pour N_{li} connu on peut déduire N_{sub} qui permet de déterminer immédiatement la masse par particule.

EXERCICE ████████████████████████████████

3.4 Pression de vapeur

Problème. Calculer la pression de vapeur d'un liquide si un gaz insoluble est mélangé à sa vapeur.

Solution. La pression totale p de la phase gazeuse résulte des pressions partielles de la vapeur, p_v, et du gaz, p_g. Le potentiel chimique dépend de la pression totale de la phase gazeuse. Il diminue, en comparaison de celui de la phase vapeur pure, selon

$$\mu_v^{+\text{gaz}}(p, T) = \mu_v(p, T) + kT \ln \frac{p_v}{p} .$$

Le potentiel chimique est donc celui de la vapeur pure augmenté d'un terme dépendant de la concentration qui s'exprime ici en fonction de la pression partielle ($X = p_v/p$). La condition d'équilibre s'énonce

$$\mu_v^{+\text{gaz}}(p, T) = \mu_{li}(p, T)$$

Si l'on augmente la pression totale, à température constante, par ajout d'un gaz, $p = p_v + p_g$, il s'en suit que

$$\left. \frac{\partial \mu_{li}}{\partial p} \right|_T = v_{li} ,$$

$$\left. \frac{\partial \mu_v}{\partial p} \right|_T = v_v = \frac{V}{N_v} = \frac{kT}{p} ,$$

$$v_{li}\, dp = \frac{kT}{p}\, dp + kT\, d\left(\ln \frac{p_v}{p} \right)$$

$$= \frac{kT}{p}\, dp + kT\, d(\ln p_v) - kT \frac{dp}{p} ,$$

$$\frac{d \ln p_v}{dp} = \frac{v_{li}}{kT} . \tag{3.41}$$

L'équation (3.41) décrit la variation de pression de vapeur saturante p_v en fonction d'un changement de pression totale due à un ajout de gaz. En intégrant l'équation (3.41) de l'état $p = p_v^{(0)}$ et $p_g = 0$ jusqu'à l'état $p = p_v + p_g$, on obtient

$$\ln \frac{p_v}{p_v^{(0)}} = \int\limits_{p = p_v^{(0)}}^{p} dp \frac{v_{li}}{kT} \approx \frac{v_{li}}{kT} \left(p - p_v^{(0)} \right) .$$

L'intégrale se calcule en raison de la faible compressibilité des liquides ($v_{li} \approx$ cste). Si l'on insère des valeurs numériques, par exemple pour H_2O à $p =$

$1,01325 \cdot 10^5$ Pa, $T = 293$ K, $v_{\text{li}} = 1,8 \cdot 10^{-5}$ m^3/mol et une pression de vapeur sans gaz $p_v^{(0)} = 607,95$ Pa, on trouve pour une pression totale $p = 1,01325 \cdot 10^5$ Pa avec l'air pour gaz, en négligeant de plus $p_v^{(0)} \ll p$ et en prenant $kT/p = v_v \approx 22,4 \cdot 10^{-3}$ m^3/mol, que

$$\ln \frac{p_v}{p_v^{(0)}} \approx \frac{0{,}018 \cdot 10^{-3} \text{ m}^3/\text{mol}}{22{,}4 \cdot 10^{-3} \text{ m}^3/\text{mol}} \approx 8 \cdot 10^{-4}$$

la pression de vapeur de l'eau est ainsi pratiquement indépendante de l'air. On peut donc faire un développement du logarithme au voisinage de la valeur 1 de son argument pour obtenir

$$\ln \frac{p_v}{p_v^{(0)}} = \ln \left(1 + \frac{\Delta p_v}{p_v^{(0)}} \right)$$

$$\approx \frac{\Delta p_v}{p_v^{(0)}} = \frac{v_{\text{li}}}{kT} \left(p - p_v^{(0)} \right) . \tag{3.42}$$

Des déviations se produisent toutefois dans la pratique par rapport à cette formule simple du fait qu'on ne peut négliger la solubilité du gaz dans le liquide et que la vapeur et le gaz interagissent. La figure 3.8 représente la concentration de saturation (au lieu de la pression de vapeur p_v) de la vapeur d'eau dans différents gaz. La concentration de 200 g/m^3 correspond à la pression de vapeur de l'eau pure sans gaz. On remarque que seul H_2 se comporte de façon idéale (courbe en pointillé). On peut toutefois également utiliser l'équation (3.42) pour d'autres gaz, si l'on insère au lieu de la pression une pression effective (que l'on nomme fugacité), de façon analogue à l'activité pour les concentrations.

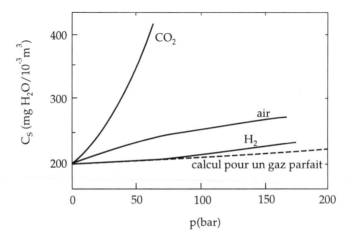

Fig. 3.8. Concentrations de saturation C_S de différents gaz dans l'eau

EXERCICE ████████████████████████

3.5 Loi de Henry et de Dalton

Problème. Calcul de la relation entre la pression d'un gaz au dessus d'un solvant non volatil et la concentration de gaz dissoute dans le solvant.

Solution. Si le solvant n'est pas volatil, nous pouvons négliger sa pression de vapeur et postuler qu'à l'équilibre

$$\mu_{\text{gaz}}(p, T) = \mu_{\text{gaz}}^{\text{dissout}}(p, T, X) \tag{3.43}$$

si X désigne la fraction molaire des particules de gaz dissoutes dans le solvant. Si l'on tient compte de la dépendance du potentiel chimique vis à vis de la concentration, il en découle

$$\mu_{\text{gaz}}^{\text{dissout}}(p, T, X) = \mu_{\text{gaz}}^{\text{dissout}}(p, T, X_0) + kT \ln \frac{X}{X_0}$$

si X_0 est la concentration d'une solution standard. Si maintenant nous faisons varier la pression de gaz de dp, la concentration varie également de dX, avec $\partial \mu / \partial p = v$ et l'équation (3.43) nous avons

$$v_{\text{gaz}}\, dp = v_{\text{gaz}, X_0}^{\text{dissout}}\, dp + kT\, d\ln \frac{X}{X_0}$$

ou

$$\frac{d\ln(X/X_0)}{dp} = \frac{v_{\text{gaz}} - v_{\text{gaz}, X_0}^{\text{dissout}}}{kT} .$$

Dans le membre de droite nous avons la différence de volume par particule dans la phase gazeuse et la solution respectivement. Avec $v_{\text{gaz}, X_0}^{\text{dissout}} \ll v_{\text{gaz}} \approx kT/p$ on trouve après intégration

$$\ln \frac{X}{X_0} = \ln \frac{p}{p_0} \qquad \text{ou} \qquad X = X_0 \frac{p}{p_0} .$$

Ceci constitue la *loi de Henry et Dalton*, qui dit que la concentration d'un gaz en solution augmente proportionnellement à sa pression au dessus de la solution. Cette loi reste également approximativement valable pour les pressions partielles de différents gaz (voir figure 3.9).

On peut considérer les lois de Henry et Dalton et de Raoult d'abaissement de la pression de vapeur (figure 3.10)

$$\frac{\Delta p}{p_0'} = 1 - X$$

ou

$$p = X p_0' ,$$

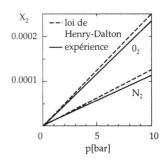

Fig. 3.9. Comparaison de la loi de Henry et Dalton avec l'expérience

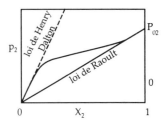

Fig. 3.10. Relation entre la loi de Henry et Dalton et la loi de Raoult

Exercice 3.5

comme des cas limites d'une situation spéciale, si l'on identifie le solvant non volatil dans la loi de Raoult à la substance non volatile dissoute. Si X désigne la concentration en gaz dissous, la loi de Henry et Dalton s'applique si X est petit (faible pression gazeuse) ; pour $X \to 1$, c'est-à-dire, la vapeur pure, la pression est égale à la pression de vapeur de celle du gaz p_0'. Ceci n'est toutefois valable que pour des gaz pouvant être liquide à la température donnée. Si ce n'est pas le cas, on peut déterminer une pression limite p_0' pour $X = 1$ à l'aide de l'équation de Clausius–Clapeyron.

EXERCICE

3.6 Pression de vapeur d'un mélange

Problème. Calcul de la pression de vapeur d'un mélange de deux solvants en fonction de la fraction molaire du solvant 1. On admet la validité de la loi de Raoult pour les pressions partielles.

Solution. La loi de Raoult décrivant la dépendance de la pression de vapeur vis à vis de la concentration d'une substance dissoute s'énonce

$$\frac{\Delta p_1}{p_{10}} = X_2 \qquad \text{ou} \qquad \frac{\Delta p_2}{p_{20}} = X_1 \quad \text{respectivement} \tag{3.44}$$

où p_{10} est la pression de vapeur du solvant pur 1 et p_{20} celle du solvant 2. Remarquons que pour démontrer la loi de Raoult nous avons admis que la substance dissoute était non volatile, on ne doit donc pas s'attendre à un très bon accord avec l'expérience. Nous représentons l'équation (3.44) en fonction

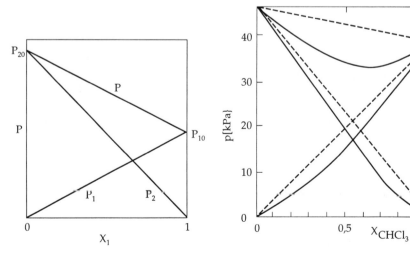

Fig. 3.11. Diagramme de pression de vapeur pour un mélange idéal et résultats expérimentaux pour le chloroforme dans l'acétone

de X_1. Puisque $X_2 = 1 - X_1$ nous avons pour la pression totale p

$$
\begin{aligned}
&p_{10} - p_1 = X_2 p_{10} = (1 - X_1) p_{10}\,, \\
&p_{20} - p_2 = X_1 p_{20}\,, \\
&\Rightarrow p_1 + p_2 = p = p_{20} + X_1(p_{10} - p_{20})\,.
\end{aligned}
\tag{3.45}
$$

Ainsi qu'on peut le voir sur la figure 3.11, les mélanges réels diffèrent plus ou moins des simples prédictions théoriques. Ici également l'équation reste valable si l'on utilise les fugacités. Inversement il est possible de déterminer les fugacités en mesurant les pressions partielles de vapeur.

Exercice 3.6

EXERCICE ▰▰▰▰▰▰▰▰▰▰▰

3.7 Pression osmotique

Problème. Un solvant avec une substance dissoute est séparé du solvant pur à l'aide d'un diaphragme uniquement perméable au solvant (figure 3.12). Calculer la différence de pression entre les systèmes en fonction de la concentration X_m de la substance dissoute. On admet que la solution se comporte de façon idéale.

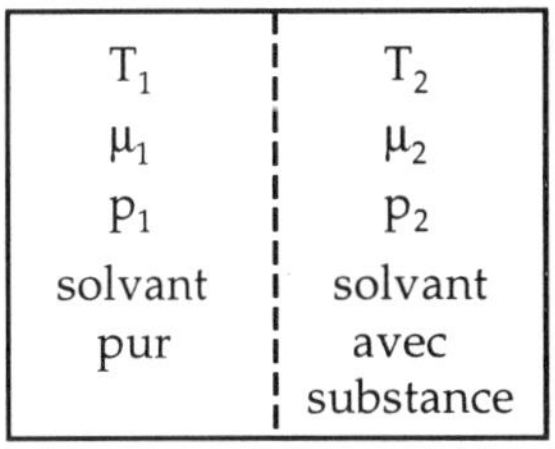

Solution. Puisque les systèmes partiels peuvent échanger de l'énergie ou des particules, à l'équilibre on doit avoir

$$
T_1 = T_2\,, \qquad \mu_1^{\text{pur}} = \mu_2^{\text{solution}}\,.
$$

T_1	T_2
μ_1	μ_2
p_1	p_2
solvant pur	solvant avec substance

Fig. 3.12. Système étudié

Cependant puisque le diaphragme est rigide et empêche donc une variation de volume, nous avons en général $p_1 \neq p_2$. Nous désirons calculer cette différence de pression. Ainsi que nous le savons, le potentiel chimique dépend de la pression et de la concentration et on a

$$
\mu_1^{\text{pur}}(p_1, T) = \mu_2^{\text{solution}}(p_2, T, X_s)
\tag{3.46}
$$

pour une concentration donnée X_s de solvant et X_m de substance dissoute, $X_s = 1 - X_m$. Avec l'équation (3.37) nous pouvons écrire

$$
\mu_2^{\text{solution}}(p_2, T, X_s) = \mu_2^{\text{pur}}(p_2, T) + kT \ln X_s\,.
\tag{3.47}
$$

Ici $\mu_2^{\text{pur}}(p_2, T)$ désigne le potentiel chimique du solvant pur à la pression p_2. Puisque $\partial \mu / \partial p|_T = v$ nous pouvons également calculer ce potentiel chimique pour d'autres pressions. En effet nous avons

$$
\mu(p_2, T) = \mu(p_1, T) + \int_{p_1}^{p_2} v(p, T)\, dp\,.
$$

Exercice 3.7

En reportant cela dans l'équation (3.47) et l'expression globale dans l'équation (3.46), on obtient

$$\mu_1^{\text{pur}}(p_1, T) = \mu_2^{\text{pur}}(p_1, T) + \int\limits_{p_1}^{p_2} v(p, T)\, \mathrm{d}p + kT \ln X_s \ .$$

En raison de la faible compressibilité des liquides on peut évaluer cette intégrale et l'on trouve que

$$0 = v(p_2 - p_1) + kT \ln X_s$$

ou avec $\pi = p_2 - p_1$

$$\pi v = -kT \ln(1 - X_m) \ .$$

Pour $X_m \ll 1$ on peut développer le logarithme et obtenir la loi de van't Hoff, qui ressemble très fort à la loi du gaz parfait :

$$\pi v = X_m kT \ . \tag{3.48}$$

Ici π désigne la différence de pression osmotique, v est le volume par particule dans le solvant. La pression osmotique peut atteindre des valeurs considérables. Si nous insérons par exemple les valeurs pour une solution aqueuse molaire de sel, la pression osmotique π est $\approx 24 \cdot 10^5$ Pa.

L'importance de l'équation (3.48) provient du fait que l'on peut calculer la masse molaire de la substance dissoute à partir de la pression osmotique aisément mesurable, à condition que la concentration en kg/m^3 et la masse molaire du solvant soient connues.

3.4 Applications des lois de la thermodynamique

Nous voulons calculer l'énergie interne $U(V, T)$ d'un gaz réel. La différentielle totale exacte de U s'écrit

$$\mathrm{d}U = \left.\frac{\partial U}{\partial T}\right|_V \mathrm{d}T + \left.\frac{\partial U}{\partial V}\right|_T \mathrm{d}V \ . \tag{3.49}$$

L'expression $\partial U/\partial T|_V = C_V(T, V)$ s'identifie à la chaleur molaire en raison de $\delta Q = \mathrm{d}U = C_V \mathrm{d}T$ à $V = \text{cste}$. On peut donc en déduire la dépendance de U, à volume constant, vis-à-vis de la température, à condition que $C_V(T, V)$ soit connu. La dépendance de l'énergie interne vis-à-vis du volume pourra s'exprimer en fonction de grandeurs d'état plus simples à déterminer. Dans la plupart des cas on connaît une équation d'état $f(T, p, V, N) = 0$ et l'on désire exprimer $\partial U / \partial V|_T$ en fonction de ces grandeurs, c'est-à-dire remplacer $\partial U / \partial T|_V$ par une expression des variables intensives T, p et leurs dérivées.

Pour cela notons la différentielle totale exacte de l'entropie $S(V, T)$

$$dS(V, T) = \left.\frac{\partial S}{\partial T}\right|_V dT + \left.\frac{\partial S}{\partial V}\right|_T dV \tag{3.50}$$

pour laquelle on a également d'autre part

$$dS = \frac{\delta Q_{\text{rev}}}{T} = \frac{dU + p\,dV}{T} = \frac{1}{T}C_V\,dT + \left(\frac{1}{T}\left.\frac{\partial U}{\partial V}\right|_T + \frac{p}{T}\right) dV \; . \tag{3.51}$$

En comparant les coefficients on trouve que

$$\left.\frac{\partial S}{\partial T}\right|_V = \frac{1}{T}C_V = \frac{1}{T}\left.\frac{\partial U}{\partial T}\right|_V \quad \text{et} \quad \left.\frac{\partial S}{\partial V}\right|_T = \frac{1}{T}\left.\frac{\partial U}{\partial V}\right|_T + \frac{p}{T} \; . \tag{3.52}$$

Puisque S est une différentielle totale exacte, il faut que

$$\frac{\partial^2 S}{\partial V \partial T} = \left.\frac{\partial}{\partial V}\left(\frac{1}{T}\left.\frac{\partial U}{\partial T}\right|_V\right)\right|_T = \frac{\partial^2 S}{\partial T \partial V} = \left.\frac{\partial}{\partial T}\left(\frac{1}{T}\left.\frac{\partial U}{\partial V}\right|_T + \frac{p}{T}\right)\right|_V \; . \tag{3.53}$$

En effectuant la différentiation avec

$$\frac{\partial^2 U}{\partial V \partial T} = \frac{\partial^2 U}{\partial T \partial V} \tag{3.54}$$

on aboutit au résultat

$$\frac{1}{T}\frac{\partial^2 U}{\partial V \partial T} = -\frac{1}{T^2}\left.\frac{\partial U}{\partial V}\right|_T + \frac{1}{T}\frac{\partial^2 U}{\partial T \partial V} - \frac{p}{T^2} + \frac{1}{T}\left.\frac{\partial p}{\partial T}\right|_V \; , \tag{3.55}$$

$$\left.\frac{\partial U}{\partial V}\right|_T = T\left.\frac{\partial p}{\partial T}\right|_V - p \; . \tag{3.56}$$

Nous avons ainsi atteint notre objectif d'exprimer $\partial U / \partial T|_V$ en fonction de dérivées de l'équation d'état, puisque $p = p(N, T, V)$ se détermine facilement même pour les gaz réels. Si nous insérons l'équation (3.56) dans l'équation (3.49) nous avons

$$dU = C_V(V, T)\,dT + \left(T\left.\frac{\partial p}{\partial T}\right|_V - p\right) dV \; . \tag{3.57}$$

Nous verrons dans le chapitre suivant que de telles relations se déduisent simplement en utilisant la théorie des transformations des fonctions de plusieurs variables. Pour le moment nous avons encore du effectuer chacune des étapes explicitement. Il n'est même pas nécessaire de connaître $C_V(T, V)$, il suffit de connaître $C_V(T, V = \text{cste})$. Comme dU est une différentielle totale exacte on a

$$\left.\frac{\partial C_V}{\partial V}\right|_T = \left.\frac{\partial}{\partial T}\left(T\left.\frac{\partial p}{\partial T}\right|_V - p\right)\right|_V \; . \tag{3.58}$$

Mais le membre de droite se détermine également à partir de l'équation d'état, si bien que l'on peut en déduire la dépendance volumique de la chaleur massique. Pour un gaz parfait on a, par exemple,

$$p(N, V, T) = \frac{NkT}{V} \tag{3.59}$$

et par conséquent

$$T \left.\frac{\partial p}{\partial T}\right|_V - p = 0 \quad \Rightarrow \quad \left.\frac{\partial C_V}{\partial V}\right|_T = 0 \,. \tag{3.60}$$

La chaleur massique d'un gaz parfait ne dépend donc pas du volume. Ainsi que nous le savions déjà elle est absolument constante.

EXERCICE ▮▮▮▮▮▮▮▮▮▮▮▮▮▮▮▮▮

3.8 Energie interne d'un gaz de van der Waals

Problème. Calcul de l'énergie interne d'un gaz de van der Waals en fonction de la température et du volume à nombre de particules constant.

Solution. L'équation d'état d'un gaz de van der Waals s'énonce

$$\left(p + \left(\frac{N}{V}\right)^2 a \right) (V - Nb) = NkT \,.$$

Evaluons maintenant l'expression $T \left.\partial p/\partial T\right|_V - p$:

$$p(N, V, T) = \frac{NkT}{V - Nb} - \left(\frac{N}{V}\right)^2 a \,,$$

$$\left.\frac{\partial p}{\partial T}\right|_V = \frac{Nk}{V - Nb} \,,$$

$$T \left.\frac{\partial p}{\partial T}\right|_V - p = \left(\frac{N}{V}\right)^2 a \,. \tag{3.61}$$

Comme pour un gaz parfait, la chaleur massique d'un gaz de van der Waals ne peut donc dépendre du volume puisque

$$\left.\frac{\partial C_V(T, V)}{\partial V}\right|_T = \left.\frac{\partial}{\partial T} \left(\frac{N}{V}\right)^2 a\right|_V = 0 \,.$$

D'après l'équation (3.57) nous avons donc

$$dU = C_V(T)\,dT + \left(\frac{N}{V}\right)^2 a\,dV \,.$$

Ceci s'intègre en partant d'un état initial T_0 et p_0 avec l'énergie interne U_0

Exercice 3.8

$$U(V, T) - U_0(V_0, T_0) = \int\limits_{T_0}^{T} C_V(T)\, \mathrm{d}T - N^2 a \left(\frac{1}{V} - \frac{1}{V_0} \right) .$$

Pour des différences de températures pas trop importantes $C_V(T)$ est approximativement constante et alors

$$U(V, T) = U_0(V_0, T_0) + C_V(T - T_0) - N^2 a \left(\frac{1}{V} - \frac{1}{V_0} \right) . \tag{3.62}$$

L'énergie interne augmente avec le volume. Ceci est parfaitement évident du point de vue microscopique, puisque la distance entre particules augmente en moyenne, mais que l'interaction est attractive. Pour de grands volumes (c'est-à-dire des densités particulaires faibles) l'équation se réduit au cas du gaz parfait, c'est-à-dire plus V est élevé moins U augmente avec V.

EXERCICE

3.9 Entropie d'un gaz de van der Waals

Problème. Calcul de l'entropie d'un gaz de van der Waals en fonction de la température et de la pression à nombre de particules constant.

Solution. D'après les équations (3.50), (3.51), et (3.56), nous avons

$$\begin{aligned}
\mathrm{d}S &= \left. \frac{\partial S}{\partial T} \right|_V \mathrm{d}T + \left. \frac{\partial S}{\partial V} \right|_T \mathrm{d}V \\
&= \frac{1}{T} C_V(T)\, \mathrm{d}T + \frac{1}{T} \left(\left. \frac{\partial U}{\partial V} \right|_T + p \right) \mathrm{d}V \\
&= \frac{1}{T} C_V(T)\, \mathrm{d}T + \left. \frac{\partial p}{\partial T} \right|_V \mathrm{d}V .
\end{aligned}$$

La quantité $\partial p/\partial T|_V$ pour un gaz de van der Waals a été calculée dans l'exercice précédent ; en insérant l'équation (3.61) nous obtenons

$$\mathrm{d}S = \frac{1}{T} C_V(T)\, \mathrm{d}T + \frac{Nk}{V - Nb}\, \mathrm{d}V .$$

En partant d'un état T_0 et V_0 avec l'entropie S_0 on peut intégrer cette équation :

$$S(V, T) - S_0(V_0, T_0) = \int\limits_{T_0}^{T} \frac{C_V(T)}{T}\, \mathrm{d}T + Nk \ln \frac{V - Nb}{V_0 - Nb} .$$

Pour des différences de températures pas trop grandes (≈ 100 K) nous avons $C_V \approx$ cste et donc

$$S(V, T) = S_0(V_0, T_0) + C_V \ln \frac{T}{T_0} + Nk \ln \frac{V - Nb}{V_0 - Nb} \; .$$

L'entropie d'un gaz de van der Waals s'identifie presque à celle du gaz parfait, il suffit seulement de retrancher au volume le volume propre Nb des particules.

4. Potentiels thermodynamiques

4.1 Le principe de l'entropie maximale

Le second principe de la thermodynamique affirme que les systèmes isolés tendent vers un état d'équilibre qui est caractérisé par un maximum de l'entropie. D'un point de vue microscopique ainsi que nous l'avons vu, cela correspond à l'état le plus probable, c'est-à-dire à celui qui correspond au nombre le plus élevé de réalisations microscopiques possibles.

Toutes les transformations spontanées (irréversibles) d'un système isolé augmentent l'entropie, jusqu'à ce qu'elle atteigne son maximum à l'état d'équilibre

$$dS = 0 , \qquad S = S_{\max} . \tag{4.1}$$

Nous savons d'autre part qu'en mécanique, électromagnétisme et mécanique quantique, des systèmes non isolés tendent à minimiser leur énergie. Les systèmes mécaniques, par exemple, tendent vers un état d'énergie potentielle minimale. Une goutte d'eau tombe au sol, où son énergie cinétique, produite par la transformation de son énergie potentielle initiale, se transforme en chaleur. Des arguments identiques s'appliquent à un pendule qui atteint finalement sa position de repos (d'équilibre) en raison des frottements, c'est-à-dire, que l'énergie potentielle atteint sa valeur minimale. Si dans ces deux cas on ajoute néanmoins la chaleur produite au système, alors l'énergie totale ne change pas. Elle a simplement été distribuée statistiquement sous forme de chaleur au plus grand nombre de particules (sol, support). Au cours de cette transformation l'entropie du système total (sol + air + goutte ou pendule + air + support) a augmenté. *Ceci nous conduit à formuler l'hypothèse que la tendance à minimiser l'énergie peut être reliée à la tendance à maximiser l'entropie.* Cela se comprend facilement à l'aide des deux principes de la thermodynamique. Pour cela considérons un système isolé comprenant deux systèmes partiels (figure 4.1). Nous extrayons un certain travail $\delta W_1 < 0$ au système 1, par exemple, sous forme d'énergie potentielle.

Au cours de cette transformation le système partiel ne doit pas échanger de la chaleur avec le milieu extérieur. Puisque pour cette transformation réversible nous avons

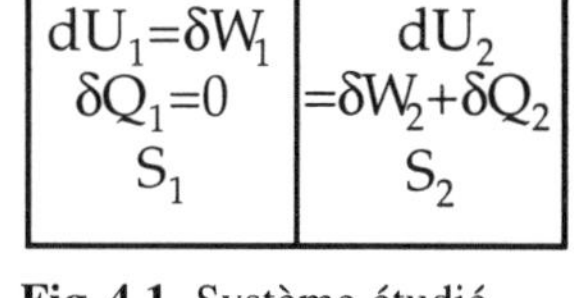

$$\delta Q_1 = T \, dS_1 = 0 \tag{4.2}$$

$dU_1 = \delta W_1$ $\delta Q_1 = 0$ S_1	dU_2 $= \delta W_2 + \delta Q_2$ S_2

Fig. 4.1. Système étudié

l'entropie S_1 doit rester constante. Si maintenant nous donnons une fraction ε du travail sous forme de chaleur et une fraction $(1 - \varepsilon)$ sous forme de travail au système partiel 2, nous avons

$$dU_2 = \delta Q_2 + \delta W_2 = -dU_1 = -\delta W_1 > 0 , \tag{4.3}$$

$$\delta Q_2 = -\varepsilon \, \delta W_1 > 0 , \qquad \delta W_2 = -(1 - \varepsilon) \, \delta W_1 . \tag{4.4}$$

Si la chaleur a été fournie au système 2 en maintenant sa température constante, on a :

$$\delta Q_2 = T \, dS_2 > 0 . \tag{4.5}$$

Maintenant puisque $S_1 = \text{cste}$ et $dS_2 > 0$, l'entropie du système total isolé a manifestement augmentée par la transformation d'un travail du système partiel 1 en chaleur dans le système partiel 2 et l'énergie du système partiel 1 a diminué. On remarque une fois de plus que cette transformation se produit spontanément tant que le système partiel 1 peut produire du travail, ou formulé différemment, jusqu'à ce que le système total atteigne un état d'entropie maximale. La transformation de travail en chaleur est toujours un processus irréversible et ne dure que jusqu'à ce qu'aucun travail ne puisse plus être produit (pendule!).

On peut formuler cette conclusion sous une forme très générale : un système non isolé à entropie constante ($\delta Q = 0$) tend vers un état d'énergie minimale. On suppose toutefois ici, qu'une partie au moins du travail δW_1 se transforme en chaleur. Cependant, si on a au contraire $\varepsilon = 0$ et $\delta W_1 = -\delta W_2$, alors $S_1 = \text{cste}$ et $S_2 = \text{cste}$ (car $\delta Q_2 = 0$). La transformation est réversible et ne peut se produire spontanément. On vient donc de voir que le principe du minimum d'énergie se déduit du principe du maximum d'entropie.

4.2 Entropie et énergie en tant que potentiels thermodynamiques

Dans de nombreux exemples nous avons déjà vu que l'entropie ou l'énergie interne, respectivement, sont des grandeurs d'état fondamentales. Si elles sont connues en fonction des variables naturelles $(U, S, V, N, \ldots)$ d'un système isolé, nous sommes assurés que toutes les autres grandeurs thermodynamiques sont entièrement déterminées. Si l'on connaît, par exemple, $U(S, V, N, \ldots)$, on a

$$dU = T \, dS - p \, dV + \mu \, dN + \ldots \tag{4.6}$$

$$T = \left. \frac{\partial U}{\partial S} \right|_{V, N, \ldots} , \qquad -p = \left. \frac{\partial U}{\partial V} \right|_{S, N, \ldots} , \qquad \mu = \left. \frac{\partial U}{\partial N} \right|_{S, V, \ldots} , \ldots \tag{4.7}$$

la température, la pression et le potentiel chimique sont donc connus en fonction des variables naturelles. Une affirmation analogue vaut pour l'entropie

$S(U, V, N, \dots)$, en réarrangeant l'équation (4.6) on obtient:

$$dS = \frac{1}{T}\,dU + \frac{p}{T}\,dV - \frac{\mu}{T}\,dN - \dots \tag{4.8}$$

$$\frac{1}{T} = \left.\frac{\partial S}{\partial U}\right|_{V,N,\dots}, \qquad \frac{p}{T} = \left.\frac{\partial S}{\partial V}\right|_{U,N,\dots}, \qquad -\frac{\mu}{T} = \left.\frac{\partial S}{\partial N}\right|_{U,V,\dots}, \quad \dots. \tag{4.9}$$

Les équations (4.7) et (4.9) sont respectivement les équations d'état du système. Par ailleurs, la connaissance de toutes les équations d'état permet de déterminer l'entropie et l'énergie interne, respectivement, en fonction des variables naturelles par intégration.

EXEMPLE

4.1 L'entropie du gaz parfait

Démontrons le encore une fois sur un exemple. Considérons l'entropie du gaz parfait donnée par l'équation (2.40) :

$$S(N, T, p) = Nk\left\{s_0(T_0, p_0) + \ln\left[\left(\frac{T}{T_0}\right)^{5/2}\left(\frac{p_0}{p}\right)\right]\right\}.$$

En réécrivant cette expression en fonction des variables indépendantes U, N et V en nous servant de $U = (3/2)\,NkT$, $pV = NkT$ ($U_0 = (3/2)\,N_0kT_0$ et $p_0V_0 = N_0kT_0$, respectivement), on obtient

$$S(N, V, U) = Nk\left\{s_0(N_0, V_0, U_0) + \ln\left[\left(\frac{N_0}{N}\right)^{5/2}\left(\frac{U}{U_0}\right)^{3/2}\left(\frac{V}{V_0}\right)\right]\right\}. \tag{4.10}$$

La connaissance de l'équation (4.10) permet d'obtenir toutes les équations d'état du gaz parfait par dérivation partielle conformément à l'équation (4.9),

$$\left.\frac{\partial S}{\partial U}\right|_{N,V} = \frac{1}{T} = \frac{3}{2}Nk\frac{1}{U} \quad \Rightarrow \quad U = \frac{3}{2}NkT, \tag{4.11}$$

$$\left.\frac{\partial S}{\partial V}\right|_{N,U} = \frac{p}{T} = Nk\frac{1}{V} \quad \Rightarrow \quad pV = NkT, \tag{4.12}$$

$$\left.\frac{\partial S}{\partial N}\right|_{U,V} = -\frac{\mu}{T} = k\left\{s_0 + \ln\left[\left(\frac{N_0}{N}\right)^{5/2}\left(\frac{U}{U_0}\right)^{3/2}\left(\frac{V}{V_0}\right)\right]\right\} - \frac{5}{2}k. \tag{4.13}$$

Exemple 4.1

En reportant (4.11) et (4.12) dans (4.13) on obtient le potentiel chimique

$$\mu(p, T) = kT \left(\frac{5}{2} - s_0 \right) - kT \ln \left[\left(\frac{T}{T_0} \right)^{5/2} \left(\frac{p_0}{p} \right) \right] \qquad (4.14)$$

qui à une constante additive près coïncide avec l'équation (2.77).

En comparant nous obtenons ici encore la relation $\mu_0 = (5/2 - s_0)kT_0$. Rappelons que d'après l'équation (4.14) le potentiel chimique ne fournit pas d'équation d'état indépendante, mais est relié à T et p par la relation de Gibbs–Duhem.

La connaissance de la fonction d'état (relation fondamentale) $S(U, V, N, \ldots)$ nous fournit encore plus d'information. Si l'on peut augmenter l'entropie par un changement des variables U, N, V, $\ldots$ la transformation correspondante sera spontanée et irréversible. L'état d'équilibre du système sera en fin de compte caractérisé par le maximum de l'entropie comme fonction des variables $(U, N, V, \ldots)$. En raison de ces propriétés l'entropie s'appelle un *potentiel thermo-dynamique* (plus tard nous apprendrons à connaître d'autres «potentiels» avec des propriétés analogues). Tout comme l'énergie potentielle en mécanique, l'entropie nous informe sur la position (d'équilibre) la plus stable du système. Et comme pour les différences d'énergie potentielles, ce sont les différences d'entropie qui sont la cause du déroulement d'une transformation dans un système isolé. Enfin, la connaissance de l'équation d'état $S(U, N, V, \ldots)$ ou de façon équivalente $U(S, N, V, \ldots)$ renferme également la connaissance des principales équations d'état du système.

Les variables extensives U, S, V, N, $\ldots$ sont très utiles pour des systèmes isolés, car elles possèdent des valeurs constantes à l'équilibre, mais dans la pratique, par exemple dans une source de chaleur, ces variables d'état ne sont pas très adéquates. Expérimentalement il est, par exemple, beaucoup plus simple au lieu de contrôler l'entropie, de contrôler la variable intensive correspondante, la température. De façon analogue, dans de nombreux cas on préférera la pression (par exemple, la pression atmosphérique) comme variable au lieu du volume, etc. Il est donc raisonnable de chercher d'autres potentiels thermodynamiques qui ont des propriétés analogues à l'entropie ou l'énergie, mais qui dépendent des variables intensives conjuguées. Il s'agira par exemple pour l'énergie interne $U(S, V, N, \ldots)$, d'effectuer une transformation pour passer de l'entropie S à la variable intensive $T = (\partial U/\partial S)|_{V, N, \ldots}$.

La transformation dont nous avons besoin est la *transformation de Legendre* bien connue en mécanique classique. On se sert en mécanique de cette transformation pour remplacer les vitesses généralisées $\dot{q}_\nu$ dans le lagrangien $L(q_\nu, \dot{q}_\nu)$ par les nouvelles variables $p_\nu = \partial L/\partial \dot{q}_\nu$ qui sont les impulsions généralisés. Pour cela on écrit

$$H(q_\nu, p_\nu) = \sum_\nu \dot{q}_\nu p_\nu - L(q_\nu, \dot{q}_\nu) \, . \qquad (4.15)$$

On obtient une fonction $H(q_\nu, p_\nu)$ entièrement analogue à $L(q_\nu, \dot{q}_\nu)$ mais qui dépend de la nouvelle variable p_ν. On peut le démontrer en calculant sa différentielle :

$$dH = \sum_\nu \left\{ p_\nu \, d\dot{q}_\nu + \dot{q}_\nu \, dp_\nu - \frac{\partial L}{\partial q_\nu} \, dq_\nu - \frac{\partial L}{\partial \dot{q}_\nu} \, d\dot{q}_\nu \right\}$$

$$= \sum_\nu \left\{ \dot{q}_\nu \, dp_\nu - \frac{\partial L}{\partial q_\nu} \, dq_\nu \right\} . \tag{4.16}$$

On ne rencontre plus que les variations en dp_ν et dq_ν. Intéressons nous à présent de façon plus détaillée à la transformation de Legendre dans le contexte de la thermodynamique.

4.3 La transformation de Legendre

Limitons nous pour commencer à des fonctions d'une variable. Les résultats sont alors facilement transposables à des fonctions de plusieurs variables. Donnons nous une fonction $f(x)$ de la variable x, de différentielle

$$df = \frac{\partial f}{\partial x} \, dx = p(x) \, dx . \tag{4.17}$$

La fonction $p(x) = f'(x)$ donne la pente de la courbe $f(x)$ pour chaque valeur de la variable x (admettons que $f(x)$ soit dérivable pour tout x). Le but de la transformation de Legendre est de trouver une fonction $g(p)$ de la nouvelle variable $p = f'(x)$, qui soit équivalente à la fonction $f(x)$, c'est-à-dire, qui contienne la même information. On doit donc pouvoir calculer $g(p)$ de façon univoque à partir de $f(x)$ et inversement. La nouvelle fonction $g(p)$ s'obtient facilement à l'aide de l'interprétation graphique de la variable p comme étant la pente de la fonction $f(x)$ sur la figure 4.2. Pour cela considérons l'intersection de la tangente à la courbe $f(x)$ au point $(x_0, f(x_0))$ avec l'axe des y. La tangente possède l'équation suivante :

$$T(x) = f(x_0) + f'(x_0)(x - x_0) . \tag{4.18}$$

L'intersection $g = T(0)$ avec l'axe des y vaut donc

$$g(x_0) = f(x_0) - x_0 f'(x_0) \tag{4.19}$$

et dépend bien sur du point x_0 considéré. Pour un point x quelconque on appelle $g(x)$ la *transformée de Legendre* de $f(x)$; et on a

$$g = f - x p \qquad \text{avec} \qquad p = \frac{\partial f}{\partial x} . \tag{4.20}$$

En d'autres termes, $g(x)$ est la valeur correspondant à l'intersection de la tangente à f au point $(x, f(x))$ avec l'axe des y.

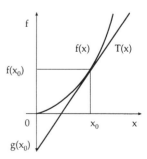

Fig. 4.2. A propos de la transformation de Legendre

Montrons à présent que g ne dépend que de la pente $p = f'(x)$. Pour cela différentions l'équation (4.20) :

$$dg = df - p\,dx - x\,dp\,.\tag{4.21}$$

En reportant l'expression de l'équation (4.17) pour df, on obtient

$$dg = -x\,dp\,,\tag{4.22}$$

g ne dépend donc que de la variable p. Pour calculer explicitement g il faut éliminer x de l'équation (4.20),

$$g(x) = f(x) - xf'(x)\tag{4.23}$$

à l'aide de l'équation

$$p = f'(x)\,.\tag{4.24}$$

Ceci n'est toutefois possible que si l'équation (4.24) donne une valeur unique pour x, c'est-à-dire, s'il existe une fonction inverse f'^{-1} de f'. On peut alors reporter

$$x = f'^{-1}(p)\tag{4.25}$$

dans l'équation (4.23) et obtenir explicitement la fonction

$$g(p) = f\big(f'^{-1}(p)\big) - f'^{-1}(p)\,p\,.\tag{4.26}$$

EXEMPLE ████████████████████████████████████

4.2 $f(x) = x^2$

$$f(x) = x^2\,,\qquad f'(x) = p = 2x\,.\tag{4.27}$$

La transformée de Legendre s'écrit

$$g(x) = x^2 - px\,.\tag{4.28}$$

La fonction inverse f'^{-1} existe et se calcule à partir de l'équation (4.27) :

$$f'^{-1}(p) = x = \frac{1}{2}p\,.$$

Si on reporte ce résultat dans l'équation (4.28), on obtient

$$g(p) = \frac{1}{4}p^2 - \frac{1}{2}p^2 = -\frac{1}{4}p^2\,.$$

La différentielle s'écrit

$$\mathrm{d}g = -\frac{1}{2}p\,\mathrm{d}p = -x\,\mathrm{d}p$$

Exemple 4.2

ce qui coïncide avec l'équation (4.22).

Il est donc évident qu'une transformée de Legendre unique existe, seulement si l'équation (4.24) représente une transformation bijective, c'est-à-dire, si à chaque valeur de la variable x ne correspond qu'une seule valeur de la pente p et inversement. Des mathématiques nous savons que la fonction $f'(x)$ doit être strictement monotone pour que l'équation (4.24) soit inversible. Donc la transformée de Legendre $g(p)$ n'existe que si $f'(x)$ est strictement monotone. Si la pente $f'(x)$ n'est pas strictement monotone, plusieurs valeurs de x peuvent correspondre à une même valeur de la pente p et la transformation n'est plus unique.

EXEMPLE

4.3 $f(x) = x$

$$f(x) = x\,, \qquad f'(x) = 1 = p\,.$$

On ne peut pas tirer x de la dernière égalité. La transformée de Legendre s'écrit (formellement)

$$g(x) = x - px = x - x = 0$$

et ne contient donc pas la même information que $f(x)$.

Montrons à présent que l'on peut reconstruire de façon unique l'original $f(x)$ à partir de la transformée de Legendre. D'après l'équation (4.20), on a

$$f(p) = g(p) + xp\,. \tag{4.29}$$

On peut dans cette équation de façon unique remplacer p par x. D'après l'équation (4.22) on a

$$x = -g'(p)\,. \tag{4.30}$$

Puisque $f'(x)$ est strictement monotone, il en est de même pour la fonction inverse (4.25). On peut donc tirer de façon unique $p(x)$ de l'équation (4.30). En reportant cela dans l'équation (4.29), on retrouve de façon unique la fonction $f(x)$.

EXEMPLE ███████████████████████████

4.4 La transformation inverse

Reprenons de nouveau notre premier exemple (4.2). Nous avions

$$g(p) = -\frac{1}{4}p^2 \,.$$

Si l'on calcule

$$-x = g'(p) = -\frac{1}{2}p$$

on peut en tirer $p(x)$. Dans ce cas l'équation (4.29) s'écrit

$$f(p) = -\frac{1}{4}p^2 + xp \,.$$

Si l'on reporte $p(x)$, on obtient

$$f(x) - -x^2 + 2x^2 - x^2$$

ce qui est en accord complet avec l'original de la fonction.

███████████████████████████████████████

La généralisation de la transformation de Legendre à des fonctions de plusieurs variables est évidente. Donnons nous, par exemple, $f(x, y)$. La différentielle s'écrit

$$\mathrm{d}f = p(x, y)\,\mathrm{d}x + q(x, y)\,\mathrm{d}y \tag{4.31}$$

où nous avons posé

$$p(x, y) = \left.\frac{\partial f}{\partial x}\right|_y \quad \text{et} \quad q(x, y) = \left.\frac{\partial f}{\partial y}\right|_x \,. \tag{4.32}$$

Si l'on veut remplacer la variable x par p, on forme

$$g(x, y) = f(x, y) - xp \tag{4.33}$$

avec pour différentielle

$$\begin{aligned}
\mathrm{d}g &= \mathrm{d}f - p\,\mathrm{d}x - x\,\mathrm{d}p \\
&= -x\,\mathrm{d}p + q\,\mathrm{d}y
\end{aligned} \tag{4.34}$$

où g n'est plus fonction que de p et de y. Pour pouvoir calculer explicitement $g(p, y)$, il faut que la première équation (4.32) soit inversible pour toutes les valeurs de y. On peut alors calculer la fonction $x(p, y)$ et la reporter dans l'équation (4.33), afin de déterminer la nouvelle fonction $g(p, y)$. On peut de manière analogue, remplacer les deux variables x et y par p et q. Pour cela, on calcule

$$h(x, y) = f(x, y) - px - qy \, . \tag{4.35}$$

Pour pouvoir évaluer $h(p, q)$ explicitement, il faut pouvoir tirer $x(p, q)$ et $y(p, q)$ du système d'équations (4.32). On peut alors reporter ces fonctions dans l'équation (4.35) et obtenir explicitement la nouvelle fonction $h(p, q)$, qui est absolument équivalente à l'ancienne fonction $f(x, y)$.

L'existence d'une transformée de Legendre nécessite des conditions très restrictives en raison des conditions de résolution. Il faut vérifier dans chaque cas particulier si elles sont remplies. On peut toutefois toujours restreindre le domaine des variables pour que ces conditions soient réunies ; on définit alors des transformées de Legendre par morceaux. Dans les paragraphes suivants nous allons étudier en détail l'application de la transformée de Legendre à la thermodynamique.

4.4 L'énergie libre

Partons de l'énergie interne $U(S, V, N, \ldots)$ fonction de ses variables naturelles. Remplaçons la variables S, entropie, par la température $T = \partial U / \partial S|_{V,N,\ldots}$. Pour cela nous utiliserons la transformée de Legendre

$$F = U - TS = -pV + \mu N \tag{4.36}$$

que l'on appelle énergie libre ou *potentiel de Helmholtz*. Nous nous sommes servi de l'équation d'Euler (2.72). La différentielle de U s'écrit

$$dU = T \, dS - p \, dV + \mu \, dN + \ldots \, . \tag{4.37}$$

De la même façon, la différentielle de F s'écrit

$$\begin{aligned}
dF &= dU - S \, dT - T \, dS \\
&= -S \, dT - p \, dV + \mu \, dN + \ldots \, .
\end{aligned} \tag{4.38}$$

L'énergie libre est donc une fonction de T, V, N, $\ldots$ et contient exactement la même information que l'énergie interne U, mais dépend à présent de la température au lieu de l'entropie. On obtient en particulier à partir des équations (4.38) les équations d'état

$$-S = \left. \frac{\partial F}{\partial T} \right|_{V,N,\ldots} , \qquad -p = \left. \frac{\partial F}{\partial V} \right|_{T,N,\ldots} , \qquad \mu = \left. \frac{\partial F}{\partial N} \right|_{T,V,\ldots} , \ldots \, . \tag{4.39}$$

Fig. 4.3. Système isotherme

Afin de comprendre l'importance de l'énergie libre considérons un système non isolé en contact avec un thermostat à la température constante T (figure 4.3). Le système total incluant le thermostat doit être isolé. Le second principe s'applique donc directement au système total. D'après celui-ci, des processus irréversibles vont se produire dans le système total, jusqu'à ce qu'à l'équilibre l'entropie soit maximale et ne puisse plus varier :

$$dS_{tot} = dS_{sys} + dS_{th} \geq 0 \, . \tag{4.40}$$

Nous avons décomposé l'entropie totale en la part due au thermostat et la part due au système étudié.

Puisque le système et le thermostat sont en contact, il peuvent échanger de la chaleur et éventuellement aussi du travail. Cela conduit, d'après le premier principe, à une variation de l'énergie interne des systèmes partiels. Soit δQ_{sys} la quantité de chaleur échangée avec le thermostat (vue du point de vue du système) et δW_{sys} le travail par ailleurs échangé avec le thermostat. Nous avons alors, d'après le premier principe, pour les variations d'énergies internes des systèmes partiels :

$$dU_{sys} = \delta Q_{sys} + \delta W_{sys} \, , \qquad dU_{th} = \delta Q_{th} + \delta W_{th} \, . \tag{4.41}$$

Puisque le système total est isolé, pour des transformations réversibles on doit avoir

$$\delta Q_{sys} = -\delta Q_{th} \quad \text{et} \quad \delta W_{sys} = -\delta W_{th} \, . \tag{4.42}$$

En étudiant le second principe nous avons expliqué les inégalités suivantes, qui restent vraies pour les systèmes partiels :

$$T \, dS = \delta Q_{rev} \geq \delta Q_{irr} \quad \text{et} \quad \delta W_{rev} \leq \delta W_{irr} \, . \tag{4.43}$$

Nous connaissons déjà la deuxième relation depuis l'équation (2.50). Vu du système nous avons alors

$$dU_{sys} - T \, dS_{sys} = \delta W_{sys}^{rev} \leq \delta W_{sys}^{irr} \, . \tag{4.44}$$

À température constante donnée, cela s'écrit aussi de la manière suivante :

$$dF_{sys} = d(U_{sys} - TS_{sys}) = \delta W_{sys}^{rev} \leq \delta W_{sys}^{irr} \, . \tag{4.45}$$

La variation d'énergie libre dF_{sys} d'un système à *température constante* (transformation isotherme) représente le travail fourni ou reçu par le système au cours d'un *processus réversible*. Ce travail est toujours plus faible (en incluant le signe) qu'au cours d'un processus irréversible.

Pour des transformations réversibles l'égalité s'applique à l'équation (4.40), alors avec $dU_{sys} = T \, dS_{sys} + \delta W_{sys}^{rev}$:

$$dS_{th} = -dS_{sys} = -\frac{\delta Q_{sys}}{T} = -\frac{1}{T} \left(dU_{sys} - \delta W_{sys}^{rev} \right) \, . \tag{4.46}$$

En reportant ce résultat dans l'équation (4.40), on en déduit que pour des processus *réversibles isothermes* ($dS_{tot} = 0$)

$$T \, dS_{tot} = T \, dS_{sys} - dU_{sys} + \delta W_{sys}^{rev}$$
$$= - dF_{sys} + \delta W_{sys}^{rev} = 0 \tag{4.47}$$

ou pour des processus irréversibles, respectivement

$$T \, dS_{tot} = - dF_{sys} + \delta W_{sys}^{irr} \geq 0 \, . \tag{4.48}$$

Il devient alors évident que l'énergie libre a pour des systèmes isothermes une importance analogue à l'entropie pour des systèmes isolés. Soit $\delta W_{sys} = 0$ le travail effectué, alors l'entropie du système isolé total sera maximale lorsque l'énergie libre du système isotherme partiel est minimale. En particulier, des transformations diminuant l'énergie libre se produisent de manière spontanée et irréversible dans un système isotherme. Puisque

$$dF = d(U - TS) = dU - T \, dS \leq 0 \qquad \text{pour} \quad \delta W = 0 \quad \text{et} \quad T = \text{cste} \tag{4.49}$$

l'énergie libre fournit un lien entre le principe du maximum d'entropie et du minimum d'énergie. Des systèmes isothermes ne pouvant échanger que de la chaleur mais pas de travail avec le milieu extérieur, tendent à minimiser leur énergie libre ; c'est-à-dire, il tendent à minimiser leur énergie et simultanément à maximiser leur entropie! Cela a pour conséquence que, par exemple, des processus qui accroissent en fait l'énergie interne, c'est-à-dire, qui requièrent un apport d'énergie, peuvent néanmoins se produire spontanément, si à température donnée le gain d'entropie $T \, dS$ est plus grand que la dépense en énergie dU, l'énergie est ici extraite du thermostat.

En général, un système isotherme qui n'échange pas de travail avec le milieu extérieur tend vers un minimum de l'énergie libre. Les processus irréversibles se produisent spontanément, jusqu'à ce que le minimum

$$dF = 0 \, , \qquad F = F_{min} \tag{4.50}$$

soit atteint.

EXEMPLE

4.5 Précipitation à partir d'une solution

La précipitation du carbonate de magnésium à partir d'une solution aqueuse obtenue en mélangeant des solutions contenant séparément des ions magnésium et des ions carbonates,

$$Mg_{aq}^{2+} + CO_{3\,aq}^{2-} \rightarrow MgCO_{3\,solid}$$

Exemple 4.5

se produit spontanément, puisque la dépense en énergie $\Delta U \approx 25,1$ kJ/mol est bien plus faible que le gain d'entropie, qui vaut approximativement $T \Delta S \approx 71,1$ kJ/mol à température ambiante. Cet exemple montre qu'il faut se montrer prudent dans l'interprétation probabiliste de l'entropie. La combinaison des ions Mg et CO_3 en un solide semble correspondre à une diminution de l'entropie en comparaison de la distribution homogène des ions dans la solution. Cependant les mesures de ΔU et de ΔS montrent, qu'il n'en est rien. La raison en est qu'en solution aqueuse les ions sont entourés systématiquement par une enveloppe d'hydrates. La rupture de cette enveloppe d'hydrates produit un accroissement d'entropie plus élevé que la diminution lié à l'association des ions pour former un solide.

De façon analogue, des processus à température constante, pour lesquels la diminution d'énergie interne est plus grande que la diminution d'entropie, se produisent aussi spontanément. Et bien sur des processus au cours desquels l'entropie augmente et l'énergie diminue se produisent spontanément.

L'énergie libre ne s'utilise pas que pour des systèmes isothermes. Dans ces cas l'interprétation est uniquement très simple. On peut en principe calculer l'énergie libre pour tout système à partir de l'énergie interne au moyen d'une transformation de Legendre. Elle est absolument équivalente à l'énergie interne. On peut en particulier calculer l'énergie interne à partir de l'énergie libre, ainsi que toutes les équations d'état. C'est donc un potentiel thermodynamique.

EXEMPLE

4.6 Energie libre du gaz parfait

Calculons à présent l'énergie libre d'un gaz parfait. Tirons pour cela $U(S, V, N)$ de l'équation (4.10),

$$U(S, V, N) = U_0 \left(\frac{N}{N_0} \right)^{5/3} \left(\frac{V_0}{V} \right)^{2/3} \exp\left[\frac{2}{3} \left(\frac{S}{Nk} - s_0 \right) \right] . \qquad (4.51)$$

Formons à présent

$$F = U - TS . \qquad (4.52)$$

Pour obtenir $F(T, V, N)$ il faut exprimer explicitement S en fonction de T dans l'équation (4.52). Cela s'obtient à l'aide de

$$T = \left. \frac{\partial U}{\partial S} \right|_{N, V, \dots} = U_0 \left(\frac{N}{N_0} \right)^{5/3} \left(\frac{V_0}{V} \right)^{2/3} \exp\left[\frac{2}{3} \left(\frac{S}{Nk} - s_0 \right) \right] \frac{2}{3Nk} .$$

Il faut tirer $S(T, V, N)$ de cette équation :

$$S(T, V, N) = Nk \left\{ s_0 + \ln \left[\left(\frac{3}{2} \frac{NkT}{U_0} \right)^{3/2} \left(\frac{N_0}{N} \right)^{5/2} \left(\frac{V}{V_0} \right) \right] \right\} .$$

En reportant l'expression de S dans l'équation (4.52), on obtient

$$F(T, V, N) = \frac{3}{2} NkT - NkT \left\{ s_0 + \ln \left[\left(\frac{3}{2} \frac{NkT}{U_0} \right)^{3/2} \left(\frac{N_0}{N} \right)^{5/2} \left(\frac{V}{V_0} \right) \right] \right\}$$

ou, avec $U_0 = (3/2) N_0 k T_0$

$$F(T, V, N) = NkT \left\{ \frac{3}{2} - s_0 - \ln \left[\left(\frac{T}{T_0} \right)^{3/2} \left(\frac{N_0}{N} \right) \left(\frac{V}{V_0} \right) \right] \right\} \tag{4.53}$$

où s_0 est de nouveau une constante fixant l'échelle de l'entropie. Avec T_0, N_0 et V_0 cette constante fixe la valeur de l'énergie libre $F_0(T_0, V_0, N_0)$ dans l'état de référence et ainsi comme il est d'usage en thermodynamique l'équation (4.53) ne représente qu'une différence par rapport à un état de référence.

Montrons à présent que $F(T, V, N)$, tout comme $U(S, V, N)$ ou $S(U, V, N)$, fournissent toutes les équations d'état. Il suffit simplement pour cela de calculer les dérivées partielles de F par rapport aux variables :

$$S(T, V, N) = - \left. \frac{\partial F}{\partial T} \right|_{V,N} = Nk \left\{ s_0 + \ln \left[\left(\frac{T}{T_0} \right)^{3/2} \left(\frac{N_0}{N} \right) \left(\frac{V}{V_0} \right) \right] \right\} , \tag{4.54}$$

$$p(T, V, N) = - \left. \frac{\partial F}{\partial V} \right|_{T,N} = \frac{NkT}{V} , \tag{4.55}$$

$$\mu(T, V, N) = \left. \frac{\partial F}{\partial N} \right|_{T,V} = kT \left\{ \frac{5}{2} - s_0 - \ln \left[\left(\frac{T}{T_0} \right)^{3/2} \left(\frac{N_0}{N} \right) \left(\frac{V}{V_0} \right) \right] \right\} . \tag{4.56}$$

Avec la transformation inverse,

$$U(T, V, N) = F(T, V, N) + TS = \frac{3}{2} NkT \tag{4.57}$$

l'énergie interne est absolument équivalente à $U(S, V, N)$ ou $S(U, V, N)$, ce que l'on déduit immédiatement en éliminant les variables correspondantes dans les équations (4.54–56).

Illustrons à la fin de ce paragraphe la différence qualitative entre l'énergie et l'énergie libre. Il est possible bien sur de réécrire l'énergie interne d'un gaz parfait directement en fonction d'autres variables à l'aide de l'équation d'état. La forme $U(T, V, N)$ nous est, par exemple, bien connue,

$$U(T, V, N) = \frac{3}{2} NkT .$$
(4.58)

Remarquons cependant que $U(T, V, N)$ est une quantité physiquement différente de $F(T, V, N)$, comme on peut s'en rendre compte facilement en comparant à l'équation (4.57). Dans des systèmes isothermes, par exemple, l'énergie libre est minimale à l'équilibre, pas nécessairement l'énergie interne. La différence est que $F(T, V, N)$ contient toute l'information thermodynamique du système, tout comme $U(S, V, N)$. Au contraire dans $U(T, V, N)$ de l'information a été perdue. On ne peut retrouver l'entropie à partir de $U(T, V, N)$ sans l'aide d'autres équations d'état, alors que c'est possible pour l'énergie libre en utilisant $-S = (\partial F/\partial T)|_{V,N}$.

4.5 L'enthalpie

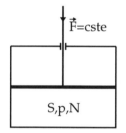

$\vec{F}=$cste

S,p,N

Fig. 4.4. Système isobare ($p = $ constante). S'il n'y a pas d'échanges de chaleur avec l'extérieur le système est aussi adiabatique

Après avoir étudié en détail le principe d'une transformation de Legendre pour l'énergie libre et la paire de variables T et S, il n'est pas difficile de transposer cette méthode à d'autres paires de variables. En chimie, les processus à pression (atmosphérique) constante sont d'un intérêt particulier, car habituellement les réactions chimiques ont lieu dans des récipients ouverts, c'est-à-dire, sous influence directe de la pression atmosphérique (voir figure 4.4). On veut donc transformer l'énergie interne $U(S, V, N, \ldots)$ pour passer de la variable V à la nouvelle variable p. Puisque le terme $-p\,\mathrm{d}V$ dans la différentielle de U apparaît avec un signe moins, il faut également changer le signe dans la transformation de Legendre :

$$H = U + pV = TS + \mu N .$$
(4.59)

L'équation (4.59) définit l'*enthalpie* qui est aussi un potentiel thermodynamique des variables S, p et N. La différentielle de l'enthalpie s'écrit

$$\mathrm{d}H = \mathrm{d}U + p\,\mathrm{d}V + V\,\mathrm{d}p = T\,\mathrm{d}S + V\,\mathrm{d}p + \mu\,\mathrm{d}N + \ldots .$$
(4.60)

Si l'enthalpie $H(S, p, N, \ldots)$ est connue, toutes les autres grandeurs thermodynamiques peuvent être obtenues par différentiation, comme pour U et F,

$$T = \left.\frac{\partial H}{\partial S}\right|_{p,N,\ldots} , \qquad V = \left.\frac{\partial H}{\partial p}\right|_{S,N,\ldots} , \qquad \mu = \left.\frac{\partial H}{\partial N}\right|_{S,p,\ldots} , \ldots .$$
(4.61)

Ainsi que pour les autres potentiels thermodynamiques l'enthalpie peut être en principe déterminée pour n'importe quel système. Elle est toutefois particulièrement utile pour des systèmes isobares ($p = $ constante, $\mathrm{d}p = 0$) et adiabatiques

$(\delta Q = 0)$. De tels systèmes n'échangent pas de chaleur avec le milieu extérieur, mais peuvent fournir du travail contre la pression externe au cours d'une dilatation $(\delta W_{\mathrm{vol}}^{\mathrm{rev}} = -p\,\mathrm{d}V)$ et de plus peuvent échanger d'autres formes de travail avec le milieu extérieur (par exemple, $\delta W_{\mathrm{autre}}^{\mathrm{rev}} = \mu\,\mathrm{d}N$, etc.). Le travail réversible total échangé avec le milieu extérieur est donc $\delta W_{\mathrm{tot}}^{\mathrm{rev}} = \delta W_{\mathrm{vol}}^{\mathrm{rev}} + \delta W_{\mathrm{autre}}^{\mathrm{rev}}$.

Nous trouvons à l'aide du premier principe, $\mathrm{d}U = \delta Q + \delta W = \delta Q + \delta W_{\mathrm{autre}} - p\,\mathrm{d}V$, dans le cas particulier des systèmes isobares ($p = \text{constante}$, $\mathrm{d}p = 0$), pour des changements d'état réversibles à pression constante, que

$$\mathrm{d}H|_p = \mathrm{d}(U + pV)|_p = (\mathrm{d}U + p\,\mathrm{d}V + V\,\mathrm{d}p)_p = \mathrm{d}U|_p + p\,\mathrm{d}V|_p\,,$$
$$\mathrm{d}H|_p = \delta Q|_p + \delta W_{\mathrm{autre}}^{\mathrm{rev}}|_p \tag{4.62}$$

pour des changements d'état isobare, la variation d'enthalpie représente la quantité de chaleur échangée avec le milieu extérieur augmentée du travail utile, qui n'est pas simplement le travail contre la pression externe constante. Si le système ne fournit pas de travail utile au cours de la transformation considérée (ou si le système n'en reçoit pas), nous avons $\mathrm{d}H|_p = \delta Q|_p$. Dans ce cas, la variation d'enthalpie fournit la quantité de chaleur échangée par le système avec le milieu extérieur au cours d'une transformation à pression constante. D'un autre coté en mesurant de telles quantités de chaleur on peut déterminer des différences d'enthalpie. Ce résultat est d'ailleurs tout à fait analogue à l'affirmation $\mathrm{d}U|_V = \delta Q|_V$ dans des systèmes à volume constant, qui n'échangent pas de travail avec le milieu extérieur ($\mathrm{d}U = \delta Q + \delta W$, $\delta W = 0$). Dans ce cas la quantité de chaleur échangée est identique à la variation d'énergie interne.

Considérons en particulier un système isobare et adiabatique pour lequel $p = \text{constante}$ et $\delta Q = 0$. Nous avons alors d'après l'équation (4.62)

$$\mathrm{d}H|_{p,\mathrm{ad}} = \delta W_{\mathrm{autre}}^{\mathrm{rev}}|_{p,\mathrm{ad}}\,. \tag{4.63}$$

La variation d'enthalpie pour un changement d'état isobare et adiabatique est égale au travail utile reçu réversiblement de la part du système (ou à fournir au système) en excluant le travail volumique. Ce résultat correspond à celui de l'équation (4.45) pour la variation d'énergie libre d'un système isotherme. Pour des processus irréversibles on a encore $\delta W_{\mathrm{autre}}^{\mathrm{rev}} \leq \delta W_{\mathrm{autre}}^{\mathrm{irr}}$ et par conséquent

$$\mathrm{d}H|_{p,\mathrm{ad}} = \delta W_{\mathrm{autre}}^{\mathrm{rev}}|_{p,\mathrm{ad}} \leq \delta W_{\mathrm{autre}}^{\mathrm{irr}}|_{p,\mathrm{ad}}\,. \tag{4.64}$$

Pour des processus irréversibles on n'obtient pas le travail utile maximal (travail réversible). En particulier, si pour une transformation irréversible isobare et adiabatique il n'y a pas de travail fourni $\delta W_{\mathrm{autre}}^{\mathrm{irr}} = 0$, on a

$$\mathrm{d}H \leq 0\,. \tag{4.65}$$

Dans un système isobare, adiabatique, laissé à lui même, vont se produire des processus irréversibles qui diminueront l'enthalpie, jusqu'à ce qu'à l'équilibre l'enthalpie soit minimale,

$$\mathrm{d}H = 0\,, \qquad H = H_{\mathrm{min}} \tag{4.66}$$

l'enthalpie est donc très semblable à l'énergie interne. Cependant, dans un système à pression constante, la plupart des changements d'état nécessitent un travail volumique, celui-ci est explicitement pris en compte par l'enthalpie.

EXEMPLE ▮▮▮▮▮▮▮▮▮▮▮▮▮▮

4.7 Enthalpie du gaz parfait

Partons à nouveau de l'équation (4.51) et formons

$$H = U + pV .\tag{4.67}$$

Pour calculer explicitement $H(S, p, N)$ nous devons éliminer V, à l'aide de l'équation (4.51),selon

$$-p = \frac{\partial U}{\partial V}\Big|_{S,N,\ldots} = -\frac{2}{3}U_0 \left(\frac{N}{N_0}\right)^{5/3} \frac{V_0^{2/3}}{V^{5/3}} \exp\left[\frac{2}{3}\left(\frac{S}{Nk} - s_0\right)\right] .\tag{4.68}$$

Il faut tirer V de l'équation (4.68) et le reporter dans l'équation (4.67). On obtient tout d'abord

$$\frac{V}{V_0} = \left(\frac{2}{3}\frac{U_0}{pV_0}\right)^{3/5} \left(\frac{N}{N_0}\right) \exp\left[\frac{2}{5}\left(\frac{S}{Nk} - s_0\right)\right] .$$

En reportant ce résultat dans l'équation (4.67), on obtient

$$\begin{aligned}
H(S, p, N) = {} & U_0 \left(\frac{N}{N_0}\right) \left(\frac{2}{3}\frac{U_0}{pV_0}\right)^{-2/5} \exp\left[\frac{2}{5}\left(\frac{S}{Nk} - s_0\right)\right] \\
& + pV_0 \left(\frac{2}{3}\frac{U_0}{pV_0}\right)^{3/5} \left(\frac{N}{N_0}\right) \exp\left[\frac{2}{5}\left(\frac{S}{Nk} - s_0\right)\right] .
\end{aligned}$$

En réunissant les deux termes cela donne

$$H(S, p, N) = \frac{5}{3}U_0 \left(\frac{N}{N_0}\right) \left(\frac{2}{3}\frac{U_0}{pV_0}\right)^{-2/5} \exp\left[\frac{2}{5}\left(\frac{S}{Nk} - s_0\right)\right] .$$

Avec $U_0 = 3/2\, N_0 k T_0 = 3/2\, p_0 V_0$ nous pouvons écrire les constantes également comme suit :

$$H(S, p, N) = \frac{5}{3}U_0 \left(\frac{N}{N_0}\right) \left(\frac{p}{p_0}\right)^{2/5} \exp\left[\frac{2}{5}\left(\frac{S}{Nk} - s_0\right)\right] .\tag{4.69}$$

Comme il se doit, l'enthalpie n'est définie qu'à une constante additive près, que l'on peut choisir de façon que, pour $S = Nks_0$, $N = N_0$ et $p = p_0$, H ait la valeur $H_0 = 5/3\, U_0$.

EXERCICE ███████████████████

4.8 Détermination des équations d'état à partir de l'enthalpie

Problème. Montrons que les équations (4.61) avec celle de l'enthalpie du gaz parfait, équation (4.69), donnent l'équation d'état du gaz parfait.

Solution. On a

$$
\begin{aligned}
T(S,\,p,\,N) &= \left.\frac{\partial H}{\partial S}\right|_{p,N} \\
&= \frac{2U_0}{3N_0k}\left(\frac{p}{p_0}\right)^{2/5}\exp\left[\frac{2}{5}\left(\frac{S}{Nk}-s_0\right)\right],
\end{aligned}
\tag{4.70}
$$

$$
\begin{aligned}
V(S,\,p,\,N) &= \left.\frac{\partial H}{\partial p}\right|_{S,N} \\
&= \frac{2U_0}{3p_0}\left(\frac{N}{N_0}\right)\left(\frac{p}{p_0}\right)^{-3/5}\exp\left[\frac{2}{5}\left(\frac{S}{Nk}-s_0\right)\right].
\end{aligned}
\tag{4.71}
$$

Si l'on élimine S des équations (4.70) et (4.71) en les divisant membre à membre, on obtient

$$
\frac{V}{T}=\frac{Nk}{p}
$$

qui est l'équation d'état du gaz parfait. On obtient de façon analogue l'énergie interne par la transformation inverse

$$
U = H - pV\,.
$$

En multipliant l'équation (4.71) par p et en retranchant ce résultat de l'équation (4.69), on a

$$
U(S,\,p,\,N) = U_0\left(\frac{N}{N_0}\right)\left(\frac{p}{p_0}\right)^{2/5}\exp\left[\frac{2}{5}\left(\frac{S}{Nk}-s_0\right)\right].
$$

Si l'on remplace les deux derniers facteurs par l'équation (4.70), cela donne

$$
U(T,\,V,\,N) = U_0\frac{N}{N_0}\frac{3}{2}\frac{N_0kT}{U_0} = \frac{3}{2}NkT
$$

c'est-à-dire, l'expression correcte de l'énergie interne d'un gaz parfait, qui peut bien sur être réécrite sous la forme $U(S,\,V,\,N)$. Finalement, le potentiel chimique est donné par

$$
\mu = \left.\frac{\partial H}{\partial N}\right|_{S,p} = \frac{5U_0}{3N_0}\left(1-\frac{2S}{5Nk}\right)\left(\frac{p}{p_0}\right)^{2/5}\exp\left[\frac{2}{5}\left(\frac{S}{Nk}-s_0\right)\right].
$$

En éliminant les deux derniers facteurs avec l'équation (4.70) on obtient :

$$\mu = \frac{5}{2}kT\left(1 - \frac{2S}{5Nk}\right) .$$

(4.72)

En tirant $S(N, p, T)$ de l'équation (4.70) et en reportant le résultat dans l'équation (4.72), on a, avec $U_0 = 3/2\, N_0kT_0$,

$$\mu(p, T) = kT\left\{\frac{5}{2} - s_0 - \ln\left[\left(\frac{T}{T_0}\right)^{5/2}\left(\frac{p_0}{p}\right)\right]\right\}$$

ce qui coïncide à nouveau avec l'expression du potentiel chimique du gaz parfait déjà calculée, si $\mu_0(p_0, T_0) = kT_0(5/2 - s_0)$.

▄▄

À l'aide de l'enthalpie montrons l'utilité des potentiels thermodynamiques pour des systèmes particuliers. Si à volume constant on ajoute une quantité de chaleur δQ, on a, avec $\delta W = 0$,

$$dU = \delta Q|_V$$

(4.73)

la quantité de chaleur augmente donc directement l'énergie interne. La capacité thermique à volume constant vérifie

$$C_V = \left.\frac{\delta Q}{dT}\right|_V = \left.\frac{\partial U}{\partial T}\right|_V .$$

(4.74)

Si on ajoute au contraire la quantité de chaleur δQ à pression constante, le volume change en général, et un certain travail volumique a lieu :

$$dU = \delta Q|_p - p\,dV$$

(4.75)

l'énergie interne n'est pas très adaptée pour la description d'une telle transformation, puisque non seulement la température, mais aussi le volume du système changent. À pression constante l'équation (4.75) s'écrit cependant simplement sous la forme

$$dH = d(U + pV) = \delta Q|_p$$

(4.76)

qui est entièrement analogue à l'équation (4.73). La capacité thermique à pression constante vaut donc

$$C_p = \left.\frac{\delta Q}{dT}\right|_p = \left.\frac{\partial H}{\partial T}\right|_p .$$

(4.77)

Si nous réécrivons l'équation (4.69) à l'aide de l'équation (4.70) sous la forme $H(T, p, N)$, on a pour un gaz parfait

$$H(T, p, N) = \frac{5}{2}NkT$$

(4.78)

qui se déduit aussi directement de $H = U + pV = 3/2\,NkT + NkT$. On obtient donc pour un gaz parfait

$$C_p = \frac{5}{2}Nk \qquad (4.79)$$

tandis que

$$C_V = \frac{3}{2}Nk \,. \qquad (4.80)$$

La capacité thermique à pression constante excède celle à volume constant d'une quantité Nk, puisqu'une partie de la chaleur $\delta Q|_p$ a été transformée en travail volumique contre la pression externe p.

En chimie l'enthalpie joue un rôle important, car de nombreuses réactions chimiques se produisent dans des récipients ouverts à pression constante. D'autre part, beaucoup de réactions sont si rapides que les échanges de chaleur avec le milieu extérieur sont pratiquement impossible ($\delta Q = 0$). À l'aide de l'enthalpie on pourra facilement savoir dans ce cas si une réaction chimique est possible ou si elle se produit spontanément sous certaines conditions (par exemple, pression atmosphérique, température ambiante). Il suffit pour cela de comparer la somme des enthalpies des produits de la réaction avec celle des réactifs. Si $\Delta H = H_{\text{produits}} - H_{\text{réactifs}}$ est négatif, c'est-à-dire, $\Delta H \leq 0$, la réaction chimique est spontanée et irréversible. Pour simplifier de telles comparaisons, on affecte aux éléments chimiques purs à température ambiante et à la pression atmosphérique l'enthalpie $H_0(p_0, T_0) = 0$, ce qui détermine la constante additive arbitraire. C'est également pour les réactions chimiques que les limitations de la thermodynamique deviennent apparentes. Dans la plupart des cas la réaction nécessite une certaine énergie d'activation, c'est-à-dire, la réaction a lieu spontanément et produit un gain d'enthalpie, mais est entravée par une barrière énergétique qu'il faut d'abord franchir. La thermodynamique ne peut pas nous dire grand chose sur ces phénomènes appartenant à la dynamique des réactions. On appelle *exothermiques* des réactions à pression constante au cours desquelles de l'enthalpie se libère, par contre des réactions liées à un accroissement de l'enthalpie, c'est-à-dire, qui ne peuvent avoir lieu qu'avec un travail, sont appelées *endothermiques*.

La figure 4.5 représente l'évolution typique de l'enthalpie en fonction d'une abscisse représentant qualitativement l'avancement de la réaction (par exemple, la concentration des produits) pour une réaction exothermique typique (par

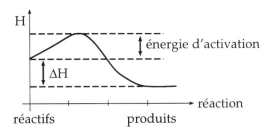

Fig. 4.5. L'enthalpie au cours d'une réaction chimique

exemple, la combustion de H_2 avec O_2 pour produire H_2O). L'énergie d'activation est nécessaire pour dissocier les molécules H_2 et O_2, qui alors seulement peuvent former des molécules de H_2O. De l'enthalpie ΔH a effectivement été libérée. En chimie la mesure des enthalpies de réaction se fait simplement en mesurant la quantité de chaleur libérée au cours de la réaction à l'aide d'un calorimètre. On a $dH = \delta Q|_p$; par conséquent en apportant par exemple, la quantité de chaleur δQ à pression constante à un «bain» d'eau de capacité thermique connue, on pourra mesurer l'enthalpie de réaction par l'accroissement de température. Puisque l'enthalpie est une grandeur d'état, le chemin suivi pour obtenir un produit de réaction importe peu. On obtient toujours la même variation d'enthalpie.

EXEMPLE ∎

4.9 Enthalpie de réaction

Considérons, par exemple, la combustion du carbone dans de l'oxygène, celle-ci produit du gaz carbonique suivant la réaction

$$C + O_2 \rightarrow CO_2 , \quad \Delta H = -394\,\text{kJ/mol} .$$

On peut cependant également réaliser cette réaction en deux étapes :

$$C + \frac{1}{2}O_2 \rightarrow CO_2 , \quad \Delta H = -111\,\text{kJ/mol} ,$$

$$CO + \frac{1}{2}O_2 \rightarrow CO_2 , \quad \Delta H = -283\,\text{kJ/mol} .$$

Il se crée du monoxyde de carbone au cours de la première étape. Le bilan enthalpique est néanmoins le même dans les deux cas. L'affirmation que la différence d'enthalpie entre les produits et les réactifs ne dépend pas du chemin de la réaction, s'appelle aussi parfois la loi de Hess.

4.6 L'enthalpie libre

Pour des systèmes à température et pression données il nous faut effectuer une transformation de Legendre de l'énergie interne $U(S, V, N, \dots)$ par rapport aux deux variables S et V :

$$G = U - TS + pV . \tag{4.81}$$

Le potentiel thermodynamique correspondant est l'enthalpie libre introduite par Gibbs (1875) et est pour cette raison aussi appelé *potentiel de Gibbs*. La différentielle totale de l'enthalpie libre s'écrit

$$dG = dU - T\,dS - S\,dT + p\,dV + V\,dp$$
$$= -S\,dT + V\,dp + \mu\,dN + \dots \tag{4.82}$$

G ne dépend donc en fait que de T, p et N. Si la fonction $G(T, p, N)$ est connue, toutes les grandeurs suivantes peuvent être déterminées par des dérivées partielles,

$$-S = \left.\frac{\partial G}{\partial T}\right|_{p,N,\dots} \;,\; V = \left.\frac{\partial G}{\partial p}\right|_{T,N,\dots} \;,\; \mu = \left.\frac{\partial G}{\partial N}\right|_{T,p,\dots} \;,\; \dots \tag{4.83}$$

Les équations (4.83) donnent de nouveau les *équations d'état du système*. En utilisant l'équation d'Euler, qui est toujours vérifiée, il est possible d'identifier plus précisément l'enthalpie libre de Gibbs. L'équation d'Euler (2.72) pour un système à une seule espèce de particules, n'échangeant pas d'autres formes de travail s'écrit

$$U = TS - pV + \mu N \;. \tag{4.84}$$

On en déduit immédiatement en comparant avec l'équation (4.81)

$$G = U - TS + pV = \mu N \;. \tag{4.85}$$

La troisième des équations (4.83) est donc vérifiée trivialement par l'enthalpie libre ; c'est-à-dire, $\mu = \partial G/\partial N|_{T,p} = G/N$. G est donc directement proportionnel au nombre de particules et *l'enthalpie libre par particule s'identifie au potentiel chimique*. Ces résultats ne sont cependant valables que pour des systèmes comportant une seule espèce de particules et qui ne peuvent pas échanger d'autres formes d'énergie (par exemple, électrique) avec le milieu extérieur. Si ce n'est pas le cas, d'autres termes apparaissent dans l'équation d'Euler.

L'enthalpie libre est particulièrement pratique pour des systèmes à température et pression données. Cette quantité représente une combinaison de l'énergie libre (S est remplacé par T) et de l'enthalpie (V est remplacé par p), un fait qui s'exprime aussi par son nom.

Pour comprendre la signification de l'enthalpie libre, formons un système isolé à partir du système isotherme et isobare représenté par la figure 4.6 en y ajoutant le milieu extérieur (thermostat). On a alors

$$dS_{\text{tot}} = dS_{\text{sys}} + dS_{\text{th}} \geq 0 \;. \tag{4.86}$$

L'égalité est valable pour des transformations réversibles, le signe plus grand ou égal pour des transformations irréversibles. Le thermostat, qui ne nous intéresse pas outre mesure, peut être exclu de nos considérations à l'aide du premier principe pour des transformations *réversibles*. Nous avons (pour des transformations réversibles)

$$dS_{\text{th}} = -dS_{\text{sys}} = -\frac{1}{T}\left(dU_{\text{sys}} + p\,dV_{\text{sys}} - \delta W_{\text{autre}}^{\text{rev}}\right) \tag{4.87}$$

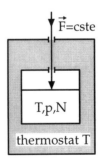

Fig. 4.6. Système isotherme et isobare

ou (pour des transformations irréversibles), d'après l'équation (4.86),

$$T\,dS_{tot} = T\,dS_{sys} - dU_{sys} - p\,dV_{sys} + \delta W_{autre}^{rev} \geq 0 \qquad (4.88)$$

ce qui peut aussi s'écrire de la façon suivante (l'indice sys est omis)

$$dG = d(U - TS + pV) = \delta W_{autre}^{rev} \leq \delta W_{autre}^{irr}. \qquad (4.89)$$

La variation d'enthalpie libre représente simplement le travail effectué par le système au cours d'une transformation réversible isotherme et isobare, en retranchant le travail contre la pression externe constante. On insiste ici sur le fait que la transformation soit *réversible* : le signe égal s'applique alors aux équations (4.86) et (4.88) et on en déduit donc que $dG = \delta W_{autre}^{rev}$. Une transformation irréversible libère moins de travail ou nécessite respectivement plus de travail. Cela correspond à l'inégalité dans l'équation (4.89).

Un système isotherme et isobare, laissé à lui même, sera donc le siège de processus irréversibles, jusqu'à ce que l'enthalpie libre atteigne un minimum,

$$dG = 0, \qquad G = G_{min}. \qquad (4.90)$$

Le potentiel thermodynamique $G(T, p, N)$ est à nouveau entièrement équivalent à $U(S, V, N)$ ou à $S(U, V, N)$, respectivement, ainsi qu'à $F(T, V, N)$ et $H(S, p, N)$ et renferme la même information.

De même que l'enthalpie, l'enthalpie libre est d'une grande importance pour la chimie. Si des réactions chimiques se produisent lentement à pression (atmosphérique) constante, alors en pratique elles sont constamment en équilibre thermique ; c'est-à-dire, $T =$ constante. C'est le cas, par exemple, dans de nombreuses piles à combustibles ou batteries. On peut donc directement calculer le travail électrique récupérable par la différence des enthalpies à l'état final et initial. Des réactions au cours desquelles l'enthalpie libre décroît, c'est-à-dire, qui se produisent spontanément et fournissent du travail, sont dites exoénergétiques ; alors que des réactions au cours desquelles l'enthalpie libre croit sont dites *endoénergétiques*.

EXEMPLE ▬▬▬▬▬▬▬▬▬▬▬

4.10 Enthalpie libre du gaz parfait

En principe il n'y a plus rien à calculer, puisque nous avons

$$G(T, p, N) = N\mu(T, p)$$

et que $\mu(T, p)$ est déjà connu (voir exemple 2.8). Il est cependant instructif de calculer l'enthalpie libre par une transformation de Legendre et de montrer que de cette façon on obtient le même résultat.

Mais nous n'avons pas à faire la transformation complète,

$$G = U - TS + pV.$$

Il suffit de transformer l'énergie libre suivant

Exemple 4.10

$$G = F + pV .$$

Dans le cas d'un gaz parfait c'est particulièrement simple, puisque d'après les équations (4.53) et (4.55) nous savons que

$$G = NkT \left\{ \frac{3}{2} - s_0 - \ln \left[\left(\frac{T}{T_0} \right)^{3/2} \left(\frac{N_0}{N} \right) \left(\frac{V}{V_0} \right) \right] \right\} + NkT$$

$$= NkT \left\{ \frac{5}{2} - s_0 - \ln \left[\left(\frac{T}{T_0} \right)^{5/2} \left(\frac{p_0}{p} \right) \right] \right\} .$$

Cela concorde effectivement avec $\mu(p, T)$ de l'exemple 2.8 au facteur N près, si $\mu_0(p_0, T_0) = kT_0(5/2 - s_0)$.

EXERCICE

4.11 L'équation de Gibbs-Helmholtz

Problème. Montrons que l'enthalpie libre et sa dérivée par rapport à la température sont reliées à l'enthalpie du système par l'équation de Gibbs-Helmholtz

$$H = G - T \left(\frac{\partial G}{\partial T} \right)_p = -T^2 \left(\frac{\partial (G/T)}{\partial T} \right)_p .$$

Solution. Partons des définitions de l'enthalpie $H(S, p, N)$ et de l'enthalpie libre $G(T, p, N)$. Avec l'équation (4.89) on obtient

$$H = U + pV = TS + \mu N \tag{4.91}$$

et

$$G = U + pV - TS . \tag{4.92}$$

Des équations (4.91) et (4.92) il s'en suit immédiatement que

$$H = G + TS . \tag{4.93}$$

La différentielle de l'équation (4.92)

$$dG = dU - T \, dS - S \, dT + p \, dV + V \, dp$$

fournit avec $dU = T \, dS - p \, dV + \mu \, dN$

$$dG = -S \, dT + V \, dp + \mu \, dN .$$

Exercice 4.11   De plus on a

$$dG = \left.\frac{\partial G}{\partial T}\right|_{p,N} dT + \left.\frac{\partial G}{\partial p}\right|_{T,N} dp + \left.\frac{\partial G}{\partial N}\right|_{T,p} dN \,.$$

La comparaison des coefficients montre que

$$S = -\left.\frac{\partial G}{\partial T}\right|_{p,N} \,.$$

En reportant ce résultat dans l'équation (4.93) on en déduit

$$H = G - T \left.\frac{\partial G}{\partial T}\right|_{p,N} \,. \tag{4.94}$$

On a également

$$\left.\frac{\partial}{\partial T}\left(\frac{G}{T}\right)\right|_{p,N} = \frac{1}{T} \left.\frac{\partial G}{\partial T}\right|_{p,N} - \frac{G}{T^2} = -\frac{1}{T^2}\left(G - T \left.\frac{\partial G}{\partial T}\right|_{p,N}\right) \,.$$

L'équation (4.94) s'écrit donc

$$H = -T^2 \left.\frac{\partial}{\partial T}\left(\frac{G}{T}\right)\right|_{p,N} \,.$$

Si le système isotherme, isobare possède plusieurs constituants chimiques (espèces de particules), alors nous savons d'après l'équation d'Euler généralisée que

$$G = \sum_i \mu_i N_i \,. \tag{4.95}$$

Si des réactions entre les particules sont possibles,

$$a_1 A_1 + a_2 A_2 + \ldots \rightleftharpoons b_1 B_1 + b_2 B_2 + \ldots \tag{4.96}$$

alors pour un changement du nombre de particules dN_{A_i}, de l'espèce A_i et dN_{B_j} de l'espèce B_j, les relations $dN_{A_i} = -a_i\, dN$ et $dN_{B_j} = b_j\, dN$ doivent être vérifiées, où dN représente un facteur commun (par exemple la variation pour une particule). La condition d'équilibre pour un *système isotherme, isobare* s'écrit donc de la façon suivante,

$$dG = \sum_i \mu_i\, dN_i = 0 \tag{4.97}$$

on en déduit également que

$$\mathrm{d}G = \left(-\sum_i \mu_{A_i} a_i + \sum_j \mu_{B_j} b_j \right) \mathrm{d}N = 0 \,. \tag{4.98}$$

Le facteur commun $\mathrm{d}N$ étant arbitraire, on doit avoir

$$\sum_i \mu_{A_i} a_i = \sum_j \mu_{B_j} b_j \tag{4.99}$$

une relation que nous avions déjà trouvée auparavant à partir d'autres considérations (voir (3.10)). Nous connaissons déjà la dépendance du potentiel chimique vis-à-vis de la concentration dans les solutions ou les gaz (voir (3.32) et exercice 3.3),

$$\mu_i(p, T, X_i) = \mu_i^0(p, T) + kT \ln X_i \,. \tag{4.100}$$

X_i représente ici la fraction molaire du constituant i et μ_i^0 le potentiel chimique du constituant i dans un état de référence (par exemple $X_i = 1$). En reportant cette expression dans l'équation (4.98) on obtient

$$\mathrm{d}G = \left(\sum_j \mu_{B_j}^0 b_j - \sum_i \mu_{A_i}^0 a_i \right) \mathrm{d}N$$
$$+ kT \ln \left(\frac{\left(X_{B_1} \right)^{b_1} \left(X_{B_2} \right)^{b_2} \cdots}{\left(X_{A_1} \right)^{a_1} \left(X_{A_2} \right)^{a_2} \cdots} \right) \mathrm{d}N \,. \tag{4.101}$$

Puisque $\partial G/\partial N = G/N$; c'est-à-dire, est indépendant de la variation du nombre de particules $\mathrm{d}N$, on peut poser $\mathrm{d}N = 1$ et on obtient

$$\Delta G(p, T, X_{A_1}, \ldots, X_{B_1}, \ldots)$$
$$= \Delta G^0(p, T) + kT \ln \left(\frac{\left(X_{B_1} \right)^{b_1} \left(X_{B_2} \right)^{b_2} \cdots}{\left(X_{A_1} \right)^{a_1} \left(X_{A_2} \right)^{a_2} \cdots} \right) \,. \tag{4.102}$$

La grandeur $\Delta G^0(p, T)$ est une constante caractéristique pour la réaction (4.96) qui dépend de la pression et de la température. À l'équilibre il faut que $\Delta G = 0$, ou

$$\frac{\left(X_{B_1} \right)^{b_1} \left(X_{B_2} \right)^{b_2} \cdots}{\left(X_{A_1} \right)^{a_1} \left(X_{A_2} \right)^{a_2} \cdots} = \exp\left(-\frac{\Delta G^0(p, T)}{kT} \right) \,. \tag{4.103}$$

On remarque que la condition d'équilibre $\Delta G = 0$ pour un système isotherme, isobare conduit directement à la loi d'action et de masse. En particulier, à présent la constante d'équilibre a pu être identifiée plus explicitement. Elle est déterminée par les différences d'enthalpies libres entre les produits et les réactifs à la concentration standard.

Pour des réactions exoénergétiques avec $\Delta G^0 < 0$, les concentrations des produits seront plus grandes à l'équilibre. Si dans ce cas on augmente la température, la valeur absolue de $\Delta G^0/kT$ diminue et l'équilibre est déplacé au profit des réactifs. De façon analogue, une augmentation de la pression déplace l'équilibre en faveur du coté ayant le plus petit volume. L'équation (4.103) renferme donc une formulation exacte du principe de Le Chatelier, selon lequel un état d'équilibre change sous l'influence d'une force (variation de température, variation de pression, ou variation de concentration) de telle manière que le système cède à la force.

Pour la constante d'équilibre apparaissant dans l'équation (4.103) nous écrivons

$$K(p, T) = \exp\left(-\frac{\Delta G^0(p, T)}{kT}\right) . \tag{4.104}$$

Nous pouvons alors calculer très généralement la dépendance de la constante d'équilibre vis-à-vis de la pression et de la température. En utilisant l'enthalpie libre par particule

$$\Delta G^0(p, T) = \sum_j \mu_j^0 b_j - \sum_i \mu_i^0 a_i \tag{4.105}$$

on obtient

$$\left.\frac{\partial \ln K(p, T)}{\partial p}\right|_T = -\frac{\Delta v}{kT} \tag{4.106}$$

si l'on représente la variation de volume par particule à p et T donnés par

$$\begin{aligned}
\Delta v &= \left.\frac{\partial}{\partial p}\left(\sum_j \mu_j^0 b_j - \sum_i \mu_i^0 a_i\right)\right|_T \\
&= \sum_j v_j^0 b_j - \sum_i v_i^0 a_i .
\end{aligned} \tag{4.107}$$

Pour un gaz parfait, on a, par exemple, $v = kT/p$. S'il y a donc plus de particules produites au cours d'une réaction qu'il n'y en avait au départ, on aura $\Delta v > 0$, puisque à T et p donnés plus de particules occuperont un volume plus grand. Le membre de gauche de l'équation (4.106) est alors négatif et la constante d'équilibre diminuera donc pour une augmentation de pression. L'état d'équilibre est donc déplacé en faveur des réactifs, puisque ceux-ci occupent un volume moindre. L'équation (4.106) fut donnée pour la première fois par Planck et van Laar. On peut bien sur multiplier par 1 mol $= N_A$ et écrire $\Delta v \cdot N_A$ pour la variation de volume molaire. La constante des gaz parfaits $N_A k = R$ apparaît alors au dénominateur.

On trouve de la même façon pour la dépendance vis-à-vis de la température de la constante d'équilibre

$$\left.\frac{\partial \ln K(p, T)}{\partial T}\right|_p = \frac{\Delta h}{kT^2} \tag{4.108}$$

en notant Δh l'enthalpie de réaction par particule. On a

$$\Delta h = -T^2 \frac{\partial}{\partial T} \left(\sum_j b_j \frac{\mu_j^0}{T} - \sum_i a_i \frac{\mu_i^0}{T} \right) \Bigg|_p \qquad (4.109)$$

car on sait de manière générale d'après la relation de Gibbs–Duhem que,

$$\frac{\partial}{\partial T} \left(\frac{\mu}{T} \right) \Bigg|_p = -\frac{\mu}{T^2} - \frac{s}{T} \qquad (4.110)$$

car $\partial \mu / \partial T |_p = -s = -S/N$ et de plus $H = U + pV = \mu N + TS$. $h = H/N = \mu + Ts$ représente donc l'enthalpie par particule. L'équation (4.108) fut obtenue par van't Hoff. Elle donne la variation de la constante d'équilibre en fonction de la température, si l'enthalpie de réaction par particule (ou par mole) est connue. Si par exemple, $\Delta h > 0$, c'est-à-dire, si de l'énergie est nécessaire pour la réaction à pression constante et entropie constante (pas d'échange de chaleur), le membre de droite de l'équation (4.108) est positif et la constante d'équilibre augmente avec la température. Par conséquent, pour des températures croissantes l'équilibre est déplacé vers les produits de la réaction qui consomment de l'énergie. Des considérations analogues sont valables pour $\Delta h < 0$.

Pour l'instant nous nous sommes concentré sur la chimie. Mais si l'on considère des réactions entre particules élémentaires dans une étoile chaude ou dans un plasma au lieu d'une réaction chimique, les principes fondamentaux restent les mêmes, seules les notations et les équations d'état changent.

4.7 Le grand potentiel

Pour compléter ce tour d'horizon des potentiels chimiques, considérons maintenant des systèmes, où le potentiel chimique est une variable d'état donnée, au lieu du nombre de particules N comme cela était le cas jusqu'à présent. Tout comme l'on fixe la température par un réservoir de chaleur, on peut fixer le potentiel chimique par un réservoir à particules. De la même manière que l'échange de chaleur avec le réservoir de chaleur entraîne une température constante à l'équilibre, l'échange de particules avec le réservoir à particules entraîne une valeur constante du potentiel chimique. Puisqu'un tel échange de particules est généralement aussi lié à un échange de chaleur et que le réservoir de particules agit donc aussi comme un réservoir à chaleur, nous voulons transformer l'énergie interne et passer des variables S et N aux nouvelles variables T et μ,

$$\Phi = U - TS - \mu N . \qquad (4.111)$$

Le potentiel correspondant se nomme *grand potentiel*. Il est d'une grande importance pour le traitement statistique des problèmes thermodynamiques. Sa différentielle s'écrit

$$d\Phi = dU - T\,dS - S\,dT - \mu\,dN - N\,d\mu$$
$$= -S\,dT - p\,dV - N\,d\mu . \tag{4.112}$$

Les autres grandeurs thermodynamiques peuvent être calculées en différentiant le grand potentiel :

$$-S = \left.\frac{\partial \Phi}{\partial T}\right|_{V,\mu} , \qquad -p = \left.\frac{\partial \Phi}{\partial V}\right|_{T,\mu} , \qquad -N = \left.\frac{\partial \Phi}{\partial \mu}\right|_{T,V} . \tag{4.113}$$

En raison de l'équation d'Euler

$$U = TS - pV + \mu N \tag{4.114}$$

le grand potentiel s'identifie à $-pV$

$$\Phi = -pV . \tag{4.115}$$

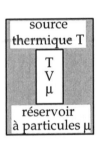

Fig. 4.7. Système isotherme avec un potentiel chimique fixé

Ce potentiel est particulièrement adapté pour des systèmes isothermes avec un potentiel chimique fixé (figure 4.7). Si nous réunissons le réservoir à chaleur et le système considéré en un système total isolé, alors pour ce système il faut que

$$dS_{\text{tot}} = dS_{\text{sys}} + dS_{\text{th}} \geq 0 \tag{4.116}$$

pour des transformations réversibles (=) ou respectivement irréversibles (>). Dans le cas réversible nous pouvons exprimer dS_{th} en fonction des variations de grandeurs du système :

$$T\,dS_{\text{th}} = -T\,dS_{\text{sys}} = -\left(dU_{\text{sys}} - \mu\,dN_{\text{sys}} - \delta W_{\text{autre}}^{\text{rev}}\right) . \tag{4.117}$$

Si l'on reporte ce résultat dans l'équation (4.116) et que l'on considère que le travail effectué de manière réversible par le système $\delta W_{\text{autre}}^{\text{rev}}$ (sans l'énergie chimique qui apparaît explicitement) vérifie $\delta W_{\text{autre}}^{\text{rev}} \leq \delta W_{\text{autre}}^{\text{irr}}$, on obtient

$$dU_{\text{sys}} - T\,dS_{\text{sys}} - \mu\,dN_{\text{sys}} = \delta W_{\text{autre}}^{\text{rev}} \leq \delta W_{\text{autre}}^{\text{irr}} . \tag{4.118}$$

À température et potentiel chimique constants cela équivaut à

$$d\Phi = d(U - TS - \mu N) = \delta W_{\text{autre}}^{\text{rev}} \leq \delta W_{\text{autre}}^{\text{irr}} . \tag{4.119}$$

Si on laisse le système à lui même sans fournir de travail, $\delta W = 0$, il tend vers un minimum pour le grand potentiel,

$$d\Phi \leq 0 \tag{4.120}$$

qui est atteint à l'équilibre

$$d\Phi = 0 , \qquad \Phi = \Phi_{\text{min}} . \tag{4.121}$$

4.8 La transformation de toutes les variables

Voyons dans la suite ce qui se passe si l'on transforme toutes les variables de U en les nouvelles variables T, p, μ. La transformée de Legendre serait

$$\Psi = U - TS + pV - \mu N \tag{4.122}$$

plus éventuellement d'autres termes, si le système contenait plusieurs constituants chimiques ou nécessitait d'autres grandeurs d'état pour sa description. Cependant d'après l'équation d'Euler on a toujours

$$U = TS - pV + \mu N \tag{4.123}$$

si bien que ce potentiel s'annule identiquement, $\Psi \equiv 0$. On se souvient que l'équation (4.123) était une conséquence de la relation de Gibbs–Duhem, qui donne une relation entre les variables intensives T, p et μ. D'après celle-ci il n'est pas possible de se fixer les grandeurs T, p et μ indépendamment les unes des autres. Nous avions déjà calculé explicitement la relation $\mu(p, T)$ pour un gaz parfait. Par conséquent, pour une température et une pression données le potentiel chimique est déjà fixé, et on peut au plus encore se fixer une autre variable extensive. Celle-ci détermine alors la dimension du système. La transformation simultanée de toutes les variables n'est donc d'aucun intérêt.

4.9 Les relations de Maxwell

Une grande variété de relations entre les variables d'état thermodynamiques peuvent être déduites du fait que les potentiels thermodynamiques U, F, H et G ainsi que Φ sont des fonctions d'état, c'est-à-dire, possèdent des différentielles exactes.

La différentielle totale de l'énergie interne s'écrit (à partir de maintenant nous ne considérons que des systèmes entièrement déterminés par trois variables d'état),

$$\begin{aligned}
dU &= T\,dS - p\,dV + \mu\,dN \\
&= \left.\frac{\partial U}{\partial S}\right|_{V,N} dS + \left.\frac{\partial U}{\partial V}\right|_{S,N} dV + \left.\frac{\partial U}{\partial N}\right|_{S,V} dN \,.
\end{aligned} \tag{4.124}$$

Puisque

$$\frac{\partial}{\partial V}\left(\left.\frac{\partial U}{\partial S}\right|_{V,N} \right)_{S,N} = \frac{\partial}{\partial S}\left(\left.\frac{\partial U}{\partial V}\right|_{S,N} \right)_{V,N} \tag{4.125}$$

on en déduit par exemple immédiatement que

$$\left.\frac{\partial T}{\partial V}\right|_{S,N} = -\left.\frac{\partial p}{\partial S}\right|_{V,N} \,. \tag{4.126}$$

De cette manière on peut faire apparaître de nombreuses relations qui permettent de déterminer des grandeurs inconnues à partir de grandeurs connues. Présentons à présent ce procédé de manière systématique. Tout d'abord on déduit de l'équation (4.124) que

$$\left.\frac{\partial T}{\partial V}\right|_{S,N} = -\left.\frac{\partial p}{\partial S}\right|_{V,N} , \quad \left.\frac{\partial T}{\partial N}\right|_{S,V} = \left.\frac{\partial \mu}{\partial S}\right|_{V,N} , \quad -\left.\frac{\partial p}{\partial N}\right|_{S,V} = \left.\frac{\partial \mu}{\partial V}\right|_{S,N} \quad (4.127)$$

les coefficients T, p et μ doivent bien sur être considérés comme des fonctions de S, V et N. Il existe des relations analogues pour l'énergie libre $F(T, V, N)$:

$$dF = -S\,dT - p\,dV + \mu\,dN , \tag{4.128}$$

$$-\left.\frac{\partial S}{\partial V}\right|_{T,N} = -\left.\frac{\partial p}{\partial T}\right|_{V,N} , \quad -\left.\frac{\partial S}{\partial N}\right|_{T,V} = \left.\frac{\partial \mu}{\partial T}\right|_{V,N} , \quad -\left.\frac{\partial p}{\partial N}\right|_{T,V} = \left.\frac{\partial \mu}{\partial V}\right|_{T,N} . \tag{4.129}$$

Les coefficients S, p et μ sont ici des fonctions des variables T, V et N. De façon analogue pour $H(S, p, N)$ on a

$$dH = T\,dS + V\,dp + \mu\,dN , \tag{4.130}$$

$$\left.\frac{\partial T}{\partial p}\right|_{S,N} = \left.\frac{\partial V}{\partial S}\right|_{p,N} , \quad \left.\frac{\partial T}{\partial N}\right|_{S,p} = \left.\frac{\partial \mu}{\partial S}\right|_{p,N} , \quad \left.\frac{\partial V}{\partial N}\right|_{S,p} = \left.\frac{\partial \mu}{\partial p}\right|_{S,N} . \tag{4.131}$$

les coefficients T, V et μ sont maintenant fonctions de S, p et N. Pour l'enthalpie libre $G(T, p, N)$ on a

$$dG = -S\,dT + V\,dp + \mu\,dN , \tag{4.132}$$

$$-\left.\frac{\partial S}{\partial p}\right|_{T,N} = \left.\frac{\partial V}{\partial T}\right|_{p,N} , \quad -\left.\frac{\partial S}{\partial N}\right|_{T,p} = \left.\frac{\partial \mu}{\partial T}\right|_{p,N} , \quad \left.\frac{\partial V}{\partial N}\right|_{T,p} = \left.\frac{\partial \mu}{\partial p}\right|_{T,N} . \tag{4.133}$$

Enfin pour le grand potentiel $\Phi(T, V, \mu)$ on obtient :

$$d\Phi = -S\,dT - p\,dV - N\,d\mu , \tag{4.134}$$

$$\left.\frac{\partial S}{\partial V}\right|_{T,\mu} = \left.\frac{\partial p}{\partial T}\right|_{V,\mu} , \qquad \left.\frac{\partial S}{\partial \mu}\right|_{T,V} = \left.\frac{\partial N}{\partial T}\right|_{V,\mu} , \qquad \left.\frac{\partial p}{\partial \mu}\right|_{T,V} = \left.\frac{\partial N}{\partial V}\right|_{T,\mu} . \tag{4.135}$$

Les relations (4.127), (4.129), (4.131), (4.133) et (4.135) s'appellent les relations de Maxwell. Dans la littérature on considère souvent des systèmes à nombre de particules constant ($dN = 0$), le nombre des relations s'en trouve donc fortement diminué. Si cependant il existe encore plus de variables d'état, par exemple, un champ magnétique et un moment magnétique dipolaire il faut encore ajouter d'autres relations. La quantité des potentiels thermodynamiques et des relations de Maxwell ne permet pas une vue d'ensemble simple à première vue. Il existe cependant un procédé simple qui permet une vue d'ensemble rapide des potentiels thermodynamiques et de leurs variables et qui fournit les relations de Maxwell. Ce procédé est le rectangle (ou carré) thermodynamique, qui est représenté sur la figure 4.8.

Le rectangle thermodynamique fut spécialement conçu pour des systèmes à nombre de particules constant et sans autres variables d'état. Les variables V, T, p et S, qui sont les seules grandeurs possibles à nombre de particules constant, forment les sommets de ce rectangle. Sur les cotés on reporte les potentiels, qui dépendent des variables correspondantes aux sommets, par exemple, $F(V, T)$. Cette présentation permet une lecture simple des dérivées partielles. La dérivée d'un potentiel par rapport à une variable (sommet) est simplement égale à la variable sur le sommet opposé de la diagonale. Les flèches des diagonales déterminent le signe.

On a, par exemple, $\partial F/\partial V = -p$. Le signe moins provient du fait que la direction $V \to p$ est opposée au sens de la flèche. De façon analogue nous avons, par exemple, $\partial G/\partial p = +V$. Même les relations de Maxwell (sans N maintenant) sont faciles à lire sur la figure. Les dérivées des variables sur un coté du rectangle (par exemple, $\partial V/\partial S$), la variable constante se trouvant sur le sommet opposé de la diagonale (ici p), sont simplement égales aux dérivées du coté opposé, c'est-à-dire, dans notre cas $\partial T/\partial p|_S$. Les signes sont à choisir en fonction du sens de parcours des diagonales, par exemple, le fait d'aller de V en p donne un signe moins, comme le fait d'aller de $T \to S$.

L'utilité des relations de Maxwell apparaîtra clairement sur quelques exemples.

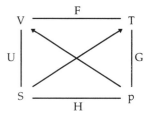

Fig. 4.8. Rectangle thermodynamique pour $N = $ cste

EXEMPLE

4.12 Capacités thermiques

Etablissons une relation générale entre C_V et C_p, qui ne devrait, si possible, contenir que des grandeurs faciles à mesurer.

Les définitions de C_V et C_p s'écrivent ($N = $ cste) :

$$C_V = \left.\frac{\delta Q}{dT}\right|_V = \left.T\frac{\partial S}{\partial T}\right|_V = \left.\frac{\partial U}{\partial T}\right|_V ,$$

$$C_p = \left.\frac{\delta Q}{dT}\right|_p = \left.T\frac{\partial S}{\partial T}\right|_p = \left.\frac{\partial H}{\partial T}\right|_p .$$

Dans la première équation T et V sont supposées être des variables indépendantes, alors que dans la deuxième équation T et p sont indépendantes. On peut écrire les deux équations avec $S(T, V)$ ou $S(T, p)$, respectivement, de la façon suivante :

$$\delta Q = T\,dS = C_V\,dT + T\left.\frac{\partial S}{\partial V}\right|_T dV , \tag{4.136}$$

$$\delta Q = T\,dS = C_p\,dT + T\left.\frac{\partial S}{\partial p}\right|_T dp . \tag{4.137}$$

Exemple 4.12   Dans l'équation (4.137) on peut aussi considérer la pression comme fonction des variables T et V, qui suffisent à déterminer l'état du système (N = cste). Avec $p(T, V)$ on peut éliminer la différentielle dp dans l'équation (4.137) et on obtient

$$\delta Q = T\, dS = C_p\, dT + T\left.\frac{\partial S}{\partial p}\right|_T \left(\left.\frac{\partial p}{\partial T}\right|_V dT + \left.\frac{\partial p}{\partial V}\right|_T dV\right) . \tag{4.138}$$

Puisque dS est une différentielle exacte, les coefficients de dT dans (4.136) et (4.138) doivent être égaux, c'est-à-dire,

$$C_V = C_p + T\left.\frac{\partial S}{\partial p}\right|_T \left.\frac{\partial p}{\partial T}\right|_V . \tag{4.139}$$

Cela est d'ailleurs aussi le cas pour le coefficient de dV. On peut le démontrer par la règle de dérivation composée $(\partial S/\partial)p|_T\,(\partial p/\partial V)|_T = (\partial S/\partial V)|_T$. L'équation (4.139) donnant la relation entre C_V et C_p n'est cependant pas très utile en pratique, puisqu'il est par exemple difficile de mesurer $\partial S/\partial p|_T$. La quantité $\partial p/\partial T|_V$ est facile à mesurer pour des gaz, mais dans les liquides et les solides les transformations à volume constant sont liées à des pressions extrêmement élevées. Nous voulons donc, si possible, exprimer ces deux quantités en fonctions de grandeurs facilement mesurables. La relation de Maxwell (4.133) s'écrit

$$\left.\frac{\partial S}{\partial p}\right|_T = -\left.\frac{\partial V}{\partial T}\right|_p . \tag{4.140}$$

Le membre de droite est le coefficient de dilatation isobare α,

$$\left.\frac{\partial V}{\partial T}\right|_p = \alpha V . \tag{4.141}$$

Le facteur $\partial p/\partial T|_V$ peut aussi être réécrit à l'aide d'une astuce souvent utilisée pour d'autres grandeurs. Pour cela considérons le volume comme une fonction des variables p et T, puisque ces variables déterminent entièrement l'état du système tout comme V et T ; nous avons donc

$$dV = \left.\frac{\partial V}{\partial T}\right|_p dT + \left.\frac{\partial V}{\partial p}\right|_T dp .$$

Pour des transformations à volume constant ($dV = 0$) on doit avoir

$$\left.\frac{\partial p}{\partial T}\right|_V = -\left.\frac{\partial V}{\partial T}\right|_p \bigg/ \left.\frac{\partial V}{\partial p}\right|_T . \tag{4.142}$$

Au numérateur apparaît le coefficient de dilatation αV, tandis qu'au dénominateur apparaît la compressibilité isotherme κV :

$$\left.\frac{\partial V}{\partial p}\right|_T = -V\kappa . \tag{4.143}$$

Si l'on reporte les équations (4.140–143) dans l'équation (4.139), on obtient finalement

$$C_p = C_V + TV \frac{\alpha^2}{\kappa} \; .$$

Dans cette relation n'apparaissent que des grandeurs faciles à déterminer.

EXEMPLE ▬▬▬▬▬▬▬▬▬▬▬▬▬▬▬▬

4.13 Expérience de Joule–Thomson

De notre expérience journalière nous savons qu'un récipient rempli par un gaz sous pression élevée se refroidit lorsque le gaz s'échappe (par exemple pour les sprays). Puisqu'aucun travail n'est fourni au cours de la détente ($\delta A = 0$) et puisque celle-ci se produit très rapidement de sorte qu'aucun échange de chaleur ne peut se faire avec le milieu extérieur ($\delta Q = 0$), cette transformation est une détente adiabatique irréversible d'un gaz réel. Puisque $\delta A = 0$ et $\delta Q = 0$ on a aussi $dU = 0$. Nous pouvons déterminer la variation de température pour un gaz parfait ou un gaz de van der Waals. Dans ce dernier cas nous avons déjà calculé l'énergie interne $U(T, V)$ dans l'équation (3.62) :

$$U(V, T) = U_0(V_0, T_0) + C_V(T - T_0) - N^2 a \left(\frac{1}{V} - \frac{1}{V_0} \right) \; .$$

Pour un gaz parfait il suffit de prendre $a = 0$. Avec $\Delta U = 0$ on en déduit que

$$\Delta T = \frac{N^2 a}{C_V} \left(\frac{1}{V} - \frac{1}{V_0} \right) \; .$$

La variation de température maximale ΔT pour une expansion dans un très grand volume ($V \to \infty$) vaut

$$\Delta T = -\frac{N^2 a}{C_V V_0} \; .$$

Pour un gaz parfait on a donc $\Delta T = 0$, tandis que pour des gaz réels de van der Waals ($a > 0$) la variation de température est négative. La raison en est qu'au cours de la détente on fournit un travail interne contre les forces molaires attractives, l'intensité de ces forces étant mesurée par la constante a. Etudions plus en détail la détente irréversible d'un gaz réel arbitraire. Pour avoir des conditions thermodynamiques définies à tout moment au cours de la détente il nous faut un dispositif qui ralentisse la détente spontanée irréversible du gaz, de façon à avoir une certaine pression bien définie à tout moment. On peut réaliser cela à l'aide d'un bouchon poreux (étranglement), qui ne permet à tout moment que le passage d'une petite quantité de gaz. Simultanément les pressions de part et d'autre de l'étranglement sont maintenues constamment constantes.

Exemple 4.13   Un dispositif pratique possible est représenté sur la figure 4.9. Les pistons 1 et 2 (en pratique une pompe joue le rôle des pistons) permettent à tout instant un écoulement permanent de gaz de la pression p_1 à la pression plus faible p_2, au cours duquel le volume V_2 augmente. L'ensemble du dispositif doit alors être bien isolé pour qu'il soit adiabatique ($\delta Q = 0$). Considérons une certaine quantité de gaz possédant le volume V_1 à la pression p_1 et qui est pompé de l'autre coté de l'étranglement où il prend le volume V_2 à la pression p_2. La variation d'énergie interne de cette quantité de gaz est donnée par le travail fourni du coté gauche pour évacuer le gaz à la pression constante p_1 du volume V_1, qui vaut p_1V_1, moins le travail fourni par le gaz à pression constante p_2 contre le piston 2, de façon à ce que le gaz occupe le volume V_2, celui-ci vaut p_2V_2

$$U_2 - U_1 = p_1V_1 - p_2V_2$$

ou

$$U_1 + p_1V_1 = U_2 + p_2V_2 \, .$$

L'enthalpie reste constante des deux cotés ; on dit que cette transformation est isenthalpique. Calculons à présent pour une variation de pression dp la variation de température dT à enthalpie constante. Pour cela considérons que H est une fonction de T et p :

$$\mathrm{d}H = \left.\frac{\partial H}{\partial T}\right|_p \mathrm{d}T + \left.\frac{\partial H}{\partial p}\right|_T \mathrm{d}p \, .$$

Pour $H = $ constante, on a d$H = 0$ et la variation de température au cours d'une variation de pression vaut

$$\left.\frac{\partial T}{\partial p}\right|_H = - \left.\frac{\partial H}{\partial p}\right|_T \bigg/ \left.\frac{\partial H}{\partial T}\right|_p \, .$$

On a simplement $\partial H / \partial T|_p = C_p$. Exprimons aussi $\partial H / \partial P|_T$ à l'aide de grandeurs facilement mesurables. Avec ($N = $ cste) :

$$\mathrm{d}H = T\,\mathrm{d}S + V\,\mathrm{d}p$$

on a

$$\left.\frac{\partial H}{\partial p}\right|_T = T \left.\frac{\partial S}{\partial p}\right|_T + V = V - T \left.\frac{\partial V}{\partial T}\right|_p$$

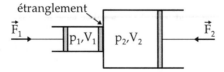

Fig. 4.9. Expérience de Joule–Thomson

où nous avons utilisé la relation de Maxwell $\partial S/\partial p|_T = -\partial V/\partial T|_p$. Finalement le coefficient de Joule–Thomson δ est donné par

Exemple 4.13

$$\left.\frac{\partial T}{\partial p}\right|_H = \delta = \frac{1}{C_p}\left(T\left.\frac{\partial V}{\partial T}\right|_p - V\right) = \frac{V}{C_p}(T\alpha - 1) \qquad (4.144)$$

où $\alpha V = \partial V/\partial T|_p$ représente le coefficient de dilatation isobare, qui a justement la valeur $\alpha = 1/T$ pour un gaz parfait, si bien que (pour un gaz parfait) $\delta = 0$. Calculons à présent l'équation (4.144) pour des équations d'état particulières de gaz réels. Utilisons pour cela une approximation de l'équation de van der Waals, puisqu'il est difficile d'en tirer V :

$$\left(p + \left(\frac{N}{V}\right)^2 a\right)(V - Nb) = NkT$$

$$\Leftrightarrow V = \frac{NkT}{p} - \frac{N^2 a}{pV} + Nb + \left(\frac{N}{V}\right)^2 \frac{Nab}{p} .$$

À l'approximation d'ordre zéro remplaçons V par NkT/p dans le membre de droite. Admettons de plus que nous avons une quantité déterminée de gaz (1 mole), c'est-à-dire, $N = N_A$ et $Nk = R$. Les constantes a et b se réfèrent alors à une mole, c'est-à-dire, nous posons $N_A^2 a \to a$ et $N_A b \to b$. V est alors égal au volume molaire v pour lequel nous obtenons comme approximation du premier ordre,

$$v = \frac{RT}{p} - \frac{a}{RT} + b + \frac{abp}{R^2 T^2} .$$

Nous pouvons en déduire la dérivée cherchée,

$$T\left.\frac{\partial v}{\partial T}\right|_p = \frac{RT}{p} + \frac{a}{RT} - 2\frac{abp}{R^2 T^2} .$$

La différence $\partial v/\partial T|_p - v$ s'exprime alors facilement, ainsi d'après l'équation (4.144)

$$\delta = \left.\frac{\partial T}{\partial p}\right|_H = \frac{1}{C_p}\left(\frac{2a}{RT} - b - 3\frac{abp}{R^2 T^2}\right) . \qquad (4.145)$$

Pour l'azote on a, par exemple, $a = 0,141$ m^2 Pa mol^{-2} et $b = 0,03913 \cdot 10^{-3}$ m^3 mol^{-1}. A la température ambiante et à une pression $p = 10^7$ Pa l'équation (4.145) fournit $\delta_{\text{theo}} = 0,188\,°\text{C}/10^5$ Pa, alors que la valeur mesurée vaut $\delta_{\text{exp}} = 0,141\,°\text{C}/10^5$ Pa.

L'équation (4.145) ne prédit pas seulement un refroidissement au cours d'une détente ($\delta > 0$), mais aussi un réchauffement dans certaines régions. La courbe température–pression le long de laquelle δ s'annule s'appelle la *courbe d'inversion*. Au cours d'une détente les gaz ne peuvent que se refroidir, si

Exemple 4.13

à pression donnée la température initiale est inférieure à la température d'inversion, autrement les gaz s'échauffent. La courbe d'inversion se calcule à partir de l'équation (4.145) :

$$\delta = 0 \Leftrightarrow T_i^2 - \frac{2a}{Rb} T_i + \frac{3ap}{R^2} = 0 \ .$$

Comme on peut le remarquer, il existe deux températures d'inversion pour chaque pression inférieure à une certaine pression critique p_{max}. Dans le diagramme Tp la courbe d'inversion est une parabole, qui sépare les régions de refroidissement et de réchauffement. Sur le diagramme on représente également les courbes isenthalpiques ($H(p, T) = $ cste). Les pentes de ces courbes sont égales au coefficient de Joule–Thomson, d'après l'équation (4.144). La courbe d'inversion relie les maxima des isenthalpiques.

Si la détente du gaz se produit sur une large gamme de pressions, il faut intégrer le coefficient de Joule–Thomson δ sur la variation de pression (nous avons de nouveau inversé la substitution $N_A^2 a \to a$ et $N_A b \to b$) :

$$\Delta T = \int_{p_0}^{p_1} \left. \frac{\partial T}{\partial p} \right|_H \mathrm{d}p = \int_{p_0}^{p_1} \frac{N}{C_p} \left(\frac{2a}{kT} - b - 3 \frac{abp}{(kT)^2} \right) \mathrm{d}p \ .$$

Les variables T et p ne sont évidemment ici pas indépendantes. Pour chaque variation infinitésimale de pression la température change aussi d'une façon déterminée. Les variables T et p sont reliées par $H(T, p) = $ constante et la détente se fait le long des courbes isenthalpiques de la figure.

La détente irréversible des gaz a une grande importance technique pour l'obtention de températures très basses, ainsi que pour la liquéfaction des gaz industriels. Elle est en particulier utilisée dans la *procédé de liquéfaction de Linde* (figure 4.11). Pour une meilleure utilisation de l'abaissement de température on fait passer le gaz détendu dans un échangeur de chaleur, de ce fait le gaz fortement comprimé est encore plus refroidi.

Ce procédé ne marche cependant que pour des gaz qui ont une température d'inversion (à une pression donnée du compresseur) au dessus de la température ambiante (par exemple, l'air, CO_2, N_2, ...).

L'hydrogène doit être préalablement refroidi, puisque la température d'inversion de l'hydrogène ($\approx -80\,°C$) se trouve en dessous de la température ambiante.

La détente *réversible* des gaz réels s'accompagne toujours d'un refroidissement, car le gaz doit fournir en plus un travail extérieur. Ce procédé est cependant plus difficile à mettre en œuvre et n'a donc pas une grande importance technique.

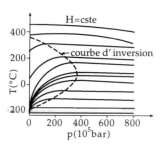

Fig. 4.10. Courbes d'inversion et isenthalpiques ($H = $ constante) expérimentales pour l'azote

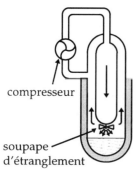

Fig. 4.11. Procédé de liquéfaction de Linde (schématique)

4.10 Les transformations de Jacobi

Un problème que l'on rencontre fréquemment en thermodynamique est la transformation des variables dans les fonctions d'état. Il ne faut pas confondre de telles transformations avec la transformation de Legendre. Pour cette dernière nous n'avons pas simplement remplacé une variable par une autre dans l'énergie interne, mais nous avons également défini une nouvelle grandeur physique, qui est particulièrement utile pour un certain système. Dans ce qui suit on étudiera de pures transformations de variables dans la même grandeur physique.

EXEMPLE ███

4.14 Calcul de C_p à partir de l'entropie

Un bel exemple illustrant l'utilisation de la transformation de Jacobi est le calcul de dérivées avec des variables fixées «erronées». L'entropie étant donnée, calculons

$$C_p = T \left. \frac{\partial S}{\partial T} \right|_p . \tag{4.146}$$

Manifestement ce cas n'est pas très pratique, puisqu'il nous faudrait $S(T, p, N)$ au lieu de $S(U, V, N)$. La question est alors de savoir, si la dérivée $\partial/\partial T|_p$ peut s'exprimer en fonction de dérivées par rapport à U et V. Considérons d'abord la différentielle totale de $S(U, V, N)$,

$$dS = \frac{1}{T} dU + \frac{p}{T} dV - \frac{\mu}{T} dN . \tag{4.147}$$

Nous en déduisons que

$$\frac{1}{T} = \left. \frac{\partial S}{\partial U} \right|_{V,N} , \qquad \frac{p}{T} = \left. \frac{\partial S}{\partial V} \right|_{U,N} . \tag{4.148}$$

Comme par la suite nous aurons généralement $N = \text{cste}$, nous pouvons omettre la variable N. Puisque $S(U, V)$ est connu, l'équation (4.148) donne les fonctions $T(U, V)$ et $p(U, V)$, qui sont donc également connues. En principe on pourrait tirer $U(T, p)$ et $V(T, p)$ de ces deux équations et reporter dans $S(U, V)$. On obtiendrait alors $S(T, p)$, mais cette façon de faire est très peu commode et généralement pas pratique. Le procédé suivant est beaucoup plus clair :

puisque $T(U, V)$ et $p(U, V)$ sont connues par l'équation (4.148), on peut calculer les différentielles totales,

$$dT = \left. \frac{\partial T}{\partial V} \right|_U dV + \left. \frac{\partial T}{\partial U} \right|_V dU , \tag{4.149}$$

$$dp = \left. \frac{\partial p}{\partial V} \right|_U dV + \left. \frac{\partial p}{\partial U} \right|_V dU . \tag{4.150}$$

Exemple 4.14   Les coefficients de dV et dU sont supposés connus. Pour calculer l'équation (4.146) on procède de la manière suivante : on tire dU et dV des équations (4.149) et (4.150) et on remplace ces différentielles par dT et dp dans l'équation (4.147). Le coefficient de dT est $\partial S/\partial T|_p$ et celui de dp est $\partial S/\partial p|_T$. Faisons le pratiquement. La résolution du systèmes d'équations (4.149) et (4.150) se fait plus facilement par la méthode des déterminants. Cela n'est cependant possible que si le déterminant des coefficients

$$J(U, V) = \begin{vmatrix} \partial T/\partial V|_U & \partial T/\partial U|_V \\ \partial p/\partial V|_U & \partial p/\partial U|_V \end{vmatrix} = \left.\frac{\partial T}{\partial V}\right|_U \left.\frac{\partial p}{\partial U}\right|_V - \left.\frac{\partial T}{\partial U}\right|_V \left.\frac{\partial p}{\partial V}\right|_U \quad (4.151)$$

ne s'annule pas.

$J(U, V)$ est le *déterminant de Jacobi* de la transformation $(U, V) \rightarrow (T, p)$ et dépend ici des anciennes variables. Si le déterminant dans l'équation (4.151) s'annule, la transformation des variables U et V aux variables T et p n'est pas unique. D'après la règle des déterminants on a

$$x_i = \frac{\det A_i}{\det A} \qquad \text{pour} \quad \hat{A}\boldsymbol{x} = \boldsymbol{b} \quad \text{et} \quad \det \hat{A} \neq 0 , \quad (4.152)$$

où x_i sont les inconnues du système d'équations et $\hat{A}_i$ est la matrice des coefficients, dans laquelle la i-ième colonne est remplacée par le vecteur «non homogène» $\boldsymbol{b}$. Dans notre cas l'équation (4.152) s'écrit, avec le vecteur colonne du second membre (dT, dp),

$$dU = \frac{1}{J(U, V)} \left(-\left.\frac{\partial p}{\partial V}\right|_U dT + \left.\frac{\partial T}{\partial V}\right|_U dp \right) , \quad (4.153)$$

$$dV = \frac{1}{J(U, V)} \left(+\left.\frac{\partial p}{\partial U}\right|_V dT - \left.\frac{\partial T}{\partial U}\right|_V dp \right) . \quad (4.154)$$

Si nous reportons les équations (4.153) et (4.154) dans l'équation (4.147), on en déduit que (d$N = 0$)

$$\begin{aligned} dS &= \frac{1}{TJ(U, V)} \left(-\left.\frac{\partial p}{\partial V}\right|_U dT + \left.\frac{\partial T}{\partial V}\right|_U dp \right) \\ &+ \frac{p}{TJ(U, V)} \left(+\left.\frac{\partial p}{\partial U}\right|_V dT - \left.\frac{\partial T}{\partial U}\right|_V dp \right) \\ &= \frac{1}{TJ} \left(-\left.\frac{\partial p}{\partial V}\right|_U + p \left.\frac{\partial p}{\partial U}\right|_V \right) dT \\ &+ \frac{1}{TJ} \left(-p \left.\frac{\partial T}{\partial U}\right|_V + \left.\frac{\partial T}{\partial V}\right|_U \right) dp . \end{aligned}$$

On voit immédiatement que

$$\left.\frac{\partial S}{\partial T}\right|_p = \frac{1}{TJ(U, V)} \left(-\left.\frac{\partial p}{\partial V}\right|_U + p \left.\frac{\partial p}{\partial U}\right|_V \right) . \quad (4.155)$$

Les grandeurs $\partial p/\partial V|_U$ et $\partial p/\partial U|_V$ peuvent être calculées explicitement, puisque $p(U, V)$ est connu. Cependant, l'équation (4.155) donne la grandeur $\partial S/\partial T|_p$, non pas en fonction des variables T et p, mais en fonction des anciennes variables U et V. Mais à l'aide de l'équation (4.148) il est possible de réécrire $\partial p/\partial V|_U$ et $\partial p/\partial U|_V$ en fonction des nouvelles variables T et p.

Dans cet exemple nous avons déjà pu nous convaincre de l'utilité du concept de déterminant de Jacobi. De façon générale, le déterminant de Jacobi pour la transformation des variables $(x_1, x_2, \ldots, x_n)$ aux nouvelles variables $(u_1, u_2, \ldots, u_n)$ est défini par

$$J(x_1, \ldots, x_n) = \begin{vmatrix} \partial u_1/\partial x_1 & \partial u_1/\partial x_2 & \cdots & \partial u_1/\partial x_n \\ \partial u_2/\partial x_1 & \partial u_2/\partial x_2 & \cdots & \partial u_2/\partial x_n \\ \vdots & \vdots & \vdots & \vdots \\ \partial u_n/\partial x_1 & \partial u_n/\partial x_2 & \cdots & \partial u_n/\partial x_n \end{vmatrix} . \tag{4.156}$$

On le note aussi

$$J(x_1, \ldots, x_n) = \frac{\partial(u_1, \ldots, u_n)}{\partial(x_1, \ldots, x_n)} . \tag{4.157}$$

D'après la règle de multiplication des déterminants on a

$$\frac{\partial(u_1, \ldots, u_n)}{\partial(w_1, \ldots, w_n)} \frac{\partial(w_1, \ldots, w_n)}{\partial(x_1, \ldots, x_n)} = \frac{\partial(u_1, \ldots, u_n)}{\partial(x_1, \ldots, x_n)} . \tag{4.158}$$

Ce n'est rien d'autre qu'une règle de «dérivation composée généralisée». Pour $n = 1$ l'équation (4.158) s'écrit simplement

$$\frac{\mathrm{d}u}{\mathrm{d}w} \frac{\mathrm{d}w}{\mathrm{d}x} = \frac{\mathrm{d}u}{\mathrm{d}x} . \tag{4.159}$$

L'échange entre colonnes et lignes dans le déterminant de Jacobi donne un signe moins. En raison de l'équation (4.158) le déterminant de Jacobi de la transformation inverse est simplement l'inverse du déterminant de la transformation originale :

$$\frac{\partial(x_1, \ldots, x_n)}{\partial(u_1, \ldots, u_n)} = \left(\frac{\partial(u_1, \ldots, u_n)}{\partial(x_1, \ldots, x_n)} \right)^{-1} . \tag{4.160}$$

L'écriture des dérivées sous forme d'un déterminant de Jacobi est très utile,

$$\left. \frac{\partial u}{\partial x_1} \right|_{x_2, x_3, \ldots, x_n} = \frac{\partial(u, x_2, \ldots, x_n)}{\partial(x_1, x_2, \ldots, x_n)} = \begin{vmatrix} \partial u/\partial x_1 & & 0 \\ & 1 & \\ & & \ddots \\ 0 & & 1 \end{vmatrix} \tag{4.161}$$

puisque u ne peut dépendre que de x_1.

EXEMPLE ▰▰▰▰▰▰▰▰▰▰▰▰▰▰▰

4.15 Coefficient de Joule–Thomson

En traitant l'expérience de Joule-Thomson nous avons calculé le coefficient de Joule-Thomson

$$\delta = \left.\frac{\partial T}{\partial p}\right|_H .$$

Si l'on doit exprimer δ en fonction de l'enthalpie $H(T, p)$ connue, on obtient à l'aide de

$$\left.\frac{\partial T}{\partial p}\right|_H = \frac{\partial(T, H)}{\partial(p, H)} = \frac{\partial(T, H)}{\partial(p, T)}\frac{\partial(p, T)}{\partial(p, H)} = \frac{\partial(T, H)}{\partial(p, T)} \bigg/ \frac{\partial(p, H)}{\partial(p, T)}$$

ou

$$\left.\frac{\partial T}{\partial p}\right|_H = -\frac{\partial(H, T)}{\partial(p, T)} \bigg/ \frac{\partial(p, H)}{\partial(p, T)} = -\left.\frac{\partial H}{\partial p}\right|_T \bigg/ \left.\frac{\partial H}{\partial T}\right|_p$$

ce qui concorde naturellement avec le résultat ci-dessus.

▰▰▰▰▰▰▰▰▰▰▰▰▰▰▰

4.11 Stabilité thermodynamique

Nous avons vu dans les paragraphes précédents que les *états d'équilibre* thermodynamiques sont caractérisés par un maximum de l'entropie, ou par un minimum de nombreux potentiels thermodynamiques, respectivement. On peut alors immédiatement en déduire certaines relations, les conditions dites de stabilité thermodynamique, qui s'obtiennent directement en fonction des dérivées d'ordre deux des potentiels.

On doit par exemple avoir pour la compressibilité isotherme :

$$\kappa = -\frac{1}{V}\left.\frac{\partial V}{\partial p}\right|_T \geq 0 . \tag{4.162}$$

Cela signifie qu'à l'équilibre une diminution spontanée du volume ($\partial V < 0$) provoque une augmentation de la pression ($\partial p > 0$), si bien que le système retourne de lui même à l'état d'équilibre.

De la même façon il faut que les capacités thermiques soient C_p, $C_V \geq 0$, alors une augmentation spontanée de la température – qui correspondrait à une augmentation d'énergie – ne peut pas se produire. Ces deux conditions sont des contraintes particulières qui résultent du *principe de Braun-Le Chatelier :*

Si un système se trouve dans un état d'équilibre stable, alors *toutes* les variations spontanées des paramètres induisent des transformations qui ramènent le système à l'équilibre, c'est-à-dire qui agissent contre ces variations spontanées.

II Mécanique statistique

5. Nombre d'états microscopiques Ω et entropie S

5.1 Principes de base

Jusqu'à présent nous avons décrit les propriétés de la matière de manière phénoménologique à l'aide des équations d'état qui ont été obtenues empiriquement.
En thermodynamique il importe peu de savoir comment s'obtient une certaine
équation d'état. D'une certaine manière cela explique la grande universalité
de la thermodynamique, d'un autre coté, cependant, cela est un peu insatisfai-
sant du point de vue de la compréhension physique. Nous avons déjà vu que
beaucoup de grandeurs d'état (température, entropie) et équations d'état (gaz
parfait, gaz de van der Waals) s'expliquent très bien à l'aide de considérations
microscopiques.

Les grandeurs d'état macroscopiques s'obtiennent en prenant la moyenne
des valeurs des propriétés microscopiques. Par exemple, la pression d'un gaz résulte des collisions des molécules avec une surface, tandis que la température
s'obtient directement à partir de l'énergie cinétique moyenne des particules.

Le but de la mécanique statistique est alors de définir exactement le processus d'obtention des valeurs moyennes, qui conduit des grandeurs microscopiques (impulsions, coordonnées) aux grandeurs d'état macroscopiques,
fournissant ainsi une connexion entre la théorie atomiste, microscopique de la
matière et la thermodynamique macroscopique. L'entropie est la clé de cette
connexion (comme cela a déjà été affirmé au chapitre 2), celle-ci possède une
interprétation microscopique simple et immédiatement compréhensible : nous
avons déjà relié de façon unique l'entropie au nombre d'états microscopiques
accessibles Ω dans un état macroscopique donné (U, V, N), $S \propto \ln \Omega$. Cette
relation constitue le lien de base entre la thermodynamique macroscopique
(entropie) et la physique statistique microscopique (nombre d'états).

Précisons tout d'abord la notion de nombre d'états microscopiques puis nous
donnerons un moyen pour le calculer. Avec peu d'hypothèses on pourra déjà
calculer les équations d'état de certains systèmes physiques concrets à partir de
considérations microscopiques.

La supériorité essentielle de la mécanique statistique ne deviendra en fait
apparente que dans la formulation moderne de la théorie des ensembles.
Dans celle-ci les grandeurs macroscopiques sont définies comme des valeurs
moyennes de grandeurs microscopiques, pondérées par des densités de probabilités.

5.2 Espace des phases

Examinons tout d'abord plus en détail ce que signifie la notion d'état microscopique. Pour un système classique il suffit de connaître à un instant t toutes les coordonnées $q_\nu(t)$ et toutes les quantités de mouvement $p_\nu(t)$ pour déterminer de façon unique le mouvement du système. Ainsi pour un système mécanique l'ensemble (q_ν, p_ν), $\nu = 1, \ldots, 3N$ peut donc s'interpréter comme l'état microscopique du système, où pour simplifier nous avons numérotés les coordonnées et les quantités de mouvement de 1 à $3N$, tant que les coordonnées ou les quantités de mouvement ne sont pas liées par d'autres relations. L'ensemble (q_ν, p_ν) peut maintenant s'interpréter comme un point dans un espace à $6N$ dimensions que l'on désigne par espace des phases classique.

Un point déterminé dans cet espace des phases correspond exactement à un état de mouvement microscopique du système global. On peut relier de façon analogue toute particule individuelle à un espace des phases à 6 dimensions (espace des phases «à une particule»). L'état du mouvement du système est alors représenté par N points dans cet espace des phases à une particule. Toutefois, si nous ne le spécifions pas autrement de façon explicite, nous entendrons toujours par espace des phases, l'espace multidimensionnel du système global.

L'évolution temporelle du système correspond à une courbe $(q_\nu(t), p_\nu(t))$ dans l'espace des phases, que l'on appelle trajectoire dans l'espace des phases. Celle-ci est déterminée par les équations du mouvement de Hamilton

$$\dot{q}_\nu = \frac{\partial H}{\partial p_\nu}, \qquad \dot{p}_\nu = -\frac{\partial H}{\partial q_\nu}. \tag{5.1}$$

Le hamiltonien correspond à l'énergie totale (pouvant éventuellement dépendre du temps) du système. C'est une fonction du point (q_ν, p_ν) de l'espace des phases et du temps, et conformément à l'équation (5.1) il détermine l'évolution du système en fonction du temps. Dans un système global isolé, pour lequel le hamiltonien ne dépend pas explicitement du temps, l'énergie totale

$$E = H(q_\nu(t), p_\nu(t)) \tag{5.2}$$

est une grandeur qui se conserve, qui possède toujours la même valeur indépendante du temps, E, le long de sa trajectoire $(q_\nu(t), p_\nu(t))$ dans l'espace des phases. En général, la dépendance temporelle d'une grandeur observable $A(q_\nu(t), p_\nu(t))$ est donnée par

$$\frac{dA}{dt} = \frac{\partial A}{\partial t} + \sum_{\nu=1}^{3N} \left(\frac{\partial A}{\partial q_\nu} \dot{q}_\nu + \frac{\partial A}{\partial p_\nu} \dot{p}_\nu \right) \tag{5.3}$$

qui peut s'écrire en utilisant l'équation (5.1) :

$$\frac{dA}{dt} = \frac{\partial A}{\partial t} + \sum_{\nu=1}^{3N} \left(\frac{\partial A}{\partial q_\nu} \frac{\partial H}{\partial p_\nu} - \frac{\partial A}{\partial p_\nu} \frac{\partial H}{\partial q_\nu} \right)$$

$$= \frac{\partial A}{\partial t} + \{A, H\} . \tag{5.4}$$

Nous y avons, pour abréger l'écriture, utilisé le crochet de Poisson $\{A, H\}$. En particulier pour $A = H$ avec $\partial H/\partial t = 0$ et $\{H, H\} = 0$ on retrouve que l'énergie totale se conserve. L'équation (5.2) représente une *hypersurface à* $(6N - 1)$ *dimensions dans l'espace des phases*. Pour une particule qui se meut dans un espace à une seule dimension les concepts introduits s'interprètent simplement.

EXEMPLE

5.1 Oscillateur harmonique

Le hamiltonien d'un oscillateur harmonique à une dimension s'écrit

$$H(q, p) = \frac{p^2}{2m} + \frac{1}{2}Kq^2 \tag{5.5}$$

si m est la masse de la particule et K la constante de raideur de l'oscillateur. A l'équation (5.5) correspond un espace des phases à deux dimensions, ainsi que le montre la figure 5.1.

Puisque H ne dépend pas explicitement du temps, ce que nous admettrons par la suite, l'énergie totale se conserve. L'hypersurface d'énergie E dans l'espace des phases à une dimension est une ellipse dont la taille dépend de la valeur de E. Les demi-axes valent $a = \sqrt{2mE}$ et $b = \sqrt{2E/K}$. Avec la pulsation $\omega = \sqrt{K/m}$, la surface de l'ellipse devient $\sigma = \pi ab = 2\sqrt{E/\omega}$. Au cours du temps le point représentatif de l'espace des phases $(q_\nu(t), p_\nu(t))$ du système ne peut se déplacer que sur une ellipse. Sur la figure nous avons tracé deux ellipses qui ne diffèrent que légèrement en énergie. Chaque point sur et entre les ellipses correspond exactement à un état accessible de mouvement (un instantané) de l'oscillateur avec une énergie comprise entre E et $E + \Delta E$ à un instant donné. Mais on peut aussi identifier chaque point de l'espace des phases à une copie de l'oscillateur en question dans un certain état de mouvement. Cela signifie que l'hypersurface reflète également la répartition dans l'espace des phases d'un grand nombre d'oscillateurs identiques à un instant donné. Une réunion de tels points de l'espace des phases (systèmes) compatibles avec une certaine propriété macroscopique (ici : énergie totale comprise entre E et $E + \Delta E$) se nomme un *ensemble* (domaine accessible). En principe, il existe naturellement un continuum de points dans l'espace des phases, même sur une « surface énergie », mais pour illustrer on sélectionne souvent un nombre fini de points représentatifs de l'espace des phases.

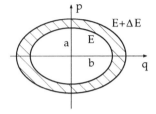

Fig. 5.1. Espace des phases de l'oscillateur harmonique à une dimension

Comme pour l'espace tridimensionnel usuel, on peut également subdiviser un espace des phases multidimensionnel en éléments de volume $d^{3N}q\, d^{3N}p$. Cela est illustré figure 5.2 pour un espace des phases à deux dimensions (une coordonnée, une quantité de mouvement).

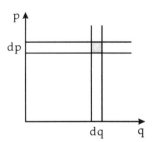

Fig. 5.2. Subdivision de l'espace des phases

L'élément de l'espace des phases $\mathrm{d}^{3N}q\,\mathrm{d}^{3N}p$, qui peut être de dimension finie, se nomme *cellule de l'espace des phases*. Nous sommes donc en mesure de faire correspondre un volume à certaines régions de l'espace des phases (par exemple, entre les ellipses E et $E + \Delta E$).

En général, les volumes de l'espace des phases seront représentés de façon abrégée par la lettre ω (à ne pas confondre avec les pulsations). En conséquence la cellule de l'espace des phases $\mathrm{d}^{3N}q\,\mathrm{d}^{3N}p$ sera écrite plus brièvement $\mathrm{d}\omega$. Par exemple, pour le volume de l'espace des phases entre les ellipses correspondant à E et $E + \Delta E$ respectivement, on a

$$\Delta\omega = \int\limits_{E \leq H(q,p) \leq E+\Delta E} \mathrm{d}q\,\mathrm{d}p = \int\limits_{E \leq H(q,p) \leq E+\Delta E} \mathrm{d}\omega\,. \tag{5.6}$$

De la même façon nous pouvons, d'après l'équation (5.2), faire correspondre une surface

$$\sigma(E) = \int\limits_{E = H(q,p)} \mathrm{d}\sigma \tag{5.7}$$

à «l'hyperplan énergie», $\mathrm{d}\sigma$ désignant l'élément de surface. Dans le cas de l'exemple 5.1 la notion de «surface énergie» ne doit pas être prise trop littéralement, puisqu'ici la surface correspond à la longueur unidimensionnelle de l'ellipse.

Envisageons maintenant un système isolé, qui conformément à la thermodynamique, peut être caractérisé par les variables d'état naturelles E, V et N. Le volume fixé du récipient limite dans ce cas le nombre de coordonnées accessibles aux particules, en effet lorsque l'énergie totale est déterminée, seuls les points de l'espace des phases qui se trouvent sur la surface énergie sont accessibles. Néanmoins, pour l'état macroscopique donné il existe encore un grand nombre $\Omega(E, V, N)$ d'états microscopiques compatibles avec cet état macroscopique. A proprement parler, il en existe même une infinité, puisque dans la limite thermodynamique $(V, N \to \infty)$ les points de l'espace des phases sont arbitrairement proches les uns des autres. Toutefois, comme mesure du nombre d'états microscopiques, nous pouvons utiliser l'aire de la surface énergie à notre disposition et admettre que $\Omega(E, V, N)$ est proportionnel à cette aire,

$$\Omega(E, V, N) = \frac{\sigma(E, V, N)}{\sigma_0} \quad \text{avec} \quad \sigma(E, V, N) = \int\limits_{E = H(q_\nu, p_\nu)} \mathrm{d}\sigma\,, \tag{5.8}$$

σ_0^{-1} étant une constante de proportionnalité. Nous verrons bientôt que les propriétés thermodynamiques essentielles d'un système ne dépendent pas de la constante σ_0, puisque seul le rapport Ω_1/Ω_2 entre différents états macroscopiques sera nécessaire. Cela provient du fait qu'en thermodynamique n'apparaissent que les différences des potentiels thermodynamiques et non leurs valeurs absolues.

Le calcul direct de Ω à partir de (5.8) n'est toutefois pas pratique dans la plupart des cas, puisqu'il faut intégrer sur une surface complexe dans un espace à nombreuses dimensions. Dans de tels espaces le calcul des volumes est dans la plupart des cas plus facile. Conformément au théorème de Cavalieri cela suffit alors pour déterminer la surface.

Soit $\omega(E, V, N)$ le volume total de l'espace des phases, dont les frontières sont l'hyperplan énergie $E = H(q_\nu, p_\nu)$ et les parois du récipient pour les coordonnées spatiales. Nous avons alors

$$\omega(E, V, N) = \int\limits_{H(q_\nu, p_\nu) \leq E} \mathrm{d}^{3N}q\, \mathrm{d}^{3N}p\,. \tag{5.9}$$

Pour ΔE faible, le volume entre les surfaces d'énergies E et $E + \Delta E$ est donné par

$$\Delta\omega = \omega(E + \Delta E) - \omega(E) = \left.\frac{\partial\omega}{\partial E}\right|_{V,N} \Delta E\,. \tag{5.10}$$

D'autre part, d'après le théorème de Cavalieri, le volume entre deux surfaces voisines d'aires $\sigma(E)$ et séparées de ΔE est donné par

$$\Delta\omega = \sigma(E)\Delta E \tag{5.11}$$

qui en comparaison avec (5.10) fournit

$$\sigma(E) = \frac{\partial\omega}{\partial E}\,. \tag{5.12}$$

Dans le cas de trois dimensions, l'équation (5.12) s'illustre simplement en prenant pour exemple une sphère (figure 5.3). Le volume pour un rayon R est $\omega(R) = (4\pi/3)R^3$. La surface vaut alors $\sigma(R) = \partial\omega/\partial R = 4\pi R^2$. Avec l'équation (5.8) on calcule alors

$$\Omega(E, V, N) = \frac{\sigma(E, V, N)}{\sigma_0} = \frac{1}{\sigma_0}\frac{\partial\omega}{\partial E} \tag{5.13}$$

où ω est donné par l'équation (5.9).

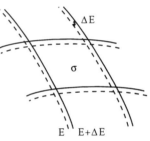

Fig. 5.3. Schéma concernant le théorème de Cavalieri

5.3 Définition statistique de l'entropie

Comme nous l'avons déjà vu au chapitre 2, à l'équilibre thermodynamique l'état macroscopique le plus probable est celui qui correspond au plus grand nombre d'états microscopiques accessibles. Le postulat de base qui stipule l'équiprobabilité de tous les états microscopiques correspondant à une même énergie est alors pris en compte.

Considérons un système isolé constitué de deux sous-systèmes avec les variables d'état E_i, V_i, et N_i, $i = 1, 2$, tel que

$$\begin{aligned} E &= E_1 + E_2 = \text{cste}\,, & \mathrm{d}E_1 &= -\mathrm{d}E_2\,, \\ V &= V_1 + V_2 = \text{cste}\,, & \mathrm{d}V_1 &= -\mathrm{d}V_2\,, \\ N &= N_1 + N_2 = \text{cste}\,, & \mathrm{d}N_1 &= -\mathrm{d}N_2\,, \end{aligned} \tag{5.14}$$

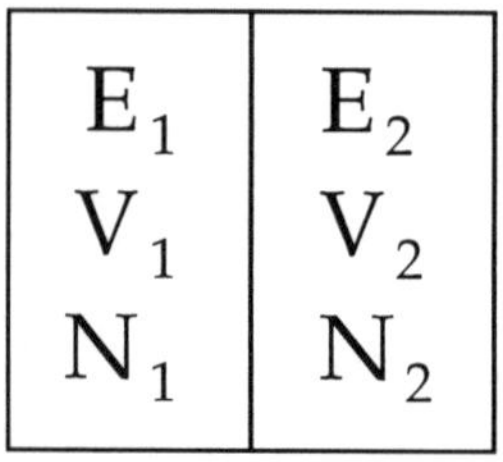

$$\begin{array}{c|c} E_1 & E_2 \\ V_1 & V_2 \\ N_1 & N_2 \end{array}$$

Fig. 5.4. Système constitué de deux sous-systèmes

c'est-à-dire, les systèmes partiels échangent de l'énergie ou des particules, ou bien leurs volumes varient. À l'équilibre E_i, V_i, et N_i vont, cependant, prendre des valeurs moyennes déterminées. Alors le nombre total d'états microscopiques du système total $\Omega(E, V, N)$ est le produit de ces nombres pour les sous-systèmes, si ces derniers peuvent être considérés comme statistiquement indépendants

$$\Omega(E, V, N) = \Omega_1(E_1, V_1, N_1)\, \Omega_2(E_2, V_2, N_2)\,. \tag{5.15}$$

L'état le plus probable, c'est-à-dire, l'état d'équilibre, est celui qui correspond au nombre d'états microscopique le plus élevé, c'est-à-dire, $\Omega = \Omega_{max}$ et $d\Omega = 0$. En différentiant l'équation (5.15) on obtient

$$d\Omega = \Omega_2\, d\Omega_1 + \Omega_1\, d\Omega_2 \tag{5.16}$$

ou après division par l'équation (5.15)

$$d \ln \Omega = d \ln \Omega_1 + d \ln \Omega_2\,. \tag{5.17}$$

Les conditions d'équilibre s'énoncent

$$d \ln \Omega = 0 \qquad \ln \Omega = \ln \Omega_{max}\,. \tag{5.18}$$

Considérons maintenant le même système d'un point de vue purement thermodynamique, si l'on identifie l'énergie interne U d'un système isolé à l'énergie totale E, l'entropie est donnée par

$$S(E, V, N) = S_1(E_1, V_1, N_1) + S_2(E_2, V_2, N_2)\,. \tag{5.19}$$

En différentiant on a

$$dS = dS_1 + dS_2\,. \tag{5.20}$$

On se trouve alors exactement à l'équilibre lorsque l'entropie est maximale :

$$dS = 0\,, \qquad S = S_{max}\,. \tag{5.21}$$

La comparaison des équations (5.17) et (5.20) ainsi que des équations (5.18) et (5.21) révèle une complète analogie entre $\ln \Omega$ et l'entropie. Les deux grandeurs doivent donc être proportionnelles et nous définissons

$$S(E, V, N) = k \ln \Omega(E, V, N) \tag{5.22}$$

où k désigne une constante de même dimension que l'entropie. Dans l'exemple qui suit nous l'identifierons avec la constante de Boltzmann.

Remarque : En général on aurait

$$S = k \ln \Omega(E, V, N) + \text{cste}\,. \tag{5.23}$$

Cependant, puisque S est seulement définie à une constante près, celle-ci peut être absorbée dans S.

L'équation (5.22) est d'une importance fondamentale en mécanique statistique. Elle permet, du moins en principe, pour un système à grand nombre de particules donné, de calculer toutes les propriétés thermodynamiques à partir de l'hamiltonien $H(q_\nu, p_\nu)$. Cela résulte du fait que la connaissance du potentiel thermodynamique $S(E, V, N)$ en fonction des variables naturelles nous fournit les équations d'état par

$$\frac{1}{T} = \left.\frac{\partial S}{\partial E}\right|_{V,N} , \qquad \frac{p}{T} = \left.\frac{\partial S}{\partial V}\right|_{E,N} , \qquad -\frac{\mu}{T} = \left.\frac{\partial S}{\partial N}\right|_{E,V} . \qquad (5.24)$$

Malheureusement, le calcul pratique de Ω n'est aucunement trivial, et ce n'est que la théorie générale des ensembles, que nous traiterons dans les chapitres suivants, qui nous fournira une méthode pratique de calcul pour des systèmes complexes. L'équation (5.24) nous montre également pourquoi la constante de proportionnalité σ_0 n'a pas de conséquences pratiques. Elle fournit une contribution additive à l'entropie, qui disparaît en dérivant.

Néanmoins la constante σ_0 mérite-t-elle encore une attention plus détaillée. En principe, elle a la signification d'un élément d'aire sur la surface énergie correspondant à un état microscopique. Dans la description classique cela n'a pas beaucoup de sens, car les états microscopiques sont aussi proches que l'on veut les uns des autres, on utilise donc une surface unité arbitraire. En mécanique quantique, cependant, à cause du principe d'incertitude, chaque état microscopique occupe au moins un volume $\Delta p\, \Delta q \geq h$, ou $\Delta^{3N} p \Delta^{3N} q \geq h^{3N}$. La constante σ_0 acquiert alors une signification physique! L'espace des phases en mécanique quantique est constitué de cellules de dimensions h^{3N}. Ces cellules ont un volume fini et il devient alors plausible de compter les états microscopiques de façon absolue. En mécanique quantique il est donc possible d'identifier Ω avec le nombre discret d'états microscopiques, qui sont déterminés par des nombres quantiques. L'équation (5.22) fournit dans ce cas la valeur absolue de l'entropie, sans constante additive. L'entropie $S = 0$ correspond à un système qui, ne peut se trouver exactement que dans un seul état microscopique défini ($\Omega = 1$). Dans la pratique, de tels systèmes sont par exemple, des cristaux parfaits à la température $T = 0$. L'affirmation que de tels systèmes possèdent une entropie S$= 0$ à $T = 0$ constitue ce que l'on appelle *le troisième principe de la thermodynamique*.

Montrons maintenant dans le cas du gaz parfait, le calcul pratique à effectuer pour évaluer l'équation (5.22).

EXEMPLE ▬▬▬▬▬▬▬▬▬▬▬▬▬

5.2 Calcul statistique de l'entropie d'un gaz parfait

Le hamiltonien d'un gaz parfait vaut

$$H(q_\nu, p_\nu) = \sum_{\nu=1}^{N} \frac{p_\nu^2}{2m} = \sum_{\nu=1}^{3N} \frac{p_\nu^2}{2m} \qquad (5.25)$$

où pour simplifier nous avons numérotés les coordonnées et quantités de mouvement de 1 à $3N$. Evaluons tout d'abord $\omega(E, V, N)$ en utilisant l'équation (5.9) :

$$\omega(E, V, N) = \int\limits_{H(p_\nu, q_\nu) \leq E} \mathrm{d}^{3N}q \, \mathrm{d}^{3N}p \, .$$

Puisque le hamiltonien d'un gaz parfait ne dépend pas des coordonnées des particules, l'intégrale sur les coordonnées s'obtient immédiatement :

$$\omega(E, V, N) = V^N \int\limits_{H(p_\nu) \leq E} \mathrm{d}^{3N}p \, . \tag{5.26}$$

L'intégrale qui subsiste représente alors le volume d'une sphère à $3N$ dimensions de rayon $\sqrt{2mE}$, puisque la condition $H(p_\nu) \leq E$ s'écrit explicitement

$$\sum_{\nu=1}^{3N} p_\nu^2 \leq (\sqrt{2mE}) \, .$$

Cette condition est vérifiée par tous les points de l'espace des quantités de mouvement intérieurs à une sphère de rayon $\sqrt{2mE}$. Nous commencerons donc tout d'abord par déterminer de façon générale le volume d'une sphère à N dimensions de rayon R. Nous avons

$$V_N(R) = \int\limits_{\sum_{i=1}^{3N} x_i^2 \leq R^2} \mathrm{d}x_1 \cdots \mathrm{d}x_N = R^N \int\limits_{\sum_{i=1}^{3N} y_i^2 \leq 1} \mathrm{d}y_1 \cdots \mathrm{d}y_N \, .$$

Nous y avons utilisé $y_i = x_i/R$ comme nouvelle variable. La dernière intégrale ne dépend plus de R mais seulement de la dimension N de l'espace :

$$V_N(R) = R^N C_N \, ,$$
$$C_N = \int\limits_{\sum_{i=1}^{3N} y_i^2 \leq 1} \mathrm{d}y_1 \cdots \mathrm{d}y_N$$

où C_N représente justement le volume de la sphère unité à N dimensions. Pour le calculer nous utiliserons une astuce. Il est bien connu que

$$\int\limits_{-\infty}^{+\infty} \mathrm{d}x \exp\left(-x^2\right) = \sqrt{\pi}$$

et par conséquent

$$\int\limits_{-\infty}^{+\infty} \mathrm{d}x_1 \cdots \int\limits_{-\infty}^{+\infty} \mathrm{d}x_N \exp\left[-\left(x_1^2 + \cdots + x_N^2\right)\right] = \pi^{N/2} \, . \tag{5.27}$$

Maintenant l'expression sous l'intégrale de l'équation (5.26) ne dépend que de $(R = x_1^2 + \cdots + x_N^2)^{1/2}$, et il est alors possible d'exprimer l'élément de volume $dx_1 \ldots dxN$ à l'aide de «coquilles» sphériques, en utilisant l'équation (5.25)

$$dx_1 \cdots dx_N \big|_{\text{shell}} = dV_N(R) \big|_{\text{shell}} = N R^{N-1} C_N \, dR \, .$$

Exemple 5.2

Cela correspond à un passage aux coordonnées polaires dans un espace à N dimensions. Alors l'équation (5.26) équivaut à

$$N C_N \int\limits_0^\infty R^{N-1} \, dR \exp(-R^2) = \pi^{N/2} \, .$$

À partir de cela C_N se laisse facilement calculer, en effet avec la substitution $R^2 = x$ l'intégrale fournit exactement la fonction Γ

$$N C_N \frac{1}{2} \int\limits_0^\infty dx \, x^{N/2-1} \, e^{-x} = \pi^{N/2} \, . \tag{5.28}$$

Par définition la fonction Γ s'énonce

$$\Gamma(z) = \int\limits_0^\infty dx \, x^{z-1} \, e^{-x} \, . \tag{5.29}$$

À partir de celle-ci le volume de la sphère unité à N dimensions s'écrit

$$C_N = \frac{\pi^{N/2}}{(N/2)\, \Gamma(N/2)} \, . \tag{5.30}$$

En particulier pour $N = 3$ les équations (5.25) et (5.27) donnent avec les relations de récurrence pour la fonction Γ

$$\Gamma(z+1) = z\Gamma(z) \quad \text{et} \tag{5.31}$$
$$\Gamma(1/2) = \sqrt{\pi} \, , \qquad \Gamma(3/2) = (1/2)\sqrt{\pi}$$
$$V_3(R) = \frac{\pi^{3/2}}{(3/2)(1/2)\sqrt{\pi}} R^3 = \frac{4\pi}{3} R^3$$

qui est exactement le volume d'une sphère de dimension 3. De façon identique le volume d'une sphère à N dimensions est donné par

$$V_N(R) = \frac{\pi^{N/2}}{(N/2)\, \Gamma(N/2)} R^N \, .$$

Pour $\omega(E, V, N)$ cela donne d'après l'équation (5.26) ($3N$ dimensions),

$$\omega(E, V, N) = \frac{\pi^{3N/2}}{(3N/2)\, \Gamma(3N/2)} (2mE)^{3N/2} V^N \, . \tag{5.32}$$

Exemple 5.2

En se servant de l'équation (5.13) on obtient

$$\Omega(E, V, N) = \frac{1}{\sigma_0} \frac{\partial \omega}{\partial E} = \frac{1}{\sigma_0} V^N \frac{\pi^{3N/2}}{\Gamma(3N/2)} (2m)^{3N/2} E^{3N/2-1} \tag{5.33}$$

l'entropie du gaz parfait vaut alors

$$S(E, V, N) = k \ln \left(\frac{1}{\sigma_0} V^N \frac{\pi^{3N/2}}{\Gamma(3N/2)} (2m)^{3N/2} E^{3N/2-1} \right) . \tag{5.34}$$

L'argument du logarithme doit être, bien sûr, sans dimension. C'est effective-ment le cas, puisque

$$\dim \left(\frac{1}{\sigma_0} V^N (2mE)^{3N/2} \frac{1}{E} \right) = \dim \left(\frac{q^{3N} p^{3N}}{\sigma_0 E} \right) = 1$$

en effet $\sigma_0 E$ a la dimension d'un volume de l'espace des phases $q^{3N} p^{3N}$ (voir, par exemple, (5.11)). L'équation (5.34) se simplifie considérablement si $N \gg 1$, alors $E^{3N/2-1} \approx E^{3N/2}$, et le logarithme de la fonction Γ peut s'exprimer en utilisant la formule de Stirling :

$$\ln \Gamma(n) \approx (n-1) \ln(n-1) - (n-1) \approx n \ln n - n .$$

Avec la nouvelle constante $\sigma = \sigma_0^{1/N}$, l'entropie du gaz parfait devient

$$S(E, V, N) = Nk \left\{ \frac{3}{2} + \ln \left[\frac{V}{\sigma} \left(\frac{4\pi mE}{3N} \right)^{3/2} \right] \right\} . \tag{5.35}$$

Nous pouvons prouver maintenant tout d'abord que l'équation (5.35) de l'entro-pie donne les équations d'état correctes du gaz parfait, puis que la constante k est la constante de Boltzmann :

$$\frac{1}{T} = \left. \frac{\partial S}{\partial E} \right|_{V,N} = \frac{3}{2} Nk \frac{1}{E} \quad \text{ou} \quad E = \frac{3}{2} NkT , \tag{5.36}$$

$$\frac{p}{T} = \left. \frac{\partial S}{\partial V} \right|_{E,N} = \frac{Nk}{V} \quad \text{ou} \quad pV = NkT$$

ces équations sont indépendantes de σ_0.

Cette entropie n'est néanmoins pas l'expression correcte de l'entropie d'un gaz parfait. Cela se voit déjà au fait que S, correspondant à l'équation (5.35), n'est pas une grandeur purement extensive. S'il en était ainsi, l'argument du logarithme ne devrait dépendre que de grandeurs intensives. Chaque facteur ex-tensif dans le logarithme, lorsque le système s'accroît d'un facteur α, produit en plus de l'accroissement de l'entropie d'un facteur α, l'apparition d'un terme additif en $\ln \alpha$.

Néanmoins puisque le calcul est formellement correct, il doit subsister une erreur de principe dans le calcul de l'entropie. Nous allons clarifier ce problème à l'aide du paradoxe bien connu de Gibbs.

5.4 Paradoxe de Gibbs

L'entropie (5.35) obtenue pour un gaz parfait dans l'exemple précédent conduit immédiatement à une contradiction que nous voulons analyser plus en détail. Nous pouvons tout d'abord calculer à l'aide des équations (5.35) et (5.36) l'entropie en fonction des variables T, V, et N

$$S(T, V, N) = Nk \left[\frac{3}{2} + \ln \left(\frac{V}{\sigma} (2\pi m k T)^{3/2} \right) \right] . \tag{5.37}$$

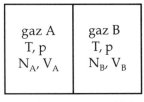

Considérons maintenant un système isolé constitué de deux récipients séparés par une cloison et contenant deux gaz parfaits différents A et B à la même pression et à la même température (figure 5.5). Si la paroi est retirée, les deux gaz vont se répandre dans l'ensemble du récipient jusqu'à ce qu'un nouvel état d'équilibre soit atteint.

Puisque l'énergie interne d'un gaz parfait ne dépend pas du volume mais seulement de la température et puisque l'énergie interne reste constante au cours du processus global, ni la température ni la pression ne changent. L'entropie augmente cependant d'une certaine valeur. Celle-ci se nomme *entropie de mélange*, et se calcule facilement à partir de l'équation (5.37). Avant le retrait de la cloison de séparation nous avions

Fig. 5.5. Paradoxe de Gibbs

$$S_{\text{total}}^{(0)} = S_A^{(0)}(T, V_A, N_A) + S_B^{(0)}(T, V_B, N_B) \tag{5.38}$$

et après on a

$$S_{\text{total}}^{(1)} = S_A^{(1)}(T, V_A + V_B, N_A) + S_B^{(1)}(T, V_A + V_B, N_B) . \tag{5.39}$$

En utilisant l'équation (5.37), la différence d'entropie devient

$$\Delta S = S_{\text{total}}^{(1)} - S_{\text{total}}^{(0)} = N_A k \ln \left(\frac{V_A + V_B}{V_A} \right) + N_B k \ln \left(\frac{V_A + V_B}{V_B} \right) . \tag{5.40}$$

Jusqu'ici tout semble correct, puisque $\Delta S > 0$ comme il se doit pour un processus irréversible.

Au lieu de deux gaz différents nous pouvons faire les mêmes remarques pour deux gaz identiques. L'entropie initiale equation (5.38) est encore correcte, mais maintenant, dans la situation finale on a

$$S_{\text{total}}^{(1)} = S(T, V_A + V_B, N_A + N_B) \tag{5.41}$$

puisque $N_A + N_B$ particules du même gaz sont maintenant dans le volume total $V_A + V_B$. Dans ce cas également nous recevons la même différence d'entropie $\Delta S > 0$ (5.40), comme on peut le voir facilement en utilisant l'équation (5.37). Cela ne peut toutefois pas être correct, puisqu'en retirant la cloison aucun processus macroscopique observable ne se produit. On peut remettre la paroi séparatrice sans aucune modification et se retrouver ainsi dans la situation initiale.

Dans le cas de gaz identiques la suppression de la cloison est par conséquent un processus réversible et il faut $\Delta S = 0$.

Une analyse plus détaillée montre où se situe le problème. En mécanique classique les particules sont discernables: on peut les dénombrer. Il y a ainsi par exemple avant la suppression de la paroi des particules dans le compartiment de gauche avec certains numéros, par exemple, $(1, \ldots, N_A)$, tandis que dans le compartiment de droite (si l'on numérote de façon continue) il y a les particules $(N_A + 1, N_A + 2, \ldots, N_A + N_B)$. Maintenant si l'on retire la paroi les particules qui sont ici assimilées à des boules de billard microscopiques, se répartissent dans tout le récipient, et il s'agit effectivement d'un processus irréversible, car en replaçant la séparation il y aura des particules avec des numéros différents dans chaque compartiment. On peut mélanger les particules aussi longtemps que l'on veut, on ne se retrouvera jamais (pour un nombre fini de particules presque jamais) dans la situation initiale.

En mécanique quantique, cet argument n'est cependant pas valable. Il est en principe impossible d'attacher un numéro (nombre) à un atome (molécule). Les atomes sont absolument *indiscernables.* C'est assurément le fait que les particules classiques soient en principe discernables (c'est-à-dire, on peut les énumérer), qui conduit au *paradoxe de Gibbs.* Par conséquent si l'on compte les états microscopiques $\Omega(E, V, N)$ d'un état macroscopique donné (E, V, N) il faut tenir compte du fait que les particules ne sont pas dénombrables (discernables). En d'autres termes, deux états microscopiques seront différents, que s'ils ne diffèrent pas seulement pour l'énumération de leurs particules.

Dans le cas de N particules il y a exactement $N!$ façons de les dénombrer. Il suffit donc de réduire le nombre d'états microscopiques par ce facteur. Alors, au lieu de

$$\Omega(E, V, N) = \frac{\sigma(E, V, N)}{\sigma_0} \tag{5.42}$$

nous essaierons la nouvelle définition de Ω

$$\Omega(E, V, N) = \frac{1}{N!} \frac{\sigma(E, V, N)}{\sigma_0} \tag{5.43}$$

où, bien sur, le calcul de $\sigma(E)$ par $\sigma(E) = \partial \omega / \partial E$ n'est pas modifié.

Le facteur $1/N!$ dans l'équation (5.43) se nomme également *facteur correctif de Gibbs.* Sa présence indique que la mécanique statistique classique avec des particules discernables conduit très rapidement à des contradictions avec l'expérience.

Montrons maintenant qu'en définissant la quantité Ω suivant l'équation (5.42) le paradoxe de Gibbs se trouve levé. Le calcul de $\Omega(E, V, N)$ pour un gaz parfait de l'exemple précédent reste inchangé. Il nous suffit simplement de diviser le résultat final par $N!$; dans le cas de l'entropie il faut retrancher le terme $k \ln N!$. A la place de l'équation (5.35) nous avons alors

$$S(E, V, N) = Nk \left\{ \frac{3}{2} + \ln \left[\frac{V}{\sigma} \left(\frac{4\pi m E}{3N} \right)^{3/2} \right] \right\} - k \ln N! .$$

Nous pouvons pour $N \gg 1$ y utiliser la formule de Stirling ($\ln N! \approx N \ln N - N$), et obtenons alors

$$S(E, V, N) = Nk \left\{ \frac{5}{2} + \ln \left[\frac{V}{N\sigma} \left(\frac{4\pi m E}{3N} \right)^{3/2} \right] \right\} . \tag{5.44}$$

L'entropie est maintenant effectivement une grandeur extensive, puisque l'argument du logarithme ne contient plus que les grandeurs intensives V/N et E/N.

En plus, il apparaît également le facteur 5/2 (que nous avons déjà rencontré en thermodynamique – voir, par exemple, équation (2.80)). Si nous calculons maintenant la différence d'entropie dans notre expérience de mélange en utilisant l'équation (5.44) on obtient

$$S(T, V, N) = Nk \left[\frac{5}{2} + \ln \left(\frac{V}{N\sigma} (2\pi m k T)^{3/2} \right) \right] \tag{5.45}$$

puisque $E = 3/2 \, NkT$. Alors, d'après les équations (5.38) et (5.39) on obtient pour des *gaz différents,* en utilisant l'équation (5.45),

$$\Delta S = N_A k \ln \left(\frac{V_A + V_B}{V_A} \right) + N_B k \ln \left(\frac{V_A + V_B}{V_B} \right)$$

ceequi signifie que l'équation (5.40) reste inchangeé. Cependant, pour des gaz identiques on obtient à partir des équations (5.41) et (5.42), en se servant de l'équation (5.45),

$$\Delta S = (N_A + N_B)k \left[\frac{5}{2} + \ln \left(\frac{V_A + V_B}{(N_A + N_B)\sigma} (2\pi m k T)^{3/2} \right) \right]$$
$$- N_A k \left[\frac{5}{2} + \ln \left(\frac{V_A}{N_A \sigma} (2\pi m k T)^{3/2} \right) \right]$$
$$- N_B k \left[\frac{5}{2} + \ln \left(\frac{V_B}{N_B \sigma} (2\pi m k T)^{3/2} \right) \right] . \tag{5.46}$$

Puisque la pression et la température ne changent pas au cours de l'expérience, et qu'à l'état initial nous nous trouvons à l'équilibre thermique et mécanique,

$$\frac{V_A}{N_A} = \frac{V_B}{N_B} = \frac{V_A + V_B}{N_A + N_B} \tag{5.47}$$

s'applique et donc

$$\Delta S = 0 . \tag{5.48}$$

Pour deux gaz identiques on obtient maintenant une variation d'entropie $\Delta S = 0$, comme il se doit.

Le facteur correctif de Gibbs est par conséquent effectivement la bonne recette, pour éviter le paradoxe de Gibbs. Dorénavant nous tiendrons toujours compte du facteur correctif de Gibbs lorsque nous compterons les états microscopiques pour des états indiscernables.

Soulignons, cependant, que ce facteur n'est qu'une recette pour éviter les contradictions de la mécanique statistique classique. Dans le cas d'objets discernables (par exemple, des atomes qui se trouvent en certains points d'une maille) le facteur de Gibbs ne doit *pas* être ajouté. Dans la théorie classique les particules restent discernables. Nous rencontrerons encore fréquemment cette inconsistance en mécanique statistique classique.

5.5 Décompte pseudo-quantique de Ω

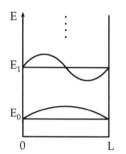

Fig. 5.6. Fonctions d'ondes et énergie d'une particule dans une boite cubique

Considérons de nouveau le gaz parfait, afin de déterminer directement Ω en comptant les états quantiques pour des particules discernables (dans l'exemple 5.1 nous avons présenté l'analogue classique)

Cela nous permettra d'obtenir pour Ω un nombre absolu et donc une valeur absolue pour l'entropie. Il devient alors possible, de cette façon, d'obtenir une valeur pour l'unité de surface (unité de volume) σ_0 dans l'espace des phases, qui était inconnue jusqu'alors.

Le problème en mécanique quantique d'une particule dans un cube d'arête L a déjà été traité abondamment dans le volume 4 de cette série[1] (figure 5.6)

Les états individuels ont les fonctions d'ondes

$$\Psi_{n_x,n_y,n_z} = A \sin(k_x x) \sin(k_y y) \sin(k_z z) \tag{5.49}$$

$$= A \sin\frac{n_x\pi x}{L} \sin\frac{n_y\pi y}{L} \sin\frac{n_z\pi z}{L} , \qquad n_x, n_y, n_z = 1, 2, \ldots ,$$

avec l'énergie de l'état individuel correspondante

$$\varepsilon_{n_x,n_y,n_z} = \frac{(\hbar k)^2}{2m} = \frac{\hbar^2}{2m}\left(k_x^2 + k_y^2 + k_z^2\right) = \frac{h^2}{8mL^2}\left(n_x^2 + n_y^2 + n_z^2\right) . \tag{5.50}$$

Dans le cas classique, l'état du mouvement (état microscopique de la particule) est fixé par $\boldsymbol{q}$ et $\boldsymbol{p}$; dans le cas quantique il est fixé par les nombres quantiques n_x, n_y, n_z. Chaque état individuel correspond exactement à un point dans l'espace à 3 dimensions (n_x, n_y, n_z) (voir figure 5.7).

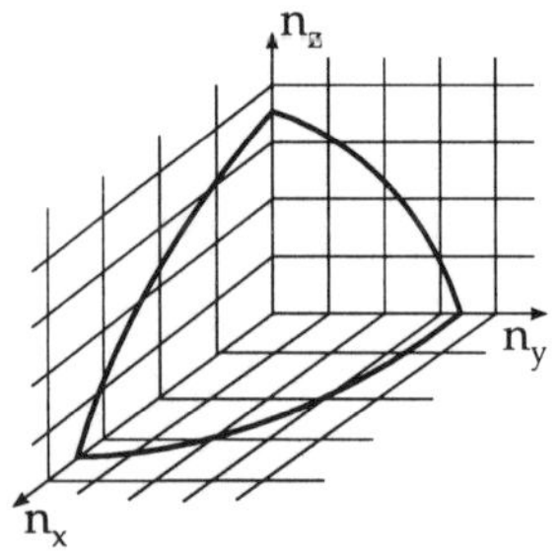

Dans cet espace, une valeur donnée ε de l'énergie correspond à une couche sphérique de rayon $(L/h)\sqrt{8m\varepsilon}$. À l'inverse de la considération classique dans l'exemple 5.1, seuls des points du réseau correspondant à des entiers se trouvant sur la sphère, sont cependant des valeurs possibles pour cette énergie ε à une particule. Le problème correspondant à N particules est alors directement résolu par l'occupation des états individuels avec N particules. L'énergie totale est alors déterminée par les $3N$ nombres quantiques des états occupés,

$$E = \frac{h^2}{8mL^2}\sum_{i=1}^{3N} n_i^2 . \tag{5.51}$$

Fig. 5.7. Espace des nombres quantiques n_i. Puisque les n_i dans l'équation (5.49) sont des nombres positifs, ils occupent un «octant», mais seulement jusqu'à la surface de la sphère de rayon $R_\varepsilon = \sqrt{8m\varepsilon L^2/h^4}$

Nous avons maintenant affaire à un espace à $3N$ dimensions et à une «sphère énergie» à $(3N-1)$ dimensions. Le nombre d'états microscopiques Ω correspondant à une situation macroscopique donnée (E, V, et N , avec $V = L^3$) est

---

[1] W. Greiner, I. Reinhard : *Quantum Electrodynamics* 2nd ed. (Springer, Berlin, Heidelberg 1994).

Table 5.1. Quelques états d'un système à 3 particules

Etat	Ω	Configuration
$E^* = 15 = 7*1^2 + 2*2^2$	$\binom{9}{2} = 36$	$(1)^7(2)^2$
$E^* = 17 = 8*1^2 + 1*3^2$	$\binom{9}{1} = 9$	$(1)^8(2)^0(3)^1$
$E^* = 18 = 6*1^2 + 3*2^2$	$\binom{9}{3} = 84$	$(1)^6(2)^3$
$E^* = 20 = 7*1^2 + 1*2^2 + 1*3^2$	$\binom{9}{1}81 = 72$	$(1)^7(2)^1(3)^1$
$E^* = 21 = 5*1^2 + 4*2^2$	$\binom{9}{4} = 126$	$(1)^5(2)^4$

alors exactement le nombre de points du réseau correspondant à des entiers qui se trouvent sur la surface énergie. L'observation de la figure montre immédiatement que Ω doit être une fonction très irrégulière de l'énergie. Déjà dans le cas ($N = 1$) il est possible de trouver parfois plus, parfois moins, ou même aucun point du réseau sur la sphère énergie, selon le nombre de manières qu'il y a de décomposer le nombre $\varepsilon^* = 8mL^2\varepsilon/h^2$ en une somme de 3 (respectivement $3N$) carrés. En plus, nous voyons que Ω augmente très vite avec le rayon de la sphère c'est-à-dire, avec l'énergie.

Nous allons clarifier cela en prenant un exemple à 3 particules, c'est-à-dire, 9 nombres quantiques $n_1, \ldots, n_9$. L'état le plus bas s'obtient lorsque tous les nombres quantiques valent $n_i = 1$. Nous écrivons cela en utilisant une notation connue en physique atomique et en chimie, (état)^{occupation} par exemple $(1)^9$; c'est-à-dire, le nombre quantique n_1 se rencontre 9 fois. L'énergie sans dimension correspondante $E^* = 8mL^2E/h^2$ est

$$E^* = 9 = 9 \times 1^2 \,, \quad \Omega = 1 \,, \quad \text{configuration}(1)^9 \,. \tag{5.52}$$

L'état plus élevé suivant est atteint lorsque l'un des nombres quantiques vaut 2 tandis que tous les autres restent égaux à 1,

$$E^* = 12 = 8*1^2 + 1*2^2 \,, \quad \Omega = 9 \,, \quad (1)^8(2)^1 \,. \tag{5.53}$$

Nous devons maintenant tenir compte de $\Omega = 9$ possibilités, puisque chacun des 9 nombres quantiques peut prendre la valeur 2.

Remarquons, qu'à proprement parler cela ne constitue pas un dénombrement en mécanique quantique. En réalité on ne peut pas savoir laquelle des particules est excitée ; c'est-à-dire, laquelle des particules est celle correspondant effectivement à $n_i = 2$. La raison en est qu'on ne peut que mesurer le nombre d'occupation d'un état quantique, c'est-à-dire, combien de fois un certain n_i se produit. Bien que nous ayons affaire à des états quantiques, nous conservons néanmoins une manière classique de les dénombrer. Dans la véritable mécanique statistique quantique il faut tenir compte de l'indiscernabilité des particules *ab initio*!

Fig. 5.8. $\Omega(E^*)$: Les irrégularités résultent d'effets (quantiques) de bord sur la surface énergie

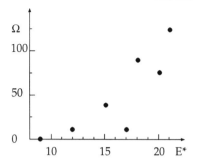

Les états d'occupation plus élevés suivants sont donnés dans le table 5.1 :

Ainsi qu'il ressort de la figure 5.8, Ω est effectivement une fonction très irrégulière du paramètre E^* : pour un rayon $\sqrt{E^*}$ de la sphère à $3N$-dimensions, il y a en un point 36, et en un autre point 9 états sur la sphère. En moyenne, néanmoins, Ω augmente fortement avec l'énergie.

Si Ω fluctue fortement avec l'énergie, il en sera de même pour les propriétés thermodynamiques du système (qui sont données par les dérivées de $\ln \Omega$) et ce en contradiction avec l'expérience.

Les irrégularités de Ω expriment simplement le fait que le système ne peut occuper certains états d'énergie, mais peut *absorber ou émettre l'énergie uniquement par quanta discrets.*

Cette propriété du système devient particulièrement importante si l'énergie typique ($\approx kT$) d'une particule à la température T est inférieure ou égale aux différences d'énergies que l'on peut évaluer par $\Delta E^* = 1 = 8mL^2 \Delta E / h^2$ ou $\Delta E \approx h^2 / 8mL^2$. Ce n'est cependant le cas que pour de très petits systèmes ou de très faibles températures.

Le fait de fixer l'énergie pour un système isolé (du moins pour des systèmes macroscopiques) constitue un idéal inaccessible. En réalité, il y a toujours un échange d'énergie avec l'extérieur, si bien que pour nous en fait, seul le nombre d'états Ω moyen sur un intervalle d'énergie ΔE est intéressant. Pour visualiser cette moyenne, nous allons d'abord calculer le nombre d'états microscopiques (points du réseau) à l'intérieur de la sphère énergie,

$$\Sigma(E, V, N) = \sum_{E' \leq E} \Omega(E', V, N) . \tag{5.54}$$

Maintenant Σ est une fonction escalier, pour laquelle un certain nombre d'états s'ajoutent à certains niveaux d'énergie. Il est simple de faire correspondre à Σ une fonction moyenne $\overline{\Sigma}$ (représentée par la courbe continue en figure 5.9). En dérivant $\overline{\Sigma}$ par rapport à l'énergie on obtient la densité moyenne d'états, qui fournit le nombre moyen d'états par intervalle d'énergie :

$$g(E, V, N) = \frac{\partial}{\partial E} \overline{\Sigma}(E, V, N) . \tag{5.55}$$

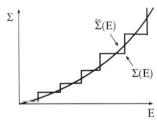

Fig. 5.9. Représentation de Σ et $\overline{\Sigma}$

Ceci constitue une analogie complète avec notre calcul classique de la surface énergie $\sigma(E)$ au moyen de $\sigma(E) = \partial \omega / \partial E$. Au lieu du volume ω de l'espace des phases jusqu'à l'énergie E, nous avons maintenant le nombre moyen de points du réseau $\overline{\Sigma}$ jusqu'à l'énergie E.

Mais le nombre moyen de points du réseau jusqu'à l'énergie E est proportionnel au volume de l'octant positif ($n_i > 0$) jusqu'à $E = $ constante. Puisqu'à chaque point du réseau correspond un cube unité, le nombre moyen de points du réseau est justement égal au volume de l'octant divisé par le volume d'un cube unité. Or, le volume du cube unité est égal à 1 dans l'espace (n_x, n_y, n_z). Le volume de la sphère à $3N$-dimensions est donc égal au nombre moyen de points du réseau ; il s'agit en principe du même problème que dans l'exemple 5.2, mais la constante σ_0 n'apparaît maintenant nulle part ! Nous pouvons donner directement le volume d'un octant à $3N$ dimensions de rayon $\sqrt{E^*} = (8mEL^2/h^2)^{1/2}$. Il y a, naturellement, maintenant 2^{3N} «octants» (au lieu de 8 pour $N = 1$), et avec $L^2 = V^{2/3}$ on a maintenant au lieu de l'équation (5.29)

$$\overline{\Sigma}(E, V, N) = \left(\frac{1}{2}\right)^{3N} \left(\frac{\pi^{3N/2}}{(3N/2)\,\Gamma(3N/2)} E^{*3N/2}\right)$$
$$= \left(\frac{V}{h^3}\right)^N \frac{(2\pi mE)^{3N/2}}{(3N/2)\Gamma(3N/2)} \,. \tag{5.56}$$

Dans les équations (5.28) et (5.29) le rayon de l'hypersurface $R = \sqrt{8mEv^{2/3}}$ a été remplacé par $R = \sqrt{8mEL^2/h^2}$. Il est à remarquer que $\overline{\Sigma}$ est un nombre sans dimension (c'est le nombre de tous les états microscopiques d'un système quantique ayant une énergie plus petite que E). On reconnaît directement qu'il correspond maintenant exactement un volume h^{3N} de l'espace des phases classique à chaque état microscopique (voir equations (5.29) et (5.30)). Ceci est en complet accord avec la relation d'incertitude $\Delta q \Delta p \geq h$ (ou $\Delta^{3N} q \Delta^{3N} p \geq h^{3N}$), qui impose que chaque état microscopique occupe au moins un volume h^{3N} dans l'espace des phases. Nous venons alors d'identifier h^{3N} comme le volume unitaire dans l'espace des phases indispensable en mécanique quantique. Nous obtenons alors

$$g(E, V, N) = \frac{\partial \overline{\Sigma}}{\partial E} = \left(\frac{V}{h^3}\right)^N \frac{(2\pi m)^{3N/2}}{\Gamma(3N/2)} E^{3N/2-1} \,. \tag{5.57}$$

Remarquons que maintenant g *n'est plus un nombre sans dimension,* mais représente la densité d'états, c'est-à-dire, le nombre moyen d'états par intervalle d'énergie ΔE.

Le nombre moyen d'états d'énergie E, $\overline{\Omega}(E)$, s'obtient alors en multipliant $g(E)$ par la largeur de l'intervalle en énergie ΔE :

$$\overline{\Omega}(E) = g(E)\,\Delta E = \left(\frac{V}{h^3}\right)^N \frac{(2\pi m)^{3N/2}}{\Gamma(3N/2)} E^{3N/2-1}\,\Delta E \,. \tag{5.58}$$

Pour éliminer la dépendance en ΔE nous exprimons E et ΔE en fonction de E^* et ΔE^* en utilisant

$$E^* = \frac{8mEL^2}{h^2} \tag{5.59}$$

pour pouvoir prendre ultérieurement le logarithme de nombres sans dimensions. Nous obtenons

$$\overline{\Omega}(E^*) = \left(\frac{V}{h^3}\right)^N \frac{(2\pi m)^{3N/2}}{\Gamma(3N/2)} \left(\frac{h^2}{V^{2/3}8m}\right)^{3N/2} E^{*3N/2-1} \Delta E^*$$

$$= \frac{\pi^{3N/2}}{\Gamma(3N/2)} \frac{1}{2^{3N}} E^{*3N/2-1} \Delta E^* . \tag{5.60}$$

Afin de déterminer des grandeurs thermodynamiques il nous faut maintenant former $\ln \Omega$ (ou des dérivées de $\ln \Omega$). Mais nous pouvons décomposer $\ln \Omega$ en $(3N/2 - 1) \ln E^* + \ln \Delta E^*$. Puisque $N \ln E^* \gg \ln \Delta E^*$ nous pouvons poser $\ln \Delta E^* \approx 0$ et donc $\Delta E^* \approx 1$. Cela signifie que $\overline{\Omega}(E^*)$ décrit les états dans une couche sphérique d'énergie E^* de largeur $\Delta E^* \approx 1$. Une telle couche énergétique doit être prise en compte en mécanique quantique, car le nombre des états en raison de «l'effet de bord» augmente comme une fonction en escalier (la distance des bords est en effet $\Delta E^* = 1$ – voir figure 5.9). Nous obtenons alors

$$\overline{\Omega}(E^*) \approx \frac{\pi^{3N/2}}{\Gamma(3N/2)} \frac{1}{2^{3N}} E^{*3N/2} \tag{5.61}$$

où nous avons encore fait l'approximation $3N/2 - 1 \approx 3N/2$, puisque la plupart des systèmes rencontrés comporterons un grand nombre de particules.

En fonction de E, $\overline{\Omega}(E)$ s'écrit alors

$$\overline{\Omega}(E) \approx \left(\frac{V}{h^3}\right)^N \frac{(2\pi m E)^{3N/2}}{\Gamma(3N/2)} . \tag{5.62}$$

Nous avons donc réellement obtenu un nombre absolu sans dimension pour $\overline{\Omega}$, qui est de plus indépendant de la largeur ΔE et qui est une fonction continue de l'énergie. Il est également devenu évident, que la restriction classique à une surface d'énergie exacte n'a en fait pas de sens et conduit à des résultats sans signification physique. La raison en est qu'un état quantique transféré dans l'espace des phases classique requiert un volume h^{3N}, et on ne peut donc pas lui imposer de se trouver sur une surface énergie classique! On obtient néanmoins pour de grandes énergies ($E^* \gg 1$), c'est-à-dire, lorsque h^{3N} est très petit en comparaison du volume de la sphère dans l'espace des phases classique, le résultat limite classique, puisque chaque état n'occupe plus comparativement qu'un très petit élément de volume. Néanmoins, le facteur h^{3N} subsiste dans le cas limite classique à la place de $\sigma_0 E$!

Le résultat (5.57) recèle cependant encore la même erreur que les équations (5.33) et (5.35). Il y manque le facteur correctif de Gibbs $1/N!$, puisque les particules ont été considérées discernables. Avec ce facteur et la relation $\ln \Gamma(n) = (n-1) \ln(n-1) - (n-1) \approx n \ln n - n$, nous obtenons pour valeur absolue de l'entropie d'un gaz parfait

$$S(E, V, N) = Nk \left\{ \frac{5}{2} + \ln \left[\frac{V}{Nh^3} \left(\frac{4\pi m E}{3N}\right)^{3/2} \right] \right\} . \tag{5.63}$$

La constante σ de l'équation (5.45) s'identifie avec h^3. L'équation (5.63) s'appelle *équation de Sackur–Tetrode*.

Notre règle générale pour le calcul de l'entropie absolue d'un système classique incluant le facteur correctif de Gibbs s'énonce maintenant

$$S(E, V, N) = k \ln \Omega(E, V, N) \tag{5.64}$$

avec (dans la cas d'objets indiscernables)

$$\Omega(E, V, N) = g(E, V, N)E \,,$$
$$g(E) = \frac{\partial \Sigma(E)}{\partial E} \,,$$
$$\Sigma(E) = \frac{1}{N! h^{3N}} \int\limits_{H(q_\nu, p_\nu) \leq E} \mathrm{d}^{3N}p \, \mathrm{d}^{3N}q \,. \tag{5.65}$$

Bien sur, cette règle contient implicitement la méthode de calcul de la moyenne citée plus haut : on calcule tout d'abord le volume total de l'espace des phases jusqu'à l'énergie E, puis en divisant par h^{3N} on obtient le nombre d'états quantiques contenus dans ce volume. En dérivant par rapport à E on obtient le nombre d'états par intervalle d'énergie, $g(E)$. Finalement on obtient de nouveau un nombre sans dimension pour le nombre d'états en multipliant par $E(E^{3N/2-1} \approx E^{3N/2})$.

Il est, à proprement parler, évident que cette règle n'est exacte que dans la limite thermodynamique $N \to \infty$. D'un autre coté, elle a l'avantage de permettre de définir des grandeurs thermodynamiques absolues même pour des systèmes classiques, car autrement il subsisterait toujours le facteur indéterminé σ.

EXERCICE

5.3 Equation d'état d'un gaz parfait

Problème. Utilisons l'équation (5.63) pour calculer quelques propriétés d'un gaz parfait.

Solution. Tirons tout d'abord l'expression de l'énergie de l'équation (5.63) :

$$E(S, V, N) = \frac{3h^2 N^{5/3}}{4\pi m V^{2/3}} \exp\left(\frac{2S}{3Nk} - \frac{5}{3}\right) \,.$$

Les équations d'état se déduisent de $\mathrm{d}E = T\,\mathrm{d}S - p\,\mathrm{d}V + \mu\,\mathrm{d}N$:

$$T = \left.\frac{\partial E}{\partial S}\right|_{N,V} = \frac{2}{3Nk}E \quad \text{ou} \quad E = \frac{3}{2}NkT \,, \tag{5.66}$$

$$-p = \left.\frac{\partial E}{\partial V}\right|_{S,N} = -\frac{2}{3V}E \quad \text{ou} \quad pV = NkT \,,$$

$$\mu = \left.\frac{\partial E}{\partial N}\right|_{S,V} = E\left(\frac{5}{3N} - \frac{2S}{3N^2 k}\right) = kT \ln\left[\frac{N}{V}\left(\frac{h^2}{2\pi mkT}\right)^{3/2}\right] \,. \tag{5.67}$$

Exercice 5.3

Nous voyons explicitement ici que les valeurs $s_0 = 5/2$ et $\mu_0 = 0$ résultent tout naturellement, pour les constantes s_0 et μ_0 apparaissant en thermodynamique. En thermodynamique ces valeurs étaient évidentes, mais néanmoins arbitraires (voir exercice 2.9).

Nous obtenons naturellement maintenant des valeurs absolues pour tous les autres potentiels thermodynamiques. En utilisant les équations (5.63) et (5.66), l'énergie libre, par exemple, s'écrit

$$F = E - TS = NkT \left\{ \ln \left[\frac{N}{V} \left(\frac{h^2}{2\pi mkT} \right)^{3/2} \right] - 1 \right\} . \tag{5.68}$$

L'enthalpie H ainsi que l'enthalpie libre G peuvent également être facilement déterminées. Dans les équations (5.67) et (5.68) apparaît l'expression caractéristique $(h^2/2\pi mkT)^{3/2}$, que nous rencontrerons très fréquemment par la suite. La quantité

$$\lambda = \left(\frac{h^2}{2\pi mkT} \right)^{1/2}$$

se nomme *longueur d'onde thermique*. C'est la longueur d'onde d'une particule quantique d'énergie

$$E = \pi kT = \frac{\hbar^2 \underline{k}^2}{2m} ,$$
$$\lambda^2 = \left(\frac{2\pi}{\underline{k}} \right)^2 = \frac{h^2}{2\pi mkT}$$

où $\underline{k} = 2\pi/\lambda$ désigne le vecteur d'onde, que l'on doit distinguer de la constante de Boltzmann k. Evidemment le rapport de la longueur d'onde thermique λ^3 au volume par particule $v = V/N$ détermine le nombre d'états microscopiques accessibles. L'équation (5.63) peut également être réécrite en utilisant cette quantité,

$$S(T, V, N) = Nk \left[\frac{5}{2} + \ln \left(\frac{v}{\lambda^3} \right) \right] .$$

D'autres propriétés du gaz parfait s'obtiennent encore en dérivant les potentiels thermodynamiques. Nous avons, par exemple

$$C_V = \left. \frac{\partial E}{\partial T} \right|_{N,V} = \frac{3}{2} Nk ,$$
$$C_p = \left. \frac{\partial H}{\partial T} \right|_{p,V} = \left. \frac{\partial}{\partial T} (E + pV) \right|_{p,V} = \left. \frac{\partial}{\partial T} \left(\frac{3}{2} NkT + \frac{2}{3} E \right) \right|_{p,V}$$
$$= \frac{\partial}{\partial T} \left(\frac{3}{2} NkT + NkT \right) = \frac{5}{2} Nk$$

et

$$\alpha = \frac{1}{V} \left.\frac{\partial V}{\partial T}\right|_p = \frac{1}{T}, \qquad \kappa = -\frac{1}{V} \left.\frac{\partial V}{\partial p}\right|_T = \frac{1}{p}.$$

La relation générale,

$$C_p = C_V + TV\frac{\alpha^2}{\kappa}$$

s'en déduit aussi immédiatement. Certaines de ces relations nous sont déjà familières depuis la partie consacrée à la thermodynamique dans ce volume. Elles ont cependant été démontrées ici, en utilisant uniquement les propriétés statistiques microscopiques des particules du gaz parfait. Nous avons donc obtenu les équations d'état du système à partir de la seule connaissance du hamiltonien!

6. Théorie des ensembles et ensemble microcanonique

6.1 Densité dans l'espace des phases, principe ergodique

Dans les paragraphes précédents nous avons vu comment on peut, du moins en principe, calculer les propriétés macroscopiques d'un système isolé connaissant E, V et N. Notre intention est de développer à présent un formalisme plus général qui nous permettra de décrire diverses situations (par exemple un système à température donnée en contact avec un thermostat). Pour un état macroscopique donné un système peut se trouver dans un très grand nombre d'états microscopiques. Dans le cas d'un système isolé tous les états microscopiques possibles se trouvent sur la surface «énergie». Jusqu'à présent nous avons considéré que tous les états microscopiques sont équiprobables : nous avons admis que tous *les états microscopiques sur «la surface énergie» d'un système isolé sont équiprobables.*

Cette hypothèse constitue le postulat de base de la mécanique statistique. Cependant, pour des systèmes non isolés, il se pourrait très bien que des états microscopiques avec une certaine énergie soient plus probables que des états microscopiques avec une autre énergie. Les états microscopiques ne peuvent plus alors être comptés de la même manière, mais doivent alors être multipliés par une fonction de pondération $\varrho(q_v, p_v)$ qui dépend de l'énergie de cet état. On affecte donc à chaque point dans l'espace des phases (q_v, p_v), une fonction de pondération $\varrho(q_v, p_v)$, pouvant s'interpréter comme la densité de probabilité pour le système macroscopique d'atteindre ce point dans l'espace des phases. Pour un système isolé ϱ est donc nul en dehors de la surface énergie et possède une valeur constante sur celle-ci. La densité de probabilité ϱ se nomme *densité dans l'espace des phases.* Elle peut être normalisée à 1,

$$\int d^{3N}q \, d^{3N}p \, \varrho(q_v, p_v) = 1 . \tag{6.1}$$

À présent si $f(q_v, p_v)$ désigne une observable quelconque du système, par exemple, l'énergie totale $H(q_v, p_v)$ ou le moment cinétique $L(q_v, p_v)$, on observera alors en général une valeur moyenne $\langle f \rangle$ de cette grandeur dans un état macroscopique donné, pour laquelle chaque état microscopique (q_v, p_v) contribue en fonction de sa pondération $\varrho(q_v, p_v)$:

$$\langle f \rangle = \int d^{3N}q \, d^{3N}p \, f(q_v, p_v) \varrho(q_v, p_v) . \tag{6.2}$$

Puisque chaque point dans l'espace des phases (q_ν, p_ν) s'identifie à une copie du système macroscopique considéré qui se trouve dans un certain état microscopique, (6.2) représente simplement une moyenne sur un ensemble de telles copies identiques (à un instant donné). La grandeur $\langle f \rangle$ se nomme donc *moyenne sur un ensemble* de la grandeur f et la densité ϱ dans l'espace des phases est la fonction de pondération de cet ensemble. *Pour un système isolé*, ϱ est donné par

$$\varrho_{\mathrm{mc}}(q_\nu, p_\nu) = \frac{1}{\sigma(E)} \delta\big(E - H(q_\nu, p_\nu)\big) \tag{6.3}$$

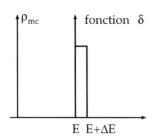

La fonction δ confère une pondération nulle à tous les points qui ne se trouvent pas sur la surface énergie d'aire $\sigma(E)$, alors que $1/\sigma$ est un facteur de normalisation.

La densité dans l'espace des phases d'un système isolé correspond à un certain ensemble d'états microscopiques possibles que l'on nomme ensemble microcanonique, qui sera repéré par l'indice *mc*. D'autres systèmes possèdent évidemment différentes densités dans l'espace des phases qu'il nous faut encore calculer (voir figure 6.1).

Fig. 6.1. Densité microcanonique dans l'espace des phases

Pour les calculs pratiques, cependant, (6.3) n'est pas très commode à cause de la fonction δ, qui possède un argument compliqué. Comme dans les paragraphes précédents, il vaut donc mieux permettre une petite incertitude en énergie ΔE. On pose

$$\varrho_{\mathrm{mc}} = \begin{cases} \text{cste}, & E \leq H(q_\nu, p_\nu) \leq E + \Delta E, \\ 0, & \text{ailleurs}. \end{cases} \tag{6.4}$$

Dans ce cas la constante se détermine par normalisation

$$\int \mathrm{d}^{3N} q \, \mathrm{d}^{3N} p \varrho_{\mathrm{mc}} = \text{cste} \int\limits_{E \leq H(q_\nu, p_\nu) \leq E + \Delta E} \mathrm{d}^{3N} q \, \mathrm{d}^{3N} p = 1. \tag{6.5}$$

Cette intégrale nous est déjà familière (voir (5.65)), et on a (sans le facteur de Gibbs $1/N!$)

$$\text{cste} = (\Omega(E, V, N) h^{3N})^{-1}. \tag{6.6}$$

Le facteur h^{3N} apparaissant très fréquemment, nous allons désormais l'inclure dans l'élément de volume dans l'espace des phases. (Rappelons que le facteur de Gibbs n'apparaît que si l'on tient compte à posteriori de l'indiscernabilité des particules.) À partir de maintenant au lieu de (6.1) nous écrirons

$$\frac{1}{h^{3N}} \int \mathrm{d}^{3N} q \, \mathrm{d}^{3N} p \varrho(q_\nu, p_\nu) = 1. \tag{6.7}$$

et, respectivement, pour (6.2)

$$\langle f \rangle = \frac{1}{h^{3N}} \int \mathrm{d}^{3N} q \, \mathrm{d}^{3N} p f(q_\nu, p_\nu) \varrho(q_\nu, p_\nu). \tag{6.8}$$

L'avantage en est que *la densité dans l'espace des phases est maintenant un nombre sans dimension*. La densité normalisée dans l'espace des phases s'écrit, pour l'ensemble microcanonique (à nouveau sans facteur de Gibbs)

$$\varrho_{\mathrm{mc}} = \begin{cases} 1/\Omega, & E \leq H(q_\nu, p_\nu) \leq E + \Delta E, \\ 0, & \text{ailleurs}. \end{cases} \tag{6.9}$$

Le postulat affirmant que toutes les grandeurs d'état thermodynamiques peuvent s'écrire comme une moyenne d'ensemble d'une observable microscopique adéquate $f(q_\nu, p_\nu)$, est aussi un des fondements de la théorie des ensembles. Par la suite il nous faudra donc non seulement déterminer la densité dans l'espace des phases, mais également la fonction $f(q_\nu, p_\nu)$, qui correspond à une certaine grandeur d'état.

Poursuivons cependant tout d'abord en faisant quelques considérations générales sur la moyenne d'ensemble. Jusqu'ici nous sommes partis de certaines hypothèses de base que l'on ne peut déduire directement de la mécanique classique. Par ailleurs, la solution des équations du mouvement de Hamilton d'un système $(q_\nu(t), p_\nu(t))$ en fonction du temps détermine de façon unique toutes les observables imaginables du système.

La dépendance temporelle de la trajectoire représentative dans l'espace des phases n'est cependant pas importante pour la moyenne d'ensemble. Au lieu de cela, nous avons simplement attribué une probabilité à chaque point de l'espace des phases (q_ν, p_ν) pour que cet état microscopique particulier puisse être atteint. À l'équilibre, toutes les grandeurs thermodynamiques (macroscopiques) sont indépendantes du temps. On peut donc en principe calculer ces grandeurs comme une moyenne temporelle sur la véritable trajectoire dans l'espace des phases, par exemple comme suit

$$\overline{f} = \lim_{T \to \infty} \frac{1}{T} \int_0^T \mathrm{d}t\, f[q_\nu(t), p_\nu(t)] \tag{6.10}$$

la dépendance temporelle $(q_\nu(t), p_\nu(t))$ est fixée par les équations du mouvement de Hamilton. La moyenne temporelle le long de la trajectoire dans l'espace des phases n'est pas une grandeur pratique, puisqu'il est nécessaire de connaître la solution complète des équations du mouvement pour son calcul. Elle a néanmoins une signification de principe. Explicitement, si l'on pouvait prouver mathématiquement que la moyenne temporelle conduit essentiellement au même résultat que la moyenne d'ensemble, alors nos hypothèses précédentes seraient fondées d'un point de vue purement microscopique.

La moyenne temporelle $\overline{f}$ et la moyenne d'ensemble $\langle f \rangle$ pour un système isolé à énergie donnée seraient certainement identiques si au cours de son évolution dans le temps la trajectoire de l'espace des phases passait un nombre égal de fois sur chaque point de la surface énergie (par exemple, une fois – condition suffisante) (voir figure 6.2). Cette condition qui fut introduite par Boltzmann en 1871, se nomme *principe ergodique*. Bien sur dans ce cas une moyenne par rapport au temps correspondra, exactement à une moyenne par rapport à tous les

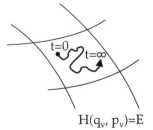

Fig. 6.2. Trajectoire dans l'espace des phases

points de la surface avec des pondérations égales. Notre exemple de l'oscillateur harmonique à une dimension, nous montre que de tels systèmes existent en principe. En effet, au cours d'une période chaque point de l'ellipse « énergie » est parcouru une seule fois.

Mais pour des systèmes multidimensionnels on peut démontrer mathématiquement, que la trajectoire dans l'espace des phases ne peut jamais en principe parcourir tous les points de la surface énergie. La raison en est que, d'une part les équations du mouvement de Hamilton possèdent toujours une solution unique, si bien que la trajectoire de l'espace des phases ne peut jamais se recouper, d'autre part il est problématique de faire une représentation entre un intervalle temporel unidimensionnel et un élément de surface à N-dimensions. Il n'est en fait pas nécessaire que la trajectoire de l'espace des phases passe vraiment par tous les points de la surface énergie pour pouvoir identifier la moyenne temporelle et d'ensemble. *Cette supposition constitue le principe quasi-ergodique.*

Malheureusement, jusqu'ici toutes les tentatives pour fonder strictement la théorie des ensembles sur la mécanique classique ont été vouées à l'échec. Il nous faudra donc poser de façon axiomatique nos hypothèses comme points de départ de la mécanique statistique.

6.2 Théorème de Liouville

Exprimons à présent certaines propriétés générales de la densité dans l'espace des phases $\varrho(q_\nu, p_\nu)$. Puisque la moyenne d'ensemble d'un système en équilibre thermique doit être indépendante du temps, la densité dans l'espace des phases ne peut pas dépendre explicitement du temps. Dans ce cas $(\partial \varrho / \partial t = 0)$, on dit qu'on a affaire à des ensembles stationnaires. Mais nous verrons plus tard, que la densité dans l'espace des phases peut aussi servir à décrire la dynamique des processus. Mais pour assurer une complète généralité, nous permettrons à $\varrho(q_\nu, p_\nu, t)$ une dépendance explicite vis-à-vis du temps, cependant en thermodynamique nous n'aurons affaire qu'à des ensembles indépendants du temps.

Si à un instant t_0 un système se trouve dans un état microscopique donné q_ν, p_ν, alors au cours du temps ce système va se déplacer vers d'autres états microscopiques $q_\nu(t)$, $p_\nu(t)$. Le long de la trajectoire dans l'espace des phases, la densité change au cours du temps. De façon générale les variations temporelles s'écrivent d'après (5.4) :

$$\frac{\mathrm{d}}{\mathrm{d}t}\varrho(q_\nu(t), p_\nu(t), t) = \frac{\partial}{\partial t}\varrho(q_\nu(t), p_\nu(t), t) + \{\varrho, H\} . \tag{6.11}$$

Considérons maintenant un volume ω de l'espace des phases, chaque point de cet élément de volume peut être considéré comme le point de départ d'une trajectoire dans l'espace des phases. Remarquons que les trajectoires peuvent se couper si elles ne correspondent pas à des systèmes identiques.

Au cours du temps, tous les systèmes (représentés schématiquement sur la figure 6.3) vont se déplacer vers d'autres points de l'espace des phases, fournissant une représentation de l'élément de volume ω à l'instant t sur un autre élément de volume ω' à l'instant t'. Au cours de ce processus aucun point ne se perd ni ne s'ajoute. Cette représentation peut donc s'interpréter comme le flux d'un fluide incompressible dépourvu de sources et de puits.

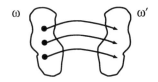

Fig. 6.3. Flux dans l'espace des phases

La «vitesse» à laquelle les systèmes «s'écoulent» du volume fini ω est donné par le flux à travers la surface :

$$\frac{\partial}{\partial t} \int_\omega d\omega \varrho = - \int_\sigma \varrho (\boldsymbol{v} \cdot \boldsymbol{n}) d\sigma \qquad (6.12)$$

(σ surface fermée entourant ω) où $\boldsymbol{v}$ représente la vitesse de l'écoulement, qui est bien sur donnée par le vecteur $(\dot{q}_\nu, \dot{p}_\nu)$. Le signe correspond effectivement au cas d'une normale unitaire extérieure. D'après le théorème de Gauss l'équation (6.12) peut s'écrire

$$\int_\omega d\omega \left(\frac{\partial}{\partial t} \varrho + \mathrm{div}(\varrho \boldsymbol{v}) \right) = 0 . \qquad (6.13)$$

Sous forme explicite la divergence s'écrit

$$\mathrm{div}(\varrho \boldsymbol{v}) = \sum_{\nu=1}^{3N} \left(\frac{\partial}{\partial q_\nu}(\varrho \dot{q}_\nu) + \frac{\partial}{\partial p_\nu}(\varrho \dot{p}_\nu) \right) \qquad (6.14)$$

puisque l'espace des phases comporte $3N$ coordonnées et $3N$ quantités de mouvement. Comme le volume considéré ω est arbitraire, on obtient donc l'équation de conservation suivante le long d'une trajectoire dans l'espace des phases

$$\frac{\partial \varrho}{\partial t} + \mathrm{div}(\varrho \boldsymbol{v}) = 0 . \qquad (6.15)$$

D'autre part, en se servant des équations du mouvement de Hamilton, on obtient à partir de (6.14)

$$\begin{aligned}
\mathrm{div}(\varrho \boldsymbol{v}) &= \sum_{\nu=1}^{3N} \left[\frac{\partial \varrho}{\partial q_\nu} \dot{q}_\nu + \frac{\partial \varrho}{\partial p_\nu} \dot{p}_\nu + \varrho \left(\frac{\partial \dot{q}_\nu}{\partial q_\nu} + \frac{\partial \dot{p}_\nu}{\partial p_\nu} \right) \right] \\
&= \sum_{\nu=1}^{3N} \left[\frac{\partial \varrho}{\partial q_\nu} \frac{\partial H}{\partial p_\nu} - \frac{\partial \varrho}{\partial p_\nu} \frac{\partial H}{\partial q_\nu} \right] + \varrho \sum_{\nu=1}^{3N} \left[\frac{\partial^2 H}{\partial q_\nu \partial p_\nu} - \frac{\partial^2 H}{\partial p_\nu \partial q_\nu} \right]
\end{aligned} \qquad (6.16)$$

ou

$$\mathrm{div}(\varrho \boldsymbol{v}) = \{\varrho, H\} \qquad (6.17)$$

puisque le dernier terme dans (6.16) s'annule. On a alors pour les équations (6.15) et (6.11) :

$$\frac{d\varrho}{dt} = \frac{\partial \varrho}{\partial t} + \{\varrho, H\} = 0 . \qquad (6.18)$$

La dérivée totale de la densité dans l'espace des phases est donc nulle le long d'une trajectoire dans l'espace des phases. Ceci constitue le *théorème de Liouville* (1838). Pour des systèmes stationnaires qui ne dépendent pas explicitement du temps ($\partial \varrho / \partial t = 0$), il s'en suit que

$$\{\varrho, H\} = \sum_{\nu=1}^{3N} \left(\frac{\partial \varrho}{\partial q_\nu} \frac{\partial H}{\partial p_\nu} - \frac{\partial \varrho}{\partial p_\nu} \frac{\partial H}{\partial q_\nu} \right) = 0 \,. \tag{6.19}$$

Ainsi que nous l'apprend la mécanique classique, cela signifie que ϱ est une constante du mouvement et ne dépend que de grandeurs conservatives. Ainsi par exemple $\varrho(H(q_\nu, p_\nu))$ vérifie (6.19) :

$$\frac{\partial \varrho}{\partial q_\nu} \frac{\partial H}{\partial p_\nu} - \frac{\partial \varrho}{\partial p_\nu} \frac{\partial H}{\partial q_\nu} = \frac{\partial \varrho}{\partial H} \left(\frac{\partial H}{\partial q_\nu} \frac{\partial H}{\partial p_\nu} - \frac{\partial H}{\partial p_\nu} \frac{\partial H}{\partial q_\nu} \right) = 0 \,. \tag{6.20}$$

6.3 Ensemble microcanonique

Jusqu'à présent nous avions plus ou moins deviné la densité dans l'espace des phases pour un système isolé d'énergie totale donnée et justifié ce choix par son succès. *Prouvons maintenant que pour un système c'est une densité constante sur la surface énergie dans l'espace des phases qui est la plus probable.* La méthode que nous utiliserons ici nous sera également très utile par la suite, lorsque nous déduirons les densités de probabilités pour d'autres systèmes (en particulier pour les systèmes quantiques).

Dans ce but, considérons $\mathcal{N}$ copies identiques de notre système (un ensemble), chacune avec ses grandeurs d'état macroscopiques naturelles (E, V, N). Il ne faut pas confondre le nombre $\mathcal{N}$ de systèmes avec le nombre N de particules dans chaque système. À un instant donné chacun des $\mathcal{N}$ systèmes se trouve dans un certain état microscopique (q_ν, p_ν). En général ces états microscopiques sont différents les uns des autres, mais doivent tous se trouver sur la même surface énergie.

Subdivisons maintenant la surface énergie en éléments de surface $\Delta \sigma_i$ égaux, que nous numéroterons (figure 6.4). Chacun de ces éléments de surface contient un nombre n_i de systèmes («tresse» d'états microscopiques). Si nous choisissons les éléments de surface suffisamment petits, alors chaque élément correspondra à un seul état microscopique. Considérons cependant maintenant des $\Delta \sigma_i$ comportant n_i états microscopiques (systèmes). Au total, nous aurons bien sûr

$$\mathcal{N} = \sum_i n_i \,. \tag{6.21}$$

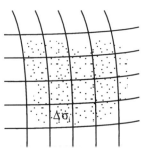

Fig. 6.4. Subdivision de l'hyperplan énergie dans l'espace des phases

Le nombre de systèmes n_i dans un certain élément de surface $\Delta \sigma_i$ fixera exactement la pondération de l'état microscopique correspondant dans l'ensemble. Le nombre $n_i / \mathcal{N}$ peut s'interpréter comme la probabilité pour que l'état microscopique i se trouve dans $\Delta\sigma_i$. La probabilité $p_i = n_i/\mathcal{N}$ correspond donc à l'expression $\varrho(q_\nu, p_\nu)d^{3N}q\,d^{3N}p$ dans la formulation continue.

Une certaine répartition $\{n_1, n_2, \ldots\}$ des $\mathcal{N}$ systèmes sur les éléments de surface peut s'obtenir de différentes façons.

Numérotons les $\mathcal{N}$ systèmes, par exemple, pour $\mathcal{N} = 5$ et 4 éléments de surface, avec $n_1 = 2$, $n_2 = 2$, $n_3 = 1$, et $n_4 = 0$, il y aura alors différentes possibilités ainsi que l'indique la figure 6.5. Le calcul du nombre total de possibilités pour une certaine répartition $\{n_i\}$ est un simple problème combinatoire: il y a exactement $\mathcal{N}!$ façons différentes d'énumérer les systèmes, mais dans chaque cas $n_i!$ échanges dans une cellule de l'espace des phases ne fourniront pas un nouveau cas. Si par exemple, dans notre exemple, les nombres 1 et 2 sont intervertis dans la cellule 1, manifestement rien n'aura changé.

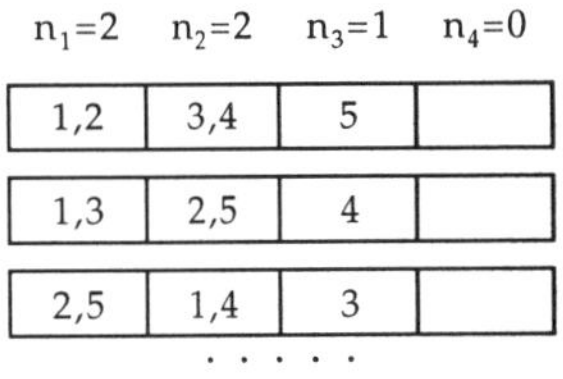

Le nombre total de façons $W\{n_i\}$ de générer une certaine répartition $\{n_i\}$ est donc fourni par

$$W\{n_i\} = \frac{\mathcal{N}!}{\prod_i n_i!} \tag{6.22}$$

où i parcourt tous les éléments de surface.

Interrogeons nous maintenant sur la probabilité $W_{tot}\{n_i\}$ de trouver une répartition $\{n_i\}$ sur l'élément de surface σ_i. Soit ω_i la probabilité de trouver un système sur l'élément de surface $\Delta\sigma_i$. Alors la probabilité d'avoir exactement n_i systèmes sur $\Delta\sigma_i$ est $(\omega_i)^{n_i}$, car les systèmes dans l'ensemble sont statistiquement indépendants les uns des autres. Pour la même raison, nous obtenons pour la probabilité de répartition $W_{\text{tot}}\{n_i\}$ de la répartition $\{n_i\}$:

$$W_{\text{tot}}\{n_i\} = \mathcal{N}! \prod_i \frac{(\omega_i)^{n_i}}{n_i!} \ . \tag{6.23}$$

Interrogeons nous maintenant sur la répartition la plus probable $\{n_i\}^*$ des $\mathcal{N}$ systèmes sur les cellules de l'espace des phases (éléments de surface). Il nous faut donc déterminer le maximum de (6.23). L'expression sous forme de produit n'étant pas pratique, il est plus avantageux de déterminer d'abord le maximum de $\ln W_{\text{tot}}\{n_i\}$, qui est, bien sûr, identique à celui de $W_{\text{tot}}\{n_i\}$. Cependant pour $\mathcal{N} \to \infty$, tous les $n_i \to \infty$ (dans le cas d'éléments de surface finis), nous pouvons donc approcher tous les facteurs en utilisant $\ln n! \approx n \ln n - n$,

$$\ln W_{\text{tot}} = \ln \mathcal{N}! + \sum_i (n_i \ln \omega_i - \ln n_i!)$$
$$= \mathcal{N} \ln \mathcal{N} - \mathcal{N} + \sum_i \{n_i \ln \omega_i - (n_i \ln n_i - n_i)\} \ . \tag{6.24}$$

Si $\ln W_{\text{tot}}$ est maximal, tous les termes différentiels doivent s'annuler. Mais puisque le nombre $\mathcal{N}$ est constant on doit avoir

$$d \ln W_{\text{tot}} = - \sum_i (\ln n_i - \ln \omega_i) \, dn_i = 0 \ . \tag{6.25}$$

$n_1=2$	$n_2=2$	$n_3=1$	$n_4=0$
1,2	3,4	5	
1,3	2,5	4	
2,5	1,4	3	

. . . . .

Fig. 6.5. Répartition des systèmes sur des éléments de surface

Si tous les dn_i sont indépendants les uns des autres, chaque coefficient dans (6.25) doit s'annuler. Cependant, les dn_i sont reliés les uns aux autres par (6.21). Nous connaissons déjà la résolution de ces problèmes d'extremums avec contraintes. Nous formons la différentielle de (6.21) et la multiplions par un facteur de Lagrange λ indéterminé :

$$\lambda d\mathcal{N} = \lambda \sum_i dn_i = 0 \, . \tag{6.26}$$

On ajoute cette équation à (6.25), pour obtenir

$$\sum_i (\ln n_i - \ln \omega_i - \lambda) dn_i = 0 \tag{6.27}$$

condition pour que $\ln W_{\text{tot}}$ soit extrémal. Maintenant nous pouvons considérer tous les dn_i indépendants les uns des autres, à condition de choisir judicieusement le multiplicateur de Lagrange λ pour que (6.21) soit ensuite vérifiée. Chaque coefficient de (6.27) doit donc s'annuler séparément :

$$\ln n_i = \lambda + \ln \omega_i \quad \text{ou} \quad n_i = \omega_i \, e^\lambda = \text{cste.} \tag{6.28}$$

On peut alors, en principe, déterminer λ à partir de (6.21). Mais cela n'a pas beaucoup d'intérêt pour nous. La signification de (6.28) réside dans le fait que le nombre de systèmes sur l'élément de surface $\Delta\sigma_i$ est justement proportionnel à la probabilité ω_i, c'est-à-dire à la probabilité de trouver le système dans $\Delta\sigma_i$. Cela semble plausible.

Une des hypothèses fondamentale de la physique statistique est alors que tous les états microscopiques (tous les points de l'espace des phases) sont, en principe, équiprobables, et ont donc la même probabilité ω_i. Les ω_i sont donc simplement proportionnels à l'élément de surface correspondant. Cela signifie que la probabilité ω_i de trouver un système sur l'élément de surface i est proportionnel à sa taille $\Delta\sigma_i$. Si tous les éléments de surface sont égaux et très petits, le nombre n_i de systèmes doit être le même pour tous les éléments de surface.

Nous avons ainsi vu qu'une densité constante sur la surface énergie dans l'espace des phases est celle qui est la plus probable. Nos considérations restent évidemment valables si au lieu de la surface énergie, on considère un couche très étroite d'énergie comprise entre E et $E + \Delta E$, on a alors

$$p_i = \frac{n_i}{\mathcal{N}} = \begin{cases} \text{cste.} \, , & H = E \, , \\ 0 \, , & \text{ailleurs} \, , \end{cases}$$

$$\Rightarrow \varrho_{\text{mc}} = \begin{cases} \text{cste.} \, , & E \leq H(q_\nu, p_\nu) \leq E + \Delta E \, , \\ 0 \, , & \text{ailleurs} \, . \end{cases} \tag{6.29}$$

p_i s'entend ici comme la probabilité de trouver un système de l'ensemble dans l'état microscopique (élément de surface) avec le nombre i.

De façon analogue, $\varrho_{\text{mc}}(q_\nu, p_\nu) d^{3N} q_\nu d^{3N} p_\nu$ est la probabilité de trouver un système (un état microscopique) à l'intérieur de l'élément de volume $d^{3N} q_\nu d^{3N} p_\nu$ dans l'espace des phases.

6.4 L'entropie comme moyenne d'ensemble

Jusqu'ici nous n'avons pas indiqué quelle fonction $f(q_\nu, p_\nu)$ nous devons choisir pour calculer une certaine grandeur thermodynamique comme moyenne d'ensemble,

$$\langle f \rangle = \frac{1}{h^{3N}} \int d^{3N}q \, d^{3N}p \, f(q_\nu, p_\nu) \varrho(q_\nu, p_\nu) . \tag{6.30}$$

Il n'est pas difficile de se donner une fonction $f(q_\nu, p_\nu)$ dont la moyenne d'ensemble fournira justement l'entropie pour l'ensemble microcanonique. Tout d'abord, la densité microcanonique dans l'espace des phases est donnée par

$$\varrho_{mc} = \begin{cases} 1/\Omega , & E \le H(q_\nu, p_\nu) \le E + \Delta E , \\ 0 , & \text{ailleurs} . \end{cases} \tag{6.31}$$

D'autre part, nous avons

$$S(E, V, N) = k \ln[\Omega(E, V, N)] . \tag{6.32}$$

De façon formelle, l'entropie vaut alors

$$S(E, V, N) = \frac{1}{h^{3N}} \int d^{3N}q \, d^{3N}p \, \varrho_{mc}(q_\nu, p_\nu) \{-k \ln[\varrho_{mc}(q_\nu, p_\nu)]\} . \tag{6.33}$$

Pour le démontrer, insérons (6.31) dans (6.33), et conservons à l'esprit que $\varrho \ln \varrho = 0$ pour $\varrho = 0$

$$S(E, V, N) = \frac{1}{h^{3N}} \int\limits_{E \le H(q_\nu, p_\nu) \le E + \Delta E} d^{3N}q \, d^{3N}p \, \frac{1}{\Omega} \left(-k \ln \frac{1}{\Omega} \right) . \tag{6.34}$$

Le facteur de l'intégrale est une constante sur le domaine d'intégration et peut donc être sorti de l'intégrale :

$$S(E, V, N) = \frac{1}{\Omega} k \ln \Omega \frac{1}{h^{3N}} \int\limits_{E \le H(q_\nu, p_\nu) \le E + \Delta E} d^{3N}q \, d^{3N}p . \tag{6.35}$$

Utilisant ici (5.65) (sans le facteur de Gibbs $1/N!$ qui a déjà été omis dans (6.30)), on obtient

$$S(E, V, N) = \frac{1}{\Omega} k \ln \Omega \cdot \Omega = k \ln \Omega \tag{6.36}$$

comme il se doit. L'équation (6.33) n'est donc qu'une formulation un peu plus compliquée de (6.32). Elle a néanmoins l'avantage de pouvoir facilement se transposer à d'autres densités dans l'espace des phases. En général, nous écrirons

$$S = \langle -k \ln \varrho \rangle . \tag{6.37}$$

L'entropie est donc la moyenne d'ensemble du logarithme de la densité dans l'espace des phases. En raison de la signification fondamentale de cette affirmation nous voulons discuter plus en détail l'équation (6.37).

6.5 La fonction incertitude

Considérons une expérience comportant des événements aléatoires, par exemple, un lancer de dés avec différents résultats possibles. Attribuons une probabilité p_i à chacun des i résultats possibles de l'expérience. Dans le cas d'un dé idéal on aura $p_i = 1/6$ pour $i = 1, \ldots, 6$. Dans une série de $\mathcal{N}$ lancers $(\mathcal{N} \to \infty)$, tous les nombres de 1 à 6 sortiront un nombre égal de fois et en fait en moyenne exactement $n_i = p_i \mathcal{N}$ fois.

Si au lieu du dé idéal nous en utilisons un qui soit truqué, possédant par exemple les probabilités $p_1 = p_2 = p_3 = p_4 = p_5 = 1/10$ et $p_6 = 5/10$, alors dans une série de lancers le nombre 6 sortira cinq fois plus souvent que n'importe lequel des autres nombres. Le résultat d'un lancer du dé modifié pourra donc être prédit avec une meilleure précision que pour le dé idéal. Dans le cas extrême d'un dé spécial pour lequel $p_1 = p_2 = p_3 = p_4 = p_5 = 0$ et $p_6 = 1$ on pourra prédire avec une *certitude absolue* ce que donnera le lancer suivant.

En d'autres termes, l'équiprobabilité des possibilités, $p_i = $ cste (équidistribution), fournit la situation avec la plus grande incertitude sur le résultat d'une expérience. Toutes les autres distributions donnent une certitude de prédiction meilleure (plus faible incertitude). En mathématique, en statistique, se pose déjà la question de savoir s'il existe une mesure unique pour la prédiction d'un événement aléatoire, qui peut servir à comparer différents événements aléatoires.

Réfléchissons tout d'abord quelles propriétés une telle mesure devrait avoir. Au sens mathématique une expérience est définie par la donnée des probabilités p_i des événements. La fonction incertitude H ne peut donc être qu'une fonction de ces probabilités :

$$H = H(p_i), \qquad i = 1, \ldots \text{ (résultats possibles de l'expérience)}. \qquad (6.38)$$

De plus l'incertitude d'une expérience certaine, c'est-à-dire une expérience dont le résultat est certain, devra être $H = 0$; ainsi par exemple le lancer avec le dé truqué $p_1 = \cdots = p_5 = 0$, $p_6 = 1$, ne présente aucune incertitude. Nous imposons donc que

$$H(p_1, p_2, \ldots) = 0 \quad \text{pour} \quad p_1 = 0, \ldots, \ p_{i-1} = 0, \ p_i = 1, \ p_{i+1} = 0, \ldots \qquad (6.39)$$

puisqu'une expérience avec une telle distribution de probabilité fournit toujours le résultat i.

De plus, la mesure de l'incertitude doit être indépendante du dénombrement des p_i. Nous imposons donc que par permutation de deux probabilités on ait

$$H(\ldots, p_i, \ldots, p_k, \ldots) = H(\ldots, p_k, \ldots, p_i, \ldots). \qquad (6.40)$$

Dans le cas de dés nous avons déjà vu que l'équipartition $p_i = $ cste est manifestement celle donnant l'incertitude la plus grande. Nous imposons donc que

$$H = H_{\max} \quad \text{pour } tous \ les \quad p_i = \text{cste.} \qquad (6.41)$$

Il nous faut enfin dire quelque chose sur la façon de calculer l'incertitude $H(\text{I ET II})$ d'une expérience consistant en la réunion logique de deux expériences I et II, avec les incertitudes $H(\text{I})$ et $H(\text{II})$. Chaque résultat est de la forme (événement i pour l'expérience I) et (événement j pour l'expérience II). Si les expériences I et II sont indépendantes, nous imposons que

$$H(\text{I ET II}) = H(\text{I}) + H(\text{II}) \, . \tag{6.42}$$

Cette définition se confirme par le fait que H s'annule pour une expérience certaine. Si, par exemple, l'expérience I est certaine, $H(\text{I}) = 0$, et l'expérience II possède une incertitude, alors par la combinaison ET des deux expériences l'incertitude n'augmente pas. Ainsi la multiplication des incertitudes dans le cas des combinaisons ET (à l'inverse des probabilités) n'a pas de sens. On peut alors démontrer que les conditions (6.38–42) déterminent de façon unique la fonction incertitude. Elle s'énonce

$$H(p_i) = - \sum_i p_i \ln p_i \, . \tag{6.43}$$

Nous n'allons pas démontrer l'unicité de l'équation (6.43), à une constante (positive) multiplicative près, mais nous allons montrer qu'elle vérifie les conditions (6.38–42).

La condition (6.38) est triviale, tandis que la condition (6.39) résulte immédiatement de $\ln p_i = 0$ pour $p_i = 1$, et de $p_j \ln p_j = 0$ lorsque $p_j = 0$. La condition (6.40) est également triviale, puisque dans la condition (6.43) on peut changer le nom de l'indice de sommation. La condition (6.41) est alors facilement vérifiée en formant la différentielle totale

$$\mathrm{d}H = - \sum_i (\ln p_i + 1) \, \mathrm{d}p_i \, . \tag{6.44}$$

Celle-ci s'annule pour $H = H_{\max}$, mais en raison de

$$\sum_i p_i = 1 \tag{6.45}$$

les p_i ne sont pas tous indépendants les uns des autres. De façon entièrement analogue au paragraphe précédent, à l'aide des multiplicateurs de Lagrange, ce problème d'extremum conduit au résultat $p_i = $ constante. Enfin il en résulte la condition (6.42) avec les probabilités p_i pour l'expérience I et q_k pour l'expérience II, puisque les probabilités d'événements statistiquement indépendants se multiplient dans le cas des combinaisons ET :

$$
\begin{aligned}
H(\text{I ET II}) &= - \sum_i \sum_k (p_i q_k) \ln(p_i q_k) \\
&= - \sum_i \sum_k (p_i q_k) \ln p_i - \sum_i \sum_k (p_i q_k) \ln q_k \\
&= - \sum_i p_i \ln p_i - \sum_k q_k \ln q_k = H(\text{I}) + H(\text{II})
\end{aligned}
\tag{6.46}
$$

où l'on a utilisé $\sum_i p_i = 1$ et $\sum_k q_k = 1$.

La condition (6.42) correspond à l'extensivité de l'entropie. Si un système se déplace d'un état avec un nombre d'états microscopiques faible vers un état plus probable avec un nombre plus élevé d'états microscopiques, alors l'incertitude et par conséquent l'entropie augmentent.

EXEMPLE

6.1 Mouvement à une dimension (problème de la «marche au hasard»)

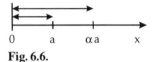

0   a   αa   x

Fig. 6.6.

Considérons une particule qui ne peut se déplacer que suivant la direction des $-x$. Son mouvement est restreint à l'intervalle $0 \leq x \leq a$ et elle peut se déplacer au hasard en avant ou en arrière. La densité de probabilité $\varrho(x)$ de trouver la particule au point x est donnée par

$$\varrho(x) = \begin{cases} 1/a, & 0 \leq x \leq a, \\ 0, & \text{ailleurs}. \end{cases}$$

L'incertitude correspondante est

$$H = -\int_0^a \mathrm{d}x \varrho \ln \varrho = \ln a.$$

Si l'intervalle augmente d'un facteur $\alpha > 1$, on obtient

$$\varrho'(x) = \begin{cases} 1/\alpha a, & 0 \leq x \leq \alpha a, \\ 0, & \text{ailleurs} \end{cases}$$

et par conséquent

$$H' = -\int_0^{\alpha a} \mathrm{d}x \varrho' \ln \varrho' = \ln a + \ln \alpha.$$

L'incertitude augmente donc de façon parfaitement définie, si $\alpha > 1$ (ou décroît, dans le cas $\alpha < 1$).

Remarque : Pour simplifier nous avons omis l'espace des quantités de mouvement. En procédant ainsi, nous ne commettons aucune erreur, puisque nous pouvons identifier p_i, le plus général, avec $\varrho(x)$.

EXEMPLE

6.2 Le gaz ultra-relativiste

Calculons à présent les propriétés thermodynamiques d'un gaz ultra-relativiste classique à l'aide de l'ensemble microcanonique. Un tel gaz est constitué de particules sans masse se déplaçant à la vitesse de la lumière (par exemple des photons). D'après la relation relativiste énergie–quantité de mouvement on a

$$\varepsilon = (\boldsymbol{p}^2 c^2 + m^2 c^4)^{1/2} \rightarrow \varepsilon = |\boldsymbol{p}|c \quad \text{pour} \quad m = 0 \, .$$

Le gaz ultra-relativiste est également fréquemment utilisé comme modèle facilement calculable dans le cas de particules de masse $m \neq 0$, lorsque l'énergie par particule $\varepsilon \gg mc^2$, ou de façon analogue, si la température est très élevée, si bien que l'énergie de repos peut être négligée devant l'énergie cinétique.

Pour l'application pratique, partons à nouveau de

$$S(E, V, N) = k \ln[\Omega(E, V, N)]$$

avec

$$\Omega(E, V, N) = \frac{1}{h^{3N} N!} \int\limits_{E \leq H(q_\nu, p_\nu) \leq E + \Delta E} \mathrm{d}^{3N} q \, \mathrm{d}^{3N} p$$

où, en raison de l'indiscernabilité des particules nous avons tenu compte du facteur correctif de Gibbs $1/N!$.

Le hamiltonien du système s'écrit alors

$$H(q_\nu, p_\nu) = \sum_{\nu=1}^{N} c \left(p_{x,\nu}^2 + p_{y,\nu}^2 + p_{z,\nu}^2 \right)^{1/2} \, .$$

Comme pour le gaz parfait nous commençons par calculer Σ au lieu de Ω,

$$\Sigma(E, V, N) = \frac{1}{h^{3N} N!} \int\limits_{H(q_\nu, p_\nu) \leq E} \mathrm{d}^{3N} q \, \mathrm{d}^{3N} p \, .$$

Le hamiltonien ne dépendant pas des coordonnées, l'intégrale de $\mathrm{d}^{3N} q$ fournit simplement le volume du récipient V^N, et par conséquent

$$\Sigma(E, V, N) = \frac{V^N}{h^{3N} N!} \int\limits_{H(p_\nu) \leq E} \mathrm{d}^{3N} p \, . \tag{6.47}$$

Il nous faut encore déterminer le volume de la forme géométrique

$$\sum_{i=1}^{N} |\boldsymbol{p}_i| c \leq E \tag{6.48}$$

Exemple 6.2

dans l'espace des quantités de mouvement à $3N$ dimensions. En raison de la racine carrée dans $|\boldsymbol{p}_i|$, le membre de gauche de l'équation (6.48) se décompose en une somme de N carrés, ce qui rend la forme géométrique très difficile à visualiser. Nous ferons donc une approximation plausible. (Ultérieurement nous calculerons de manière exacte le cas du gaz ultra-relativiste.) En faisant la moyenne sur un grand nombre de points dans l'espace des phases, nous avons

$$\langle \boldsymbol{p}^2 \rangle = 3\langle p_x^2 \rangle = 3\langle p_y^2 \rangle = 3\langle p_z^2 \rangle$$

puisque aucune direction de l'espace n'est privilégiée, c'est-à-dire,

$$\sqrt{\langle \boldsymbol{p}^2 \rangle} = \frac{\sqrt{3}}{3} \left(\sqrt{\langle p_x^2 \rangle} + \sqrt{\langle p_y^2 \rangle} + \sqrt{\langle p_z^2 \rangle} \right) \ .$$

Nous ferons donc l'approximation

$$\varepsilon = c(p_x^2 + p_y^2 + p_z^2)^{1/2} \approx \frac{c}{\sqrt{3}} \left(|p_x| + |p_y| + |p_z| \right) \ .$$

La condition (6.48) s'écrit alors

$$\sum_{i=1}^{3N} |p_i| \frac{c}{\sqrt{3}} \le E \tag{6.49}$$

si les composantes des quantités de mouvement sont numérotées de 1 à $3N$. L'équation (6.49) représente maintenant un volume régulier à $3N$ dimensions. (Dans le cas d'un gaz parfait nous aurions affaire à une sphère.) Avec la substitution $x_i = p_i c/\sqrt{3} E$, (6.47) donne

$$\Sigma(E, V, N) = \frac{V^N}{h^{3N} N!} \left(\frac{\sqrt{3}E}{c} \right)^{3N} \int\limits_{\sum_{i=1}^{3N} |x_i| \le 1} \mathrm{d}^{3N} x \ . \tag{6.50}$$

La dernière intégrale ne dépend plus que de la dimension de l'espace, que nous abrégerons en écrivant $3N = n$. Pour $n = 2$ ou 3 dimensions les conditions s'écrivent, respectivement,

$$|x_1| + |x_2| \le 1 \quad \text{ou} \quad |x_1| + |x_2| + |x_3| \le 1 \ . \tag{6.51}$$

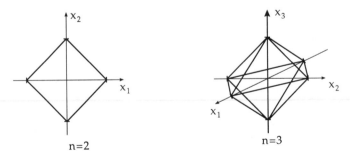

Fig. 6.7. Volumes vérifiant (6.51)

Les volumes correspondants (voir figure 6.7) possèdent une symétrie par rapport à l'origine (respectivement par rapport à un axe de coordonnées). Il suffit donc de calculer le volume de «l'octant» positif ($0 \leq x_i \leq 1$) et de le multiplier par le nombre 2^n «d'octants». En limitant le volume à la région des x_i positifs (figure 6.8), on a affaire à un simplexe à n-dimensions, dont l'ensemble des points est donné par

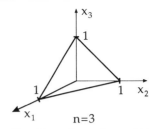

Fig. 6.8. "Octant" positif pour $n = 3$

$$r = \sum_{i=1}^{n} x_i e_i \quad \text{avec} \quad \sum_{i=1}^{n} x_i \leq 1 \quad \text{et} \quad x_i \in [0, 1] \tag{6.52}$$

(pour les dimensions $n = 0, 1, 2, 3$ les simplexes correspondants sont simplement des points, des cotés, des triangles et des tétraèdres, respectivement).

Ainsi qu'on peut le voir, l'hyperplan de base de la figure ($x_n = 0$) est justement le simplexe à $n - 1$ dimensions correspondant. Cela suggère une formule de récurrence pour trouver le volume. On peut interpréter la figure comme un cône généralisé à $n - 1$ dimensions pour lequel s'applique la formule

$$\text{volume} = (1/n)\ \text{surface de base} \times \text{hauteur} . \tag{6.53}$$

(La démonstration de cette formule suivra.)

Mais la surface de base représente justement le volume du simplexe à $n - 1$ dimensions, tandis que sa hauteur vaut $h = 1$ (car la hauteur du simplexe doit être calculée en $x_{n-1} = \cdots = x_1 = 0$, ce qui à l'aide de (6.52) fournit $x_n = h = 1$.) Nous avons donc

$$I_n = \frac{1}{n} I_{n-1} ,$$
$$I_n = \int_{\sum_{i=1}^{n} x_i \leq 1} d^n x , \qquad x_i \in [0, 1] .$$

Cette formule de récurrence donne immédiatement

$$I_n = \frac{1}{n!} .$$

Le volume total du corps à 2^n «octants» (c'est-à-dire, maintenant $x_i \in [-1, 1]$) est donné par

$$\int_{\sum_{i=1}^{n} |x_i| \leq 1} d^n x = \frac{2^n}{n!} .$$

Injectons cela dans (6.50), on obtient alors avec $n = 3N$,

$$\Sigma(E, V, N) = \frac{V^N}{h^{3N} N!} \left(\frac{\sqrt{3} E}{c} \right)^{3N} \frac{2^{3N}}{(3N)!} .$$

On obtient alors g en différentiant par rapport à l'énergie (voir (5.65)) :

$$g(E, V, N) = \frac{\partial \Sigma(E, V, N)}{\partial E} = \frac{V^N}{h^{3N} N!} \left(2\frac{\sqrt{3}}{c}\right)^{3N} \frac{E^{3N-1}}{(3N-1)!} \; .$$

On peut admettre ici que $N \gg 1$ et donc que $3N - 1 \approx 3N$. Le nombre d'états dans un petit intervalle d'énergie compris entre E et $E + \Delta E$ est $\Omega = g\Delta E$. Cependant, puisque presque tous les états se trouvent dans cet intervalle, on peut aussi bien poser $\Omega = gE$, on obtient alors

$$S(E, V, N) = k \ln[\Omega(E, V, N)] = k \ln\left[\frac{V^N}{N!}\left(\frac{2\sqrt{3}}{hc}\right)^{3N}\frac{E^{3N}}{(3N!)}\right]$$

$$= Nk \ln\left[V\left(\frac{2\sqrt{3}E}{hc}\right)^3\right] - k\ln N! - k\ln(3N)!$$

Cela s'écrit en utilisant la formule de Stirling $\ln N! \approx N \ln N - N$,

$$S = Nk \ln\left[V\left(\frac{2\sqrt{3}E}{hc}\right)^3\right] - Nk\ln N - 3Nk\ln 3N + 4Nk$$

$$= Nk\left\{\ln\left[V\left(\frac{2\sqrt{3}E}{hc}\right)^3\right] - \ln N - \ln 3N^3 + 4\right\} \; .$$

Par conséquent

$$S(E, V, N) = k \ln[\Omega(E, V, N)] = Nk\left\{4 + \ln\left[\frac{V}{N}\left(\frac{2E}{\sqrt{3}Nhc}\right)^3\right]\right\} \; . \quad (6.54)$$

Cela donne alors l'équation d'état suivante pour le gaz parfait ultra-relativiste :

$$\frac{1}{T} = \left.\frac{\partial S}{\partial E}\right|_{V,N} = 3Nk\frac{1}{E} \; , \quad E = 3NkT \; . \quad (6.55)$$

L'énergie à une température donnée est alors le double de celle du gaz parfait :

$$\frac{p}{T} = \left.\frac{\partial S}{\partial V}\right|_{E,N} = \frac{Nk}{V} \; , \quad pV = NkT \; . \quad (6.56)$$

En combinant (6.55) et (6.56) on obtient

$$p = \frac{1}{3}\frac{E}{V} \; .$$

La pression vaut donc un tiers de l'énergie volumique, alors que pour un gaz parfait on a $p = (2/3)E/V$. Le potentiel chimique s'écrit

$$-\frac{\mu}{T} = \left.\frac{\partial S}{\partial N}\right|_{E,V} = k\ln\left[\frac{V}{N}\left(\frac{2E}{\sqrt{3}Nhc}\right)^3\right] \; .$$

La capacité thermique à volume constant vaut alors

$$C_V = \left. \frac{\partial E}{\partial T} \right|_V = 3Nk \,.$$

Démonstration de l'équation (6.53). L'équation (6.53) s'explique facilement de la façon suivante : des sections arbitraires du cône à n-dimensions par les hyperplans $x_n = $ constante, sont semblables à la surface de base. D'après le théorème de Cavalieri le volume total vaut donc

$$\text{Vol } n = \int_0^h \mathrm{d}x_n \text{surface}(x_n) \,. \tag{6.57}$$

La surface à la hauteur x_n se détermine facilement à partir de la surface de base. Dans le cas de similitudes $r \to \alpha r$ on a en effet pour des volumes arbitraires à n dimensions,

$$I_n(\alpha r) = \alpha^n I_n(r) \,. \tag{6.58}$$

Cette formule est évidente dans le cas d'une sphère à n-dimensions de rayon α. Dans notre cas, pour des surfaces semblables à n 1 dimensions on a alors

$$\text{surface}(x_n) = \text{surface}(0) \left(1 - \frac{x_n}{h}\right)^{n-1}$$

où $1 - x_n/h$ est le facteur de dilatation α dans l'équation (6.58). Au sommet $x_n = h$, on a bien sur surface$(h) = 0$. Reportons cela dans l'équation (6.57), on obtient alors

$$\text{Vol } n = \text{surface}(0) \int_0^h \mathrm{d}x_n \left(1 - \frac{x_n}{h}\right)^{n-1} = \frac{h}{n} \text{surface}(0)$$

après intégration avec le changement de variable $y = 1 - x_n/h$.

EXERCICE

6.3 Oscillateurs harmoniques

Problème. On veut déterminer les propriétés thermodynamiques de N oscillateurs harmoniques classiques *discernables* de pulsations ω dans l'ensemble microcanonique.

Solution. Par analogie avec l'exemple précédent nous calculons tout d'abord (les oscillateurs sont des objets unidimensionnels)

$$\Sigma(E, V, N) = \frac{1}{h^N} \int_{H(q_\nu, p_\nu) \leq E} \mathrm{d}^N q \, \mathrm{d}^N p \,. \tag{6.59}$$

Exercice 6.3   En raison de la discernabilité des oscillateurs, il n'y a pas lieu d'ajouter ici le facteur de Gibbs $1/N!$ ici. La discernabilité des oscillateurs peut être assurée en pratique, par exemple, en les localisant en certains points de l'espace des coordonnées.

Le hamiltonien du système s'écrit alors

$$H(q_\nu, p_\nu) = \sum_{\nu=1}^{N} \frac{p_\nu^2}{2m} + \frac{1}{2} m\omega^2 q_\nu^2 \,.$$

Avec la substitution $x_\nu = m\omega q_\nu$, (6.59) devient

$$\Sigma(E, V, N) = \frac{1}{h^N} \left(\frac{1}{m\omega}\right)^N \int\limits_{\sum_{\nu=1}^{N}(p_\nu^2+x_\nu^2)\leq 2mE} d^N x\, d^N p \,.$$

Cette intégrale correspond exactement au volume d'une sphère à $2N$ dimensions de rayon $\sqrt{2mE}$, que l'on calcule immédiatement en se servant de l'équation (5.30) :

$$\Sigma(E, V, N) = \frac{1}{h^N} \left(\frac{1}{m\omega}\right)^N \frac{\pi^N}{N\Gamma(N)} (2mE)^N = \frac{1}{N\Gamma(N)} \left(\frac{E}{\hbar\omega}\right)^N \,. \quad (6.60)$$

On obtient alors $g(E, V, N)$, en différentiant par rapport à l'énergie,

$$g(E, V, N) = \left(\frac{1}{\hbar\omega}\right)^N \frac{E^{N-1}}{\Gamma(N)} \,. \quad (6.61)$$

En utilisant $\Omega \approx gE$, ainsi que $\ln \Gamma(N) = \ln(N-1)! \approx (N-1)\ln(N-1) - (N-1) \approx N\ln N - N$, puisque $N \gg 1$, l'entropie est donnée par :

$$S(E, V, N) = Nk \left[1 + \ln\left(\frac{E}{N\hbar\omega}\right)\right] \,. \quad (6.62)$$

Ce résultat est très intéressant. Ici nous avons exclusivement considéré des oscillateurs classiques et les équations (6.60) et (6.62) ne sont *pas* des résultats de mécanique quantique! Ce n'est que le choix du volume unitaire h^N dans l'espace des phases qui conduit ici à l'association $\hbar\omega$ typique en mécanique quantique.

Les propriétés thermodynamiques du système de N oscillateurs dépendent du paramètre typique $E/(N\hbar\omega)$, qui mesure le rapport de l'énergie par particule à celle typique $\hbar\omega$ d'un oscillateur. Pour de nombreux systèmes il est significatif que les propriétés thermodynamiques dépendent du rapport de l'énergie totale E à l'énergie caractéristique du système (dans notre cas $\hbar\omega$).

À l'aide de l'équation (6.62), les équations d'état se calculent facilement :

$$\frac{1}{T} = \left.\frac{\partial S}{\partial E}\right|_{V,N} = Nk\frac{1}{E} \,, \quad E = NkT \,,$$

$$\frac{p}{T} = \left.\frac{\partial S}{\partial V}\right|_{E,N} = 0 \,, \quad p = 0 \,.$$

Cela n'est pas très surprenant, puisque les oscillateurs sont fixes dans l'espace et ne peuvent pas se déplacer librement, ce qui créerait une pression. Ω et donc S ne dépendent pas du volume du récipient.

Exercice 6.3

Le potentiel chimique du système vaut

$$-\frac{\mu}{T} = \left. \frac{\partial S}{\partial N} \right|_{E, V} = k \ln \left(\frac{E}{N \hbar \omega} \right)$$

tandis que les capacités thermiques

$$C = \frac{\partial E}{\partial T} = Nk \tag{6.63}$$

à volume constant ou à pression constante ont la même valeur, puisque le travail des forces de pression est nul.

7. L'ensemble canonique

L'ensemble microcanonique est particulièrement adapté aux systèmes isolés avec des variables naturelles E, V, N, données. Puisque tout système peut être transformé en système isolé en incluant le milieu extérieur, l'ensemble microcanonique est en principe adapté pour la description de n'importe quelle situation physique. Il peut, par exemple, décrire un système à la température T, si le bain chaud, ou thermostat, qui fixe la température du système est englobé dans le système isolé total. Cependant, puisque dans la plupart des cas les propriétés de la source thermique ne nous intéressent pas, cela n'a pas d'utilité. En plus, l'ensemble microcanonique comporte de grandes difficultés mathématiques, puisqu'il faut déterminer des volumes de corps multidimensionnels compliqués. Ce n'est réellement possible que dans les cas les plus simples (sphères, parallélépipèdes, simplexes, etc.).

Réfléchissons maintenant à la probabilité de distribution (densité dans l'espace des phases) d'un système à température donnée (un système S en contact avec un thermostat R) Pour ce faire, nous allons appliquer ce que nous avons appris au système total isolé (thermostat plus système). L'énergie totale du système isolé est constante

$$E = E_R + E_S . \tag{7.1}$$

Par définition le thermostat est très grand par rapport au système, si bien que

$$\frac{E_S}{E} = \left(1 - \frac{E_R}{E}\right) \ll 1 . \tag{7.2}$$

Puisque désormais ce n'est plus l'énergie E_S qui est fixée, mais la température, le système peut se trouver dans tout état microscopique i d'énergies E_i différentes avec une certaine probabilité de distribution. On s'attend, cependant, à ne rencontrer que très rarement des états microscopiques avec de très grandes valeurs de E_i. Cherchons la probabilité p_i de trouver le système S dans un certain état microscopique i d'énergie E_i.

Si S était un système isolé, p_i serait proportionnel au nombre d'états microscopiques $\Omega_S(E_i)$. De façon analogue, p_i est proportionnel au nombre d'états microscopiques du système total isolé pour lequel S se trouve dans l'état microscopique i avec l'énergie E_i. Evidemment ce nombre est égal au nombre d'états

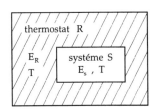

Fig. 7.1. Système en contact avec un thermostat

microscopiques du thermostat d'énergie $E - E_i$, puisque S n'occupe qu'un seul état microscopique i :

$$p_i \propto \Omega_R(E_R) = \Omega_R(E - E_i) \, . \tag{7.3}$$

Si le thermostat est très grand, on peut admettre conformément à l'équation (7.2), que $E_i \ll E$, et développer Ω_R par rapport à E_i. Afin d'identifier les dérivées qui apparaissent au cours de ce calcul, développons $k \ln \Omega_R$ pour commencer, c'est-à-dire, l'entropie S_R de la source thermique,

$$k \ln[\Omega_R(E - E_i)] \approx k \ln[\Omega_R(E)] - \frac{\partial}{\partial E}\{k \ln[\Omega_R(E)]\}\, E_i + \cdots \, . \tag{7.4}$$

Si le thermostat est très grand les deux premiers termes dans l'équation (7.4) sont suffisants, puisqu'alors on a $E \approx E_R \gg E_i$. On a d'autre part,

$$\frac{\partial}{\partial E}\{k \ln[\Omega_R(E)]\} = \frac{\partial S_R}{\partial E} = \frac{1}{T} \, . \tag{7.5}$$

En reportant l'équation (7.5) dans l'équation (7.4) et en prenant l'exponentielle on obtient

$$\Omega_R(E - E_i) \approx \Omega_R(E) \exp\left(-\frac{E_i}{kT}\right) \, . \tag{7.6}$$

Le nombre d'états microscopiques du thermostat décroît donc exponentiellement avec l'énergie du système. Puisque $E = $ cste, $\Omega_R(E)$ est une constante, et la probabilité p_i s'écrit

$$p_i \propto \exp\left(-\frac{E_i}{kT}\right) \, . \tag{7.7}$$

De nouveau ici, tous les états microscopique avec la même énergie E_i ont la même probabilité, seulement maintenant l'énergie n'est plus fixée. Pour une température donnée le système S peut maintenant se trouver sur n'importe quelle surface énergie accessible, la probabilité décroît cependant lorsque E_i augmente. Enfin, p_i peut être normalisée à 1, de telle sorte que $\sum_i p_i = 1$:

$$p_i = \frac{\exp\left(-E_i/kT\right)}{\sum_i \exp\left(-E_i/kT\right)} \, . \tag{7.8}$$

La somme $\sum_i$ s'entend ici sur tous des états microscopiques (points de l'espace des phases). En notation continue l'équation (7.8) s'écrit ($i \to (q_\nu, p_\nu)$ et $\sum_i \to 1/h^{3N} \int \mathrm{d}^{3N}q \, \mathrm{d}^{3N}p$) :

$$\varrho_c(q_\nu, p_\nu) = \frac{\exp\left[-\beta H(q_\nu, p_\nu)\right]}{1/h^{3N} \int \mathrm{d}^{3N}q \, \mathrm{d}^{3N}p \exp\left[-\beta H(q_\nu, p_\nu)\right]} \, . \tag{7.9}$$

De façon abrégée on note β le facteur $1/kT$ qui apparaît fréquemment. Les équations (7.8) et (7.9) déterminent la *densité canonique dans l'espace des phases*, que l'on caractérisera par l'indice c.

En raison de sa grande importance, calculons à nouveau la densité dans l'espace des phases, en nous servant du langage de la théorie des ensembles.

Dans l'ensemble canonique l'énergie E_i du système n'est pas fixée. Par conséquent, tous les points dans l'espace des phases peuvent être occupés (conservons à l'esprit qu'un thermostat idéal constitue un réservoir d'énergie infinie). Subdivisons tout l'espace des phases en cellules de mêmes dimensions $\Delta\omega_i$. Si ces cellules sont suffisamment petites, chacune d'elles correspondra exactement à un seul état microscopique i. Considérons maintenant un ensemble $\mathcal{N}$ de systèmes identiques (à nouveau, il ne faut pas confondre $\mathcal{N}$ avec le nombre N de particules par système). À un instant donné chacun de ces systèmes se trouve dans un certain état microscopique. Soit n_i le nombre de systèmes dans chaque cellule $\Delta\omega_i$ dans l'espace des phases. Il faut alors que

$$\mathcal{N} = \sum_i n_i \tag{7.10}$$

où la somme s'étend sur toutes les cellules dans l'espace des phases. Comme dans le cas de l'ensemble microcanonique, $p_i = n_i/\mathcal{N}$ est la probabilité pour que l'état microscopique i apparaisse dans l'ensemble des $\mathcal{N}$ systèmes. Dans le cas d'un système à température constante, tous les états microscopiques i ainsi que toutes les énergies E_i sont accessibles avec la probabilité p_i, mais *à l'équilibre*, bien sûr, *l'énergie s'établira à une certaine valeur moyenne*, que nous désignerons par la lettre U. La quantité U doit apparaître comme valeur moyenne statistique de toutes les énergies effectivement accessibles dans l'ensemble,

$$U = \langle E_i \rangle = \sum_i p_i E_i \tag{7.11}$$

ou, avec $p_i = n_i/\mathcal{N}$

$$\mathcal{N}U = \sum_i n_i E_i \ . \tag{7.12}$$

En plus de l'équation (7.10), l'équation (7.12) constitue donc une autre condition pour la distribution $\{n_i\}$. Une distribution des systèmes $\{n_i\}$ entre les cellules de l'espace des phases $\Delta\omega_i$ peut être obtenue de différentes manières, ainsi que nous l'avons déjà vu dans le cas microcanonique. Ici cependant nous n'avons pas affaire à des éléments de surface sur la surface énergie, mais à des éléments $\Delta\omega_i$ dans l'espace des phases dans tout l'espace des phases. Dans le cas microcanonique la répartition $\{n_i\}$ vaut

$$W\{n_i\} = \mathcal{N}! \prod_i \frac{(\omega_i)^{n_i}}{n_i!} \ . \tag{7.13}$$

À nouveau, ω_i désigne la probabilité de trouver *un* état microscopique dans la cellule $\Delta\omega_i$. Comme dans le cas microcanonique, recherchons à nouveau la distribution *la plus probable* $\{n_i\}^*$ des systèmes parmi les cellules dans l'espace des phases. Mais dans ce problème d'extremum pour $W\{n_i\}$ nous avons maintenant deux conditions supplémentaires pour les $\{n_i\}$, ce sont les équations (7.10) et (7.12). Commençons par prendre le logarithme de l'équation (7.13), afin d'enlever les facteurs gênants en utilisant la formule de Stirling,

$$\ln(W\{n_i\}) = \mathcal{N} \ln \mathcal{N} - \mathcal{N} - \sum_i \left[(n_i \ln n_i - n_i) - n_i \ln \omega_i \right] . \tag{7.14}$$

Pour que $\ln W$ soit extrémal il faut que la différentielle totale s'annule,

$$\mathrm{d} \ln W\{n_i\} = - \sum_i \left[\ln n_i - \ln \omega_i \right] \mathrm{d}n_i = 0 . \tag{7.15}$$

Si tous les n_i étaient indépendants les uns des autres, tous les coefficients devraient s'annuler. Néanmoins, nous savons déjà comment satisfaire les contraintes avec l'aide des multiplicateurs de Lagrange. Nous différentions les équations (7.10) et (7.12) et les multiplions par les coefficients indéterminés λ et $-\beta$. (Le signe moins est arbitraire, mais sera avantageux à la fin du calcul.)

$$\lambda \sum_i \mathrm{d}n_i = 0 , \tag{7.16}$$

$$-\beta \sum_i E_i \mathrm{d}n_i = 0 . \tag{7.17}$$

Additionnons maintenant les équations (7.16) et (7.17) à l'équation (7.15) :

$$\sum_i \left(\ln n_i - \ln \omega_i - \lambda + \beta E_i \right) \mathrm{d}n_i = 0 . \tag{7.18}$$

On peut désormais considérer les $\mathrm{d}n_i$ indépendants les uns des autres et après coup vérifier les conditions (7.10) et (7.12) par un choix judicieux de λ et β. Chaque facteur de l'équation (7.18) doit alors s'annuler,

$$\ln n_i = \lambda + \ln \omega_i - \beta E_i \quad \text{ou} \quad n_i = \omega_i \mathrm{e}^\lambda \mathrm{e}^{-\beta E_i} . \tag{7.19}$$

L'équation (7.10) peut servir à déterminer le facteur e^λ. Utilisant le fait que les probabilités élémentaires ω_i doivent être égales pour des cellules dans l'espace des phases identiques, on obtient

$$p_i = \frac{n_i}{\mathcal{N}} = \frac{\exp\left(-\beta E_i\right)}{\sum_i \exp\left(-\beta E_i\right)} . \tag{7.20}$$

On constate que de cette façon on obtient exactement la forme (7.8), il ne reste qu'à déterminer le coefficient β à partir des équations (7.11) et (7.12),

$$U = \langle E_i \rangle = \frac{\sum_i E_i \exp\left(-\beta E_i\right)}{\sum_i \exp\left(-\beta E_i\right)} \tag{7.21}$$

Cela signifie, que si l'on se fixe une certaine valeur pour l'énergie moyenne U du système, alors d'après l'équation (7.21), le coefficient β est une fonction de U. On se doute naturellement, en comparant les équations (7.20) et (7.8) que $\beta = 1/kT$. Nous allons, cependant, identifier β d'une autre façon. Pour cela définissons

$$Z = \sum_i \exp\left(-\beta E_i\right) .\qquad (7.22)$$

La grandeur Z se nomme *fonction de partition canonique* (la lettre Z vient du mot allemand *Zustandssumme*), la somme $\sum_i$ s'étend en effet sur tous les états microscopiques accessibles. L'entropie s'obtient alors comme moyenne d'ensemble de la quantité $-k \ln \varrho_c$, ce qui écrit en notation continue donne :

$$S = \langle -k \ln \varrho_c \rangle = \frac{1}{h^{3N}} \int \mathrm{d}^{3N}q\,\mathrm{d}^{3N}p \varrho_c(q_\nu, p_\nu)[-k \ln \varrho_c(q_\nu, p_\nu)] .\qquad (7.23)$$

Reportons maintenant à la place du terme $\varrho_c(q_\nu, p_\nu)$, p_i de l'équation (7.20) dans le logarithme et remplaçons à nouveau $\sum_i$ par $1/h^{3N} \int \mathrm{d}^{3N}q\,\mathrm{d}^{3N}p$, et E_i par $H(q_\nu, p_\nu)$ (comme précédemment dans l'étape entre l'équation (7.8) et (7.9)), mais ici β est une inconnue. En notation continue la fonction de partition s'écrit alors

$$Z = \frac{1}{h^{3N}} \int \mathrm{d}^{3N}q\,\mathrm{d}^{3N}p \exp\left[-\beta H(q_\nu, p_\nu)\right]\qquad (7.24)$$

et les p_i deviennent

$$\varrho_c(q_\nu, p_\nu) = \frac{\exp[-\beta H(q_\nu, p_\nu)]}{Z} .\qquad (7.25)$$

Ces $\varrho_c(q_\nu, p_\nu)$ sont, pour ainsi dire, les *notations continues* des p_i de l'équation (7.20), de la même façon que les équations (7.8) et (7.9) ne sont que des façons différentes d'écrire la même quantité. D'après l'équation (7.23), il s'en suit alors pour l'entropie :

$$S = \frac{1}{h^{3N}} \int \mathrm{d}^{3N}q\,\mathrm{d}^{3N}p \varrho_c(q_\nu, p_\nu) \left[k\beta H(q_\nu, p_\nu) + k \ln Z\right] .\qquad (7.26)$$

Le premier terme entre crochets (au facteur $k\beta$ près) fournit exactement la définition de la moyenne d'ensemble pour H, c'est-à-dire $\langle H \rangle$, tandis que le second terme ($\ln Z$) ne dépend aucunement du point de l'espace des phases (voir (7.24)) et peut donc être sorti de l'intégrale. Puisque la densité dans l'espace des phases est normalisée on obtient alors pour l'équation (7.26) :

$$S = k\beta \langle H \rangle + k \ln Z .\qquad (7.27)$$

La moyenne d'ensemble de l'énergie $\langle H \rangle$ est, d'après l'équation (7.21), l'énergie moyenne U du système et au lieu de l'équation (7.27) on peut écrire

$$S = k\beta U + k \ln Z .\qquad (7.28)$$

Calculons maintenant $\partial S/\partial U = 1/T$, où nous devons toutefois tenir compte du fait que $\beta(U)$, ainsi que $k\ln[Z(\beta(U))]$, sont fonctions de U. On peut naturellement identifier l'énergie moyenne U à l'énergie interne U, par conséquent

$$\frac{1}{T} = \frac{\partial S}{\partial U} = kU\frac{\partial \beta}{\partial U} + k\beta + \frac{\partial}{\partial U}(k\ln Z). \tag{7.29}$$

On a alors

$$\frac{\partial}{\partial U}(k\ln Z) = \frac{\partial}{\partial \beta}(k\ln Z)\frac{\partial \beta}{\partial U} \tag{7.30}$$

puisque d'après l'équation (7.22) Z est une fonction de U au travers de β. Alors

$$\frac{\partial}{\partial \beta}(k\ln Z) = \frac{k}{Z}\left(-\sum_i E_i \exp(-\beta E_i)\right) = -kU \tag{7.31}$$

si bien que l'équation (7.29), en se servant des équations (7.30) et (7.31), se réduit à

$$\frac{\partial S}{\partial U} = \frac{1}{T} = k\beta \quad \Rightarrow \quad \beta = \frac{1}{kT} \tag{7.32}$$

Le mutiplicateur de Lagrange de l'équation (7.17) vaut donc effectivement $1/(kT)$, ainsi que nous l'avions déjà déduit en comparant l'équation (7.20) à l'équation (7.8). Mais l'équation (7.28) est d'une grande importance au delà de la détermination de β. Si on l'écrit à nouveau en se servant de $\beta = 1/(kT)$, on obtient

$$U - TS = -kT\ln Z. \tag{7.33}$$

De la thermodynamique nous savons que

$$F(T, V, N) = U - TS \tag{7.34}$$

est *l'énergie libre du système*. Nous avons donc déduit la relation importante suivante :

$$F(T, V, N) = -kT\ln[Z(T, V, N)]. \tag{7.35}$$

Dans l'ensemble canonique à température donnée cette relation est complètement équivalente à la relation

$$S(E, V, N) = k\ln[\Omega(E, V, N)] \tag{7.36}$$

pour l'ensemble microcanonique. De la même façon que l'entropie, qui est le potentiel thermodynamique du système isolé, peut être calculée à partir de la grandeur Ω, on peut maintenant calculer l'énergie libre à partir de la fonction de partition Z. Dans Ω on compte tous les états accessibles de la surface d'énergie E donnée avec la même pondération. Dans le calcul de Z, à température donnée pour le système, les états accessibles pour *une* «surface énergie» sont à nouveau équiprobables, mais maintenant toutes les surfaces d'énergies fixées interviennent avec une probabilité proportionnelle au *facteur de Boltzmann* $e^{-\beta E}$. Tout comme la densité dans l'espace des phases microcanonique, la densité canonique ne dépend également que de $H(q_\nu, p_\nu)$, comme il se doit, d'après nos considérations du théorème de Liouville.

Montrons maintenant au travers de quelques exemples que l'on peut dans l'ensemble canonique calculer toutes les propriétés thermodynamiques si l'on se donne le hamiltonien. Avant cela, nous devons cependant encore réfléchir à la façon d'introduire le facteur correctif de Gibbs dans l'ensemble canonique.

7.1 Justification générale du facteur correctif de Gibbs

Dans le cas de l'ensemble microcanonique nous avons vu à propos du paradoxe de Gibbs, que la discernabilité classique des particules conduit à une contradiction avec la thermodynamique. Nous avons alors corrigé le nombre d'états microscopiques $\Omega(E, V, N)$ avec le facteur $1/N!$:

$$\Omega_{\mathrm{d}}(E, V, N) = \int\limits_{E \leq H \leq E + \Delta E} \frac{\mathrm{d}^{3N}q\,\mathrm{d}^{3N}p}{h^{3N}}$$

$$\Rightarrow \Omega_{\mathrm{nd}}(E, V, N) = \int\limits_{E \leq H \leq E + \Delta E} \frac{\mathrm{d}^{3N}q\,\mathrm{d}^{3N}p}{N!\,h^{3N}}\,. \tag{7.37}$$

Les indices d et nd se réfèrent respectivement à des particules discernables et non discernables. On peut transposer directement cette correction à des ensembles quelconques, si l'on remplace partout les volumes infinitésimaux dans l'espace des phases selon,

$$\mathrm{d}\Omega_{\mathrm{d}}(E, V, N) = \frac{\mathrm{d}^{3N}q\,\mathrm{d}^{3N}p}{h^{3N}} \Rightarrow \mathrm{d}\Omega_{\mathrm{nd}}(E, V, N) = \frac{\mathrm{d}^{3N}q\,\mathrm{d}^{3N}p}{N!\,h^{3N}}\,. \tag{7.38}$$

Pour l'ensemble canonique la densité dans l'espace des phases est donnée par

$$\varrho(\boldsymbol{r}_1, \ldots, \boldsymbol{r}_N, \boldsymbol{p}_1, \ldots, \boldsymbol{p}_N)$$
$$= \frac{1}{Z(T, V, N)} \exp[-\beta H(\boldsymbol{r}_1, \ldots, \boldsymbol{r}_N, \boldsymbol{p}_1, \ldots, \boldsymbol{p}_N)]\,. \tag{7.39}$$

Par analogie au cas microcanonique avec des particules discernables, la fonction de partition $Z(T, V, N)$ est donnée ici par

$$Z_{\mathrm{d}}(T, V, N) = \int \frac{\mathrm{d}^{3N}q\,\mathrm{d}^{3N}p}{h^{3N}} \exp(-\beta H) \tag{7.40}$$

et par

$$Z_{\mathrm{nd}}(T, V, N) = \int \frac{\mathrm{d}^{3N}q\,\mathrm{d}^{3N}p}{N!\,h^{3N}} \exp(-\beta H) \tag{7.41}$$

pour des particules non discernables. Prouvons maintenant de façon plus détaillée les généralisations (7.38), (7.40) et (7.41) pour des ensembles quelconques. La densité dans l'espace des phases $\varrho(r_1, \ldots, r_N, p_1, \ldots, p_N)$ représente la densité de probabilité pour que la particule 1 se trouve en r_1 avec le moment p_1, etc. On peut en déduire la densité de probabilité pour que *n'importe* quelle particule se trouve en r_1 avec le moment p_1, etc. Il nous suffit de sommer les probabilités pour des permutations arbitraires des particules :

$$\varrho_{nd}(r_1, \ldots, r_N, p_1, \ldots, p_N) = \sum_P \varrho_d(r_{P1}, \ldots, r_{PN}, p_{P1}, \ldots, p_{PN}) \,.$$

(7.42)

La somme s'étend sur l'ensemble des permutations $(P_1, \ldots, P_N)$ de $(1, \ldots, N)$. Imposons maintenant que le hamiltonien du système ne change pas pour différentes permutations des coordonnées et moments des particules. Alors

$$H(r_{P1}, \ldots, r_{PN}, p_{P1}, \ldots, p_{PN}) = H(r_1, \ldots, r_N, p_1, \ldots, p_N) \qquad (7.43)$$

reste vrai pour toutes les permutations. On en déduit immédiatement que

$$\varrho_d(r_{P1}, \ldots, r_{PN}, p_{P1}, \ldots, p_{PN}) = \varrho_d(r_1, \ldots, r_N, p_1, \ldots, p_N) \qquad (7.44)$$

puisque d'après l'équation (7.39) ϱ_d ne dépend des r_i et p_i qu'au travers du hamiltonien H. L'équation (7.42) se transforme en (la somme est maintenant constituée de $N!$ termes identiques)

$$\varrho_{nd}(r_1, \ldots, r_N, p_1, \ldots, p_N) = N!\varrho_d(r_1, \ldots, r_N, p_1, \ldots, p_N) \,. \qquad (7.45)$$

On voit alors qu'il apparaît justement le facteur $N!$, celui ci s'obtient également si au lieu de $Z_d(T, V, N)$ on reporte l'expression de $Z_{nd}(T, V, N)$ dans l'équation (7.39). Nous n'avons donc pas seulement trouvé une preuve pour généraliser le facteur de Gibbs à des ensembles quelconques, mais avec l'équation (7.43) nous avons un critère pour savoir à quels ensembles il faut l'appliquer. Ce sont les systèmes pour lesquels le hamiltonien est invariant par une permutation quelconque des coordonnées et des moments. Le hamiltonien du gaz parfait,

$$H = \sum_{i=1}^{N} \frac{p_i^2}{2m} = \sum_{i=1}^{N} \frac{p_{Pi}^2}{2m} \qquad (7.46)$$

vérifie cette condition. Dans la dernière expression l'indice P_i représente une permutation arbitraire des nombres i. On peut également trouver des exemples où la condition (7.43) n'est pas vérifiée. C'est le cas, par exemple, si l'on rattache à chaque particule un potentiel individuel dépendant explicitement du numéro de la particule:

$$H = \sum_{i=1}^{N} \frac{p_i^2}{2m} + \sum_{i=1}^{N} \frac{1}{2}m\omega^2 \, (r_i - b_i)^2 \,. \qquad (7.47)$$

Si l'on modifie ici la numérotation des coordonnées, la seconde somme change en général, puisque les vecteurs fixes $\boldsymbol{b}_i$, qui déterminent les positions d'équilibre du potentiel de l'oscillateur, ne changent pas de numérotation. Remarquons que dans les deux cas la probabilité

$$\mathrm{d}^{6N}w = \varrho_\mathrm{d}(\boldsymbol{r}_1, \ldots, \boldsymbol{r}_N, \boldsymbol{p}_1, \ldots, \boldsymbol{p}_N) \frac{\mathrm{d}^{3N}q\,\mathrm{d}^{3N}p}{h^{3N}}$$
$$= \varrho_\mathrm{nd}(\boldsymbol{r}_1, \ldots, \boldsymbol{r}_N, \boldsymbol{p}_1, \ldots, \boldsymbol{p}_N) \frac{\mathrm{d}^{3N}q\,\mathrm{d}^{3N}p}{N!h^{3N}} \qquad (7.48)$$

de trouver le système total dans une cellule quelconque de l'espace des phases $\mathrm{d}^{3N}q\,\mathrm{d}^{3N}p$, est la même, puisque le facteur $N!$ de la densité dans l'espace des phases se simplifie avec le facteur $N!$ de l'élément de volume. Ceci est une simple conséquence de la normalisation $\int \mathrm{d}^{6N}w = 1$.

EXEMPLE ▬▬▬▬▬▬▬

7.1 Le gaz parfait dans l'ensemble canonique

D'après nos considérations du chapitre précédent on peut en déduire que pour un système en contact avec un thermostat il suffit de calculer la fonction de partition : elle fournit l'énergie libre, de laquelle on peut déduire toutes les propriétés du système à température donnée, de la même façon que toutes les propriétés d'un système isolé se déduisent de l'entropie.

Le hamiltonien du gaz parfait s'écrit

$$H(q_\nu, p_\nu) = \sum_{\nu=1}^{3N} \frac{p_\nu^2}{2m}$$

si l'on énumère les quantités de mouvement de 1 à $3N$. Par définition la fonction de partition avec le facteur de Gibbs s'écrit

$$Z(T, V, N) = \frac{1}{N!h^{3N}} \int \mathrm{d}^{3N}q\,\mathrm{d}^{3N}p \exp\left[-\beta H(q_\nu, p_\nu)\right] .$$

Puisque pour un gaz parfait H ne dépend pas des coordonnées, l'intégrale $\int \mathrm{d}^{3N}q$ donne simplement le facteur V^N, si V est le volume du récipient. En raison de la fonction exponentielle, les intégrales de quantités de mouvement se factorisent

$$Z(T, V, N) = \frac{1}{N!h^{3N}} V^N \prod_{\nu=1}^{3N} \int_{-\infty}^{+\infty} \mathrm{d}p_\nu \exp\left(-\beta \frac{p_\nu^2}{2m}\right) .$$

Avec la substitution $x = \sqrt{\beta/2m}\,p_\nu$, toutes ces intégrales se ramènent à l'intégrale standard

$$\int_{-\infty}^{+\infty} \mathrm{d}x\,\mathrm{e}^{-x^2} = \sqrt{\pi}$$

Exemple 7.1   et le résultat s'écrit

$$Z(T, V, N) = \frac{V^N}{N!h^{3N}} \left(\frac{2m\pi}{\beta} \right)^{3N/2} = \frac{V^N}{N!} \left(\frac{2\pi mkT}{h^2} \right)^{3N/2} . \qquad (7.49)$$

Ainsi qu'on le voit le calcul de la fonction de partition d'un gaz parfait à température donnée est bien plus simple que le calcul analogue dans l'ensemble microcanonique. La raison en est que pour des particules sans interaction (dont le hamiltonien est la somme des hamiltoniens à une particule) l'exponentielle dans l'intégrale se factorise toujours, ce qui entraîne une grande simplification. On peut écrire à nouveau le résultat (7.49) en utilisant la notion bien connue de longueur d'onde thermique,

$$\lambda = \left(\frac{h^2}{2\pi mkT} \right)^{1/2}$$

ce qui donne

$$Z(T, V, N) = \frac{V^N}{N!\lambda^{3N}} . \qquad (7.50)$$

On en déduit également l'énergie libre

$$F(T, V, N) = -kT \ln Z(T, V, N)$$
$$= -NkT \left\{ 1 + \ln \left[\frac{V}{N} \left(\frac{2\pi mkT}{h^2} \right)^{3/2} \right] \right\} \qquad (7.51)$$

en utilisant la formule de Stirling pour $\ln N!$. On peut à nouveau calculer toutes les propriétés thermodynamiques à partir de l'énergie libre. Nous avons, par exemple

$$p = -\left. \frac{\partial F}{\partial V} \right|_{T,N} = \frac{NkT}{V} \quad \text{ou} \quad pV = NkT ,$$

$$S = -\left. \frac{\partial F}{\partial T} \right|_{V,N} = Nk \left\{ \frac{5}{2} + \ln \left[\frac{V}{N} \left(\frac{2\pi mkT}{h^2} \right)^{3/2} \right] \right\} ,$$

$$\mu = \left. \frac{\partial F}{\partial N} \right|_{T,V} = -kT \ln \left[\frac{V}{N} \left(\frac{2\pi mkT}{h^2} \right)^{3/2} \right] . \qquad (7.52)$$

On obtient tout d'abord toutes les grandeurs en fonction de T, V, N. On peut alors à partir des équations (7.51) et (7.52) calculer

$$U = F + TS = \frac{3}{2} NkT .$$

Cela peut servir, par exemple, à remplacer la température par l'énergie interne pour obtenir

$$S(U, V, N) = Nk \left\{ \frac{5}{2} + \ln \left[\frac{V}{N} \left(\frac{4\pi mU}{3h^2 N} \right)^{3/2} \right] \right\} .$$

Ces résultats sont absolument identiques à ceux obtenus dans le cas de l'ensemble microcanonique! Cela était à prévoir puisque l'énergie libre (ensemble canonique) et l'entropie (ensemble microcanonique) sont des potentiels thermodynamiques équivalents, que l'on peut déduire l'un de l'autre par une transformation de Legendre.

EXERCICE

7.2 Le gaz ultra-relativiste

Problème. Calculons les propriétés thermodynamiques du gaz ultra-relativiste (voir exemple 6.2) dans l'ensemble canonique.

Solution. Partons du hamiltonien

$$H(q_\nu, p_\nu) = \sum_{\nu=1}^{N} |\boldsymbol{p}_\nu| c$$

et calculons la fonction de partition (avec le facteur de Gibbs, puisque les particules sont indiscernables comme dans le cas du gaz parfait),

$$Z(T, V, N) = \frac{1}{N! h^{3N}} \int d^{3N} q \, d^{3N} p \exp\left[-\beta H(q_\nu, p_\nu)\right] .$$

Comme dans l'exemple précédent, le hamiltonien ne dépend pas des coordonnées ce qui donne V^N pour l'intégrale sur l'espace. L'intégrale qui subsiste se factorise à nouveau,

$$Z(T, V, N) = \frac{1}{N! h^{3N}} V^N \prod_{\nu=1}^{N} \int d^3 p_\nu \exp\left(-\beta |\boldsymbol{p}_\nu| c\right) .$$

Il est pratique de passer en coordonnées sphériques dans chaque intégrale. Cela donne

$$Z(T, V, N) = \frac{V^N}{N! h^{3N}} \left(4\pi \int_0^\infty p^2 \, dp \, e^{-\beta c p}\right)^N .$$

Avec le changement de variable $\beta c p = x$, l'intégrale qui subsiste se ramène à une fonction Γ,

$$\int_0^\infty p^2 \, dp \, e^{-\beta c p} = \left(\frac{1}{\beta c}\right)^3 \int_0^\infty x^2 \, dx \, e^{-x} = \left(\frac{1}{\beta c}\right)^3 \Gamma(3)$$

où $\Gamma(3)$, d'après $\Gamma(n+1) = n!$, vaut simplement 2 :

$$Z(T, V, N) = \frac{V^N}{N! h^{3N}} \left[8\pi \left(\frac{1}{\beta c} \right)^3 \right]^N = \frac{1}{N!} \left[8\pi V \left(\frac{kT}{hc} \right)^3 \right]^N .$$

On calcule l'énergie libre en utilisant la formule de Stirling pour $\ln N!$:

$$F(T, V, N) = -kT \ln Z(T, V, N) = -NkT \left\{ 1 + \ln \left[\frac{8\pi V}{N} \left(\frac{kT}{hc} \right)^3 \right] \right\} .$$

Ce résultat peut à nouveau servir pour déterminer les équations d'états du gaz ultra-relativiste :

$$p = - \left. \frac{\partial F}{\partial V} \right|_{T,N} = \frac{NkT}{V} \quad \text{ou} \quad pV = NkT ,$$

$$S = - \left. \frac{\partial F}{\partial T} \right|_{V,N} = Nk \left\{ 4 + \ln \left[\frac{8\pi V}{N} \left(\frac{kT}{hc} \right)^3 \right] \right\} ,$$

$$\mu = \left. \frac{\partial F}{\partial N} \right|_{T,V} = -kT \ln \left\{ \frac{8\pi V}{N} \left(\frac{kT}{hc} \right)^3 \right\} .$$

Ainsi qu'on peut le voir le terme $(8\pi)^{1/3} hc/(kT)$ joue ici le rôle de longueur d'onde thermique du gaz parfait. Pour permettre une comparaison avec le calcul microcanonique, calculons l'énergie interne,

$$U = F + TS = 3NkT .$$

On peut utiliser ce résultat pour substituer l'énergie par particule à la température. On obtient par exemple

$$S(U, V, N) = Nk \left\{ 4 + \ln \left[\frac{8\pi V}{N} \left(\frac{U}{3Nhc} \right)^3 \right] \right\} .$$

Ce résultat exact ne correspond pas entièrement à l'équation (6.54). Celle ci faisait apparaître le facteur $(2/\sqrt{3})^3 \approx 1.539$ au lieu du facteur $8\pi/27 \approx 0.931$ dans le logarithme. Rappelons, toutefois, que nous y avions utilisé l'approximation $\sqrt{3}|\boldsymbol{p}| \approx |p_x| + |p_y| + |p_z|$. La différence de nos résultats ne reflète donc ni une erreur de calcul ni un problème de principe.

EXERCICE ████████████████████

7.3 Oscillateurs harmoniques dans l'ensemble canonique

Problème. Calculons les propriétés thermodynamiques d'un ensemble de N oscillateurs harmoniques discernables de pulsation ω.

Solution. Le hamiltonien du système s'écrit

$$H(q_\nu, p_\nu) = \sum_{\nu=1}^{N} \left(\frac{p_\nu^2}{2m} + \frac{1}{2} m\omega^2 q_\nu^2 \right) .$$

Ce qui permet de calculer la fonction de partition (sans facteur de Gibbs)

$$Z(T, V, N) = \frac{1}{h^N} \int d^N q \, d^N p \exp\left[-\beta H(q_\nu, p_\nu) \right] .$$

Toutes les intégrales se factorisent ici encore, puisque le hamiltonien est simplement une somme de hamiltoniens à une particule,

$$Z(T, V, N) = \frac{1}{h^N} \prod_{\nu=1}^{N} \left\{ \left[\int_{-\infty}^{+\infty} dq_\nu \exp\left(-\beta 1/2 m\omega^2 q_\nu^2 \right) \right] \right.$$
$$\left. \times \left[\int_{-\infty}^{+\infty} dp_\nu \exp\left(-\beta \frac{p_\nu^2}{2m} \right) \right] \right\} .$$

En utilisant les substitutions $\sqrt{\beta m\omega^2/2}\, q_\nu = x$ et $\sqrt{\beta/2m}\, p_\nu = y$, les intégrales deviennent des intégrales gaussiennes. Le résultat de l'intégration est alors

$$Z(T, V, N) = \frac{1}{h^N} \left[\left(\frac{2\pi}{\beta m\omega^2} \right)^{1/2} \left(\frac{2m\pi}{\beta} \right)^{1/2} \right]^N ,$$

$$Z(T, V, N) = \left(\frac{kT}{\hbar\omega} \right)^N$$

avec $\hbar = h/2\pi$. L'énergie libre vaut alors

$$F(T, V, N) = -kT \ln[Z(T, V, N)] = -NkT \ln\left(\frac{kT}{\hbar\omega} \right) .$$

On en déduit les équations d'état thermodynamiques

$$p = -\left. \frac{\partial F}{\partial V} \right|_{T,N} = 0 ,$$
$$S = -\left. \frac{\partial F}{\partial T} \right|_{V,N} = Nk \left[1 + \ln\left(\frac{kT}{\hbar\omega} \right) \right] ,$$
$$\mu = \left. \frac{\partial F}{\partial N} \right|_{T,V} = -kT \ln\left(\frac{kT}{\hbar\omega} \right) .$$

Exercice 7.3   L'énergie interne vaut

$$U = F + TS = NkT$$

donc l'entropie s'écrit

$$S(U, V, N) = Nk \left[1 + \ln \left(\frac{E}{N\hbar\omega} \right) \right] ,$$

ce qui coïncide exactement avec le calcul microcanonique. Les équations d'état sont également identiques.

7.2 Systèmes de particules sans interaction

Dans les exemples et exercices précédents nous avons vu que le calcul pour des systèmes dont le hamiltonien est une somme de hamiltoniens à une particule,

$$H(q_1, \ldots, q_{3N}, p_1, \ldots, p_{3N}) = \sum_{\nu=1}^{N} h(q_\nu, p_\nu) \tag{7.53}$$

est particulièrement simple dans l'ensemble canonique. Soit h un hamiltonien à une particule qui ne dépend que des variables q_ν et p_ν de la ν ième particule (par exemple, $p_\nu^2/2m$). La fonction de partition s'écrit alors (avec facteur de Gibbs)

$$\begin{aligned} Z(T, V, N) &= \frac{1}{N! h^{3N}} \int d^{3N}q \, d^{3N}p \exp\left[-\beta H(q_\nu, p_\nu)\right] \\ &= \frac{1}{N! h^{3N}} \prod_{\nu=1}^{N} \int d^3q_\nu \, d^3p_\nu \exp\left[-\beta h(q_\nu, p_\nu)\right] . \end{aligned} \tag{7.54}$$

L'intégrale peut s'interpréter comme une fonction de partition à une particule $(N = 1)$,

$$Z(T, V, 1) = \frac{1}{h^3} \int d^3q \, d^3p \exp\left[-\beta h(q, p)\right] \tag{7.55}$$

on peut donc directement calculer la fonction de partition du système à N particules à partir de celle du système à une particule ;

$$Z(T, V, N) = \frac{1}{N!} \left[Z(T, V, 1)\right]^N \tag{7.56}$$

pour des particules non discernables et

$$Z(T, V, N) = [Z(T, V, 1)]^N \qquad (7.57)$$

pour des particules discernables, respectivement. Il s'agit d'un résultat de calcul très utile, car dans ces cas on a effectivement affaire à des problèmes à une particule. Considérons à présent la densité dans l'espace des phases du système total,

$$\varrho_N = \frac{\exp\left[-\beta H(q_\nu, p_\nu)\right]}{Z(T, V, N)}$$

$$= N! \left(\frac{\exp\left[-\beta h(q_1, p_1)\right]}{Z(T, V, 1)}\right) \left(\frac{\exp\left[-\beta h(q_2, p_2)\right]}{Z(T, V, 1)}\right) \cdots . \qquad (7.58)$$

Au facteur de Gibbs près, la probabilité $\varrho_N(q_\nu, p_\nu)$ de trouver les N particules exactement au point $(\boldsymbol{q}, \boldsymbol{p})$ dans l'espace des phases est égale au produit de toutes les probabilités de trouver une certaine particule dans un certain état microscopique à une particule.

Evidemment, pour un système de particules sans interaction, la probabilité de trouver une particule au point de coordonnée q avec le moment p, est justement donnée par la distribution

$$\varrho_1(q, p) = \frac{\exp\left[-\beta h(q, p)\right]}{Z(T, V, 1)} . \qquad (7.59)$$

Remarquons que cela n'était pas à priori évident. Initialement l'équation (7.59) était la distribution d'un système qui ne contenait qu'une seule particule en tout. Puisque N particules d'un système sans interaction ne s'influencent pas les unes les autres, l'équation (7.59) est également la densité à une particule correcte pour un tel système à plusieurs particules. On peut donc interpréter un tel système comme un ensemble idéal. Chacune des N particules individuelles constitue un «système» en elle même et à un instant donné occupe un certain état microscopique à une particule. Toutes les autres particules du système constituent la source thermique à température donnée.

Pour ces réflexions il est déterminant que la probabilité de trouver une particule dans un certain état microscopique soit indépendante des états microscopiques des autres particules : en théorie des ensembles les systèmes individuels d'un ensemble sont indépendants les uns des autres. Dans un système en interaction cela ne sera plus vrai. Alors l'état microscopique d'une certaine particule dépendra de celui des autres particules. Le hamiltonien d'une certaine particule contiendra alors également les coordonnées et quantités de mouvement de toutes les autres particules, et l'on ne pourra pas établir d'équation correspondant à l'équation (7.59).

EXEMPLE ■■■■■■■■■■■■■■■■■■■■■■■■■■■■

7.4 Le gaz parfait

Prenons à nouveau l'exemple du gaz parfait,

$$H(\boldsymbol{q}_i, \boldsymbol{p}_i) = \sum_{i=1}^{N} \frac{\boldsymbol{p}_i^2}{2m} \quad \Rightarrow \quad h(q, p) = \frac{\boldsymbol{p}^2}{2m}.$$

La densité de probabilité de trouver n'importe quelle particule dans l'espace des phases unidimensionnel avec les coordonnées $\boldsymbol{q}$ et les quantités de mouvement $\boldsymbol{p}$, est donnée par

$$\varrho(q, p) = \frac{\exp[-\beta h(q, p)]}{Z(T, V, 1)} = \frac{\lambda^3}{V} \exp\left(-\frac{\beta}{2m}\boldsymbol{p}^2\right)$$

où $Z(T, V, 1) = V/\lambda^3$, en accord avec l'équation (7.50).

Nous pouvons maintenant vérifier la distribution des vitesses d'un gaz, que nous avons déjà établie précédemment dans l'exemple 1.2 et qui représente la probabilité $\varrho\, \mathrm{d}^3 q\, \mathrm{d}^3 p/h^3$ de trouver la particule avec des coordonnées comprises entre $\boldsymbol{q}$ et $\boldsymbol{q} + \mathrm{d}\boldsymbol{q}$ et des quantités de mouvement comprises entre $\boldsymbol{p}$ et $\boldsymbol{p} + \mathrm{d}\boldsymbol{p}$. Cela implique pour la distribution des vitesses $f(\boldsymbol{v})$

$$f(\boldsymbol{v})\, \mathrm{d}^3 v = \frac{m^3}{h^3}\, \mathrm{d}^3 v \int \mathrm{d}^3 q \frac{\lambda^3}{V} \exp\left(-\frac{1}{2}\beta m \boldsymbol{v}^2\right)$$

si l'on utilise $\boldsymbol{p} = m\boldsymbol{v}$ et que l'on intègre sur l'ensemble des coordonnées. L'intégrale $\int \mathrm{d}^3 q$ fournit simplement le volume V ; ce qui conduit à

$$f(\boldsymbol{v}) = \left(\frac{m}{2\pi kT}\right)^{3/2} \exp\left(-\frac{m\boldsymbol{v}^2}{2kT}\right).$$

Ce résultat correspond effectivement à l'équation (1.13). Rappelons que le facteur $1/h^3$ apparaît par ce que ϱ est une grandeur sans dimension et que les volumes dans l'espace des phases sont mesurés en unités de h^{3N} (ici $N = 1$). Cet exemple est bien adapté pour démontrer de nouveau la signification du facteur de Gibbs de façon très élégante. On a

$$\varrho'(\boldsymbol{q}_1, \boldsymbol{q}_2, \ldots, \boldsymbol{p}_1, \boldsymbol{p}_2, \ldots) = \varrho(\boldsymbol{q}_1, \boldsymbol{p}_1)\varrho(\boldsymbol{q}_2, \boldsymbol{p}_2)\cdots\varrho(\boldsymbol{q}_N, \boldsymbol{p}_N) \qquad (7.60)$$

où $\varrho'(\boldsymbol{q}_i, \boldsymbol{p}_i)$ représente la probabilité de trouver la particule 1 dans l'état microscopique $\boldsymbol{q}_1, \boldsymbol{p}_1$, la particule 2 dans l'état microscopique $\boldsymbol{q}_2, \boldsymbol{p}_2$ ... et la particule N dans l'état $\boldsymbol{q}_N, \boldsymbol{p}_N$. Cela n'est cependant vrai que pour une certaine énumération des particules. Si l'on s'interroge sur la probabilité de trouver n'importe quelle particule dans l'état $\boldsymbol{q}_1, \boldsymbol{p}_1$ et n'importe quelle particule dans l'état $\boldsymbol{q}_2, \boldsymbol{p}_2$ etc., alors l'équation (7.60) doit être multipliée par le nombre de façons de les énumérer, c'est-à-dire $N!$.

EXERCICE ███████████████████

7.5 Vitesse moyenne et vitesse la plus probable

Problème. Calculons la vitesse la plus probable, la vitesse moyenne et la vitesse quadratique moyenne pour un gaz parfait à partir de la distribution des vitesses

$$f(\boldsymbol{v}) = \left(\frac{m}{2\pi kT} \right)^{3/2} \exp\left(-\beta \frac{1}{2} m \boldsymbol{v}^2 \right) \ .$$

Solution. La différentielle

$$\mathrm{d}^3 w(\boldsymbol{v}) = f(\boldsymbol{v}) \, \mathrm{d}^3 \boldsymbol{v} \tag{7.61}$$

représente la probabilité de trouver une particule du gaz parfait avec un vecteur vitesse $\boldsymbol{v}$ entre (v_x, v_y, v_z) et $(v_x + \mathrm{d}v_x, v_y + \mathrm{d}v_y, v_z + \mathrm{d}v_z)$, indépendamment de sa position. Utilisons tout d'abord cela pour calculer la probabilité d'avoir un module de la vitesse entre $|\boldsymbol{v}|$ et $|\boldsymbol{v}| + |\mathrm{d}\boldsymbol{v}|$. Pour ce faire, il suffit simplement d'exprimer le vecteur vitesse dans l'équation (7.61) à l'aide des coordonnées polaires et d'intégrer sur toutes les directions d'espace :

$$\mathrm{d}w(v) = \left(\frac{m}{2\pi kT} \right)^{3/2} \exp\left(-\beta \frac{1}{2} m v^2 \right) 4\pi v^2 \, \mathrm{d}v \ . \tag{7.62}$$

L'équation (7.62) est la distribution des vitesses de Maxwell pour un gaz parfait. Le module de la vitesse la plus probable, v^*, correspond au maximum de la fonction $F(v) = \mathrm{d}w/\mathrm{d}v$. Celui ci se calcule suivant

$$
\begin{aligned}
& F'(v)|_{v^*} = 0 \\
\Leftrightarrow \quad & 4\pi \left(\frac{m}{2\pi kT} \right)^{3/2} \left[-\frac{m}{kT} \exp\left(-\frac{mv^2}{2kT} \right) v^3 + \exp\left(-\frac{mv^2}{2kT} \right) 2v \right]_{v^*} = 0 \\
\Rightarrow \quad & -\frac{m}{2kT} (v^*)^3 + v^* = 0 \\
\Rightarrow \quad & v^* = \sqrt{\frac{2kT}{m}} \ .
\end{aligned}
$$

Le module moyen de la vitesse $\langle |\boldsymbol{v}| \rangle$ est définie par

$$\langle |\boldsymbol{v}| \rangle = \int_0^\infty F(v) v \, \mathrm{d}v = 4\pi \left(\frac{m}{2\pi kT} \right)^{3/2} \int_0^\infty \exp\left(-\frac{mv^2}{2kT} \right) v^3 \, \mathrm{d}v \ . \tag{7.63}$$

Exercice 7.5

Avec la substitution $y = mv^2/2kT$, on ramène l'intégrale à une fonction Γ (voir exemple 1.2)

$$\langle v \rangle = 4\pi \left(\frac{m}{2\pi kT} \right)^{3/2} \left(\frac{2kT}{m} \right)^2 \frac{1}{2} \int\limits_0^\infty \mathrm{e}^{-y} y \, \mathrm{d}y$$

$$= 4\pi \left(\frac{m}{2\pi kT} \right)^{3/2} \left(\frac{2kT}{m} \right)^2 \frac{1}{2} \Gamma(2) \, .$$

En utilisant $\Gamma(2) = 1$ on obtient après simplification

$$\langle v \rangle = \sqrt{\frac{8kT}{m\pi}} \, . \tag{7.64}$$

La vitesse quadratique moyenne se calcule de façon tout à fait analogue :

$$\langle v^2 \rangle = \int\limits_0^\infty F(v) v^2 \, \mathrm{d}v = 4\pi \left(\frac{m}{2\pi kT} \right)^{3/2} \int\limits_0^\infty \exp\left(-\frac{mv^2}{2kT} \right) v^4 \, \mathrm{d}v \, .$$

Avec la même substitution que dans l'équation (7.63) on obtient

$$\langle v^2 \rangle = 4\pi \left(\frac{m}{2\pi kT} \right)^{3/2} \left(\frac{2kT}{m} \right)^{5/2} \frac{1}{2} \int\limits_0^\infty \mathrm{e}^{-y} y^{3/2} \mathrm{d}y$$

$$= 4\pi \left(\frac{m}{2\pi kT} \right)^{3/2} \left(\frac{2kT}{m} \right)^{5/2} \frac{1}{2} \frac{3}{4} \sqrt{\pi}$$

en raison de $\Gamma(5/2) = (3/2)\Gamma(3/2) = (3/2)(1/2)\sqrt{\pi}$. On aboutit à

$$\langle v^2 \rangle = \frac{3kT}{m} \quad \text{et} \quad \sqrt{\langle v^2 \rangle} = \sqrt{\frac{3kT}{m}} \, .$$

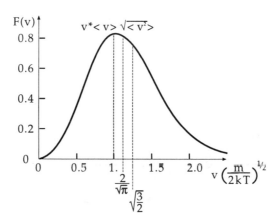

Fig. 7.2. Distribution des vitesses de Maxwell

La distribution des vitesses de Maxwell est représentée par la figure 7.2. La vitesse la plus probable a été normalisée à 1 par un choix des unités en abscisse. Ainsi qu'on le constate, $v^* < \langle v \rangle < \sqrt{\langle v^2 \rangle}$. Les trois vitesses sont essentiellement déterminées par le rapport kT/m. On en déduit l'énergie cinétique moyenne d'une particule

$$\langle \varepsilon_{\text{cin}} \rangle = \frac{1}{2} m \langle v^2 \rangle = \frac{3}{2} kT$$

conformément au résultat (1.9). En raison de l'isotropie de la distribution $f(\boldsymbol{v})$ on a par ailleurs

$$\langle v_x^2 \rangle = \langle v_y^2 \rangle = \langle v_z^2 \rangle = \frac{1}{3} \langle v^2 \rangle = \frac{kT}{m} \,.$$

EXERCICE

7.6 Distribution des vitesses au cours de l'effusion d'un gaz

Problème. Calculons la distribution des vitesses $f^*(v)$ de particules qui quittent un récipient contenant un gaz parfait à la température T, au travers d'un orifice (figure 7.3).

Nous admettrons que l'effusion des particules ne perturbe pas l'équilibre à l'intérieur du récipient. En plus, nous calculerons la vitesse moyenne dans la direction des z et la vitesse quadratique moyenne des particules sortantes, ainsi que le flux par unité de surface $R = \mathrm{d}^2 N / \mathrm{d}t \, \mathrm{d}A$ des particules quittant le récipient (nombre de particules par unité de temps et de surface).

Montrons qu'en général $R = (1/4)(N/V) \langle v \rangle$, si $\langle v \rangle$ désigne le module moyen de la vitesse à l'intérieur. Quelle force agit sur le récipient en raison de la conservation de la quantité de mouvement?

Solution. Il est tout d'abord évident que toute particule qui frappe l'élément de surface $\mathrm{d}A$ de l'intérieur quitte le récipient avec la même vitesse. Au chapitre 1, (1.5) nous avions déjà obtenu simplement le nombre $\mathrm{d}^5 N$ de particules, qui frappent pendant le temps $\mathrm{d}t$ l'élément de surface $\mathrm{d}A$ du récipient avec le vecteur vitesse $\boldsymbol{v}$. On a

$$\mathrm{d}^5 N = \frac{N}{V} v_z \, \mathrm{d}t \, \mathrm{d}A \, f(\boldsymbol{v}) \, \mathrm{d}^3 \boldsymbol{v} \tag{7.65}$$

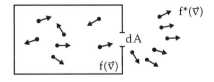

Fig. 7.3. Système considéré

Exercice 7.6

en choisissant la direction z perpendiculaire à l'élément de surface dA et si $f(\boldsymbol{v})$ désigne la distribution des vitesses dans le gaz. On doit avoir $v_z > 0$, car les particules avec $v_z < 0$ se déplacent dans la mauvaise direction.

Il est alors facile de comprendre que la distribution des vitesses $f^*(\boldsymbol{v})$ des particules quittant le récipient doit être proportionnelle à $v_z f(\boldsymbol{v})$

$$f^*(\boldsymbol{v}) = c v_z f(\boldsymbol{v}) . \tag{7.66}$$

Car si une particule avait $v_z = 0$ elle ne pourrait pas quitter le récipient, $f^*(\boldsymbol{v})|_{v_z=0} = 0$. Dans l'équation (7.66) nous avons déjà tenu compte de l'hypothèse que l'équilibre à l'intérieur du récipient n'est pas notablement perturbé par les particules quittant le récipient.

La constante de proportionnalité c se détermine par normalisation

$$\int\limits_{-\infty}^{+\infty} \mathrm{d}v_x \int\limits_{-\infty}^{+\infty} \mathrm{d}v_y \int\limits_{-\infty}^{+\infty} \mathrm{d}v_z f^*(\boldsymbol{v}) = 1 . \tag{7.67}$$

Afin de simplifier les calculs ultérieurs, écrivons la distribution de Maxwell sous la forme

$$f(\boldsymbol{v}) = f_x(v_x) f_y(v_y) f_z(v_z)$$

avec les distributions des composantes individuelles des vitesses

$$f_i(v_i) = \sqrt{\frac{m}{2\pi kT}} \exp\left(-\frac{m v_i^2}{2kT}\right)$$

qui sont séparément normalisées à 1. Les vitesses des particules sortant suivant les directions x et y possèdent la même distribution gaussienne qu'à l'intérieur du récipient, tandis que la composante z se trouve pondérée par un facteur additionnel $v_z > 0$. L'équation (7.67) devient

$$c \int\limits_{0}^{\infty} \mathrm{d}v_z \, v_z f_z(v_z) = 1$$

ou

$$c\sqrt{\frac{m}{2\pi kT}} \int\limits_{0}^{\infty} \mathrm{d}v_z \, v_z \exp\left(-\frac{m v_z^2}{2kT}\right) = 1 .$$

Avec la substitution classique $y = m v_z^2/2kT$, on obtient

$$c\sqrt{\frac{m}{2\pi kT}} \frac{kT}{m} \int\limits_{0}^{\infty} \mathrm{e}^{-y}\,\mathrm{d}y = 1 \quad \Rightarrow \quad c = \sqrt{\frac{2\pi m}{kT}} .$$

La distribution normalisée des particules quittant le récipient est alors

$$f^*(\boldsymbol{v}) = f_x(v_x) f_y(v_y) \sqrt{\frac{2\pi m}{kT}}\, v_z f_z(v_z) \ .$$

On peut en déduire la vitesse moyenne dans la direction z des particules sortant du récipient :

$$\langle v_z \rangle^* = \int v_z f^*(\boldsymbol{v}) \, \mathrm{d}^3\boldsymbol{v} = \sqrt{\frac{2\pi m}{kT}} \int_0^\infty v_z^2 f_z(v_z) \, \mathrm{d}v_z$$

$$= \frac{m}{kT} \int_0^\infty v_z^2 \exp\left(-\frac{mv_z^2}{2kT}\right) \mathrm{d}v_z$$

$$= \frac{m}{kT}\frac{kT}{m}\sqrt{\frac{2kT}{m}} \int_0^\infty y^{1/2}\mathrm{e}^{-y} \, \mathrm{d}y = \sqrt{\frac{2kT}{m}}\,\Gamma(3/2) \ .$$

L'astérisque au crochet de la valeur moyenne indique qu'il faut prendre la valeur moyenne en utilisant la distribution f^*. Comme $\Gamma(3/2) = \sqrt{\pi}/2$ on obtient

$$\langle v_z \rangle^* = \sqrt{\frac{\pi kT}{2m}} \ .$$

On obtient bien sûr une valeur moyenne positive pour la composante v_z. À l'intérieur du récipient on a d'autre part $\langle v_z \rangle = 0$. De façon analogue, la vitesse quadratique moyenne dans la direction z est donnée par

$$\langle v_z^2 \rangle^* = \int v_z^2 f^*(\boldsymbol{v}) \, \mathrm{d}^3\boldsymbol{v} = \sqrt{\frac{2\pi m}{kT}} \int_0^\infty v_z^3 f_z(v_z) \, \mathrm{d}v_z$$

$$= \frac{m}{kT} \int_0^\infty v_z^3 \exp\left(-\frac{mv_z^2}{2kT}\right) \mathrm{d}v_z$$

$$= \frac{m}{kT}\frac{kT}{m}\frac{2kT}{m} \int_0^\infty y\,\mathrm{e}^{-y} \, \mathrm{d}y = \frac{2kT}{m}\,\Gamma(2) \ .$$

En utilisant $\Gamma(2) = 1$, on obtient

$$\langle v_z^2 \rangle^* = \frac{2kT}{m} \ .$$

Les vitesses quadratiques moyennes dans les directions x et y, ont par ailleurs, les mêmes valeurs qu'à l'intérieur du récipient :

$$\langle v_x^2 \rangle^* = \langle v_y^2 \rangle^* = \langle v_x^2 \rangle = \langle v_y^2 \rangle = \frac{kT}{m} \ .$$

Exercice 7.6

L'énergie cinétique moyenne des particules quittant le récipient vaut

$$\langle \varepsilon_{\text{cin}} \rangle^* = \frac{1}{2} m \big(\langle v_x^2 \rangle^* + \langle v_y^2 \rangle^* + \langle v_z^2 \rangle^* \big) = 2kT \ .$$

Elle est donc plus grande que celle des particules dans le récipient, qui vaut seulement $3kT/2$. L'équation (7.65) fournit directement le rapport $R = \mathrm{d}^2 N / \mathrm{d}t \, \mathrm{d}A$ en intégrant sur l'ensemble des vitesses ;

$$R = \frac{\mathrm{d}^2 N}{\mathrm{d}A \, \mathrm{d}t} = \frac{N}{V} \int\limits_{-\infty}^{+\infty} \mathrm{d}v_x \int\limits_{-\infty}^{+\infty} \mathrm{d}v_y \int\limits_{-\infty}^{+\infty} \mathrm{d}v_z \, v_z \, f(\boldsymbol{v}) \ . \tag{7.68}$$

Remarquons qu'ici intervient la distribution $f(\boldsymbol{v})$ à l'intérieur du récipient et non $f^*(\boldsymbol{v})$. En principe, l'équation (7.68) s'intègre directement à partir de la distribution des vitesses de Maxwell. Pour faire ce calcul nous choisirons cependant une méthode plus générale, qui restera valable pour toute distribution $f(\boldsymbol{v})$ ne dépendant que du module $|\boldsymbol{v}|$ de la vitesse. Nous allons utiliser les coordonnées sphériques. Il faut tenir compte du fait que $v_z > 0$, θ doit donc être restreint à l'intervalle $\theta \in [0, \pi/2]$:

$$R = \frac{N}{V} \int\limits_0^\infty v^2 \, \mathrm{d}v \int\limits_0^{\pi/2} \sin\theta \, \mathrm{d}\theta \int\limits_0^{2\pi} \mathrm{d}\phi \, v \cos\theta \, f(v) \ .$$

Les deux intégrales angulaires se calculent immédiatement ($\sin\theta \cos\theta \, \mathrm{d}\theta = \sin\theta \, \mathrm{d}(\sin\theta)$),

$$R = \frac{N}{V} \pi \int\limits_0^\infty v^3 \, f(v) \, \mathrm{d}v \ .$$

Dans l'exercice précédent nous avons déjà utilisé la distribution des modules des vitesses, $F(v) = 4\pi v^2 f(v)$, si bien que

$$R = \frac{1}{4} \frac{N}{V} \int\limits_0^\infty v F(v) \, \mathrm{d}v = \frac{1}{4} \frac{N}{V} \langle v \rangle \ .$$

La vitesse d'effusion des particules augmente avec la densité particulaire N/V et la valeur moyenne du module de la vitesse $\langle v \rangle$. Dans le cas particulier d'un gaz parfait, avec $\langle v \rangle$ donné par l'équation (7.64) on obtient,

$$R = \frac{N}{V} \sqrt{\frac{kT}{2\pi m}} \ .$$

Pour calculer la force agissant sur le récipient en raison de la réaction des particules, nous déterminerons tout d'abord la quantité de mouvement emportée par les particules par unité de temps dans la direction z. En moyenne, les particules possèdent la quantité de mouvement $\langle p_z \rangle^* = m \langle v_z \rangle^*$ et pour un orifice de surface A, il y a exactement RA particules sortant par unité de temps. La force agissant sur le récipient vaut donc

$$F_z = -RAm \langle v_z \rangle^* = -\frac{N}{V}\sqrt{\frac{kT}{2\pi m}} Am \sqrt{\frac{\pi kT}{2m}}$$

$$= -\frac{1}{2}\frac{N}{V} kTA = -\frac{1}{2} pA \ .$$

Au facteur $1/2$ près, qui provient du fait que les particules ne sont pas réfléchies par l'orifice, F_z est donnée par la pression p sur la surface A. Le signe moins correspond à la direction des z négatifs suivant laquelle se trouve accéléré le récipient.

7.3 Calcul d'observables comme moyennes sur un ensemble

En introduction à la théorie des ensembles nous avions admis que toutes les observables peuvent s'écrire comme la valeur moyenne sur les ensembles par rapport à une fonction appropriée $f(\boldsymbol{r}_i, \boldsymbol{p}_i)$:

$$\langle f(\boldsymbol{r}_i, \boldsymbol{p}_i) \rangle = \frac{1}{h^{3N}} \int \mathrm{d}^{3N}r \, \mathrm{d}^{3N}p \, \varrho(\boldsymbol{r}_i, \boldsymbol{p}_i) f(\boldsymbol{r}_i, \boldsymbol{p}_i) \ . \tag{7.69}$$

La densité dans l'espace des phases $f(\boldsymbol{r}_i, \boldsymbol{p}_i)$ contient donc toutes les informations du système que l'on peut obtenir par la mécanique statistique. Nous voulons maintenant voir quelles fonctions $f(\boldsymbol{r}_i, \boldsymbol{p}_i)$ choisir pour déterminer certaines observables. Comme nous le savons déjà, l'entropie s'obtient comme la moyenne d'ensemble de $f_S(\boldsymbol{r}_i, \boldsymbol{p}_i) = -k \ln[\varrho(\boldsymbol{r}_i, \boldsymbol{p}_i)]$

$$S = \langle -k \ln \varrho \rangle \ . \tag{7.70}$$

D'autre part, à partir de l'équation (7.70) on peut déterminer les potentiels thermodynamiques $S(E, V, N)$ (microcanonique) et $F(T, V, N)$ (canonique). L'équation (7.70) contient donc toutes les informations thermodynamiques du système. Ces propriétés ne devront donc pas être calculées à partir de (7.69) ; dans un premier temps il sera suffisant de calculer $S(E, V, N)$ ou $F(T, V, N)$ à partir de l'équation (7.70). Toutes les grandeurs thermodynamiques s'en déduisent alors comme au chapitre 4. On peut évidemment aussi écrire la fonction $f(\boldsymbol{r}_i, \boldsymbol{p}_i)$ correspondant à une certaine grandeur. Ainsi, par exemple, l'énergie interne est donnée par la valeur moyenne du hamiltonien :

$$U = \langle H(\boldsymbol{r}_i, \boldsymbol{p}_i) \rangle \ . \tag{7.71}$$

Mais à l'aide de l'équation (7.69) on peut également obtenir des observables sur lesquelles la thermodynamique ne nous informe pas. La densité dans l'espace des phases est par exemple une telle observable :

$$\varrho(\boldsymbol{r}'_1, \ldots, \boldsymbol{r}'_N, \boldsymbol{p}'_1, \ldots, \boldsymbol{p}'_N) = \left\langle h^{3N} \prod_{i=1}^{N} \delta(\boldsymbol{r}_i - \boldsymbol{r}'_i)\, \delta(\boldsymbol{p}_i - \boldsymbol{p}'_i) \right\rangle . \tag{7.72}$$

Les fonctions delta dans l'équation (7.72) ont pour effet d'annuler l'intégrale de l'équation (7.69) et de ne laisser que la fonction à intégrer qu'aux points $\boldsymbol{r}'_1, \ldots, \boldsymbol{r}'_N, \boldsymbol{p}'_1, \ldots, \boldsymbol{p}'_N$. Remarquons, à proprement parler que l'équation (7.69) donne une représentation générale de la densité dans l'espace des phases sur l'ensemble des nombres réels. Une telle représentation est donnée par la distribution $f(\boldsymbol{r}_i, \boldsymbol{p}_i)$. De façon analogue à l'équation (7.72), on obtient la distribution dans l'espace des phases pour la particule i à partir de $\varrho(\boldsymbol{r}'_1, \ldots, \boldsymbol{r}'_N, \boldsymbol{p}'_1, \ldots, \boldsymbol{p}'_N)$ (particules discernables) :

$$\varrho_i(\boldsymbol{r}, \boldsymbol{p}) = \left\langle h^3 \delta(\boldsymbol{r}_i - \boldsymbol{r}) \delta(\boldsymbol{p}_i - \boldsymbol{p}) \right\rangle . \tag{7.73}$$

Pour des systèmes sans interaction $\varrho_i(\boldsymbol{r}, \boldsymbol{p})$ est identique à la distribution à une particule correspondante $\varrho_i(\boldsymbol{r}_1, \boldsymbol{p}_1)$. Pour des systèmes en interaction cela n'est plus vrai, puisque l'équation (7.73) contient alors également l'action des autres particules sur la particule i. De la même façon, on obtient la densité de la particule i dans l'espace des coordonnées,é

$$\varrho_i(\boldsymbol{r}) = \langle \delta(\boldsymbol{r}_i - \boldsymbol{r}) \rangle \tag{7.74}$$

ou la distribution des quantités de mouvement de la particule i,

$$\varrho_i(\boldsymbol{p}) = \langle \delta(\boldsymbol{p}_i - \boldsymbol{p}) \rangle . \tag{7.75}$$

La densité particulaire totale dans l'espace des coordonnées est

$$\varrho(\boldsymbol{r}) = \left\langle \sum_{i=1}^{N} \delta(\boldsymbol{r}_i - \boldsymbol{r}) \right\rangle \tag{7.76}$$

et la distribution totale des quantités de mouvement est

$$\varrho(\boldsymbol{p}) = \left\langle \sum_{i=1}^{N} \delta(\boldsymbol{p}_i - \boldsymbol{p}) \right\rangle . \tag{7.77}$$

Observons les normalisations différentes des quantités (7.74–77)

$$\int \mathrm{d}^3 r \varrho_i(\boldsymbol{r}) = \int \mathrm{d}^3 p \varrho_i(\boldsymbol{p}) = 1 , \tag{7.78}$$

$$\int \mathrm{d}^3 r \varrho(\boldsymbol{r}) = \int \mathrm{d}^3 p \varrho(\boldsymbol{p}) = N . \tag{7.79}$$

Une autre quantité très intéressante est la distribution des distances relatives ou des moments relatifs de deux particules. Elles se déduisent de

$$f_{ik}(r) = \langle \delta(r - |\boldsymbol{r}_i - \boldsymbol{r}_k|) \rangle \; . \tag{7.80}$$

La distribution $f_{ik}(r)$ est la densité de probabilité de trouver les particules i et k séparées d'une distance r. La distribution des quantités de mouvement relatives absolues s'écrit

$$f_{ik}(p) = \langle \delta(p - |\boldsymbol{p}_i - \boldsymbol{p}_k|) \rangle \; . \tag{7.81}$$

La distance moyenne des particules i et k vaut

$$\langle r_{ik} \rangle = \langle |\boldsymbol{r}_i - \boldsymbol{r}_k| \rangle = \int\limits_0^\infty r f_{ik}(r) \, \mathrm{d}r \; . \tag{7.82}$$

La seconde équation dans (7.82) s'obtient en reportant $f_{ik}(r)$ à l'aide de l'équation (7.80) et en intervertissant le calcul de la moyenne et l'intégration. De façon analogue, la quantité de mouvement relative moyenne des particules i et k est donné par

$$\langle p_{ik} \rangle - \langle |\boldsymbol{p}_i - \boldsymbol{p}_k| \rangle - \int\limits_0^\infty p f_{ik}(p) \, \mathrm{d}p \; . \tag{7.83}$$

On peut également, de façon identique, calculer la distribution des distances relatives de trois particules, ou la probabilité pour plusieurs particules d'être très proches les unes des autres (formations d'agrégats ou de gouttes), etc. Le calcul pratique de telles fonctions de corrélations à n particules peut cependant s'avérer très compliqué dans le cas de gaz réels.

EXEMPLE

7.7 $\varrho_i(\boldsymbol{r})$ pour le gaz parfait

Calculons $\varrho_i(\boldsymbol{r})$ d'après l'équation (7.74) pour un gaz parfait. La densité dans l'espace des phases pour un gaz parfait vaut

$$\varrho(\boldsymbol{r}_1, \ldots, \boldsymbol{r}_N, \boldsymbol{p}_1, \ldots, \boldsymbol{p}_N) = N! \prod_{i=1}^N \frac{\exp\left[-(\beta/2m)\boldsymbol{p}_i^2\right]}{Z(T, V, 1)} = N! \prod_{i=1}^N \varrho_i(\boldsymbol{r}_i, \boldsymbol{p}_i)$$

avec la fonction de partition à une particule

$$Z(T, V, 1) = \frac{1}{h^3} \int \mathrm{d}^3 r \, \mathrm{d}^3 p \, \exp\left(-\frac{\beta}{2m}\boldsymbol{p}^2\right) = \frac{V}{\lambda^3} \; .$$

On obtient donc

$$\varrho_i(\boldsymbol{r}) = \frac{1}{N! h^{3N}} \int \mathrm{d}^{3N} r \, \mathrm{d}^{3N} p \times \varrho(\boldsymbol{r}_1, \ldots, \boldsymbol{r}_N, \boldsymbol{p}_1, \ldots, \boldsymbol{p}_N) \delta(\boldsymbol{r}_i - \boldsymbol{r})$$

$$= \frac{1}{h^{3N}} \int \mathrm{d}^{3N} r \, \mathrm{d}^{3N} p \prod_{k=1}^N \varrho_k(\boldsymbol{r}_k, \boldsymbol{p}_k) \delta(\boldsymbol{r}_i - \boldsymbol{r}) \; .$$

Exemple 7.7

Puisque les distributions à une particule $\varrho_k(\boldsymbol{r}_k, \boldsymbol{p}_k)$ sont également normalisées à 1, toutes les intégrales à l'exception de celle sur $\boldsymbol{r}_i$, $\boldsymbol{p}_i$ fournissent un facteur 1,

$$\varrho_i(\boldsymbol{r}) = \frac{1}{h^3} \int d^3\boldsymbol{r}_i \, d^3\boldsymbol{p}_i \frac{\lambda^3}{V} \exp\left(-\frac{\beta}{2m}\boldsymbol{p}_i^2\right) \delta(\boldsymbol{r}_i - \boldsymbol{r})$$

$$= \frac{1}{V}\frac{\lambda^3}{h^3} \int d^3\boldsymbol{p}_i \exp\left(-\frac{\beta}{2m}\boldsymbol{p}_i^2\right) \ .$$

L'intégrale sur les quantités de mouvement avec le facteur h^{-3} donne un facteur λ^{-3}, qui se simplifie :

$$\varrho_i(\boldsymbol{r}) = \frac{1}{V} \ .$$

La densité de probabilité de trouver n'importe laquelle des N particules au point $\boldsymbol{r}$, est constante dans tout le récipient. La densité particulaire totale est

$$\varrho(\boldsymbol{r}) = \left\langle \sum_{i=1}^{N} \delta(\boldsymbol{r}_i - \boldsymbol{r}) \right\rangle = \sum_{i=1}^{N} \varrho_i(\boldsymbol{r}) = \frac{N}{V} \ .$$

EXERCICE ▬▬▬▬▬▬▬▬

7.8 Etude de l'atmosphère (formule barométrique)

Problème. Considérons une colonne d'air au dessus de la surface de la terre de surface de base A. Calculons la densité de distribution des particules dans cette colonne sous l'effet de la gravitation, à température donnée T. On admettra que l'air se comporte comme un gaz parfait et que la gravitation est uniforme (voir figure 7.4).

Solution. Le hamiltonien du système s'écrit

$$H(\boldsymbol{r}_i, \boldsymbol{p}_i) = \sum_{i=1}^{N} \left(\frac{\boldsymbol{p}_i^2}{2m} + mgz_i \right) = \sum_{i=1}^{N} h_i(\boldsymbol{r}_i, \boldsymbol{p}_i)$$

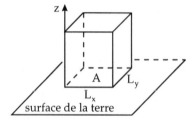

Fig. 7.4. Etude de l'atmosphère

s'il y a N particules dans la colonne d'air. Puisqu'il s'agit d'un système de particules indépendantes et indiscernables, nous avons

Exercice 7.8

$$\varrho(\boldsymbol{r}_1, \ldots, \boldsymbol{r}_N, \boldsymbol{p}_1, \ldots, \boldsymbol{p}_N) = N! \prod_{i=1}^{N} \frac{\exp\left[-\beta h_i(\boldsymbol{r}_i, \boldsymbol{p}_i)\right]}{Z(T, V, 1)}$$

$$= N! \prod_{i=1}^{N} \varrho_i(\boldsymbol{r}_i, \boldsymbol{p}_i) \,.$$

La fonction de partition à une particule peut être facilement calculée,

$$Z(T, V, 1) = \frac{1}{h^3} \int \mathrm{d}^3 p \exp\left(-\frac{\beta}{2m} \boldsymbol{p}^2\right) \int \mathrm{d}^3 r \exp\left(-\beta m g z\right) \,.$$

L'intégrale de quantité de mouvement avec le facteur h^{-3}, vaut λ^{-3} et les intégrales sur x et y fournissent la surface de base A de la colonne d'air,

$$Z(T, V, 1) = \frac{A}{\lambda^3} \int_0^\infty \mathrm{d}z \exp(-\beta m g z) = \frac{A}{\beta m g \lambda^3} \,.$$

La définition de la densité à une particule est

$$\varrho_i(\boldsymbol{r}) = \frac{1}{N! h^{3N}} \int \mathrm{d}^{3N} r \, \mathrm{d}^{3N} p \, \varrho(\boldsymbol{r}_1, \ldots, \boldsymbol{r}_N, \boldsymbol{p}_1, \ldots, \boldsymbol{p}_N) \delta(\boldsymbol{r}_i - \boldsymbol{r})$$

$$= \frac{1}{h^{3N}} \int \mathrm{d}^{3N} r \, \mathrm{d}^{3N} p \prod_{k=1}^{N} \varrho_k(\boldsymbol{r}_k, \boldsymbol{p}_k) \delta(\boldsymbol{r}_i - \boldsymbol{r}) \,.$$

En raison de la normalisation des $\varrho_k(\boldsymbol{r}_k, \boldsymbol{p}_k)$, toutes les intégrales à l'exception de celle sur $\boldsymbol{r}_i$, $\boldsymbol{p}_i$ fournissent le facteur 1,

$$\varrho_i(\boldsymbol{r}) = \frac{\beta m g \lambda^3}{A h^3} \int \mathrm{d}^3 p_i \exp\left(-\frac{\beta}{2m} \boldsymbol{p}_i^2\right) \int \mathrm{d}^3 r_i \exp(-\beta m g z_i) \delta(\boldsymbol{r}_i - \boldsymbol{r}) \,.$$

L'intégrale de quantité de mouvement avec le facteur h^{-3} est égale λ^{-3} et se simplifie donc avec le facteur λ^3. Les intégrales sur les coordonnées disparaissent en raison de la fonction δ

$$\varrho_i(\boldsymbol{r}) = \frac{\beta m g}{A} \exp(-\beta m g z) \,.$$

Pour les N particules de la colonne d'air la densité de distribution totale sera

$$\varrho(\boldsymbol{r}) = \frac{N \beta m g}{A} \exp(-\beta m g z) \,.$$

Elle ne dépend ni de x ni de y et décroît exponentiellement avec l'altitude z. Si l'on écrit la densité de particules $\varrho(z)$ à l'aide de la loi du gaz parfait,

$$\varrho(z) = \frac{p(z)}{kT}$$

on obtient pour la pression en fonction de l'altitude z :

$$p(z) = \frac{Nmg}{A} \exp(-\beta mgz) = p(0) \exp(-\beta mgz) \ .$$

La pression au niveau du sol $p(0) = Nmg/A$ correspond au poids des N particules agissant sur la surface de base A.

EXERCICE ▮▮▮▮▮▮▮▮▮▮

7.9 Quantités de mouvement relatives d'un gaz parfait

Problème. Calculons la distribution des modules des quantités de mouvement relatives de deux particules dans un gaz parfait.

Solution. D'après l'équation (7.81) nous avons

$$\begin{aligned}
f_{ik}(p) &= \langle \delta(p - |\boldsymbol{p}_i - \boldsymbol{p}_k|) \rangle \\
&= \frac{1}{N! h^{3N}} \int d^{3N} \boldsymbol{r} \, d^{3N} \boldsymbol{p} \varrho(\boldsymbol{r}_1, \ldots, \boldsymbol{r}_N, \boldsymbol{p}_1, \ldots, \boldsymbol{p}_N) \delta(p - |\boldsymbol{p}_i - \boldsymbol{p}_k|) \\
&= \frac{1}{h^{3N}} \int d^{3N} \boldsymbol{r} \, d^{3N} \boldsymbol{p} \prod_{l=1}^{N} \varrho_l(\boldsymbol{r}_l, \boldsymbol{p}_l) \delta(p - |\boldsymbol{p}_i - \boldsymbol{p}_k|) \ .
\end{aligned}$$

En raison de la normalisation des ϱ_l, toutes les intégrales à l'exception de celles correspondant aux indices i et k fournissent la valeur 1 respectivement,

$$\begin{aligned}
f_{ik}(p) &= \frac{1}{h^6} \int d^3 \boldsymbol{p}_i \int d^3 \boldsymbol{p}_k \int d^3 \boldsymbol{r}_i \int d^3 \boldsymbol{r}_k \frac{\lambda^6}{V^2} \\
&\quad \times \exp\left[-\frac{\beta}{2m} \left(\boldsymbol{p}_i^2 + \boldsymbol{p}_k^2 \right) \right] \delta(p - |\boldsymbol{p}_i - \boldsymbol{p}_k|) \ .
\end{aligned}$$

Les deux intégrales sur les coordonnées se simplifient avec le facteur V^{-2}. Pour pouvoir calculer les intégrales de quantités de mouvement, il est pratique de se référer aux quantités de mouvement par rapport au centre de masse $\boldsymbol{K} = (\boldsymbol{p}_i + \boldsymbol{p}_k)/2$ et aux quantités de mouvement relatives $\boldsymbol{p}_{ik} = \boldsymbol{p}_i - \boldsymbol{p}_k$. On a alors

$$\boldsymbol{p}_i = \boldsymbol{K} + \frac{1}{2} \boldsymbol{p}_{ik} \quad \text{et} \quad \boldsymbol{p}_k = \boldsymbol{K} - \frac{1}{2} \boldsymbol{p}_{ik}$$

$$\text{ainsi que} \quad \boldsymbol{p}_i^2 + \boldsymbol{p}_k^2 = 2\boldsymbol{K}^2 + \frac{1}{2} \boldsymbol{p}_{ik}^2$$

et par conséquent   *Exercice 7.9*

$$f_{ik}(p) = \frac{\lambda^6}{h^6} \int d^3\boldsymbol{p}_{ik} \exp\left(-\frac{\beta}{4m} \boldsymbol{p}_{ik}^2\right) \delta(p - p_{ik}) \int d^3\boldsymbol{K} \exp\left(-\frac{\beta}{m} \boldsymbol{K}^2\right).$$
(7.84)

(*Remarque :* Le jacobien de la transformation a pour valeur absolue 1.)
Toutes les intégrales portant sur les composantes des quantités de mouvement
du centre de masse ont pour valeur $\sqrt{m\pi/\beta}$. Dans les intégrales sur $\boldsymbol{p}_{ik}$ on peut
introduire les coordonnées polaires, l'équation (7.84) s'écrit alors

$$f_{ik}(p) = \frac{\lambda^6}{h^6} \left(\frac{m\pi}{\beta}\right)^{3/2} 4\pi \int_0^\infty p_{ik}^2 \exp\left(-\frac{\beta}{4m} p_{ik}^2\right) \delta(p - p_{ik}) \, dp_{ik},$$

$$f_{ik}(p) = \frac{\pi}{2} \left(\frac{1}{\pi m k T}\right)^{3/2} p^2 \exp\left(-\frac{\beta}{4m} p^2\right).$$

En raison de

$$\int_0^\infty f_{ik}(p) \, dp = \frac{\pi}{2} \left(\frac{1}{\pi m k T}\right)^{3/2} \int_0^\infty p^2 \exp\left(-\frac{\beta}{4m} p^2\right) dp$$

$$= \frac{\pi}{2} \left(\frac{1}{\pi m k T}\right)^{3/2} \frac{2m}{\beta} \sqrt{\frac{4m}{\beta}} \int_0^\infty y^{1/2} e^{-y} \, dy$$

$$= \frac{\pi}{2} \left(\frac{1}{\pi m k T}\right)^{3/2} 4(mkT)^{3/2} \Gamma(3/2) = 1$$

la distribution est normalisée ($\Gamma(3/2) = \sqrt{\pi}/2$). Ainsi qu'on le remarque, la
distribution des quantités de mouvement relatives est de nouveau une distribution maxwellienne, avec cependant des coefficients et un argument dans
l'exponentielle différents.

EXERCICE ▐▬▬▬▬▬▬▬▬▬▬▬▬▬▬▬▬▬▬

7.10 Distance moyenne entre deux particules

Problème. Calculons la densité de probabilité de trouver deux particules d'un
gaz parfait dans un récipient sphérique de rayon K à une distance r l'une de
l'autre. Quelle est la distance moyenne entre deux particules dans cette sphère?

Exemple 7.10

Solution. Comme dans l'exercice précédent nous devons calculer

$$
\begin{aligned}
f_{ik}(r) &= \langle \delta(r - |\boldsymbol{r}_i - \boldsymbol{r}_k|) \rangle \\
&= \frac{1}{N!h^{3N}} \int d^{3N}\boldsymbol{r}\, d^{3N}\boldsymbol{p} \\
&\quad \times \varrho(\boldsymbol{r}_1, \ldots, \boldsymbol{r}_N, \boldsymbol{p}_1, \ldots, \boldsymbol{p}_N)\delta(r - |\boldsymbol{r}_i - \boldsymbol{r}_k|) \\
&= \frac{1}{h^{3N}} \int d^{3N}\boldsymbol{r}\, d^{3N}\boldsymbol{p} \prod_{l=1}^{N} \varrho_l(\boldsymbol{r}_l, \boldsymbol{p}_l)\delta(r - |\boldsymbol{r}_i - \boldsymbol{r}_k|) .
\end{aligned}
$$

En raison de la normalisation des ϱ_l, toutes les intégrales à l'exception de celles correspondant aux indices i et k valent 1 respectivement,

$$
\begin{aligned}
f_{ik}(r) &= \frac{1}{h^6} \int d^3\boldsymbol{p}_i \int d^3\boldsymbol{p}_k \int d^3\boldsymbol{r}_i \int d^3\boldsymbol{r}_k \frac{\lambda^6}{V^2} \\
&\quad \times \exp\left[-\frac{\beta}{2m}\left(\boldsymbol{p}_i^2 + \boldsymbol{p}_k^2\right)\right] \delta(r - |\boldsymbol{r}_i - \boldsymbol{r}_k|) .
\end{aligned}
$$

Les intégrales de quantités de mouvement avec le facteur h^{-6} valent λ^{-6}, qui se compense avec le facteur λ^6,

$$
f_{ik}(r) = \frac{1}{V^2} \int d^3\boldsymbol{r}_i \int d^3\boldsymbol{r}_k \delta(r - |\boldsymbol{r}_i - \boldsymbol{r}_k|) . \tag{7.85}
$$

Pour évaluer les intégrales qui restent on utilise les coordonnées relatives et du centre de masse :

$$
\boldsymbol{R} = \frac{1}{2}(\boldsymbol{r}_i + \boldsymbol{r}_k) , \qquad \boldsymbol{r}_{ik} = \boldsymbol{r}_i - \boldsymbol{r}_k , \tag{7.86}
$$

$$
\boldsymbol{r}_i = \boldsymbol{R} + \frac{1}{2}\boldsymbol{r}_{ik} , \qquad \boldsymbol{r}_k = \boldsymbol{R} - \frac{1}{2}\boldsymbol{r}_{ik} . \tag{7.87}
$$

Puisque les intégrations dans l'équation (7.85) ne portent que sur un volume sphérique fini, les bornes d'intégrations doivent être recalculées pour les nouvelles variables. Dans l'équation (7.85) les vecteurs $\boldsymbol{r}_i$ et $\boldsymbol{r}_k$ doivent vérifier les conditions

$$
\boldsymbol{r}_i^2 \leq \boldsymbol{K}^2 \quad \text{et} \quad \boldsymbol{r}_k^2 \leq \boldsymbol{K}^2 .
$$

Dans les nouvelles coordonnées ces conditions s'écrivent

$$
\left(\boldsymbol{R} + \frac{1}{2}\boldsymbol{r}_{ik}\right)^2 \leq K^2 \quad \text{et} \quad \left(\boldsymbol{R} - \frac{1}{2}\boldsymbol{r}_{ik}\right)^2 \leq K^2 . \tag{7.88}
$$

L'équation (7.85) se transforme en

$$
f_{ik}(r) = \frac{1}{V^2} \int d^3\boldsymbol{r}_{ik} \int d^3\boldsymbol{R}\, \delta(r - r_{ik})
$$

où il nous faut intégrer sur tous les vecteurs r_{ik} et R, vérifiant les conditions (7.88) (ainsi que nous l'avons vu dans l'exercice précédent, la valeur absolue du jacobien de la transformation (7.86,87) est égale à 1).

Si l'on interprète l'intégrale sur les r_{ik} comme l'intégrale extérieure, les vecteurs r_{ik} sont fixés dans l'intégration intérieure sur les R. On doit avoir $|r_{ik}| \leq 2K$, puisque la distance relative des particules i et k ne peut excéder deux fois le rayon de la sphère.

Si le vecteur r_{ik} est donné, les conditions (7.88) s'interprètent géométriquement. Tous les vecteurs R à l'intérieur d'une sphère de rayon K et d'origine en $-(1/2)r_{ik}$ vérifient la première condition et tous les vecteurs R à l'intérieur d'une sphère de rayon K et d'origine en $+(1/2)r_{ik}$ vérifient la seconde. Donc pour r_{ik} donné tous les vecteurs R à l'intérieur de la région commune aux deux sphères (figure 7.5) vérifient les conditions (7.88). Puisqu'on a le choix du système de coordonnées pour l'intégration en R, le plus pratique est de placer l'axe des R_z suivant la direction des vecteurs r_{ik}.

Si l'on passe finalement en coordonnées polaires, les limites d'intégration pour l'intégration en R se déduisent des figure 7.5 et 7.6. Pour $0 \leq \theta \leq \pi/2$, $|R|$, peut prendre toutes les valeurs entre $0 \leq |R| \leq R_{\max}^{(1)}(\theta, r_{ik})$, où $R_{\max}^{(1)}(\theta, r_{ik})$ doit être déterminé par la condition

$$\left(\frac{1}{2}r_{ik} + R_{\max}^{(1)} \cos\theta\right)^2 + \left(R_{\max}^{(1)} \sin\theta\right)^2 = K^2 \,. \tag{7.89}$$

De façon analogue, pour $\pi/2 \leq \theta \leq \pi$, $|R|$ peut prendre toutes les valeurs entre $0 \leq |R| \leq R_{\max}^{(2)}(\theta, r_{ik})$, où $R_{\max}^{(2)}(\theta, r_{ik})$ doit maintenant vérifier la condition

$$\left(\frac{1}{2}r_{ik} - R_{\max}^{(2)} \cos\theta\right)^2 + \left(R_{\max}^{(2)} \sin\theta\right)^2 = K^2 \,. \tag{7.90}$$

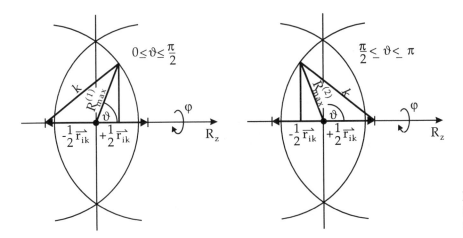

Fig. 7.5. Données géométriques pour les intégrations sur R et r_{ik}

Fig. 7.6. Conditions (7.88)

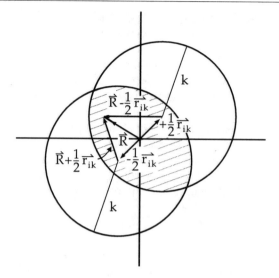

On détermine tout d'abord $R_{\text{max}}^{(1)}$ et $R_{\text{max}}^{(2)}$ en résolvant les équations quadratiques (7.89) et (7.90) :

$$R_{\text{max}}^{(1)} = \frac{1}{2} \left\{ -r_{ik} \cos\theta \pm \left[r_{ik}^2 \cos^2\theta - (r_{ik}^2 - 4K^2) \right]^{1/2} \right\} \tag{7.91}$$

$$\text{pour} \quad 0 \leq \theta \leq \frac{\pi}{2},$$

$$R_{\text{max}}^{(2)} = \frac{1}{2} \left\{ r_{ik} \cos\theta \pm \left[r_{ik}^2 \cos^2\theta - (r_{ik}^2 - 4K^2) \right]^{1/2} \right\} \tag{7.92}$$

$$\text{pour} \quad \frac{\pi}{2} \leq \theta \leq \pi.$$

Dans les deux cas il faut prendre la solution positive : dans l'équation (7.91) $\cos\theta \geq 0$ et pour avoir $R_{\text{max}}^{(1)} \geq 0$, il faut prendre le signe plus. De la même manière dans l'équation (7.92) $\cos\theta \leq 0$ et le signe plus doit à nouveau être choisi. Avec les notations abrégées $x = \cos\theta$ et $c^2 = (4K^2/r_{ik}^2 - 1)$, les équations (7.91) et (7.92) peuvent s'écrire

$$R_{\text{max}}^{(1)} = \frac{r_{ik}}{2} \left[(x^2 + c^2)^{1/2} - x \right], \qquad R_{\text{max}}^{(2)} = \frac{r_{ik}}{2} \left[(x^2 + c^2)^{1/2} + x \right].$$

Maintenant les intégrales s'écrivent

$$f_{ik}(r) = \frac{1}{V^2} \int\limits_{|r_{ik}|^2 \leq 4K^2} d^3 r_{ik} \delta(r - r_{ik})$$

$$\times \int\limits_0^{2\pi} d\phi \left(\int\limits_0^{\pi/2} \sin\theta \, d\theta \int\limits_0^{R_{\text{max}}^{(1)}} R^2 \, dR + \int\limits_{\pi/2}^{\pi} \sin\theta \, d\theta \int\limits_0^{R_{\text{max}}^{(2)}} R^2 \, dR \right).$$

L'intégration sur ϕ fournit simplement la valeur 2π. En effectuant les intégrations sur R et avec la substitution $x = \cos\theta$, on se ramène à

$$f_{ik}(r) = \frac{1}{V^2}\frac{2\pi}{3}\int\limits_{r_{ik}^2 \leq 4K^2} d^3 r_{ik}\delta(r - r_{ik})$$

$$\times \left[\int\limits_0^1 dx\left(R_{\max}^{(1)}(x, r_{ik})\right)^3 + \int\limits_{-1}^0 dx\left(R_{\max}^{(2)}(x, r_{ik})\right)^3\right]. \qquad (7.93)$$

Dans l'étape suivante on s'intéresse aux intégrales sur x,

$$I(r_{ik}) = \left(\frac{r_{ik}}{2}\right)^3\left\{\int\limits_0^1 dx\left[(x^2 + c^2)^{1/2} - x\right]^3 + \int\limits_{-1}^0 dx\left[(x^2 + c^2)^{1/2} + x\right]^3\right\}.$$

La substitution $x \to -x$ dans la deuxième intégrale montre que cette intégrale a la même valeur que la première :

$$I(r_{ik}) = \frac{r_{ik}^3}{4}\int\limits_0^1 dx\left[(x^2 + c^2)^{1/2} - x\right]^3$$

$$= \frac{r_{ik}^3}{4}\int\limits_0^1 dx\left[(x^2 + c^2)^{3/2} - 3x(x^2 + c^2) + 3x^2(x^2 + c^2)^{1/2} - x^3\right]$$

$$= \frac{r_{ik}^3}{4}\left[\int\limits_0^1 dx(x^2 + c^2)^{1/2}(4x^2 + c^2) - \int\limits_0^1 dx(4x^3 + 3xc^2)\right].$$

La deuxième intégrale est élémentaire et la première est simple si l'on remarque que

$$\frac{d}{dx}\left[(x^2 + c^2)^{3/2}x\right] = (x^2 + c^2)^{1/2}(4x^2 + c^2).$$

On obtient

$$I(r_{ik}) = \frac{r_{ik}^3}{4}\left[(x^2 + c^2)^{3/2}x - x^4 - \frac{3}{2}x^2c^2\right]_0^1$$

$$= \frac{r_{ik}^3}{4}\left[(1 + c^2)^{3/2} - 1 - \frac{3}{2}c^2\right].$$

Reportant à nouveau $c^2 = (4K^2/r_{ik}^2 - 1)$, on obtient

$$I(r_{ik}) = \frac{r_{ik}^3}{4}\left[\left(\frac{2K}{r_{ik}}\right)^3 - \frac{3}{2}\left(\frac{2K}{r_{ik}}\right)^2 + \frac{1}{2}\right].$$

Exercice 7.10

L'équation (7.93) peut alors s'écrire

$$f_{ik}(r) = \frac{1}{V^2}\frac{\pi}{6} \int\limits_{r_{ik}^2 \leq 4K^2} d^3 r_{ik}\delta(r - r_{ik})r_{ik}^3 \left[\left(\frac{2K}{r_{ik}}\right)^3 - \frac{3}{2}\left(\frac{2K}{r_{ik}}\right)^2 + \frac{1}{2}\right].$$

Les intégrales qui restent peuvent être déterminées en utilisant les coordonnées polaires. L'intégration angulaire fournit alors simplement la valeur 4π,

$$f_{ik}(r) = \frac{1}{V^2}\frac{2\pi^2}{3} \int\limits_{0}^{2K} dr_{ik}\delta(r - r_{ik})r_{ik}^5 \left[\left(\frac{2K}{r_{ik}}\right)^3 - \frac{3}{2}\left(\frac{2K}{r_{ik}}\right)^2 + \frac{1}{2}\right],$$

$$f_{ik}(r) = \frac{1}{V^2}\frac{2\pi^2}{3}r^5 \left[\left(\frac{2K}{r}\right)^3 - \frac{3}{2}\left(\frac{2K}{r}\right)^2 + \frac{1}{2}\right]. \tag{7.94}$$

Avec $V = 4\pi K^3/3$, on peut écrire l'équation (7.94) sous la forme (figure 7.7) :

$$f_{ik}(r) = \frac{12}{K}\left[\left(\frac{r}{2K}\right)^2 - \frac{3}{2}\left(\frac{r}{2K}\right)^3 + \frac{1}{2}\left(\frac{r}{2K}\right)^5\right] \tag{7.95}$$

La distribution (7.95) est une fonction de la variable sans dimension $y = r/(2K)$, où $r \in [0, 2K]$. Elle passe par un maximum pour $r \approx K$ et s'annule pour $r = 0$ et $r = 2K$. Cela signifie qu'aussi bien les distances très faibles $r \to 0$ que la distance maximale ne se rencontrent que très rarement. Le plus fréquemment les distances sont de l'ordre de grandeur du rayon K de la sphère. Remarquons que la fonction $f_{ik}(r)$ est automatiquement normalisée à 1 :

$$\int\limits_{0}^{2K} f_{ik}(r)\,dr = 24\int\limits_{0}^{1} dy\left(y^2 - \frac{3}{2}y^3 + \frac{1}{2}y^5\right)$$

$$= 24\left(\frac{1}{3} - \frac{3}{8} + \frac{1}{12}\right) = 1.$$

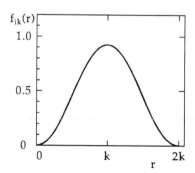

Fig. 7.7. La fonction $f_{ik}(r)$

La distance moyenne entre deux particules vaut

Exercice 7.10

$$\langle r_{ik} \rangle = \int\limits_{0}^{2K} r f_{ik}(r)\, \mathrm{d}r = 48K \int\limits_{0}^{1} \mathrm{d}y \left(y^3 - \frac{3}{2} y^4 + \frac{1}{2} y^6 \right)$$

$$= 48K \left(\frac{1}{4} - \frac{3}{10} + \frac{1}{14} \right)$$

$$= \frac{36}{35} K \ .$$

Elle est donc légèrement plus grande que le rayon K de la sphère.

7.4 Relation entre les ensembles microcanonique et canonique

Les trois exemples précédents ont montré que l'ensemble canonique donne essentiellement les mêmes résultats que l'ensemble microcanonique, bien que les états microscopiques accessibles soient très différents dans chaque cas. Examinons maintenant plus en détail les raisons de cette coïncidence.

La probabilité de trouver un système de l'ensemble canonique dans l'état microscopique (q_ν, p_ν), vaut (sans facteur de Gibbs) :

$$\mathrm{d}p = \frac{1}{h^{3N}} \varrho(q_\nu, p_\nu)\, \mathrm{d}^{3N}q\, \mathrm{d}^{3N}p = \frac{1}{h^{3N}Z} \exp\left[-\beta H(q_\nu, p_\nu)\right] \mathrm{d}^{3N}q\, \mathrm{d}^{3N}p \ . \tag{7.96}$$

Cette probabilité est constante sur la surface d'énergie $H(q_\nu, p_\nu) = E$ (postulat de base de la mécanique statistique). On peut alors facilement calculer la probabilité de trouver le système dans un quelconque état microscopique d'énergie comprise entre E et $E + \Delta E$. Pour ce faire, il suffit d'intégrer l'équation (7.96) sur le domaine des énergies accessibles ; dans ce cas la fonction à intégrer est constante :

$$\mathrm{d}p(E) = \frac{1}{Z} \exp(-\beta E) \frac{1}{h^{3N}} \int\limits_{E \le H(q_\nu, p_\nu) \le E + \mathrm{d}E} \mathrm{d}^{3N}q\, \mathrm{d}^{3N}p \ . \tag{7.97}$$

L'intégrale qui subsiste a déjà été déterminée de nombreuses fois. Il s'agit simplement du nombre d'états microscopiques dans le domaine en énergie d'épaisseur $\mathrm{d}E$. Si Σ désigne le nombre d'états d'énergie $H(q_\nu, p_\nu) \le E$,

$$\Sigma(E, V, N) = \frac{1}{h^{3N}} \int\limits_{H(q_\nu, p_\nu) \le E} \mathrm{d}^{3N}q\, \mathrm{d}^{3N}p \tag{7.98}$$

l'intégrale dans l'équation (7.97) vaut

$$\frac{1}{h^{3N}} \int\limits_{E \leq H(q_\nu, p_\nu) \leq E + \mathrm{d}E} \mathrm{d}^{3N}q \, \mathrm{d}^{3N}p = \frac{\partial \Sigma}{\partial E} \mathrm{d}E = g(E) \, \mathrm{d}E \tag{7.99}$$

où $g(E)$ est la densité d'états qui a déjà été fréquemment utilisée par avant. La probabilité de trouver un système dans un domaine d'énergie étroit entre E et $E + \mathrm{d}E$, est donc donnée par

$$\mathrm{d}p(E) = p(E) \, \mathrm{d}E = \frac{1}{Z} g(E) \exp(-\beta E) \, \mathrm{d}E \,. \tag{7.100}$$

On peut évidemment aussi exprimer la fonction de partition Z à l'aide de $g(E)$:

$$\begin{aligned} Z(T, V, N) &= \frac{1}{h^{3N}} \int \mathrm{d}^{3N}q \, \mathrm{d}^{3N}p \exp[-\beta H(q_\nu, p_\nu)] \\ &= \int \mathrm{d}E g(E) \exp(-\beta E) \,. \end{aligned} \tag{7.101}$$

Dans le cas d'états quantiques discrets, la densité d'états $g(E)$ est remplacée par le *degré de dégénérescence* g_F, qui indique *le nombre d'états quantiques possédant exactement la même énergie*. Puisqu'en mécanique quantique on peut calculer les états stationnaires correspondant à une énergie E, les équations (7.100) et (7.101) se transposent directement à la mécanique quantique. Alors

$$p(E) = \frac{g_E}{Z} \exp(-\beta E) \tag{7.102}$$

représente la probabilité pour le système quantique d'être dans un des g_E états d'énergie E. Toutefois, il ne s'agit pas de mécanique quantique, puisque notre cas traite encore de particules discernables. La théorie que nous avons développée jusqu'à maintenant se nomme *mécanique statistique de Maxwell–Boltzmann*. Cette théorie part de particules discernables et introduit par la suite une correction avec le facteur de Gibbs au cas où les particules seraient en réalité indiscernables. Dans une théorie quantique rigoureuse cela n'est plus nécessaire.

L'équation (7.101) nous fournit maintenant une relation très intéressante entre les ensembles canoniques et microcanoniques. D'une part on peut calculer la densité d'états $g(E)$ qui est étroitement reliée à Ω, d'autre part l'intégration (7.101) fournit la fonction de partition canonique (énergie libre). Le contraire est également vrai. Si l'on connaît $Z(\beta, V, N)$ on peut s'en servir pour calculer $g(E)$. Pour ce faire, on interprète dans l'équation (7.101) $\beta = 1/kT$ comme un paramètre formel pouvant être éventuellement complexe. Considérons maintenant la continuation analytique de $Z(\beta)$ (V et $N = $ constantes) au plan β complexe. Alors

$$Z(\beta) = \int\limits_0^\infty \mathrm{d}E g(E) \, \mathrm{e}^{-\beta E} \tag{7.103}$$

est une fonction analytique de β, si $\Re\beta > 0$. La relation $\Re\beta > 0$ garantit que l'expression sous l'intégrale de l'équation (7.103) reste bornée pour toutes les valeurs de l'énergie et que l'intégrale existe. L'équation (7.103) constitue en fait la définition de la transformée de Laplace de $g(E)$. D'une certaine manière la transformée de Laplace est une extension de la transformation de Fourier. Si β était un imaginaire pur, l'équation (7.103) serait exactement une transformation de Fourier, qui possède également une transformation inverse.

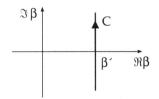

Fig. 7.8. Trajectoire d'intégration pour l'équation (7.104)

Pour la transformation de Laplace on peut également déterminer une transformation inverse. Afin de la trouver, multiplions l'équation (7.103) par $e^{\beta E'}$ et intégrons le long de la courbe C dans le plan complexe, représentée en figure 7.8, avec $\beta = \beta' + i\beta''$ (β', β'' réels) et $\beta' > 0$ (arbitraire),

$$\int_{\beta'-i\infty}^{\beta'+i\infty} d\beta\, Z(\beta)\, e^{\beta E'} = \int_{\beta'-i\infty}^{\beta'+i\infty} d\beta \int_0^\infty e^{\beta(E'-E)} g(E)\, dE \, . \tag{7.104}$$

Puisque l'expression dans l'intégrale est analytique en raison de $\Re\beta > 0$, on peut dans le membre de droite de l'équation (7.104) intervertir les ordres d'intégration. À nouveau l'expression sous l'intégrale est bornée et analytique pour de grandes valeurs de E et $\Re\beta > 0$. Avec $d\beta = d\beta' + i\, d\beta'' = i\, d\beta''$ pour $\beta' > 0$ arbitraire mais fixé on obtient

$$\int_{\beta'-i\infty}^{\beta'+i\infty} d\beta\, e^{\beta(E'-E)} = i \int_{-\infty}^{+\infty} d\beta''\, e^{(\beta'+i\beta'')(E'-E)}$$

$$= e^{\beta'(E'-E)} 2\pi i \delta(E' - E) \tag{7.105}$$

où nous avons utilisé la formule bien connue $\int_{-\infty}^\infty dx\, e^{ikx} = 2\pi\delta(k)$. En reportant cela dans l'équation (7.104) on arrive à

$$\int_{\beta'-i\infty}^{\beta'+i\infty} d\beta\, Z(\beta)\, e^{\beta E'} = \int_0^\infty dE\, e^{\beta'(E'-E)} 2\pi i \delta(E' - E) g(E)$$

$$= 2\pi i\, g(E') \, . \tag{7.106}$$

Nous avons donc déterminé la transformation de Laplace inverse

$$g(E) = \frac{1}{2\pi i} \int_{\beta'-i\infty}^{\beta'+i\infty} d\beta\, e^{\beta E} Z(\beta) \, . \tag{7.107}$$

Dans ce cas la partie réelle $\Re\beta = \beta'$ est arbitraire mais on doit avoir $\beta' > 0$ (ainsi l'équation (7.103) reste analytique).

EXEMPLE

7.11 Le gaz parfait

Nous voulons vérifier explicitement les équations (7.103) et (7.107) dans le cas d'un gaz parfait. Calculons tout d'abord $g(E)$ en utilisant $\Sigma(E)$ de l'équation (5.56), qui avec le facteur de Gibbs $1/N!$ s'écrit

$$\Sigma(E, V, N) = \frac{V^N}{h^{3N} N!} \frac{\pi^{3N/2}}{(3N/2)\,\Gamma(3N/2)} (2mE)^{3N/2}$$

par conséquent

$$g(E) = \frac{\partial \Sigma}{\partial E} = \frac{V^N}{h^{3N} N!} \frac{\pi^{3N/2}}{\Gamma(3N/2)} (2m)^{3N/2} E^{3N/2-1} \;. \tag{7.108}$$

En reportant ce résultat dans l'équation (7.103) on aboutit à

$$Z(\beta) = \frac{V^N}{h^{3N} N!} \frac{(2m\pi)^{3N/2}}{\Gamma(3N/2)} \int\limits_0^\infty \mathrm{d}E\, E^{3N/2-1} \mathrm{e}^{-\beta E} \;. \tag{7.109}$$

Avec la substitution $x = \beta E$ l'intégrale dans l'équation (7.109) se ramène à une fonction Γ :

$$Z(\beta) = \frac{V^N}{h^{3N} N!} \frac{(2m\pi)^{3N/2}}{\Gamma(3N/2)} \left(\frac{1}{\beta}\right)^{3N/2} \int\limits_0^\infty \mathrm{d}x\, x^{3N/2-1} \mathrm{e}^{-x} \;.$$

La valeur de cette intégrale est simplement $\Gamma(3N/2)$ et nous obtenons

$$Z(\beta) = \frac{V^N}{N!} \left(\frac{2m\pi}{h^2 \beta}\right)^{3N/2} = \frac{1}{N!} \frac{V^N}{\lambda^{3N}} \;, \qquad \lambda = \left(\frac{h^2}{2\pi m kT}\right)^{1/2} \;, \tag{7.110}$$

que nous avions déjà calculé dans l'exemple 7.1. Calculons maintenant la densité d'états $g(E)$ à partir de la fonction de partition (7.110) en utilisant la transformation inverse de l'équation (7.107). On a

$$g(E) = \frac{V^N}{N!} \left(\frac{2m\pi}{h^2}\right)^{3N/2} \frac{1}{2\pi \mathrm{i}} \int\limits_{\beta'-\mathrm{i}\infty}^{\beta'+\mathrm{i}\infty} \mathrm{d}\beta \frac{\mathrm{e}^{\beta E}}{\beta^{3N/2}} \;. \tag{7.111}$$

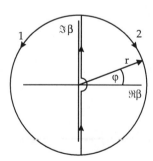

Fig. 7.9. Contour d'intégration pour l'équation (7.111)

Cette intégrale s'évalue aisément à l'aide du théorème des résidus. Pour ce faire, cependant, le contour d'intégration doit être fermé, sans pour autant changer la valeur de l'intégrale (figure 7.9). Prenons tout d'abord $E \geq 0$, alors le contour (1) de gauche s'étendant de $\Im\beta = +\infty$ jusqu'à $\Im\beta = -\infty$ sur une circonférence de rayon r ($r \to \infty$), ne fournit aucune contribution. En effet, avec $k = 3N/2$ on a

$$\beta = r\,\mathrm{e}^{\mathrm{i}\phi} \quad \text{et} \quad r \to \infty, \; \phi \in [\pi/2, 3\pi/2] \;,$$

$$\frac{\mathrm{e}^{\beta E}}{\beta^k} = \frac{\exp(Er\cos\phi)\exp(\mathrm{i}Er\sin\phi)}{r^k\,\mathrm{e}^{\mathrm{i}k\phi}} \to 0 \quad \text{pour} \quad r \to \infty \qquad (7.112)$$

car $\cos\phi \leq 0$ et que $\exp(\mathrm{i}Er\sin\phi)$ est bornée pour tout r. On pourrait également remarquer que sur cette partie de la circonférence $\Re\beta < 0$ et qu'alors la condition d'analycité de l'équation (7.103) n'est plus vérifiée. L'observation de l'équation (7.111) montre que cela n'est pas vrai : l'expression sous l'intégrale est analytique à l'exception de l'origine et notre argumentation mathématique reste donc entièrement correcte.

De façon analogue pour $E < 0$ on peut utiliser le contour (2). Alors dans l'équation (7.112) $\cos\phi \geq 0$, mais $E < 0$, si bien que le premier facteur exponentiel s'annule encore lorsque $r \to \infty$. Pour $E = 0$ il n'y a également aucun problème, car dans ce cas le facteur r^{-k} s'annule suffisamment vite pour $k > 1$.

Grâce au théorème des résidus nous pouvons arbitrairement déformer le contour d'intégration, tant que ce contour ne quitte pas le domaine de régularité de l'expression sous l'intégrale et tant que toutes les singularités de celle-ci restent à l'intérieur de notre contour.

Le contour d'intégration parallèle à l'axe des $\Im\beta$ peut donc être placé sur cet axe (c'est-à-dire $\beta' = 0$), à condition que le contour d'intégration contourne le pôle en $\beta = 0$ de l'expression sous l'intégrale par la droite. Par conséquent l'intégrale (7.111) est nulle pour $E < 0$, c'est-à-dire, sur le contour (2), car l'expression sous l'intégrale y est partout régulière et qu'il ne renferme aucun pôle. Il reste à calculer un résidu simple en $\beta = 0$ sur le contour (1). Pour le déterminer nous développons l'expression sous l'intégrale $\mathrm{e}^{\beta E}/\beta^k$ en série de Laurent,

$$\frac{\mathrm{e}^{\beta E}}{\beta^k} = \sum_{n=0}^{\infty} \frac{E^n}{n!}\beta^{n-k} = \sum_{n=-k}^{\infty} \frac{E^{n+k}}{(n+k)!}\beta^n \;.$$

Le résidus est le coefficient a_{-1} devant β^{-1} dans la série de Laurent, $E^{k-1}/(k-1)!$, on obtient finalement

$$\frac{1}{2\pi\mathrm{i}} \int_{\beta'-\mathrm{i}\infty}^{\beta'+\mathrm{i}\infty} \mathrm{d}\beta \frac{\mathrm{e}^{\beta E}}{\beta^k} = \begin{cases} 0\,, & E < 0\,, \\ E^{k-1}/(k-1)!\,, & E \geq 0\,. \end{cases} \qquad (7.113)$$

En reportant cela dans l'équation (7.111) et en utilisant $k = 3N/2$, on trouve

$$g(E) = \frac{V^N}{N!}\left(\frac{2\pi m}{h^2}\right)^{3N/2} \frac{E^{3N/2-1}}{\Gamma(3N/2)} \quad \text{pour} \quad E \geq 0 \qquad (7.114)$$

qui en raison de $\Gamma(3N/2) = (3N/2-1)!$ est identique à l'équation (7.108). Notre dérivation de l'équation (7.113) n'est valable que pour k entier mais le résultat reste également vrai pour k non-entier si $(k-1)!$ est remplacé par $\Gamma(k)$.

Exemple 7.11　　　On peut le démontrer à partir de la définition de la fonction Γ complexe. Les ensembles canonique et microcanonique ne fournissent donc pas par hasard des résultats identiques, en fait ils renferment la même information. De la même façon que la transformation de Legendre conduit d'un système isolé de variables naturelles (E, V, N) et de potentiel thermodynamique $S(E, V, N)$ à un système à température donnée (T, V, N) et de nouveau potentiel $F(T, V, N)$, la transformation de Laplace fournit un lien entre $\Omega(E, V, N)$ (en réalité $g(E, V, N)$) et $Z(T, V, N)$.

EXERCICE ▬▬▬▬▬▬▬▬▬▬▬▬▬▬▬

7.12 Densité d'états pour N oscillateurs harmoniques

Problème. Calculons la densité d'états $g(E)$ pour un système de N oscillateurs harmoniques à partir de la fonction de partition, conformément à l'exercice 7.3.

Solution. Nous avons

$$Z(T, V, N) = \left(\frac{kT}{\hbar\omega}\right)^N = (\beta\hbar\omega)^{-N} .$$

Avec l'équation (7.107) cela donne la densité d'états $g(E)$,

$$g(E) = \left(\frac{1}{\hbar\omega}\right)^N \frac{1}{2\pi i} \int\limits_{\beta'-i\infty}^{\beta'+i\infty} d\beta \frac{e^{\beta E}}{\beta^N} .$$

L'intégrale à calculer est essentiellement la même que celle du gaz parfait. D'après l'équation (7.113) nous avons

$$g(E) = \left(\frac{1}{\hbar\omega}\right)^N \frac{E^{N-1}}{(N-1)!} \quad \text{pour} \quad E \geq 0$$

ce qui coïncide exactement avec l'équation (6.61).

▬▬▬▬▬▬▬▬▬▬▬▬▬▬▬▬▬▬▬▬▬▬▬▬▬

7.5 Fluctuations

Cherchons à éclairer le lien entre les ensembles microcanonique et canonique d'un autre point de vue. Pour cela partons de l'équation (7.100) :

$$p_c(E) = \frac{1}{Z} g(E) \exp(-\beta E) \ . \tag{7.115}$$

$p_c(E)$ représente la densité de probabilité de trouver le système à température donnée ($\beta = 1/(kT)$) avec l'énergie E. Pour commencer faisons quelques remarques qualitatives sur l'équation (7.115).

La densité d'états, que nous avons déjà calculée dans de nombreux exemples, est en général une fonction fortement croissante de l'énergie E ($g(E) \propto E^N$, $N \to \infty$). Au contraire le facteur de Boltzmann $\exp(-\beta E)$ décroît exponentiellement avec l'énergie.

$p_c(E)$ doit donc passer par un maximum. Le maximum en E^* correspond à l'énergie la plus probable. Elle s'obtient par

$$\frac{\partial p_c(E)}{\partial E} = \frac{1}{Z} \left(\frac{\partial g}{\partial E} \quad g\beta \right) \exp(-\beta E) = 0 \tag{7 116}$$

ou

$$\frac{1}{g} \left. \frac{\partial g}{\partial E} \right|_{E=E^*} = \frac{1}{kT} \ . \tag{7.117}$$

Maintenant nous savons que le nombre Ω d'états sur un petit intervalle en énergie constant ΔE, vérifie la relation $\Omega = g\Delta E$, si bien que l'équation (7.117) peut aussi s'écrire

$$\left. \frac{\partial \ln \Omega}{\partial E} \right|_{E^*} = \frac{1}{kT} \quad \text{ou} \quad \left. \frac{\partial S}{\partial E} \right|_{E^*} = \frac{1}{T} \tag{7.118}$$

à cet effet nous avons dans le membre de gauche de l'équation (7.117) multiplié le numérateur et le dénominateur par ΔE et utilisé $\partial \Delta E / \partial E = 0$. La largeur ΔE de l'intervalle est en effet indépendante de l'énergie E. L'énergie la plus probable E^* de l'ensemble canonique est donc identique à l'énergie $E_0 = $ cste. fixée de l'ensemble microcanonique. L'équation (7.117) est en fait la condition sous laquelle on devait calculer la température dans l'ensemble microcanonique à énergie donnée, voir (4.8) et (4.9). Le maximum de la fonction $p_c(E)$ en E^* est simultanément la valeur moyenne $\langle E \rangle$ pour toutes les énergies possibles. On peut le montrer de la façon suivante : on a

$$\langle E \rangle = U = \frac{1}{Z} \int\limits_0^\infty dE\, g(E) E \exp(-\beta E)$$

$$= -\frac{1}{Z} \frac{\partial}{\partial \beta} Z = -\frac{\partial}{\partial \beta} \ln Z(\beta) \tag{7.119}$$

qui en raison de $F = -kT \ln Z$ et de $\beta = 1/(kT)$ peut également se réécrire comme suit :

$$\langle E \rangle = U = +\frac{\partial}{\partial \beta}\left(\frac{F}{kT}\right) = -kT^2\frac{\partial}{\partial T}\left(\frac{F}{kT}\right) = F - T\frac{\partial F}{\partial T} \, . \tag{7.120}$$

Avec $\partial F/\partial T|_{V,N} = -S$ (voir (4.32)), cela implique

$$\langle E \rangle = U = F + TS \tag{7.121}$$

c'est-à-dire, la valeur moyenne $\langle E \rangle$ est identique à l'énergie E_0 fixée de l'ensemble microcanonique, puisque l'équation (7.121) représente simplement la transformation inverse de $F(T, V, N)$ à $U(S, V, N)$, où U coïncide avec l'énergie donnée E_0 dans le cas microcanonique. Nous avons donc obtenu le résultat général suivant :

dans l'ensemble canonique l'énergie la plus probable E^* est identique à la valeur moyenne de toutes les énergies $\langle E \rangle$ et correspond à l'énergie E_0 fixée de l'ensemble microcanonique. La distribution $p_c(E)$ possède un maximum étroit pour cette valeur, ainsi qu'on l'a montré dans la figure 7.10. Dans le cas canonique toutes les énergies E sont possibles à température donnée, mais les probabilités diminuent très rapidement, si E diffère de la valeur $E^* = \langle E \rangle = U = E_0$. L'écart quadratique moyen σ par rapport à la valeur moyenne $\langle E \rangle$, constitue une mesure de la largeur de la distribution canonique. Celle-ci est définie par

$$\sigma^2 = \langle E^2 \rangle - \langle E \rangle^2 \, . \tag{7.122}$$

Afin de calculer σ^2, différentions l'équation (7.119) par rapport à β,

$$\frac{\partial U}{\partial \beta} = -\frac{1}{Z}\int\limits_0^\infty dE\, g(E)E^2 \exp(-\beta E) + \frac{1}{Z^2}\left(\int\limits_0^\infty dE\, g(E)E \exp(-\beta E)\right)^2$$
$$= -\left(\langle E^2 \rangle - \langle E \rangle^2\right) \, . \tag{7.123}$$

Avec $\beta = 1/kT$ nous obtenons pour l'écart quadratique moyen à partir des équations (7.122) et (7.123)

$$\sigma^2 = -\frac{\partial U}{\partial \beta} = kT^2\left.\frac{\partial U}{\partial T}\right|_{V,N} = kT^2 C_V \, . \tag{7.124}$$

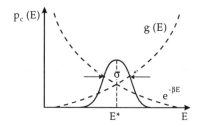

Fig. 7.10. $p_c(E)$

La dispersion relative sera le rapport de σ à l'énergie moyenne $U = \langle E \rangle$:

$$\frac{\sigma}{\langle E \rangle} = \frac{\sqrt{\sigma^2}}{\langle E \rangle} = \frac{1}{U}\sqrt{kT^2 C_V}\,. \tag{7.125}$$

Mais la capacité thermique totale, tout comme l'énergie interne U, est proportionnelle au nombre de particules N. La dispersion relative de la distribution canonique en énergie est donc proportionnelle à $1/\sqrt{N}$ et tend vers zéro comme $\sqrt{N}^{-1}$ pour un grand nombre de particules ($N \to \infty$) :

$$\frac{\sigma}{\langle E \rangle} = \mathrm{O}\left(\frac{1}{\sqrt{N}}\right)\,. \tag{7.126}$$

Lorsque N augmente le maximum devient de plus en plus étroit. Par conséquent les déviations (fluctuations) de l'énergie moyenne $\langle E \rangle$ diminuent et deviennent de moins en moins probables lorsque N augmente .

Pour $N \to \infty$ l'ensemble canonique ne présente pratiquement plus que l'énergie moyenne. Dans l'ensemble microcanonique la distribution en énergie $p_{\mathrm{mc}}(E)$ est simplement

$$p_{\mathrm{mc}}(E) = \delta(E - E_0) \tag{7.127}$$

où E_0 est l'énergie donnée. La distribution canonique pour $N \to \infty$ se rapproche de plus en plus d'une fonction δ.

Rappelons que dans des calculs pratiques on remplace très souvent la fonction δ par un rectangle étroit de largeur ΔE et d'aire constante égale à 1. Cela n'a aucune conséquence sur les résultats pour $N \to \infty$. C'est la raison pour laquelle les distributions canonique et microcanonique doivent coïncider pour un grand nombre de particules.

Il est même possible de caractériser la forme de $p_{\mathrm{c}}(E)$ au voisinage de l'énergie moyenne par des grandeurs purement thermodynamiques. Pour cela, développons $\ln[g(E)\mathrm{e}^{-\beta E}]$ au voisinage du maximum E^*, par rapport à de petits écarts vis à vis de E^* :

$$\ln(g\,\mathrm{e}^{-\beta E}) \approx \ln(g\,\mathrm{e}^{-\beta E})|_{E^*} + \frac{1}{2}\frac{\partial^2}{\partial E^2}\ln(g\,\mathrm{e}^{-\beta E})|_{E=E^*}(E - E^*)^2 + \cdots\,. \tag{7.128}$$

La première dérivée est évidemment nulle au maximum. Maintenant $\ln(g\,\mathrm{e}^{-\beta E})|_{E^*} \approx -\beta(U - TS)$ avec $\ln g|_{E^*} \approx \ln(g\Delta E)|_{E^*} \approx \ln \Omega|_{E^*} = S/k|_{E^*}$;

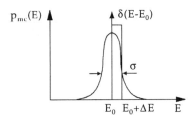

Fig. 7.11. $p_{\mathrm{mc}}(E)$

la dérivée seconde s'écrit donc

$$\frac{\partial^2}{\partial E^2} \ln(g\, e^{-\beta E}) \approx \frac{1}{k} \left. \frac{\partial^2 S}{\partial E^2} \right|_{E^*} . \tag{7.129}$$

Par ailleurs $S(E, V, N)$ vérifie de façon générale

$$\left. \frac{\partial S}{\partial E} \right|_{N,V} = \frac{1}{T} \quad \Rightarrow \quad \frac{\partial^2 S}{\partial E^2} = \left. \frac{\partial}{\partial E} \frac{1}{T} \right|_{N,V} = \left. \frac{\partial T}{\partial E} \right|_{N,V} \left. \frac{\partial}{\partial T} \frac{1}{T} \right|_{N,V} \tag{7.130}$$

ce qui implique

$$\left. \frac{\partial^2 S}{\partial E^2} \right|_{E^*} = -\frac{1/T^2}{\partial E/\partial T|_{N,V}} = -\frac{1}{T^2} \frac{1}{C_V} . \tag{7.131}$$

En reportant cela dans les équations (7.128) ou (7.129), on obtient (pour $E^* = U$) :

$$\ln(g\, e^{-\beta E}) = -\beta(U - TS) - \frac{1}{2kT^2 C_V}(E - U)^2 + \cdots \tag{7.132}$$

ou en prenant l'exponentielle,

$$p_{\mathrm{c}}(E) \approx \frac{1}{Z} e^{-\beta(U-TS)} \exp\left(-\frac{(E-U)^2}{2kT^2 C_V} \right) . \tag{7.133}$$

La distribution canonique en énergie $p_{\mathrm{c}}(E)$ est donc une distribution gaussienne au voisinage de l'énergie la plus probable $E^* = \langle E \rangle = U$, sa largeur décroît si le nombre de particules augmente. Sa valeur maximale $p_{\mathrm{c}}(U)$, est $(1/Z)\, e^{-\beta F}$, où F est l'énergie libre. Nous voyons maintenant la raison profonde de l'égalité des résultats dans les ensembles microcanonique et canonique : la dispersion (fluctuation) en énergie autour de la valeur moyenne devient de plus en plus petite avec un nombre de particules croissant. Dans la limite thermodynamique $N \to \infty$ elle s'annule même complètement. Ce qui signifie qu'à température donnée, le système ne peut avoir (à de faibles dispersions près) qu'une certaine énergie, celle-ci coïncide avec l'énergie totale microcanonique. Nous venons de voir que les calculs dans l'ensemble canonique sont beaucoup plus simples que dans l'ensemble microcanonique, donc ce dernier ne sera pas souvent utilisé dans des calculs pratiques. Il a toutefois une signification théorique fondamentale.

7.6 Théorèmes du viriel et de l'équipartition

Nous nous proposons de déterminer une relation ayant trait à l'énergie moyenne $U = \langle E \rangle$ dans ce paragraphe. Soit $H(q_\nu, p_\nu)$ le hamiltonien du système. Toutes les composantes q_ν et p_ν dans l'espace des phases seront notées x_i, où x_i parcourt l'ensemble des quantités de mouvement et des coordonnées ($i = 1, \ldots, 6N$). Calculons alors la valeur moyenne de la quantité $x_i(\partial H/\partial x_k)$, si x_i et x_k désignent deux coordonnées ou quantités de mouvement arbitraires :

$$\left\langle x_i \frac{\partial H}{\partial x_k} \right\rangle = \frac{1}{h^{3N}} \int \mathrm{d}^{6N}x \varrho(\boldsymbol{x}) x_i \frac{\partial H}{\partial x_k} \ . \tag{7.134}$$

ϱ représentant la densité microcanonique ou canonique dans l'espace des phases ; d'après les paragraphes précédents les résultats dans les deux cas seront identiques. Effectuons tout d'abord le calcul de l'équation (7.134) dans le cas microcanonique, avec

$$\varrho_{\mathrm{mc}}(\boldsymbol{x}) = \begin{cases} 1/\Omega \ , & E \leq H(\boldsymbol{x}) \leq E + \Delta E \ , \\ 0 \ , & \text{ailleurs} \ . \end{cases} \tag{7.135}$$

En reportant dans l'équation (7.134) on obtient

$$\begin{aligned} \left\langle x_i \frac{\partial H}{\partial x_k} \right\rangle &= \frac{1}{\Omega h^{3N}} \int\limits_{E \leq H(\boldsymbol{x}) \leq E + \Delta E} \mathrm{d}^{6N}x \, x_i \frac{\partial H}{\partial x_k} \\ &= \frac{1}{\Omega h^{3N}} \int\limits_{E \leq H(\boldsymbol{x}) \leq E + \Delta E} \mathrm{d}^{6N}x \, x_i \frac{\partial (H - E)}{\partial x_k} \end{aligned} \tag{7.136}$$

car $\partial E/\partial x_k = 0$ (E est fixé). À cette expression appliquons maintenant l'astuce que nous avions déjà utilisée pour calculer Ω,

$$\left\langle x_i \frac{\partial H}{\partial x_k} \right\rangle = \frac{1}{\Omega h^{3N}} \Delta E \frac{\partial}{\partial E} \int\limits_{0 \leq H(\boldsymbol{x}) \leq E} \mathrm{d}^{6N}x \, x_i \frac{\partial (H - E)}{\partial x_k} \tag{7.137}$$

c'est-à-dire, intégrons tout d'abord sur tous les points dans l'espace des phases sous la surface énergie puis nous en déduirons le résultat pour un petit intervalle d'épaisseur ΔE en utilisant $\Delta E(\partial/\partial E)$. L'intégration par parties du terme $\partial (H - E)/\partial x_k$ donne

$$\left\langle x_i \frac{\partial H}{\partial x_k} \right\rangle = \frac{1}{\Omega h^{3N}} \Delta E \frac{\partial}{\partial E} \tag{7.138}$$

$$\times \left\{ \int\limits_{0 \leq H \leq E} \mathrm{d}^{6N-1}x \, [x_i(H-E)]_{x_{k\,\min}}^{x_{k\,\max}} - \int\limits_{0 \leq H \leq E} \mathrm{d}^{6N}x (H-E) \frac{\partial x_i}{\partial x_k} \right\} \ .$$

Dans le premier terme nous intégrons encore par rapport à $6N - 1$ variables (sans x_k). Les quantités $x_{k\,\text{max}}$ et $x_{k\,\text{min}}$ n'ont pas besoin d'être spécifiées, elle découlent de manière unique de l'équation $E = H(x)$ si on la résout par rapport aux x_k. C'est pour cette raison que le premier terme disparaît, que x_k soit une coordonnée ou une quantité de mouvement. Car si x_k prend une valeur extrême, le point correspondant se trouve sur la surface énergie englobant le domaine d'intégration, on a donc $H - E = 0$. Avec $\partial x_i / \partial x_k = \delta_{ik}$ on obtient

$$\left\langle x_i \frac{\partial H}{\partial x_k} \right\rangle = -\frac{\delta_{ik}}{\Omega h^{3N}} \Delta E \frac{\partial}{\partial E} \int\limits_{0 \le H \le E} \mathrm{d}^{6N} x (H - E) \,. \tag{7.139}$$

La différentiation $\partial / \partial E$ peut être effectuée en prenant garde au fait que les bornes d'intégration dépendent également de E. La formule générale pour la différentiation d'une intégrale, dont l'expression à intégrer et les bornes d'intégration dépendent d'un paramètre α, est

$$\frac{\partial}{\partial \alpha} \int\limits_{x=f(\alpha)}^{x=g(\alpha)} \mathrm{d}x\, F(\alpha, x)$$

$$= \int\limits_{x=f(\alpha)}^{x=g(\alpha)} \frac{\partial F(\alpha, x)}{\partial \alpha} \mathrm{d}x + \left[\frac{\partial g}{\partial \alpha} F\big(\alpha, g(\alpha)\big) - \frac{\partial f}{\partial \alpha} F\big(\alpha, f(\alpha)\big) \right] \,. \tag{7.140}$$

Appliqué à l'équation (7.139) avec $F \to (H - E)$ cela donne

$$\left\langle x_i \frac{\partial H}{\partial x_k} \right\rangle = -\frac{\delta_{ik}}{\Omega h^{3N}} \Delta E \tag{7.141}$$

$$\times \left\{ \int\limits_{0 \le H \le E} \mathrm{d}^{6N} x (-1) + \left[\frac{\partial E}{\partial E} (E - E) - 0(0 - E) \right] \right\} \,,$$

$$\left\langle x_i \frac{\partial H}{\partial x_k} \right\rangle = \delta_{ik} \frac{\Delta E}{\Omega} \Sigma \tag{7.142}$$

puisque l'intégrale entre crochets (avec le facteur h^{-3N}) représente justement le nombre total d'états Σ à l'intérieur de la surface énergie. D'autre part, Ω était le nombre d'états dans l'intervalle d'épaisseur ΔE, si bien que $\Omega / \Delta E \approx g = \partial \Sigma / \partial E$ est la densité d'états :

$$\left\langle x_i \frac{\partial H}{\partial x_k} \right\rangle = \delta_{ik} \frac{\Sigma}{\partial \Sigma / \partial E} = \frac{\delta_{ik}}{\partial \ln \Sigma / \partial E} \,. \tag{7.143}$$

Comme nous l'avons déjà remarqué à de nombreuses reprises, pour un nombre de particules élevé ($N \to \infty$) on a $\ln \Sigma \approx \ln \Omega$ (par ce que $E^N \approx E^{N-1}$), alors avec une très bonne approximation $k \ln \Sigma$ peut être remplacé par l'entropie,

$$\left\langle x_i \frac{\partial H}{\partial x_k} \right\rangle = k \frac{\delta_{ik}}{(\partial S / \partial E)|_{N,V}} = \delta_{ik} kT \,. \tag{7.144}$$

Ceci constitue le résultat final désiré. Ce résultat signifie tout d'abord qu'en dehors du cas $i = k$ l'expression $\langle x_i \, \partial H/\partial x_k \rangle$ possède une valeur moyenne non nulle. Si x_i est par exemple une coordonnée q_ν, alors d'après les équations du mouvement de Hamilton $\partial H/\partial x_i = \partial H/\partial q_i = -\dot{p}_i$:

$$\left\langle x_i \frac{\partial H}{\partial x_i} \right\rangle = -\langle q_i \dot{p}_i \rangle = -\langle q_i F_i \rangle = kT \; . \tag{7.145}$$

Dans ce cas $\partial H/\partial x_i$ est la force généralisée agissant sur la particule. De la même façon, $x_i = p_i$ fournit, avec $\partial H/\partial x_i = \partial H/\partial p_i = \dot{q}_i$,

$$\left\langle x_i \frac{\partial H}{\partial x_i} \right\rangle = \langle p_i \dot{q}_i \rangle = kT \; . \tag{7.146}$$

La quantité $p_i \dot{q}_i$ est le double de l'énergie cinétique dans une certaine direction, si bien que pour une particule i qui peut se déplacer suivant trois directions l'équation (7.146) s'écrit

$$\langle T_i \rangle = \frac{3}{2} kT \tag{7.147}$$

où T_i représente l'énergie cinétique de la particule i.

Si l'on réécrit l'équation (7.145) pour des vecteurs, cela donne

$$-\langle \boldsymbol{r}_i \cdot \boldsymbol{F}_i \rangle = 3kT \; . \tag{7.148}$$

On obtient donc le *théorème du viriel* pour N particules

$$\langle T \rangle = -\frac{1}{2} \left\langle \sum_{i=1}^{N} \boldsymbol{r}_i \cdot \boldsymbol{F}_i \right\rangle = \frac{3}{2} NkT \; . \tag{7.149}$$

La seconde valeur moyenne (c'est-à-dire, (7.148)) se nomme également *viriel de Clausius* : de la même façon que l'équation (7.147) est une mesure de l'énergie cinétique moyenne, le viriel de Clausius est une mesure de l'énergie potentielle moyenne. Pour le comprendre, nous considérons le cas où la force $\boldsymbol{F}_i$ s'écrit comme le gradient d'un potentiel V, (dérive d'un potentiel V)

$$-\left\langle \sum_{i=1}^{N} \boldsymbol{r}_i \cdot \boldsymbol{F}_i \right\rangle = \left\langle \sum_{i=1}^{N} \boldsymbol{r}_i \cdot \nabla V_i \right\rangle \; . \tag{7.150}$$

En admettant que le potentiel varie comme une fonction puissance $V \propto r^\alpha$, on obtient

$$\langle \boldsymbol{r}_i \cdot \nabla V_i \rangle = \left\langle r \frac{\partial V_i}{\partial r} \right\rangle = \alpha \langle V_i \rangle \tag{7.151}$$

et donc d'après l'équation (7.149),

$$\langle T_i \rangle = \frac{\alpha}{2} \langle V_i \rangle = \frac{3}{2} kT \; . \tag{7.152}$$

Le viriel est effectivement proportionnel à l'énergie potentielle moyenne. En particulier pour des potentiels quadratiques ($\alpha = 2$), les valeurs moyennes de l'énergie cinétique et potentielle sont égales et possèdent la valeur $kT/2$ par direction d'espace. Ce résultat se formule de manière plus générale pour un hamiltonien ne contenant que des termes quadratiques :

$$H = \sum_{\nu=1}^{3N} \left(A_\nu p_\nu^2 + B_\nu q_\nu^2 \right) \ . \tag{7.153}$$

On peut facilement se convaincre que pour un tel hamiltonien on a

$$2H = \sum_{\nu=1}^{3N} \left(p_\nu \frac{\partial H}{\partial p_\nu} + q_\nu \frac{\partial H}{\partial q_\nu} \right) \ . \tag{7.154}$$

La valeur moyenne de l'énergie totale est alors

$$\langle H \rangle = \frac{1}{2} \left(\sum_{\nu=1}^{3N} \left\langle p_\nu \frac{\partial H}{\partial p_\nu} \right\rangle + \sum_{\nu=1}^{3N} \left\langle q_\nu \frac{\partial H}{\partial q_\nu} \right\rangle \right) \ . \tag{7.155}$$

Si f est le nombre de termes quadratiques dans le hamiltonien (ici f est égal à $6N$), on obtient alors avec l'équation (7.144)

$$\langle H \rangle = \frac{1}{2} f k T \ . \tag{7.156}$$

Dans la littérature on désigne souvent f par nombre de degrés de liberté du système. Cela prête toutefois à confusion, car en mécanique classique le nombre de degrés de liberté est défini par le nombre de coordonnées nécessaires, alors que f représente en fait le nombre de termes quadratiques dans l'équation (7.153). Si toutefois l'on conserve cette signification pour f, alors l'équation (7.156) s'énonce :

en moyenne chaque degré de liberté d'un système à la température T possède l'énergie thermique kT/2.

Ce résultat constitue le théorème d'équipartition, qui stipule que l'énergie thermique est uniformément distribuée entre tous les degrés de liberté du système. Le théorème d'équipartition est en fait un cas particulier du théorème du viriel pour des potentiels quadratiques.

Nous avons obtenu le théorème du viriel (7.149) à l'aide de l'équation (7.144) en prenant une moyenne sur un ensemble ; nous avons pris la valeur moyenne sur tous les états microscopiques possibles de la surface énergie microcanonique. On peut toutefois déduire le théorème du viriel en mécanique classique en prenant une moyenne temporelle le long de la trajectoire dans l'espace des phases. Cela constitue donc l'une des rares occasions de vérifier l'égalité entre moyenne temporelle et moyenne sur un ensemble (théorème ergodique)! Pour ce faire, partons de la quantité

$$G = \sum_i \boldsymbol{p}_i \cdot \boldsymbol{r}_i \ . \tag{7.157}$$

La dérivée totale de G est

$$\frac{\mathrm{d}G}{\mathrm{d}t} = \sum_i (\dot{\boldsymbol{p}}_i \cdot \boldsymbol{r}_i + \boldsymbol{p}_i \cdot \dot{\boldsymbol{r}}_i) \ . \tag{7.158}$$

Maintenant nous avons, bien sûr, $\sum_i \boldsymbol{p}_i \cdot \dot{\boldsymbol{r}}_i = 2T$ (ici T désigne l'énergie cinétique) et $\dot{\boldsymbol{p}}_i = \boldsymbol{F}_i$, si bien que l'on obtient

$$\frac{\mathrm{d}G}{\mathrm{d}t} = \sum_i \boldsymbol{F}_i \cdot \boldsymbol{r}_i + 2T \ . \tag{7.159}$$

Calculons la moyenne temporelle de l'équation (7.159),

$$\overline{\frac{\mathrm{d}G}{\mathrm{d}t}} = \lim_{t \to \infty} \frac{1}{t} \int_0^t \frac{\mathrm{d}G}{\mathrm{d}t} \, \mathrm{d}t \tag{7.160}$$

ou

$$2\overline{T} + \overline{\sum_i \boldsymbol{r}_i \cdot \boldsymbol{F}_i} = \lim_{t \to \infty} \frac{1}{t}[G(t) - G(0)] \ . \tag{7.161}$$

Pour une énergie totale donnée, $G(t)$ est une fonction bornée à tout instant, la limite du membre de droite est donc nulle,

$$\overline{T} = -\frac{1}{2}\overline{\sum_i \boldsymbol{r}_i \cdot \boldsymbol{F}_i} \ . \tag{7.162}$$

On obtient à nouveau le théorème du viriel (7.149), mais maintenant pour des moyennes temporelles au lieu de moyennes sur un ensemble. Cette correspondance constitue une preuve directe du fait que moyenne temporelle et moyenne sur un ensemble fournissent des résultats identiques.

Montrons encore à présent que la valeur moyenne (7.134) ainsi que le résultat (7.144) peuvent aussi être obtenus en utilisant la densité canonique dans l'espace des phases. Pour cela on reporte la distribution canonique

$$\varrho_c(\boldsymbol{x}) = \frac{1}{Z} \exp[-\beta H(\boldsymbol{x})] \tag{7.163}$$

dans l'équation (7.134) :

$$\left\langle x_i \frac{\partial H}{\partial x_k} \right\rangle = \frac{1}{Zh^{3N}} \int \mathrm{d}^{6N}x \, \mathrm{e}^{-\beta H} x_i \frac{\partial H}{\partial x_k} \ . \tag{7.164}$$

L'expression complète $\mathrm{e}^{-\beta H} \partial H/\partial x_k = -(1/\beta)\partial \mathrm{e}^{-\beta H}/\partial x_k$ s'intègre alors par parties,

$$\left\langle x_i \frac{\partial H}{\partial x_k} \right\rangle = \frac{1}{Zh^{3N}} \tag{7.165}$$

$$\times \left\{ \int \mathrm{d}^{6N-1}x \, x_i \left[-\frac{1}{\beta} \mathrm{e}^{-\beta H} \right]_{x_{k\,\mathrm{min}}}^{x_{k\,\mathrm{max}}} + \frac{\delta_{ik}}{\beta} \int \mathrm{d}^{6N}x \, \mathrm{e}^{-\beta H} \right\} \ .$$

Ici encore, le premier terme doit s'annuler. Si, par exemple, x_k est une quantité de mouvement, alors on a $x_{k\,min} \to -\infty$ et $x_{k\,max} \to +\infty$, si bien que l'énergie cinétique devient très grande et $e^{-\beta H} \to 0$. Si x_k est une coordonnée, $x_{k\,min}$ et $x_{k\,max}$ se trouvent sur les parois du récipient. Sur celles-ci les quantités de mouvement s'inversent (gaz), si bien que le potentiel V tend vers l'infini et $e^{-\beta H} \to 0$. Pour des oscillateurs (sans récipient), $x_{k\,min} \to -\infty$ et $x_{k\,max} \to +\infty$ sont admissibles, mais là encore on a $V \to \infty$ et $e^{-\beta H} \to 0$. La dernière intégrale entre crochets (avec le facteur h^{-3N}) est la fonction de partition. En rassemblant tout cela, l'équation (7.165) peut se réécrire

$$\left\langle x_i \frac{\partial H}{\partial x_k} \right\rangle = \frac{\delta_{ik}}{\beta} = \delta_{ik} kT \ . \tag{7.166}$$

On obtient donc le même résultat dans le cas canonique que dans l'ensemble microcanonique (7.144).

EXEMPLE ▐▬▬▬▬▬▬▬▬▬▬▬▬

7.13 Le théorème du viriel et le gaz parfait

En utilisant le théorème du viriel on peut facilement déduire la loi du gaz parfait. C'est très utile, particulièrement pour les équations d'états des gaz réels. D'après l'équation (7.149), on a

$$-\left\langle \sum_{i=1}^{N} \mathbf{r}_i \cdot \mathbf{F}_i \right\rangle = 3NkT \ . \tag{7.167}$$

Maintenant, la force $\mathbf{F}_i$ agissant sur une particule d'un gaz parfait résulte exclusivement de l'inversion des quantités de mouvement aux parois du récipient et peut donc s'exprimer par la pression du gaz. Notons $d\mathbf{F}'$ la force moyenne s'exerçant par toutes les particules incidentes sur l'élément de surface $d\mathbf{S}$; c'est-à-dire, $d\mathbf{F}' = p\,d\mathbf{S}$ (l'élément de surface $d\mathbf{S}$ est orienté vers l'extérieur). Alors $d\mathbf{F} = -d\mathbf{F}' = -p\,d\mathbf{S}$ est la force moyenne exercée par l'élément de surface $d\mathbf{S}$ du récipient sur les particules de gaz et nous avons

$$\left\langle \sum_{i=1}^{N} \mathbf{r}_i \cdot \mathbf{F}_i \right\rangle = -p \oint \mathbf{r} \cdot d\mathbf{S} \ . \tag{7.168}$$

Cette intégrale s'évalue facilement en utilisant le théorème de Gauss,

$$-p \oint \mathbf{r} \cdot d\mathbf{S} = -p \int d^3r \, \text{div} \, \mathbf{r} = -3p \int d^3r = -3pV \ . \tag{7.169}$$

Reportant les équations (7.168) ou (7.169) dans (7.167), on trouve immédiatement

$$pV = NkT \ .$$

7.7 Ensemble canonique en tant que valeur moyenne de toutes les distributions possibles

En traitant de l'ensemble canonique nous avons pu démontrer que cet ensemble correspond exactement à la distribution la plus probable dans l'espace des phases. En particulier pour l'énergie, nous vu que la valeur de l'énergie la plus probable E^* est dans le cas canonique identique à la valeur moyenne $\langle E \rangle$ de toutes les énergies possibles. On peut montrer la même chose pour la densité dans l'espace des phases. Ce n'est pas seulement la distribution la plus probable, mais également la valeur moyenne de toutes les distributions possibles. Toutefois, la démonstration n'est pas entièrement triviale.

Utilisons à nouveau le langage de la théorie des ensembles et considérons $\mathcal{N}$ copies identiques du système. Subdivisons l'espace des phases en cellules de même dimension $\Delta\omega_i$, que nous énumérerons. Une distribution dans l'espace des phases sera alors représentée par l'ensemble $\{n_i\}$, si n_i désigne le nombre de systèmes se trouvant dans l'état microscopique correspondant à $\Delta\omega_i$ ($\Delta\omega_i$ petit). Pour l'ensemble des distributions $\{n_i\}$ on a évidemment

$$\mathcal{N} = \sum_i n_i \tag{7.170}$$

si i décrit toutes les cellules de l'espace des phases. L'ensemble $\{n_i\}$ doit vérifier une autre condition

$$\mathcal{N} U = \sum_i n_i E_i \tag{7.171}$$

c'est-à-dire, la valeur moyenne de toutes les énergies E_i sur l'ensemble des cellules i dans l'espace des phases doit être égale à l'énergie moyenne U. Pour chaque distribution $\{n_i\}$ compatible avec les équations (7.170) et (7.171), il y a encore un nombre $W\{n_i\}$ de possibilités de réordonner la distribution, que nous connaissons déjà,

$$W\{n_i\} = \frac{\mathcal{N}!}{\prod_i n_i!} \ . \tag{7.172}$$

La distribution moyenne $\langle\{n_i\}\rangle$ est simplement donnée par l'ensemble des valeurs moyennes des $\langle n_i \rangle$,

$$\langle n_i \rangle = \frac{\sum''_{\{n_i\}} n_i W\{n_i\}}{\sum''_{\{n_i\}} W\{n_i\}} \ . \tag{7.173}$$

La somme s'étend sur l'ensemble des distributions possibles $\{n_i\}$, le double prime dans la somme indique que l'on ne considère que les distributions qui vérifient les conditions (7.170) et (7.171). Evidemment, $W\{n_i\}$ est proportionnel à la probabilité de trouver la distribution particulière $\{n_i\}$. Le dénominateur de l'équation (7.173) assure la normalisation. L'équation (7.173) peut être réécrite à l'aide d'une petite astuce.

Tout d'abord introduisons un nouveau $\tilde{W}$ au lieu de W,

$$\tilde{W}\{n_i\} = \mathcal{N}! \prod_i \frac{\omega_i^{n_i}}{n_i!} \, . \tag{7.174}$$

Les ω_i peuvent être des nombres arbitraires. Bien sûr, pour $\omega_i = 1$, $\tilde{W}$ est égal à W. $\tilde{W}$ nous permet alors d'écrire l'équation (7.173) de façon plus pratique. Si l'on forme

$$\Gamma(\mathcal{N}, U) = \sum_{\{n_i\}}{}'' \tilde{W}\{n_i\} \tag{7.175}$$

on a

$$\langle n_i \rangle = \omega_i \left. \frac{\partial}{\partial \omega_i} \ln \Gamma \right|_{\text{tous } \omega_i = 1} \, . \tag{7.176}$$

En effectuant la dérivation dans l'équation (7.176), Γ apparaît au dénominateur et le facteur n_i au numérateur, les ω_i s'éliminent s'ils sont tous égaux à 1 ($\omega_i = 1$). La quantité $\Gamma(\mathcal{N}, U)$ est une fonction de $\mathcal{N}$ et de U en raisons des conditions (7.170) et (7.171). Il suffit donc de calculer

$$\Gamma(\mathcal{N}, U) = \mathcal{N}! \sum_{\{n_i\}}{}'' \prod_i \left(\frac{\omega_i^{n_i}}{n_i!} \right) \, . \tag{7.177}$$

Maintenant $\Gamma(\mathcal{N}, U)$ serait simplement $(\omega_1 + \omega_2 + \cdots)^{\mathcal{N}}$, d'après le théorème du développement des polynômes, s'il n'y avait pas la condition sur l'énergie (7.171).

Nous pouvons utiliser une astuce de calcul, que nous connaissons depuis la transformation de Laplace. Calculons la transformée de Laplace de $\Gamma(\mathcal{N}, U)$ par rapport à U,

$$G(\mathcal{N}, \beta) = \int_0^\infty dU \exp(-\beta \mathcal{N} U) \Gamma(\mathcal{N}, U) \, , \tag{7.178}$$

β est une variable complexe arbitraire, qui doit néanmoins avoir pour dimension $(\text{énergie})^{-1}$. La quantité $G(\mathcal{N}, \beta)$ peut être calculée pour β arbitraire. En reportant l'équation (7.177) dans l'équation (7.178), on obtient

$$G(\mathcal{N}, \beta) = \int_0^\infty dU \sum_{\{n_i\}}{}'' \frac{\mathcal{N}!}{n_1! n_2! \cdots} \omega_1^{n_1} \omega_2^{n_2} \cdots \exp(-\beta \mathcal{N} U) \, . \tag{7.179}$$

En raison de la condition (7.171) sur la somme dans l'équation (7.170), on peut remplacer $\mathcal{N} U$ par $\sum_i n_i E_i$ dans l'exponentielle :

$$G(\mathcal{N}, \beta) = \int_0^\infty dU \sum_{\{n_i\}}{}'' \frac{\mathcal{N}!}{n_1! n_2! \cdots} \left(\omega_1 e^{-\beta E_1} \right)^{n_1} \left(\omega_2 e^{-\beta E_2} \right)^{n_2} \cdots \, .$$

$$\tag{7.180}$$

Le double prime dans l'équation (7.180) indique que la somme ne concerne que les distributions $\{n_i\}$ possédant une énergie moyenne fixée $\mathcal{N}U$. Mais puisqu'il faut alors intégrer sur toutes les énergies U, on peut aussi bien supprimer l'intégration $\int dU$ et à la place effectuer la somme *sans* la condition sur l'énergie,

$$G(\mathcal{N}, \beta) = \sum_{\{n_i\}}^{\mathcal{N}\,'} \frac{\mathcal{N}!}{n_1! n_2! \cdots} \left(\omega_1 e^{-\beta E_1}\right)^{n_1} \left(\omega_2 e^{-\beta E_2}\right)^{n_2} \cdots \qquad (7.181)$$

où le prime simple indique maintenant que la somme n'est plus soumise qu'à la normalisation (7.170). Le théorème du polynôme s'applique alors à l'équation (7.181) et donne

$$G(\mathcal{N}, \beta) = \left[\sum_i \omega_i e^{-\beta E_i}\right]^{\mathcal{N}} . \qquad (7.182)$$

La raison pour utiliser la transformation de Laplace, qui à priori semble injustifiée, est le fait que l'on peut calculer Γ, que nous cherchions à déterminer, à partir de $G(\mathcal{N}, \beta)$ par la transformation inverse

$$\Gamma(\mathcal{N}, U) = \frac{1}{2\pi i} \int_{\beta' - i\infty}^{\beta' + i\infty} d\beta \, e^{\beta \mathcal{N} U} G(\mathcal{N}, \beta) . \qquad (7.183)$$

Nous devons donc examiner plus en détail l'expression sous l'intégrale dans l'équation (7.183) :

$$I_{\mathcal{N}}(\beta) = e^{\beta \mathcal{N} U} G(\mathcal{N}, \beta) = \left[\sum_i \omega_i \exp\left[\beta(U - E_i)\right]\right]^{\mathcal{N}} . \qquad (7.184)$$

Pour cela, utilisons les notations abrégées

$$f(\beta) = \sum_i \omega_i \exp\left[\beta(U - E_i)\right] \quad \Rightarrow \quad I_{\mathcal{N}}(\beta) = [f(\beta)]^{\mathcal{N}} . \qquad (7.185)$$

Commençons par étudier $I_{\mathcal{N}}(\beta)$ sur l'axe des β réels. Le facteur $(e^{\beta U})^{\mathcal{N}}$ s'accroît extrêmement rapidement avec β pour de grandes valeurs de $\mathcal{N}$ ($\beta U > 0$). Au contraire, $G(\mathcal{N}, \beta)$ décroît aussi rapidement avec β en raison des facteurs $e^{-\beta E_i}$. Puisque les deux termes sont strictement monotones, $I_{\mathcal{N}}(\beta)$ doit avoir un extremum très étroit pour un certain réel β_0, où β_0 se détermine à partir de

$$\frac{\partial}{\partial \beta} I_{\mathcal{N}}(\beta)\bigg|_{\beta_0} = \mathcal{N}[f(\beta_0)]^{\mathcal{N}-1} \sum_i \omega_i (U - E_i) \exp\left[\beta_0(U - E_i)\right] = 0 .$$

$$(7.186)$$

Fig. 7.12. La fonction $I_{\mathcal{N}}(\beta)$

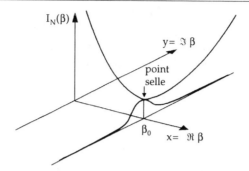

Puisque le facteur entre crochets droits est positif, la condition sur β_0, qui doit donc être déduite de U, s'écrit

$$U = \frac{\sum_i \omega_i E_i \, e^{-\beta_0 E_i}}{\sum_i \omega_i \, e^{-\beta_0 E_i}} \; . \tag{7.187}$$

Rappelons nous que les ω_i sont de simples facteurs formels (qui par la suite pourront être posés égaux à un). La finesse du minimum peut s'estimer à l'aide de la dérivée seconde :

$$\frac{\partial^2}{\partial \beta^2} I_{\mathcal{N}}(\beta) = \mathcal{N}(\mathcal{N}-1)[f(\beta)]^{\mathcal{N}-2} \left(\sum_i \omega_i \, (U - E_i) \exp\left[\beta(U - E_i)\right] \right)^2$$

$$+ \mathcal{N}[f(\beta)]^{\mathcal{N}-1} \left(\sum_i \omega_i \, (U - E_i)^2 \exp\left[\beta(U - E_i)\right] \right) \tag{7.188}$$

ou

$$\left. \frac{\partial^2}{\partial \beta^2} I_{\mathcal{N}}(\beta) \right|_{\beta_0} = \mathcal{N}[f(\beta_0)]^{\mathcal{N}} \frac{\sum_i \omega_i \, (U - E_i)^2 \, e^{-\beta_0 E_i}}{\sum_i \omega_i \, e^{-\beta_0 E_i}} \tag{7.189}$$

puisque le premier terme dans l'équation (7.188) s'annule en β_0 (à cause de l'équation (7.187)) et puisque dans le second terme $e^{\beta U}$ s'élimine après avoir sorti $f(\beta_0)$. Maintenant $f(\beta_0)$ est positif (comme on peut facilement le vérifier), de même que le dernier facteur dans l'équation (7.188), qui s'interprète comme $\langle (U - E_i)^2 \rangle$. (C'est la raison pour laquelle nous avons effectivement affaire à un minimum.) L'expression complète est donc très grande lorsque $\mathcal{N} \to \infty$ et le minimum devient arbitrairement étroit.

Examinons à présent le comportement de $I_{\mathcal{N}}(\beta)$ en β_0 dans la direction de l'axe des β imaginaires. Un rapide examen montre que $I_{\mathcal{N}}(\beta)$ doit y posséder un maximum très étroit, β_0 constitue donc un point selle pour $I_{\mathcal{N}}(\beta)$:

On reconnaît immédiatement que la fonction complexe $I_{\mathcal{N}}(\beta)$ est analytique au point $\beta_0 = \Re(\beta_0) + i \cdot 0$ et vérifie donc les relations différentielles de Cauchy–Riemann :

$$\frac{\partial}{\partial x} U = \frac{\partial}{\partial y} V \qquad \text{et} \qquad \frac{\partial}{\partial y} U = -\frac{\partial}{\partial x} V \tag{7.190}$$

où $\beta = x + \mathrm{i}\,y$, $U = \Re(I_{\mathcal{N}})$ et $V = \Im(I_{\mathcal{N}})$. La dérivation partielle donne :

$$\frac{\partial^2}{\partial x^2} \Re I(\beta) = -\frac{\partial^2}{\partial y^2} \Re I(\beta) \,. \tag{7.191}$$

Par conséquent, si $I_{\mathcal{N}}(\beta)$ possède un minimum en β_0 sur l'axe des réels, alors elle doit avoir un maximum en β_0 sur l'axe des imaginaires. Ce maximum est aussi étroit que le minimum.

Rassemblant tous ces résultats, l'intégrale (7.183) se laisse maintenant calculer facilement, si le contour d'intégration (qui est une parallèle arbitraire à l'axe des β imaginaires) passe par le point β_0. La contribution à l'intégrale proviendra alors presque exclusivement de ce maximum étroit.

Il est donc pratique d'approcher l'expression sous l'intégrale par une gaussienne sur le contour d'intégration. Posons

$$I_{\mathcal{N}}(\beta) = [f(\beta)]^{\mathcal{N}} = \left[\exp\left(g(\beta)\right)\right]^{\mathcal{N}} \tag{7.192}$$

avec la nouvelle fonction $g(\beta)$,

$$g(\beta) = \ln f(\beta) \,. \tag{7.193}$$

La raison de cette substitution est que f change très rapidement avec $\Im(\beta)$, mais g, qui est le logarithme de f, change bien moins vite avec $\Im(\beta)$. On peut alors faire un développement limité de g au voisinage de β_0 pour $y = \Im(\beta)$ petit, $\beta = \beta_0 + \mathrm{i}\,y$,

$$g(\beta) = g(\beta_0) + g'(\beta_0)\mathrm{i}\,y - 1/2 g''(\beta_0)y^2 + \cdots \,. \tag{7.194}$$

Maintenant nous avons

$$g'(\beta_0) = \frac{f'(\beta_0)}{f(\beta_0)} = 0 \tag{7.195}$$

puisque $f'(\beta_0) = 0$ et alors en reportant l'équation (7.194) dans l'équation (7.192) on obtient

$$I_{\mathcal{N}}(\beta) = [f(\beta_0)]^{\mathcal{N}} \exp\left(-\frac{\mathcal{N}}{2} g''(\beta_0)y^2\right) \,. \tag{7.196}$$

β_0 désigne la valeur fixée du point selle. Avec $\mathrm{d}\beta \to \mathrm{i}\,\mathrm{d}y$, l'équation (7.183) se réécrit

$$\Gamma(\mathcal{N}, U) = \frac{1}{2\pi} \int\limits_{-\infty}^{+\infty} \mathrm{d}y[f(\beta_0)]^{\mathcal{N}} \exp\left(-\frac{\mathcal{N}}{2} g''(\beta_0)y^2\right) \,. \tag{7.197}$$

La valeur de cette intégrale gaussienne s'obtient facilement,

$$\Gamma(\mathcal{N}, U) = [f(\beta_0)]^{\mathcal{N}} [2\pi \mathcal{N} g''(\beta_0)]^{-1/2} \,. \tag{7.198}$$

Reportons alors

$$f(\beta_0) = \sum_i \omega_i \exp\left[\beta_0(U - E_i)\right] \tag{7.199}$$

et

$$\begin{aligned}
g''(\beta_0) &= \frac{f''(\beta_0)}{f(\beta_0)} - \left(\frac{f'(\beta_0)}{f(\beta_0)}\right)^2 \\
&= \frac{f''(\beta_0)}{f(\beta_0)} = \frac{\sum_i \omega_i \, (U - E_i)^2 \exp\left[\beta_0(U - E_i)\right]}{\sum_i \omega_i \exp\left[\beta_0(U - E_i)\right]} \,.
\end{aligned} \tag{7.200}$$

En utilisant l'équation (7.198) on obtient pour $\ln \Gamma$,

$$\ln \Gamma(\mathcal{N}, U) = \mathcal{N} \ln f(\beta_0) - \frac{1}{2} \ln\left(2\pi \mathcal{N} \frac{f''(\beta_0)}{f(\beta_0)}\right) \approx \mathcal{N} \ln f(\beta_0) \,. \tag{7.201}$$

Nous avons ici négligé le second terme dans la limite $\mathcal{N} \to \infty$, car il croit seulement de façon logarithmique avec $\mathcal{N}$. Calculons à présent la distribution moyenne $\langle n_i \rangle$ conformément à l'équation (7.176) :

$$\langle n_i \rangle = \omega_i \left.\frac{\partial}{\partial \omega_i} \ln \Gamma\right|_{\text{tous } \omega_i = 1} = \mathcal{N} \left.\frac{\omega_i \exp\left[\beta_0(U - E_i)\right]}{\sum_j \omega_j \exp\left[\beta_0(U - E_j)\right]}\right|_{\text{tous } \omega = 1}, \tag{7.202}$$

$$p_i = \frac{\langle n_i \rangle}{\mathcal{N}} = \frac{\mathrm{e}^{-\beta_0 E_i}}{\sum_j \mathrm{e}^{-\beta_0 E_j}} \,. \tag{7.203}$$

Le point β_0 doit être déterminé à partir de l'équation (7.187) avec $\omega_i = 1$. En réalité, dans la dérivée $\partial/\partial \omega_i$ dans l'équation (7.202) nous devons tenir compte du fait que la valeur de β_0 dépend de ω_i, alors d'après la règle des dérivations composées il apparaîtra également un terme $\omega_i (\partial \beta_0 / \partial \omega_i)(\partial/\partial \beta_0) \ln \Gamma$; puisque $f'(\beta_0) = 0$, ce terme sera cependant nul d'après l'équation (7.201).

Avec les équations (7.203) et (7.187) ($\omega_i = 1$) la distribution moyenne des $\mathcal{N}$ systèmes identiques sur les i états microscopiques est absolument identique à la distribution la plus probable (7.20). En fait, les résultats (7.203) et (7.187) ont encore d'autres utilités. Nous pouvons en effet à présent donner les fluctuations dans chaque état microscopique i individuel, c'est-à-dire les écarts par rapport à la distribution moyenne (7.203). Jusqu'à présent, ceci ne nous était possible que pour les écarts autour de l'énergie moyenne $\langle E \rangle = U$ et nous avons remarqué que les dispersions relatives diminuaient lorsque $\mathcal{N}$ augmentait. Ceci reste vrai pour tout état microscopique individuel : la variance

$$\langle (\Delta n_i)^2 \rangle = \langle n_i^2 \rangle - \langle n_i \rangle^2 = \left.\left(\omega_i \frac{\partial}{\partial \omega_i}\right)\left(\omega_i \frac{\partial}{\partial \omega_i}\right) \ln \Gamma\right|_{\omega_i = 1} \tag{7.204}$$

constitue une mesure des fluctuations dans l'état microscopique i. L'exactitude de l'équation (7.204) se montre de la façon suivante :

$$
\begin{aligned}
\left(\omega_i \frac{\partial}{\partial \omega_i} \right) \left(\omega_i \frac{\partial}{\partial \omega_i} \ln \Gamma \right) &= \omega_i \frac{\partial}{\partial \omega_i} \ln \Gamma + \omega_i^2 \frac{\partial}{\partial \omega_i} \frac{1}{\Gamma} \frac{\partial \Gamma}{\partial \omega_i} \\
&= \langle n_i \rangle + \omega_i^2 \left(-\frac{1}{\Gamma^2} \left(\frac{\partial \Gamma}{\partial \omega_i} \right)^2 + \frac{1}{\Gamma} \frac{\partial^2 \Gamma}{\partial \omega_i^2} \right) \\
&= \langle n_i \rangle - \left(\frac{\omega_i}{\Gamma} \frac{\partial \Gamma}{\partial \omega_i} \right)^2 + \frac{\omega_i^2}{\Gamma} \frac{\partial^2 \Gamma}{\partial \omega_i^2} \\
&= \langle n_i \rangle - \langle n_i \rangle^2 + \frac{1}{\Gamma} \sum_{\{n_i\}}'' n_i (n_i - 1) \mathcal{N}! \prod_i \frac{\omega_i^{n_i}}{n_i!} \\
&= \langle n_i \rangle - \langle n_i \rangle^2 + \langle n_i^2 \rangle - \langle n_i \rangle \\
&= \langle n_i^2 \rangle - \langle n_i \rangle^2 .
\end{aligned}
\tag{7.205}
$$

Avec l'équation (7.202), l'équation (7.204) devient

$$
\langle (\Delta n_i)^2 \rangle = \mathcal{N} \omega_i \frac{\partial}{\partial \omega_i} \left(\frac{\omega_i \exp\left[\beta_0 (U - E_i) \right]}{\sum_j \omega_j \exp\left[\beta_0 (U - E_j) \right]} \right) \Bigg|_{\text{tous } \omega_i = 1} .
\tag{7.206}
$$

Ici, comme dans l'équation (7.202), β_0 est en réalité une fonction de ω_i et par conséquent

$$
\begin{aligned}
\frac{\langle (\Delta n_i)^2 \rangle}{\mathcal{N}} &= \frac{\omega_i \exp\left[\beta_0 (U - E_i) \right]}{\sum_j \omega_j \exp\left[\beta_0 (U - E_j) \right]} - \left(\frac{\omega_i \exp\left[\beta_0 (U - E_i) \right]}{\sum_j \omega_j \exp\left[\beta_0 (U - E_j) \right]} \right)^2 \\
&\quad + \frac{\partial \beta_0}{\partial \omega_i} \left(\frac{\omega_i^2 (U - E_i) \exp\left[\beta_0 (U - E_i) \right]}{\sum_j \omega_j \exp\left[\beta_0 (U - E_j) \right]} \right. \\
&\quad \left. - \frac{\sum_j \omega_j (U - E_j) \exp\left[\beta_0 (U - E_j) \right]}{\left(\sum_j \omega_j \exp\left[\beta_0 (U - E_j) \right] \right)^2} \omega_i^2 \exp\left[\beta_0 (U - E_i) \right] \right) .
\end{aligned}
\tag{7.207}
$$

Le dernier terme est évidemment nul en raison de l'équation (7.187). Eliminant tous les facteurs $\exp(\beta_0 U)$ et en reportant l'équation (7.202) on obtient (avec $\omega_i = 1$ pour tout i)

$$
\frac{\langle (\Delta n_i)^2 \rangle}{\mathcal{N}} = \frac{\langle n_i \rangle}{\mathcal{N}} - \left(\frac{\langle n_i \rangle}{\mathcal{N}} \right)^2 + \frac{\partial \beta_0}{\partial \omega_i} (U - E_i) \frac{\langle n_i \rangle}{\mathcal{N}} .
\tag{7.208}
$$

La dérivée $\partial\beta_0/\partial\omega_i$ s'obtient facilement en dérivant l'équation (7.187) par rapport à ω_i. On a alors, l'énergie U étant fixée

$$\frac{\partial U}{\partial \omega_i} = 0 = \frac{E_i \exp(-\beta_0 E_i)}{\sum_j \omega_j \exp(-\beta_0 E_j)} - \frac{\sum_j \omega_j E_j \exp(-\beta_0 E_j)}{\left(\sum_j \omega_j \exp(-\beta_0 E_j)\right)^2} \exp(-\beta_0 E_i)$$

$$+ \frac{\partial \beta_0}{\partial \omega_i}\Bigg(-\frac{\sum_j \omega_j E_j^2 \exp(-\beta_0 E_j)}{\sum_j \omega_j \exp(-\beta_0 E_j)}$$

$$+ \frac{\left(\sum_j \omega_j E_j \exp(-\beta_0 E_j)\right)^2}{\left(\sum_j \omega_j \exp(-\beta_0 E_j)\right)^2}\Bigg) \tag{7.209}$$

ou pour $\omega_i = 1$ en reportant à nouveau l'équation (7.202) (notons l'équation (7.187)),

$$\frac{\partial \beta_0}{\partial \omega_i} = \frac{E_i - U}{\langle E_i^2 \rangle - U^2} \frac{\langle n_i \rangle}{\mathcal{N}} \, . \tag{7.210}$$

Reportant cela dans l'équation (7.208) on obtient finalement

$$\frac{\langle (\Delta n_i)^2 \rangle}{\mathcal{N}} = \frac{\langle n_i \rangle}{\mathcal{N}} \left(1 - \frac{\langle n_i \rangle}{\mathcal{N}} - \frac{(E_i - U)^2}{\langle (E_i - U)^2 \rangle} \frac{\langle n_i \rangle}{\mathcal{N}}\right) \tag{7.211}$$

puisque $\langle (E_i - U)^2 \rangle = \langle E_i^2 - 2E_i U + U^2 \rangle = \langle E_i^2 \rangle - \langle 2E_i \rangle U + U^2 = \langle E_i^2 \rangle - U^2$. Les dispersions relatives peuvent alors être déterminées d'après

$$\frac{\langle (\Delta n_i)^2 \rangle}{\langle n_i \rangle^2} = \frac{1}{\langle n_i \rangle} - \frac{1}{\mathcal{N}} \left(1 + \frac{(E_i - U)^2}{\langle (E_i - U)^2 \rangle}\right) \, . \tag{7.212}$$

Pour $\mathcal{N} \to \infty$, tous les $\langle n_i \rangle \to \infty$, et les dispersions relatives s'annulent dans l'état microscopique i. En d'autres termes : non seulement l'énergie moyenne dans l'ensemble canonique est égale à l'énergie la plus probable et correspond à l'énergie donnée dans l'ensemble microcanonique mais en plus la densité dans l'espace des phases est simultanément la distribution moyenne et la plus probable de toutes les distributions possibles. Les écarts (fluctuations) de cette distribution s'annulent pour un très grand nombre de systèmes ($\mathcal{N} \to \infty$).

8. Applications de la statistique de Boltzmann

8.1 Systèmes quantiques en statistique de Boltzmann

Dans ce chapitre nous voulons montrer comment ce que nous avons appris jusqu'à présent peut être appliqué à des systèmes quantiques. L'indiscernabilité des particules ne sera cependant pas prise en compte par des considérations purement quantiques. Ces considérations seront introduites dans la partie III de ce livre. Cependant, certains résultats importants qui restent également valables en mécanique quantique peuvent déjà être déduits de la distribution canonique. Nous allons le démontrer sur un exemple concernant un ensemble de N oscillateurs harmoniques quantiques. Les valeurs propres de l'énergie d'un oscillateur harmonique quantique sont bien connues[1] :

$$\varepsilon_n = \hbar\omega\left(n + \frac{1}{2}\right) , \qquad n = 0, 1, 2, \dots . \tag{8.1}$$

Elles sont déterminées par un nombre quantique n pouvant prendre toutes les valeurs 0, 1, 2, ... Il nous faut maintenant transcrire la densité classique dans l'espace des phases au cas quantique (pour un oscillateur),

$$\varrho(q, p) = \frac{\exp[-\beta H(q, p)]}{Z(T, V, 1)} ,$$
$$Z(T, V, 1) = \frac{1}{h} \int dq \int dp \exp[-\beta H(q, p)] . \tag{8.2}$$

Ainsi que nous l'avons déjà remarqué dans le cas du gaz parfait, le rôle de l'état microscopique (q, p) est pris par les nombres quantiques en mécanique quantique. Nous poserons donc

$$\varrho_n = \frac{\exp(-\beta\varepsilon_n)}{Z(T, V, 1)} ,$$
$$Z(T, V, 1) = \sum_n \exp(-\beta\varepsilon_n) . \tag{8.3}$$

---

[1] W. Greiner, J. Reinhardt : *Quantum Electrodynamics* 2nd ed. (Springer, Berlin, Heidelberg 1994).

Les états microscopiques de l'oscillateur sont maintenant effectivement énumérés de façon discrète à l'aide des nombres quantiques. La quantité ϱ_n représente la probabilité pour un oscillateur de se trouver dans un état quantique correspondant à un nombre quantique n. Si un oscillateur possède plusieurs nombres quantiques, il faut alors naturellement augmenter le nombre d'indices en conséquence. Au lieu de l'énergie classique $H(q, p)$ nous avons maintenant les valeurs propres de l'énergie ε_n correspondant à l'état microscopique n. Les équations (8.3) sont également valables pour des systèmes à plusieurs particules. Pour des systèmes sans interaction nous avons de nouveau (les particules étant considérées discernables),

$$Z(T, V, N) = [Z(T, V, 1)]^N \tag{8.4}$$

car les états à plusieurs particules résultent de l'occupation des états à une particule par les N particules et l'énergie totale est la somme des énergies de toutes les particules individuelles,

$$E_{n_1, n_2, \ldots, n_N} = \varepsilon_{n_1} + \varepsilon_{n_2} + \cdots + \varepsilon_{n_N} \tag{8.5}$$

la particule 1 occupant l'état quantique n_1, la particule 2 occupant l'état quantique n_2, etc. Mais comme nous l'avons déjà mentionné à de nombreuses reprises, il ne s'agit pas encore de statistique quantique, puisque nous considérons toujours que nous pouvons numéroter les particules.

Pour des particules discernables nous avons

$$\begin{aligned}
Z(T, V, N) &= \sum_{n_1, n_2, \ldots, n_N} \exp\left(-\beta \sum_i \varepsilon_{n_i}\right) \\
&= \sum_{n_1} \exp\left(-\beta \varepsilon_{n_1}\right) \cdots \sum_{n_N} \exp\left(-\beta \varepsilon_{n_N}\right) \\
&= [Z(T, V, 1)]^N
\end{aligned} \tag{8.6}$$

et le facteur de Gibbs $1/N!$ est ajouté après coup pour des particules indiscernables. Cette prescription ad hoc constitue un véritable problème conceptuel et ne pourra être éliminé que par un décompte quantique des états microscopiques.

Comme d'habitude, la fonction de partition fournit aussi les propriétés thermodynamiques pour les systèmes quantiques à l'aide de l'énergie libre F,

$$F(T, V, N) = -kT \ln Z(T, V, N) . \tag{8.7}$$

Appliquons maintenant ces considérations à un système de N oscillateurs harmoniques quantiques :

EXEMPLE ▰▰▰▰▰▰▰▰▰▰▰▰▰▰▰▰

8.1 N oscillateurs harmoniques quantiques

La fonction de partition à une particule du système est

$$Z(T, V, 1) = \sum_n \exp(-\beta\varepsilon_n) = \sum_{n=0}^{\infty} \exp\left[-\beta\hbar\omega\left(n + \frac{1}{2}\right)\right]$$
$$= \exp\left(-\frac{\beta\hbar\omega}{2}\right) \sum_{n=0}^{\infty} \left[\exp(-\beta\hbar\omega)\right]^n .$$

Cette série géométrique se calcule facilement

$$Z(T, V, 1) = \frac{\exp(-\beta\hbar\omega/2)}{1 - \exp(-\beta\hbar\omega)} = \frac{1}{\exp(\beta\hbar\omega/2) - \exp(-\beta\hbar\omega/2)}$$
$$= \left[2\sinh\left(\frac{\beta\hbar\omega}{2}\right)\right]^{-1} . \tag{8.8}$$

La fonction de partition à N particules s'en déduit

$$Z(T, V, N) = [Z(T, V, 1)]^N = \left[2\sinh\left(\frac{\beta\hbar\omega}{2}\right)\right]^{-N} . \tag{8.9}$$

Nous n'avons pas besoin de facteur de Gibbs si nous considérons les oscillateurs discernables comme dans le cas classique. L'énergie libre s'écrit

$$F(T, V, N) = NkT \ln\left[2\sinh\left(\frac{\beta\hbar\omega}{2}\right)\right]$$
$$= \frac{N}{2}\hbar\omega + NkT \ln\left[1 - \exp(-\beta\hbar\omega)\right] .$$

Le terme $N\hbar\omega/2$ représente exactement la contribution de l'énergie résiduelle à l'énergie totale pour N oscillateurs. Des propriétés thermodynamiques supplémentaires s'obtiennent immédiatement,

$$\mu = \left.\frac{\partial F}{\partial N}\right|_{T,V} = \frac{F}{N} ,$$
$$p = -\left.\frac{\partial F}{\partial V}\right|_{T,N} = 0 .$$

Comme des oscillateurs classiques, les oscillateurs quantiques n'exercent aucune pression puisqu'ils ne peuvent pas se déplacer en translation. L'entropie s'écrit

$$S = -\left.\frac{\partial F}{\partial T}\right|_{V,N} = Nk\left\{\frac{\beta\hbar\omega}{2}\coth\left(\frac{\beta\hbar\omega}{2}\right) - \ln\left[2\sinh\left(\frac{\beta\hbar\omega}{2}\right)\right]\right\}$$
$$= Nk\left\{\frac{\beta\hbar\omega}{\exp(\beta\hbar\omega) - 1} - \ln\left[1 - \exp(-\beta\hbar\omega)\right]\right\} \tag{8.10}$$

et l'énergie interne vaut $U = F + TS$,

$$U = N\hbar\omega \left(\frac{1}{2} + \frac{1}{\exp(\beta\hbar\omega) - 1} \right) . \tag{8.11}$$

Le premier terme correspond encore une fois à l'énergie du niveau fondamental. L'équation (8.11) est d'une grande importance. Elle peut en effet s'interpréter en disant que U représente N fois l'énergie moyenne d'un oscillateur,

$$U = N \langle \varepsilon_n \rangle \quad \text{avec} \quad \langle \varepsilon_n \rangle = \hbar\omega \left(\frac{1}{2} + \frac{1}{\exp(\beta\hbar\omega) - 1} \right) .$$

En comparant cela avec l'équation (8.1), on s'aperçoit que la quantité

$$\langle n \rangle = \frac{1}{\exp(\beta\hbar\omega) - 1} \quad \text{pour} \quad \langle \varepsilon_n \rangle = \hbar\omega \left(\frac{1}{2} + \langle n \rangle \right) \tag{8.12}$$

représente le nombre quantique moyen $\langle n \rangle$, c'est-à-dire, le nombre moyen d'excitation d'un oscillateur à la température T. Ce résultat reste vrai en statistiques quantiques! On s'aperçoit de plus que le théorème d'équipartition n'est *pas* valable pour des oscillateurs quantiques. Celui ci affirme que pour N oscillateurs classiques on a (calcul déjà effectué)

$$U_{\text{cl}} = NkT . \tag{8.13a}$$

On peut évidemment déterminer directement l'équation (8.12), puisque l'on a

$$\langle \varepsilon_n \rangle = \frac{1}{Z} \sum_{n=0}^{\infty} \varepsilon_n e^{-\beta\varepsilon_n} = \frac{1}{Z} \sum_{n=0}^{\infty} \hbar\omega \left(n + \frac{1}{2} \right) e^{-\beta\varepsilon_n}$$

$$= \frac{\hbar\omega}{Z} \left(\sum_{n=0}^{\infty} n e^{-\beta\varepsilon_n} + \frac{1}{2} \sum_{n=0}^{\infty} e^{-\beta\varepsilon_n} \right) .$$

La seconde somme fournit $Z/2$ et la première est égale à

$$\sum_{n=0}^{\infty} n e^{-\beta\hbar\omega(n+1/2)} = e^{-\beta\hbar\omega/2} \sum_{n=0}^{\infty} n \left(e^{-\beta\hbar\omega} \right)^n = e^{-\beta\hbar\omega/2} \frac{e^{-\beta\hbar\omega}}{(1 - e^{-\beta\hbar\omega})^2} .$$

On en déduit l'énergie moyenne

$$\langle \varepsilon_n \rangle = \frac{1}{2}\hbar\omega + \frac{\hbar\omega}{Z} e^{-\beta\hbar\omega/2} \frac{e^{-\beta\hbar\omega}}{(1 - e^{-\beta\hbar\omega})^2} .$$

En utilisant pour Z le premier terme de l'équation (8.8) on obtient l'équation (8.12). Pour mettre en évidence le lien entre le résultat classique (8.13a) et le résultat quantique (8.11), nous allons faire un développement limité de la fonction exponentielle dans l'équation (8.11) dans le cas limite des températures élevées $T \to \infty$, $\beta\hbar\omega \to 0$,

$$
\begin{aligned}
U &= \frac{N}{2}\hbar\omega + N\hbar\omega \left(\frac{1}{(1 + \beta\hbar\omega + (\beta\hbar\omega)^2/2 + \cdots) - 1} \right) \\
&\approx \frac{N}{2}\hbar\omega + N\hbar\omega \left(\frac{1}{\beta\hbar\omega(1 + \beta\hbar\omega/2 + \cdots)} \right) \\
&\approx \frac{N}{2}\hbar\omega + \frac{N}{\beta} \left(1 - \frac{1}{2}\beta\hbar\omega + \cdots \right) \\
&\approx NkT + \cdots .
\end{aligned}
\tag{8.13}
$$

On retrouve exactement la limite classique dans le cas des températures élevées. Cela se comprend facilement, en effet le paramètre caractéristique $\beta\hbar\omega = \hbar\omega/kT$ mesure le rapport entre les niveaux d'énergie de l'oscillateur et l'énergie thermique moyenne accessible kT. Si cette dernière est très grande, la structure discrète du spectre énergétique de l'oscillateur n'est plus du tout perceptible, et l'on se trouve à la limite classique. D'autre part, lorsque $T \to 0$ ou $\beta\hbar\omega \to 0$, les écarts avec le cas classique sont les plus importants. Alors

$$
U \approx \frac{N}{2}\hbar\omega .
$$

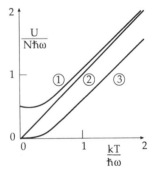

Fig. 8.1. Energie moyenne par oscillateur

La figure 8.1 représente l'énergie moyenne par oscillateur en prenant pour unité $\hbar\omega$. La courbe 1 constitue le résultat correct en mécanique quantique. Lorsque $T = 0$, subsiste l'énergie du niveau fondamental $\hbar\omega/2$ tandis que pour $T \to \infty$ on se rapproche du cas classique $\propto kT$ (courbe 2). La courbe 3 correspond à l'oscillateur original de Planck.

Vers 1900, Planck fut le premier à supposer l'existence de niveaux discrets d'énergie pour les oscillateurs en étudiant le rayonnement thermique du corps noir. À l'inverse de l'équation (8.1), toutefois, il lui manquait l'énergie du niveau fondamental[2]. Ceci avait pour conséquence qu'on ne retrouvait pas pour l'oscillateur le résultat classique pour des températures élevées.

Cette contradiction ne fut levée qu'en 1924 après l'établissement de l'équation de Schrödinger, qui introduisait automatiquement l'énergie du point zéro.

La capacité thermique des oscillateurs quantiques s'écarte aussi notablement du résultat classique pour les faibles températures (voir (6.63))

$$
C_V^{\text{cl}} = C_p^{\text{cl}} = Nk
$$

alors que maintenant

$$
C_V = \left. \frac{\partial U}{\partial T} \right|_{N,V} = Nk(\beta\hbar\omega)^2 \frac{\exp(\beta\hbar\omega)}{[\exp(\beta\hbar\omega) - 1]^2} .
\tag{8.14}
$$

---

[2] Voir W. Greiner : *Mécanique Quantique – Une Introduction* (Springer, Berlin, Heidelberg 1999), exemple 2.2.

Exemple 8.1

Par un développement analogue à celui de l'équation (8.13), on peut vérifier que pour $\beta\hbar\omega \to \infty$, $C_V \to C_V^{cl}$ tend vers zéro comme $x^2 e^{-x} (x \to \infty)$! Cela devient aussitôt évident d'après ce qui suit : si l'énergie thermique est $kT \ll \hbar\omega$, alors on ne peut exciter l'oscillateur à un niveau d'énergie supérieure (seulement avec une probabilité extrêmement faible). Le système n'est alors pas capable d'absorber l'énergie kT offerte par le thermostat.

Par ailleurs, le système classique peut absorber des quantités d'énergie arbitrairement petites kT. Le fait que la capacité thermique s'annule pour de faibles températures est une caractéristique de tous les systèmes quantiques avec des spectres discrets (voir figure 8.2).

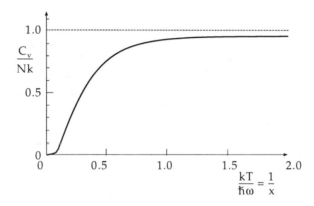

Fig. 8.2. Capacité thermique pour N oscillateurs harmoniques quantiques

Il est très instructif de calculer la densité d'état du système des N oscillateurs à partir de la fonction de partition (8.9). Ecrivons pour cela

$$Z(T, V, N) = \left(\frac{\exp(-b h o/2)}{1 - \exp(-\beta\hbar\omega)} \right)^N$$

à l'aide du développement du binôme

$$\frac{1}{(1-x)^N} = \sum_{l=0}^{\infty} \binom{-N}{l} (-1)^l x^l = \sum_{l=0}^{\infty} \binom{l+N-1}{l} x^l$$

où le coefficient du binôme

$$\binom{\alpha}{l} = \frac{\alpha(\alpha-1)\cdots(\alpha-l+1)}{l!}$$

est défini pour α réel et nous écrivons donc

$$Z(T, V, N) = \sum_{l=0}^{\infty} \binom{l+N-1}{l} \exp\left[-\beta\hbar\omega\left(\frac{1}{2}N+l\right)\right] .$$

En comparant cela avec l'expression générale

$$Z(T, V, N) = \int dE\, g(E) \exp(-\beta E)$$

qui se transforme pour des énergies discrètes dénombrables en

Exemple 8.1

$$Z(T, V, N) = \sum_l g_l \exp(-\beta E_l)$$

(au lieu de la densité d'état nous avons maintenant le facteur de dégénérescence g_l), nous trouvons

$$E_l = \hbar\omega\left(l + \frac{N}{2}\right) , \qquad g_l = \binom{l+N-1}{l} . \tag{8.15}$$

Les énergies E_l sont les énergies fondamentales des N oscillateurs plus l quanta d'énergie $\hbar\omega$. Il y a exactement g_l manières de répartir ces quantas d'énergie *indiscernables* entre les N oscillateurs *discernables*. On peut s'en rendre compte facilement de la manière suivante : considérons l billes identiques à répartir entre N boites et déterminons le nombre de façons de le faire. N'oublions pas qu'une boite peut contenir plus d'une bille, mais que toutes les l billes peuvent être mises dans une seule boite, tandis que les autres resteront vides.

Nous pouvons alors répartir les l billes à l'aide de $N-1$ traits verticaux dans les N boites (voir figure 8.3 : à gauche du premier trait se trouve la boite numéro 1, etc., à droite du $N-1$-ième trait se trouve la boite numéro N ; dans la figure nous avons pris $l = 9$ (billes) et $N = 5$, c'est-à-dire, quatre traits). Nous obtenons alors toutes les manières de répartir les billes dans les boites à l'aide de traits en considérant toutes les permutations entre boites et traits. Il y a exactement $(N+l-1)!$ permutations pour les $(n-1)$ traits et l billes. Cependant les permutations entre billes ne changent rien car elles sont indiscernables. De la même manière les permutations entre traits ne changent rien dans la répartition des billes dans les N boites. Nous devons donc diviser le nombre total de permutations par le nombre de permutations entre billes, $l!$ et traits, $(N-1)!$, ce qui conduit au résultat

$$g(N, l) = \frac{(N+l-1)!}{l!(N-1)!} = \binom{N+l-1}{l} . \tag{8.16}$$

La répartition de quanta indiscernables au lieu de particules dénombrables est le point de départ des statistiques quantiques. La connaissance du facteur de dégénérescence nous donne bien sûr également le nombre d'états microscopiques Ω correspondant à une énergie donnée (8.15). On a simplement $\Omega = g_l$. Nous pouvons donc vérifier si l'entropie $S = k \ln \Omega$ coïncide avec l'expression (8.10). Avec $l, N \gg 1$ et la formule de Stirling pour l'équation (8.16), on obtient

$$S = k(l+N)\ln(l+N) - kl \ln l - Nk \ln N .$$

Pour obtenir $S(E, V, N)$, il faut reporter $l = E/(\hbar\omega)$, d'après l'équation (8.15) :

$$S = k\left(\frac{E}{\hbar\omega} + \frac{N}{2}\right)\ln\left(\frac{E}{\hbar\omega} + \frac{N}{2}\right)$$
$$- k\left(\frac{E}{\hbar\omega} - \frac{N}{2}\right)\ln\left(\frac{E}{\hbar\omega} - \frac{N}{2}\right) - Nk \ln N . \tag{8.17}$$

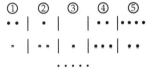

Fig. 8.3. Détermination de la relation (8.16)

Exemple 8.1

Si l'on veut comparer ce résultat avec l'équation (8.10), il faut exprimer l'énergie en fonction de la température,

$$\frac{1}{T} = \left.\frac{\partial S}{\partial E}\right|_{N,V} = \frac{k}{\hbar\omega} \ln\left(\frac{E + N\hbar\omega/2}{E - N\hbar\omega/2}\right)$$

ou

$$E = \frac{N}{2}\hbar\omega\frac{\exp(\beta\hbar\omega) + 1}{\exp(\beta\hbar\omega) - 1} \tag{8.18}$$

qui est identique à l'équation (8.11). En reportant l'équation (8.18) dans l'équation (8.17), on retrouve en effet exactement l'équation (8.10).

8.2 Paramagnétisme

Une application particulièrement intéressante de la mécanique statistique (statistiques de Boltzmann, ensemble canonique) est le comportement paramagnétique des substances. Il est bien connu que les atomes de nombreuses substances possèdent un moment dipolaire magnétique permanent $\boldsymbol{\mu}$. Si une telle substance est soumise à un champ magnétique extérieur $\boldsymbol{H}$, alors les dipôles ont tendance à s'aligner dans la direction du champ, de telle sorte que l'énergie potentielle de chaque dipôle $-\boldsymbol{\mu} \cdot \boldsymbol{H}$ devienne minimale (principe du minimum de l'énergie). Dans ce cas tous les moments magnétiques des atomes s'ajoutent pour former le moment magnétique résultant $\boldsymbol{D}_\mathrm{m}$ de la substance. D'autre part, à température donnée le mouvement statistique des dipôles s'oppose à cet alignement. Il y a en effet beaucoup plus d'états microscopiques accessibles si les moments magnétiques ont une orientation arbitraire que s'ils sont tous alignés dans la même direction (principe du maximum d'entropie). Dans le cas limite des très hautes températures, tous les dipôles sont donc orientés aléatoirement et leurs moments magnétiques se compensent, de telle sorte que le moment résultant $\boldsymbol{D}_\mathrm{m}$ soit nul. Pour une température et un champ magnétique fini, le moment résultant moyen $\langle \boldsymbol{D}_\mathrm{m} \rangle$ se trouve quelque part entre ces deux cas extrêmes.

Pour modéliser une substance paramagnétique considérons un système de N dipôles indépendants pouvant tourner autour d'un axe, leurs mouvements de translation étant négligés. (Dans un solide les atomes sont placés en certains points du réseau, mais on peut également considérer que pour les fluides et gaz paramagnétiques les propriétés magnétiques sont indépendantes des mouvements de translation.)

Il nous faut donc calculer la fonction de partition d'un système avec l'énergie

$$E = -\sum_{i=1}^{N} \boldsymbol{\mu}_i \cdot \boldsymbol{H} \, . \tag{8.19}$$

Si le champ homogène pointe suivant l'axe des z, alors l'orientation de chaque dipôle peut s'exprimer à l'aide des angles polaires θ_i et ϕ_i. Chaque état microscopique correspond exactement à un ensemble $\{\theta_i, \phi_i\}$ d'orientations de tous les dipôles. La fonction de partition sur l'ensemble des états microscopiques dépend de T, H, N, où le champ magnétique joue un rôle analogue à celui joué habituellement par le volume :

$$Z(T, H, N) = \int d\Omega_1 \int d\Omega_2 \cdots \int d\Omega_N \exp\left(\beta\mu H \sum_{i=1}^{N} \cos\theta_i\right) \tag{8.20}$$

si l'on pose $\boldsymbol{\mu}_i \cdot \boldsymbol{H} = \mu_{z_i} H_z = \mu H \cos\theta_i$. Les intégrales $\int d\Omega_i$ s'étendent sur tous les angles spatiaux. On peut donc factoriser la fonction de partition, puisque nous avons admis que les dipôles individuels n'interagissaient pas :

$$Z(T, H, N) = [Z(T, H, 1)]^N \, ,$$
$$Z(T, H, 1) = \int d\Omega \exp(\beta\mu H \cos\theta) \, . \tag{8.21}$$

Pour l'intégrale, avec la substitution $\cos\theta = x$, on obtient,

$$\begin{aligned}
Z(T, H, 1) &= 2\pi \int_{-1}^{1} dx \exp(\beta\mu Hx) \\
&= \frac{2\pi}{\beta\mu H} \left[\exp(\beta\mu H) - \exp(-\beta\mu H)\right] \\
&= 4\pi \frac{\sinh(\beta\mu H)}{\beta\mu H} \, . \tag{8.22}
\end{aligned}$$

La probabilité pour qu'un dipôle ait une orientation comprise entre θ, $\theta + d\theta$ et ϕ, $\phi + d\phi$ est donnée par

$$\varrho(\theta, \phi) \, d\Omega = \frac{\exp(\beta\mu H \cos\theta)}{Z(T, H, 1)} \sin\theta \, d\theta \, d\phi \, . \tag{8.23}$$

De façon analogue la probabilité de trouver le dipôle 1 dans $d\Omega_1$, le dipôle 2 dans $d\Omega_2$, etc., est le produit de termes de la forme (8.23). À l'aide de l'équation (8.23) il est possible de calculer le moment magnétique moyen $\langle\boldsymbol{\mu}\rangle$ d'un dipôle. Pour cela nous réécrivons $\boldsymbol{\mu} = \mu\boldsymbol{e}_r$ en coordonnées cartésiennes et trouvons

$$\langle\boldsymbol{\mu}\rangle = \frac{1}{Z} \int \mu \begin{pmatrix} \sin\theta\cos\phi \\ \sin\theta\sin\phi \\ \cos\theta \end{pmatrix} \exp(\beta\mu H \cos\theta) \sin\theta \, d\theta \, d\phi \, . \tag{8.24}$$

On constate immédiatement que $\langle \mu_x \rangle = \langle \mu_y \rangle = 0$. La raison en est que toutes les orientations d'un dipôle perpendiculairement à l'axe des z sont équiprobables. Pour $\langle \mu_z \rangle$ on obtient

$$\langle \mu_z \rangle = \frac{\mu}{Z} \int \cos\theta \, \exp(\beta\mu H \cos\theta) \sin\theta \, \mathrm{d}\theta \, \mathrm{d}\phi \ . \tag{8.25}$$

Cette intégrale se calcule facilement (ce calcul est laissé au lecteur à titre d'exercice). Poursuivons dans une direction différente. On peut écrire

$$\langle \mu_z \rangle = \frac{1}{\beta} \frac{\partial}{\partial H} \ln Z(T, H, 1) = -\frac{\partial}{\partial H} F(T, H, 1) \tag{8.26}$$

et pour le moment dipolaire total moyen suivant la direction des z,

$$\langle D_z \rangle = -\frac{\partial}{\partial H} F(T, H, N) \ . \tag{8.27}$$

Cette équation révèle explicitement que le lien entre la variable intensive H et la variable extensive conjuguée correspondante $\langle D_z \rangle = N\langle \mu_z \rangle$ est entièrement analogue à la relation entre la variable extensive V et la variable intensive p dans le cas d'un gaz parfait : on obtient $\langle D_z \rangle$ ou p (au signe près) en dérivant F par rapport à H, ou respectivement V. Ici encore il suffit de connaître l'énergie libre

$$F(T, H, N) = -kT \ln Z(T, H, N) = -NkT \ln \left(4\pi \frac{\sinh(\beta\mu H)}{\beta\mu H} \right) \tag{8.28}$$

pour pouvoir calculer toutes les grandeurs thermodynamiques. Le calcul explicite de l'équation (8.25) ou plus simplement de l'équation (8.27) donne

$$\langle D_z \rangle = N \langle \mu_z \rangle = N\mu \left(\coth(\beta\mu H) - \frac{1}{\beta\mu H} \right) \ . \tag{8.29}$$

Sur la figure 8.4 on a représenté le moment dipolaire total en fonction de la variable caractéristique $x = \beta\mu H = \mu H/(kT)$. Lorsque x est petit (champ magnétique faible) on a

$$L(x) \approx \frac{x}{3} - \frac{x^3}{45} + \cdots \tag{8.30}$$

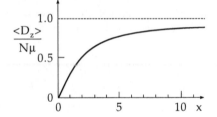

Fig. 8.4. Moment dipolaire magnétique total, $x = \beta\mu H = \mu H/(kT)$

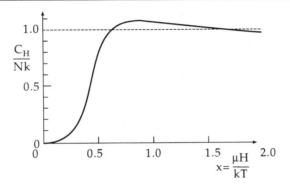

Fig. 8.5. Capacité thermique paramagnétique

où la fonction

$$L(x) = \coth(x) - \frac{1}{x} \tag{8.31}$$

est la *fonction de Langevin*.

À température finie si le champ croit, le moment magnétique dipolaire total augmente linéairement avec H. Cette région est pratiquement intéressante pour toutes les températures. Puisque les moments dipolaires atomiques sont de l'ordre de grandeur du magnéton de Bohr μ_B, alors, par exemple, à température ambiante $x \ll 1$ même pour des champs très intenses. Ce n'est que pour de très faibles températures, $T \to 0$, que l'on atteint la saturation $x \gg 1$, ou presque tous les dipôles sont alignés dans la direction du champ. Pour la saturation $L(x) \approx 1$. Dans la région $x \ll 1$ le moment magnétique total est proportionnel au champ magnétique,

$$\langle D_z \rangle \approx \frac{N\mu^2}{3kT} H - \cdots . \tag{8.32}$$

La constante de proportionnalité est la *susceptibilité*

$$\chi = \lim_{H \to 0} \frac{\partial \langle D_z \rangle}{\partial H} = \frac{N\mu^2}{3kT} = \frac{C}{T} . \tag{8.33}$$

La relation (8.33) constitue la *loi de Curie*. La quantité C est la constante de Curie. L'entropie du système résulte de $(x = \beta\mu H)$:

$$S(T, H, N) = - \left. \frac{\partial F}{\partial T} \right|_{H,N} = Nk \ln \left(4\pi \frac{\sinh(x)}{x} \right) - \frac{N\mu H}{T} L(x) \tag{8.34}$$

et en se servant des équations (8.28), (8.29) et (8.34) on obtient pour l'énergie moyenne

$$U = F + TS = - \langle D_z \rangle H \tag{8.35}$$

c'est-à-dire l'énergie du dipôle moyen dans le champ magnétique. On peut par exemple se servir de ce résultat pour calculer la capacité thermique dans le cas d'un champ magnétique constant,

$$C_H = \left.\frac{\partial U}{\partial T}\right|_{H,N} = \frac{\partial}{\partial x}\left[-N\mu L(x)\right]\frac{\partial x}{\partial T}$$

$$= -N\mu\left(1 - \frac{x^2}{\sinh^2 x}\right)\frac{1}{x^2}\frac{\partial x}{\partial T} = \frac{Nk}{H}\left(1 - \frac{x^2}{\sinh^2 x}\right)\,. \tag{8.36}$$

Cette capacité calorifique révèle un comportement intéressant. Puisqu'aux températures élevées $(x \to 0)$ on a $U \approx 0$, C_H tend aussi vers 0 (ce qui se démontre en effectuant un développement limité de $\sinh^2 x$ dans l'équation (8.36)).Ceci est typique pour des systèmes possédant une borne supérieure pour l'énergie. En effet ici l'énergie U ne peut jamais dépasser la valeur zéro pour $T \to \infty$ (orientation complètement aléatoire) et le système ne peut plus absorber d'énergie, $C_H(T \to \infty) = 0$.

Par conséquent à hautes températures les dipôles magnétiques ne fournissent aucune contribution à la capacité thermique des substances paramagnétiques.

Jusqu'à présent nous avons considéré des dipôles classiques qui peuvent prendre toutes les orientations possibles. Cependant le moment magnétique des atomes étant du au mouvement des électrons autour du noyau, celui ci est une grandeur de la mécanique quantique. Reprenons donc l'ensemble des considérations précédentes pour des dipôles quantiques. Admettons de nouveau que le champ magnétique H pointe dans la direction de l'axe des z. En mécanique quantique, $\boldsymbol{\mu}$ est un opérateur défini par

$$\hat{\boldsymbol{\mu}} = \left(g_l\hat{\boldsymbol{l}} + g_s\hat{\boldsymbol{s}}\right)\mu_B\,. \tag{8.37}$$

Où $\hat{\boldsymbol{l}}$ est l'opérateur du moment cinétique et $\hat{\boldsymbol{s}}$ l'opérateur de spin, qui sont tous maintenant sans dimension. Le facteur $\hbar$ a été incorporé dans le magnéton de Bohr $\mu_B = e\hbar/2mc$. L'équation (8.37) a été motivé par le fait que le moment magnétique d'un électron décrivant une orbite circulaire est proportionnel au moment cinétique de l'électron en mécanique classique.

De façon analogue, le moment magnétique d'un corps chargé en rotation est proportionnel à son spin (moment cinétique propre). En général, cependant, les constantes de proportionnalité g_l et g_s peuvent être différentes. Pour les électrons nous avons, par exemple, $g_l = 1$ et $g_s \approx 2$. Dans le volume 1 de la série[3] tout ceci et particulièrement la définition des facteurs gyromagnétiques (facteurs g) est largement discutée.

Alors $\boldsymbol{\mu}$ n'est plus proportionnel au moment cinétique total $\boldsymbol{j} = \boldsymbol{l} + \boldsymbol{s}$ et n'est donc plus une grandeur conservative. Pour des systèmes où le moment cinétique total se conserve (par exemple atomes), $\boldsymbol{\mu}$ aura un mouvement de précession autour de $\boldsymbol{j}$ et en moyenne seule la projection de $\boldsymbol{\mu}$ sur $\boldsymbol{j}$ restera constante,

$$\boldsymbol{\mu}_p = \frac{\boldsymbol{\mu} \cdot \boldsymbol{j}}{|\boldsymbol{j}|}\frac{\boldsymbol{j}}{|\boldsymbol{j}|} = (g_l\boldsymbol{l} \cdot \boldsymbol{j} + g_s\boldsymbol{s} \cdot \boldsymbol{j})\,\mu_B\frac{\boldsymbol{j}}{|\boldsymbol{j}|^2}\,. \tag{8.38}$$

---

[3] W. Greiner : *Mécanique Quantique – Une Introduction* (Springer, Berlin, Heidelberg 1999).

En y reportant $j = l + s$ et $l \cdot s = (1/2)(j^2 - l^2 - s^2)$, après multiplication des facteurs on obtient

$$\boldsymbol{\mu}_p = \frac{1}{2} \left((g_l - g_s)\boldsymbol{l}^2 + (g_s - g_l)\boldsymbol{s}^2 + (g_l + g_s)\boldsymbol{j}^2 \right) \mu_{\mathrm{B}} \frac{\boldsymbol{j}}{|\boldsymbol{j}|^2} \ . \tag{8.39}$$

Pour un état électronique de l'atome donné, $\boldsymbol{l}^2$, $\boldsymbol{s}^2$ et $\boldsymbol{j}^2$ sont de bons nombres quantiques et nous pouvons remplacer ces quantités par leurs valeurs propres $l(l+1)$, $s(s+1)$ et $j(j+1)$ dans l'équation (8.39) (sans le facteur $\hbar^2$, puisque $\hbar$ a été incorporé dans μ_{B} dès le début). On obtient

$$\boldsymbol{\mu}_p = g\mu_{\mathrm{B}}\boldsymbol{j} \ ,$$
$$g = \left(\frac{3}{2} + \frac{s(s+1) - l(l+1)}{2j(j+1)} \right) \ , \tag{8.40}$$

où l'on a inséré les valeurs $g_l = 1$ et $g_s = 2$ pour les électrons. Le facteur g est le *rapport gyromagnétique* ou *facteur de Landé*.

L'équation (8.40) reste également valable pour le moment magnétique total de tous les électrons, si l'on utilise les grandeurs totales S, L et J correspondantes.

Les valeurs propres de l'énergie d'un dipôle dans un champ magnétique sont

$$E = -\boldsymbol{\mu}_p \cdot \boldsymbol{H} = -g\mu_{\mathrm{B}}Hj_z = -g\mu_{\mathrm{B}}Hm \ ,$$
$$m = -j, -j+1, \dots, +j \tag{8.41}$$

si m sont les composantes de $\boldsymbol{j}$ dans la direction du champ (axe $0z$). Pour un système de N dipôles nous avons la fonction de partition suivante

$$Z(T, H, N) = \sum_{m_1, m_2, \dots, m_N = -j}^{+j} \exp\left(\beta g\mu_{\mathrm{B}}H \sum_{i=1}^{N} m_i \right) \tag{8.42}$$

puisque maintenant pour l'ensemble des N dipôles la somme s'étend sur toutes les orientations possibles m_i. Ici encore la fonction de partition se factorise, comme d'habitude, pour des systèmes n'interagissant pas :

$$Z(T, H, N) = [Z(T, H, 1)]^N \tag{8.43}$$

avec

$$Z(T, H, 1) = \sum_{m=-j}^{+j} \exp(xm) = \sum_{m=-j}^{+j} q^m = q^{-j} \sum_{m=0}^{2j} q^m \tag{8.44}$$

où, pour abréger, nous avons introduit le paramètre caractéristique $x = \beta g\mu_{\mathrm{B}}H$ et $q = \mathrm{e}^x$. La série géométrique dans l'équation (8.44) se calcule immédiatement et fournit le résultat

$$Z(T, H, 1) = \frac{q^{-j} - q^{j+1}}{1 - q} = \frac{\exp(-jx) - \exp[(j+1)x]}{1 - \exp(x)}$$
$$= \frac{\exp[(j+1/2)x] - \exp[-(j+1/2)x]}{\exp(x/2) - \exp(-x/2)} \ . \tag{8.45}$$

En utilisant le sinus hyperbolique, l'équation (8.43) peut se réécrire

$$Z(T, H, N) = \left(\frac{\sinh[\beta g \mu_B H(j + 1/2)]}{\sinh(\beta g \mu_B H/2)} \right)^N . \tag{8.46}$$

Cela donne alors pour l'énergie libre

$$\begin{aligned} F(T, H, N) &= -kT \ln Z(T, H, N) \\ &= -NkT \ln \left(\frac{\sinh[\beta g \mu_B H(j + 1/2)]}{\sinh(\beta g \mu_B H/2)} \right) . \end{aligned} \tag{8.47}$$

En se servant de l'équation (8.27) il est à nouveau simple de calculer le *moment magnétique total moyen* $\langle D_z \rangle$,

$$\begin{aligned} \langle D_z \rangle &= -\frac{\partial}{\partial H} F(T, H, N) \\ &= N g \mu_B \left\{ \left(j + \frac{1}{2} \right) \coth \left[\beta g \mu_B H \left(j + \frac{1}{2} \right) \right] \right. \\ &\left. - \frac{1}{2} \coth \left(\frac{1}{2} \beta g \mu_B H \right) \right\} . \end{aligned} \tag{8.48}$$

Ici pour abréger l'écriture on introduit de façon analogue à la fonction de Langevin, ce que l'on désigne par *fonction de Brillouin* d'ordre j,

$$B_j(y) = \left(1 + \frac{1}{2j} \right) \coth \left[\left(1 + \frac{1}{2j} \right) y \right] - \frac{1}{2j} \coth \left(\frac{y}{2j} \right) . \tag{8.49}$$

Avec cette notation et en tenant compte du fait que $y = \beta g \mu_B H j$, l'équation (8.48) devient

$$\langle D_z \rangle = N g \mu_B j B_j(y) . \tag{8.50}$$

La fonction $B_j(y)$ est représentée pour différentes valeurs de j dans la figure 8.6. Pour $j \to \infty$ on obtient $B_j(y) \to L(y)$, résultat classique, puisqu'un dipôle quantique avec $j \to \infty$ possède à peu près toutes les possibilités continues d'orientation.

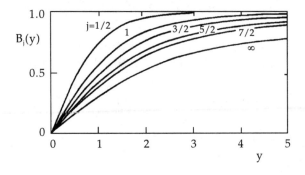

Fig. 8.6. Fonctions de Brillouin

Naturellement les écarts les plus importants se produisent pour $j = 1/2$. Des dipôles pour lesquels $j = 1/2$ s'alignent plus facilement que ceux pour lesquels $j \to \infty$, car pour ces derniers l'agitation thermique ne permet pas si facilement de les dévier de la direction du champ. Le dipôle ne peut en effet être que parallèle ou antiparallèle à la direction du champ. Pour des températures élevées, $y = \beta g \mu_B H j \to 0$, $B_j(y)$ est aussi linéaire :

$$B_j(y) \approx \frac{1}{3}\left(1 + \frac{1}{j}\right)y - \frac{1}{45}\left[\left(\frac{2j+1}{2j}\right)^4 - \left(\frac{1}{2j}\right)^4\right]y^3 + \cdots \qquad (8.51)$$

et la susceptibilité se déduit de

$$\langle D_z \rangle \approx N \frac{g^2 \mu_B^2 j(j+1)}{3kT} H$$

$$\Rightarrow \chi = N \frac{g^2 \mu_B^2 j(j+1)}{3kT} = \frac{C}{T} \, . \qquad (8.52)$$

On retrouve également la limite classique : la loi de Curie reste valable, toutefois avec une constante C différente. Si à la place du moment dipolaire classique μ dans l'équation (8.33) on utilise $\mu = g\mu_B j$, alors dans le cas $j \to \infty$ on retrouve l'équation (8.52). La figure 8.7 illustre la bonne concordance entre cette théorie et l'expérience.

En raison de sa signification particulière, examinons encore une fois le cas $j = 1/2$ plus en détail. Avec $g = 2$ le dipôle n'a alors que deux valeurs possibles

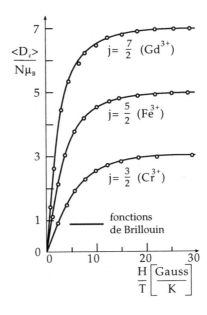

Fig. 8.7. Moment dipolaire : comparaison entre le calcul et l'expérience

pour l'énergie :

$$E = -g\mu_B Hm , \qquad m = -\frac{1}{2} , +\frac{1}{2} ,$$

$$E = \begin{cases} +\varepsilon , & m = -1/2 , \\ -\varepsilon, & m = +1/2 , \end{cases} \tag{8.53}$$

avec $\varepsilon = \mu_B H$. La fonction de partition à une particule est simplement

$$\begin{aligned} Z(T, H, 1) &= \sum_{m=-1/2}^{+1/2} \exp(-\beta E) \\ &= \exp(\beta\varepsilon) + \exp(-\beta\varepsilon) \\ &= 2\cosh(\beta\varepsilon) . \end{aligned} \tag{8.54}$$

On constate que la fonction de partition à N particules s'écrit de nouveau sous la forme $Z(T, H, N) = [Z(T, H, 1)]^N$. Ce qui donne pour l'énergie libre

$$F(T, H, N) = -NkT \ln[2\cosh(\beta\varepsilon)] . \tag{8.55}$$

Ce résultat est un cas particulier des équations (8.45–47) pour $j = 1/2$, si l'on tient compte des théorèmes d'additivité des fonctions hyperboliques. L'équation (8.55) fournit les résultats thermodynamiques suivants

$$S(T, H, N) = -\left.\frac{\partial F}{\partial T}\right|_{H,N} = Nk\big[\ln[2\cosh(\beta\varepsilon)] - \beta\varepsilon \tanh(\beta\varepsilon) \big] , \tag{8.56}$$

$$U = F + TS = -N\varepsilon \tanh(\beta\varepsilon) , \tag{8.57}$$

$$\langle D_z \rangle = -\left.\frac{\partial F}{\partial H}\right|_{T,N} = N\mu_B \tanh(\beta\varepsilon) , \tag{8.58}$$

$$C_H = \left.\frac{\partial U}{\partial T}\right|_{H} = Nk(\beta\varepsilon)^2 \cosh^{-2}(\beta\varepsilon) . \tag{8.59}$$

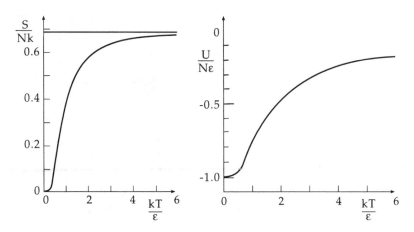

Fig. 8.8. Entropie et énergie interne d'un système de dipôles pour lesquels $|s| = 1/2$

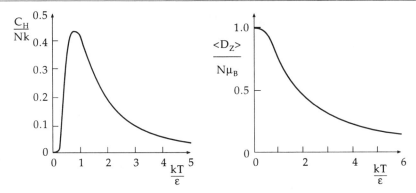

Fig. 8.9. Capacité thermique et moment magnétique total pour un système de dipôles pour lequel $|s| = 1/2$

Ces quantités sont représentées en fonction de $1/\beta\varepsilon = kT/\varepsilon$ dans les figure 8.8 et 8.9. L'entropie s'annule lorsque $T \to 0$, puisqu'un seul état est accessible à l'ensemble du système (alignement total, $\Omega = 1$). Cela se vérifie directement sur l'équation (8.56). Pour $T \to \infty$ il y a deux états accessibles pour chaque dipôle ($\uparrow, \downarrow$) ; nous avons donc $\Omega = 2^N$ et l'entropie S/Nk tend vers la valeur $\ln 2$. Cela se vérifie immédiatement sur l'équation (8.56). Comme on peut le voir, l'entropie est une grandeur remarquable en mécanique quantique.

A $T = 0$ l'énergie interne a exactement la valeur $U = -N\varepsilon$ puisque tous les dipôles sont alignés. L'équation (8.59) permet de voir que pour $T = 0$ ($x \to \infty$) la capacité thermique tend vers zéro comme $x^2 e^{-2x}$. Cela signifie qu'à $T = 0$ le système n'absorbe plus aucune énergie. Ou exprimé différemment, aucun dipôle ne peut être écarté de l'alignement général de tous les dipôles tant que $\beta\varepsilon \gg 1$.

Pour $T \to \infty$, U tend vers zéro (orientation aléatoire de tous les dipôles). La encore le système ne peut absorber des quantités arbitraires d'énergie (voir (8.59)).

Ce comportement révèle une différence fondamentale avec le traitement classique du paramagnétisme. Dans le cas classique nous avions $C_H \to 0$ pour $T \to \infty$, puisqu'à températures élevées $U = $ constante $= 0$. Ceci reste vrai dans le cas quantique. Toutefois, pour de faibles températures le système classique possède une capacité thermique constante $C_H \approx Nk$; les dipôles classiques peuvent absorber de faibles quantités d'énergie thermique kT. Les dipôles quantiques, cependant, ne peuvent être excités qu'avec une probabilité extrêmement faible par des énergies thermiques $kT \ll \varepsilon$; c'est-à-dire, $C_H \to 0$ pour $T \to 0$, ainsi que nous l'avons démontré plus haut.

C'est de nouveau un exemple du fait que des systèmes quantiques avec un spectre discret vérifient $C \to 0$ lorsque $T \to 0$. La capacité thermique passe donc par un maximum qui se situe approximativement en $\varepsilon \approx kT$. Une telle capacité thermique d'expression générale

$$C = Nk \left(\frac{\Delta}{kT} \right)^2 \exp\left(\frac{\Delta}{kT} \right) \left[1 + \exp\left(\frac{\Delta}{kT} \right) \right]^{-2} \tag{8.60}$$

est caractéristique des systèmes à deux niveaux avec une bande interdite de largeur $\Delta = 2\varepsilon$. On la désigne sous le nom de *capacité thermique de Schottky* et son importance résulte du fait que de nombreux systèmes se traitent comme des systèmes à deux niveaux.

8.3 Températures négatives dans les systèmes à deux niveaux

L'exemple d'un système paramagnétique avec $j = 1/2$ (système à deux niveaux) nous permet de discuter d'une extension possible de la notion de température. Chacune des N particules du système peut prendre deux valeurs possibles de l'énergie, $\pm\varepsilon$. Soit N_+ le nombre de particules d'énergie $+\varepsilon$ et N_- celles d'énergie $-\varepsilon$. On a évidemment

$$N = N_+ + N_- \, . \tag{8.61}$$

L'énergie totale du système vaut

$$E = (N_+ - N_-)\, \varepsilon \, . \tag{8.62}$$

On peut tirer les expressions de N_+ et N_- des équations (8.61) et (8.62)

$$N_+ = \frac{1}{2}\left(N + \frac{E}{\varepsilon}\right) \, ,$$
$$N_- = \frac{1}{2}\left(N - \frac{E}{\varepsilon}\right) \, . \tag{8.63}$$

Le nombre Ω d'états accessibles pour un système d'énergie E donnée et possédant N particules (microcanonique) est

$$\Omega(E, N) = \frac{N!}{N_+! N_-!} = \frac{N!}{[1/2\,(N + E/\varepsilon)]!\,[1/2\,(N - E/\varepsilon)]!} \, . \tag{8.64}$$

Il y a, en effet, exactement $N!$ façons différentes de dénombrer les particules, où cependant les permutations des particules dans l'état $+\varepsilon$ ($N_+!$) ne changent pas la situation (ainsi que les permutations des particules dans l'état $-\varepsilon$ ($N_-!$)). L'équation (8.64) permet de calculer l'entropie du système,

$$S(E, N) = kN \ln N - k\frac{1}{2}\left(N + \frac{E}{\varepsilon}\right) \ln\left[\frac{1}{2}\left(N + \frac{E}{\varepsilon}\right)\right]$$
$$- k\frac{1}{2}\left(N - \frac{E}{\varepsilon}\right) \ln\left[\frac{1}{2}\left(N - \frac{E}{\varepsilon}\right)\right] \tag{8.65}$$

où nous avons de nouveau utilisé la formule de Stirling puisque $N_+, N_- \gg 1$. L'équation (8.65) donne pour la température

$$\frac{1}{T} = \beta k = \left.\frac{\partial S}{\partial E}\right|_N = \frac{k}{2\varepsilon} \ln\left(\frac{N - E/\varepsilon}{N + E/\varepsilon}\right) \, . \tag{8.66}$$

Tant que $E < 0$; c'est-à-dire, qu'il y a plus de particules dans le niveau bas $-\varepsilon$, nous aurons $T > 0$ comme d'habitude. Si l'on choisit la température pour variable, alors pour $T \to \infty$ les particules se répartissent de manière égale entre les niveaux haut et bas ($N_+ = N_- \Rightarrow E = 0$).

De cette façon nous ne sommes donc pas amenés à une situation nouvelle. Cependant il est possible d'exciter les particules d'un tel système par des mécanismes spéciaux de telle sorte que le niveau haut $+\varepsilon$ soit plus occupé que le niveau bas. Dans les lasers ce mécanisme se nomme pompage ; on peut par exemple le faire optiquement en utilisant le rayonnement lumineux. Une condition nécessaire, cependant, dans ce cas est que les particules restent suffisamment longtemps sur le niveau haut (niveau métastable) ; sinon une occupation élevée $N_+ \gg N_-$ ne pourra pas être atteinte. Un état pour lequel $N_+ \gg N_-$ se nomme inversion (également inversion de population). Puisque $E = (N_+ - N_-)\varepsilon > 0$, à une inversion de population correspondra une température négative d'après l'équation (8.66)!

Pour mieux le comprendre, traçons $S/(Nk)$ d'après l'équation (8.65) en fonction de $E/(N\varepsilon)$ (figure 8.10). Pour $E/(N\varepsilon) = -1$ toutes les particules sont dans le niveau bas. La pente $\beta \propto \partial S/\partial E$ est infinie et $T = 0$.

Dans le cas d'une répartition égale entre les niveaux haut et bas ($N_+ = N_-$), nous avons $E/(N\varepsilon) = 0$ et la pente $\beta = 0$. En ce point la température passe soudainement de $+\infty$ à $-\infty$, dès qu'il y a légèrement plus de particules sur le niveau haut que bas. Enfin si toutes les particules se trouvent sur le niveau haut (pompage!), on a $E/(N\varepsilon) = 1$ et de nouveau $T = 0$.

Il est donc raisonnable de décrire par une température négative un état inversé dans un tel système. De tels états inversés n'ont pas seulement de l'importance pour les lasers ; des substances possédant un moment magnétique nucléaire peuvent également subir une inversion de population. Pour ce faire, il suffit d'aligner autant de dipôles que possible par un champ magnétique élevé à des températures pas trop élevées.

Si maintenant on inverse brusquement l'orientation du champ, presque toutes les particules vont se trouver dans la «mauvaise» orientation (inversion). Elles vont évidemment après un certain temps de relaxation se remettre suivant la «bonne» orientation, mais pendant ce temps on peut leur faire correspondre une température négative.

Pratiquement cela s'observe pour le fluorure de lithium (Purcell et Pound 1951). Les spins nucléaires sont alignés par un champ magnétique intense. Un équilibre thermique des spins entre eux est atteint au bout d'un temps de relaxation τ_1, qui est de l'ordre de 10^{-5} s. Si maintenant on inverse brusquement le champ, on a un état inversé, dans lequel les spins sont effectivement en équilibre entre eux au bout de 10^{-5} s. Il est alors raisonnable de faire correspondre une température négative aux spins dans cet état. Il faut faire attention au fait que tout le cristal de LiF se trouve encore à la température du laboratoire, seul le système des spins est influencé par l'inversion du champ. Le temps de relaxation nécessaire à l'obtention de l'équilibre thermique entre les spins et le réseau cristallin est alors très grand, $\tau_2 \approx 5$ min. Par conséquent, pendant le temps τ_2 il est possible de déterminer la température négative du système de spins par le moment magnétique nucléaire négatif. Ce n'est que 5 minutes plus tard que le système se retrouve en équilibre à la température du laboratoire.

Remarquons enfin que ce n'est que pour des systèmes possédant une borne supérieure de l'énergie que des températures négatives peuvent être raisonnablement définies. Ce n'est qu'alors que la courbe $S(E)$ se comporte comme à la

Fig. 8.10. Au sujet des températures négatives

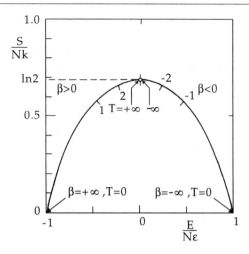

figure 8.10, avec une région $\beta \propto \partial S / \partial E < 0$. Si l'énergie peut s'accroître indéfiniment, alors en général l'entropie augmente toujours plus (nombre d'états).

8.4 Gaz possédant des degrés de liberté internes

Dans notre étude du gaz parfait nous avons considéré qu'il était constitué de particules massiques ponctuelles. Ceci est une approximation qui n'est raisonnable que pour des gaz rares monoatomiques. La plupart des gaz au contraire sont constitués de molécules pouvant avoir des mouvements internes (rotations, vibrations, etc.). Déterminons à présent leurs influences sur les propriétés thermodynamiques.

Dans la plupart des cas on peut admettre avec une bonne approximation que les degrés de liberté individuels d'une molécule sont indépendants les uns des autres. Ecrivons le hamiltonien d'une molécule unique sous la forme

$$H = H_{\text{trans}}(\boldsymbol{R}, \boldsymbol{P}) + H_{\text{rot}}(\phi_i, p_{\phi_i}) + H_{\text{vib}}(q_j, p_j) . \tag{8.67}$$

Le premier terme H_{trans} décrit la translation du centre de masse $\boldsymbol{R}$ de la molécule, le second terme correspond à l'énergie de rotation, qui dépend des angles d'Euler $\phi_i = (\theta, \phi, \psi)$ et des moments d'inertie correspondants. Enfin, H_{vib} est l'énergie de vibration de la molécule, qui est décrite par les coordonnées généralisées q_j des modes normaux de vibration et les moments généralisés correspondants. Dans l'équation (8.67) on néglige les interactions entre degrés de liberté ($H_{\text{rot vib}}$) qui résultent par exemple de la modification des moments d'inertie due aux vibrations. L'avantage de l'équation (8.67) réside dans le fait que la fonction de partition à une particule se factorise comme dans le cas de particules d'interactions négligeables :

$$Z(T, V, 1) = \frac{1}{h^3} \int d^3 R \int d^3 P \frac{1}{h^3} \int d^3 \phi \int d^3 p_\phi \frac{1}{h^f} \int d^f q$$

$$\times \int d^f p \exp\left[-\beta \left(H_{\text{trans}} + H_{\text{rot}} + H_{\text{vib}}\right)\right]$$

$$= Z_{\text{trans}} Z_{\text{rot}} Z_{\text{vib}} \tag{8.68}$$

avec

$$Z_{\text{trans}} = \frac{1}{h^3} \int d^3 R \int d^3 P \exp\left(-\beta H_{\text{trans}}\right) , \tag{8.69}$$

$$Z_{\text{rot}} = \frac{1}{h^3} \int d^3 \phi \int d^3 p_\phi \exp\left(-\beta H_{\text{rot}}\right) , \tag{8.70}$$

$$Z_{\text{vib}} = \frac{1}{h^f} \int d^f q \int d^f p \exp\left(-\beta H_{\text{vib}}\right) . \tag{8.71}$$

La fonction de partition d'un gaz à N molécules en résulte

$$Z(T, V, N) = \frac{1}{N!} [Z(T, V, 1)]^N = \frac{1}{N!} Z_{\text{trans}}^N Z_{\text{rot}}^N Z_{\text{vib}}^N . \tag{8.72}$$

Pour $N \gg 1$ l'énergie libre du gaz s'écrit

$$F(T, V, N) = -kT \ln[Z(T, V, N)]$$

$$= -NkT \left[\ln\left(\frac{Z_{\text{trans}}}{N}\right) + 1\right] - NkT \ln Z_{\text{rot}} - NkT \ln Z_{\text{vib}}$$

$$= F_{\text{trans}} + F_{\text{rot}} + F_{\text{vib}} . \tag{8.73}$$

Remarque : l'énergie libre de translation vaut

$$F(T, V, N) = -kT \ln[Z_{\text{trans}}(T, V, N)] = -kT \ln\left(\frac{1}{N!} Z_{\text{trans}}(T, V, 1)^N\right)$$

$$= -NkT \left(\ln \frac{Z_{\text{trans}}(T, V, 1)}{N} + 1\right) .$$

L'énergie libre totale est simplement la somme des contributions des degrés de liberté individuels. La même chose reste évidemment vraie pour toute grandeur d'état extensive. Avec

$$H_{\text{trans}} = \frac{\boldsymbol{P}^2}{2M} \tag{8.74}$$

la translation donne pour la fonction de partition du gaz parfait,

$$Z_{\text{trans}} = V \left(\frac{2\pi MkT}{h^2}\right)^{3/2} . \tag{8.75}$$

Fig. 8.11. Angles d'Euler

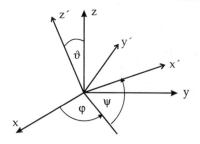

La contribution F_{trans} est donc identique à l'énergie libre du gaz parfait. Le lagrangien d'une toupie symétrique de moments d'inertie I_1, I_2 et I_3 s'exprime à l'aide des angles d'Euler, d'après la figure 8.11,

$$L_{\text{rot}} = \frac{I_1}{2}(\dot{\theta}^2 + \dot{\phi}^2 \sin^2 \theta) + \frac{I_3}{2}(\dot{\psi} + \dot{\phi} \cos \theta)^2 \ . \tag{8.76}$$

En exprimant les dérivées par rapport au temps des angles d'Euler en fonctions des moments canoniques correspondants, $p_{\phi_i} = \partial L / \partial \phi_i$, le hamiltonien s'écrit alors

$$H_{\text{rot}} = \frac{p_\theta^2}{2I_1} + \frac{p_\psi^2}{2I_3} + \frac{(p_\phi - p_\psi \cos \theta)^2}{2I_1 \sin^2 \theta} \ . \tag{8.77}$$

Les angles θ, ϕ et ψ sont dans les intervalles $\theta \in [0, \pi]$, $\phi \in [0, 2\pi]$ et $\psi \in [0, 2\pi]$. L'angle ψ décrit ici la rotation autour de l'axe de symétrie z' du gyroscope (toupie)[4]. On obtient alors pour la fonction de partition

$$Z_{\text{rot}} = \frac{1}{h^3} \int \mathrm{d}\theta \, \mathrm{d}\phi \, \mathrm{d}\psi \int_{-\infty}^{+\infty} \mathrm{d}p_\theta \, \mathrm{d}p_\phi \, \mathrm{d}p_\psi$$

$$\times \exp\left[-\beta\left(\frac{p_\theta^2}{2I_1} + \frac{p_\psi^2}{2I_3} + \frac{(p_\phi - p_\psi \cos \theta)^2}{2I_1 \sin^2 \theta}\right)\right] \ . \tag{8.78}$$

À première vue ces intégrales paraissent un peu compliquées, mais elles sont faciles à déterminer. En premier lieu, la fonction à intégrer ne dépend ni de ϕ ni de ψ, l'intégration sur ces variables fournit donc simplement le facteur $(2\pi)^2$. L'intégrale en p_θ est une intégrale gaussienne qui vaut $\sqrt{2\pi I_1 / \beta}$ et il reste

$$Z_{\text{rot}} = \frac{(2\pi)^2}{h^3} \sqrt{\frac{2\pi I_1}{\beta}} \int_0^\pi \mathrm{d}\theta \int_{-\infty}^{+\infty} \mathrm{d}p_\psi \exp\left(-\beta \frac{p_\psi^2}{2I_3}\right)$$

$$\times \int_{-\infty}^{+\infty} \mathrm{d}p_\phi \exp\left(-\beta \frac{(p_\phi - p_\psi \cos \theta)^2}{2I_1 \sin^2 \theta}\right) \ . \tag{8.79}$$

---

[4] W. Greiner, B. Müller : *Mécanique Quantique – Symétries* (Springer, Berlin, Heidelberg 1999).

La dernière intégrale est de nouveau gaussienne mais avec une translation d'origine et on obtient

$$Z_{\text{rot}} = \frac{(2\pi)^2}{h^3} \sqrt{\frac{2\pi I_1}{\beta}} \int\limits_0^\pi \mathrm{d}\theta \int\limits_{-\infty}^{+\infty} \mathrm{d}p_\psi \exp\left(-\beta \frac{p_\psi^2}{2I_3}\right) \sqrt{\frac{2\pi I_1}{\beta}} \sin\theta . \qquad (8.80)$$

Les deux dernières intégrales se factorisent et donnent avec $\hbar = h/2\pi$:

$$Z_{\text{rot}} = \frac{1}{\pi\hbar^3} \sqrt{\frac{2\pi I_1}{\beta}} \sqrt{\frac{2\pi I_1}{\beta}} \sqrt{\frac{2\pi I_3}{\beta}} . \qquad (8.81)$$

La fonction de partition a une forme analogue à celle pour la translation ; cependant, à présent il faut remplacer $V^{1/3}\sqrt{2\pi MkT/h^2}$ par $\pi^{-1/3}\sqrt{2\pi IkT/\hbar^2}$. Remarquons que l'équation (8.81) est également sans dimension, puisque les moments d'inertie ont pour dimensions [masse] $\times$ [longueur]^2.

Un cas particulièrement intéressant est celui des molécules à deux atomes comme HCl, H$_2$, O$_2$, N$_2$, etc. (voir figure 8.12). Pour ces molécules le moment d'inertie I_3 autour de l'axe de symétrie est très faible. On ne peut cependant simplement poser $I_3 = 0$ dans l'équation (8.81) sinon Z_{rot} s'annulerait identiquement. La raison en est que pour passer de l'équation (8.76) à (8.77) nous avons divisé par I_3. Nous devons donc éliminer le degré de liberté ψ dans le lagrangien. Cela donne

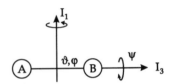

Fig. 8.12. Molécule à deux atomes

$$H'_{\text{rot}} = \frac{p_\theta^2}{2I_1} + \frac{p_\phi^2}{2I_1 \sin^2\theta} . \qquad (8.82)$$

Il faut donc refaire le calcul depuis le début. Nous trouvons que la dernière racine carrée dans l'équation (8.81), qui correspond à la rotation ψ, s'élimine :

$$Z'_{\text{rot}} = \frac{2I_1 kT}{\hbar^2} . \qquad (8.83)$$

Pour des molécules diatomiques constituées d'atomes identiques une autre particularité doit être prise en compte. Si l'on tourne une telle molécule (N$_2$, O$_2$, etc.) de $\phi = \pi$, on se retrouve dans la situation initiale, puisque les deux atomes sont indiscernables. Cela signifie que l'angle ϕ ne varie pas de 0 à 2π, mais seulement de 0 à π, puisque tous les angles $\phi > \pi$ conduisent à un état microscopique qui a déjà été pris en compte. Puisque l'intégrale $\int \mathrm{d}\phi$ contribue simplement pour un facteur 2π, dans l'équation (8.83) le facteur 2 disparaîtra pour des molécules homonucléaires. Il s'agit d'un problème absolument analogue à celui du facteur de Gibbs et il ne peut être expliqué en mécanique classique.

L'énergie libre de rotation des molécules diatomiques s'écrit alors

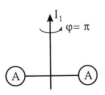

Fig. 8.13. Molécule homonucléaire

$$F'_{\text{rot}} = -NkT \ln Z'_{\text{rot}} = -NkT \ln\left(\frac{\phi_{\text{max}} I_1 kT}{\pi\hbar^2}\right) \qquad (8.84)$$

où en général $\phi_{max} = 2\pi$ et où dans le cas des molécules homonucléaires $\phi_{max} = \pi$. L'entropie devient

$$S'_{rot} = -\left.\frac{\partial F'_{rot}}{\partial T}\right|_N = Nk\left[\ln\left(\frac{\phi_{max}I_1 kT}{\pi\hbar^2}\right) + 1\right] \tag{8.85}$$

et la contribution à l'énergie interne vaut

$$U'_{rot} = F'_{rot} + TS'_{rot} = NkT \ . \tag{8.86}$$

Pour des gaz polyatomiques il faudra utiliser la fonction de partition globale (8.81),

$$F_{rot} = -NkT \ln Z_{rot} = -NkT \ln\left(\frac{1}{\pi}\sqrt{\frac{2\pi I_1}{\hbar^2}}\sqrt{\frac{2\pi I_1}{\hbar^2}}\sqrt{\frac{2\pi I_3}{\hbar^2}}(kT)^{3/2}\right) \ , \tag{8.87}$$

$$S_{rot} = -\frac{\partial F_{rot}}{\partial T} = Nk\left[\ln\left(\frac{1}{\pi}\sqrt{\frac{2\pi I_1}{\hbar^2}}\sqrt{\frac{2\pi I_1}{\hbar^2}}\sqrt{\frac{2\pi I_3}{\hbar^2}}(kT)^{3/2}\right) + \frac{3}{2}\right] \ , \tag{8.88}$$

$$U_{rot} = F_{rot} + TS_{rot} = \frac{3}{2}NkT \ . \tag{8.89}$$

L'énergie interne totale résulte de la somme des contributions du gaz parfait $U_{ideal} = 3/2\,NkT$ et de celle des rotations (8.86) ou (8.89). Pour des gaz diatomiques on obtient

$$U' = \frac{3}{2}NkT + NkT = \frac{5}{2}NkT \quad \text{et} \quad C'_V = \frac{5}{2}Nk \tag{8.90}$$

et pour des gaz avec plus d'atoms

$$U = \frac{3}{2}NkT + \frac{3}{2}NkT = 3NkT \quad \text{et} \quad C_V = 3Nk \ . \tag{8.91}$$

Avec la valeur de la constante des gaz parfaits $R = N_A k$, les équations (8.90) et (8.91) permettent de calculer les capacités thermiques molaires. Le table 8.1 fournit une comparaison entre les valeurs théoriques et expérimentales. Nous y avons également reporté le nombre de degrés de liberté des molécules. La validité du théorème d'équipartition est remarquablement confirmée. Ce dernier attribue la quantité $kT/2$ comme contribution à l'énergie interne totale par particule pour chaque degré de liberté et la quantité $k/2$ correspondante comme contribution à la capacité thermique.

Dans tous les cas, la relation déduite précédemment $C_p = C_V + R$ pour les capacités thermiques molaires reste vraie.

Examinons à présent quels changements il faut apporter à nos résultats si la rotation des molécules n'est plus traitée de manière classique, mais de manière quantique. Puisque la théorie quantique des gyroscopes est très complexe dans

Table 8.1. Capacités thermiques de gaz à $T = 20\,°C$ extrapolées au pressions faibles $(p \to 0)$

gaz	nombre de degrés de liberté			C_V^{exp}	C_V^{theo}
	trans	rot	total	$(J\,K^{-1}\,mol^{-1})$	$(J\,K^{-1}\,mol^{-1})$
He	3	0	3	12,6	12,47
Ar	3	0	3	12,4	12,47
O_2	3	2	5	21,0	20,78
N_2	3	2	5	20,7	20,78
H_2	3	2	5	20,2	20,78
NH_3	3	3	6	25,1	27,35
H_2O_{vap}	3	3	6	26,5	25,81

le cas général, nous nous restreindrons à une toupie simple avec trois moments d'inertie identiques (I, I, I). L'opérateur hamiltonien d'une telle toupie vaut

$$\hat{H}_{rot} - \frac{\hat{L}^2}{2I} \,. \tag{8.92}$$

Il permet d'obtenir les changements qualitatifs essentiels par rapport au cas classique. Les valeurs propres de $\hat{H}_{rot}$ sont identiques à celles de l'opérateur du moment cinétique,

$$\varepsilon_{l,m} = \frac{l(l+1)\hbar^2}{2I} \,, \quad l = 0, 1, 2, \ldots, \quad m = -l, -l+1, \ldots, +l \,. \tag{8.93}$$

Les énergies $\varepsilon_{l,m}$ sont dégénérées vis-à-vis de la projection m, puisque pour un gyroscope sphérique l'orientation de l'axe de rotation n'a aucune importance. La fonction de partition vaut :

$$Z_{rot} = \sum_{l=0}^{\infty} \sum_{m=-l}^{+l} \exp\left(-\beta\varepsilon_{l,m}\right) = \sum_{l=0}^{\infty} (2l+1) \exp\left(-\beta\frac{l(l+1)\hbar^2}{2I}\right) \,. \tag{8.94}$$

L'équation (8.94) ne fournit pas d'expression réduite, mais pour des températures élevées $(T \to \infty)$ aussi bien que pour des températures faibles $(T \to 0)$, on peut obtenir de bonnes approximations. On peut effectuer un développement limité systématique de l'équation (8.94) pour des T élevées en utilisant la formule d'Euler–MacLaurin, qui sert au calcul numérique des intégrales. La formule de sommation d'Euler–MacLaurin s'écrit :

$$\int_a^b f(x)\mathrm{d}x = h\left(\frac{1}{2}f(x_0) + \sum_{\nu=1}^{N-1} f(x_\nu) + \frac{1}{2}f(x_N)\right)$$

$$+ \sum_{j=1}^{N-1} \frac{B_{2j}}{(2j)!} h^{2j}\left(f^{(2j-1)}(x_0) - f^{(2j-1)}(x_N)\right) + R \tag{8.95}$$

où $x_0 = a$, $x_N = b$, $h = (b - a)/N$, $x_j = a + jh$. Les B_{2j} sont les nombres de Bernoulli. Appliquons maintenant cette équation à la fonction

$$f(x) = (2x + 1)\,e^{-(\Theta/T)\,x(x+1)}$$

ou $\Theta = \hbar^2/2Ik$. Avec $a = 0$, $b = 0$, $h = 1$ on obtient

$$\int_0^\infty f(x)\,dx = \frac{1}{2} f(0) + \sum_{l=0}^\infty f(l) + \sum_{j=1}^\infty \frac{B_{2j}}{(2j)!} f^{(2j-1)}(0)$$

ou

$$\sum_{l=0}^\infty f(l) = \int_0^\infty f(x)\,dx + \frac{1}{2} f(0) - \frac{1}{12} f'(0) + \frac{1}{720} f'''(0) - + \cdots . \tag{8.96}$$

Le premier terme de l'équation (8.95) devient

$$\int_0^\infty f(x)\,dx = \int_0^\infty (2x+1) \exp\left(-\frac{\Theta}{T} x(x+1)\right) dx$$

$$= \int_0^\infty \exp\left(-\frac{\Theta}{T} y\right) dy = \frac{T}{\Theta} \tag{8.97}$$

où nous avons effectué la substitution $x(x+1) = y$. Les termes suivants sont

$$f(0) = 1 , \tag{8.98}$$

$$f'(0) = 2 - \frac{\Theta}{T} , \tag{8.99}$$

$$f'''(0) = -12\frac{\Theta}{T} + 12\left(\frac{\Theta}{T}\right)^2 - \left(\frac{\Theta}{T}\right)^3 , \tag{8.100}$$

$$f^{(5)}(0) = 120\left(\frac{\Theta}{T}\right)^2 - 180\left(\frac{\Theta}{T}\right)^3 + 30\left(\frac{\Theta}{T}\right)^4 - \left(\frac{\Theta}{T}\right)^5 . \tag{8.101}$$

En reportant cela dans l'équation (8.95) et en ordonnant par rapport aux puissances de Θ/T on obtient

$$Z_{\text{rot}} \approx \frac{T}{\Theta} + \frac{1}{3} + \frac{1}{15}\frac{\Theta}{T} + \frac{4}{315}\left(\frac{\Theta}{T}\right)^2 + \cdots . \tag{8.102}$$

On obtient un développement par rapport aux puissances de Θ/T qui constitue une bonne approximation pour les températures élevées. Pour $T \to \infty$ on retrouve la fonction de partition classique pour les gaz diatomiques (gyroscope symétrique), voir (8.83),

$$Z_{\text{rot}}(T \to \infty) \approx \frac{T}{\Theta} = \frac{2I_1 kT}{\hbar^2} . \tag{8.103}$$

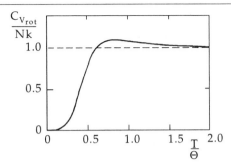

Fig. 8.14. Capacités thermiques des rotations

Dans ce cas, l'énergie thermique moyenne kT est si élevée que le gyroscope possède un nombre quantique orbital l si élevé, que l'écart entre les niveaux discrets d'énergie est très petit par rapport à kT. On peut également étudier facilement l'autre cas limite $T \to 0$. Les termes de la somme dans l'équation (8.94) deviennent alors très petits et il suffit simplement de considérer les premiers termes de la somme :

$$Z_{rot}(T \to 0) \approx 1 + 3 \exp\left(-2\frac{\Theta}{T}\right) + 5 \exp\left(-6\frac{\Theta}{T}\right) + \cdots . \qquad (8.104)$$

De la même façon que dans le cas classique, l'énergie libre et toutes les autres grandeurs thermodynamiques se calculent à partir de la fonction de partition Z_{rot}. La figure 8.14 représente la capacité thermique de rotation (celle ci a été calculée numériquement à partir de l'équation (8.94)). Lorsque $T/\Theta \gg 1/2$ elle tend vers la limite classique, tandis que pour $T/\Theta \approx 1/2$ elle décroît très rapidement.

Pour $T/\Theta \ll 1$, l'équation (8.104) donne

$$C_{V\,rot} \approx 12k \left(\frac{\Theta}{T}\right)^2 \exp\left(-2\frac{\Theta}{T}\right) \qquad (8.105)$$

c'est-à-dire, une décroissance exponentielle.

Nous connaissons déjà un comportement similaire dans un autre système quantique (oscillateurs harmoniques). Il est typique pour des systèmes possédant des spectres discrets d'énergie. Dans la limite des basses températures l'énergie thermique moyenne kT n'est plus suffisante pour exciter les gyroscopes quantiques vers des niveaux d'énergie plus élevés ce qui entraîne une décroissance exponentielle de la capacité calorifique.

Avant de comparer cette affirmation avec l'expérience, calculons également la contribution des vibrations des molécules. Il n'est pas difficile de le faire immédiatement dans le cadre de la mécanique quantique, car chacun des f modes normaux de vibration de la molécule possède exactement le même hamiltonien que l'oscillateur harmonique :

$$\hat{H}_{vib} = \sum_{i=1}^{f} \left(\frac{p_i^2}{2B_i} + \frac{1}{2}B_i\omega_i^2 q_i^2\right) . \qquad (8.106)$$

Les q_i représentent les coordonnées généralisées des modes normaux de vibration (écart par rapport à la position d'équilibre) et les B_i sont les masses correspondantes, que l'on peut calculer à partir de la géométrie des molécules et des masses des atomes concernés.[5] Les fréquences propres ω_i des modes normaux dépendent en plus de la constante de raideur des liaisons de la molécule. Nous n'allons pas faire ici en détail ces calculs pour des molécules particulières, car le comportement qualitatif des capacités thermiques se comprend sans cela.

D'après l'exemple 8.1, la fonction de partition d'un oscillateur quantique de pulsation ω est donnée par

$$Z_{\text{osc}} = \left[2 \sinh \left(\frac{1}{2} \beta \hbar \omega \right) \right]^{-1} . \tag{8.107}$$

Il en résulte pour les modes normaux de vibration la fonction de partition suivante

$$Z_{\text{vib}} = \prod_{i=1}^{f} \left[2 \sinh \left(\frac{1}{2} \beta \hbar \omega_i \right) \right]^{-1} . \tag{8.108}$$

La contribution à l'énergie libre est

$$F_{\text{vib}} = \sum_{i=1}^{f} kT \ln \left[2 \sinh \left(\frac{1}{2} \beta \hbar \omega_i \right) \right] . \tag{8.109}$$

D'après l'équation (8.11) on en déduit pour l'énergie interne

$$U_{\text{vib}} = \sum_{i=1}^{f} \hbar \omega_i \left(\frac{1}{2} + \frac{1}{\exp(\beta \hbar \omega_i) - 1} \right) \tag{8.110}$$

et la capacité thermique vaut (voir. (8.14))

$$C_{V \text{ vib}} = \sum_{i=1}^{f} k (\beta \hbar \omega_i)^2 \frac{\exp(\beta \hbar \omega_i)}{[\exp(\beta \hbar \omega_i) - 1]^2} . \tag{8.111}$$

En particulier pour des molécules diatomiques il n'y a qu'un seul mode normal de vibration, $f = 1$, dans lequel les atomes se déplacent dans des directions exactement opposées le long de l'axe de la molécule. La capacité thermique a alors exactement le comportement présenté dans la figure 8.2.

Cependant, en général, les énergies de vibration $\hbar \omega$ des molécules sont typiquement de l'ordre de grandeur de quelques dixièmes d'électron volt. Ce qui correspond à des températures de quelques milliers de degrés K. Les vibrations moléculaires ne peuvent pas être mises en évidence en dessous de ces températures.

---

[5] W. Greiner, B. Müller : Mécanique Quantique – Symétries (Springer, Berlin, Heidelberg 1999).

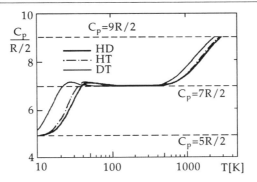

Fig. 8.15. Capacités thermiques C_p de différents isotopes de la molécule d'hydrogène

Au contraire, les énergies de rotations $\hbar^2/2I$ sont typiquement de l'ordre de grandeur de quelques centièmes d'électron volt. À température ambiante $kT \approx 1/40\,\mathrm{eV}$, par conséquent seules les rotations sont importantes, ce qui est bien confirmé par l'expérience. Pour un gaz diatomique on peut donc en déduire le comportement qualitatif suivant de la capacité thermique (à pression constante $C_p = C_V + R$) :

pour des températures très faibles $T \approx 10\,\mathrm{K}$ seul le mouvement de translation est important, à température ambiante les rotations peuvent être excitées, tandis qu'au températures très élevées les vibrations entrent en jeu. Un nombre très restreint de gaz n'est cependant pas liquide à température suffisamment basse et permet ainsi à notre théorie d'être confrontée à l'expérience. De tels cas sont par exemple, H_2 et particulièrement les molécules HD, HT et DT, dans lesquelles un atome d'hydrogène est remplacé par les isotopes deutérium ou tritium.

On peut voir sur la figure 8.15 que non seulement le comportement qualitatif est conforme aux prédictions théoriques, mais que l'influence des différents moments d'inertie des molécules et les différentes pulsations vibratoires ω_i des molécules par ailleurs chimiquement identiques sont confirmées. Ainsi DT a le moment d'inertie I le plus élevé, ce qui entraîne à l'énergie d'excitation la plus faible pour les rotations.

La masse plus grande des isotopes D et T, de manière analogue, entraîne la pulsation ω du mode normal la plus faible en comparaison de HT et DT. Remarquons que du point de vue chimique (c'est-à-dire, vis-à-vis de la configuration électronique), les gaz H_2, HD, HT et DT sont absolument identiques. Pour des températures très élevées $T \approx 5000\,\mathrm{K}$ l'excitation des électrons entre en jeu, entraînant une dissociation des molécules, c'est-à-dire, une ionisation, si bien que les C_p ne peuvent plus être observés expérimentalement.

8.5 Gaz parfait relativiste

Considérons à présent un système souvent utilisé en physique des particules : dans de grands accélérateurs, comme par exemple à la Gesellschaft für Schwerionenforschung (GSI) entre Francfort et Darmstadt et au CERN à Genève, on peut de nos jours accélérer des ions lourds jusqu'à des énergies cinétiques très élevées $E \gg m$, et réaliser des expériences avec eux. Si de telles particules rencontrent une cible, il se produit des collisions avec les noyaux atomiques ralentissant les nucléons, qui prennent à partir du mouvement relatif initial des énergies cinétiques distribuées statistiquement. Cette énergie peut être si grande que l'énergie de liaison des nucléons dans le noyau (quelques MeV)peut être faible en comparaison. On obtient alors, pour de courts instants, un gaz de nucléons qui correspond à une approximation grossière d'un gaz parfait de particules classiques sans interaction. Le hamiltonien d'un tel gaz s'écrit

$$H = \sum_{i=1}^{N} mc^2 \left\{ \left[1 + \left(\frac{\boldsymbol{p}_i^2}{mc} \right)^2 \right]^{1/2} - 1 \right\} . \tag{8.112}$$

Dans cette expression la masse au repos mc^2 des particules a été retranchée, si bien qu'il ne reste que l'énergie cinétique. La fonction de partition totale correspondant à l'équation (8.112) se factorise, comme c'est le cas en général pour des systèmes sans interaction,

$$Z(T, V, N) = \frac{1}{N!} [Z(T, V, 1)]^N \tag{8.113}$$

avec

$$Z(T, V, 1) = \frac{1}{h^3} \int d^3 q \int d^3 p \exp \left\{ -\beta mc^2 \left(\left[1 + \left(\frac{\boldsymbol{p}^2}{2m} \right)^2 \right]^{1/2} - 1 \right) \right\} . \tag{8.114}$$

L'intégrale sur les coordonnées donne simplement le volume du gaz. De plus l'intégrale sur les quantités de mouvement se simplifie en passant aux coordonnées sphériques,

$$Z(T, V, 1) = \frac{4\pi V}{h^3} \exp(\beta mc^2) \int_0^\infty p^2 \, dp \exp \left[-\beta mc^2 \left(1 + \frac{p^2}{2m} \right)^{1/2} \right] . \tag{8.115}$$

Faisons maintenant la substitution qui est utile dans de nombreux problèmes relativistes

$$\frac{p}{mc} = \sinh x , \qquad dp = mc \cosh x \, dx ,$$

$$\left[1 + \left(\frac{p}{mc} \right)^2 \right]^{1/2} = \cosh x . \tag{8.116}$$

Il reste alors à calculer l'expression suivante,

$$Z(T, V, 1) = \frac{4\pi V}{h^3} (mc)^3 e^u \int_0^\infty dx \cosh x \sinh^2 x \exp(-u \cosh x) \tag{8.117}$$

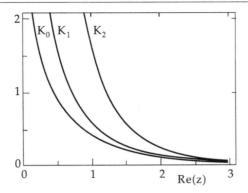

Fig. 8.16. Les fonctions K

dans laquelle nous avons utilisé le paramètre caractéristique $u = \beta mc^2$ pour abréger l'écriture. La quantité u mesure le rapport de l'énergie de repos mc^2 des particules à leur énergie thermique moyenne kT. L'intégrale (8.117) peut se trouver dans des tables. On peut[6] y trouver l'intégrale standard suivante :

$$\int\limits_0^\infty \exp(-u\cosh x)\sinh(\gamma x)\sinh x\,\mathrm{d}x = \frac{\gamma}{u}K_\gamma(u) \qquad (8.118)$$

où $K_\gamma(u)$ est une des *fonctions cylindriques* fréquemment utilisées, que l'on nomme aussi *fonctions de Bessel modifiées* (de seconde espèce d'ordre γ). En général, les fonctions cylindriques sont définies comme solutions de l'équation différentielle

$$z^2\frac{\mathrm{d}^2w}{\mathrm{d}z^2} + z\frac{\mathrm{d}w}{\mathrm{d}z} - \left(z^2 + \gamma^2\right)w = 0 \qquad (8.119)$$

où z peut être aussi complexe. La solution de l'équation (8.119) restant finie pour $z = 0$ est la fonction de Bessel $J_\gamma(z)$, tandis que la fonction de Neumann $N_\gamma(z)$ est la solution singulière. Les combinaisons linéaires $H_\gamma^{(1),(2)}(z) = J_\gamma(z) \pm iN_\gamma(z)$ sont très utiles et on les appelle *fonctions de Hankel de première* et *seconde espèce* respectivement. Les fonctions $K_\gamma(z)$ ne sont alors que des fonctions de Hankel d'arguments imaginaires,

$$K_\gamma(z) = \frac{\pi i}{2}\exp\left(\frac{\pi}{2}\gamma i\right)H_\gamma^{(1)}(iz) . \qquad (8.120)$$

Le comportement essentiel des fonctions K se voit sur la figure 8.16. Ces fonctions décroissent exponentiellement et divergent pour $z \to 0$. Les formes asymptotiques pour des arguments faibles ($z \ll 1$, réel) ou élevés ($z \gg 1$, réel) à peuvent se trouver dans des formulaires.

---

[6] Par exemple : Gradstein-Ryshik, Volume 1, p. 409.

Le développement en série de $K_n(z)$ s'écrit

$$K_n(z) = \frac{1}{2} \sum_{k=0}^{n-1} (-)^k \frac{(n-k-1)!}{k!} \left(\frac{z}{2}\right)^{2k-n}$$

$$+ (-)^{n+1} \sum_{k=0}^{\infty} \frac{1}{k!(n+k)!} \left(\frac{z}{2}\right)^{2k+n}$$

$$\times \left[\ln \frac{z}{2} - \frac{1}{2} \Psi(k+1) - \frac{1}{2} \Psi(n+k+1) \right] . \tag{8.121}$$

La fonction Ψ est la fonction d'Euler bien connue, dérivée logarithmique de la fonction $\Gamma : \Psi(x) = \mathrm{d} \ln[\Gamma(x)]/\mathrm{d}x$. Pour de petits arguments les fonctions K divergent comme $K_n(z) \approx 1/2\,(n-1)!(z/2)^{-1}$, ce que l'on voit sur le développement en série (8.121). Lorsque les arguments sont élevés ces fonctions se comportent comme des fonctions exponentielles modifiées $\propto \mathrm{e}^{-z}$:

$$K_n(z) = \sqrt{\frac{\pi}{2z}} \mathrm{e}^{-z} \left[\sum_{k=0}^{l-1} \frac{\Gamma(n+k+1/2)}{k!\Gamma(n-k+1/2)} (2z)^{-k} \right.$$

$$\left. + \Theta \frac{\Gamma(n+l+1/2)}{n!\Gamma(n-l+1/2)} (2z)^{-l} \right] \tag{8.122}$$

l est un nombre entier correspondant au dernier terme de la série et $\Theta \in [0, 1]$. Le dernier terme correspond à l'estimation de l'erreur dans le développement en série de Laurent. Avec l'identité $\cosh x \sinh x = 1/2 \sinh(2x)$, on trouve pour la fonction de partition (8.117)

$$Z(T, V, 1) = \frac{4\pi V}{h^3} (mc)^3 \mathrm{e}^u \frac{K_2(u)}{u} . \tag{8.123}$$

On peut immédiatement en déduire le cas limite non relativiste avec $u = \beta mc^2 \to \infty$, c'est-à-dire, $mc^2 \gg kT$. Si l'énergie thermique moyenne kT est très petite vis-à-vis de l'énergie au repos mc^2 des particules, d'après l'équation (8.122) on a $K_2(u) \approx \sqrt{\pi/2u}\,\mathrm{e}^{-u}$ et donc

$$Z(T, V, 1) \approx \frac{4\pi V}{h^3} (mc)^3 \left(\frac{1}{\beta mc^2}\right)^{3/2} \sqrt{\frac{\pi}{2}} = V \left(\frac{2\pi mkT}{h^2}\right)^{3/2} \tag{8.124}$$

ce qui correspond au résultat non relativiste. De façon analogue pour des températures très élevées $u = \beta mc^2 \ll 1$, à l'aide de l'équation (8.121) l'équation (8.123) donne, $K_2(u) \approx 2/u^2$, ainsi que $\mathrm{e}^u \approx 1$:

$$Z(T, V, 1) \approx \frac{8\pi V}{h^3} (mc)^3 \left(\frac{1}{\beta mc^2}\right)^3 = 8\pi V \left(\frac{kT}{hc}\right)^3 . \tag{8.125}$$

C'est exactement la fonction de partition du gaz parfait ultrarelativiste, qui est obtenue ici dans la limite $kT \gg mc^2$ – températures élevées, ou masse au repos faible. D'après l'équation (8.113), la fonction de partition totale vaut

$$Z(T, V, N) = \frac{1}{N!} \left[4\pi V \left(\frac{mc}{h} \right)^3 \exp(\beta mc^2) \frac{K_2(\beta mc^2)}{\beta mc^2} \right]^N . \qquad (8.126)$$

On peut s'en servir pour calculer l'énergie libre, où comme d'habitude on suppose que $N \gg 1$ et $\ln N! \approx N \ln N - N$, si bien que

$$\begin{aligned}
F(T, V, N) &= -kT \ln Z(T, V, N) \\
&= -NkT \left[\ln \left(4\pi \frac{V}{N} \left(\frac{mc}{h} \right)^3 \frac{K_2(u)}{u} e^u \right) + 1 \right] \qquad (8.127) \\
&= -NkT \left[\ln \left(4\pi \frac{V}{N} \left(\frac{mc}{h} \right)^3 \frac{K_2(\beta mc^2)}{\beta mc^2} \right) + 1 \right] - Nmc^2 .
\end{aligned}$$

Pour la pression on obtient

$$p(T, V, N) = - \left. \frac{\partial F}{\partial V} \right|_{T, N} = \frac{NkT}{V} \qquad (8.128)$$

c'est-à-dire, l'équation du gaz parfait est également valable pour le gaz parfait relativiste. On peut aussi facilement calculer le potentiel chimique,

$$\mu(T, V, N) = \left. \frac{\partial F}{\partial N} \right|_{T, V} = -kT \ln \left(4\pi \frac{V}{N} \left(\frac{mc}{h} \right)^3 \frac{K_2(\beta mc^2)}{\beta mc^2} \right) - mc^2 . \qquad (8.129)$$

Ajoutons ici une courte remarque. Puisque dans l'équation (8.112) nous avons explicitement retranché la masse au repos des particules, il apparaît dans l'équation (8.123) le facteur $e^u = \exp(\beta mc^2)$. Ce qui signifie que l'on retranche la masse au repos Nmc^2 de toutes les particules dans l'énergie libre (8.127), il ne reste alors que l'énergie cinétique de ces particules. Pour la même raison le terme mc^2 apparaît dans l'équation (8.129). Cela a pour avantage que l'on retrouve les résultats non relativistes dans la limite $T \to 0$.

Mais on peut aussi supprimer le facteur e^u. Cela signifierait que toutes les énergies tiennent compte de la contribution des masses au repos des particules. Le terme $-mc^2$ disparaîtrait alors dans l'équation (8.129) et le potentiel chimique augmenterait exactement de cette valeur. Dans une approche rigoureusement relativiste cela est évidemment raisonnable, puisque l'énergie minimale requise pour ajouter une autre particule au système en équilibre (potentiel chimique) est simplement la masse au repos de la particule.

L'entropie du gaz parfait relativiste est un peu plus difficile à calculer. Nous avons

$$\begin{aligned}
S(T, V, N) &= - \left. \frac{\partial F}{\partial T} \right|_{N, V} = Nk \left[\ln \left(4\pi \frac{V}{N} \left(\frac{mc}{h} \right)^3 \frac{K_2(\beta mc^2)}{\beta mc^2} \right) + 1 \right] \\
&\quad + NkT \left[\frac{u}{K_2(u)} \left(\frac{K_2'(u)}{u} - \frac{K_2(u)}{u^2} \right) \frac{du}{dT} \right]
\end{aligned}$$
$$\qquad (8.130)$$

avec

$$\frac{du}{dT} = \frac{d}{dT}\left(\beta mc^2\right) = -\frac{mc^2}{kT^2} = -\frac{u}{T} \ . \tag{8.131}$$

On peut calculer la dérivée de la fonction K_2 à l'aide d'une formule de récurrence :

$$K'_n(u) = -K_{n-1}(u) - \frac{n}{u}K_n(u) \ . \tag{8.132}$$

Reportant ceci dans l'équation (8.130), on obtient

$$\begin{aligned}
S(T, V, N) &= Nk\left[\ln\left(4\pi\frac{V}{N}\left(\frac{mc}{h}\right)^3 \frac{K_2(u)}{u}\right) + 1\right] + Nk\left(u\frac{K_1(u)}{K_2(u)} + 3\right) \\
&= Nk\left[\ln\left(4\pi\frac{V}{N}\left(\frac{mc}{h}\right)^3 \frac{K_2(u)}{u}\right) + 4 + u\frac{K_1(u)}{K_2(u)}\right] \ . \tag{8.133}
\end{aligned}$$

On peut encore retrouver le résultat non relativiste à la limite $u \gg 1$. Pour $u \gg 1$ le premier terme de l'équation (8.133) devient $K_2(u)/u \approx \sqrt{\pi/2}u^{-3/2}e^{-u}$. Le facteur $u^{-3/2}$ donne simplement $V/(N\lambda^3)$ avec tous les autres facteurs, on retrouve l'argument non relativiste du logarithme. Quant au terme $\ln e^{-u} = -u$ il donne avec $uK_1(u)/K_2(u) \approx u(1 + 3/(8u) + \cdots)/(1 + 15/(8u) + \cdots) \approx u$ $3/2 + \cdots$ la constante $4 - 3/2 = 5/2$, c'est-à-dire exactement le terme manquant dans l'entropie non relativiste (voir (7.52)).

On peut vérifier de la même manière la limite ultrarelativiste dans l'équation (8.133) pour $u \ll 1$. Alors $uK_1(u)/K_2(u) \approx u^2/2 \approx 0$ et $K_2(u)/u \approx 2/u^3$, ce qui redonne l'argument correct dans le logarithme (voir Exercice 7.2). À partir des équations (8.127) et (8.133) l'énergie interne (figure 8.17) est donnée par

$$\begin{aligned}
U(T, V, N) &= F + TS = NkT\left(3 + u\frac{K_1(u)}{K_2(u)}\right) - Nmc^2 \\
&= Nmc^2\left(\frac{K_1(u)}{K_2(u)} + \frac{3}{u} - 1\right) \ . \tag{8.134}
\end{aligned}$$

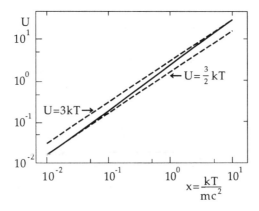

Fig. 8.17. Energie interne d'un gaz parfait relativiste

Lorsque $u \to \infty$ on retrouve la limite non relativiste $U \approx 3NkT/2$, tandis que pour $u \to 0$ on a $K_1(u)/K_2(u) \approx u/2$ et alors $U = 3NkT$. L'énergie interne augmente donc continûment de la valeur non relativiste $3NkT/2$ pour T faible jusqu'à la valeur asymptotique ultrarelativiste $U = 3NkT$. L'équation (8.134) donne pour la capacité thermique

$$
\begin{aligned}
C_V &= \left.\frac{\partial U}{\partial T}\right|_V = -\frac{u}{T}\left.\frac{\partial}{\partial u}U\right|_V \\
&= -Nmc^2\frac{u}{T}\left(\frac{K_1'(u)}{K_2(u)} - \frac{K_1(u)K_2'(u)}{K_2^2(u)} - \frac{3}{u^2}\right) \\
&= \frac{Nmc^2}{T}\left[u\frac{K_0(u)}{K_2(u)} - \frac{K_1(u)}{K_2(u)}\left(1 + u\frac{K_1(u)}{K_2(u)}\right) + \frac{3}{u}\right]
\end{aligned}
\tag{8.135}
$$

en utilisant à nouveau la formule de récurrence (8.132).

L'expression (8.135) se simplifie encore un peu, si l'on se sert de la formule de récurrence

$$
K_{n-1} = K_{n+1} - \frac{2}{u}K_n \,.
\tag{8.136}
$$

En reportant l'équation (8.136) dans l'équation (8.135) pour $n - 1 = 0$, on obtient

$$
C_V = \frac{Nmc^2}{T}\left[u + \frac{3}{u} - \frac{K_1(u)}{K_2(u)}\left(3 + u\frac{K_1(u)}{K_2(u)}\right)\right] \,.
\tag{8.137}
$$

Dans l'équation (8.137) il suffit de calculer le rapport $K_1(u)/K_2(u)$, ce qui constitue une simplification considérable par rapport à l'équation (8.135). En utilisant les approximations

$$
\frac{K_1(u)}{K_2(u)} \approx 1 - \frac{3}{2u} + \frac{240}{128u^2} + \frac{1455}{1024u^3} + \cdots \,, \qquad u \gg 1
\tag{8.138}
$$

et

$$
\frac{K_1(u)}{K_2(u)} \approx \frac{u}{2} + \cdots \,, \qquad u \ll 1
\tag{8.139}
$$

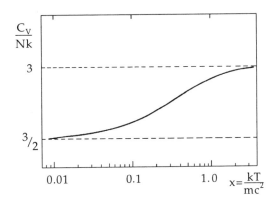

Fig. 8.18. Capacité thermique du gaz relativiste

on retrouve les cas non relativiste $C_V = 3Nk/2$ et ultrarelativiste $C_V = 3Nk$ à partir de l'équation (8.137) (voir figure 8.18).

Ajoutons maintenant un avertissement pour les calculs avec des développements limités. Il est essentiel de veiller à toujours conserver méthodiquement tous les termes du développement d'un paramètre jusqu'à un certain ordre. Par exemple, si l'on désire évaluer l'équation (8.135) pour $u \gg 1$ jusqu'à l'ordre u^{-2}, alors il faut conserver $K_1(u)/K_2(u)$ jusqu'à l'ordre trois, car il apparaît un terme $uK_1(u)/K_2(u)$, etc.

9. L'ensemble grand-canonique

Après avoir étudié en détail les ensembles canonique et microcanonique, intéressons nous à ce que l'on appelle *l'ensemble grand-canonique*, qui est très important dans les applications. La densité dans l'espace des phases dans un ensemble donne la densité de probabilité de trouver l'ensemble dans un certain état microscopique compatible avec un état macroscopique donné. L'ensemble microcanonique décrit des systèmes isolés pour lesquels E, V et N sont fixés, alors que l'ensemble canonique décrit des systèmes en contact avec un thermostat, c'est-à-dire pour lesquels T, V et N sont fixés.

Considérons à présent des *systèmes ouverts* qui peuvent échanger de la chaleur et des particules avec l'extérieur. À présent T, V et μ sont les variables indépendantes. Tout comme un thermostat servait à fixer la température, le potentiel chimique s'établira à une certaine valeur si le système est en contact avec un grand réservoir de particules. Si le réservoir de particules est suffisamment grand, le potentiel chimique dépendra exclusivement des propriétés du réservoir. Le système considéré n'aura plus un nombre de particules fixé, puisque celles ci s'échangeront continûment entre le système et le réservoir. On établira la valeur moyenne et la valeur la plus probable du nombre de particules , tout comme l'énergie moyenne et l'énergie la plus probable ont été déterminées pour une température fixée.

Les systèmes pour lesquels T, V et μ sont fixés présentent un grand intérêt pratique. Considérons un liquide en équilibre avec sa vapeur à température donnée (le système liquide + vapeur se trouvant dans un thermostat). Les molécules passeront alors continuellement de la phase liquide à la phase vapeur et vis versa. Le système total (thermostat + liquide + vapeur) peut être décrit par l'ensemble microcanonique, ou on peut décrire le système (liquide + vapeur) dans l'ensemble canonique. Si toutefois on ne s'intéresse qu'aux propriétés d'une seule phase l'étude dans les ensembles précédents ne serait pas très pratique, c'est pourquoi on passe à l'ensemble grand-canonique.

Pour cela il nous faut d'abord déterminer la densité dans l'espace des phases d'un système pour lequel T, V et μ sont donnés. La densité dans l'espace des phases ne doit pas seulement donner la densité de probabilité dans un espace des phases avec un certain nombre N de particules, mais doit donner en plus la probabilité que le système contienne exactement N particules ; puisqu'à présent toutes les valeurs $N = 0, 1, 2, \ldots, \infty$ sont possibles. Pour déterminer cette distribution de probabilité nous allons procéder de façon analogue au cas de l'ensemble canonique (voir chapitre 7) :

Fig. 9.1. Schéma du système
envisagé

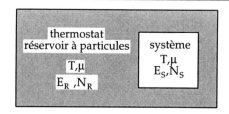

Appliquons tout d'abord le concept d'ensemble microcanonique à l'ensemble total. L'énergie totale

$$E = E_S + E_R \tag{9.1}$$

a une valeur fixée. Le nombre total de particules est également constant :

$$N = N_S + N_R . \tag{9.2}$$

Nous admettrons que le réservoir est très grand par rapport au système,

$$\frac{E_S}{E} - \left(1 - \frac{E_R}{E}\right) \ll 1 , \qquad \frac{N_S}{N} = \left(1 - \frac{N_R}{N}\right) \ll 1 . \tag{9.3}$$

Pour le système S toutes les valeurs du nombre de particules $N_S \in [0, 1, \ldots, N]$ et de l'énergie $E_S \in [0, \ldots, E]$ sont possibles. S'il se trouve dans un certain état microscopique, caractérisé par un certain nombre N_S de particules en un certain point i de l'espace des phases d'énergie $E_S = E_i$, le réservoir disposera encore d'un très grand nombre Ω_R d'états microscopiques d'énergie $E_R = E - E_i$ et d'un nombre de particules $N_R = N - N_S$. La probabilité p_{i,N_S} de trouver le système dans l'état microscopique i avec un nombre de particules N_S sera proportionnelle à ce nombre $\Omega_R(E_R, N_R) = \Omega_R(E - E_i, N - N_S)$ de possibilités

$$p_{i,S\,N} \propto \Omega_R(E_R, N_R) = \Omega_R(E - E_i, N - N_S) . \tag{9.4}$$

En raison de l'hypothèse (9.3), nous pouvons faire un développement par rapport au grandeurs E_i et N_S considérées comme petites. Afin de pouvoir identifier les dérivées apparaissant dans ce développement, commençons par faire un développement de $\ln \Omega_R$:

$$k \ln[\Omega_R(E - E_i, N - N_S)] = k \ln[\Omega_R(E, N)] - \frac{\partial}{\partial E}\{k \ln[\Omega_R(E, N)]\} E_i$$
$$- \frac{\partial}{\partial N}\{k \ln[\Omega_R(E, N)]\} N_S + \cdots \tag{9.5}$$

nous avons :

$$\frac{\partial}{\partial E}\{k \ln[\Omega_R(E, N)]\} = \frac{\partial S_R}{\partial E} = \frac{1}{T} , \tag{9.6}$$

$$\frac{\partial}{\partial N}\{k \ln[\Omega_R(E, N)]\} = \frac{\partial S_R}{\partial N} = -\frac{\mu}{T} . \tag{9.7}$$

Si l'on se restreint aux termes apparaissant dans l'équation (9.5), en reportant les équations (9.6) et (9.7) et en prenant l'exponentielle on obtient

$$\Omega_R(E - E_i, N - N_S) \propto \Omega_R(E, N) \exp\left(-\frac{E_i}{kT} + \frac{\mu N_S}{kT}\right) \qquad (9.8)$$

ou, puisque $\Omega_R(E, N)$ est simplement un facteur constant,

$$p_{i,N_S} \propto \exp\left(-\frac{E_i}{kT} + \frac{\mu N_S}{kT}\right) . \qquad (9.9)$$

Le facteur de proportionnalité manquant peut être déterminé par normalisation $\sum_{N_S} \sum_i p_{i,N_S} = 1$,

$$p_{i,N} = \frac{\exp\left[-\beta\left(E_i - \mu N\right)\right]}{\sum_N \sum_i \exp\left[-\beta\left(E_i - \mu N\right)\right]} . \qquad (9.10)$$

Nous avons enlevé l'indice S pour le nombre de particules puisqu'il n'y a plus de risque de confusion. Comme pour l'ensemble canonique, la somme sur i s'étend sur tous les états microscopiques dans l'espace des phases avec un nombre de particules N.

La distribution (9.10) est la probabilité de trouver un système dans un état microscopique i d'énergie E_i avec N particules à T et μ donnés. La densité dans l'espace des phases correspondante se trouve en passant à la formulation continue,

$$\varrho_{gc}(N, q_\nu, p_\nu) = \frac{\exp\left[-\beta\left(H(q_\nu, p_\nu) - \mu N\right)\right]}{\sum_{N=0}^{\infty} 1/h^{3N} \int d^{3N}q \int d^{3N}p \exp\left[-\beta\left(H(q_\nu, p_\nu) - \mu N\right)\right]} . \qquad (9.11)$$

La densité dans l'espace des phases donnée par les équations (9.11) ou (9.10) s'appelle la *distribution grand-canonique*. Avant d'examiner plus en détail cette distribution, déduisons la de nouveau à l'aide de la théorie des ensembles et montrons que l'équation (9.10) ou (9.11) est la distribution la plus probable à T et μ donnés.

Pour cela, considérons de nouveau un ensemble de $\mathcal{N}$ systèmes identiques à T, V et μ donnés. À un instant donné chacun de ces systèmes aura un nombre N de particules et sera en un certain point de l'espace des phases.

Divisons maintenant tous les espaces des phases correspondant à $N = 1, 2, \ldots$ en cellules $\Delta\omega_{i,N}$ identiques que nous affecterons des indices i et N. L'indice i parcourt toutes les cellules de l'espace des phases à N particules. Dans chaque cellule de l'espace des phases il y aura un certain nombre $n_{i,N}$ de systèmes de notre ensemble et nous nous proposons déterminer la distribution la plus probable $\{n_{i,N}^*\}$.

Les nombres $n_{i,N}$ doivent vérifier certaines conditions. Tout d'abord, le nombre $\mathcal{N}$ de systèmes est fixé :

$$\sum_{i,N} n_{i,N} = \mathcal{N} . \qquad (9.12)$$

Ensuite à température donnée, l'énergie des systèmes n'est plus fixée, mais la valeur moyenne de toutes les énergies E_i sur l'ensemble des cellules de l'espace des phases a une certaine valeur :

$$\sum_{i,N} n_{i,N} E_i = \mathcal{N} \langle E_i \rangle = \mathcal{N} U \, . \tag{9.13}$$

Les conditions (9.12) et (9.13) sont déjà connues pour l'ensemble canonique. Il y a maintenant une autre condition puisque le nombre N de particules n'est plus fixé, mais à l'équilibre le nombre moyen de particules s'établira à une valeur déterminée $\langle N \rangle$:

$$\sum_{i,N} n_{i,N} N = \mathcal{N} \langle N \rangle \, . \tag{9.14}$$

Nous pouvons utiliser directement la probabilité d'une distribution donnée $\{n_{i,N}\}$ pour l'ensemble canonique ou microcanonique,

$$W\{n_{i,N}\} = \mathcal{N}! \prod_{i,N} \frac{\left(\omega_{i,N} \right)^{n_{i,N}}}{n_{i,N}!} \tag{9.15}$$

mais à présent les cellules de l'espace des phases sont repérées par deux indices. De nouveau $\omega_{i,N}$ représente la probabilité de trouver *un seul* état microscopique dans la cellule $\Delta\omega_{i,N}$. La distribution la plus probable $\{n^*_{i,N}\}$ se trouve comme précédemment. Formons

$$\ln W\{n_{i,N}\} = \mathcal{N} \ln \mathcal{N} - \mathcal{N} - \sum_{i,N} \left[\left(n_{i,N} \ln n_{i,N} - n_{i,N} \right) - n_{i,N} \ln \omega_{i,N} \right] \tag{9.16}$$

et cherchons l'extremum par rapport aux $n_{i,N}$ en tenant compte des conditions (9.12–14) à l'aide des multiplicateurs de Lagrange λ, $-\beta$ et α :

$$\mathrm{d} \ln W\{n_{i,N}\} = - \sum_{i,N} \left\{ \ln n_{i,N} - \ln \omega_{i,N} \right\} \mathrm{d}n_{i,N} = 0 \, , \tag{9.17}$$

$$\lambda \sum_{i,N} \mathrm{d}n_{i,N} = 0 \, , \tag{9.18}$$

$$-\beta \sum_{i,N} E_i D n_{i,N} = 0 \, , \tag{9.19}$$

$$\alpha \sum_{i,N} N \mathrm{d}n_{i,N} = 0 \, . \tag{9.20}$$

Si l'on additionne ces équations il s'en suit

$$\sum_{i,N} \left(\ln n_{i,N} - \ln \omega_{i,N} - \lambda + \beta E_i - \alpha N \right) \mathrm{d}n_{i,N} = 0 \, . \tag{9.21}$$

Les d$n_{i,N}$ peuvent tous maintenant être considérés comme indépendants les uns des autres, les coefficients doivent donc s'annuler, ensuite on peut déterminer α, β et λ de façons qu'ils vérifient les conditions (9.12–14) :

$$n_{i,N}^* = \omega_{i,N}\, \mathrm{e}^\lambda \exp(-\beta E_i + \alpha N)\,. \tag{9.22}$$

Le coefficient λ se détermine à partir de l'équation (9.12) et *nous admettons à nouveau que les probabilités $\omega_{i,N}$ pour des cellules de l'espace des phases de mêmes dimensions sont identiques* :

$$\frac{n_{i,N}^*}{\mathscr{N}} = \frac{\exp\left(-\beta E_i + \alpha N\right)}{\sum_{i,N} \exp\left(-\beta E_i + \alpha N\right)} \tag{9.23}$$

alors que β et α se déterminent à partir des équations (9.13) et (9.14) :

$$U = \frac{\sum_{i,N} E_i \exp\left(-\beta E_i + \alpha N\right)}{\sum_{i,N} \exp\left(-\beta E_i + \alpha N\right)}\,, \tag{9.24}$$

$$\langle N \rangle = \frac{\sum_{i,N} N \exp\left(-\beta E_i + \alpha N\right)}{\sum_{i,N} \exp\left(-\beta E_l + \alpha N\right)}\,. \tag{9.25}$$

Mais pour la détermination de α et β servons nous à nouveau de la procédure bien connue utilisant l'entropie dans le cas canonique. En notation continue l'équation (9.23) s'écrit

$$\varrho_{\mathrm{gc}}(N, q_\nu, p_\nu) = \frac{\exp[-\beta H(q_\nu, p_\nu) + \alpha N]}{\sum_{N=1}^\infty (1/h^{3N}) \int \mathrm{d}^{3N} q \int \mathrm{d}^{3N} p \exp[-\beta H(q_\nu, p_\nu) + \alpha N]}\,. \tag{9.26}$$

Comme pour le cas canonique, écrivons de nouveau le dénominateur de la façon suivante

$$\mathcal{Z} = \sum_{N=0}^\infty \frac{1}{h^{3N}} \int \mathrm{d}^{3N} q \int \mathrm{d}^{3N} p \exp[-\beta H(q_\nu, p_\nu) + \alpha N]\,. \tag{9.27}$$

$\mathcal{Z}$ s'appelle à présent *fonction de partition grand-canonique*. Nous verrons bientôt qu'elle a une signification analogue à la fonction de partition canonique Z.

Nous savons que de manière générale, l'entropie peut s'écrire comme une moyenne d'ensemble,

$$S = \langle -k \ln \varrho \rangle\,. \tag{9.28}$$

Dans le cas de la distribution grand-canonique, l'équation (9.28) s'écrit explicitement

$$S(\beta, V, \alpha) = \sum_{N=0}^\infty \frac{1}{h^{3N}} \int \mathrm{d}^{3N} q \int \mathrm{d}^{3N} p \varrho_{\mathrm{gc}}(N, q_\nu, p_\nu)$$
$$\times [k \ln \mathcal{Z} + k\beta H(q_\nu, p_\nu) - k\alpha N]\,. \tag{9.29}$$

Pour former des moyennes d'ensembles nous devons maintenant non seulement intégrer sur tous les points de l'espace des phases, mais aussi sommer sur tous les nombres possible de particules.

Le premier terme entre crochets droits dans l'équation (9.29) ne dépend ni du point de l'espace des phases ni du nombre de particules ; on peut donc le sortir de l'intégrale, si bien qu'il ne reste plus que l'intégrale de normalisation sur ϱ_{gc}. Le second terme représente simplement la définition de la valeur moyenne de l'énergie,

$$\langle H(q_\nu, p_\nu)\rangle = \sum_{N=0}^{\infty} \frac{1}{h^{3N}} \int \mathrm{d}^{3N}q \int \mathrm{d}^{3N}p \varrho_{gc}(N, q_\nu, p_\nu) H(q_\nu, p_\nu) \qquad (9.30)$$

et le dernier terme correspond au nombre moyen de particules

$$\langle N\rangle = \sum_{N=0}^{\infty} \frac{1}{h^{3N}} \int \mathrm{d}^{3N}q \int \mathrm{d}^{3N}p \varrho_{gc}(N, q_\nu, p_\nu) N \, . \qquad (9.31)$$

On peut donc écrire l'équation (9.29) de la façon suivante

$$S(\beta, V, \alpha) = k \ln \mathcal{Z}(\beta, V, \alpha) + k\beta\langle H\rangle - k\alpha\langle N\rangle \, . \qquad (9.32)$$

Cette équation est l'analogue de l'équation (7.27). Si l'on identifie l'énergie moyenne $\langle H\rangle$ avec l'énergie interne thermodynamique U et respectivement le nombre moyen de particules $\langle N\rangle$ avec le nombre thermodynamique de particules, alors α et β se déduisent de l'équation (9.32). Nous devons faire attention au fait que β est une fonction de U et α (d'après l'équation (9.24)) et de la même façon α est une fonction de $\langle N\rangle$ et β (équation (9.25)),

$$\frac{\partial S}{\partial U} = \frac{\partial \beta}{\partial U} \frac{\partial}{\partial \beta} k \ln \mathcal{Z}(\beta, V, \alpha) + k\frac{\partial \beta}{\partial U}U + k\beta \, . \qquad (9.33)$$

Nous devons tenir compte du fait qu'il ne faut dériver $\ln \mathcal{Z}(\beta, V, \alpha)$ que par rapport à sa dépendance explicite en β, mais non par rapport à sa dépendance implicite en $\alpha(\beta, \langle N\rangle)$. Cela provient du fait que α ne dépend pas de U, et que l'on devait initialement dériver $k \ln \mathcal{Z}$ par rapport à U. On vérifie simplement que $\partial k \ln \mathcal{Z}/\partial \beta = -kU$ et donc que

$$\frac{\partial S}{\partial U} = \frac{1}{T} = k\beta \, , \qquad \Rightarrow \beta = \frac{1}{kT} \, . \qquad (9.34)$$

Nous avons d'autre part

$$\frac{\partial S}{\partial \langle N\rangle} = \frac{\partial \alpha}{\partial \langle N\rangle} \frac{\partial}{\partial \alpha} k \ln \mathcal{Z}(\beta, V, \alpha) - k\frac{\partial \alpha}{\partial \langle N\rangle}\langle N\rangle - k\alpha \qquad (9.35)$$

et avec $\partial k \ln \mathcal{Z}/\partial \alpha = k\langle N\rangle$ (à nouveau il ne faut tenir compte que de la dépendance explicite en α) il s'en suit puisque $\mathrm{d}S = \mathrm{d}U/T + (p/T)\,\mathrm{d}V - (\mu/T)\,\mathrm{d}N$ (voir par exemple, (3.1)) :

$$\frac{\partial S}{\partial \langle N\rangle} = -\frac{\mu}{T} = -k\alpha \quad \Rightarrow \quad \alpha = \frac{\mu}{kT} \qquad (9.36)$$

ce qui termine la détermination de α et de β. Souvenons nous à présent du potentiel grand-canonique de l'équation (4.111). L'équation (9.32) nous fournit encore plus d'information. Reportons α et β et transformons légèrement, on obtient

$$U - TS - \mu \langle N \rangle = -kT \ln \mathcal{Z}(T, V, \mu) \, . \tag{9.37}$$

L'équation (4.111) permet alors de calculer *le potentiel grand-canonique ϕ en fonction de la fonction de partition grand-canonique* selon

$$\phi(T, V, \mu) = -kT \ln \mathcal{Z}(T, V, \mu) \, . \tag{9.38}$$

Nous savons déjà en thermodynamique que le potentiel grand-canonique ϕ d'un système à T, V et μ donnés a la même signification que l'énergie libre F d'un système à T, V et N donnés, ou que l'entropie S d'un système isolé à E, V et N donnés. La connaissance du potentiel grand-canonique permet donc le calcul de toutes les propriétés thermodynamiques du système.

En raison de l'importance centrale de la fonction de partition grand-canonique $\mathcal{Z}$, écrivons la de nouveau. Tout comme dans la cas canonique, il faut ajouter le facteur correctif de Gibbs $1/N!$ dans le calcul de $\mathcal{Z}$ pour des *particules indiscernables* :

$$\mathcal{Z}(T, V, \mu) = \sum_{N=0}^{\infty} \frac{1}{N! h^{3N}} \int \mathrm{d}^{3N} q \int \mathrm{d}^{3N} p \exp\left[-\beta \left(H(q_\nu, p_\nu) - \mu N\right)\right] \, . \tag{9.39}$$

Ce facteur nous assure que des états microscopiques qui diffèrent uniquement par l'énumération des N particules ne sont pas comptés comme des états différents. Pour des *particules discernables* ce facteur n'a pas lieu d'être. À l'aide de l'équation (9.39) on trouve une relation très importante avec la fonction de partition grand-canonique :

$$\mathcal{Z}(T, V, \mu) = \sum_{N=0}^{\infty} \left[\exp\left(\frac{\mu}{kT}\right)\right]^N Z(T, V, N) \, . \tag{9.40}$$

La fonction de partition grand-canonique n'est donc rien d'autre qu'une *somme pondérée de toutes les fonctions de partition canoniques*. Le facteur de pondération $z = \exp(\mu/kT)$ se nomme fugacité. Dans l'équation (9.40) on reconnaît de nouveau très clairement le principe qui relie les ensembles microcanonique, canonique et grand-canonique : comme on le sait, la fonction de partition canonique Z était formée de la somme de toutes les fonctions de partition g microcanoniques d'énergie E, nombre de particules N et volume V, pondérés par le facteur de Boltzmann $\exp(-\beta E)$:

$$Z(\beta, N, V) = \sum_E \exp(-\beta E) g(E, N, V) \tag{9.41}$$

dans cette expression l'énergie E n'est plus une grandeur fixée, seule sa valeur moyenne $\langle E \rangle = U$ l'est. Par ailleurs, la température $T = (k\beta)^{-1}$ a une valeur imposée par le thermostat.

La fonction de partition grand-canonique $\mathcal{Z}$ résulte de la somme de toutes les fonctions de partition canoniques Z correspondant à la température T, à un volume V et à un nombre de particules N, pondérées par $\exp(\beta\mu N)$ (9.40). Toutefois le nombre de particules N n'est plus fixé, mais simplement sa valeur moyenne. Le potentiel chimique a une valeur imposée par le réservoir de particules.

En général on évalue l'équation (9.40) pour des systèmes sans interaction. Pour de tels systèmes on a (particules indiscernables) :

$$Z(T, V, N) = \frac{1}{N!} \left[Z(T, V, 1) \right]^N .$$

(9.42)

En reportant cela dans l'équation (9.40) on obtient

$$\begin{aligned} \mathcal{Z}(T, V, \mu) &= \sum_{N=0}^{\infty} \frac{1}{N!} \left[\exp\left(\frac{\mu}{kT}\right) Z(T, V, 1) \right]^N \\ &= \exp\left[\exp\left(\frac{\mu}{kT}\right) Z(T, V, 1) \right] . \end{aligned}$$

(9.43)

Nous pouvons donc réécrire directement $\mathcal{Z}(T, V, \mu)$ pour de nombreux problèmes que nous avons déjà traités dans le formalisme canonique. À titre d'exemple nous allons montrer que l'ensemble grand-canonique donne pour le gaz parfait les mêmes résultats que les deux autres ensembles.

EXEMPLE

9.1 Le gaz parfait dans l'ensemble grand-canonique

Le calcul de $\mathcal{Z}(T, V, \mu)$ est commode à partir de l'équation (9.43). Pour un gaz parfait on a (exemple 7.1)

$$Z(T, V, 1) = \frac{V}{\lambda^3}$$

ou

$$\lambda = \left(\frac{h^2}{2\pi mkT} \right)^{1/2}$$

et par conséquent

$$\mathcal{Z}(T, V, \mu) = \exp\left[\exp\left(\frac{\mu}{kT}\right) V \left(\frac{2\pi mkT}{h^2}\right)^{3/2} \right] .$$

Le potentiel grand-canonique vaut donc

$$\phi(T, V, \mu) = -kT \ln \mathcal{Z}(T, V, \mu) = -kT \exp\left(\frac{\mu}{kT}\right) V \left(\frac{2\pi mkT}{h^2}\right)^{3/2} .$$

Cela donne immédiatement les équations d'état :

$$-\frac{\partial \phi}{\partial T}\bigg|_{V,\mu} = S(T, V, \mu) = \exp\left(\frac{\mu}{kT}\right) V \left(\frac{2\pi m kT}{h^2}\right)^{3/2} k \left(\frac{5}{2} - \frac{\mu}{kT}\right) ,$$

$$(9.44)$$

$$-\frac{\partial \phi}{\partial V}\bigg|_{T,\mu} = p(T, V, \mu) = kT \exp\left(\frac{\mu}{kT}\right) \left(\frac{2\pi m kT}{h^2}\right)^{3/2} , \qquad (9.45)$$

$$-\frac{\partial \phi}{\partial \mu}\bigg|_{T,V} = N(T, V, \mu) = \exp\left(\frac{\mu}{kT}\right) V \left(\frac{2\pi m kT}{h^2}\right)^{3/2} . \qquad (9.46)$$

En reportant l'équation (9.46) dans les équations (9.45) et (9.44) on obtient l'équation du gaz parfait ainsi que l'expression de son entropie $S(T, V, N)$ bien connue.

Ecrivons l'équation (9.38) d'une autre manière. Le potentiel ϕ est défini par

$$\phi = U - TS - \mu N . \qquad (9.47)$$

En raison de l'équation d'Euler (voir (2.72)),

$$U = TS - pV + \mu N \qquad (9.48)$$

les équations (9.47) et (9.38) peuvent se formuler comme suit :

$$-\frac{\phi}{kT} = \frac{pV}{kT} = \ln \mathcal{Z} . \qquad (9.49)$$

Dans le cas d'un gaz parfait $\ln \mathcal{Z} = N$, ainsi que le montre l'exemple 9.1. L'équation (9.49) signifie que pour les gaz réels $\ln \mathcal{Z}$ peut souvent se calculer à l'aide d'un développement en série (voir partie IV). L'équation (9.49) fournit alors directement l'équation d'état de ce gaz.

À la fin de ce paragraphe remarquons encore que notre procédure pour déterminer la fonction de partition grand-canonique possède un caractère très général et peut servir dans certains cas particuliers pour déterminer différentes fonctions de partition utiles. Nous connaissons en effet bien la transformation mathématique qui relie toutes les fonctions de partition : il s'agit simplement de la transformation de Laplace! Il est parfois avantageux de considérer d'autres variables thermodynamiques que (E, V, N), (T, V, N) ou (T, V, μ), par exemple (T, p, N). On obtient alors la fonction de partition correspondante par une autre transformation de Laplace, dans notre exemple ce sera la transformation de Laplace de la fonction de partition grand-canonique :

$$\varXi(T, p, N) = \sum_V \exp(-\gamma V p) Z(T, V, N) \qquad (9.50)$$

avec le multiplicateur de Lagrange γ. Cette fonction de partition est particulièrement utile pour des systèmes à température, nombre de particules et pression
donnés. Maintenant le volume n'est plus fixé, mais à pression constante il
s'établira une valeur moyenne $\langle V \rangle$ du volume.

Tout comme le logarithme de toutes les fonctions de partition étudiées
jusqu'alors pouvait être relié à des potentiels thermodynamiques, c'est-à-dire,

$$
\begin{aligned}
g &\leftrightarrow S = k \ln g \,, \\
Z &\leftrightarrow F = -kT \ln Z \,, \\
\mathcal{Z} &\leftrightarrow \phi = -kT \ln \mathcal{Z} \,.
\end{aligned}
\tag{9.51}
$$

$\varXi$ peut aussi être relié à un potentiel : notons $\varrho_{\varXi}$ la densité dans l'espace des
phases reliée à $\varXi$,

$$
\varrho_\varXi = \frac{\exp(-\beta H - \gamma p V)}{\sum_V \int \mathrm{d}^{3N} q \int \mathrm{d}^{3N} p \,(1/h^{3N}) \exp(-\beta H - \gamma p V)} \,.
\tag{9.52}
$$

Nous avons alors

$$
\begin{aligned}
S = \langle -k \ln \varrho_\varXi \rangle &= \sum_V \int \frac{\mathrm{d}^{3N} q \, \mathrm{d}^{3N} p}{h^{3N}} \varrho_\varXi \left[k \ln \varXi(T, \mu, N) + k\beta H + k\gamma p V \right] \\
&= k \ln \varXi + k\beta \langle H \rangle + k\gamma p \langle V \rangle
\end{aligned}
\tag{9.53}
$$

ou $-kT \ln \varXi = U - TS + k\gamma T p \langle V \rangle$. Par un procédé analogue à celui utilisé dans
le cas de $\mathcal{Z}$, on peut identifier γ avec β et on obtient :

$$
G = -kT \ln \varXi
\tag{9.54}
$$

l'enthalpie libre de Gibbs est donc le potentiel thermodynamique associé à $\varXi$
(voir chapitre 4).

9.1 Fluctuations dans l'ensemble grand-canonique

Dans le paragraphe précédent nous avons calculé la probabilité $p_{i,N}$ de trouver un système de l'ensemble grand-canonique avec précisément un nombre de
particules N et au point i de l'espace des phases :

$$
p_{i,N} = \frac{1}{\mathcal{Z}} \exp\left[-\beta \left(E_i - \mu N \right) \right] \,.
\tag{9.55}
$$

E_i représente l'énergie correspondant à la cellule i de l'espace des phases et $\mathcal{Z}$
est la fonction de partition grand-canonique

$$
\mathcal{Z} = \sum_{i,N} \exp\left[-\beta \left(E_i - \mu N \right) \right] \,.
\tag{9.56}
$$

À partir de l'équation (9.55) il est possible de calculer de façon analogue à l'ensemble canonique la densité de probabilité $p(E, N)$ de trouver un système de l'ensemble avec l'énergie E (peut importe dans quel état microscopique i) et avec un nombre de particules N : si $g_N(E)$ est le nombre d'états microscopiques i dans l'intervalle d'énergie $E, E + \mathrm{d}E$ avec N particules, alors

$$p(E, N) = \frac{1}{\mathcal{Z}} g_N(E) \exp\left[-\beta\left(E - \mu N\right)\right] \tag{9.57}$$

et la fonction de partition grand-canonique s'écrit

$$\mathcal{Z} = \sum_{N=1}^{\infty} \int_0^{\infty} \mathrm{d}E\, g_N(E) \exp\left[-\beta\left(E - \mu N\right)\right] . \tag{9.58}$$

Lorsque le nombre de particules N est fixé, la distribution des énergies dans l'ensemble grand-canonique est donc la même que dans l'ensemble canonique. En plus il subsiste, cependant, encore une distribution pour le nombre N de particules. Nous pouvons de nouveau calculer les valeurs les plus probables pour l'énergie et le nombre de particules :

$$\left.\frac{\partial p(E, N)}{\partial E}\right|_{E=E^*} = 0 \quad \Rightarrow \quad \left.\frac{\partial g_N(E)}{\partial E}\right|_{E=E^*} = \beta g_N(E^*) . \tag{9.59}$$

Puisque $g_N(E) \approx \Omega(E, V, N)/\Delta E$, l'énergie la plus probable dans l'ensemble grand-canonique, comme dans le cas canonique, est donnée par

$$\left.\frac{\partial S}{\partial E}\right|_{E=E^*} = \frac{1}{T} \tag{9.60}$$

et est donc identique à l'énergie fixée dans l'ensemble microcanonique. La valeur la plus probable N^* du nombre de particules doit vérifier

$$\left.\frac{\partial p(E, N)}{\partial N}\right|_{N=N^*} = 0 \quad \Rightarrow \quad \left.\frac{\partial g_N(E)}{\partial N}\right|_{N=N^*} = -\beta\mu g_N(E) \tag{9.61}$$

ou

$$\left.\frac{\partial S}{\partial N}\right|_{N=N^*} = -\frac{\mu}{T} \tag{9.62}$$

c'est-à-dire, N^* correspond au nombre de particules N donné dans l'ensemble microcanonique. De même par analogie avec le cas canonique, $N^* = \langle N \rangle = N_{\mathrm{mc}}$ et $E^* = \langle E \rangle = E_{\mathrm{mc}}$, puisque

$$\langle E \rangle = \phi + TS + \mu N . \tag{9.63}$$

L'énergie moyenne s'obtient à partir de la transformation inverse de Legendre de ϕ et coïncide avec l'énergie interne U et donc aussi avec l'énergie E fixée dans le cas microcanonique. On en déduit pour le nombre moyen de particules :

$$\langle N \rangle = \sum_{i,N} N p_{i,N} = \frac{1}{\mathcal{Z}} \sum_{i,N} N \exp\left[-\beta \left(E_i - \mu N\right)\right]$$

$$= \frac{\partial}{\partial \mu} \left(kT \ln \mathcal{Z}\right)_{T,V} = -\left.\frac{\partial \phi}{\partial \mu}\right|_{T,V} . \tag{9.64}$$

Le nombre moyen de particules $\langle N \rangle$ s'identifie au nombre de particules en thermodynamique $N = -\partial \phi / \partial \mu|_{T,V}$, qui était égal au nombre de particules fixé dans l'ensemble microcanonique. Les écarts par rapport aux valeurs moyennes dans l'ensemble grand-canonique sont données par les variances des distributions,

$$\sigma_N^2 = \langle N^2 \rangle - \langle N^2 \rangle . \tag{9.65}$$

On a

$$\langle N^2 \rangle = \sum_{i,N} N^2 p_{i,N} = \frac{1}{\mathcal{Z}} \sum_{i,N} N^2 \exp\left[-\beta \left(E_i - \mu N\right)\right] = \left.\frac{(kT)^2}{\mathcal{Z}} \frac{\partial^2}{\partial \mu^2} \mathcal{Z}\right|_{T,V}$$

$$\tag{9.66}$$

ou en raison de $kT\, \partial \mathcal{Z}/\partial \mu|_{T,V} = \mathcal{Z}\langle N \rangle$,

$$\langle N^2 \rangle = \frac{kT}{\mathcal{Z}} \frac{\partial}{\partial \mu} \left(\mathcal{Z}\langle N \rangle\right)_{T,V} = \langle N \rangle^2 + kT \left.\frac{\partial \langle N \rangle}{\partial \mu}\right|_{T,V} , \tag{9.67}$$

$$\sigma_N^2 = kT \left.\frac{\partial \langle N \rangle}{\partial \mu}\right|_{T,V} = kT \left.\frac{\partial N}{\partial \mu}\right|_{T,V} . \tag{9.68}$$

Dans la dernière équation on a remplacé $\langle N \rangle$ par le nombre de particules N en thermodynamique. La grandeur thermodynamique $\partial N / \partial \mu|_{T,V}$ peut être remplacée par la compressibilité κ du système.

La relation de Gibbs–Duhem pour les variables intensives

$$d\mu = v\, dp - s\, dT \tag{9.69}$$

avec $v = V/N$ et $s = S/N$ conduit, dans le cas de valeurs constantes pour la température et le volume, à

$$\left.\frac{\partial \mu}{\partial v}\right|_T = v \left.\frac{\partial p}{\partial v}\right|_T . \tag{9.70}$$

On peut désormais considérer T, V et N comme des variables indépendantes, la pression devient alors fonction de ces variables, $p(T, V, N)$. Mais, pression et température sont des grandeurs d'état intensives, alors que volume et nombre de particules sont des grandeurs d'état extensives. La pression ne peut donc dépendre séparément des variables V et N, mais seulement de la combinaison intensive $v = V/N$. La fonction $p(T, V, N)$ doit donc être de la forme particulière $p(T, V/N)$ ou $p(T, v)$. Cela découle du fait que les grandeurs d'état intensives sont des fonctions homogènes de degré zéro. La forme particulière de la pression $p(T, V/N)$ nous permet de réécrire la dérivée par rapport à N dans le membre de droite de l'équation (9.70) comme une dérivée par rapport à V : en effet d'après la règle de dérivation des fonctions composées on a

$$\left.\frac{\partial}{\partial N} p(T, V/N)\right|_{T,V} = \left.\frac{\partial}{\partial (V/N)} p(T, V/N)\right|_T \times \left.\frac{\partial (V/N)}{\partial N}\right|_V$$

$$= -\frac{V}{N^2} \left.\frac{\partial}{\partial (V/N)} p(T, V/N)\right|_T . \tag{9.71}$$

D'autre part, la dérivée par rapport au volume à N constant s'écrit

$$\left.\frac{\partial}{\partial V} p(T, V/N)\right|_{T,N} = \left.\frac{\partial}{\partial (V/N)} p(T, V/N)\right|_T \times \left.\frac{\partial (V/N)}{\partial V}\right|_N$$

$$= \frac{1}{N} \left.\frac{\partial}{\partial (V/N)} p(T, V/N)\right|_T . \tag{9.72}$$

En comparant les équations (9.71) et (9.72) on obtient l'identité

$$\left.\frac{\partial p}{\partial N}\right|_{T,V} = -\frac{V}{N} \left.\frac{\partial p}{\partial V}\right|_{T,N} . \tag{9.73}$$

En la reportant dans le membre de droite de l'équation (9.70) on aboutit à

$$\left.\frac{\partial \mu}{\partial N}\right|_{T,V} = -\left(\frac{V}{N}\right)^2 \left.\frac{\partial p}{\partial V}\right|_{T,N} . \tag{9.74}$$

La dérivée du potentiel chimique s'exprime donc en fonction de la compressibilité $\kappa = -(1/V)\partial V/\partial p|_{T,N}$. En reportant l'équation (9.74) dans la relation (9.68) on arrive au résultat final

$$\frac{\sigma_N^2}{N^2} = \frac{kT}{V}\kappa \quad \text{ou} \quad \frac{\sigma_N}{N} = \sqrt{\frac{kT}{V}\kappa} . \tag{9.75}$$

Puisque la compressibilité est une grandeur intensive, les fluctuations relatives du nombre de particules par rapport à N, s'annulent aux grands volumes comme $1/\sqrt{V}$, ou dans la limite thermodynamique ($N \to \infty$, $V \to \infty$, $N/V =$ constante), comme $O(1/\sqrt{N})$. Pour des systèmes comportant un très grand nombre de particules, les écarts par rapport à la valeur moyenne dans l'ensemble grand-canonique sont négligeables.

Cependant, cela n'est vrai que tant que la compressibilité reste finie. Une exception en est par exemple la transition vapeur – liquide. Dans la construction du diagramme de Maxwell (chapitre 3), nous avons remarqué que les isothermes sont horizontales pour la coexistence des phases dans le diagramme pV, ce qui correspond à une compressibilité infinie. À cet endroit et au point critique du gaz, les fluctuations du nombre de particules dans les deux phases deviennent très grandes, cela s'observe également expérimentalement sous la forme d'*opalescence* au point critique. Les grandes fluctuations correspondent à la condensation rapide de gaz en gouttelettes liquides, qui peuvent néanmoins de nouveau s'évaporer. Ces fluctuations deviennent particulièrement importantes au point critique où nous avons $\varrho_\text{fl} \approx \varrho_\text{gaz}$ et produisent une forte diffusion de la lumière (opalescence). De la même façon la collision de deux noyaux atomiques lourds s'accompagne de fluctuations critiques aux transitions de phases. Dans ce cas, nous avons affaire à des phases de matière nucléaire, comme par exemple des condensats de pions ou la transition vers un plasma quark – gluon. Les fluctuations critiques résultent d'une augmentation des sections de diffusion nucléaire, ce qui entraîne des comportements collectifs différents (comme en hydrodynamique).[1]

Intéressons nous à présent à la variance pour l'énergie. La valeur moyenne est donnée par

$$\langle E \rangle = \sum_{i,N} E_i p_{i,N} = \frac{1}{\mathcal{Z}} \sum_{i,N} E_i \exp\left[-\beta(E_i - \mu N)\right]$$
$$= -\frac{1}{\mathcal{Z}} \left.\frac{\partial}{\partial \beta} \mathcal{Z}\right|_{z,V} . \tag{9.76}$$

Dans cette dérivée la fugacité $z = \exp(\beta\mu)$ est maintenue constante, ce que l'on indique explicitement par l'indice z dans la dérivation. On peut calculer $\langle E^2 \rangle$ de la même façon :

$$\langle E^2 \rangle = \sum_{i,N} E_i^2 p_{i,N} = \frac{1}{\mathcal{Z}} \left.\frac{\partial^2}{\partial \beta^2} \mathcal{Z}\right|_{z,V}$$
$$= \frac{1}{\mathcal{Z}} \left.\frac{\partial}{\partial \beta}(-\mathcal{Z}\langle E \rangle)\right|_{z,V} = \langle E^2 \rangle - \left.\frac{\partial \langle E \rangle}{\partial \beta}\right|_{z,V} . \tag{9.77}$$

alors

$$\sigma_E^2 = \langle E^2 \rangle - \langle E^2 \rangle = \left.\frac{\partial^2}{\partial \beta^2} \ln \mathcal{Z}\right|_{z,V} = -\left.\frac{\partial \langle E \rangle}{\partial \beta}\right|_{z,V} \tag{9.78}$$

En reportant $\langle E \rangle = U$ dans cette équation on obtient la dispersion relative par rapport à l'énergie moyenne

$$\frac{\sigma_E^2}{U^2} = \frac{kT^2}{U^2} \left(\frac{\partial U}{\partial T}\right)_{z,V} . \tag{9.79}$$

Cette expression n'est pas entièrement identique à l'équation (7.124). Au lieu de $\partial U/\partial T|_{z,V}$, nous avions l'expression $\partial U/\partial T|_{N,V}$. La relation entre les deux quantités se déduit cependant de $U(T, V, N(T, V, z))$, où le nombre de particules dans le cas grand-canonique dépend de (T, V, μ) ou de (T, V, z),

$$\left.\frac{\partial U}{\partial T}\right|_{z,V} = \left.\frac{\partial U}{\partial T}\right|_{V,N} + \left.\frac{\partial U}{\partial N}\right|_{T,V} \left.\frac{\partial N}{\partial T}\right|_{V,z} . \tag{9.80}$$

---

[1] M. Gyulassy et W. Greiner : *Annals of physics* **109** (1977) 485.

$\partial U / \partial T |_{V,N} = C_V$ est ici la même expression que dans l'équation (7.124). Réécrivons alors le dernier terme de l'équation (9.80). Pour $N(T, V, \mu)$ nous avons ($\mu = kT \ln z$),

$$\left. \frac{\partial N}{\partial T} \right|_{V,z} = \left. \frac{\partial N}{\partial T} \right|_{V,\mu} + \left. \frac{\partial N}{\partial \mu} \right|_{T,V} \left. \frac{\partial \mu}{\partial T} \right|_{V,z} . \tag{9.81}$$

Considérons la différentielle de $N(T, V, \mu)$ à V constant,

$$\mathrm{d}N = \left. \frac{\partial N}{\partial T} \right|_{V,\mu} \mathrm{d}T + \left. \frac{\partial N}{\partial \mu} \right|_{V,T} \mathrm{d}\mu \tag{9.82}$$

on obtient alors pour $\mathrm{d}N = 0$:

$$\left. \frac{\partial N}{\partial T} \right|_{V,\mu} = - \left. \frac{\partial N}{\partial \mu} \right|_{V,T} \left. \frac{\partial \mu}{\partial T} \right|_{N,V} . \tag{9.83}$$

Remarquons que la condition $\mathrm{d}N = 0$, à priori arbitraire, influe sur le membre de droite de l'équation (9.82), où apparaît le terme $(\partial \mu)/(\partial T)|_{N,V}$, c'est-à-dire, la dérivée à N et V constants. Reportant cela dans l'équation (9.81) on obtient avec $\partial \mu / \partial T |_{V,z} = \mu / T$,

$$\left. \frac{\partial N}{\partial T} \right|_{V,z} = \left. \frac{\partial N}{\partial \mu} \right|_{V,T} \left(\frac{\mu}{T} - \left. \frac{\partial \mu}{\partial T} \right|_{N,V} \right) . \tag{9.84}$$

Faisons une remarque supplémentaire au sujet de la relation $(\partial \mu)/(\partial T)|_{z,V} = \mu / T$, qui s'obtient en différentiant $z = \exp(\beta\mu) = $ constante. On obtient $\mu(-1/kT^2)z + (1/kT)(\partial \mu)/(\partial T)|_{z,V} z = 0$, ce qui donne immédiatement la relation énoncée. On peut encore simplifier l'équation (9.84). On considère pour cela la relation $\mathrm{d}U = T \, \mathrm{d}S - p \, \mathrm{d}V + \mu \, \mathrm{d}N$:

$$\left. \frac{\partial U}{\partial N} \right|_{T,V} = \mu + T \left. \frac{\partial S}{\partial N} \right|_{T,V} = T \left(\frac{\mu}{T} - \left. \frac{\partial \mu}{\partial T} \right|_{N,V} \right) . \tag{9.85}$$

Dans la dernière équation nous avons utilisé la relation de Maxwell (4.122), c'est-à-dire, $-(\partial S)/(\partial N)|_{T,V} = (\partial \mu)/(\partial T)|_{V,N}$. En le reportant dans les équations (9.84) et (9.80) on aboutit à

$$\left. \frac{\partial U}{\partial T} \right|_{z,V} = C_V + \frac{1}{T} \left. \frac{\partial N}{\partial \mu} \right|_{V,T} \left(\left. \frac{\partial U}{\partial N} \right|_{T,V} \right)^2 . \tag{9.86}$$

L'écart relatif pour l'énergie comporte deux parties (voir (9.68)) :

$$\frac{\sigma_E^2}{U^2} = \frac{kT^2}{U^2} C_V + \left(kT \left. \frac{\partial N}{\partial \mu} \right|_{V,T} \right) \left(\frac{1}{U} \left. \frac{\partial U}{\partial N} \right|_{T,V} \right)^2$$

$$= \frac{\sigma_{\mathrm{can}}^2}{U^2} + \frac{\sigma_N^2}{U^2} \left(\left. \frac{\partial U}{\partial N} \right|_{T,V} \right)^2 , \tag{9.87}$$

les écarts déjà rencontrées dans l'ensemble canonique plus ceux dus aux variations du nombre de particules. L'écart total pour énergie est plus grand dans le cas grand-canonique que dans le cas canonique, mais il tend vers zéro comme $O(1/\sqrt{N})$ pour $N \to \infty$. *C'est précisément la raison pour laquelle tous les ensembles (microcanonique, canonique et grand-canonique) donnent le même résultat pour des ensembles thermodynamiques avec un grand nombre de particules.*

Nous avons déjà pu démontrer que nous pouvions calculer la densité d'états $g_N(E)$, qui est étroitement reliée à la grandeur microcanonique $\Omega(E, V, N)$, à partir de la fonction de partition $Z(\beta, V, N)$ par une transformation de Laplace inverse. De manière analogue, il est possible de calculer la fonction de partition canonique à partir de la fonction de partition grand-canonique $\mathcal{Z}$. Pour le démontrer, le mieux est de partir de l'équation (9.40) :

$$\mathcal{Z}(T, V, z) = \sum_{N=1}^{\infty} z^N Z(T, V, N) \, . \tag{9.88}$$

Formellement, dans l'équation (9.88) la variable $z = e^{\beta\mu}$ peut également prendre des valeurs complexes. L'équation (9.88) n'est alors rien d'autre que le développement en série de Taylor de la fonction analytique $\mathcal{Z}(z)$. La théorie des fonctions de la variable complexe nous alors donne les coefficients du développement $a_N = Z(T, V, N)$. On a

$$Z(T, V, N) = \frac{1}{2\pi i} \oint_{\partial K} \frac{\mathcal{Z}(T, V, z)}{z^{N+1}} \, dz \, . \tag{9.89}$$

L'intégrale précédente est faite sur un cercle de centre $z = 0$ à l'intérieur du rayon de convergence de l'équation (9.88). Pour des systèmes sans interaction l'équation (9.89) est triviale, puisque

$$\mathcal{Z}(T, V, z) = \exp\left[z Z(T, V, 1)\right] = \sum_{N=1}^{\infty} \frac{z^N}{N!} \left[Z(T, V, 1)\right]^N \tag{9.90}$$

nous donne l'équation bien connue

$$Z(T, V, N) = \frac{1}{N!} \left[Z(T, V, 1)\right]^N \, . \tag{9.91}$$

III Statistique quantique

10. Opérateurs - densités

10.1 Fondements

Le point de départ de la mécanique statistique classique est le fait qu'un système peut se trouver dans un très grand nombre d'états microscopiques pour des grandeurs d'état macroscopiques (thermodynamiques) données. Dans le cadre de la théorie des ensembles, nous avons pu déterminer avec un nombre restreint d'hypothèses très générales, la densité de probabilité de trouver le système dans un certain état microscopique. Toutes les quantités observables s'en déduisent alors comme des moyennes sur tous les états microscopiques possibles par rapport à cette densité de probabilité. Nous devons maintenant transposer ce concept aux systèmes quantiques.

Pour cela il nous faut tout d'abord voir comment définir un état microscopique quantique. En mécanique statistique classique, un état microscopique correspond à un certain point dans l'espace des phases (r_i, p_i). Pour des systèmes quantiques il n'est cependant pas possible de déterminer simultanément les coordonnées et les quantités de mouvement des particules. La trajectoire classique dans l'espace des phases $(r_i(t), p_i(t))$ est remplacée en mécanique quantique par l'évolution au cours du temps de la fonction d'onde $\Psi(r_1, \ldots, r_N, t)$ du système. Considérons pour le moment à nouveau un système isolé de variables macroscopiques E, V et N données. La fonction d'onde globale du système est la solution de l'équation de Schrödinger

$$i\hbar \frac{\partial}{\partial t} \Psi(r_1, \ldots, r_N, t) = \hat{H}\left(r_i, \hat{p}_i\right) \Psi(r_1, \ldots, r_N, t) . \tag{10.1}$$

Puisqu'en mécanique quantique l'énergie totale d'un système isolé est aussi une grandeur qui se conserve (c'est la raison pour laquelle $\hat{H}$ dans l'équation (10.1) ne dépend pas explicitement du temps), la dépendance temporelle de l'équation (10.1) peut être mise en facteur,

$$\Psi(r_1, \ldots, r_N, t) = \Psi_E(r_1, \ldots, r_N) \exp\left(-i\frac{Et}{\hbar}\right) \tag{10.2}$$

à condition que la fonction propre Ψ_E vérifie l'équation de Schrödinger stationnaire

$$\hat{H}\Psi_E(r_1, \ldots, r_N) = E\Psi_E(r_1, \ldots, r_N) . \tag{10.3}$$

Puisque l'équation (10.3) n'admet en général de solutions que pour certaines valeurs propres de l'énergie, l'énergie totale E du système ne peut prendre que certaines valeurs. Pour un système de dimensions macroscopiques, les valeurs propres de l'énergie sont cependant très proches les unes des autres et en raison de la dégénérescence, de nombreuses solutions peuvent même exister pour une certaine valeur de l'énergie E. Nous avons déjà rencontré un exemple de ce type dans le traitement microcanonique d'un système de N particules quantiques dans une boite (voir chapitre 5).

De plus, pour des systèmes macroscopiques la détermination exacte d'une énergie n'est pas du tout réalisable d'un point de vue pratique. C'est pourquoi (comme dans l'ensemble microcanonique classique), nous accepterons de nouveau une légère incertitude ΔE sur l'énergie. Il existe alors un certain nombre d'états dont les valeurs propres de l'énergie sont comprises entre E et $E + \Delta E$. Ceci est évidemment encore plus vrai pour des systèmes à spectre d'énergie continu. *Les états microscopiques spécifiques correspondent à différentes fonctions d'ondes* $\Psi_E^{(i)}(r_1, \ldots, r_N)$. On obtient alors la grandeur microcanonique $\Omega(E, V, N)$ simplement en comptant les états dont les valeurs propres de l'énergie sont comprises entre E et $E + \Delta E$, ou pour des spectres continus, en déterminant la densité d'états $g(E)$ et en se servant de $\Omega(E) = g(E)\Delta E$.

Nous allons procéder exactement de la même façon que pour le traitement microcanonique quantique du gaz parfait. Au lieu de prendre la moyenne sur tous les points de l'espace des phases de l'intervalle en énergie $E \leq H(r_i, p_i) \leq E + \Delta E$, il nous faut en mécanique quantique prendre la moyenne sur tous les états $\Psi_E^{(i)}$ possédant une valeur propre de l'énergie comprise entre E et $E + \Delta E$. Cependant un état microscopique $\Psi_E^{(i)}$ ne donne en aucune manière une valeur exacte pour une grandeur observable $f(r_i, p_i)$ arbitraire, mais la mesure de f se fait plutôt avec une certaine probabilité.

En mécanique quantique, chaque observable $f(r_i, p_i)$ correspond à un certain opérateur hermitique $\hat{f}(\hat{r}_i, \hat{p}_i)$. Un tel opérateur possède un ensemble de fonctions propres vérifiant

$$\hat{f}\phi_f = f\phi_f \, . \tag{10.4}$$

Chaque valeur propre f correspond à une valeur mesurable possible de la grandeur observable $f(r_i, p_i)$. Dans l'état microscopique $\Psi_E^{(i)}$ on mesure la valeur propre f avec l'amplitude de probabilité quantique

$$\langle \phi_f | \Psi_E^{(i)} \rangle = \int d^3 r_1 \cdots d^3 r_N \phi_f^*(r_1, \ldots, r_N) \Psi_E^{(i)}(r_1, \ldots, r_N) \tag{10.5}$$

puisque $\Psi_E^{(i)}$ est justement égal à l'état ϕ_f avec cette amplitude de probabilité (possède le recouvrement (10.5) avec ϕ_f). Donc même dans un certain état microscopique on n'obtient qu'une distribution de probabilité pour les valeurs mesurées possibles. Si l'on mesure l'observable $f(r_i, p_i)$ dans un ensemble de systèmes identiques se trouvant dans le même état microscopique $\Psi_E^{(i)}$, chaque valeur propre apparaîtra avec l'amplitude de probabilité $\langle \phi_f | \Psi_E^{(i)} \rangle$. La moyenne quantique de toutes les mesures est la valeur espérée

$$\langle \Psi_E^{(i)} | \hat{f} | \Psi_E^{(i)} \rangle = \int \mathrm{d}^3 r_1 \cdots \mathrm{d}^3 r_N \Psi_E^{*(i)}(\boldsymbol{r}_1, \dots, \boldsymbol{r}_N) \hat{f}(\hat{\boldsymbol{r}}_i, \hat{\boldsymbol{p}}_i) \Psi_E^{(i)}(\boldsymbol{r}_1, \dots, \boldsymbol{r}_N) \, .$$

(10.6)

À ceci s'ajoute en mécanique quantique une autre façon de prendre la moyenne. On ne peut plus dire dans quel état microscopique particulier $\Psi_E^{(i)}$ se trouve le système, mais on peut seulement donner la probabilité ϱ_i de trouver la fonction d'onde $\Psi_E^{(i)}$. Si l'on effectue alors la mesure de l'observable $\hat{f}$ dans un tel ensemble de systèmes identiques, on ne peut que mesurer la moyenne des valeurs quantiques espérées, pondérées par les probabilités ϱ_i,

$$\langle \hat{f} \rangle = \sum_i \varrho_i \langle \Psi_E^{(i)} | \hat{f} | \Psi_E^{(i)} \rangle \, .$$

(10.7)

Ceci ne constitue toutefois pas l'expression la plus générale pour la moyenne statistique, puisqu'ici on ne considère que les valeurs espérées diagonales $\langle \Psi_E^{(i)} | \hat{f} | \Psi_E^{(i)} \rangle$. En mécanique quantique il existe également des grandeurs qui dépendent d'éléments matriciels arbitraires $\langle \Psi_E^{(i)} | \hat{f} | \Psi_E^{(k)} \rangle$ et il faut alors généraliser l'équation (10.7) :

$$\langle \tilde{f} \rangle = \sum_{i,k} \varrho_{ki} \langle \Psi_E^{(i)} | \hat{f} | \Psi_E^{(k)} \rangle \, .$$

(10.8)

La quantité ϱ_{ki} s'interprète alors comme la probabilité avec laquelle l'élément matriciel $\langle \Psi_E^{(i)} | \hat{f} | \Psi_E^{(k)} \rangle$ contribue à la moyenne statistique $\langle f \rangle$ de l'observable $\hat{f}$. Le passage de la représentation diagonale, equation (10.7), à l'équation (10.8) s'illustre aisément si l'on développe les états $\Psi_E^{(i)}$ suivant un ensemble complet ϕ_k,

$$\Psi_E^{(i)} = \sum_k a_k^{(i)} \phi_k \, .$$

(10.9)

En reportant ce résultat dans l'équation (10.7) on obtient

$$\langle \hat{f} \rangle = \sum_i \varrho_i \sum_{k,k'} a_k^{(i)*} a_{k'}^{(i)} \langle \phi_k | \hat{f} | \phi_{k'} \rangle = \sum_{k,k'} \left(\sum_i \varrho_i a_k^{(i)*} a_{k'}^{(i)} \right) \langle \phi_k | \hat{f} | \phi_{k'} \rangle \, .$$

(10.10)

L'expression entre crochets peut maintenant être identifiée aux probabilités $\varrho_{k'k}$ les plus générales, qui contiennent aussi des termes non diagonaux,

$$\varrho_{k'k} = \sum_i \varrho_i a_{k'}^{(i)} a_k^{(i)*}$$

(10.11)

on obtient alors pour l'équation (10.10) l'expression

$$\langle \hat{f} \rangle = \sum_{k,k'} \varrho_{k'k} \langle \phi_k | \hat{f} | \phi_{k'} \rangle \, .$$

(10.12)

On peut désormais interpréter les nombres $\varrho_{k'k}$ comme les éléments matriciels d'un opérateur $\hat{\varrho}$ dans la base des ϕ_k, $\varrho_{k'k} = \langle \phi_{k'} | \hat{\varrho} | \phi_k \rangle$. L'équation (10.12) s'écrit alors

$$\langle \hat{f} \rangle = \sum_{k,k'} \langle \phi_{k'} | \hat{\varrho} | \phi_k \rangle \langle \phi_k | \hat{f} | \phi_{k'} \rangle \tag{10.13}$$

ou, en raison de la relation de fermeture de la base,

$$1 = \sum_k | \phi_k \rangle \langle \phi_k | \, , \tag{10.14}$$

$$\langle f \rangle = \sum_{k'} \langle \phi_{k'} | \hat{\varrho} \hat{f} | \phi_{k'} \rangle = \text{Tr} \left(\hat{\varrho} \hat{f} \right) . \tag{10.15}$$

Comme on le remarque, la moyenne statistique d'une observable $\hat{f}$ correspond à la trace du produit de l'opérateur $\hat{f}$ avec un opérateur statistique $\hat{\varrho}$, l'opérateur - densité. Les éléments matriciels ϱ_{ki} représentent simplement dans une base arbitraire les probabilités avec lesquelles les éléments matriciels $\langle i | \hat{f} | k \rangle$ de l'observable $\hat{f}$ contribuent aux moyennes statistiques dans cette base (voir (10.12)).

En mécanique quantique on connaît la définition générale de la trace d'un opérateur $\hat{O}$: $\text{Tr} \, \hat{O} = \sum_k \langle \phi_k | \hat{O} | \phi_k \rangle$. La trace est simplement la somme des valeurs espérées de l'opérateur (éléments matriciels diagonaux) dans une base arbitraire. La valeur de la trace est indépendante de la base choisie, puisqu'avec $\phi_k = \sum_i S_{ki} \psi_i$ on en déduit immédiatement que

$$\sum_k \langle \phi_k | \hat{O} | \phi_k \rangle = \sum_{k,i,j} S_{ki}^* S_{kj} \langle \psi_i | \hat{O} | \psi_j \rangle$$
$$= \sum_{ij} \delta_{ij} \langle \psi_i | \hat{O} | \psi_j \rangle = \sum_i \langle \psi_i | \hat{O} | \psi_i \rangle . \tag{10.16}$$

Il est nécessaire de connaître l'élément neutre de la transformation $\hat{S}$ de la base.

L'expression (10.15) se ramène évidemment à l'équation initiale (10.7), si l'on se sert des valeurs propres de l'opérateur $\hat{\varrho}$ ou de l'observable $\hat{f}$ comme base. Dans cette base on a soit $\varrho_{ik} = \varrho_i \delta_{ik}$ ou $\langle i | \hat{f} | k \rangle = \langle i | \hat{f} | i \rangle \delta_{ik}$.

La condition (10.15) pour le calcul des moyennes statistiques en mécanique quantique est exactement analogue à la moyenne statistique sur un ensemble classique,

$$\langle f(\boldsymbol{r}_i, \boldsymbol{p}_i) \rangle = \frac{1}{h^{3N}} \int \mathrm{d}\omega \varrho(\boldsymbol{r}_i, \boldsymbol{p}_i) f(\boldsymbol{r}_i, \boldsymbol{p}_i) \tag{10.17}$$

la seule différence étant que dans le cas quantique on ne somme pas sur tous les points de l'espace des phases $(\boldsymbol{r}_i, \boldsymbol{p}_i)$, mais sur tous les états qui engendrent l'espace de Hilbert du système considéré. L'opérateur - densité joue donc le même rôle en mécanique quantique que la densité dans l'espace des phases en mécanique statistique classique. La nécessité de faire correspondre un opérateur à la densité dans l'espace des phases en mécanique quantique devient alors évidente, si l'on considère que la densité dans l'espace des phases est elle même une observable classique et que l'on associe un opérateur à toute observable classique en mécanique quantique,

$$\varrho(\boldsymbol{r}_1, \ldots, \boldsymbol{r}_N, \boldsymbol{p}_1, \ldots, \boldsymbol{p}_N, t) \to \hat{\varrho}(\hat{\boldsymbol{r}}_1, \ldots, \hat{\boldsymbol{r}}_N, \hat{\boldsymbol{p}}_1, \ldots, \hat{\boldsymbol{p}}_N, t) . \qquad (10.18)$$

On peut maintenant en principe écrire les opérateurs densités des trois ensembles classiques ; il nous suffit simplement de réinterpréter les observables qui apparaissent dans la densité classique dans l'espace des phases en tant qu'opérateurs.

Avant d'en arriver là cependant, nous allons étudier la différence entre la moyenne statistique et celle en mécanique quantique. Nous allons également étudier plus précisément les propriétés générales de l'opérateur densité.

10.2 Etats purs et mélange statistique d'états purs (états mixtes)

Si en mécanique quantique un système se trouve dans un certain état microscopique décrit par un vecteur d'état $|\Psi^{(i)}\rangle$ (un ket), nous dirons que le système est dans un *état pur*. Si d'autre part, le système peut se trouver dans un quelconque des différents états microscopiques $|\Psi^{(i)}\rangle$ avec les probabilités ϱ_i, on a affaire à un état mixte. Montrons maintenant que les états mixtes ou purs sont complètement décrits par les éléments matriciels de l'opérateur densité ; c'est-à-dire, que l'on peut calculer toutes les moyennes quantiques et statistiques d'observables arbitraires, si la matrice densité est connue.

À cet effet, exprimons tout d'abord l'opérateur densité dans une base arbitraire $|\phi_k\rangle$ en notation de Dirac,

$$\hat{\varrho} = \sum_{k,k'} |\phi_{k'}\rangle \, \varrho_{k'k} \, \langle \phi_k| . \qquad (10.19)$$

D'après le paragraphe précédent, les éléments diagonaux de la matrice $\varrho_{kk} = \langle \phi_k | \hat{\varrho} | \phi_k \rangle$ représentent simplement les probabilités qu'a le système de se trouver dans l'état particulier $|\phi_k\rangle$, alors que les éléments non diagonaux $\varrho_{k'k} = \langle \phi_{k'} | \hat{\varrho} | \phi_k \rangle$ donnent les probabilités des transitions spontanées du système d'un état $|\phi_k\rangle$ vers un autre état $|\phi_{k'}\rangle$. Si l'on prépare notre système de telle façon qu'il puisse se trouver dans un quelconque des états $|\Psi^{(i)}\rangle$ avec les probabilités ϱ_{ii} et avec $\varrho_{ik} = 0$ pour $i \neq k$, l'opérateur densité sera diagonal (états définis avec une probabilité précise) :

$$\hat{\varrho} = \sum_i |\Psi^{(i)}\rangle \varrho_{ii} \langle \Psi^{(i)}| . \qquad (10.20)$$

Admettons ici que les états $|\Psi^{(i)}\rangle$ forment un système orthonormé. On peut toujours obtenir un système orthonormé en utilisant la procédure d'orthogonalisation de Schmidt[1]. Les états purs sont caractérisés par le fait qu'un seul vecteur

---

[1] W. Greiner : *Mécanique Quantique – Une Introduction* (Springer, Berlin, Heidelberg 1999).

d'état contribue à la somme (10.20). Pour des états de mélanges de nombreux termes y contribuent ; c'est-à-dire, qu'on ne peut plus déterminer exactement dans quel état se trouve le système. Remarquons que les états $|\Psi^{(i)}\rangle$ ne forment pas nécessairement un système complet dans tout l'espace de Hilbert. Ils n'engendrent que le sous - espace de Hilbert dans lequel le vecteur d'état n'est pas précisément déterminé.

Le système se trouve dans un état mixte, si plusieurs états $|\Psi(i)\rangle$ se produisent avec la probabilité ϱ_{ii}. Toutefois, il se trouve dans un état pur, si et seulement si le vecteur d'état $|\Psi^{(i)}\rangle$ du système est parfaitement connu ; c'est-à-dire, si $\varrho_{ii} = 1$ pour un indice i et est égal à zéro dans les autres cas. Pour des états purs l'équation (10.20) devient,

$$\hat{\varrho}^{\text{pur}} = |\Psi^{(i)}\rangle\langle\Psi^{(i)}| \,. \tag{10.21}$$

Si le système se trouve dans l'état pur parfaitement défini $|\Psi^{(i)}\rangle$, l'opérateur densité se réduit au projecteur

$$P_{|\Psi^{(i)}\rangle} = |\Psi^{(i)}\rangle\langle\Psi^{(i)}| \tag{10.22}$$

correspondant à cet état bien déterminé et le sous - espace correspondant est uni dimensionnel. La matrice densité ne possède qu'un seul élément non nul par rapport aux états $|\Psi^{(i)}\rangle$, ainsi $\varrho_{ii} = 1$ et sinon $\varrho_{k'k} = 0$. Remarquons toutefois que dans une base arbitraire, la matrice densité d'un état pur peut contenir de nombreux termes non nuls. Dans une autre base l'équation (10.21) se transforme en

$$\begin{aligned}\hat{\varrho}^{\text{pur}} &= \sum_{kk'} |\phi_k\rangle \langle\phi_k|\Psi^{(i)}\rangle\langle\Psi^{(i)}|\phi_{k'}\rangle\langle\phi_{k'}| \\ &= \sum_{kk'} |\phi_k\rangle a_k^{(i)} a_{k'}^{(i)*} \langle\phi_{k'}| \end{aligned} \tag{10.23}$$

si les $a_k^{(i)}$ sont les coefficients du développement de l'équation (10.9). Dans cette base la matrice densité s'écrit,

$$\varrho_{kk'}^{\text{pur}} = a_k^{(i)} a_{k'}^{(i)*} \,. \tag{10.24}$$

On peut déduire un critère commode dans le cas où la matrice densité décrit un état pur à partir des propriétés générales des opérateurs projectifs,

$$P_{|\Psi\rangle}^2 = P_{|\Psi\rangle} \tag{10.25}$$

puisque $|\Psi\rangle\langle\Psi|\Psi\rangle\langle\Psi| = |\Psi\rangle\langle\Psi|$. Dans ce cas indépendamment de la base on a

$$\left(\hat{\varrho}^{\text{pur}}\right)^2 = \hat{\varrho}^{\text{pur}} \,. \tag{10.26}$$

Si au contraire le système peut se trouver dans différents (même une infinité) états $|\Psi^{(i)}\rangle$ avec les probabilités définies ϱ_{ii}, le vecteur d'état n'est pas fixé, mais tout vecteur du sous - espace généré par les $|\Psi^{(i)}\rangle$ peut intervenir. Les ϱ_{ii}

représentent alors les probabilités de trouver la composante particulière $|\Psi^{(i)}\rangle$ dans cet état mixte. Pour pouvoir les considérer comme des probabilités on doit évidemment avoir

$$\sum_i \varrho_{ii} = 1 , \quad 0 \le \varrho_{ii} \le 1 . \tag{10.27}$$

Montrons à présent que si l'on connaît la matrice densité dans une certaine base, toutes les observables de la mécanique quantique peuvent être calculées. Soit $\hat{f}$ une observable du système et $|\phi_f\rangle$ les états propres correspondant à la valeur propre f. La grandeur mesurable la plus générale est la probabilité $|\langle\phi_f|\Psi^{(i)}\rangle|^2$, de mesurer la valeur propre f dans l'état pur $|\Psi^{(i)}\rangle$. Cette probabilité s'exprime à l'aide de la matrice densité $\hat{\varrho}^{\text{pur}} = |\Psi^{(i)}\rangle\langle\Psi^{(i)}|$ correspondant à l'état pur $|\Psi^{(i)}\rangle$. Soit $P_{|\phi^{(f)}\rangle} = |\phi_f\rangle\langle\phi_f|$ la projection sur l'état propre de l'observable $\hat{f}$ correspondant à la valeur propre f (tout comme $\hat{\varrho}^{\text{pur}}$ représente la projection sur l'état $|\Psi^{(i)}\rangle$). On a alors l'identité :

$$|\langle\phi_f|\Psi^{(i)}\rangle|^2 = \text{Tr}\left(\hat{\varrho}^{\text{pur}} P_{|\phi^{(f)}\rangle}\right) . \tag{10.28}$$

Pour prouver cette identité calculons à nouveau la trace dans l'équation (10.28) en fonction de la base d'états propres $|\phi_f\rangle$ de l'opérateur $\hat{f}$. On a

$$\begin{aligned}
\text{Tr}\left(\hat{\varrho}^{\text{pur}} P_{|\phi^{(f)}\rangle}\right) &= \sum_{f'} \langle\phi_{f'}|\hat{\varrho}^{\text{pur}}\hat{P}_{|\phi_f\rangle}|\phi_{f'}\rangle \\
&= \sum_{f'} \langle\phi_{f'}|\Psi^{(i)}\rangle\langle\Psi^{(i)}|\phi_f\rangle\langle\phi_f|\phi_{f'}\rangle \\
&= \langle\phi_f|\Psi^{(i)}\rangle\langle\Psi^{(i)}|\phi_f\rangle . \tag{10.29}
\end{aligned}$$

Nous avons explicitement reporté les expressions de $\hat{\varrho}^{\text{pur}} = |\Psi^{(i)}\rangle\langle\Psi^{(i)}|$ et de $P_{|\phi_f\rangle} = |\phi_f\rangle\langle\phi_f|$ et nous avons utilisé la propriété d'orthogonalité de la base $\langle\phi_f|\phi_{f'}\rangle = \delta_{ff'}$. En raison du facteur $\delta_{ff'}$ la somme se réduit au terme pour lequel $f = f'$. On obtient de manière analogue pour un état mixte

$$\begin{aligned}
\text{Tr}\left(\hat{\varrho} P_{|\phi_f\rangle}\right) &= \sum_{f'} \sum_i \langle\phi_{f'}|\Psi^{(i)}\rangle\varrho_{ii}\langle\Psi^{(i)}|\phi_f\rangle\langle\phi_f|\phi_{f'}\rangle \\
&= \sum_i \langle\phi_f|\Psi^{(i)}\rangle\varrho_{ii}\langle\Psi^{(i)}|\phi_f\rangle \\
&= \sum_i \varrho_{ii}\left|\langle\phi_f|\Psi^{(i)}\rangle\right|^2 \tag{10.30}
\end{aligned}$$

c'est-à-dire, la superposition des probabilités quantiques $|\langle\phi_f|\Psi^{(i)}\rangle|^2$ pour chaque état $|\Psi^{(i)}\rangle$ avec les probabilités statistiques ϱ_{ii}.

En général, la détermination de la trace pour un opérateur et une base arbitraires $|\Phi_k\rangle$ donne

$$
\begin{aligned}
\langle \hat{f} \rangle = \mathrm{Tr}\left(\hat{\varrho}\,\hat{f}\right) &= \sum_{ki} \langle \Phi_k | \Psi^{(i)} \rangle \varrho_{ii} \langle \Psi^{(i)} | \hat{f} | \Phi_k \rangle \\
&= \sum_i \varrho_{ii} \sum_{kk'} \langle \Phi_k | \Psi^{(i)} \rangle \langle \Psi^{(i)} | \Phi_{k'} \rangle \langle \Phi_{k'} | \hat{f} | \Phi_k \rangle \\
&= \sum_i \varrho_{ii} \sum_{kk'} a_k^{(i)} a_{k'}^{(i)*} \langle \Phi_{k'} | \hat{f} | \Phi_k \rangle
\end{aligned}
\tag{10.31}
$$

résultat bien sûr conforme aux équations (10.10), (10.12) et (10.18). Cependant dans l'équation (10.31), on observe immédiatement la différence principale entre la moyenne en mécanique quantique avec les amplitudes $a_k^{(i)}$ et la moyenne statistique avec les probabilités ϱ_{ii}. Les amplitudes $a_k^{(i)}$ sont des nombres complexes possédant des modules et des phases, tandis que les ϱ_{ii} sont des probabilités réelles. Cela signifie qu'en prenant une moyenne en mécanique quantique il peut se produire des interférences - pour parler dans le langage des ondes - alors que ce n'est pas le cas pour la moyenne statistique.

Considérons par exemple le sous - espace généré par les vecteurs $|\Psi^{(i)}\rangle$. Si le vecteur d'état $|\Psi\rangle$ du système est connu exactement, on peut former une combinaison linéaire,

$$
|\Psi\rangle = \sum_i a_i |\Psi^{(i)}\rangle
\tag{10.32}
$$

où les $|\Psi^{(i)}\rangle$ devront peut-être être transformés en un système orthonormé complet par addition d'autres vecteurs. Les coefficients $a_i = \langle \Psi^{(i)} | \Psi \rangle$ sont des nombres complexes avec certains modules et phases relatives (la phase absolue de la fonction d'onde est, on le sait, sans importance). La valeur espérée en mécanique quantique d'une observable $\hat{f}$ s'écrit alors

$$
\langle \Psi | \hat{f} | \Psi \rangle = \sum_{i,k} a_i^* a_k \langle \Psi^{(i)} | \hat{f} | \Psi^{(k)} \rangle \ .
\tag{10.33}
$$

Formons cependant la moyenne statistique pure dans un état mixte, lorsque les $|\Psi^{(i)}\rangle$ apparaissent avec les probabilités ϱ_{ii},

$$
\langle \hat{f} \rangle = \sum_i \varrho_{ii} \langle \Psi^{(i)} | \hat{f} | \Psi^{(i)} \rangle \ .
\tag{10.34}
$$

On remarque que dans ce dernier cas les termes mixtes disparaissent. Même si l'on prépare un système de façon que dans un état mixte les ϱ_{ii} correspondent en valeur exactement aux $|a_i|^2$, on n'obtient néanmoins pas la même moyenne en général, puisque la moyenne statistique ne contient aucune information sur les phases.

La moyenne en mécanique quantique est qualifiée de *cohérente* en raison des interférences possibles, tandis que la moyenne statistique est qualifiée d'*incohérente*.

EXEMPLE ████████████████████

10.1 L'électron libre

Un électron libre possédant un spin peut être décrit par la fonction d'onde

$$\Phi_{k,s}(r) = \frac{1}{(2\pi)^{3/2}} \exp(ik \cdot r) \chi_s$$

avec

$$\chi_{+1/2} = \begin{pmatrix} 1 \\ 0 \end{pmatrix},$$

$$\chi_{-1/2} = \begin{pmatrix} 0 \\ 1 \end{pmatrix}$$

où $s = \pm 1/2$ caractérise les deux projections possibles du spin. Chaque combinaison linéaire

$$\Psi_k = a_+ \Phi_{k,+1/2} + a_- \Psi_{k,-1/2} \tag{10.35}$$

est une fonction propre du hamiltonien de l'électron libre. Les deux fonctions $\Phi_{k,+1/2}$ et $\Phi_{k,-1/2}$ sont orthogonales et engendrent par conséquent un sous-espace de l'espace de Hilbert pour chaque valeur propre de la quantité de mouvement ou de l'énergie. D'après l'équation (10.35), dans l'état Ψ_k on mesurera les projections du spin $s = \pm 1/2$ avec les probabilités $|a_\pm|^2$.

Comme on le sait, un certain spin de l'électron correspond à une onde polarisée associée à l'électron. Par exemple, pour $a_+ = 1$ et $a_- = 0$ l'onde est à polarisation droite et pour $a_+ = 0$ et $a_- = 1$ elle est à polarisation gauche. Mais d'après l'équation (10.35), toute combinaison linéaire cohérente correspond à un état de polarisation bien définie, en général il s'agit d'une polarisation elliptique. L'état de polarisation peut être décrit par le vecteur polarisation

$$P = \langle \Psi_k | \sigma | \Psi_k \rangle,$$

où les σ sont les matrices de Pauli. En reportant l'équation (10.35) et en utilisant l'orthogonalité des ondes planes, on obtient

$$P = \left(a_+^*, a_-^* \right) \sigma \begin{pmatrix} a_+ \\ a_- \end{pmatrix} = \begin{pmatrix} a_+^* a_- + a_-^* a_+ \\ i \left(a_-^* a_+ - a_+^* a_- \right) \\ a_+^* a_+ - a_-^* a_- \end{pmatrix}.$$

Puisque $|a_+|^2 + |a_-|^2 = 1$, on peut immédiatement se rendre compte qu'on a toujours $|P| = 1$; c'est-à-dire, que le système est parfaitement polarisé. Cependant, si l'on mesure la polarisation d'un ensemble statistique d'électrons (par exemple, ceux issus d'une cathode chauffée), ceux-ci ne sont en général pas polarisés. Cela ne signifie pas simplement que les deux projections de spins

$s = \pm 1/2$ ont lieu un nombre identique de fois dans un faisceau d'électrons non polarisés (ce serait aussi les cas pour un faisceau d'électrons à polarisation rectiligne avec $|a_+| = |a_-| = 1/\sqrt{2}$), mais que dans l'ensemble statistique le vecteur d'état dans le sous espace correspondant à $s = \pm 1/2$ n'est pas déterminé. On ne peut que se donner des probabilités réelles ϱ_+ et ϱ_- de trouver un électron dans les états $\Phi_{k,+1/2}$ ou $\Phi_{k,-1/2}$, ce qui signifie que toutes les phases relatives sont possibles. Le vecteur de polarisation correspondant résulte d'une moyenne incohérente (statistique) :

$$\langle \boldsymbol{P} \rangle = \varrho_+ \langle \Phi_{k,+1/2} | \boldsymbol{\sigma} | \Phi_{k,+1/2} \rangle + \varrho_- \langle \Phi_{k,-1/2} | \boldsymbol{\sigma} | \Phi_{k,-1/2} \rangle$$

$$= \varrho_+ \begin{pmatrix} 0 \\ 0 \\ 1 \end{pmatrix} + \varrho_- \begin{pmatrix} 0 \\ 0 \\ -1 \end{pmatrix} = \begin{pmatrix} 0 \\ 0 \\ \varrho_+ - \varrho_- \end{pmatrix} .$$

Si les deux probabilités valent $\varrho_+ = \varrho_- = 1/2$, le faisceau n'est pas du tout polarisé $|\langle \boldsymbol{P} \rangle| = 0$.

Dans cet exemple, il apparaît clairement que l'on a affaire à un état mixte si l'on n'a pas l'information maximale qu'il est possible de déduire de la mécanique quantique, c'est-à-dire si l'on détermine seulement quelques nombres quantiques (l'énergie dans cet exemple) parmi un grand nombre (énergie, projection du spin, etc.).

Plusieurs nombres quantiques dans un certain état correspondent toujours à plusieurs opérateurs qui commutent mutuellement, et qui peuvent être mis simultanément sous forme diagonale. Le sous - espace de l'espace de Hilbert, dans lequel le vecteur d'état n'est pas fixé, est alors simplement généré par les seules valeurs propres des opérateurs dont les nombres quantiques ne sont pas déterminés. En particulier, la matrice densité sera diagonale dans cette base. La matrice densité dans l'exemple précédent concernant les électrons à spin, s'écrit, par exemple :

$$\varrho_{s,s'} = \begin{pmatrix} \varrho_+ & 0 \\ 0 & \varrho_- \end{pmatrix} , \qquad \varrho_+ + \varrho_- = 1 . \tag{10.36}$$

D'autre part, la matrice densité de l'état pur (10.35) s'exprime à l'aide des $a_\pm$, ou encore plus simplement, à l'aide du vecteur polarisation,

$$\varrho_{s,s'}^{\text{pur}} = \begin{pmatrix} a_+ \\ a_- \end{pmatrix} \begin{pmatrix} a_+^* a_-^* \end{pmatrix} = \begin{pmatrix} a_+^* a_+ & a_-^* a_+ \\ a_+^* a_- & a^* a_- \end{pmatrix}$$

$$= \frac{1}{2} \begin{pmatrix} 1 + P_z & P_x - \mathrm{i} P_y \\ P_x + \mathrm{i} P_y & 1 - P_z \end{pmatrix} . \tag{10.37}$$

10.3 Propriétés de la matrice densité

On peut tirer directement quelques propriétés importantes vérifiées par la matrice densité des deux paragraphes précédents. On déduit immédiatement de la définition des éléments matriciels de la matrice densité dans une base arbitraire

$$\varrho_{kk'} = \sum_i \varrho_i a_{k'}^{(i)} a_k^{(i)*} \tag{10.38}$$

que la matrice densité est hermitique,

$$\varrho_{k'k}^* = \varrho_{kk'} \quad \text{ou} \quad \hat{\varrho}^+ = \hat{\varrho} \tag{10.39}$$

puisque les ϱ_i sont réels. De la condition de normalisation, $\sum_i \varrho_i = 1$ on en déduit que

$$\sum_k \varrho_{kk} = \sum_i \varrho_i \left(\sum_k \left| a_k^{(i)} \right|^2 \right) = 1 \quad \text{ou} \quad \text{Tr}\,\hat{\varrho} = 1 \ . \tag{10.40}$$

Comme déjà mentionné, la matrice densité représentera un état pur si,

$$\hat{\varrho}^2 = \hat{\varrho} \ . \tag{10.41}$$

Les éléments matriciels

$$\varrho_{k'k} = \langle \Phi_{k'} | \hat{\varrho} | \Phi_k \rangle \tag{10.42}$$

dans une base arbitraire s'interprètent comme les probabilités pour le système de se trouver dans l'état $|\Phi_k\rangle$ (probabilité ϱ_{kk}), ou respectivement, que celui-ci fasse une transition spontanée de l'état $|\Phi_k\rangle$ vers l'état $|\Phi_{k'}\rangle$. De la même manière, la matrice densité dans la représentation de position d'une particule,

$$\varrho(\boldsymbol{r}', \boldsymbol{r}) = \langle \boldsymbol{r}' | \hat{\varrho} | \boldsymbol{r} \rangle \tag{10.43}$$

s'interprète comme la probabilité de transition pour la particule d'aller de $\boldsymbol{r}$ en $\boldsymbol{r}'$. En particulier les éléments diagonaux $\varrho(\boldsymbol{r}) = \langle \boldsymbol{r} | \hat{\varrho} | \boldsymbol{r} \rangle$ sont simplement la distribution de densité dans l'espace des coordonnées. De la même façon, la distribution des quantités de mouvement résulte des éléments diagonaux de la représentation de la matrice densité dans l'espace des quantités de mouvement, $\langle \boldsymbol{p}' | \hat{\varrho} | \boldsymbol{p} \rangle$. Notons que l'on obtient soit la distribution dans l'espace des coordonnées ou la distribution des quantités de mouvement, mais pas les deux simultanément, en accord avec la relation d'incertitude. La matrice densité renferme cependant des informations supplémentaires qui ne peuvent pas être comprises d'un point de vue classique. Par exemple, la probabilité de transition spontanée d'une particule du point $\boldsymbol{r}$ vers le point $\boldsymbol{r}'$, n'a pas d'analogue classique.

Etudions à présent l'évolution dans le temps de la matrice densité. À cet effet, nous permettrons à des états particuliers $|\Psi^{(i)}(t)\rangle$ de varier au cours du temps (dans la représentation de Schrödinger) et nous calculerons une moyenne temporelle avec les probabilités ϱ_i. Chacun des vecteurs d'état vérifie l'équation de Schrödinger

$$i\hbar \frac{\partial}{\partial t}|\Psi^{(i)}(t)\rangle = \hat{H}|\Psi^{(i)}(t)\rangle \tag{10.44}$$

ou sa conjuguée hermitique

$$-i\hbar \frac{\partial}{\partial t}\langle\Psi^{(i)}(t)| = \langle\Psi^{(i)}(t)|\hat{H} . \tag{10.45}$$

Par ailleurs, les probabilités ϱ_i ne varient pas au cours du temps

$$\frac{\mathrm{d}}{\mathrm{d}t}\varrho_i = 0 . \tag{10.46}$$

Elles déterminent simplement avec quelle précision nous avons fixé le vecteur d'état à l'origine des temps ($t = 0$). Par la suite cependant le système peut évoluer conformément à son hamiltonien et les ϱ_i restent constants tant qu'il n'y a pas d'interférence externe. On obtient la dépendance temporelle de la matrice densité par

$$\begin{aligned}i\hbar \frac{\mathrm{d}}{\mathrm{d}t}\hat{\varrho} &= i\hbar \frac{\mathrm{d}}{\mathrm{d}t}\sum_i |\Psi^{(i)}(t)\rangle\varrho_i\langle\Psi^{(i)}(t)| \\ &= \sum_i \left(\hat{H}|\Psi^{(i)}(t)\rangle\varrho_i\langle\Psi^{(i)}(t)| - |\Psi^{(i)}(t)\rangle\varrho_i\langle\Psi^{(i)}(t)|\hat{H}\right) \\ &= \hat{H}\hat{\varrho} - \hat{\varrho}\hat{H} \end{aligned} \tag{10.47}$$

ou

$$i\hbar \frac{\mathrm{d}}{\mathrm{d}t}\hat{\varrho} = \left[\hat{H}, \hat{\varrho}\right] . \tag{10.48}$$

Cette équation du mouvement de la matrice densité se nomme équation de *von Neumann*. Elle est l'analogue de l'équation de Liouville pour la densité dans l'espace des phases classique :

$$\frac{\mathrm{d}\varrho(\boldsymbol{r}_i, \boldsymbol{p}_i, t)}{\mathrm{d}t} = \frac{\partial}{\partial t}\varrho(\boldsymbol{r}_i, \boldsymbol{p}_i, t) + \{H, \varrho\} = 0 \tag{10.49}$$

remarquons qu'en mécanique quantique le crochet de Poisson classique $\{H, \varrho\}$ se transforme en commutateur $1/i\hbar[\hat{H}, \hat{\varrho}]$. Soulignons que l'équation de von Neumann (10.48) ne doit pas être confondue avec la mécanique des opérateurs dans la représentation de Heisenberg. Celle ci s'énonce

$$i\hbar \frac{\mathrm{d}}{\mathrm{d}t}\hat{O}_H\left(\hat{q}(t), \hat{p}(t), t\right) = i\hbar \frac{\partial}{\partial t}\hat{O}_H\left(\hat{q}, \hat{p}, t\right) + \left[\hat{O}_H, \hat{H}_H\right] \tag{10.50}$$

où tous les états $|\Psi^{(i)}\rangle$ dans la représentation de Heisenberg restent indépendants du temps. Puisque la matrice densité est une simple combinaison linéaire de projecteurs sur ces vecteurs d'états indépendants du temps, il s'en suit que dans la représentation de Heisenberg on a

$$\frac{d}{dt}\hat{\varrho}_H = 0 \, . \tag{10.51}$$

Au contraire l'équation de von Neumann se réfère à la représentation de Schrödinger, dans laquelle les opérateurs possèdent seulement une dépendance explicite vis-à-vis du temps, mais où les vecteurs d'états $|\Psi^{(i)}(t)\rangle$ dépendent du temps. On obtient pour la dépendance temporelle de la valeur espérée d'un opérateur arbitraire $\hat{f}$ (représentation de Schrödinger)

$$\begin{aligned}
i\hbar \frac{d}{dt}\langle \hat{f} \rangle &= i\hbar \frac{d}{dt} \text{Tr}\left(\hat{\varrho}\hat{f}\right) = \text{Tr}\left(i\hbar \frac{d}{dt}\left(\hat{\varrho}\hat{f}\right)\right) \\
&= \text{Tr}\left(\left[\hat{H},\hat{\varrho}\right]\hat{f} + \hat{\varrho}\left(i\hbar \frac{\partial \hat{f}}{\partial t}\right)\right) \\
&= \text{Tr}\left(\left[\hat{H},\hat{\varrho}\right]\hat{f}\right) + i\hbar \left\langle \frac{\partial \hat{f}}{\partial t} \right\rangle
\end{aligned} \tag{10.52}$$

où $\hat{f}$ peut au plus dépendre explicitement du temps en représentation de Schrödinger. Un opérateur densité vérifiant

$$i\hbar \frac{d}{dt}\hat{\varrho} = \left[\hat{H},\hat{\varrho}\right] = 0 \tag{10.53}$$

est dit *stationnaire*. Dans ce cas, qui est absolument analogue à celui de l'ensemble stationnaire classique, on n'obtient aucune contribution de la dépendance temporelle de l'opérateur densité sur la dépendance temporelle des valeurs espérées.

Intéressons nous de nouveau à la matrice densité, mais d'un autre point de vue. Donnons nous un système total qui soit constitué de deux systèmes partiels en interaction (figure 10.1). Assignons les coordonnées ξ au premier système partiel et les coordonnées x au second. L'évolution temporelle de la fonction d'onde totale $\Psi(\xi, x, t)$ est déterminée par l'équation de Schrödinger

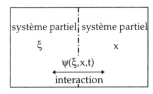

Fig. 10.1. Système constitué de deux systèmes partiels en interaction

$$i\hbar \frac{\partial}{\partial t}\Psi(\xi, x, t) = \hat{H}(\xi, x)\Psi(\xi, x, t) \, . \tag{10.54}$$

Soit $\hat{S}(x)$ une observable possédant l'ensemble complet de fonctions propres $\phi_S(x)$, qui ne dépend que de la coordonnée x d'un système partiel. La fonction d'onde totale peut alors être développée en fonction de $\phi_S(x)$, où les coefficients du développement dépendent de ξ et de t. Des fonctions d'ondes du système avec les coordonnées ξ s'écrivent

$$\Psi(\xi, x, t) = \sum_S \Phi_S(\xi, t)\phi_S(x) \, . \tag{10.55}$$

D'autre part, soit $\hat{f}(x)$ une autre observable quelconque du système partiel correspondant à x, sa valeur espérée vaut

$$
\begin{aligned}
\langle\Psi|\hat{f}|\Psi\rangle &= \sum_{S,S'}\langle\Phi_S(\xi,t)\phi_S(x)|\hat{f}(x)|\Phi_{S'}(\xi,t)\phi_{S'}(x)\rangle \\
&= \sum_{S,S'}\langle\Phi_S(\xi,t)|\Phi_{S'}(\xi,t)\rangle\langle\phi_S(x)|\hat{f}(x)|\phi_{S'}(x)\rangle .
\end{aligned}
\tag{10.56}
$$

Il y a deux intégrations d'espace (crochets de Dirac), puisqu'il faut intégrer par rapport à x ainsi que par rapport à ξ dans la valeur espérée $\langle\Psi|\hat{f}|\Psi\rangle$. Posons à présent

$$
\varrho_{S',S}(t) = \langle\Phi_S(\xi,t)|\Phi_{S'}(\xi,t)\rangle .
\tag{10.57}
$$

L'équation (10.56) devient

$$
\langle\Psi|\hat{f}|\Psi\rangle = \sum_{S,S'}\varrho_{S',S}\langle\phi_S(x)|\hat{f}(x)|\phi_{S'}(x)\rangle = \mathrm{Tr}\left(\hat{\varrho}\,\hat{f}\right) .
\tag{10.58}
$$

L'équation (10.57) définit manifestement une matrice densité pour le système partiel x. La matrice densité décrit donc l'influence externe des systèmes partiels sur le système dans lequel on observe l'observable $\hat{f}(x)$. En pratique, le système partiel avec les coordonnées ξ peut être par exemple un thermostat ou quelque chose de semblable.

Il est intéressant de calculer à nouveau la dépendance temporelle de la matrice densité en utilisant l'équation (10.57)

$$
\mathrm{i}\hbar\dot{\varrho}_{S'S}(t) = \mathrm{i}\hbar\int \mathrm{d}\xi\left(\dot{\Phi}_S^*(\xi,t)\Phi_{S'}(\xi,t) + \Phi_S^*(\xi,t)\dot{\Phi}_{S'}(\xi,t)\right) .
\tag{10.59}
$$

On obtient les deux dérivées par rapport au temps en reportant l'équation (10.55) dans l'équation (10.54), en multipliant par $\phi_{S'}^*(x)$ et en intégrant par rapport à x :

$$
\mathrm{i}\hbar\frac{\partial}{\partial t}\Phi_{S'}(\xi,t) = \sum_K\langle\phi_{S'}(x)|\hat{H}(\xi,x)|\phi_K(x)\rangle\Phi_K(\xi,t) .
\tag{10.60}
$$

Les éléments matriciels dépendent encore des coordonnées ξ ; notons les $H_{S'K}(\xi)$. On aboutit alors à

$$
\begin{aligned}
\mathrm{i}\hbar\frac{\partial}{\partial t}\Phi_{S'}(\xi,t) &= \sum_K H_{S'K}(\xi)\Phi_K(\xi,t) , \\
\mathrm{i}\hbar\frac{\partial}{\partial t}\Phi_S^*(\xi,t) &= -\sum_K\Phi_K^*(\xi,t)H_{KS}(\xi) .
\end{aligned}
\tag{10.61}
$$

En reportant ce résultat dans l'équation (10.59), il s'en suit

$$
\mathrm{i}\hbar\dot{\varrho}_{S'S}(t) = \sum_K\int \mathrm{d}\xi\left(\Phi_S^*(\xi,t)H_{S'K}(\xi)\Phi_K(\xi,t) - \Phi_K^*(\xi,t)H_{KS}(\xi)\Phi_{S'}(\xi,t)\right) .
$$

$$
\tag{10.62}
$$

On ne peut pas en général ici exprimer le membre de droite en fonction de la matrice densité (10.57), à l'exception du cas où le hamiltonien ne dépend pas effectivement de ξ. Dans ce cas les $H_{S'K}(\xi) = H_{S'K}$ sont de simples nombres et peuvent être sortis de l'intégrale. Dans ce cas et dans ce cas seulement, les intégrales sur $\Phi_S^*\Phi_K$ et $\Phi_K^*\Phi_{S'}$ peuvent s'exprimer à nouveau en fonction de ϱ_{KS} et $\varrho_{S'K}$ conformément à l'équation (10.57). L'équation (10.62) se réduit alors à

$$i\hbar\dot{\varrho}_{S'S}(t) = \sum_K \left(H_{S'K}\varrho_{KS} - \varrho_{S'K}H_{KS} \right) \tag{10.63}$$

c'est-à-dire, à un équation de von Neumann. *Une condition nécessaire et suffisante pour que l'équation de von Neumann soit valable est que le système soit sans interaction avec le milieu extérieur* ; c'est-à-dire, le hamiltonien du système partiel $\hat{H}(x)$ ne doit pas dépendre des coordonnées externes. Ceci est complètement en accord avec notre affirmation précédente que les probabilités ϱ_i ne dépendent pas du temps tant qu'il n'y a pas d'interférences externes.

10.4 Les opérateurs densités des statistiques quantiques

Après ces préliminaires, il n'est pas difficile de réécrire les densités dans l'espace des phases classiques en fonction des opérateurs densités. Ces derniers ne dépendent que de grandeurs conservatives, puisque d'après le paragraphe précédent, on doit avoir la relation $\left[\hat{H}, \hat{\varrho}\right] = 0$ pour des ensembles stationnaires. Puisque les densités classiques dans l'espace des phases dépendent essentiellement du hamiltonien, il est pratique d'utiliser la base des valeurs propres de l'énergie, qui sont définies par

$$\hat{H}|\phi_n\rangle = E_n|\phi_n\rangle \tag{10.64}$$

où l'indice n parcourt tous les différents états. Dans cette base les opérateurs densités sont diagonaux,

$$\varrho_{mn} = \varrho_n\delta_{mn} . \tag{10.65}$$

Les grandeurs $\varrho_n = \langle\phi_n|\hat{\varrho}|\phi_n\rangle$ peuvent s'interpréter comme étant les probabilités que le système se trouve dans les états d'énergie particuliers $|\phi_n\rangle$. Donc, si l'on mesure l'état d'énergie pour un grand nombre de systèmes identiques (un ensemble) possédant le même hamiltonien et la même matrice densité, on trouvera qu'un système choisi arbitrairement se trouve dans l'état d'énergie E_n avec la probabilité ϱ_n. Dans l'ensemble microcanonique l'énergie E d'un système isolé est déterminée à une petite incertitude ΔE près. Tous les états d'énergies comprises entre E et $E + \Delta E$ sont équiprobables. C'est une conséquence de notre hypothèse fondamentale sur l'équiprobabilité des états microscopiques.

On a dans le cas microcanonique

$$\varrho_n = \begin{cases} 1/\Omega , & E \leq E_n \leq E + \Delta E , \\ 0 , & \text{ailleurs} , \end{cases} \tag{10.66}$$

si $\Omega(E, V, N)$ représente le nombre d'états dans l'intervalle énergétique considéré. Pour un système avec un spectre d'énergie continu, on calcule d'abord la densité d'états $g(E)$ puis $\Omega = g\Delta E$.

Remarquons que les probabilités ϱ_n se déduisent de la même façon que dans le cas classique. Les états discrets d'énergie E_n jouent maintenant le rôle des éléments de surface sur la surface énergie. De manière générale on peut aussi représenter l'opérateur densité dans une base arbitraire. Pour cela, on part de l'équation (6.3) et on interprète le hamiltonien classique en tant qu'opérateur

$$\hat{\varrho} = \frac{\delta(\hat{H} - E \cdot 1)}{\text{Tr}\left(\delta(\hat{H} - E \cdot 1)\right)} . \tag{10.67}$$

Cette expression paraît un peu compliquée et n'est pas bien adaptée pour faire des calculs. En pratique, il vaut mieux utiliser la représentation énergétique plus simple (10.66). Le dénominateur de l'équation (10.67) vérifie la condition de normalisation $\text{Tr}\,\hat{\varrho} = 1$, alors que la fonction δ est nulle tant que $\hat{\varrho}$ n'agit pas sur un état d'énergie propre E.

Dans la représentation énergétique l'*opérateur densité canonique* possède les éléments diagonaux

$$\varrho_n = \frac{\exp\left(-\beta E_n\right)}{\sum_n \exp\left(-\beta E_n\right)} \tag{10.68}$$

avec la fonction de partition

$$Z(T, V, N) = \sum_n \exp\left(-\beta E_n\right) . \tag{10.69}$$

Dans ce cas également on peut écrire de manière générale l'opérateur dans une base arbitraire,

$$\hat{\varrho} = \frac{\exp\left(-\beta\hat{H}\right)}{\text{Tr}\left(\exp\left(-\beta\hat{H}\right)\right)} . \tag{10.70}$$

La fonction exponentielle dans l'opérateur est à interpréter comme un développement en série de Taylor :

$$\exp\left(-\beta\hat{H}\right) = \sum_{k=0}^{\infty} \frac{\left(-\beta\hat{H}\right)^k}{k!} . \tag{10.71}$$

La trace au dénominateur permet à nouveau de normaliser et s'identifie à la fonction de partition,

$$
\begin{aligned}
\text{Tr}\left(\exp\left(-\beta\hat{H}\right)\right) &= \sum_n \langle\phi_n|\exp\left(-\beta\hat{H}\right)|\phi_n\rangle \\
&= \sum_n \langle\phi_n|\exp\left(-\beta E_n\right)|\phi_n\rangle \\
&= \sum_n \exp\left(-\beta E_n\right) = Z(T, V, N)\,.
\end{aligned}
\tag{10.72}
$$

Nous avons utilisé ici le fait que les $|\phi_n\rangle$ sont les fonctions propres de $\hat{H}$ avec les valeurs propres E_n, si bien qu'en appliquant $\exp(-\beta E_n)$ à un état d'énergie propre on obtient simplement $\exp\left(-\beta\hat{H}\right)$.

La connaissance de la matrice densité dans n'importe quelle représentation, permet de déterminer toutes les grandeurs observables du système. Par exemple, la moyenne d'une observable $\langle\hat{f}\rangle$ est donnée par

$$
\langle\hat{f}\rangle = \text{Tr}\left(\hat{\varrho}\hat{f}\right) = \frac{\text{Tr}\left(\exp\left(-\beta\hat{H}\right)\hat{f}\right)}{\text{Tr}\left(\exp\left(-\beta\hat{H}\right)\right)}\,.
\tag{10.73}
$$

Cette procédure est entièrement analogue à la moyenne sur un ensemble classique. Nous avions alors au lieu de la trace (somme sur tous les états), l'intégrale sur l'espace des phases correspondante (voir, par exemple, (7.69)). On aura en particulier pour l'énergie moyenne

$$
U = \langle\hat{H}\rangle = \frac{\text{Tr}\left(\exp\left(-\beta\hat{H}\right)\hat{H}\right)}{\text{Tr}\left(\exp\left(-\beta\hat{H}\right)\right)} = -\frac{\partial}{\partial\beta}\ln\left(\text{Tr}\exp\left(-\beta\hat{H}\right)\right),
\tag{10.74}
$$

ou

$$
U = -\frac{\partial}{\partial\beta}\ln Z(T, V, N)\,.
\tag{10.75}
$$

On obtient alors, exactement comme dans le cas classique, toutes les observables thermodynamiques à partir de dérivées de la fonction de partition $Z(T, V, N)$. On identifie évidemment l'entropie à la moyenne

$$
S = \langle -k\ln\hat{\varrho}\rangle = -k\,\text{Tr}\left(\hat{\varrho}\ln\hat{\varrho}\right)
\tag{10.76}
$$

où l'opérateur *logarithme* représente d'un point de vue formel simplement l'inverse de la fonction exponentielle. En particulier, pour l'opérateur densité canonique on obtient à l'aide de l'équation (10.70) :

$$
S = -k\,\text{Tr}\left[\hat{\varrho}\left(-\beta\hat{H} - \ln Z(T, V, N)\right)\right] = k\beta\langle\hat{H}\rangle + k\ln Z(T, V, N)
\tag{10.77}
$$

d'où l'on peut immédiatement déduire avec l'équation (10.74) et $\beta = 1/kT$,

$$
F = U - TS = -kT\ln Z(T, V, N) = -kT\ln\left[\text{Tr}\left(\exp\left(-\beta\hat{H}\right)\right)\right]\,.
\tag{10.78}
$$

L'équation reste la même que dans le cas classique, mais il nous faut maintenant calculer la fonction de partition en utilisant les équations (10.69) ou (10.70).

En représentation énergétique, les éléments matriciels diagonaux pour l'*opérateur densité grand-canonique* s'écrivent,

$$\varrho_n = \frac{\exp[-\beta(E_n - \mu N)]}{\sum_{n,N} \exp[-\beta(E_n - \mu N)]} \ . \tag{10.79}$$

La *fonction de partition grand-canonique* devient

$$\mathcal{Z}(T, V, \mu) = \sum_{n,N} \exp[-\beta(E_n - \mu N)] = \sum_{N=0}^{\infty} z^N Z(T, V, N) \ . \tag{10.80}$$

Comme dans le cas classique, elle s'exprime comme une somme de toutes les fonctions de partition canoniques avec des nombres de particules N différents, pondérées par la fugacité $z = \exp(\beta\mu)$. Avec la notation des opérateurs l'équation (10.79) devient

$$\hat{\varrho} = \frac{\exp\left[-\beta(\hat{H} - \mu\hat{N})\right]}{\mathrm{Tr}\left\{\exp\left[-\beta(\hat{H} - \mu\hat{N})\right]\right\}} \ . \tag{10.81}$$

On considère alors en mécanique quantique que le nombre de particules N est un opérateur, $\hat{N}$. Ce n'est que pour des systèmes à nombre de particules constant que l'opérateur peut être remplacé par la valeur propre N. Pour des systèmes dans lesquels il peut y avoir création et annihilation de particules, l'opérateur $\hat{\varrho}$ agit dans un *espace* de Hilbert généralisé que l'on appelle l'*espace de Fock*. Cet espace est la somme directe de tous les espaces de Hilbert à nombre de particules fixé. De la même manière, la trace au dénominateur de l'équation (10.81) parcourt l'ensemble des éléments matriciels de $\exp\left[-\beta(\hat{H} - \mu\hat{N})\right]$, calculés pour les états de l'espace de Fock. Il s'en suit pour l'entropie

$$S = \langle -k \ln \hat{\varrho} \rangle = -k \, \mathrm{Tr}\left\{\hat{\varrho}\left[-\beta\hat{H} + \beta\mu\hat{N} - \ln \mathcal{Z}(T, V, \mu)\right]\right\}$$
$$= k\beta\langle\hat{H}\rangle - k\beta\mu\langle\hat{N}\rangle + k \ln \mathcal{Z} \ . \tag{10.82}$$

On peut encore exprimer cela en fonction de grandeurs thermodynamiques,

$$\Phi = U - TS - \mu N = -kT \ln \mathcal{Z} \tag{10.83}$$

où la fonction de partition grand-canonique est en général donnée par

$$\mathcal{Z}(T, V, \mu) = \mathrm{Tr}\left\{\exp\left[-\beta(\hat{H} - \mu\hat{N})\right]\right\} \tag{10.84}$$

et où Φ représente le *potentiel grand-canonique*. Comme dans le cas classique, il est possible de généraliser l'opérateur densité grand canonique. Si, par exemple, la grandeur conservative $\hat{O}$ avec $\left[\hat{O}, \hat{H}\right] = 0$ ne possède plus une valeur propre précise, mais ne se conserve qu'en moyenne, il nous faudra poser

$$\hat{\varrho} = \frac{\exp\left[-\beta(\hat{H} - \mu\hat{N} + \alpha\hat{O})\right]}{\mathrm{Tr}\left\{\exp\left[-\beta(\hat{H} - \mu\hat{N} + \alpha\hat{O})\right]\right\}} \ . \tag{10.85}$$

La variable intensive α (paramètre de Lagrange) est maintenant reliée à la moyenne de l'opérateur $\hat{O}$,

$$\langle \hat{O} \rangle = \text{Tr} \left(\hat{\varrho} \hat{O} \right) . \tag{10.86}$$

Si l'on fixe la variable intensive $\beta\alpha$, l'observable $\hat{O}$ aura une certaine valeur moyenne conforme à l'équation (10.86). Ceci est entièrement analogue au fait que l'énergie aura une certaine valeur moyenne lorsque la température est fixée, ou qu'on aura un certain nombre moyen de particules lorsque $\mu\beta$ est fixé. D'autre part, pour une valeur moyenne $\langle \hat{O} \rangle$ donnée, il est possible de déterminer la grandeur intensive $\beta\alpha$ à partir de l'équation (10.86).

Comme on le voit, on obtient simplement les expressions des opérateurs densité en représentation énergétique que nous avions déjà utilisées auparavant pour la description des systèmes quantiques dans le cadre des statistiques classiques.

Manifestement, l'introduction des opérateurs densité ne résout pas le problème de l'indiscernabilité des particules, puisqu'au chapitre 5 nous avons obtenu pour le calcul microcanonique en mécanique quantique dans le cas du gaz parfait pour l'essentiel le même résultat que dans le cas classique. Il a fallu corriger le résultat à l'aide du facteur correctif de Gibbs, tout comme le résultat classique. Nous n'obtiendrons une solution à ce problème et donc une théorie cohérente en statistique quantique, uniquement si nous faisons attention au fait que des particules, identiques sont également indiscernables dans les états quantiques.

Avant d'en arriver là, calculons la matrice densité pour quelques cas concrets.

EXEMPLE ▬▬▬▬▬▬▬▬▬▬▬▬▬▬▬▬▬▬▬

10.2 Particule libre en représentation des quantités de mouvement

Cherchons la matrice densité canonique en représentation des quantités de mouvement pour une particule libre dans une boite de volume $V = L^3$ et des conditions aux limites périodiques. Le hamiltonien d'une particule libre vaut $\hat{H} = \hat{p}^2/2m$ et les fonctions propres de l'énergie sont des ondes planes ;

$$\hat{H} | \phi_k \rangle = E | \phi_k \rangle \quad \text{avec} \quad E = \frac{\hbar^2 k^2}{2m}$$

et

$$\phi_k(r) = \frac{1}{\sqrt{V}} \exp\left(i k \cdot r\right) , \qquad k = \frac{2\pi}{L}(n_x, n_y, n_z) ,$$
$$n_i = 0, \pm 1, \pm 2, \dots . \tag{10.87}$$

Les valeurs propres de l'énergie sont donc discrètes, mais l'écart entre deux valeurs successives est si faible pour des volumes macroscopiques que l'on peut à nouveau considérer les quantités de mouvement et les énergies comme continues. La formulation d'une boite utilisant des conditions aux limites périodiques à l'avantage que cette description inclut automatiquement un volume fini pour les particules, ce qui n'est pas le cas pour des ondes planes libres.

Les fonctions $\phi_k(r)$ sont orthonormées,

$$\langle \phi_{k'} | \phi_k \rangle = \delta_{k'k} = \delta_{n_{x'} n_x} \delta_{n_{y'} n_y} \delta_{n_{z'} n_z}$$

et forment un système complet par rapport à toutes fonctions périodiques dont les longueurs d'ondes vérifient l'équation (10.87) :

$$\sum_k \phi_k^*(r')\phi_k(r) = \delta(r - r') , \qquad -\frac{L}{2} \leq r_i , \quad r_i' \leq \frac{L}{2} . \tag{10.88}$$

Commençons par calculer les éléments matriciels

$$\begin{aligned}
\langle \phi_{k'} | \exp\left(-\beta\hat{H}\right) | \phi_k \rangle &= \exp\left(-\frac{\beta\hbar^2}{2m}k^2\right) \langle \phi_{k'} | \phi_k \rangle \\
&= \exp\left(-\frac{\beta\hbar^2}{2m}k^2\right) \delta_{k'k} .
\end{aligned} \tag{10.89}$$

On peut immédiatement prévoir ce résultat, si l'on reporte le développement en série de Taylor pour $\exp\left(-\beta\hat{H}\right)$. Chaque terme $\hat{H}^n$ fournit alors la valeur propre $((\hbar k)^2/2m)^n$ et l'expression complète devient $\exp\left[-\beta(\hbar k)^2/2m\right]$. On obtient pour la fonction de partition canonique

$$\begin{aligned}
Z(T, V, 1) &= \mathrm{Tr}\left[\exp\left(-\beta\hat{H}\right)\right] \\
&= \sum_k \langle \phi_k | \exp\left(-\beta\hat{H}\right) | \phi_k \rangle = \sum_k \exp\left(-\frac{\beta\hbar^2}{2m}k^2\right) . \tag{10.90}
\end{aligned}$$

Puisque, comme nous l'avons déjà signalé, les valeurs propres k sont très proches pour un grand volume, on peut effectuer le calcul de l'équation (10.90) sans commettre une grande erreur en remplaçant la somme par une intégration :

$$\begin{aligned}
Z(T, V, 1) &= \frac{V}{(2\pi)^3} \int d^3k \exp\left(-\frac{\beta\hbar^2}{2m}k^2\right) \\
&= \frac{V}{(2\pi)^3} \left(\frac{2m\pi}{\beta\hbar^2}\right)^{3/2} = \frac{V}{\lambda^3} . \tag{10.91}
\end{aligned}$$

Le facteur $V/(2\pi)^3$ apparaît nécessairement, puisque l'équation (10.88) doit encore être vérifiée après avoir remplacé la somme par une intégration. La fonction de partition est donc identique au résultat classique. Cependant, à l'inverse du calcul classique de $Z(T, V, 1)$, le facteur h^{-3} apparaît automatiquement. Rappel : l'unité de volume h^{3N} dans l'espace des phases n'a été obtenu au chapitre 5 que pour des systèmes en mécanique quantique, puis appliqué à des systèmes classiques.

Les éléments matriciels de l'opérateur densité deviennent alors

$$\langle \phi_{k'} | \hat{\varrho} | \phi_k \rangle = \frac{\lambda^3}{V} \exp \left(-\frac{\beta \hbar^2}{2m} k^2 \right) \delta_{k'k} \ .$$

La matrice densité est donc diagonale et les éléments matriciels ont la même forme que pour la distribution classique des moments.

EXEMPLE

10.3 Particule libre en représentation des coordonnées

Cherchons la matrice densité canonique en représentation des coordonnées d'une particule libre dans une boite de volume $V = L^3$ avec des conditions aux limites périodiques.

Dans l'exemple précédent, nous avions calculé les éléments matriciels de $\hat{\varrho}$ en représentation des quantités de mouvement. Il nous suffit de transformer ce résultat en représentation des coordonnées ;

$$\langle k' | \hat{\varrho} | k \rangle = \frac{\lambda^3}{V} \exp \left(-\frac{\beta \hbar^2}{2m} k^2 \right) \delta_{k'k}$$

où pour abréger, nous ne représenterons les nombres quantiques qu'à l'aide des vecteurs bra et ket :

$$\langle r' | \hat{\varrho} | r \rangle = \sum_{k'k} \langle r' | k' \rangle \langle k' | \hat{\varrho} | k \rangle \langle k | r \rangle$$

$$= \sum_{k'k} \phi_{k'}(r') \left(\frac{\lambda^3}{V} \exp \left(-\frac{\beta \hbar^2}{2m} k^2 \right) \delta_{k'k} \right) \phi_k^*(r)$$

$$= \frac{\lambda^3}{V} \frac{1}{(2\pi)^3} \int d^3 k \exp \left(-\frac{\beta \hbar^2}{2m} k^2 + i k \cdot (r' - r) \right) \ . \qquad (10.92)$$

Nous avons de nouveau remplacé la somme par une intégrale. Celle-ci se ramène à une intégrale gaussienne, si l'on complète le carré dans l'exponentielle,

$$-\frac{\beta \hbar^2}{2m} k^2 + i k \cdot (r' - r)$$

$$= -\frac{\beta \hbar^2}{2m} \left(k^2 - \frac{2mi}{\beta \hbar^2} (r' - r) \cdot k + \left(\frac{mi}{\beta \hbar^2} \right)^2 (r' - r)^2 \right) - \frac{m}{2\beta \hbar^2} (r' - r)^2$$

$$= -\frac{\beta \hbar^2}{2m} (k - k_0)^2 - \frac{m}{2\beta \hbar^2} (r' - r)^2 \ ,$$

avec la notation abrégée $k_0 = mi/(\beta \hbar^2) (r' - r)$. L'équation (10.92) devient alors

$$\langle r' | \hat{\varrho} | r \rangle = \frac{\lambda^3}{V} \frac{1}{(2\pi)^3} \exp \left[-\frac{m}{2\beta \hbar^2} (r' - r)^2 \right] \int d^3 k \exp \left[-\frac{\beta \hbar^2}{2m} (k - k_0)^2 \right] \ .$$

Le vecteur k_0 est maintenant complexe, mais comme on le sait, l'intégrale gaussienne ne dépend pas de la position de l'origine. On obtient donc

$$\langle r' | \hat{\varrho} | r \rangle = \frac{\lambda^3}{V} \frac{1}{(2\pi)^3} \exp\left[-\frac{m}{2\beta\hbar^2} \left(r' - r \right)^2 \right] \left(\frac{2m\pi}{\beta\hbar^2} \right)^{3/2}$$

$$= \frac{1}{V} \exp\left[-\frac{\pi}{\lambda^2} \left(r' - r \right)^2 \right] \tag{10.93}$$

nous avons encore utilisé la longueur d'onde thermique $\lambda = \sqrt{h^2/2\pi mkT}$ que nous avons rencontré à de nombreuses reprises. En représentation des coordonnées, la matrice densité n'est donc plus diagonale, mais une fonction gaussienne en $\left(r' - r \right)$. Les éléments diagonaux dans la représentation en coordonnées qui dans l'exemple précédent s'interprètent comme la distribution de densité correspondante dans l'espace des coordonnées. Ceci concorde à nouveau avec la densité constante classique :

$$\langle r | \hat{\varrho} | r \rangle = \varrho(r) = \frac{1}{V} \ .$$

Les éléments non diagonaux $r \neq r'$ s'interprètent comme les probabilités de transition de la particule se déplaçant d'une position r à une nouvelle position r'. Ces transitions sont reliées à l'incertitude en mécanique quantique pour les observables non diagonales. Elles sont limitées à des régions de l'espace ayant la dimension de la longueur d'onde thermique. Pour des températures élevées $(\lambda \to 0)$, c'est difficile à observer, mais pour des températures faibles, λ peut devenir très grand. C'est une première indication du fait que les effets quantiques jouent un très grand rôle à basses températures.

Par la suite, nous aurons souvent besoin des éléments matriciels

$$\langle r' | \exp\left(-\beta\hat{H} \right) | r \rangle = \frac{1}{\lambda^3} \exp\left[-\frac{\pi}{\lambda^2} \left(r' - r \right)^2 \right] = f\left(r' - r \right) \tag{10.94}$$

nous utiliserons donc l'abréviation $f\left(r' - r \right)$ pour les représenter.

EXERCICE ▰▰▰▰▰▰▰▰▰▰

10.4 La transformation de Wigner

Problème. On peut assigner à tout opérateur quantique à une particule $\hat{O}(\hat{r}, \hat{p})$ une observable classique correspondante $O_W(r, p)$ par une transformation appelée *transformation de Wigner*, à condition que les éléments matriciels $\langle r' | \hat{O} | r \rangle$ soient connus en représentation des coordonnées :

$$O_W(\boldsymbol{R}, \boldsymbol{p}) = \int \left\langle \boldsymbol{R} - \frac{1}{2}\boldsymbol{r} \left| \hat{O} \right| \boldsymbol{R} + \frac{1}{2}\boldsymbol{r} \right\rangle \exp\left(\frac{\mathrm{i}}{\hbar} \boldsymbol{p} \cdot \boldsymbol{r} \right) \mathrm{d}^3 \boldsymbol{r} \ . \tag{10.95}$$

L'inverse de la transformation de Wigner (10.95) est la «*procédure de quantification de Weyl*». Celle-ci nous permet de faire correspondre des éléments matriciels $\langle r'|\hat{O}|r\rangle$ d'un opérateur quantique $\hat{O}$ en représentation des coordonnées à toute observable classique $O_W(r, p)$:

Exercice 10.4

$$\langle r'|\hat{O}|r\rangle = \frac{1}{h^3} \int O_W \left(\frac{1}{2}(r'+r), p \right) \exp\left(\frac{i}{\hbar} p \cdot (r'-r) \right) d^3p . \quad (10.96)$$

Montrons que

(a) La transformation de Wigner (10.95) des éléments matriciels $\langle r'|\hat{\varrho}|r\rangle$ de l'opérateur densité quantique (10.93) fournit la densité classique de l'espace des phases $\varrho(r, p)$.

(b) La procédure de quantification de Weyl, si elle est appliquée à la densité canonique classique dans l'espace des phases, donne les éléments matriciels $\langle r'|\hat{\varrho}|r\rangle$ de l'opérateur densité quantique.

Solution. a) Nous devons calculer

$$\varrho(R, p) = \int \left\langle R - \frac{1}{2}r \middle| \hat{\varrho} \middle| R + \frac{1}{2}r \right\rangle \exp\left(\frac{i}{\hbar} p \cdot r \right) d^3r$$

avec les éléments matriciels (10.93)

$$\left\langle R - \frac{1}{2}r \middle| \hat{\varrho} \middle| R + \frac{1}{2}r \right\rangle = \frac{1}{V} \exp\left(-\frac{\pi}{\lambda^2} r^2 \right) ,$$

$$\varrho(R, p) = \frac{1}{V} \int d^3r \exp\left[-\frac{\pi}{\lambda^2} \left(r^2 - 2\frac{i\lambda^2}{h} p \cdot r \right) \right] . \quad (10.97)$$

Comme dans l'exemple précédent, nous pouvons compléter le carré dans l'argument de la fonction exponentielle,

$$r^2 - 2\frac{i\lambda^2}{h} p \cdot r = (r' - r_0)^2 - r_0^2$$

si nous posons $r_0 = (i\lambda^2/h)p$. L'équation (10.97) devient alors

$$\varrho(R, p) = \frac{1}{V} \exp\left(\frac{\pi}{\lambda^2} r_0^2 \right) \int d^3r \exp\left[-\frac{\pi}{\lambda^2}(r' - r_0)^2 \right] .$$

L'intégrale gaussienne vaut λ^3. En reportant l'expression de r_0 on obtient donc

$$\varrho(R, p) = \frac{\lambda^3}{V} \exp\left(-\frac{\pi\lambda^2}{h^2} p^2 \right) = \frac{\lambda^3}{V} \exp\left(-\frac{\beta}{2m} p^2 \right) . \quad (10.98)$$

C'est exactement la densité canonique classique dans l'espace des phases (voir exemple 7.4).

b) Si l'on reporte l'équation (10.98) dans l'équation (10.96), il nous faut calculer

$$\langle r'|\hat{\varrho}|r\rangle = \frac{1}{h^3}\frac{\lambda^3}{V} \int \exp\left[-\frac{\beta}{2m} \left(p^2 - 2\frac{mi}{\beta\hbar} p \cdot (r'-r) \right) \right] d^3p .$$

Exercice 10.4   Nous pouvons à nouveau compléter le carré de l'exponentielle,

$$\boldsymbol{p}^2 - 2\frac{m\mathrm{i}}{\beta\hbar}\boldsymbol{p}\cdot(\boldsymbol{r}'-\boldsymbol{r}) = (\boldsymbol{p}-\boldsymbol{p}_0)^2 - \boldsymbol{p}_0^2$$

si l'on pose $\boldsymbol{p}_0 = m\mathrm{i}/(\beta\hbar)(\boldsymbol{r}'-\boldsymbol{r})$. On en déduit que

$$\langle\boldsymbol{r}'|\hat{\varrho}|\boldsymbol{r}\rangle = \frac{1}{h^3}\frac{\lambda^3}{V}\exp\left(\frac{\beta}{2m}\boldsymbol{p}_0^2\right)\int\mathrm{d}^3\boldsymbol{p}\exp\left[-\frac{\beta}{2m}(\boldsymbol{p}-\boldsymbol{p}_0)^2\right].$$

L'intégrale gaussienne vaut maintenant, avec $\lambda = \sqrt{h^2/2\pi mkT}$,

$$\left(\frac{2m\pi}{\beta}\right)^{3/2} = \frac{h^3}{\lambda^3}.$$

Si de plus on reporte la valeur de $\boldsymbol{p}_0$ dans l'exponentielle, on aboutit à

$$\langle\boldsymbol{r}'|\hat{\varrho}|\boldsymbol{r}\rangle = \frac{1}{V}\exp\left[-\frac{m}{2\beta\hbar^2}(\boldsymbol{r}'-\boldsymbol{r})^2\right] = \frac{1}{V}\exp\left[-\frac{\pi}{\lambda^2}(\boldsymbol{r}'-\boldsymbol{r})^2\right]$$

ce qui correspond exactement aux éléments matriciels (10.93).

EXERCICE ▐█████████████████

10.5 Calcul de $\langle\hat{H}\rangle$ pour une particule libre

Problème. Calculons la moyenne du hamiltonien pour le système constitué d'une particule libre étudié dans les exemples précédents.

Solution. La moyenne est définie par

$$\langle\hat{H}\rangle = \mathrm{Tr}\left(\hat{\varrho}\hat{H}\right).$$

Il est simple de la calculer en représentation des quantités de mouvement,

$$\begin{aligned}
\langle\hat{H}\rangle &= \sum_{\boldsymbol{k},\boldsymbol{k}'}\langle\boldsymbol{k}|\hat{\varrho}|\boldsymbol{k}'\rangle\langle\boldsymbol{k}'|\hat{H}|\boldsymbol{k}\rangle \\
&= \sum_{\boldsymbol{k},\boldsymbol{k}'}\left(\frac{\lambda^3}{V}\exp\left(-\frac{\beta\hbar^2}{2m}\boldsymbol{k}^2\right)\delta_{\boldsymbol{k}\boldsymbol{k}'}\right)\left(\frac{\hbar^2\boldsymbol{k}^2}{2m}\delta_{\boldsymbol{k}\boldsymbol{k}'}\right) \\
&= \frac{\hbar^2}{2m}\frac{\lambda^3}{V}\frac{V}{(2\pi)^3}\int\mathrm{d}^3\boldsymbol{k}\,\boldsymbol{k}^2\exp\left(-\frac{\beta\hbar^2}{2m}\boldsymbol{k}^2\right) \\
&= \frac{\hbar^2}{2m}\lambda^3\frac{2}{(2\pi)^2}\int_0^{\infty}\mathrm{d}k\,k^4\exp\left(-\frac{\beta\hbar^2}{2m}k^2\right).
\end{aligned}$$

Avec la substitution classique, $x = \beta\hbar^2/(2m)k^2$, on obtient

$$\langle \hat{H} \rangle = \frac{\hbar^2\lambda^3}{m} \frac{1}{(2\pi)^2} \frac{1}{2} \left(\frac{2m}{\beta\hbar^2} \right)^{5/2} \int\limits_0^\infty \mathrm{d}x\, x^{3/2} \exp(-x)\,.$$

L'intégrale vaut $\Gamma(5/2) = 3\sqrt{\pi}/4$. Si l'on réarrange les facteurs et avec $\hbar = h/2\pi$, on en déduit

$$\langle \hat{H} \rangle = \frac{3}{2}kT\,. \tag{10.99}$$

La moyenne de $\hat{H}$ correspond donc exactement à la moyenne classique. On peut bien sur obtenir directement cette moyenne à partir de la fonction de partition

$$Z(T, V, 1) = \frac{V}{\lambda^3}$$

puisque

$$\langle \hat{H} \rangle = \frac{\mathrm{Tr}\left(\exp\left(-\beta\hat{H} \right)\hat{H} \right)}{\mathrm{Tr}\left(\exp\left(\beta\hat{H} \right) \right)} = -\frac{\partial}{\partial\beta} \ln\left\{ \mathrm{Tr}\left[\exp\left(-\beta\hat{H} \right) \right] \right\}$$

ou

$$\langle \hat{H} \rangle = U = -\frac{\partial}{\partial\beta} \ln Z(T, V, 1)$$

ce qui donne le même résultat que (10.99).

EXERCICE ▮▮▮▮▮▮▮▮▮▮▮

10.6 Matrice densité canonique pour N particules libres

Problème. Calculons la matrice densité canonique en représentation des quantités de mouvement et des coordonnées pour N particules libres dans une boite de volume $V = L^3$ avec des conditions aux limites périodiques. On admettra que la fonction d'onde à plusieurs particules est le produit des états à une particule (10.87).

Solution. La fonction d'onde à plusieurs particules

$$\Psi_{\boldsymbol{k}_1,\ldots,\boldsymbol{k}_N}(\boldsymbol{r}_1,\ldots,\boldsymbol{r}_N) = \prod_{i=1}^N \phi_{\boldsymbol{k}_i}(\boldsymbol{r}_i) \tag{10.100}$$

est une fonction propre du hamiltonien $\hat{H} = \sum_{i=1}^N \hat{\boldsymbol{p}}_i^2/2m$. Par la suite, nous utiliserons la notation abrégée suivante pour le vecteur d'état $|\boldsymbol{k}_1,\ldots,\boldsymbol{k}_N\rangle$,

$$\hat{H}\,|\boldsymbol{k}_1,\ldots,\boldsymbol{k}_N\rangle = E\,|\boldsymbol{k}_1,\ldots,\boldsymbol{k}_N\rangle \quad \text{avec} \quad E = \sum_{i=1}^N \frac{\hbar^2\boldsymbol{k}_i^2}{2m}\,.$$

Exercice 10.6

Notre but à présent est de calculer $\langle k'_1, \ldots, k'_N | \hat{\varrho} | k_1, \ldots, k_N \rangle$. En premier le calcul est tout à fait analogue à celui de l'équation (10.89) :

$$\langle k'_1, \ldots, k'_N | \exp\left(-\beta \hat{H}\right) | k_1, \ldots, k_N \rangle = \exp(-\beta E) \delta_{k'_1 k_1} \cdots \delta_{k'_N k_N} \quad (10.101)$$

puisque l'opérateur $\exp(-\beta \hat{H})$ peut s'écrire comme un produit des opérateurs à une particule, il s'en suit que les éléments de la matrice totale (10.101) sont le produit des éléments matriciels pour chaque particule. Il nous faut ensuite calculer la fonction de partition

$$Z(T, V, N) = \mathrm{Tr}\left[\exp\left(-\beta \hat{H}\right)\right]$$

$$= \sum_{k_1, \ldots, k_N} \langle k_1, \ldots, k_N | \exp\left(-\beta \hat{H}\right) | k_1, \ldots, k_N \rangle .$$

La trace parcourt l'ensemble des énergies propres mutuellement différentes. Elles sont toutes prises en compte, si chaque vecteur moment k_i prend toutes les valeurs possibles. On peut aussi factoriser cette fonction de partition,

$$Z(T, V, N) = \prod_{i=1}^{N} \sum_{k_i} \langle k_i | \exp\left(-\frac{\beta}{2m} p_i^2\right) | k_i \rangle$$

$$= \prod_{i=1}^{N} Z(T, V, 1) = [Z(T, V, 1)]^N .$$

Avec l'équation (10.91) de l'exemple 10.2 on obtient donc

$$Z(T, V, N) = \frac{V^N}{\lambda^{3N}} . \quad (10.102)$$

En comparant l'équation (10.102) avec le résultat classique (7.50) on s'aperçoit de l'absence du facteur correctif de Gibbs. L'introduction de la matrice densité, comme on pouvait s'en douter, n'est en fait pas suffisante pour éliminer le problème de l'indiscernabilité des particules quantiques identiques. La fonction d'onde (10.100) dit simplement que la particule N° 1 possède la quantité de mouvement $\hbar k_1$, la particule N° 2 possède la quantité de mouvement $\hbar k_2$, etc. Il n'est en réalité pas possible de dire laquelle des particules d'un système quantique occupe un certain état à une particule. L'erreur provient donc de la proposition trop naïve pour une fonction d'onde à plusieurs particules. Celle-ci est une fonction propre du hamiltonien, mais toute autre fonction d'onde, qui s'en déduit en renumérotant les coordonnées (ou les quantités de mouvement), est aussi une telle fonction propre. Nous discuterons de manière approfondie de ce problème dans le chapitre suivant.

Avec les équations (10.101) et (10.102) la matrice densité s'écrit

$$\langle k'_1, \ldots, k'_N | \hat{\varrho} | k_1, \ldots, k_N \rangle = \prod_{i=1}^{N} \left(\frac{\lambda^3}{V} \exp\left(-\frac{\beta \hbar^2}{2m} k_i^2\right) \delta_{k'_i k_i}\right) . \quad (10.103)$$

Comme nous l'avons déjà suggéré plus haut, donnons également l'équation (10.103) en représentation des coordonnées :

Exercice 10.6

$$\langle r'_1, \ldots, r'_N | \hat{\varrho} | r_1, \ldots, r_N \rangle$$

$$= \sum_{k'_1, \ldots, k'_N} \sum_{k_1, \ldots, k_N} \langle r'_1, \ldots, r'_N | k'_1, \ldots, k'_N \rangle \qquad (10.104)$$

$$\times \langle k'_1, \ldots, k'_N | \hat{\varrho} | k_1, \ldots, k_N \rangle \langle k_1, \ldots, k_N | r_1, \ldots, r_N \rangle \,.$$

La relation de fermeture

$$\sum_{k_1, \ldots, k_N} | k_1, \ldots, k_N \rangle \langle k_1, \ldots, k_N | = 1$$

a été utilisée deux fois. En reportant la fonction d'onde et l'équation (10.103) dans l'équation (10.104) on obtient

$$\langle r'_1, \quad r'_N | \hat{\varrho} | r_1, \ldots, r_N \rangle = \sum_{k'_1, \ldots, k'_N} \sum_{k_1, \ldots, k_N} \left(\prod_{i=1}^{N} \phi_{k'_i}(r'_i) \right)$$

$$\times \prod_{i=1}^{N} \left(\frac{\lambda^3}{V} \exp\left(-\frac{\beta \hbar^2}{2m} k_i^2 \right) \delta_{k'_i k_i} \right) \left(\prod_{i=1}^{N} \phi^*_{k_i}(r_i) \right)$$

$$= \frac{\lambda^{3N}}{V^N} \sum_{k_1, \ldots, k_N} \prod_{i=1}^{N} \phi_{k_i}(r'_i) \exp\left(-\frac{\beta \hbar^2}{2m} k_i^2 \right) \phi^*_{k_i}(r_i)$$

$$= \frac{\lambda^{3N}}{V^N} \prod_{i=1}^{N} \left(\sum_{k_i} \phi_{k_i}(r'_i) \exp\left(-\frac{\beta \hbar^2}{2m} k_i^2 \right) \phi^*_{k_i}(r_i) \right) \,. \qquad (10.105)$$

Entre crochets on retrouve l'expression (10.92) pour la particule i. Les éléments matriciels (10.105) sont aussi simplement le produit des éléments matriciels à une particule,

$$\langle r'_1, \ldots, r'_N | \hat{\varrho} | r_1, \ldots, r_N \rangle = \prod_{i=1}^{N} \frac{1}{V} \exp\left[-\frac{\pi}{\lambda^2} \left(r'_i - r_i \right)^2 \right] \,. \qquad (10.106)$$

EXERCICE ▬▬▬▬▬▬▬

10.7 Matrice densité de l'oscillateur harmonique

Problème. Calculons la matrice densité de l'oscillateur harmonique en représentation énergétique et des coordonnées. Etudions les cas limites $T \to \infty$ et $T \to 0$.

Exercice 10.7   *Indication :* Les fonctions propres de l'énergie en représentation des coordonnées sont

$$\Psi_n(q) = \left(\frac{m\omega}{\pi\hbar}\right)^{1/4} \frac{H_n(x)}{\sqrt{2^n n!}} \exp\left(-\frac{1}{2}x^2\right) \tag{10.107}$$

avec $x = \sqrt{m\omega/\hbar}\, q$ et les valeurs propres de l'énergie $E_n = \hbar\omega\,(n+1/2)$. Nous utiliserons les représentations intégrales suivantes

$$H_n(x) = -^n \exp(x^2) \left(\frac{d}{dx}\right)^n \exp(-x^2)$$

$$= \frac{\exp(x^2)}{\sqrt{\pi}} \int\limits_{-\infty}^{+\infty} (-2iu)^n \exp(-u^2 + 2ixu)\, du \; . \tag{10.108}$$

Solution. En représentation énergétique la matrice densité est triviale

$$\varrho_{mn} = \varrho_n \delta_{mn} \quad \text{avec} \quad \varrho_n = \frac{1}{Z} \exp\left[-\beta\hbar\omega\left(n+\frac{1}{2}\right)\right], \qquad n = 0, 1, 2, \ldots,$$

où

$$Z(T, V, 1) = \text{Tr}\left(\exp\left(-\beta\hat{H}\right)\right) = \sum_n \exp\left[-\beta\hbar\omega\left(n+\frac{1}{2}\right)\right]$$

$$= \left[2\sinh\left(\frac{1}{2}\beta\hbar\omega\right)\right]^{-1}$$

a déjà été calculé dans l'exemple 8.1.

Au contraire, la représentation en coordonnées est un peu plus difficile à obtenir :

$$\langle q'|\hat{\varrho}|q\rangle = \sum_{nn'} \langle q'|n'\rangle\langle n'|\hat{\varrho}|n\rangle\langle n|q\rangle \; .$$

Nous y avons reporté deux fois l'ensemble complet des fonctions propres de l'énergie (10.107) :

$$\langle q'|\hat{\varrho}|q\rangle = \sum_{nn'} \Psi_{n'}(q')\varrho_{nn'}\Psi_n^*(q)$$

$$= \frac{1}{Z} \sum_n \exp\left[-\beta\hbar\omega\left(n+\frac{1}{2}\right)\right] \Psi_n^*(q)\Psi_n(q')$$

$$= \frac{1}{Z} \left(\frac{m\omega}{\pi\hbar}\right)^{1/2} \exp\left[-\frac{1}{2}(x^2 + x'^2)\right]$$

$$\times \sum_{n=0}^{\infty} \frac{1}{2^n n!} \exp\left[-\beta\hbar\omega\left(n+\frac{1}{2}\right)\right] H_n(x)H_n(x') \; .$$

Reportons à présent la représentation intégrale (10.108) pour H_n *Exercice 10.7*

$$\langle q'|\hat{\varrho}|q\rangle = \frac{1}{Z\pi}\left(\frac{m\omega}{\pi\hbar}\right)^{1/2}\exp\left[+\frac{1}{2}(x^2+x'^2)\right]\int\limits_{-\infty}^{+\infty}\mathrm{d}u\int\limits_{-\infty}^{+\infty}\mathrm{d}v\sum_{n=0}^{\infty}\frac{(-2uv)^n}{n!}$$

$$\times\exp\left[-\beta\hbar\omega\left(n+\frac{1}{2}\right)\right]\exp(-u^2+2\mathrm{i}xu)\exp(-v^2+2\mathrm{i}x'v)\,.$$

$$(10.109)$$

On peut effectuer la somme sur n, car

$$\sum_{n=0}^{\infty}\frac{(-2uv)^n}{n!}\exp\left[-\beta\hbar\omega\left(n+\frac{1}{2}\right)\right]$$

$$=\exp\left(-\frac{1}{2}\beta\hbar\omega\right)\sum_{n=0}^{\infty}\frac{1}{n!}\left[-2uv\exp(-\beta\hbar\omega)\right]^n$$

$$=\exp\left(-\frac{1}{2}\beta\hbar\omega\right)\exp\left[-2uv\exp(-\beta\hbar\omega)\right]\,.$$

L'équation (10.109) devient alors

$$\langle q'|\hat{\varrho}|q\rangle = \frac{1}{Z\pi}\left(\frac{m\omega}{\pi\hbar}\right)^{1/2}\exp\left[+\frac{1}{2}(x^2+x'^2-\beta\hbar\omega)\right]\int\limits_{-\infty}^{+\infty}\mathrm{d}u\int\limits_{-\infty}^{+\infty}\mathrm{d}v$$

$$\exp\left[-u^2+2\mathrm{i}xu-v^2+2\mathrm{i}x'v-2uv\exp(-\beta\hbar\omega)\right]\,.$$

L'argument de l'exponentielle est une forme quadratique générale, qui peut aussi s'écrire sous la forme

$$-u^2+2\mathrm{i}xu-v^2+2\mathrm{i}x'v-2uv\exp(-\beta\hbar\omega)=-\frac{1}{2}\boldsymbol{w}^{\mathrm{T}}\hat{A}\boldsymbol{w}+\mathrm{i}\boldsymbol{b}\cdot\boldsymbol{w}$$

en posant

$$\hat{A}=2\begin{pmatrix}1 & \exp(-\beta\hbar\omega)\\ \exp(-\beta\hbar\omega) & 1\end{pmatrix},\qquad \boldsymbol{b}=2\begin{pmatrix}x\\ x'\end{pmatrix},\quad \boldsymbol{w}=\begin{pmatrix}u\\ v\end{pmatrix}\,.$$

La formule générale suivante

$$\int\mathrm{d}^n\boldsymbol{w}\exp\left(-\frac{1}{2}\boldsymbol{w}^{\mathrm{T}}\hat{A}\boldsymbol{w}+\mathrm{i}\boldsymbol{b}\cdot\boldsymbol{w}\right)=\frac{(2\pi)^{n/2}}{\left[\det\hat{A}\right]^{1/2}}\exp\left(-\frac{1}{2}\boldsymbol{b}^{\mathrm{T}}\hat{A}^{-1}\boldsymbol{b}\right)$$

$$(10.110)$$

est alors valable, si $\hat{A}$ est une matrice symétrique inversible.

On peut le démontrer de la façon suivante : en premier lieu faisons le changement de variable $\boldsymbol{z}=\boldsymbol{w}-\mathrm{i}\boldsymbol{y}$, où le vecteur $\boldsymbol{y}$ est défini par $\boldsymbol{y}=\hat{A}^{-1}\boldsymbol{b}$. Le déterminant jacobien de cette transformation a pour valeur absolue 1, aucun facteur additionnel n'apparaît donc sous l'intégrale. Nous avons alors

$$
\begin{aligned}
-\frac{1}{2}\boldsymbol{w}^{\mathrm{T}}\hat{A}\boldsymbol{w} + \mathrm{i}\boldsymbol{b}\cdot\boldsymbol{w} &= -\frac{1}{2}\,(\boldsymbol{z}+\mathrm{i}\boldsymbol{y})^{\mathrm{T}}\,\hat{A}\,(\boldsymbol{z}+\mathrm{i}\boldsymbol{y}) + \mathrm{i}\boldsymbol{b}\cdot(\boldsymbol{z}+\mathrm{i}\boldsymbol{y}) \\
&= -\frac{1}{2}\boldsymbol{z}^{\mathrm{T}}\hat{A}\boldsymbol{z} - \frac{\mathrm{i}}{2}\left(\boldsymbol{y}^{\mathrm{T}}\hat{A}\boldsymbol{z} + \boldsymbol{z}^{\mathrm{T}}\hat{A}\boldsymbol{y}\right) + \frac{1}{2}\boldsymbol{y}^{\mathrm{T}}\hat{A}\boldsymbol{y} + \mathrm{i}\boldsymbol{b}\cdot\boldsymbol{z} - \boldsymbol{b}\cdot\boldsymbol{y} \\
&= -\frac{1}{2}\boldsymbol{z}^{\mathrm{T}}\hat{A}\boldsymbol{z} - \frac{1}{2}\boldsymbol{b}^{\mathrm{T}}\hat{A}^{-1}\boldsymbol{b}\ .
\end{aligned}
$$

Dans la deuxième ligne, le second terme et ceux qui suivent jusqu'au dernier s'annulent les uns les autres car $\boldsymbol{b}\cdot\boldsymbol{z} = \boldsymbol{b}^{\mathrm{T}}\boldsymbol{z}$. Les troisième et dernier termes peuvent aussi être recombinés car $\boldsymbol{b}\cdot\boldsymbol{y} = \boldsymbol{b}^{\mathrm{T}}\boldsymbol{y}$. Le deuxième terme de la troisième ligne ne dépend plus de $\boldsymbol{z}$, et peut être sorti de l'intégrale, tandis que le premier terme est une forme quadratique pure. Pour chaque matrice symétrique $\hat{A}$, il existe une matrice orthogonale $\hat{O}$ avec $\hat{O}^{-1} = \hat{O}^{\mathrm{T}}$ et $\hat{O} = 1$, si bien que

$$
\hat{O}^{\mathrm{T}}\hat{A}\hat{O} = \mathrm{diag}(\lambda_1,\dots,\lambda_n)
$$

est une matrice diagonale avec les valeurs propres sur la diagonale. Avec la nouvelle variable $\boldsymbol{s} = \hat{O}^{-1}\boldsymbol{z}$ on obtient

$$
\int \mathrm{d}^n\boldsymbol{z}\,\exp\left(-\frac{1}{2}\boldsymbol{z}^{\mathrm{T}}\hat{A}\boldsymbol{z}\right) = \int \mathrm{d}^n\boldsymbol{s}\,\exp\left(-\frac{1}{2}\sum_{i=1}^{n}\lambda_i s_i^2\right) = \prod_{i=1}^{n}\sqrt{\frac{2\pi}{\lambda_i}}\ .
$$

Le déterminant jacobien de la transformation $\boldsymbol{z}\to\boldsymbol{s}$ est simplement le déterminant de $\hat{O}$, qui a pour valeur absolue 1, donc aucun facteur additionnel n'apparaît. Cependant le produit des valeurs propres est égal au déterminant de $\hat{A}$, puisque $\det\hat{A} = \det\left(\hat{A}\hat{O}\hat{O}^{-1}\right) = \det\left(\hat{O}^{-1}\hat{A}\hat{O}\right) = \det\left(\hat{O}^{\mathrm{T}}\hat{A}\hat{O}\right) = \det\left[\mathrm{diag}(\lambda_1,\dots,\lambda_n)\right]$, ce qui prouve l'équation (10.110). Avec

$$
\hat{A}^{-1} = \frac{1}{2[1-\exp(-2\beta\hbar\omega)]}\begin{pmatrix} 1 & -\exp(-\beta\hbar\omega) \\ -\exp(-\beta\hbar\omega) & 1 \end{pmatrix},
$$

$$
\det\hat{A} = 4[1 - \exp(-2\beta\hbar\omega)]
$$

on obtient

$$
-\frac{1}{2}\boldsymbol{b}^{\mathrm{T}}\hat{A}^{-1}\boldsymbol{b} = -[1-\exp(-2\beta\hbar\omega)]^{-1}[x^2 + x'^2 - 2xx'\exp(-\beta\hbar\omega)]\ ,
$$

$$
\begin{aligned}
\langle q'|\hat{\varrho}|q\rangle = {}& \frac{1}{Z}\left(\frac{m\omega}{\pi\hbar}\right)^{1/2}\frac{\exp(-\beta\hbar\omega/2)}{[1-\exp(-2\beta\hbar\omega)]^{1/2}} \\
& \times \exp\Bigg\{\frac{1}{2}(x^2 + x'^2) - [1-\exp(-2\beta\hbar\omega)]^{-1} \\
& \times [x^2 + x'^2 - 2xx'\exp(-\beta\hbar\omega)]\Bigg\}\ ,
\end{aligned}
$$

$$
\begin{aligned}
\langle q'|\hat{\varrho}|q\rangle = {}& \frac{1}{Z}\left(\frac{m\omega}{2\pi\hbar\,\sinh(\beta\hbar\omega)}\right)^{1/2} \\
& \times \exp\left(-\frac{1}{2}(x^2 + x'^2)\coth(\beta\hbar\omega) + \frac{xx'}{\sinh(\beta\hbar\omega)}\right)\ .
\end{aligned}
$$

En se servant de l'identité

$$\tanh\left(\frac{1}{2}\beta\hbar\omega\right) = [\cosh(\beta\hbar\omega) - 1][\sinh(\beta\hbar\omega)]^{-1} = \frac{\sinh(\beta\hbar\omega)}{1 + \cosh(\beta\hbar\omega)}$$

on arrive finalement à

$$\begin{aligned}
\langle q'|\hat{\varrho}|q\rangle = &\frac{1}{Z}\left(\frac{m\omega}{2\pi\hbar\,\sinh(\beta\hbar\omega)}\right)^{1/2} \\
&\times \exp\left\{-\frac{m\omega}{4\hbar}\left[(q+q')^2 \tanh\left(\frac{1}{2}\beta\hbar\omega\right)\right.\right. \\
&\left.\left.+ (q-q')^2 \coth\left(\frac{1}{2}\beta\hbar\omega\right)\right]\right\} .
\end{aligned} \tag{10.111}$$

Les éléments diagonaux de la matrice densité en représentation des coordonnées fournissent directement la densité de distribution moyenne d'un oscillateur quantique à la température T :

$$\varrho(q) = \left[\frac{m\omega}{\pi\hbar}\tanh\left(\frac{1}{2}\beta\hbar\omega\right)\right]^{1/2} \exp\left[\frac{m\omega}{\hbar}\tanh\left(\frac{1}{2}\beta\hbar\omega\right)q^2\right] .$$

C'est une distribution gaussienne de largeur

$$\sigma_q = \left[\frac{\hbar}{2m\omega\tanh\left(\frac{1}{2}\beta\hbar\omega\right)}\right]^{1/2} .$$

Dans la limite des températures élevées, $\beta\hbar\omega \ll 1$, on a $\tanh(\beta\hbar\omega/2) \approx \beta\hbar\omega/2$ et alors

$$\varrho(q) \approx \left(\frac{m\omega^2}{2\pi kT}\right)^{1/2} \exp\left[-\frac{m\omega^2 q^2}{2kT}\right] .$$

On retrouve la distribution classique, que l'on obtient également à partir de la densité classique dans l'espace des phases.

Dans l'autre cas limite, $\beta\hbar\omega \gg 1$, on a $\tanh(\beta\hbar\omega/2) \approx 1$ et

$$\varrho(q) \approx \left(\frac{m\omega}{\pi\hbar}\right)^{1/2} \exp\left(-\frac{m\omega q^2}{\hbar}\right) .$$

Il s'agit de la densité de distribution quantique pure d'un oscillateur dans l'état fondamental ($T \to 0$).

La matrice densité (10.111) donne donc, pour les températures élevées, la limite classique et pour des températures très basses, la densité quantique dans l'état fondamental.

11. Les propriétés de symétrie des fonctions d'ondes à plusieurs particules

Notre but est à présent de donner la solution au problème du principe de l'indiscernabilité des particules identiques. Cette propriété des objets quantiques ne se comprend pas immédiatement d'un point de vue classique. En mécanique classique il est toujours possible (du moins théoriquement) de déterminer à tout instant les coordonnées et moments des particules. On peut donc suivre la trajectoire de toute particule dans l'espace des phases au cours du temps. Les particules possèdent une individualité qui s'exprime par le fait qu'on peut les numéroter et par le fait que l'on connaît exactement à tout instant l'état de mouvement (coordonnées et quantités de mouvement) qu'occupe chaque particule.

Mais en mécanique quantique cette numérotation des particules n'a pas de sens, car il n'est pas possible de les localiser dans l'espace des phases, plus précisément qu'au volume h^3 près, d'une cellule dans l'espace des phases (pour chaque particule). Ceci est évidemment une conséquence du principe d'incertitude $\Delta x \, \Delta p \geq h$. Puisque les particules ne se déplacent pas sur des trajectoires individuelles dans l'espace des phases, mais sont réparties dans un certain domaine avec une certaine probabilité, on ne peut que déterminer la probabilité totale de trouver une particule dans une cellule de l'espace des phases. Mais on ne peut jamais savoir de quelle particule il s'agit.

Quand nous avions parlé de la densité canonique dans l'espace des phases, nous avions vu que l'indiscernabilité des particules identiques pouvait au moins être introduite après coup dans la théorie classique, ce qui nous avait conduit au facteur correctif de Gibbs. Nous avions également remarqué que l'indiscernabilité des particules était étroitement reliée à l'invariance du hamiltonien par rapport au changement de numérotation des coordonnées et quantités de mouvement des particules. Cette invariance du hamiltonien en mécanique quantique a des conséquences beaucoup plus conséquentes qu'en mécanique classique. D'après nos études sur les symétries en mécanique quantique[1], nous savons qu'à chaque propriété de symétrie de l'opérateur hamiltonien $\hat{H}$ correspond un opérateur supplémentaire qui commute avec $\hat{H}$ et peut donc être diagonalisé en même temps que $\hat{H}$. Ce qui signifie que l'on peut construire les fonctions propres de l'énergie de sorte qu'elles soient aussi fonctions propres des opérateurs de symétrie. Il n'est pas difficile de trouver des opérateurs de

[1] W.Greiner, B.Müller : *Mécanique Quantique – Symétries* (Springer, Berlin, Heidelberg 1999.

symétrie qui correspondent à une invariance du hamiltonien vis-à-vis d'un changement de numérotation. Ce sont simplement les opérateurs $\hat{P}_{ik}$ qui échangent les coordonnées r_i et r_k dans la fonction d'onde :

$$\hat{P}_{ik}\Psi\left(r_1, \ldots, r_i, \ldots, r_k, \ldots, r_N\right) = \Psi\left(r_1, \ldots, r_k, \ldots, r_i, \ldots, r_N\right) .$$

$$(11.1)$$

Si le hamiltonien est invariant vis-à-vis de la numérotation de toutes les particules, on a

$$\left[\hat{H}, \hat{P}_{ik}\right] = 0 \quad \text{pour tous} \quad i, k = 1, \ldots, N \quad \text{avec} \quad i \neq k .$$

$$(11.2)$$

Les fonctions propres des $\hat{P}_{ik}$ doivent vérifier

$$\hat{P}_{ik}\Psi\left(\ldots, r_i, \ldots, r_k, \ldots\right) = \lambda\Psi\left(\ldots, r_i, \ldots, r_k, \ldots\right) ,$$
$$\Psi\left(\ldots, r_k, \ldots, r_i, \ldots\right) = \lambda\Psi\left(\ldots, r_i, \ldots, r_k, \ldots\right)$$

$$(11.3)$$

où λ correspond aux valeurs propres possibles de l'opérateur $\hat{P}_{ik}$. Si l'on applique de nouveau l'opérateur $\hat{P}_{ik}$ à l'équation (11.3), on obtient

$$\hat{P}_{ik}^2\Psi\left(\ldots, r_i, \ldots, r_k, \ldots\right) = \Psi\left(\ldots, r_i, \ldots, r_k, \ldots\right)$$
$$= \lambda^2\Psi\left(\ldots, r_i, \ldots, r_k, \ldots\right)$$

$$(11.4)$$

c'est-à-dire les valeurs propres réelles λ doivent vérifier $\lambda^2 = 1$. L'opérateur $\hat{P}_{ik}$ ne peut donc avoir que les valeurs propres $\lambda = \pm 1$. Par une permutation des coordonnées r_i et r_k, les fonctions propres de $\hat{P}_{ik}$ restent donc soit inchangées ($\lambda = +1$, fonctions d'ondes symétriques), ou changent de signe ($\lambda = -1$, fonctions d'ondes antisymétriques). Une généralisation de l'opérateur d'échange pour une paire est l'opérateur de permutation $\hat{P}$, celui-ci génère une permutation arbitraire des indices :

$$\hat{P}\Psi\left(r_1, r_2, \ldots, r_N\right) = \Psi\left(r_{P_1}, r_{P_2}, \ldots, r_{P_N}\right)$$

$$(11.5)$$

où $P_1, \ldots, P_N$ est une permutation des nombres $1, \ldots, N$ (en fait chaque permutation possède son opérateur propre, mais on parle généralement de l'opérateur permutation). Si le hamiltonien commute avec tous les $\hat{P}_{ik}$, ou de façon équivalente, avec l'opérateur permutation, on peut construire les fonctions propres de l'énergie de façon qu'elles soient complètement symétriques ou complètement antisymétriques au cours d'une permutation de deux coordonnées arbitraires (ou des numéros des particules, respectivement).

Partons d'une fonction propre arbitraire de l'énergie $\Psi\left(r_1, \ldots, r_N\right)$, sans caractère de symétrie bien défini, on peut en faire une fonction d'onde complètement symétrique ou complètement antisymétrique de la manière suivante

$$\Psi^S\left(r_1, \ldots, r_N\right) = A\sum_P \hat{P}\Psi\left(r_1, \ldots, r_N\right) ,$$

$$(11.6)$$

$$\Psi^A\left(r_1, \ldots, r_N\right) = B\sum_P (-1)^P \hat{P}\Psi\left(r_1, \ldots, r_N\right) .$$

$$(11.7)$$

La somme s'entend ici sur toutes les permutations $P_1, \ldots, P_N$ des indices $1, \ldots, N$. Le signe $(-1)^P$ dans l'équation (11.7) est défini comme suit

$$(-1)^P = \begin{cases} +1 \, , & \text{permutation paire} \, , \\ -1 \, , & \text{permutation impaire} \, . \end{cases} \tag{11.8}$$

Cela nous assure que Ψ^A reste antisymétrique par une permutation de deux indices. La notation *paire* et *impaire* se réfère au nombre de permutations de deux indices nécessaires pour obtenir une certaine permutation. On peut déterminer les facteurs A et B par normalisation.

Un fait expérimental est que le monde ne peut être correctement décrit qu'avec des fonctions d'ondes ayant un caractère de symétrie bien défini. L'expérience nous montre de plus, que la valeur propre λ est toujours la même, pour chaque espèce de particules. En d'autres termes, il y a dans le monde manifestement deux espèces de particules : des particules qui sont décrites par des fonctions d'ondes symétriques et que l'on appelle des *bosons*, d'après le physicien indien Bose, et des particules qui sont décrites par des fonctions d'ondes antisymétriques et que l'on appelle des *fermions*, d'après le physicien italien Fermi.

Comme dans le cas classique, les systèmes de particules sans interaction sont faciles à traiter en mécanique quantique, puisque le hamiltonien correspondant se scinde en une somme d'opérateurs à une particule :

$$\hat{H}(\boldsymbol{r}_1, \ldots, \boldsymbol{r}_N, \boldsymbol{p}_1, \ldots, \boldsymbol{p}_N) = \sum_{i=1}^N \hat{h}(\boldsymbol{r}_i, \boldsymbol{p}_i) \, . \tag{11.9}$$

Après la résolution du problème aux valeurs propres de l'opérateur $\hat{h}(\boldsymbol{r}_i, \boldsymbol{p}_i)$,

$$\hat{h} \phi_k(\boldsymbol{r}) = \varepsilon_k \phi_k(\boldsymbol{r}) \tag{11.10}$$

il est possible de construire la fonction d'onde totale à partir des fonctions à une particule $\phi_k(\boldsymbol{r})$. La fonction propre la plus simple du hamiltonien (11.9) est

$$\Psi^E_{k_1, \ldots, k_N}(\boldsymbol{r}_1, \ldots, \boldsymbol{r}_N) = \prod_{i=1}^N \phi_{k_i}(\boldsymbol{r}_i) \, . \tag{11.11}$$

Nous mettons les nombres quantiques des états occupés en indice. La fonction d'onde possède la valeur propre de l'énergie

$$E = \sum_{i=1}^N \varepsilon_{k_i} \, . \tag{11.12}$$

La fonction d'ondes produit (11.11) peut être écrite clairement en utilisant les notations de Dirac à l'aide des vecteurs d'états bra et ket. Le vecteur d'état de la fonction d'onde à plusieurs particules peut être caractérisé par les nombres quantiques des états occupés. C'est le produit direct des vecteurs d'état à une particule :

$$|k_1, \ldots, k_N\rangle = |k_1\rangle\, |k_2\rangle \cdots |k_N\rangle \; . \tag{11.13}$$

L'espace de Hilbert correspondant est la somme directe des espaces à une particule. L'équation (11.13) signifie alors que la particule N° 1 se trouve dans l'état quantique k_1, la particule N° 2 se trouve dans l'état quantique k_2, etc. Le vecteur d'état hermitique conjugué s'écrit

$$\langle k_1, \ldots, k_N| = \langle k_N|\, \langle k_{N-1}| \cdots \langle k_1| \; . \tag{11.14}$$

Dans les équations (11.13) et (11.14) il faut toujours faire attention à l'ordre des nombres quantiques, puisque nous y avons supposé que les particules sont discernables et il est donc important de savoir quelle particule se trouve dans un certain état. Les vecteurs d'états sont normalisés,

$$
\begin{aligned}
\langle k_1' \cdots k_N' | k_1 \cdots k_N \rangle &= \langle k_N'|\langle k_{N-1}'| \cdots \langle k_1'|k_1\rangle \cdots |k_N\rangle \\
&= \langle k_1'|k_1\rangle\langle k_2'|k_2\rangle \cdots \langle k_N'|k_N\rangle \\
&= \delta(k_1'-k_1)\delta(k_2'-k_2)\cdots\delta(k_N'-k_N)
\end{aligned} \tag{11.15}
$$

et forment un système complet

$$1 = \sum_{k_1\cdots k_N} |k_1\cdots k_N\rangle\,\langle k_1\cdots k_N| \tag{11.16}$$

s'il en est ainsi pour les états à une particule. On pourra donc développer une fonction d'onde arbitraire (même pour des systèmes en interaction) en fonction de $|k_1\cdots k_N\rangle$. Pour des nombres quantiques discrets, il faut bien sur interpréter les fonctions δ dans l'équation (11.15) comme des symboles de Kronecker. La fonction d'onde s'en déduit alors comme la représentation en coordonnées du vecteur d'état

$$
\begin{aligned}
\Psi_{k_1\cdots k_N}^E(\boldsymbol{r}_1, \ldots, \boldsymbol{r}_N) &= \langle \boldsymbol{r}_1, \ldots, \boldsymbol{r}_N | k_1 \cdots k_N \rangle \\
&= \langle \boldsymbol{r}_N|\, \langle \boldsymbol{r}_{N-1}| \cdots \langle \boldsymbol{r}_1|k_1\rangle\, |k_2\rangle \cdots |k_N\rangle \\
&= \phi_{k_1}(\boldsymbol{r}_1)\phi_{k_2}(\boldsymbol{r}_2)\cdots\phi_{k_N}(\boldsymbol{r}_N) \; .
\end{aligned} \tag{11.17}
$$

Cette fonction d'onde n'a pas une symétrie bien définie, puisque la permutation de deux coordonnées (ou de façon équivalente, de deux nombres quantiques) conduit à une fonction d'onde complètement différente. Par ailleurs, le hamiltonien (11.9) commute avec l'opérateur permutation et nous pouvons donc construire des fonctions propres ayant un caractère de symétrie bien défini :

$$\Psi_{k_1\cdots k_N}^{S,E}(\boldsymbol{r}_1, \ldots, \boldsymbol{r}_N) = \text{norm}\sum_P \hat{P}\phi_{k_1}(\boldsymbol{r}_1)\cdots\phi_{k_N}(\boldsymbol{r}_N) \; , \tag{11.18}$$

$$\Psi_{k_1\cdots k_N}^{A,E}(\boldsymbol{r}_1, \ldots, \boldsymbol{r}_N) = \frac{1}{\sqrt{N!}}\sum_P (-1)^P \hat{P}\phi_{k_1}(\boldsymbol{r}_1)\cdots\phi_{k_N}(\boldsymbol{r}_N) \; . \tag{11.19}$$

La somme s'étend sur toutes les permutations $P_1, \ldots, P_N$ de $1, \ldots, N$ dans l'argument de la fonction d'onde $\phi_n(\boldsymbol{r}_n)$ à une particule. Il importe peu cependant que l'on permute sur les indices des coordonnées ou des nombres quantiques. La fonction d'onde antisymétrique (11.19), qui décrit les fermions, s'interprète comme le déterminant,

$$\Psi_{k_1 \cdots k_N}^{A,E}(r_1, \ldots, r_N) = \frac{1}{\sqrt{N!}} \det \begin{pmatrix} \phi_{k_1}(r_1) & \cdots & \phi_{k_1}(r_N) \\ \vdots & & \vdots \\ \phi_{k_N}(r_1) & \cdots & \phi_{k_N}(r_N) \end{pmatrix}. \qquad (11.20)$$

Ce déterminant se nomme le *déterminant de Slater*. Le *principe de Pauli* pour les fermions, qui stipule que deux fermions de même nature ne peuvent occuper le même état à une particule, y apparaît de façon évidente. Si c'était le cas, deux des nombres quantiques $k_1, \ldots, k_N$ seraient égaux et deux lignes du déterminant seraient donc identiques. La fonction d'onde serait alors automatiquement nulle.

Au contraire, un nombre arbitraire de bosons peuvent occuper un même état à une particule. Ce fait rend plus difficile la normalisation des fonctions d'ondes symétriques (11.18). Celle-ci dépend en effet du nombre de nombres quantiques $k_1, \ldots, k_N$ qui sont égaux. Si, par exemple, k_1 bosons occupent l'état n_1, k_2 bosons occupent l'état n_2, etc. avec bien sur $N = \sum_i n_i$, la norme de l'équation (11.18) devient

$$\text{norm} = (N! n_1! n_2! \cdots)^{-1/2}. \qquad (11.21)$$

Cela devient clair, si l'on considère qu'il y a exactement en tout $N!$ permutations, les n_i permutations mutuelles du même nombre quantique donnent néanmoins le même terme dans la somme de l'équation (11.18).

EXEMPLE

11.1 Normalisation d'une fonction d'onde symétrique à deux particules

Calculons la normalisation de la fonction d'onde symétrique à deux particules

$$\begin{aligned}
\Psi^S(r_1, r_2) &= \phi_1(r_1)\phi_2(r_2) + \phi_1(r_2)\phi_2(r_1), \\
\Psi^{S*}\Psi^S &= \phi_1^*(r_1)\phi_2^*(r_2)\phi_1(r_1)\phi_2(r_2) + \phi_1^*(r_1)\phi_2^*(r_2)\phi_1(r_2)\phi_2(r_1) \\
&\quad + \phi_1^*(r_2)\phi_2^*(r_1)\phi_1(r_1)\phi_2(r_2) + \phi_1^*(r_2)\phi_2^*(r_1)\phi_1(r_2)\phi_2(r_1).
\end{aligned}$$

Si ϕ_1 et ϕ_2 sont orthogonales, le deuxième et le troisième terme s'annulent en intégrant sur les coordonnées, $\langle \Psi^S | \Psi^S \rangle = 2$. Si les deux particules occupent cependant le même état ϕ_1, les termes mixtes ont aussi une contribution et on obtient $\langle \Psi^S | \Psi^S \rangle = 4$. Les deux cas sont décrits par la norme $[N! n_1! n_2! \cdots]^{-1/2}$. Dans le premier cas, $N = 2$, $n_1 = 1$, $n_2 = 1, \ldots$, et dans le second cas $N = 2$, $n_1 = 2$, $n_2 = 0, \ldots$.

Les fonctions d'ondes (anti)symétriques s'écrivent aussi plus clairement en notation de Dirac,

$$|k_1, \dots, k_N\rangle^{\mathrm{A}} = \frac{1}{\sqrt{N!}} \sum_P (-1)^P \hat{P} |k_1, \dots, k_N\rangle$$

$$= \frac{1}{\sqrt{N!}} \sum_P (-1)^P |k_{P_1} \cdots k_{P_N}\rangle, \tag{11.22}$$

$$|k_1, \dots, k_N\rangle^{\mathrm{S}} = \frac{1}{\sqrt{N!S}} \sum_P \hat{P} |k_1, \dots, k_N\rangle$$

$$= \frac{1}{\sqrt{N!S}} \sum_P |k_{P_1}, \dots, k_{P_N}\rangle. \tag{11.23}$$

Le terme $S^{-1/2}$ représente la normalisation supplémentaire, dans le cas où plusieurs des $k_1, \dots, k_N$ seraient égaux. Il est facile de démontrer à l'aide des équations (11.22) et (11.23), que les fonctions d'ondes (anti)symétriques possèdent un caractère de symétrie bien défini :

$$\hat{P} |k_1, \dots, k_N\rangle^{\mathrm{A}} = |k_{P_1}, \dots, k_{P_N}\rangle^{\mathrm{A}} = (-1)^P |k_1, \dots, k_N\rangle^{\mathrm{A}}, \tag{11.24}$$

$$\hat{P} |k_1, \dots, k_N\rangle^{\mathrm{S}} = |k_{P_1}, \dots, k_{P_N}\rangle^{\mathrm{S}} = |k_1, \dots, k_N\rangle^{\mathrm{S}}. \tag{11.25}$$

Elles sont mêmes orthonormées :

$$^{\mathrm{A}}\langle k'_1 \cdots k'_N | k_1, \dots, k_N\rangle^{\mathrm{A}}$$

$$= \frac{1}{N!} \sum_P (-1)^P \sum_{P'} (-1)^{P'} \langle k'_{P'_1}, \dots, k'_{P'_N} | k_{P_1}, \dots, k_{P_N}\rangle$$

$$= \sum_P (-1)^P \langle k'_1, \dots, k'_N | k_{P_1}, \dots, k_{P_N}\rangle$$

$$= \sum_P (-1)^P \delta(k'_1 - k_{P_1}) \delta(k'_2 - k_{P_2}) \cdots \delta(k'_N - k_{P_N}). \tag{11.26}$$

Nous nous sommes ici servi du fait que la somme double sur toutes les permutations est égale à $N!$ fois la somme simple sur toutes les permutations, comme l'on peut par exemple s'en rendre compte facilement pour $N = 2$. Puisque le membre de droite ne s'annule même pas si une quelconque permutation de $\{k_1, \dots, k_n\}$ est égale à $\{k'_1, \dots, k'_n\}$, deux états qui ne se distinguent que par l'ordre des nombres quantiques, ne peuvent plus être considérés comme différents (orthogonaux).

De façon analogue, pour les vecteurs d'ondes symétriques on a

$$^{\mathrm{S}}\langle k'_1 \cdots k'_N | k_1, \dots, k_N\rangle^{\mathrm{S}}$$

$$= \frac{1}{\sqrt{SS'}} \sum_P \delta(k'_1 - k_{P_1}) \delta(k'_2 - k_{P_2}) \cdots \delta(k'_N - k_{P_N}). \tag{11.27}$$

On peut facilement se rendre compte que si plusieurs nombres quantiques sont identiques, le facteur additionnel est de nouveau nécessaire. Les fonctions d'ondes s'en déduisent encore comme la représentation en coordonnées des vecteurs d'états

$$
\begin{aligned}
\Psi^{\mathrm{A}}_{k_1,\ldots,k_N}(\boldsymbol{r}_1,\ldots,\boldsymbol{r}_N) &= \frac{1}{\sqrt{N!}}\,{}^{\mathrm{A}}\langle \boldsymbol{r}_1,\ldots,\boldsymbol{r}_N|k_1,\ldots,k_N\rangle^{\mathrm{A}} \\
&= \frac{1}{\sqrt{N!}}\sum_P (-1)^P \hat{P}\phi_{k_1}(\boldsymbol{r}_1)\cdots\phi_{k_N}(\boldsymbol{r}_N)\,, \qquad (11.28)
\end{aligned}
$$

$$
\begin{aligned}
\Psi^{\mathrm{S}}_{k_1,\ldots,k_N}(\boldsymbol{r}_1,\ldots,\boldsymbol{r}_N) &= \frac{1}{\sqrt{N!}}\,{}^{\mathrm{S}}\langle \boldsymbol{r}_1,\ldots,\boldsymbol{r}_N|k_1,\ldots,k_N\rangle^{\mathrm{S}} \\
&= \frac{1}{\sqrt{N!\,n_1!\,n_2!\cdots}}\sum_P \hat{P}\phi_{k_1}(\boldsymbol{r}_1)\cdots\phi_{k_N}(\boldsymbol{r}_N)\,. \quad (11.29)
\end{aligned}
$$

Les vecteurs d'états (11.22) et (11.23) forment un système complet dans chacun des deux espaces partiels d'états (anti)symétriques. Une fonction d'onde arbitraire pourra être développée (même pour des systèmes en interaction) suivant ces fonctions :

$$
1^{\mathrm{A}} = \frac{1}{N!}\sum_{k_1,\ldots,k_N}|k_1,\ldots,k_N\rangle^{\mathrm{A}\,\mathrm{A}}\langle k_1,\ldots,k_N|\,, \qquad (11.30)
$$

$$
1^{\mathrm{S}} = \frac{1}{N!}\sum_{k_1,\ldots,k_N}|k_1,\ldots,k_N\rangle^{\mathrm{S}\,\mathrm{S}}\langle k_1,\ldots,k_N|\,. \qquad (11.31)
$$

1^{A} et 1^{S} représentent les opérateurs unitaires dans les deux espaces partiels.

Les facteurs additionnels $(N!)^{-1/2}$ dans les équations (11.28) et (11.29) assurent la normalisation suivant les équations (11.18) et (11.19). Par ailleurs, ces facteurs disparaissent dans les équations (11.26) et (11.27), puisqu'il nous faut sommer sur toutes les permutations. Une des sommes peut être remplacée par un facteur $N!$, qui annule les deux facteurs $(N!)^{-1/2}$ des équations (11.22) et (11.23). Un facteur additionnel $(N!)^{-1}$ est nécessaire dans les équations (11.30) et (11.31). En fait, si les nombres quantiques $\{k_1, k_2, \ldots k_N\}$ parcourent indépendamment les uns des autres toutes les valeurs possibles, il y aura des ensembles $\{k_{P_1}, k_{P_2}, \ldots k_{P_N}\}$ dans les sommes des équations (11.30) et (11.31) qui ne diffèrent que par l'ordre des nombres quantiques, mais qui correspondent au même état microscopique. Dans les sommes des équations (11.30) et (11.31), chaque état microscopique est donc compté $N!$ fois.

Démontrons maintenant que 1^{A} agit effectivement comme un opérateur unitaire dans l'espace des états antisymétriques. Pour cela, montrons que

$$
1^{\mathrm{A}}|k_1,\ldots,k_N\rangle^{\mathrm{A}} \qquad (11.32)
$$

$$
= \frac{1}{N!}\sum_{k'_1,\ldots,k'_N}|k'_1,\ldots,k'_N\rangle^{\mathrm{A}\,\mathrm{A}}\langle k'_1,\ldots,k'_N|k_1,\ldots,k_N\rangle^{\mathrm{A}}
$$

$$
= \frac{1}{N!}\sum_{k'_1,\ldots,k'_N}|k'_1,\ldots,k'_N\rangle^{\mathrm{A}}\sum_P(-1)^P\delta(k'_1-k_{P_1})\cdots\delta(k'_N-k_{P_N})
$$

$$
= \frac{1}{N!}\sum_P(-1)^P|k_{P_1}\cdots k_{P_N}\rangle^{\mathrm{A}} = \frac{1}{N!}\sum_P|k_1,\ldots,k_N\rangle^{\mathrm{A}} = |k_1,\ldots,k_N\rangle^{\mathrm{A}}
$$

où nous avons utilisé les relations (11.26) et (11.24). Pour des bosons la démonstration est identique ; seulement dans la deuxième ligne de l'équation (11.32) il faut faire attention au fait que

$$\sum_{k'_1,\ldots,k'_N} |k'_1,\ldots,k'_N\rangle^{\mathrm{S}} \frac{1}{\sqrt{SS'}} \sum_P \delta(k'_1 - k_{P_1}) \cdots \delta(k'_N - k_{P_N})$$

$$= \sum_P |k_{P_1} \cdots k_{P_N}\rangle^{\mathrm{S}} . \tag{11.33}$$

Le facteur de normalisation additionnel est de nouveau nécessaire, si plusieurs nombres quantiques sont identiques.

L'(anti)symétrisation des états a aussi des conséquences sur les grandeurs observables possibles du système. Il n'y a maintenant plus aucun sens à vouloir calculer pour des observables des valeurs quantiques espérées, qui particulariseraient d'une manière quelconque des particules déterminées. On ne peut plus, par exemple, donner la probabilité de trouver la particule N° 2 en r_1. Il existe seulement une densité de probabilité de trouver une quelconque des N particules en r_1. Cela signifie aussi que *toutes les observables $\hat{O}$ d'un système de particules indiscernables doivent être invariantes vis à vis d'un changement de numérotation des particules* :

$$[\hat{O}, \hat{P}] = 0 \tag{11.34}$$

Les éléments matriciels (anti)symétriques d'une observable arbitraire peuvent être calculés à partir des éléments matriciels avec des états produit :

$$^{\mathrm{A}}\langle k'_1,\ldots,k'_N|\hat{O}|k_1,\ldots,k_N\rangle^{\mathrm{A}}$$

$$= \frac{1}{N!} \sum_P (-1)^P \sum_{P'} (-1)^{P'} \langle k'_{P'_1} \cdots k'_{P'_N}|\hat{O}|k_{P_1} \cdots k_{P_N}\rangle$$

$$= \sum_{\Gamma} (-1)^P \langle k'_1,\ldots,k'_N|\hat{O}|k_{P_1} \cdots k_{P_N}\rangle \tag{11.35}$$

et de manière analogue pour les éléments matriciels symétriques, avec

$$\langle k'_1,\ldots,k'_N|\hat{O}|k_1,\ldots,k_N\rangle$$

$$= \int \mathrm{d}^3 r_1 \cdots \mathrm{d}^3 r_N \phi^*_{k'_1}(r_1) \cdots \phi^*_{k'_N}(r_N) \hat{O} \phi_{k_1}(r_1) \cdots \phi_{k_N}(r_N) . \tag{11.36}$$

Le calcul de la trace des opérateurs se fait suivant

$$\mathrm{Tr}\,\hat{O} = \frac{1}{N!} \sum_{k_1,\ldots,k_N} {}^{\mathrm{S,A}}\langle k_1,\ldots,k_N|\hat{O}|k_1,\ldots,k_N\rangle^{\mathrm{A,S}} \tag{11.37}$$

puisqu'à présent il ne faut plus compter comme différents deux états quelconques qui ne diffèrent que par une permutation des nombres quantiques.

Le caractère de symétrie de la fonction d'onde a également d'importantes conséquences pour les propriétés thermodynamiques et statistiques du système. On parle ainsi de *statistique de Bose–Einstein* pour les bosons et de *statistique de Fermi–Dirac* pour les fermions. Si un système consiste en plusieurs espèces de particules discernables, la fonction d'onde totale, ne doit bien sûr être (anti)symétrique que vis-à-vis de l'échange de deux particules *identiques*. Les vecteurs de base totaux sont alors des produits de vecteurs d'états (anti)symétrique. Si toutes les particules sont considérées discernables, les états produits (11.13) peuvent être utilisés. Il s'agit du cas limite de la statistique de *Maxwell–Boltzmann* classique. Dans de nombreux cas, les états produits (11.13) peuvent aussi être utilisés comme approximation pour un système de particules identiques (indiscernables). Mais il faut alors introduire l'indiscernabilité après coup avec le facteur correctif de Gibbs, comme nous l'avons fait jusqu'à présent. Nous verrons bientôt qu'une telle approximation s'applique bien pour des systèmes à faibles densités et hautes températures. Alors les statistiques quantiques (Bose–Einstein ou Fermi–Dirac) se réduisent à la statistique de Maxwell–Boltzmann classique. Cela peut très bien se comprendre intuitivement dès à présent, car pour des distances moyennes grandes entre les particules les paquets d'ondes des particules ne peuvent pas avoir un grand recouvrement, et celles-ci deviennent approximativement discernables. Au contraire, les effets quantiques sont très importants à basses températures et pour des densités élevées.

Clarifions maintenant le fait de savoir quelles particules sont en fait des fermions et lesquelles sont des bosons. La réponse à cette question est donnée par le théorème des statistiques de spins de Belinfante(1939)[2] et Pauli (1940)[3]. D'après ce théorème, le caractère de symétrie des fonctions d'ondes est relié au spin des particules concernées. Le théorème des statistiques de spins dit que : toutes les particules ayant un spin demi-entier sont des fermions et toutes les particules ayant un spin entier sont des bosons. Ce théorème fut d'abord déduit empiriquement. On peut cependant le démontrer dans le cadre de la mécanique quantique relativiste des champs. On peut y démontrer que l'hypothèse de mauvaise symétrie conduit à violer le principe de causalité dans la théorie.

De nos jours on considère que tous les leptons (mot grec qui signifie particules lumineuses, e, μ, τ, ν_e, ν_μ, ν_τ, ...) et tous les quarks (u, d, s, c, b, t, ...) sont des fermions élémentaires. Au contraire tous les quanta médiateurs d'une interaction sont des bosons (les photons pour l'interaction électromagnétique, $W^\pm$ et Z^0 pour l'interaction faible, les gluons pour l'interaction forte). À ceci s'ajoute les quanta d'excitations collectives, comme les phonons, les plasmons, etc. Pour des particules non élémentaires (c'est-à-dire composites), il suffit de connaître simplement le nombre de fermions que contient la particule. Si ce nombre est pair, la particule composite se comporte comme un boson (tant que des degrés de liberté internes ne jouent aucun rôle) ; si ce nombre est impair la particule composite se comporte comme un fermion.

---

[2] F. J. Belinfante : Physica **6** (1939) 849, 870.
[3] W. Pauli, F. J. Belinfante : Physica **7** (1940) 177.

EXEMPLE ▬▬▬▬▬▬▬▬▬▬▬▬▬▬▬▬

11.2 Gaz parfait

Etudions à présent les modifications qui sont nécessaires dans le cas du gaz parfait de l'exercice 10.6, si l'on utilise des fonctions d'ondes à caractère de symétrie bien défini au lieu des fonctions d'ondes produits. Commençons pour cela par calculer les éléments matriciels $^{A,S}\langle k_1, \ldots, k_N \mid \exp(-\beta\hat{H}) \mid k_1, \ldots, k_N\rangle^{A,S}$ dans la représentation des quantités de mouvement. Pour simplifier, nous allons considérer que pour les éléments matriciels symétriques, tous les nombres quantiques $k'_1, \ldots, k'_N$ et $k_1, \ldots, k_N$ sont également différents, si bien que nous n'aurons pas à nous soucier constamment des facteurs de normalisation additionnels. Si nous introduisons le symbole $\delta_P = (\pm 1)^P$, les vecteurs d'états symétriques et antisymétriques peuvent s'écrire d'une façon unifiée. Le signe du haut s'applique aux bosons, celui du bas aux fermions :

$$
\begin{aligned}
&|k_1, \ldots, k_N\rangle^{A,S} \\
&= \frac{1}{\sqrt{N!}} \sum_P \delta_P |k_{P_1}, \ldots, k_{P_N}\rangle^{A,S} \langle k'_1, \ldots, k'_N| \exp\left(-\beta\hat{H}\right)|k_1, \ldots, k_N\rangle^{A,S} \\
&= \sum_P \delta_P \langle k'_1, \ldots, k'_N| \exp\left(-\beta\hat{H}\right)|k_{P_1}, \ldots, k_{P_N}\rangle .
\end{aligned}
$$

Le dernier élément matriciel se déduit immédiatement du résultat (10.101) :

$$
\begin{aligned}
&^{A,S}\langle k'_1, \ldots, k'_N| \exp\left(-\beta\hat{H}\right)|k_1, \ldots, k_N\rangle^{A,S} \qquad\qquad (11.38) \\
&= \exp\left[-\frac{\beta\hbar^2}{2m}(k_1^2 + \cdots + k_N^2)\right] \sum_P \delta_P \delta(k'_1 - k_{P_1}) \cdots \delta(k'_N - k_{P_N}) .
\end{aligned}
$$

La fonction de partition

$$
\begin{aligned}
Z^{A,S}(T, V, N) &= \mathrm{Tr}\left[\exp\left(-\beta\hat{H}\right)\right] \\
&= \frac{1}{N!} \sum_{k_1, \ldots, k_N} {}^{A,S}\langle k_1, \ldots, k_N| \exp\left(-\beta\hat{H}\right)|k_1, \ldots, k_N\rangle^{A,S} \\
&= \frac{1}{N!} \sum_{k_1, \ldots, k_N} \sum_P \delta_P \exp(-\beta E)\delta(k_1 - k_{P_1}) \cdots \delta(k_N - k_{P_N}) . \qquad (11.39)
\end{aligned}
$$

sera étudiée plus en détail dans le paragraphe suivant. Calculons maintenant la représentation en coordonnées $^{A,S}\langle r'_1, \ldots, r'_N| \exp\left(-\beta\hat{H}\right)|r_1, \ldots, r_N\rangle^{A,S}$ pour l'opérateur $\exp\left(-\beta\hat{H}\right)$:

$$
\begin{aligned}
&^{A,S}\langle r'_1, \ldots, r'_N| \exp\left(-\beta\hat{H}\right)|r_1, \ldots, r_N\rangle^{A,S} \\
&= \sum_P \delta_P \langle r'_1, \ldots, r'_N| \exp\left(-\beta\hat{H}\right)|r_{P_1}, \ldots, r_{P_N}\rangle . \qquad\qquad (11.40)
\end{aligned}
$$

Le dernier élément matriciel s'obtient à partir de l'équation (10.106). Si nous utilisons la notation abrégée (10.94), l'équation (11.40) devient

$$^{A,S}\langle r'_1, \ldots, r'_N | \exp\left(-\beta \hat{H}\right) | r_1, \ldots, r_N \rangle^{A,S}$$
$$= \sum_P \delta_P \, f(r'_1 - r_{P_1}) \cdots f(r'_N - r_{P_N}) \, .$$

Nous pouvons bien sur également calculer la fonction de partition en représentation des coordonnées,

$$Z^{A,S}(T, V, N) = \mathrm{Tr}\left[\exp\left(-\beta \hat{H}\right)\right]$$
$$= \frac{1}{N!} \int \mathrm{d}^3 r_1 \cdots \mathrm{d}^3 r_N \,^{A,S}\langle r_1, \ldots, r_N | \exp\left(-\beta \hat{H}\right) | r_1, \ldots, r_N \rangle^{A,S}$$
$$= \frac{1}{N!} \sum_P \delta_P \int \mathrm{d}^3 r_1 \cdots \mathrm{d}^3 r_N \, f(r_1 - r_{P_1}) \cdots f(r_N - r_{P_N}) \, . \qquad (11.41)$$

Pour faire ressortir les principales différences par rapport aux résultats précédents obtenus en utilisant la statistique de Maxwell-Boltzmann, considérons par exemple un système particulier comprenant $N = 2$ particules. L'équation (11.38) s'écrit alors

$$^{A,S}\langle k'_1, k'_2 | \exp\left(-\beta \hat{H}\right) | k_1, k_2 \rangle^{A,S}$$
$$= \exp\left[-\frac{\beta \hbar^2}{2m}(k_1^2 + k_2^2)\right]\left[\delta(k'_1 - k_1)\delta(k'_2 - k_2) \pm \delta(k'_1 - k_2)\delta(k'_2 - k_1)\right]$$

et la fonction de partition vaut

$$Z^{A,S}(T, V, 2) = \frac{1}{2!} \sum_{k_1, k_2} \exp\left[-\frac{\beta \hbar^2}{2m}(k_1^2 + k_2^2)\right](1 \pm \delta(k_1 - k_2))$$

(les k_i sont pour le moment discrets, il faut donc poser $\delta(k'_i - k_j) = \delta_{k'_i, k_j}$).

En remplaçant la somme par une intégrale, on obtient

$$Z^{A,S}(T, V, 2) = \frac{1}{2} \frac{V^2}{(2\pi)^6} \int \mathrm{d}^3 k_1 \, \mathrm{d}^3 k_2 \exp\left[-\frac{\beta \hbar^2}{2m}(k_1^2 + k_2^2)\right]$$
$$\pm \frac{1}{2} \frac{V}{(2\pi)^3} \int \mathrm{d}^3 k \exp\left(-\frac{\beta \hbar^2}{m} k^2\right) \, . \qquad (11.42)$$

Nous avons déjà calculé à de nombreuses reprises l'intégrale gaussienne qui apparaît dans l'équation (11.42) ; nous obtenons donc

$$Z^{A,S}(T, V, 2) = \frac{1}{2} \frac{V^2}{(2\pi)^6} \left(\frac{2m\pi}{\beta \hbar^2}\right)^3 \pm \frac{1}{2} \frac{V}{(2\pi)^3} \left(\frac{m\pi}{\beta \hbar^2}\right)^{3/2} \, .$$

Si l'on reporte la longueur d'onde thermique $\lambda = (h^2/2\pi m k T)^{1/2}$ dans ce résultat, il devient

$$Z^{A,S}(T, V, 2) = \frac{1}{2} \frac{V^2}{\lambda^6}\left(1 \pm \frac{1}{2^{3/2}} \frac{\lambda^3}{V}\right) \, . \qquad (11.43)$$

Exemple 11.2

Il faut le comparer à la formule précédente

$$Z(T, V, 2) = \frac{1}{2} \frac{V^2}{\lambda^6}$$

correspondant à l'équation (10.102) avec le facteur de Gibbs $1/2!$. On remarque que l'(anti)symétrisation introduit en fait des termes correctifs, contrairement au cas classique. En général, ces termes correctifs correspondent à un accroissement par rapport au paramètre λ^3/V. Les termes deviennent faibles pour des systèmes ayant un grand volume (faibles densités) et des températures élevées. Le terme prépondérant devant les parenthèses de l'équation (11.43) correspond exactement au résultat classique. Malheureusement, l'évaluation générale de la fonction de partition à partir de l'équation (11.39) n'est pas simple. Nous verrons dans le chapitre suivant que la fonction de partition grand-canonique se calcule bien plus facilement que la fonction de partition canonique.

Etudions maintenant plus précisément les raisons de l'existence des termes additionnels dans la fonction de partition. Pour cela, écrivons explicitement la représentation en coordonnées de $\exp\left(-\beta\hat{H}\right)$ pour les systèmes à deux particules correspondant à l'équation (11.41) :

$$
\begin{aligned}
{}^{A,S}\langle r_1', r_2'|\exp\left(-\beta\hat{H}\right)|r_1, r_2\rangle^{A,S} \\
= f(r'-1-r_1)f(r_2'-r_2) \pm f(r_1'-r_2)f(r_2'-r_1) \\
= \frac{1}{\lambda^6}\left\{\exp\left[-\frac{\pi}{\lambda^2}\big((r_1'-r_1)^2 + (r_2'-r_2)^2\big)\right]\right. \\
\left. \pm \exp\left[-\frac{\pi}{\lambda^2}\big((r_1'-r_2)^2 + (r_2'-r_1)^2\big)\right]\right\} .
\end{aligned}
$$

Nous savons déjà que les éléments diagonaux de la matrice densité correspondent aux densités de probabilités spatiales pour les deux particules. Dans notre cas, elles s'écrivent :

$$
{}^{A,S}\langle r_1, r_2|\hat{\varrho}|r_1, r_2\rangle^{A,S} = \frac{1}{Z^{A,S}\lambda^6}\left[1 \pm \exp\left(-\frac{2\pi}{\lambda^2}(r_1-r_2)^2\right)\right] . \tag{11.44}
$$

Les particules ne sont donc plus réparties de manière homogène dans tout l'espace, comme elles l'étaient dans le cas classique. Les bosons et les fermions «sentent» si d'autres particules de même nature sont proches. Si la distance entre les particules $|r_1 - r_2|$ est grande vis à vis de la longueur d'onde thermique, la fonction exponentielle devient très petite, et l'on retrouve le cas classique. Par rapport au cas classique, la densité de probabilité de trouver des particules en r_1 et r_2 pour des distances faibles, est cependant plus grande pour les bosons et plus faible pour les fermions. On peut interpréter ce résultat en terme de potentiel additionnel attractif (pour les bosons) ou répulsif (pour les fermions). Cette interprétation doit bien sûr être maniée avec précaution puisque les objets quantiques sont absolument sans interaction, mais la(l'anti)symétrisation quantique simule une interaction classique.

Il est possible de modéliser un potentiel qui influencerait deux particules classiques de la même façon que la (l'anti)symétrisation influence les particules quantiques. Pour cela, nous postulerons que les éléments matriciels (11.44) correspondent à la partie spatiale de la densité canonique dans l'espace des phases :

$$\varrho\,(\boldsymbol{r}_1\,|\,\boldsymbol{r}_2) \equiv \langle \boldsymbol{r}_1, \boldsymbol{r}_2|\,\hat{\varrho}\,|\boldsymbol{r}_1, \boldsymbol{r}_2\rangle$$

ou, si $V(\boldsymbol{r}_1, \boldsymbol{r}_2)$ représente le potentiel requis de la pseudo-interaction, nous avons au facteur de normalisation près,

$$\varrho(\boldsymbol{r}_1, \boldsymbol{r}_2) \propto \exp\left[-\beta V\,(\boldsymbol{r}_1, \boldsymbol{r}_2)\right] \equiv 1 \pm \exp\left(-\frac{2\pi}{\lambda^2}\,(\boldsymbol{r}_1 - \boldsymbol{r}_2)^2\right)\,.$$

Le facteur omis ne fournit qu'une constante additive pour le potentiel d'interaction :

$$V\,(\boldsymbol{r}_1, \boldsymbol{r}_2) = -kT \ln\left[1 \pm \exp\left(-\frac{2\pi}{\lambda^2}\,(\boldsymbol{r}_1 - \boldsymbol{r}_2)^2\right)\right]\,. \tag{11.45}$$

Le potentiel (représenté sur la figure 11.1) dépend évidemment de la température, on s'aperçoit donc immédiatement qu'il ne s'agit pas du potentiel classique usuel. Ce potentiel génère la même corrélation entre particules dans l'espace des coordonnées que la (l'anti)symétrisation quantique. On ne peut pas décrire des grandeurs quantiques typiques, comme les probabilités de transitions (éléments non diagonaux).

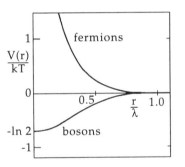

Fig. 11.1. Potentiel pour simuler la (l'anti)symétrisation

Pour les fermions, le potentiel devient infini en $r = 0$, ce qui signifie que la probabilité de trouver deux fermions au même endroit est nulle. Insistons encore une fois sur le fait qu'un système classique de particules avec le potentiel d'interaction (11.45) n'équivaut pas à faire de la statistique quantique.

12. Description grand-canonique de systèmes quantiques parfaits

Nous allons maintenant approfondir le formalisme des paragraphes précédents pour des systèmes quantiques parfaits sans interaction. De tels systèmes sont décrits par un hamiltonien de la forme (11.9). Il nous faut calculer la fonction de partition canonique

$$Z(T, V, N) = \text{Tr}\left[\exp\left(-\beta\hat{H}\right)\right] \tag{12.1}$$
$$= \frac{1}{N!} \sum_{k_1,\ldots,k_N} {}^{S,A}\langle k_1,\ldots,k_N| \exp\left(-\beta\hat{H}\right)|k_1,\ldots,k_N\rangle^{S,A}.$$

La normalisation avec $N!$ se déduit de l'équation (11.37). Suivant la nature des vecteurs d'états que l'on utilise dans l'équation (12.1), on obtient soit la statistique de Maxwell–Boltzmann (MB, états produits), soit celle de Bose–Einstein (BE, états symétriques) et enfin celle de Fermi–Dirac (FD, états antisymétriques). Dans le premier cas (MB), le facteur $1/N!$ représente le facteur correctif de Gibbs, tandis que dans les deux autres cas ce facteur résulte de la normalisation des vecteurs d'états. On peut en principe calculer la trace (12.1) en utilisant des états de base arbitraire (représentation en coordonnées, représentation en quantités de mouvement, etc.), mais la représentation en énergie est particulièrement adaptée. Les états propres de l'énergie vérifient la condition

$$\hat{H}|k_1,\ldots,k_N\rangle^{S,A} = E|k_1,\ldots,k_N\rangle^{S,A} \quad \text{avec} \quad E = \sum_{i=1}^{N} \varepsilon_{k_i} \tag{12.2}$$

et l'opérateur $\exp(-\beta\hat{H})$, appliqué à ces états, fournit dans les trois cas la valeur propre $\exp(-\beta E)$. Dans le cas de la statistique de Maxwell–Boltzmann, la fonction de partition (12.1) des N particules peut se ramener au calcul de la fonction de partition à une particule $Z(T, V, 1)$. On a en effet

$$Z^{MB}(T, V, N) = \frac{1}{N!} \prod_{i=1}^{N} \sum_{k_i} \langle k_i| \exp(-\beta\hat{h}_i)|k_i\rangle = \frac{1}{N!}[Z(T, V, 1)]^N \tag{12.3}$$

si $\hat{H}$ représente le hamiltonien pour une particule.

Essayons d'obtenir une réduction similaire dans les deux autres cas. Pour cela, remarquons qu'un état complètement (anti)symétrique est déjà complètement caractérisé par la donnée des états à une particule occupés. Si nous numérotons les états à une particule $|k\rangle$ avec l'indice k, il est alors suffisant de connaître les *nombres d'occupation* $\{n_1, n_2, \dots\}$ de chaque état à une particule afin de déterminer l'état à N particules. Pour les bosons, chaque nombre d'occupation peut prendre toutes les valeurs $n_k = 0, 1, \dots, N$. Au contraire, pour les fermions ces nombres sont restreint aux valeurs $n_k = 0, 1$ à cause du principe d'exclusion de Pauli. Les nombres d'occupation doivent évidemment vérifier la condition

$$\sum_{k=1}^{\infty} n_k = N \,.$$ (12.4)

La valeur propre de l'énergie s'exprime aussi en fonction des nombres d'occupation :

$$E = \sum_{k=1}^{\infty} n_k \varepsilon_k \,.$$ (12.5)

À la différence de l'équation (12.2), l'indice parcourt à présent tous les états à une particule, et non plus l'ensemble des particules individuelles. De façon tout à fait analogue, les états $|k_1, \dots, k_N\rangle^{A,S}$ peuvent aussi être caractérisés par les nombres d'occupation, au lieu des nombres quantiques des états occupés $k_1, \dots, k_N$,

$$|n_1, n_2, \dots\rangle^{S,A} \equiv |k_1, \dots, k_N\rangle^{S,A} \,.$$ (12.6)

L'équation (12.6) représente simplement une nouvelle notation pour les vecteurs de base $|k_1, \dots, k_N\rangle^{S,A}$. Les nombres d'occupation à eux seuls ne déterminent cependant pas l'ordre dans lequel apparaissent les nombres quantiques $k_1, \dots, k_N$. Nous allons donc convenir que l'occupation des états à une particule se fait toujours «du bas vers le haut». Les nombres quantiques $k_1, \dots, k_N$ devront donc être rangés dans l'ordre croissant (un ordre différent des nombres quantiques, ne fournit naturellement qu'un facteur supplémentaire $(\pm 1)^P$).

La représentation utilisant les nombres d'occupation devient particulièrement utile en relation avec la seconde quantification, dont nous ne parlerons cependant pas ici.

À cause de l'identité (12.6), les $|n_1, n_2, \dots\rangle^{S,A}$ vérifient

$$\hat{H} |n_1, n_2, \dots\rangle^{S,A} = E |n_1, n_2, \dots\rangle^{S,A} \quad \text{avec} \quad E = \sum_{k=1}^{\infty} n_k \varepsilon_k$$ (12.7)

et

$$\hat{N} |n_1, n_2, \dots\rangle^{S,A} = N |n_1, n_2, \dots\rangle^{S,A} \quad \text{avec} \quad N = \sum_{k=1}^{\infty} n_k$$ (12.8)

où l'équation (12.8) peut aussi s'interpréter comme la définition de l'opérateur du nombre de particules, puisque cette équation détermine tous les éléments matriciels de N dans la base $|n_1, n_2, \dots\rangle^{S,A}$. Comme le nombre d'occupation n_k

de l'état à une particule $|k\rangle$ est également une grandeur observable, nous pouvons définir un opérateur $\hat{n}_k$ pour un nombre d'occupation de façon analogue à l'équation (12.8) suivant

$$\hat{n}_k |n_1, n_2, \ldots, n_k, \ldots\rangle^{\mathrm{S,A}} = n_k |n_1, n_2, \ldots, n_k, \ldots\rangle^{\mathrm{S,A}},$$

$$n_k = \begin{cases} 0, 1, & \text{fermions}, \\ 0, 1, 2, \ldots, & \text{bosons}. \end{cases} \tag{12.9}$$

L'ensemble $\{n_1, n_2, \ldots\}$ et la donnée supplémentaire de la symétrie de la fonction d'onde détermine de manière unique l'état microscopique du système. Nous pouvons alors immédiatement construire la fonction d'onde (anti)symétrique correspondante. Deux états seront alors identiques si et seulement si tous les nombres d'occupation n_k concordent exactement. La relation d'orthogonalité s'écrit alors

$$^{\mathrm{S,A}}\langle n_1', n_2', \ldots |n_1, n_2, \ldots\rangle^{\mathrm{S,A}} = \delta_{n_1' n_1} \delta_{n_2' n_2} \cdots . \tag{12.10}$$

Dans cette représentation, les éléments matriciels de l'opérateur densité indiquent une interprétation nouvelle très évidente. Pour l'opérateur densité canonique nous avons:

$$^{\mathrm{S,A}}\langle n_1', n_2', \ldots |\hat{\varrho}|n_1, n_2, \ldots\rangle^{\mathrm{S,A}}$$

$$= \frac{1}{Z(T, V, N)} \, ^{\mathrm{S,A}}\langle n_1', n_2', \ldots | \exp\left(-\beta \hat{H}\right)|n_1, n_2, \ldots\rangle^{\mathrm{S,A}}$$

$$= \frac{1}{Z(T, V, N)} \exp\left(-\beta \sum_{k=1}^{\infty} n_k \varepsilon_k\right) \delta_{n_1' n_1} \delta_{n_2' n_2} \cdots \tag{12.11}$$

avec

$$Z(T, V, N) = \sum_{\{n_k\}}' \exp\left(-\beta \sum_{k=1}^{\infty} n_k \varepsilon_k\right) \tag{12.12}$$

où

$$\sum_{k=1}^{\infty} n_k = N \quad \text{et} \quad n_k = \begin{cases} 0, 1, & \text{fermions}, \\ 0, 1, 2, \ldots, & \text{bosons}. \end{cases}$$

La somme $\sum'$ parcourt tous les ensembles accessibles $\{n_1, n_2, \ldots\}$ de nombres d'occupation. Chacun de ces ensembles correspond à un état microscopique du système. Le prime dans la somme signifie que seuls les nombres d'occupation vérifiant la condition (12.4) peuvent intervenir De plus pour les fermions seuls $n_k = 0, 1$ sont permis, alors que pour les bosons il faut sommer sur tous les entiers naturels. On peut alors interpréter les éléments diagonaux de la matrice densité,

$$P\{n_k\} = \, ^{\mathrm{S,A}}\langle n_1, n_2, \ldots |\hat{\varrho}|n_1, n_2, \ldots\rangle^{\mathrm{S,A}}$$

$$= \frac{1}{Z} \exp\left(-\beta \sum_{k=1}^{\infty} n_k \varepsilon_k\right) \tag{12.13}$$

comme les probabilités de trouver exactement l'ensemble $\{n_1, n_2, \ldots\}$ de nombres d'occupation dans le système.

De façon absolument analogue, on obtient pour l'opérateur densité grand-canonique

$$
\begin{aligned}
&{}^{\mathrm{S,A}}\langle n'_1, n'_2, \ldots |\hat{\varrho}| n_1, n_2, \ldots\rangle^{\mathrm{S,A}} \\
&= \frac{1}{\mathcal{Z}(T, V, \mu)} {}^{\mathrm{S,A}}\langle n'_1, n'_2, \ldots | \exp\left[-\beta\left(\hat{H} - \mu\hat{N}\right)\right] | n_1, n_2, \ldots\rangle^{\mathrm{S,A}} \\
&= \frac{1}{\mathcal{Z}(T, V, \mu)} \exp\left(-\beta \sum_{k=1}^{\infty} n_k(\varepsilon_k - \mu)\right) \delta_{n'_1 n_1} \delta_{n'_2 n_2} \cdots
\end{aligned} \tag{12.14}
$$

avec

$$
\mathcal{Z}(T, V, \mu) = \sum_{\{n_k\}} \exp\left(-\beta \sum_{k=1}^{\infty} n_k(\varepsilon_k - \mu)\right) \tag{12.15}
$$

$$
\text{où} \quad n_k = \begin{cases} 0, 1, & \text{fermions}, \\ 0, 1, 2, \ldots, & \text{bosons}. \end{cases}
$$

Dans l'équation (12.15) il n'y a pas de contrainte supplémentaire sur la somme des nombres d'occupation, puisque il faut à présent aussi sommer sur tous les états microscopiques avec des nombres N de particules différents. Cela se remarque immédiatement, en écrivant la fonction de partition grand-canonique sous la forme

$$
\begin{aligned}
\mathcal{Z}(T, V, \mu) &= \sum_{N=0}^{\infty} z^N Z(T, V, N) \\
&= \sum_{N=0}^{\infty} z^N \sum_{\{n_k\}}' \exp\left(-\beta \sum_{k=1}^{\infty} n_k \varepsilon_k\right) \\
&= \sum_{N=0}^{\infty} \sum_{\{n_k\}}' \exp\left(-\beta \sum_{k=1}^{\infty} n_k(\varepsilon_k - \mu)\right)
\end{aligned} \tag{12.16}
$$

où la fugacité $z = \exp(\mu/kT)$ et $N = \sum_{k=1}^{\infty} n_k$ ont été utilisés. Cependant, la somme avec un prime liée à la contrainte (12.4) et la somme sur tous les nombres de particules est équivalente à une somme sur tous les ensembles de nombres d'occupation sans contrainte. On peut à nouveau interpréter les éléments matriciels diagonaux

$$
\begin{aligned}
P\{n_k\} &= {}^{\mathrm{S,A}}\langle n_1, n_2, \ldots |\hat{\varrho}| n_1, n_2, \ldots\rangle^{\mathrm{S,A}} \\
&= \frac{1}{\mathcal{Z}} \exp\left(-\beta \sum_{k=1}^{\infty} n_k(\varepsilon_k - \mu)\right)
\end{aligned} \tag{12.17}
$$

comme la probabilité de trouver l'ensemble particulier $\{n_k\}$ de nombres d'occupation dans un système de l'ensemble grand-canonique.

Il est également instructif d'appliquer le langage des nombres d'occupation à la statistique de Maxwell–Boltzmann. Il faut remarquer ici que l'ensemble $\{n_1, n_2, \dots\}$ *ne* détermine pas de façon unique la fonction d'onde produit $|k_1, \dots, k_N\rangle$, puisque les nombres d'occupation ne disent pas quelle particule occupe quel état à une particule. Tous les états produit avec l'ensemble $\{n_1, n_2, \dots\}$ ont cependant la même énergie et donc la même probabilité. Il nous suffit donc de compter le nombre de ces états. En premier lieu il y a $N!$ façons de changer la numérotation des particules. S'il y a cependant n_k particules dans l'état $|k\rangle$, alors les $n_k!$ permutations des particules dans cet état à une particule ne fournissent pas un nouvel état macroscopique même dans le cas classique. Chaque ensemble $\{n_1, n_2, \dots\}$ obtient ainsi une pondération $N!/(n_1!n_2!\cdots)$, qui résulte de la discernabilité des particules. La fonction de partition canonique peut donc se calculer dans la représentation des nombres d'occupation, dans le cas de la statistique de Maxwell–Boltzmann :

$$Z^{\mathrm{MB}}(T, V, N) = \frac{1}{N!} \sum_{\{n_k\}}' \frac{N!}{n_1!n_2!\cdots} \exp\left(-\beta \sum_{k=1}^{\infty} n_k \varepsilon_k\right). \tag{12.18}$$

Le facteur de Gibbs $1/N!$ doit être ajouté après coup. L'équation (12.18) redonne bien sur l'équation (12.3), puisqu'on peut la simplifier à l'aide du théorème du polynôme

$$\begin{aligned} Z^{\mathrm{MB}}(T, V, N) &= \frac{1}{N!} \sum_{n_1, n_2, \dots = 0}^{N}{}' \frac{N!}{n_1!n_2!\cdots} \left[\exp\left(-\beta\varepsilon_1\right)\right]^{n_1} \left[\exp\left(-\beta\varepsilon_2\right)\right]^{n_2} \cdots \\ &= \frac{1}{N!} \left(\sum_{k=1}^{\infty} \exp\left(-\beta\varepsilon_k\right)\right)^N \\ &= \frac{1}{N!}[Z(T, V, 1)]^N. \end{aligned} \tag{12.19}$$

Définissons à présent ce que l'on appelle la pondération d'un ensemble de nombres d'occupation $\{n_1, n_2, \dots\}$ selon

$$g^{\mathrm{MB}}\{n_k\} = \frac{1}{n_1!n_2!\cdots} \tag{12.20}$$

ainsi que les expressions correspondantes pour les bosons et les fermions,

$$g^{\mathrm{BE}}\{n_k\} = 1 \tag{12.21}$$

de même que

$$g^{\mathrm{FD}}\{n_k\} = \begin{cases} 1, & \text{si tout } n_k = 0 \text{ ou } 1 \\ 0, & \text{sinon} \end{cases} \tag{12.22}$$

les trois cas peuvent alors être traités de façon unique. La *fonction de partition-canonique* est donnée par

$$Z(T, V, N) = \sum_{\{n_k\}}' g\{n_k\} \exp\left(-\beta \sum_{k=1}^{\infty} n_k \varepsilon_k\right) \tag{12.23}$$

et de façon analogue, la *fonction de partition grand-canonique* s'écrit

$$Z(T, V, \mu) = \sum_{\{n_k\}} g\{n_k\} \exp\left(-\beta \sum_{k=1}^{\infty} n_k(\varepsilon_k - \mu)\right) . \qquad (12.24)$$

Les probabilités des équations (12.13) et (12.17) deviennent

$$P\{n_k\} = \frac{1}{Z} g\{n_k\} \exp\left(-\beta \sum_{k=1}^{\infty} n_k \varepsilon_k\right) , \text{ canonique} \qquad (12.25)$$

et

$$P\{n_k\} = \frac{1}{Z} g\{n_k\} \exp\left(-\beta \sum_{k=1}^{\infty} n_k(\varepsilon_k - \mu)\right) , \text{ grand-canonique} , \qquad (12.26)$$

respectivement. Jusqu'à présent nous avons simplement formulé le problème dans un autre langage, mais nous n'avons pas obtenu de réelle simplification. Notre objectif est cependant de simplifier le calcul de la fonction de partition autant que possible, comme par exemple pour la statistique de Maxwell–Boltzmann dans les équations (12.19) ou (12.3). Malheureusement, une telle simplification n'est pas possible pour la fonction de partition canonique dans le cas des statistiques de Bose–Einstein ou de Fermi–Dirac. La contrainte supplémentaire $N = \sum_{k=1}^{\infty} n_k$ sur la somme dans l'équation (12.23) rend une simplification ultérieure plus difficile (sauf dans le cas de Maxwell–Boltzmann). Ces contraintes n'apparaissent cependant pas pour les fonctions de partition grand-canoniques et on peut donc les simplifier énormément pour les bosons et les fermions. Pour cela, écrivons l'équation (12.24) dans les deux cas, Bose–Einstein et Fermi–Dirac. Dans le premier cas on obtient

$$Z^{\text{BE}}(T, V, \mu) = \sum_{n_1, n_2, \ldots = 0}^{\infty} \{\exp[-\beta(\varepsilon_1 - \mu)]\}^{n_1} \{\exp[-\beta(\varepsilon_2 - \mu)]\}^{n_2} \cdots$$

$$= \prod_{k=1}^{\infty} \sum_{n_k=0}^{\infty} \{\exp[-\beta(\varepsilon_k - \mu)]\}^{n_k} . \qquad (12.27)$$

La somme est une série géométrique et vaut

$$\sum_{n_k=0}^{\infty} \{\exp[-\beta(\varepsilon_k - \mu)]\}^{n_k} = [1 - z \exp(-\beta \varepsilon_k)]^{-1} \qquad (12.28)$$

où $z = \exp(\beta\mu)$. On en déduit

$$Z^{\text{BE}}(T, V, \mu) = \prod_{k=1}^{\infty} \frac{1}{1 - z \exp(-\beta \varepsilon_k)} . \qquad (12.29)$$

Pour la statistique de Fermi–Dirac on obtient avec 1 comme limite supérieure pour la somme,

$$
\begin{aligned}
Z^{\mathrm{FD}}(T, V, \mu) &= \sum_{n_1, n_2, \ldots = 0}^{1} \{\exp\left[-\beta(\varepsilon_1 - \mu)\right]\}^{n_1} \{\exp\left[-\beta(\varepsilon_2 - \mu)\right]\}^{n_2} \cdots \\
&= \prod_{k=1}^{\infty} \sum_{n_k=0}^{1} \{\exp\left[-\beta(\varepsilon_k - \mu)\right]\}^{n_k} \\
&= \prod_{k=1}^{\infty} \left[1 + z\exp\left(-\beta\varepsilon_k\right)\right] .
\end{aligned}
\tag{12.30}
$$

Pour être complet, redonnons la fonction de partition grand canonique pour des particules de Boltzmann,

$$
\begin{aligned}
Z^{\mathrm{MB}}&(T, V, \mu) \\
&= \sum_{n_1, n_2, \ldots = 0}^{\infty} \frac{1}{n_1! n_2! \cdots} \{\exp\left[-\beta(\varepsilon_1 - \mu)\right]\}^{n_1} \{\exp\left[-\beta(\varepsilon_2 - \mu)\right]\}^{n_2} \cdots \\
&= \prod_{k=1}^{\infty} \sum_{n_k=0}^{\infty} \frac{1}{n_k!} \{\exp\left[-\beta(\varepsilon_k - \mu)\right]\}^{n_k} \\
&= \prod_{k=1}^{\infty} \exp[z\exp\left(-\beta\varepsilon_k\right)]
\end{aligned}
\tag{12.31}
$$

ce qui correspond évidemment à l'équation (9.43).

Il est en principe possible de calculer la fonction de partition canonique à partir de la fonction de partition grand-canonique avec l'équation (9.88). Mais les intégrales qui apparaissent sont très compliquées. Ce n'est par ailleurs pas nécessaire, puisque l'ensemble grand-canonique décrit les propriétés thermodynamiques d'un système aussi bien que le système microcanonique ou canonique. Dans bien des cas cependant on ne donne pas le potentiel chimique μ ou la fugacité z d'un système, mais c'est le nombre de particules qui est donné. Ceci rend plus difficile le calcul explicite des propriétés des gaz quantiques parfaits à nombre de particules N fixé, mais ne pose pas de problème de principe, comme nous le verrons bientôt.

La connaissance de la fonction de partition grand-canonique fournit immédiatement le potentiel grand-canonique

$$
\Phi(T, V, \mu) = -kT \ln[Z(T, V, \mu)] = U - TS - \mu N = -pV
\tag{12.32}
$$

avec les équations d'état (4.113):

$$
S(T, V, \mu) = -\left.\frac{\partial \Phi}{\partial T}\right|_{V, \mu}, \qquad p(T, V, \mu) = -\left.\frac{\partial \Phi}{\partial V}\right|_{T, \mu},
$$

$$
N(T, V, \mu) = -\left.\frac{\partial \Phi}{\partial \mu}\right|_{T, V} .
\tag{12.33}
$$

Les potentiels grand-canoniques s'écrivent individuellement (avec $z = \exp(\beta\mu)$)

$$\Phi^{\mathrm{MB}}(T, V, \mu) = -kT \sum_{k=1}^{\infty} z \exp(-\beta\varepsilon_k)$$

$$= -kT \sum_{k=1}^{\infty} \exp[-\beta(\varepsilon_k - \mu)] \,, \tag{12.34}$$

$$\Phi^{\mathrm{BE}}(T, V, \mu) = kT \sum_{k=1}^{\infty} \ln[1 - z \exp(-\beta\varepsilon_k)]$$

$$= kT \sum_{k=1}^{\infty} \ln\{1 - \exp[-\beta(\varepsilon_k - \mu)]\} \,, \tag{12.35}$$

$$\Phi^{\mathrm{FD}}(T, V, \mu) = -kT \sum_{k=1}^{\infty} \ln[1 + z \exp(-\beta\varepsilon_k)]$$

$$= -kT \sum_{k=1}^{\infty} \ln\{1 + \exp[-\beta(\varepsilon_k - \mu)]\} \,. \tag{12.36}$$

On peut résumer ces trois cas en une équation

$$\ln \mathcal{Z} = \frac{pV}{kT} = \frac{1}{a} \sum_{k=1}^{\infty} \ln[1 + az \exp(-\beta\varepsilon_k)] \tag{12.37}$$

si l'on définit

$$a = \begin{cases} +1 \,, & FD \,, \\ 0 \,, & MB \,, \\ -1 \,, & BE \,. \end{cases} \tag{12.38}$$

Le cas $a = 0$ doit être compris comme la limite $\lim_{a \to 0}$. La notation (12.37) et (12.38) permet à nouveau d'étudier les trois cas simultanément.

Il est très pratique de donner aussi des expressions de la forme (12.37) pour les grandeurs thermodynamiques $N(T, V, \mu) = \langle \hat{N} \rangle$ et $U(T, V, \mu) = \langle \hat{H} \rangle$,

$$N(T, V, \mu) = kT \left. \frac{\partial}{\partial \mu} \ln \mathcal{Z} \right|_{T,V} = \sum_{k=1}^{\infty} \frac{1}{z^{-1} \exp(\beta\varepsilon_k) + a} \,, \tag{12.39}$$

$$U(T, V, \mu) = - \left. \frac{\partial}{\partial \beta} \ln \mathcal{Z} \right|_{z,V} = \sum_{k=1}^{\infty} \frac{\varepsilon_k}{z^{-1} \exp(\beta\varepsilon_k) + a} \,. \tag{12.40}$$

Il est important de noter que dans l'équation (12.40) la fugacité $z = \exp(\beta\mu)$ est maintenue constante. Les équations (12.39) et (12.40) s'obtiennent aussi directement comme moyennes statistiques des opérateurs $\hat{N}$ et $\hat{H}$, ainsi que nous nous allons le montrer à présent.

Dans l'ensemble grand-canonique la moyenne d'une observable arbitraire se définit comme suit

$$\langle \hat{O} \rangle = \mathrm{Tr}\left(\hat{\varrho}\hat{O} \right) = \frac{\mathrm{Tr}\left\{ \exp\left[-\beta(\hat{H} - \mu\hat{N}) \right]\hat{O} \right\}}{\mathrm{Tr}\left\{ \exp\left[-\beta(\hat{H} - \mu\hat{N}) \right] \right\}}$$

$$= \frac{1}{\mathcal{Z}} \sum_{\{n_k\}} g\{n_k\}^{\mathrm{S,A}} \langle n_1, n_2, \ldots | \exp\left[-\beta(\hat{H} - \mu\hat{N}) \right]\hat{O}|n_1, n_2, \ldots \rangle^{\mathrm{S,A}}$$

$$\tag{12.41}$$

$$= \frac{1}{\mathcal{Z}} \sum_{\{n_k\}} g\{n_k\} \exp\left[-\beta \sum_{k=1}^{\infty} n_k(\varepsilon_k - \mu) \right]^{\mathrm{S,A}} \langle n_1, n_2, \ldots |\hat{O}|n_1, n_2, \ldots \rangle^{\mathrm{S,A}}.$$

Si l'on désigne la valeur espérée de l'observable $\hat{O}$ par

$$O(n_1, n_2, \ldots) = {}^{\mathrm{S,A}}\langle n_1, n_2, \ldots |\hat{O}|n_1, n_2, \ldots \rangle^{\mathrm{S,A}} \tag{12.42}$$

il s'en suit

$$\langle \hat{O} \rangle = \frac{1}{\mathcal{Z}} \sum_{\{n_k\}} g\{n_k\} \exp\left(-\beta \sum_{k=1}^{\infty} n_k(\varepsilon_k - \mu) \right) O(n_1, n_2, \ldots). \tag{12.43}$$

La moyenne du nombre de particules devient donc

$$\langle \hat{N} \rangle = \frac{1}{\mathcal{Z}} \sum_{\{n_k\}} g\{n_k\} \exp\left(-\beta \sum_{k=1}^{\infty} n_k(\varepsilon_k - \mu) \right) \sum_{k=1}^{\infty} n_k$$

$$= \frac{1}{\mathcal{Z}} \left[\frac{1}{\beta} \frac{\partial}{\partial \mu} \sum_{\{n_k\}} g\{n_k\} \exp\left(-\beta \sum_{k=1}^{\infty} n_k(\varepsilon_k - \mu) \right) \right]_{T,V}$$

$$= \frac{1}{\mathcal{Z}} kT \left. \frac{\partial}{\partial \mu} \mathcal{Z} \right|_{T,V} = kT \left. \frac{\partial}{\partial \mu} \ln \mathcal{Z} \right|_{T,V} \tag{12.44}$$

et celle du hamiltonien devient

$$\langle \hat{H} \rangle = \frac{1}{\mathcal{Z}} \sum_{\{n_k\}} g\{n_k\} \exp\left(-\beta \sum_{k=1}^{\infty} n_k(\varepsilon_k - \mu) \right) \sum_{k=1}^{\infty} n_k \varepsilon_k$$

$$= \frac{1}{\mathcal{Z}} \left[-\frac{\partial}{\partial \beta} \sum_{\{n_k\}} g\{n_k\} \exp\left(-\beta \sum_{k=1}^{\infty} n_k(\varepsilon_k - \mu) \right) \right]_{z,V}$$

$$= -\frac{1}{\mathcal{Z}} \left(\frac{\partial}{\partial \beta} \mathcal{Z} \right)_{z,V} = -\left. \frac{\partial}{\partial \beta} \ln \mathcal{Z} \right|_{z,V}. \tag{12.45}$$

Comme dans l'équation (9.76), il faut considérer ici que la fugacité $z = \exp(\mu/kT)$ est constante dans la dérivation. Les équations (12.39) et (12.40) se comprennent mieux si nous les comparons aux expressions générales

$$\langle \hat{N} \rangle = \left\langle \sum_{k=1}^{\infty} \hat{n}_k \right\rangle = \sum_{k=1}^{\infty} \langle \hat{n}_k \rangle \tag{12.46}$$

et

$$\langle \hat{H} \rangle = \left\langle \sum_{k=1}^{\infty} \hat{n}_k \varepsilon_k \right\rangle = \sum_{k=1}^{\infty} \langle \hat{n}_k \rangle \varepsilon_k \tag{12.47}$$

où $\hat{n}_k$ représente à nouveau l'opérateur nombre d'occupation pour l'état à une particule $|k\rangle$. Manifestement la moyenne du nombre d'occupation est donnée par

$$\langle \hat{n}_k \rangle = \frac{1}{z^{-1}\exp(\beta\varepsilon_k) + a} = \frac{1}{\exp[\beta(\varepsilon_k - \mu)] + a} \, . \tag{12.48}$$

Avec a donné par l'équation (12.38). Ceci se démontre aussi directement, puisque l'on a

$$\begin{aligned}
\langle \hat{n}_k \rangle &= \frac{1}{\mathcal{Z}} \sum_{\{n_k\}} g\{n_k\} \exp\left(-\beta \sum_{k=1}^{\infty} n_k(\varepsilon_k - \mu)\right) n_k \\
&= \frac{1}{\mathcal{Z}} \left[-\frac{1}{\beta}\frac{\partial}{\partial\varepsilon_k} \sum_{\{n_k\}} g\{n_k\} \exp\left(-\beta \sum_{k=1}^{\infty} n_k(\varepsilon_k - \mu)\right) \right]_{z, V, \varepsilon_{i \neq k}} \\
&= \frac{1}{\mathcal{Z}} \left(-\frac{1}{\beta}\frac{\partial}{\partial\varepsilon_k} \mathcal{Z} \right)_{z, V, \varepsilon_{i \neq k}} = -\frac{1}{\beta}\frac{\partial}{\partial\varepsilon_k} \ln \mathcal{Z} \bigg|_{z, V, \varepsilon_{i \neq k}} .
\end{aligned} \tag{12.49}$$

Cette procédure pour calculer $\langle \hat{n}_k \rangle$ demande plus d'explication. En premier lieu, il faut maintenir la fugacité z constante au cours de la dérivation, exactement comme dans l'équation (12.45). Puis la dérivée par rapport à ε_k doit être effectuée de sorte que toutes les autres énergies à une particule $\varepsilon_{i \neq k}$ soient constantes. Les énergies à une particule ε_k sont évidemment déterminées par le spectre du hamiltonien à une particule. On peut alors se demander comment se modifie la fonction de partition grand-canonique (ou $\ln \mathcal{Z}$, respectivement) si l'on déplace très légèrement ces niveaux ; cela fournira le nombre d'occupation moyen du niveau. L'application de l'équation (12.49) à (12.37) donne l'équation (12.48).

Commençons par présenter une vue d'ensemble du comportement des $\langle \hat{n}_k \rangle$. Le nombre d'occupation moyen d'un état à une particule $|k\rangle$ est représenté sur la figure 12.1 en fonction de la variable $x = \beta(\varepsilon_k - \mu)$. On remarque que pour des valeurs de x ($x \gg 1$) élevées, tous les nombres d'occupation deviennent identiques. Dans cette région il n'y a donc pas de différence entre la statistique classique de Maxwell–Boltzmann des particules discernables et les

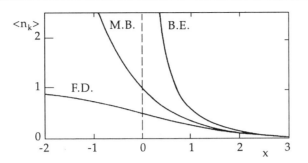

Fig. 12.1. Valeur moyenne du nombre d'occupation $\langle n_k \rangle$ en fonction de $x = \beta(\varepsilon_k - \mu.)$

statistiques de Bose–Einstein ou de Fermi–Dirac. Il ne faut pas se laisser tromper par le fait que cette limite semble avoir lieu pour de faibles températures ($T \to 0$, $\beta \to \infty$, $\varepsilon_k > \mu$). On ne doit pas oublier que le potentiel chimique pour un nombre de particules donné est aussi une fonction de la température et du volume. Pour $x \to 0$ le nombre d'occupation moyen des bosons tend vers l'infini. Comme ce cas n'a évidemment aucune signification physique, le potentiel chimique d'un système de bosons doit toujours rester plus petit que l'énergie du plus bas niveau à une particule. Pour un nombre de particules donné, le potentiel chimique doit être déterminé à partir de l'équation (12.39). Nous verrons après que la condition ($\mu < \varepsilon_k$) est toujours vérifiée.

Dans la figure 12.2 on représente à nouveau le nombre d'occupation moyen des systèmes de fermions en fonction de la température. Mais nous avons choisi l'énergie ε_k de l'état à une particule comme variable indépendante, à potentiel chimique constant. Le nombre d'occupation moyen $\langle n_k \rangle^{\text{FD}}$ ne peut pas excéder 1, ceci est une conséquence du principe de Pauli pour les fermions.

À $T = 0$, tous les états jusqu'à l'énergie à une particule $\varepsilon_k = \mu$ sont occupés par une particule et tous les états avec $\varepsilon_k > \mu$ sont vides. Le potentiel chimique d'un système de fermions devient identique à l'énergie de Fermi ε_f à $T = 0$. Ceci est absolument évident, puisqu'il faut au moins une énergie $\varepsilon_f = \mu$ pour ajouter un autre fermion à un tel système. Ce fermion doit être bien sur placé dans le prochain niveau vide, c'est-à-dire, dans un niveau qui ne soit pas interdit par le principe de Pauli.

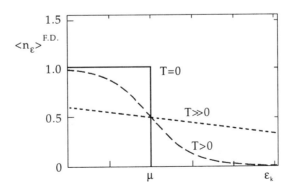

Fig. 12.2. Nombre d'occupation moyen des fermions à différentes températures

Pour des températures $T > 0$, de plus en plus de fermions sont statistiquement excités vers des niveaux supérieurs et l'on obtient la distribution représentée su la figure 12.2 pour $T > 0$.

Calculons à présent les *fluctuations des nombres d'occupation*. Comme d'habitude elles sont mesurées par les variances $\sigma_{n_k}^2 = \langle \hat{n}_k^2 \rangle - \langle \hat{n}_k \rangle^2$. Il n'est pas difficile de calculer l'écart type à l'aide de l'équation (12.49),

$$\langle \hat{n}_k^2 \rangle = \frac{1}{\mathcal{Z}} \left(-\frac{1}{\beta} \frac{\partial}{\partial \varepsilon_k} \right)^2 \mathcal{Z} \Bigg|_{z, T, \varepsilon_{i \neq k}} \tag{12.50}$$

ou, en raison de l'équation (12.49),

$$\begin{aligned} \sigma_{n_k}^2 = \langle \hat{n}_k^2 \rangle - \langle \hat{n}_k \rangle^2 &= \left(-\frac{1}{\beta} \frac{\partial}{\partial \varepsilon_k} \right)^2 \ln \mathcal{Z} \Bigg|_{z, T, \varepsilon_{i \neq k}} \\ &= -\frac{1}{\beta} \frac{\partial}{\partial \varepsilon_k} \langle n_k \rangle \Bigg|_{z, T, \varepsilon_{i \neq k}} = \frac{\exp[\beta(\varepsilon_k - \mu)]}{\{\exp[\beta(\varepsilon_k - \mu)] + a\}^2} \, . \end{aligned} \tag{12.51}$$

On en déduit alors la dispersion relative par rapport au nombre d'occupation moyen

$$\frac{\sigma_{n_k}^2}{\langle n_k \rangle^2} = \exp[\beta(\varepsilon_k - \mu)] = z^{-1} \exp(\beta \varepsilon_k) = \frac{1}{\langle n_k \rangle} - a \, . \tag{12.52}$$

La dispersion relative (12.52) est donc inversement proportionnelle au nombre d'occupation moyen lui même. Pour la statistique classique de Maxwell–Boltzmann, $a^{\text{MB}} = 0$, les dispersions sont normales. Pour les bosons, $a^{\text{BE}} = -1$, les dispersions sont plus grandes et pour les fermions, $a^{\text{FD}} = +1$, les dispersions sont plus faibles que dans la cas classique. La raison en est que les fermions se gênent au cours d'un changement d'état à une particule, alors que pour les bosons de telles dispersions sont favorisées.

Nous ne devons pas nous satisfaire du seul calcul des fluctuations relatives des nombres d'occupation. On peut directement calculer la probabilité de distribution $p_k(n_k)$ de trouver exactement n_k particules dans le niveau k. La moyenne de cette distribution est donnée par l'équation (12.48).

EXEMPLE ▰▰▰▰▰▰▰▰▰▰

12.1 La distribution du nombre d'occupation

Considérons le niveau d'énergie ε_k comme une partie du système total. Les autres niveaux d'énergie représentent alors un réservoir de particules. C'est exactement le cas de l'ensemble grand-canonique, mais appliqué à un système à un seul niveau d'énergie ε_k. Calculons la probabilité $p_k(n_k)$ d'avoir exactement n_k particules dans le sous - système. La probabilité de trouver les nombres d'occupation $\{n_1, n_2, \dots\}$ dans un système de l'ensemble grand-canonique est donnée par l'équation (12.26). Appliquée au sous-système avec un niveau (c'est-à-dire, avec le nombre d'occupation n_k) cela donne

$$p\{n_k\} = \frac{g\{n_k\} \exp[-\beta(E - \mu N)]}{\sum_{\{n_k\}} g\{n_k\} \exp[-\beta(E - \mu N)]}$$

$$= \frac{g_{n_k} \exp[-\beta n_k(\varepsilon_k - \mu)]}{\sum_{n_k} g_{n_k} \exp[-\beta n_k(\varepsilon_k - \mu)]}$$

puisque l'énergie totale du sous-système est $E = n_k \varepsilon_k$ et le nombre de particules est $N = n_k$. Les $p(n_k)$ sont des probabilités partielles (facteurs) des $P\{n_k\}$ de l'équation (12.17). On a en particulier

$$p_k^{\text{MB}}(n_k) = \frac{(1/n_k!) \exp[-\beta n_k(\varepsilon_k - \mu)]}{\sum_{n_k} (1/n_k!) \exp[-\beta n_k(\varepsilon_k - \mu)]}$$

$$= \frac{(1/n_k!)[z \exp(-\beta \varepsilon_k)]^{n_k}}{\exp[z \exp(-\beta \varepsilon_k)]} \, , \qquad (12.53)$$

$$p_k^{\text{BE}}(n_k) = \frac{\exp[-\beta n_k(\varepsilon_k - \mu)]}{\sum_{n_k} \exp[-\beta n_k(\varepsilon_k - \mu)]}$$

$$= [z \exp(-\beta \varepsilon_k)]^{n_k} [1 - z \exp(-\beta \varepsilon_k)] \, . \qquad (12.54)$$

Dans l'équation (12.53) nous avons utilisé le fait qu'au dénominateur apparaît le développement en série d'une fonction exponentielle, alors qu'au dénominateur de l'équation (12.54) nous avons une progression géométrique. Pour des fermions il n'y a que deux probabilités en tout, celle de trouver une particule dans $|k\rangle$, ($p_k(1)$) et celle de n'en trouver aucune, ($p_k(0)$) :

$$p_k^{\text{FD}}(1) = \frac{\exp[-\beta(\varepsilon_k - \mu)]}{1 + \exp[-\beta(\varepsilon_k - \mu)]}$$

$$= \frac{1}{z^{-1} \exp(\beta \varepsilon_k) + 1} \, , \qquad (12.55)$$

$$p_k^{\text{FD}}(0) = \frac{1}{1 + \exp[-\beta(\varepsilon_k - \mu)]}$$

$$= \frac{1}{1 + z \exp(-\beta \varepsilon_k)} \, . \qquad (12.56)$$

Les distributions (12.53–56) sont normalisées :

$$\sum_{n_k} p_k(n_k) = 1$$

Exemple 12.1

comme on peut immédiatement le vérifier. Démontrons maintenant que l'équation (12.48) est en fait la moyenne de ces distributions :

$$
\begin{aligned}
\langle n_k \rangle^{\mathrm{MB}} &= \sum_{n_k=0}^{\infty} n_k p_k^{\mathrm{MB}}(n_k) \\
&= \frac{1}{\exp[z \exp(-\beta \varepsilon_k)]} \sum_{n_k=0}^{\infty} n_k \frac{1}{n_k!} \exp[-\beta n_k(\varepsilon_k - \mu)] \\
&= \frac{1}{\exp[z \exp(-\beta \varepsilon_k)]} \left(-\frac{1}{\beta} \frac{\partial}{\partial \varepsilon_k} \sum_{n_k=0}^{\infty} \frac{1}{n_k!} \exp[-\beta n_k(\varepsilon_k - \mu)] \right)_{z,\beta} \\
&= \frac{1}{\exp[z \exp(-\beta \varepsilon_k)]} \left(-\frac{1}{\beta} \frac{\partial}{\partial \varepsilon_k} \exp\left[z \exp(-\beta \varepsilon_k) \right] \right)_{z,\beta} \\
&= -\frac{1}{\beta} \frac{\partial}{\partial \varepsilon_k} [z \exp(-\beta \varepsilon_k)]_{z,\beta} = z \exp(-\beta \varepsilon_k) \, .
\end{aligned}
\tag{12.57}
$$

Ceci coïncide exactement avec l'équation (12.48) pour $a^{\mathrm{MB}} = 0$:

$$
\begin{aligned}
\langle n_k \rangle^{\mathrm{BE}} &= \sum_{n_k=0}^{\infty} n_k p_k^{\mathrm{BE}}(n_k) \\
&= [1 - z \exp(-\beta \varepsilon_k)] \sum_{n_k=0}^{\infty} n_k \exp[-\beta n_k(\varepsilon_k - \mu)] \\
&= [1 - z \exp(-\beta \varepsilon_k)] \left(-\frac{1}{\beta} \frac{\partial}{\partial \varepsilon_k} \sum_{n_k=0}^{\infty} \exp[-\beta n_k(\varepsilon_k - \mu)] \right)_{z,\beta} \\
&= [1 - z \exp(-\beta \varepsilon_k)] \left(-\frac{1}{\beta} \frac{\partial}{\partial \varepsilon_k} \frac{1}{1 - z \exp(-\beta \varepsilon_k)} \right)_{z,\beta} \\
&= [1 - z \exp(-\beta \varepsilon_k)] \frac{z \exp(-\beta \varepsilon_k)}{[1 - z \exp(-\beta \varepsilon_k)]^2} = \frac{1}{z^{-1} \exp(\beta \varepsilon_k) - 1} \, .
\end{aligned}
\tag{12.58}
$$

Pour $a^{\mathrm{BE}} = -1$, l'équation (12.58) est identique à l'équation (12.48). Finalement dans le cas de la statistique de Fermi–Dirac, nous avons

$$
\langle n_k \rangle^{\mathrm{FD}} = \sum_{n_k=0}^{1} n_k p_k^{\mathrm{FD}}(n_k) = p_k^{\mathrm{FD}}(1) = \frac{1}{z^{-1} \exp(\beta \varepsilon_k) + 1} \, .
\tag{12.59}
$$

Avec $a^{\mathrm{FD}} = +1$ l'équation (12.59) est de nouveau identique à l'équation (12.48). Dans ce cas on peut même affirmer ce qui suit : la probabilité $p_k^{\mathrm{FD}}(1)$, de trouver un fermion dans l'état à une particule $|k\rangle$, est identique à la valeur moyenne du nombre d'occupation de ce niveau.

On obtient une meilleure vue d'ensemble du contenu physique des distributions (12.53–56) si on les exprime en fonction de leurs valeurs moyennes :

$$p_k^{\mathrm{MB}}(n_k) = \frac{\left(\langle n_k\rangle^{\mathrm{MB}}\right)^{n_k}}{n_k!} \exp\left(-\langle n_k\rangle^{\mathrm{MB}}\right) .$$

On a simplement reporté l'équation (12.57) dans l'équation (12.53). La distribution $p_k^{\mathrm{MB}}(n_k)$ est donc une *distribution de Poisson*, de valeur moyenne $\langle n_k\rangle^{\mathrm{MB}}$. Si l'on reporte l'équation (12.58) dans l'équation (12.54) on obtient pour le cas Bose–Einstein, avec

$$z\exp(-\beta\varepsilon_k) = \left(\frac{1}{\langle n_k\rangle^{\mathrm{BE}}}+1\right)^{-1} = \left(\frac{\langle n_k\rangle^{\mathrm{BE}}}{\langle n_k\rangle^{\mathrm{BE}}+1}\right)$$

le résultat

$$p_k^{\mathrm{BE}}(n_k) = \left(\frac{\langle n_k\rangle^{\mathrm{BE}}}{\langle n_k\rangle^{\mathrm{BE}}+1}\right)^{n_k} \frac{1}{\langle n_k\rangle^{\mathrm{BE}}+1} = \frac{\left(\langle n_k\rangle^{\mathrm{BE}}\right)^{n_k}}{\left(\langle n_k\rangle^{\mathrm{BE}}+1\right)^{n_k+1}}$$

c'est-à-dire, une distribution géométrique, de valeur moyenne $\langle n_k\rangle^{\mathrm{BE}}$. Enfin, pour la distribution de Fermi–Dirac on a

$$p_k^{\mathrm{FD}}(1) = \langle n_k\rangle^{\mathrm{FD}} , \qquad p_k^{\mathrm{FD}}(0) = 1 - p_k^{\mathrm{FD}}(1) .$$

La distribution de Poisson dans le cas de Maxwell–Boltzmann exprime le fait que les particules se comportent de manière statistiquement indépendante. Pour une particule de Boltzmann, il importe peu quels états les autres particules occupent. Au contraire, pour les bosons il existe une corrélation statistique positive. La probabilité de trouver un boson dans un état déjà occupé par d'autres bosons est plus grande que ce que prévoit la distribution de Boltzmann. Au contraire, les fermions possèdent une corrélation statistique négative. Si un état est déjà occupé, il est interdit pour d'autres fermions en raison du principe de Pauli.

EXEMPLE

12.2 Obtention des nombres d'occupation moyens

En raison de la grande importance des nombres d'occupation moyens $\langle n_k\rangle$ pour les statistiques quantiques, nous allons les retrouver d'une façon très claire. Pour cela, nous allons procéder de façon presque similaire à l'obtention de la densité canonique dans l'espace des phases au début du chapitre 8. Envisageons pour commencer le spectre énergétique pour une particule.

Pour des volumes macroscopiques les niveaux d'énergie à une particule sont très proches et deviennent même continus dans la limite $V \to \infty$. Nous divisons donc le spectre (voir figure 12.3) en cellules d'énergie ε_k, chacune d'elles contenant g_k niveaux à une particule. Dans la limite d'un simple niveau discret, g_k représente le facteur de dégénérescence.

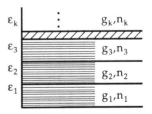

Fig. 12.3. Réunion de niveaux d'énergie à une particule en cellules d'énergie

Exemple 12.2

La cellule d'énergie ε_k avec g_k niveaux différents peut contenir n_k particules et nous cherchons le nombre le plus probable n_k^* de particules dans une telle cellule. Les nombres n_k doivent vérifier

$$N = \sum_k n_k \, ,$$

$$E = \sum_k n_k \varepsilon_k \, . \tag{12.60}$$

Cherchons à présent le nombre de façons de réaliser une certaine distribution $\{n_1, n_2, \dots\}$. Cela dépend bien sur du fait que les particules sont discernables ou non et du nombre de particules que l'on peut mettre dans chaque niveau simple. Considérons pour le moment des fermions indiscernables. Il y a exactement

$$w^{\mathrm{FD}}(n_k, g_k) = \binom{g_k}{n_k} = \frac{g_k!}{n_k!(g_k - n_k)!} \tag{12.61}$$

manières de répartir les n_k fermions sur les g_k états dans une certaine cellule, où il faut que $g_k \geq n_k$, puisque chaque niveau peut contenir au plus un fermion. L'expression (12.61) représente simplement le nombre de façons de choisir n_k niveaux à occuper, parmi un ensemble de g_k niveaux. Le nombre total de toutes les permutations pour les fermions est donc

$$w^{\mathrm{FD}}\{n_k\} = \prod_k \frac{g_k!}{n_k!(g_k - n_k)!} \, .$$

Pour les bosons, il nous faut répartir de manière tout à fait analogue, n_k particules indiscernables parmi g_k états de la cellule, il n'y a cependant plus de restriction pour le nombre de particules par niveau d'énergie. Nous avons déjà calculé dans l'exemple 8.1 le facteur combinatoire correspondant à ce problème,

$$w^{\mathrm{BE}}(n_k, g_k) = \binom{n_k + g_k - 1}{n_k} = \frac{(n_k + g_k - 1)!}{n_k!(g_k - 1)!} \, .$$

Le nombre total de permutations est donc

$$w^{\mathrm{BE}}\{n_k\} = \prod_k \frac{(n_k + g_k - 1)!}{n_k!(g_k - 1)!} \, .$$

Nous allons enfin traiter le cas de Maxwell–Boltzmann des particules discernables. Supposons tout d'abord que nous ayons choisi un ensemble n_k de nombres de particules fixés pour la cellule d'énergie ε_k. Il subsiste alors encore g_k permutations différentes (niveaux d'énergie) pour chacune de ces n_k particules et par conséquent

$$w^{\mathrm{MB}}(n_k, g_k) = g_k^{n_k} \, . \tag{12.62}$$

Cependant, pour obtenir le nombre total de permutations, il ne suffit pas de faire le produit de l'équation (12.62) pour toutes les cellules d'énergie, mais nous devons aussi multiplier par le nombre de façons de répartir les N particules en ensembles de $n_1, n_2, \ldots$ particules. Il y a $N!$ permutations du nombre de particules N et nous prenons les n_1 premières, les n_2 suivantes, etc. pour former l'ensemble des nombres de particules $\{n_1, n_2, \ldots\}$ dans les cellules d'énergie. Mais, toutes les $n_1!$ permutations entre les premières n_1 particules ne changent pas les nombres dans la cellule d'énergie ε_1, les $n_2!$ permutations des n_2 particules suivantes ne changent pas les nombres dans la cellule d'énergie ε_2, etc. Il y a donc $N!/n_1! n_2! \cdots$ façons de former des ensembles de $n_1, n_2, \ldots$ particules différentes parmi N particules numérotées. Le nombre total de façons de répartir les N particules entre les niveaux d'énergie est donc

$$w^{\mathrm{MB}}\{n_k\} = \frac{N!}{n_1! n_2! \cdots} \prod_k g_k^{n_k} = N! \prod_k \frac{g_k^{n_k}}{n_k!} \, .$$

La suite des opérations est alors claire. Nous cherchons la distribution $\{n_k\}$ qui fournisse le plus grand nombre de permutations ; c'est-à-dire, nous déterminons la distribution $\{n_k\}$ pour laquelle $w\{n_k\}$ ou plus simplement, $\ln(w\{n_k\})$ possède un maximum avec les conditions (12.60). Nous déterminons pour cela la variation de $\ln(w\{n_k\})$ par rapport aux nombres n_k. Les conditions (12.60) sont prises en compte avec deux multiplicateurs de Lagrange α et β :

$$\delta(\ln w\{n_k\}) - \alpha \sum_k \delta n_k - \beta \sum_k \varepsilon_k \, \delta n_k = 0 \tag{12.63}$$

pour pouvoir calculer les variations, nous supposons que n_k, $g_k \gg 1$ et utilisons la formule $\ln n! \approx n \ln n - n$. On obtient donc

$$\ln(w^{\mathrm{FD}}\{n_k\}) = \sum_k \left[g_k \ln g_k - n_k \ln n_k - (g_k - n_k) \ln(g_k - n_k) \right]$$

$$= \sum_k \left[n_k \ln \left(\frac{g_k}{n_k} - 1 \right) - g_k \ln \left(1 - \frac{n_k}{g_k} \right) \right] , \tag{12.64}$$

$$\ln(w^{\mathrm{BE}}\{n_k\}) = \sum_k [(n_k + g_k - 1) \ln(n_k + g_k - 1)$$

$$- n_k \ln n_k - (g_k - 1) \ln(g_k - 1)]$$

$$\approx \sum_k \left[n_k \ln \left(\frac{g_k}{n_k} + 1 \right) + g_k \ln \left(1 + \frac{n_k}{g_k} \right) \right] . \tag{12.65}$$

Nous avons supposé que $g_k - 1 \approx g_k$ dans la dernière étape. On obtient aussi

$$\ln(w^{\mathrm{MB}}\{n_k\}) = \ln N! + \sum_k [n_k \ln g_k - n_k \ln n_k + n_k] \, . \tag{12.66}$$

Dans l'équation (12.66), le premier terme est constant et ne contribue pas au calcul des variations. Nous pouvons donc utiliser l'expression suivante au lieu de l'équation (12.66) :

$$\ln(w^{\mathrm{MB}}\{n_k\}) = \sum_k \left(n_k \ln \frac{g_k}{n_k} + n_k \right) . \tag{12.67}$$

Cela a pour avantage de pouvoir évaluer de nouveau les trois cas sous une forme unifiée. Les équations (12.64), (12.65) et (12.67) peuvent être combinées à l'aide du symbole a de l'équation (12.38) pour donner l'équation

$$\ln(w\{n_k\}) = \sum_k \left[n_k \ln\left(\frac{g_k}{n_k} - a \right) - \frac{g_k}{a} \ln\left(1 - a\frac{n_k}{g_k} \right) \right] . \tag{12.68}$$

Pour $a = +1$ on obtient le cas de Fermi–Dirac, pour $a = -1$ le cas de Bose–Einstein et pour $a = 0$ le cas de Maxwell–Boltzmann. Si l'on effectue la variation (12.63) on obtient avec (12.68),

$$\sum_k \left[\ln\left(\frac{g_k}{n_k} - a \right) - \alpha - \beta\varepsilon_k \right]_{n_k = n_k^*} \delta n_k = 0 . \tag{12.69}$$

Puisque les conditions ont été prises en compte par les multiplicateurs de Lagrange, on peut considérer que les δn_k sont mutuellement indépendants. Chaque coefficient de l'équation (12.69) doit donc s'annuler :

$$\ln\left(\frac{g_k}{n_k^*} - a \right) - \alpha - \beta\varepsilon_k = 0 .$$

La distribution la plus probable des N particules parmi les états simples a donc la forme

$$n_k^* = \frac{g_k}{\exp(\alpha + \beta\varepsilon_k) + a} . \tag{12.70}$$

Le rapport n_k^*/g_k peut maintenant s'interpréter comme le nombre de particules le plus probable par niveau d'énergie. Les multiplicateurs de Lagrange peuvent également être déterminés à partir de la condition

$$N = \sum_k \frac{g_k}{\exp(\alpha + \beta\varepsilon_k) + u} ,$$
$$E = \sum_k \frac{g_k\varepsilon_k}{\exp(\alpha + \beta\varepsilon_k) + a} \tag{12.71}$$

où il faut remarquer que la somme ne se fait pas sur des états d'énergie simples mais sur les cellules d'énergie avec g_k niveaux par cellule. Ces considérations nous montrent que les formules (12.70) et (12.71) sont absolument équivalentes aux équations (12.48), (2.39), et (12.40).

13. Le gaz parfait de Bose

Comme première application concrète des statistiques quantiques nous allons calculer dans ce chapitre les propriétés d'un gaz parfait (non relativiste) de bosons indiscernables. Il faut s'attendre à retrouver pour le gaz parfait de Bose, le gaz parfait de Boltzmann (gaz parfait classique), à des températures élevées et des densités faibles. Les écarts les plus élevés des propriétés thermodynamiques auront donc lieu lorsque la condition

$$n\lambda^3 \equiv \frac{N}{V}\lambda^3 = \frac{N}{V}\left(\frac{h^2}{2\pi mkT}\right)^{3/2} \ll 1 \tag{13.1}$$

n'est plus vérifiée. Lorsqu'on l'applique à des systèmes réels, le paramètre $n\lambda^3$ ne peut cependant être trop grand, car pour des températures très faibles (énergie cinétique par particule faible) ainsi que pour des densités élevées (distance moyenne faible entre particules) les interactions dans les systèmes réels ne sont plus négligeables. Le gaz parfait de Bose constitue donc un modèle sur lequel les effets quantiques s'étudient très bien, mais qui ne peut décrire qu'approximativement des systèmes réels. Notre but à présent est de calculer la fonction de partition grand-canonique, ou plus simplement son logarithme (voir (12.37))

$$q(T, V, z) = \ln \mathcal{Z}(T, V, z) = -\sum_k \ln[1 - z\exp(-\beta\varepsilon_k)] \tag{13.2}$$

pour lequel on se servira de la notation abrégée $q(T, V, z)$. Les énergies à une particule ε_k sont celles de particules quantiques libres dans une boite de volume V (voir exemple 10.2). Puisque le potentiel chimique μ ou la fugacité z, respectivement, ne sont pas fixés pour un tel système, mais que c'est le nombre de particules qui l'est, il faut déterminer z à partir de l'équation (voir (12.39))

$$N = \sum_k \langle n_k \rangle^{\text{BE}} = \sum_k \frac{1}{z^{-1}\exp(\beta\varepsilon_k) - 1}. \tag{13.3}$$

On peut immédiatement en tirer une conclusion importante. Pour tous les états à une particule $|k\rangle$ il faut que $0 \le \langle n_k \rangle \le N$; c'est-à-dire, $z^{-1}\exp(\beta\varepsilon_k) = \exp[\beta(\varepsilon_k - \mu)] > 1$; donc $\varepsilon_k > \mu$ pour tout k. Le potentiel chimique d'un gaz de Bose doit être plus petit que l'énergie du niveau à une particule le plus bas $\varepsilon = 0$; c'est-à-dire $\mu \le 0$ et $0 \le z \le 1$. Ceci est équivalent au fait de dire que les bosons semblent ressentir un potentiel attractif et que l'addition de bosons supplémentaires au système coûte de l'énergie. La restriction de la fugacité à l'intervalle $0 \leq z \leq 1$ est très importante pour la suite. Pour un grand volume, la somme sur tous les états à une particule peut s'écrire sous forme d'une intégrale,

$$\sum_k \rightarrow \frac{V}{(2\pi)^3} \int d^3k = \frac{2\pi V}{h^3} (2m)^{3/2} \int \varepsilon^{1/2} d\varepsilon . \tag{13.4}$$

Dans la dernière transformation nous avons utilisé $\varepsilon_k = \hbar k^2/(2m)$. Cette formulation se retrouve aussi en considérant l'espace des phases classique. La grandeur

$$\Sigma = \int \frac{d^3r \, d^3p}{h^3} = \frac{4\pi V}{h^3} \int p^2 \, dp = \frac{2\pi V}{h^3} (2m)^{3/2} \int \varepsilon^{1/2} \, d\varepsilon \tag{13.5}$$

représente le nombre d'états dans l'espace des phases à une particule et

$$g(\varepsilon) = \frac{d\Sigma}{d\varepsilon} = \frac{2\pi V}{h^3} (2m)^{3/2} \varepsilon^{1/2} \tag{13.6}$$

peut s'interpréter comme la *densité d'états à une particule*. La substitution $\sum_k \rightarrow \int g(\varepsilon) \, d\varepsilon$ fournit exactement ce résultat. Avec cela, les sommes des équations (13.2) et (13.3) peuvent se réécrire sous forme d'intégrales. Il faut néanmoins faire attention à un détail. Tant que le volume du système est grand, mais fini, les états à une particules sont très proches les uns des autres mais ne sont pas continus. Dans ce cas, l'approximation par une intégrale est très mauvaise pour des énergies faibles $\varepsilon \rightarrow 0$. Dans une boite avec des conditions aux limites périodiques il existe en effet un état pour lequel $\varepsilon = 0$, avec la fonction d'onde à une particule $\phi_0(r) = V^{-1/2}$. Cependant, dans l'approximation d'une intégrale cet état n'apparaît pas, puisque $g(0) = 0$. À première vue cela ne semble pas très important, puisque tous les autres états sont très bien approchés Mais nous allons voir bientôt que l'état $\varepsilon = 0$ joue un rôle particulier pour le gaz de Bose. Il nous faut donc tenir explicitement compte du terme $k = 0$ ($\varepsilon = 0$) dans les sommes (13.2) et (13.3) :

$$q(T, V, z) = -\frac{2\pi V}{h^3} (2m)^{3/2} \int\limits_0^\infty \varepsilon^{1/2} \, d\varepsilon \ln[1 - z \exp(-\beta\varepsilon)] - \ln(1 - z)$$

$$= \frac{2\pi V}{h^3} (2m)^{3/2} \frac{2}{3} \beta \int\limits_0^\infty d\varepsilon \frac{\varepsilon^{3/2}}{z^{-1} \exp(\beta\varepsilon) - 1} - \ln(1 - z) . \tag{13.7}$$

Entre la première et la deuxième ligne nous avons effectué une intégration par parties. Le dernier terme de l'équation (13.7) représente simplement l'équation (13.2) évaluée pour $\varepsilon = 0$. L'équation (13.3) détermine la nombre de particules qui s'écrit

$$N(T, V, z) = \frac{2\pi V}{h^3}(2m)^{3/2} \int\limits_0^\infty \mathrm{d}\varepsilon \frac{\varepsilon^{1/2}}{z^{-1}\exp(\beta\varepsilon) - 1} + \frac{z}{1-z} \,. \qquad (13.8)$$

Ici également, le dernier terme, $N_0 = z/(1-z)$, représente la contribution du niveau $\varepsilon = 0$ au nombre total (moyen) de particules (13.3) et fournit donc le nombre de particules dans cet état.

Les équations qui apparaissent dans les équations (13.7) et (13.8) sont des intégrales standard de physique mathématique. On peut les transformer avec la substitution $x = \beta\varepsilon$ en intégrales de la forme générale

$$g_n(z) = \frac{1}{\Gamma(n)} \int\limits_0^\infty \frac{x^{n-1}\,\mathrm{d}x}{z^{-1}\exp(x) - 1} \,, \qquad 0 \le z \le 1 \,, \quad n \in R \qquad (13.9)$$

où $\Gamma(n)$ désigne la fonction gamma. Les équations (13.7) et (13.8) deviennent

$$q(T, V, z) = \frac{V}{\lambda^3}g_{5/2}(z) - \ln(1-z) \,, \qquad (13.10)$$

$$N(T, V, z) = \frac{V}{\lambda^3}g_{3/2}(z) + N_0(z) \,. \qquad (13.11)$$

Notre but à présent est de déterminer la fugacité z du gaz à partir de l'équation (13.11) (à nombre de particules donné), puis de reporter ce résultat dans l'équation (13.10). Malheureusement, on ne peut le faire explicitement, car les fonctions $g_n(z)$ sont définies par l'intégrale (13.9) et ne possède pas une représentation en termes de fonctions « simples ». Commençons donc d'abord par une vue d'ensemble des propriétés de $g_n(z)$. Pour cela, développons la fonction sous l'intégrale ($z\exp(-x) = \exp[-\beta(\varepsilon - \mu)] \le 1$) :

$$\frac{1}{z^{-1}\exp(x) - 1} = z\exp(-x)\frac{1}{1 - z\exp(-x)}$$

$$= z\exp(-x)\sum_{k=0}^\infty [z\exp(-x)]^k$$

$$= \sum_{k=1}^\infty z^k \exp(-kx) \qquad (13.12)$$

ce qui donne

$$g_n(z) = \frac{1}{\Gamma(n)} \sum_{k=1}^\infty z^k \int\limits_0^\infty x^{n-1}\exp(-kx)\,\mathrm{d}x$$

$$= \frac{1}{\Gamma(n)} \sum_{k=1}^\infty \frac{z^k}{k^n} \int\limits_0^\infty y^{n-1}\exp(-y)\,\mathrm{d}y \,. \qquad (13.13)$$

La dernière intégrale est simplement $\Gamma(n)$ et donc

$$g_n(z) = \sum_{k=1}^{\infty} \frac{z^k}{k^n}\,, \qquad 0 \le z \le 1\,. \tag{13.14}$$

L'équation (13.14) fournit une relation intéressante avec la fonction Zêta de Riemann $\zeta(n)$. Pour $z = 1$ $(\mu = 0)$, nous avons

$$g_n(1) = \sum_{k=1}^{\infty} \frac{1}{k^n} = \zeta(n)\,, \qquad n > 1\,. \tag{13.15}$$

Cette série ne converge que pour $n > 1$, ce qui ne signifie pas cependant que les fonctions $g_n(z)$ ne sont définies que pour $n > 1$, mais que $g_n(z) \to \infty$ pour $n \le 1$ et $z \to 1$; au contraire $g_n(z)$ est finie pour $n > 1$ pour tout $0 \le z \le 1$. Donnons ici quelques valeurs particulières de la fonction ζ fréquemment utilisée :

$$\zeta(1) \to \infty\,, \qquad \zeta(3/2) \approx 2{,}612\,, \qquad \zeta(2) = \pi^2/6 \approx 1{,}645\,,$$
$$\zeta(5/2) \approx 1{,}341\,, \qquad \zeta(3) \approx 1{,}202\,, \qquad \zeta(7/2) \approx 1{,}127\,,$$
$$\zeta(4) = \pi^4/90 \approx 1{,}082\,, \quad \zeta(6) = \pi^6/945 \approx 1{,}017\,, \quad \zeta(8) = \pi^8/9450 \approx 1{,}004\,. \tag{13.16}$$

Nous avons maintenant une bonne vue d'ensemble de l'allure des $g_n(z)$. Elles partent toutes de l'origine $(z = 0)$ avec une pente égale à 1 et tendent vers l'infini pour $z \to 1$, si $n \le 1$ (voir figure 13.1). Pour $n > 1$ elles ont une valeur finie en $z = 1$, qui décroît régulièrement lorsque n croit comme le montre l'équation (13.16). Pour $n \to \infty$, $g_n(z) \approx z$. Puisque les séries (13.15) ne convergent que très lentement pour $z = 1$ et n faible, on calcule en pratique les intégrales (13.7) et (13.8) plus facilement avec un ordinateur.

Etudions à présent plus en détail les propriétés physiques du gaz de Bose. Partons de l'équation (13.11) pour déterminer la fugacité à N, V et T donnés ·

$$N = \frac{V}{\lambda^3} g_{3/2}(z) + \frac{z}{1-z} = N_\varepsilon + N_0\,. \tag{13.17}$$

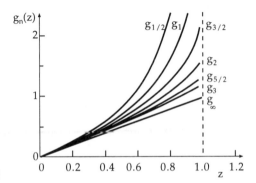

Fig. 13.1. Les fonctions $g_n(z)$

Le premier terme N_ε représente le nombre de particules dans les états excités, alors que N_0 détermine le nombre de particules dans l'état $\varepsilon = 0$. Voyons tout d'abord l'ordre de grandeur de ces termes. Bien sur, pour $N \gg 1$ et des températures pas trop faibles, en général $V\lambda^{-3} \gg 1$. D'autre part, $g_{3/2}$ est limité à l'intervalle $0 \leq g_{3/2}(z) \leq \zeta(3/2) = 2{,}612$. Pour V et T donnés le premier terme de l'équation (13.17) vaut au plus

$$N_\varepsilon^{\max} = \frac{V}{\lambda^3}\zeta(3/2) = V\left(\frac{2\pi mkT}{h^2}\right)^{3/2}\zeta(3/2) \propto VT^{3/2} \,. \tag{13.18}$$

Il ne peut donc pas y avoir plus de $N_\varepsilon^{\max}$ particules dans des états excités. Par ailleurs, on peut négliger le terme $N_0 = z/(1-z)$ tant que z n'est pas trop voisin de un. Si N_0 doit contribuer notablement au nombre de particules, il faut que

$$N \approx N_0 = \frac{z}{1-z} \quad \text{ou} \quad z \approx \frac{N}{N+1} \approx 1 \,. \tag{13.19}$$

Etudions à présent la limite thermodynamique de l'équation (13.17) ($N \to \infty$, $V \to \infty$, $N/V = \text{constante}$). Pour cela écrivons l'équation (13.17) sous la forme

$$1 = \frac{N_\varepsilon}{N} + \frac{N_0}{N} \,, \qquad N_\varepsilon = \frac{V}{\lambda^3}g_{3/2}(z) \,, \qquad N_0 = \frac{z}{1-z} \,. \tag{13.20}$$

Il nous faut maintenant distinguer deux cas dans la limite thermodynamique. Pour $z \neq 1$, N_0 est fini et $N_0/N \to 0$. Le nombre de particules dans l'état fondamental est alors infiniment petit : toutes les particules occupent des états excités. Si $z = 1$, $N_\varepsilon = N_\varepsilon^{\max}$. N_0 est alors en principe infiniment grand et N_0/N est une expression indéterminée. Dans ce cas, N_0 est donné par l'excédent $N - N_\varepsilon^{\max}$. Toutes les particules ne sont plus dans les états excités et il devient favorable pour le système de mettre l'excédent de particules dans le niveau $\varepsilon = 0$. En résumé, on obtient

$$1 = \frac{N_\varepsilon}{N} + \frac{N_0}{N} \lim_{N \to \infty} \begin{cases} 1 = \dfrac{N_\varepsilon}{N} \,, \quad \dfrac{N_0}{N} = 0 \,, & \text{pour } z < 1 \,, \\[2mm] 1 = \dfrac{N_\varepsilon^{\max}}{N} + \dfrac{N_0}{N} \,, & \text{pour } z = 1 \,. \end{cases} \tag{13.21}$$

Etudions maintenant plus en détail ce phénomène, que l'on appelle la *condensation de Bose*. Fixons les variables indépendantes N, V et T du système. Si l'on a

$$N < N_\varepsilon^{\max} = \frac{V}{\lambda^3}\zeta\left(\frac{3}{2}\right) \quad \text{ou} \quad \frac{N\lambda^3}{V} < \zeta\left(\frac{3}{2}\right) \tag{13.22}$$

toutes les particules peuvent être placées dans des états excités. La fugacité est différente de l'unité ($z < 1$) et doit être déterminée à partir de l'équation

$$N = \frac{V}{\lambda^3}g_{3/2}(z) \,. \tag{13.23}$$

Dans ce cas, le second terme, N_0 peut être négligé dans les équations (13.11) ou (13.17). Mais maintenant si,

$$N > N_\varepsilon^{\max} = \frac{V}{\lambda^3} \zeta \left(\frac{3}{2} \right) \tag{13.24}$$

les états excités ($\varepsilon > 0$) ne sont pas suffisants pour contenir toutes les particules. Alors $z = 1$ et l'excédent

$$N_0 = N - N_\varepsilon^{\max} = N - \frac{V}{\lambda^3} \zeta \left(\frac{3}{2} \right) \tag{13.25}$$

se condense dans l'état fondamental $\varepsilon = 0$. Le passage entre les équations (13.22) et (13.24) se produit juste quand

$$\frac{N\lambda^3}{V} = \zeta \left(\frac{3}{2} \right) . \tag{13.26}$$

Pour des températures élevées et des densités faibles on est dans le cas de l'équation (13.22). L'énergie thermique est suffisamment élevée pour exciter (presque) toutes les particules dans des niveaux excités $\varepsilon > 0$. Au contraire, si la température devient très basse ou la densité suffisamment élevée, la corrélation statistique positive des bosons se fait fortement ressentir. Les bosons ont tendance à se rassembles dans l'état $\varepsilon = 0$. Il devient favorable (plus probable) pour le système de ne plus distribuer l'énergie d'excitation thermique sur toutes les particules, mais seulement sur la fraction $N_\varepsilon^{\max}/N$ et de mettre le reste, N_0, dans l'état fondamental $\varepsilon = 0$. Nous avons déjà vu en étudiant la distribution des nombres d'occupation que la probabilité de trouver de nombreux bosons dans le même état était plus grande que dans le cas classique. Pour des températures élevées, ceci n'est cependant pas très évident, puisque l'énergie d'excitation est suffisante pour répartir les particules sur beaucoup d'états différents. Introduisons le paramètre x suivant

$$x = \frac{N\lambda^3}{V} \tag{13.27}$$

on obtient pour la fugacité, à partir de l'équation (13.23),

$$z = \begin{cases} 1, & \text{si } x \geq \zeta(3/2) , \\ \text{solution de } x = g_{3/2}(z) , & \text{si } x < \zeta(3/2) . \end{cases} \tag{13.28}$$

Si l'on évalue numériquement l'équation (13.28) on obtient la figure qui suit : la courbe $z(x)$ possède un point anguleux pour $x = \zeta(3/2)$ (voir figure 13.2). Cela ne se produit néanmoins que pour la limite thermodynamique. Pour un nombre fini de particules ($N \gg 1$), le palier s'arrondit, puisqu'il faut alors déterminer numériquement z à partir de l'équation complète (13.17), et alors N_0/N ne peut plus être négligé par rapport à N_ε/N. On a alors partout $z < 1$.

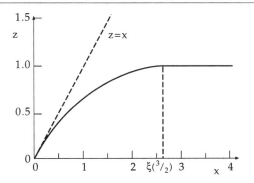

Fig. 13.2. $z(x)$ d'après l'équation (13.28)

La condensation de Bose n'apparaît pas brusquement pour $x = \zeta(3/2)$, mais on a toujours $N_0 > 0$ et $N_\varepsilon < N_\varepsilon^{\max}$. Pour des valeurs de $x(= g_{3/2}(z))(x \ll 1)$ très petites, $g_{3/2}(z)$ converge et est pour l'essentiel donné par les premiers termes du développement (13.14),

$$x = z + \frac{z^2}{2^{3/2}} + \cdots \quad \text{si} \quad x \ll 1 \quad \text{ou} \quad z \approx x = \frac{N\lambda^3}{V} . \tag{13.29}$$

Une comparaison avec l'équation (9.46) monter qu'il s'agit justement du cas limite du gaz parfait (courbe en pointillé dans la figure 13.2). Pour les nombres de particules N_ε et N_0, on obtient en utilisant les équations (13.28) et (13.21) :

$$N_\varepsilon = \begin{cases} N , & \text{si } x < \zeta(3/2) \text{ c'est-à-dire, } N < N_\varepsilon^{\max} , \\ N_\varepsilon^{\max} , & \text{si } x \geq \zeta(3/2) \text{ c'est-à-dire, } N \geq N_\varepsilon^{\max} \end{cases} \tag{13.30}$$

$$N_0 = \begin{cases} 0 , & \text{si } x < \zeta(3/2) , \\ N - N_\varepsilon^{\max} , & \text{si } x \geq \zeta(3/2) . \end{cases} \tag{13.31}$$

Considérons à présent un gaz parfait de Bose à densité de particules donnée N/V en fonction de la température. L'équation (13.26) définit alors une température critique T_c en dessous de laquelle la condensation de Bose se produit :

$$kT_c = \left(\frac{N}{V}\right)^{2/3} \frac{h^2}{2\pi m [\zeta(3/2)]^{2/3}} . \tag{13.32}$$

Si l'on exprime $N_\varepsilon^{\max}$ dans l'équation (13.18) en fonction de la température critique, les équations (13.30) et (13.31) deviennent

$$\frac{N_\varepsilon}{N} = \begin{cases} 1 , & T \geq T_c , \\ \left(\frac{T}{T_c}\right)^{3/2} , & T < T_c , \end{cases} \tag{13.33}$$

$$\frac{N_0}{N} = \begin{cases} 0 , & T \geq T_c , \\ 1 - \left(\frac{T}{T_c}\right)^{3/2} , & T < T_c . \end{cases} \tag{13.34}$$

Fig. 13.3. $N_\varepsilon(T)/N$ et $N_0(T)/N$

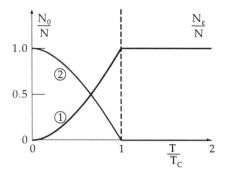

Ces fonctions sont représentées sur la figure 13.3. On s'aperçoit très bien comment à partir de $T = T_c$ l'état $\varepsilon = 0$ doit contenir de plus en plus de particules si le système est d'avantage refroidi. Cette figure n'est cependant valable que dans la limite thermodynamique c'est-à-dire, pour $N \to \infty$. Pour un nombre fini de particules, il n'y a pas de points anguleux pour $T = T_c$.

Puisque la fugacité $z(T, V, N)$ est à présent connue, nous pouvons également étudier le potentiel grand-canonique ou $q(T, V, z)$. L'équation (13.32) donne $pV = kTq(T, V, z)$. D'après l'équation (13.10) on a donc pour la pression

$$p = \frac{kT}{\lambda^3} g_{5/2}(z) - \frac{kT}{V} \ln(1 - z) . \tag{13.35}$$

Il est bon ici également de commencer par considérer la limite thermodynamique ($N \to \infty$). On remarque aisément que l'on peut toujours négliger le dernier terme dans l'équation (13.35). Si $z < 1$, $\ln(1 - z)$ est fini et ce terme tend vers zéro pour $V \to \infty$. De plus, $1 - z$ peut au plus décroître comme $1/(N + 1)$ d'après l'équation (13.20), si bien que le produit de V^{-1} par le terme logarithmique $\ln(N + 1)$ qui tend vers l'infini s'annule lorsque $N \to \infty$ et $V \to \infty$ ($N/V = $ cste). Ce qui signifie simplement que les particules dans l'état fondamental $\varepsilon = 0$, n'ayant pas d'énergie cinétique, ne contribuent pas à la pression, ce qui était évident,

$$p = \frac{kT}{\lambda^3} g_{5/2}(z) \tag{13.36}$$

en dessous de la température critique ($T < T_c$) on peut poser $z = 1$. Dans cette région, la pression

$$p = \frac{kT}{\lambda^3} \zeta(5/2) \tag{13.37}$$

devient indépendante du volume et du nombre de particules et est seulement fonction de la température. Ceci est évidemment aussi une conséquence du fait que les particules dans l'état fondamental ne contribuent pas à la pression. Si l'on ajoute, par exemple, des particules au système à une température $T < T_c$, celles-ci se placeraient nécessairement dans l'état $\varepsilon = 0$ et ne contribueraient donc pas à la pression. Des considérations semblables sont valables pour des diminutions de volume. La seule conséquence en serait que plus de particules se condensent dans l'état $\varepsilon = 0$, mais il n'en résulterait pas d'augmentation de pression. De la même façon que l'équation (13.26) définit une température critique T_c à densité donnée, cette équation fournit une densité critique à température donnée (ou si le nombre de particules est donné aussi, un volume critique), au dessus de laquelle la condensation de Bose se produit :

$$\left(\frac{N}{V}\right)_c = \frac{\zeta(3/2)}{\lambda^3} \quad \text{ou} \quad V_c = \frac{N\lambda^3}{\zeta(3/2)} \,. \tag{13.38}$$

On peut déduire des équations (13.37) et (13.38) que les isothermes du gaz de Bose sont des droites horizontales dans le diagramme pV pour des volumes $V < V_c$, comme pour un gaz de van der Waals dans la région de coexistence du gaz et du liquide. On interprète donc la condensation de Bose comme une espèce de transition de phase dans un tel système. Une des phases est constituée par les particules à l'état excité, tandis que l'autre phase est constituée des particules dans l'état $\varepsilon = 0$. La condensation de Bose n'est cependant pas une condensation dans l'espace des coordonnées, comme la transition de phase gaz–liquide, mais une condensation dans l'espace des quantités de mouvement, dans lequel les particules se rassemblent dans un état de quantité de mouvement donnée.

Si l'on élimine la température des équations (13.37) et (13.38), on obtient la courbe limite en coordonnées pV pour laquelle la condensation de Bose apparaît :

$$pV_c^{5/3} = \text{cste} = \frac{h^2}{2\pi m} \frac{\zeta(5/2)}{[\zeta(3/2)]^{5/3}} N^{5/3} \,. \tag{13.39}$$

Dans les régions $T > T_c$ ou $V > V_c$, respectivement, on obtient à l'aide de l'équation (13.29), pour $x \ll 1$, le cas limite classique du gaz parfait. On peut alors approcher la fonction $g_{5/2}(z)$ dans l'équation (13.36) par les premiers termes du développement en série (13.14) :

$$p = \frac{kT}{\lambda^3} \left(z + \frac{z^2}{2^{5/2}} + \cdots \right) \,. \tag{13.40}$$

Si on se limite ici, comme dans l'équation (13.29), au premier terme, on en déduit la loi du gaz parfait ($x \approx z \ll 1$) :

$$p = \frac{kT}{\lambda^3} z = \frac{kT}{\lambda^3} x = \frac{NkT}{V} \,. \tag{13.41}$$

Si l'on tient également compte de termes d'ordres supérieurs, on peut successivement éliminer la fugacité z des équations (13.29) et (13.40). Cela conduit à un développement systématique de la pression en fonction du paramètre x :

$$\frac{pV}{NkT} = \sum_{l=1}^{\infty} a_l x^{l-1} \,, \qquad x = \frac{N\lambda^3}{V} \,. \tag{13.42}$$

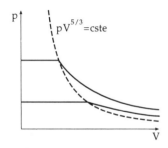

Fig. 13.4. Isothermes du gaz parfait de Bose

Les premiers coefficients du développement du viriel du gaz de Bose s'écrivent

$$a_1 = 1 \,,$$

$$a_2 = -\frac{1}{4\sqrt{2}} \,,$$

$$a_3 = -\left(\frac{2}{9\sqrt{3}} - \frac{1}{8}\right) \,. \tag{13.43}$$

Sur la figure 13.4 on représente les isothermes du gaz de Bose calculées à partir des équations (13.40) ou (13.37). La courbe en pointillé, équation (13.39), représente l'apparition de la transition de phase.

Pour terminer, étudions l'énergie interne U et la capacité thermique du gaz de Bose :

$$U = -\left.\frac{\partial}{\partial \beta} \ln \mathcal{Z}\right|_{z,V} = \frac{3}{2} kT \frac{V}{\lambda^3} g_{5/2}(z) \,. \tag{13.44}$$

La comparaison avec l'équation (13.36) fournit

$$p = \frac{2}{3} \frac{U}{V} \tag{13.45}$$

indépendamment du fait que le système se trouve dans une région monophasée ou diphasée. Cette relation nous est déjà familière depuis le gaz parfait. Avec la pression nous connaissons donc aussi la densité d'énergie du système.

Pour calculer la capacité thermique à volume constant C_V, nous procédons comme suit :

$$U = \frac{3}{2} pV = \frac{3}{2} kT \frac{V}{\lambda^3} g_{5/2}(z) \,. \tag{13.46}$$

Pour $T < T_c$, nous avons $z = 1$, indépendamment de la température, alors

$$\begin{aligned}
\frac{C_V}{Nk} &= \frac{1}{Nk} \left.\frac{\partial U}{\partial T}\right|_{N,V} \\
&= \frac{3}{2} \frac{V}{N} \zeta(5/2) \frac{\partial}{\partial T} \left(\frac{T}{\lambda^3}\right) \\
&= \frac{15}{4} \zeta(5/2) \frac{V}{N\lambda^3} \propto T^{3/2} \,.
\end{aligned} \tag{13.47}$$

Pour $T > T_c$, z n'est plus indépendant de T. Mais comme à présent $N_0 \approx 0$, nous pouvons éliminer le terme $V\lambda^{-3}$ dans l'équation (13.46) à l'aide de l'équation (13.23) :

$$U = \frac{3}{2} NkT \frac{g_{5/2}(z)}{g_{3/2}(z)} \,. \tag{13.48}$$

On retrouve immédiatement la limite classique pour $z \ll 1$. Pour la capacité thermique, on obtient

$$
\begin{aligned}
\frac{C_V}{Nk} &= \frac{1}{Nk} \left. \frac{\partial U}{\partial T} \right|_{N,V} \\
&= \frac{3}{2} \frac{g_{5/2}(z)}{g_{3/2}(z)} + \frac{3}{2} T \left. \frac{\partial}{\partial T} \left(\frac{g_{5/2}(z)}{g_{3/2}(z)} \right) \right|_{N,V} .
\end{aligned}
\tag{13.49}
$$

Dans l'équation (13.49) il faut dériver les $g_n(z)$ par rapports à leurs arguments (dérivation composée). En utilisant le développement en série (13.14), on trouve immédiatement la relation de récurrence suivante :

$$
g'_n(z) = \frac{1}{z} g_{n-1}(z) .
\tag{13.50}
$$

On en déduit

$$
\frac{\partial}{\partial T} \left(\frac{g_{5/2}(z)}{g_{3/2}(z)} \right) = \frac{\partial z}{\partial T} \frac{1}{z} \left(1 - \frac{g_{5/2}(z) g_{1/2}(z)}{[g_{3/2}(z)]^2} \right) .
\tag{13.51}
$$

L'expression de $\partial z / \partial T$ peut être déterminée à partir de l'équation (13.23) comme suit :

$$
\begin{aligned}
\frac{\partial}{\partial T} g_{3/2}(z) &= \frac{\partial}{\partial T} \left(\frac{N\lambda^3}{V} \right) , \\
\frac{\partial z}{\partial T} \frac{1}{z} g_{1/2}(z) &= -\frac{3}{2T} \left(\frac{N\lambda^3}{V} \right) = -\frac{3}{2T} g_{3/2}(z) , \\
\frac{\partial z}{\partial T} &= -\frac{3z}{2T} \frac{g_{3/2}(z)}{g_{1/2}(z)} .
\end{aligned}
\tag{13.52}
$$

Si l'on reporte ce résultat avec l'équation (13.51) dans l'équation (13.49), on obtient

$$
\frac{C_V}{Nk} = \frac{15}{4} \frac{g_{5/2}(z)}{g_{3/2}(z)} - \frac{9}{4} \frac{g_{3/2}(z)}{g_{1/2}(z)} , \qquad T > T_c .
\tag{13.53}
$$

Il est facile de retrouver la limite classique ($z \to 0$) ; on a $C_V = (15/4 - 9/4) Nk = 3/2 \, Nk$ (gaz parfait). Pour $z \to 1$ ($T \to T_c$), $g_{1/2}$ tend vers l'infini et le second terme dans l'équation (13.53) s'annule, l'équation (13.53) est alors identique à l'équation (13.47), avec $g_{3/2}(z) = x = N\lambda^3/V$. La capacité thermique vaut alors

$$
C_V(T_c) = \frac{15}{4} \frac{\zeta(5/2)}{\zeta(3/2)} Nk = 1{,}925 \, Nk > C_V^{\text{parfait}}
\tag{13.54}
$$

pour la température critique T_c. Avec les équations (13.53) et (13.47) on obtient donc l'allure suivante pour la capacité thermique, qui est représentée sur la figure 13.5 : dans la région de la condensation de Bose, $T/T_c < 1$, la

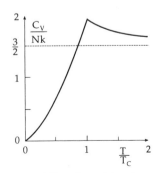

Fig. 13.5. Capacité thermique du gaz de Bose

capacité thermique augmente comme $T^{3/2}$ jusqu'à une valeur maximale, équation (13.54). Pour $T = T_c$ il y a un pic et pour $T \to \infty$, C_V tend vers la limite du gaz parfait.

L'apparition d'un pic dans la capacité thermique est typique pour une transition de phase du second ordre (pas de chaleur latente). Un point anguleux apparaît dans la dérivée première du potentiel thermodynamique U et une discontinuité apparaît dans la dérivée seconde $\partial C_V / \partial T = \partial^2 U / \partial T^2$.

EXEMPLE

13.1 Point λ pour ^{4}He

La capacité thermique de ^{4}He montre par exemple un tel comportement à très basses températures. Vers 1938 F. London a déjà supposé que la condensation de Bose-Einstein pouvait être responsable de ce comportement particulier.

Pour la température critique de Bose-Einstein on trouve à partir de l'équation (13.32), avec $m = 6,65 \cdot 10^{-24}$ g et $v = 2,76 \cdot 10^{-5}$ m^3 mol^{-1}, $T_c = 3,13$ K, qui est proche de la valeur mesurée. Cependant le pic trouvé expérimentalement est plus pointu. Il a la forme de la lettre grecque λ, c'est pourquoi on appelle point λ la température critique dans ^{4}He. Pour une explication quantitative, il faut cependant aussi tenir compte de l'interaction des particules de ^{4}He. Le digramme des phases de ^{4}He est représenté sur la figure 13.6 et sa capacité thermique est représentée sur la figure 13.7.

En dessous (légèrement dépendante de la pression) de la température critique (courbe λ), l'hélium liquide présentedes propriétés nouvelles très inté-

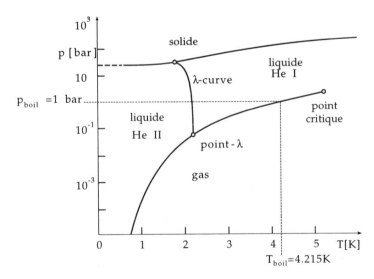

Fig. 13.6. Diagramme de phase pour ^{4}He

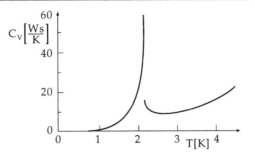

Fig. 13.7. Capacité thermique de ^{4}He

ressantes. À partir de la courbe de transition solide–liquide horizontale pour $T \to 0$, on peut en déduire à l'aide de l'équation de Clausius–Clapeyron,

$$\frac{\mathrm{d}p}{\mathrm{d}T} = 0 = \frac{s_{\text{fl}} - s_{\text{solid}}}{v_{\text{fl}} - v_{\text{solid}}} \tag{13.55}$$

que He II liquide (pour $T \to 0$) n'a pas une entropie par mole plus élevée que l'hélium solide. La condensation des particules dans l'état $\varepsilon = 0$ représente déjà la forme de l'hélium ayant le degré d'ordre le pus élevé. De plus la viscosité de He II peut atteindre des valeurs extrêmement faibles (suivant les conditions expérimentales). L'hélium liquide peut alors traverser des capillaires très fins et même des récipients poreux, desquels même l'hélium gazeux ne peut pas s'échapper. On interprète He II comme un mélange de deux phases, He superfluide (particules dans l'état $\varepsilon = 0$, entropie $S = 0$) et l'hélium fluide normal. Une autre propriété intéressante de He II est sa très grande conductivité thermique. Cela a par exemple pour conséquence que He II ne bout pas en dessous du point λ (formation de bulles), mais s'évapore régulièrement et sans remous depuis la surface, puisqu'il ne peut pas se développer des fluctuations de température locales.

13.1 Gaz de Bose ultra-relativiste

Un autre modèle intéressant est celui d'un gaz parfait de bosons sans interaction possédant les relations énergie–quantité de mouvement relativistes et de masse au repos nulle. Un cas classique correspondant a été traité dans l'exemple 6.2 et l'exercice 7.2. Les énergies des particules individuelles sont

$$\varepsilon_k = c\,|\boldsymbol{p}| = \hbar c\,|\boldsymbol{k}| \ . \tag{13.56}$$

Comme dans les paragraphes précédents (voir (13.2) et (12.37)), nous devons calculer la fonction de partition grand-canonique pour ce système,

$$q(T, V, z) = \ln \mathcal{Z} = -\sum_k \ln[1 - z \exp(-\beta \varepsilon_k)] \,. \tag{13.57}$$

Pour le nombre moyen de particules et l'énergie interne nous avons les équations (voir (13.3) et (12.39))

$$N(T, V, z) = \sum_k \frac{1}{z^{-1} \exp(\beta \varepsilon_k) - 1} \,, \tag{13.58}$$

$$U(T, V, z) = \sum_k \frac{\varepsilon_k}{z^{-1} \exp(\beta \varepsilon_k) - 1} \,. \tag{13.59}$$

En principe, les vecteurs k sont discrets dans une boite avec des conditions aux limites périodiques (exemple 10.2). Mais pour de grands volumes, nous pourrons de nouveau transformer les sommes dans les équations (13.57–59) par des intégrales. Pour cela nous allons procéder exactement de la même façon que dans les équations (13.5) et (13.6). Le nombre total d'états dans l'espace (classique) des phases vaut

$$\Sigma = \int \frac{\mathrm{d}^3 r \, \mathrm{d}^3 p}{h^3} = \frac{4\pi V}{h^3} \int\limits_0^\infty p^2 \, \mathrm{d}p = \frac{4\pi V}{h^3 c^3} \int\limits_0^\infty \varepsilon^2 \, \mathrm{d}\varepsilon \tag{13.60}$$

avec la densité d'états à une particule

$$g(\varepsilon) = \frac{\partial \Sigma}{\partial \varepsilon} = \frac{4\pi V}{h^3 c^3} \varepsilon^2 \,. \tag{13.61}$$

La densité d'états a changée par rapport au cas non relativiste à cause de la relation énergie–quantité de mouvement différente.

Le gaz ultra-relativiste de Bose nécessite aussi une réflexion nouvelle au sujet du potentiel chimique. Il est en effet possible en relativité de créer une particule de masse au repos m_0, si l'on dépense au minimum l'énergie $E = m_0 c^2$ (ou, avec $2m_0 c^2$, une particule et son antiparticule). Cependant, puisque les particules ultra-relativistes n'ont pas de masses au repos, il est possible d'en créer un nombre quelconque ayant $\varepsilon_k = 0$ sans dépense d'énergie ; c'est-à-dire, dans l'état $\varepsilon = 0$ il peut y avoir à priori un nombre quelconque de particules. Cela n'a donc aucun sens de fixer le nombre de particules ultra-relativistes, puisque ce nombre peut devenir arbitrairement grand. Le potentiel chimique μ doit donc aussi avoir une valeur nulle ($\mu = 0$, $z = 1$), puisque cela ne coûte pas d'énergie d'ajouter autant de particules que l'on veut dans l'état $\varepsilon = 0$. Cette divergence du nombre d'occupation $\langle n_0 \rangle$ dans l'état $\varepsilon = 0$, n'a évidemment aucune conséquence sur les principales propriétés physiques comme la pression, l'énergie interne, etc., puisque les particules possédant $\varepsilon = 0$ n'y contribuent pas.

Nous sommes donc libérés d'une grande partie des difficultés du paragraphe précédent, puisqu'ici z a simplement la valeur constante $z = 1$:

$$
q(T, V) = -\frac{4\pi V}{(hc)^3} \int_0^\infty d\varepsilon\, \varepsilon^2 \ln[1 - \exp(-\beta\varepsilon)]
$$

$$
= \frac{4\pi V}{(hc)^3} \frac{1}{3} \beta \int_0^\infty d\varepsilon \frac{\varepsilon^3}{\exp(\beta\varepsilon) - 1} \,. \tag{13.62}
$$

Nous avons fait une intégration par parties pour passer de la première à la deuxième ligne. Pour l'énergie interne, on déduit de l'équation (13.59) que

$$
U(T, V) = \frac{4\pi V}{(hc)^3} \int_0^\infty d\varepsilon \frac{\varepsilon^3}{\exp(\beta\varepsilon) - 1} \,. \tag{13.63}
$$

Puisque $q = pV/kT$, on en déduit en comparant les équations (13.62) et (13.63)

$$
p = \frac{1}{3} \left(\frac{U}{V} \right) \tag{13.64}
$$

une relation que nous avions déjà trouvé dans l'exemple 6.2 pour le cas classique. Le facteur $1/3$ apparaît de nouveau, à l'inverse du cas non-relativiste, où la pression valait les $2/3$ de la densité d'énergie.

Avec la substitution $x = \beta\varepsilon$, les expressions des équations (13.62) et (13.63) se ramènent aux intégrales standards $g_n(z)$ de l'équation (13.9), où maintenant nous avons simplement $z = 1$,

$$
q(V, T) = \frac{pV}{kT} = \frac{4\pi V}{(hc)^3} \frac{2}{\beta^3} g_4(1) \,. \tag{13.65}
$$

Avec les valeurs (13.16) on trouve $g_4(1) = \zeta(4) = \pi^4/90$, et par conséquent

$$
p = \frac{1}{3} \frac{U}{V} = \frac{8\pi}{(hc)^3} (kT)^4 \frac{\pi^4}{90} \,. \tag{13.66}
$$

La pression et la densité d'énergie sont donc uniquement fonctions de la température, p, $U/V \propto T^4$ et dans le diagramme pV les isothermes sont horizontales. Comme $U = TS - pV + \mu N = TS - pV (\mu = 0)$, on peut immédiatement calculer l'énergie libre $F = U - TS = -pV$:

$$
F = -pV = -\frac{1}{3} U = -\frac{8\pi^5}{90(hc)^3} V(kT)^4 \tag{13.67}
$$

ainsi que l'entropie, $S = (U - F)/T = 4U/3T$:

$$
S = \frac{32\pi^5}{90(hc)^3} (kT)^3 Vk \,. \tag{13.68}
$$

La densité d'entropie est donc $S/V \propto T^3$. La capacité thermique à volume constant vaut alors

$$C_V = \left.\frac{\partial U}{\partial T}\right|_V = 3S \tag{13.69}$$

c'est-à-dire, elle s'annule comme T^3 pour $T \to 0$. À partir des équations (13.66) et (13.68) on peut enfin déterminer les relations adiabatiques ($S = $ cste),

$$VT^3 = \text{cste} , \qquad pT^{-4} = \text{cste} , \qquad \Rightarrow \quad pV^{4/3} = \text{cste} \tag{13.70}$$

donc $p \propto n^{4/3}$ avec $n = N/V$. Le nombre moyen de particules peut être calculé à partir de l'équation (13.58),

$$N(V, T) = \frac{4\pi V}{(hc)^3} \int\limits_0^\infty d\varepsilon \frac{\varepsilon^2}{\exp(\beta\varepsilon) - 1} = \frac{8\pi V}{(hc)^3} \frac{1}{\beta^3} g_3(1) . \tag{13.71}$$

Comme $g_3(1) = \zeta(3)$ on obtient

$$N(V, T) = \frac{8\pi V}{(hc)^3} \zeta(3)(kT)^3 . \tag{13.72}$$

Le nombre moyen de particules augmente donc comme T^3. Une remarque s'impose néanmoins au sujet de l'équation (13.72). Tout d'abord, le nombre de particules donné par (13.72) ne constitue pas une infinité de particules dans l'état $\varepsilon = 0$, car leur poids est nul dans l'intégrale ($g(0) = 0$). En second lieu on ne s'intéresse ici qu'au nombre moyen de particules et l'on doit vérifier quelles sont les fluctuations autour de ce nombre. L'écart type du nombre de particules se calcule exactement comme dans le cas classique (voir chapitre 9) à partir de

$$\frac{\sigma_N^2}{N^2} - \frac{kT}{V}\kappa , \quad \text{avec} \quad \kappa = -\frac{1}{V}\left.\frac{\partial V}{\partial p}\right|_{T,N} \tag{13.73}$$

où κ représente la compressibilité isotherme. À cause de $\partial p/\partial V|_T = 0$ cette quantité est cependant infinie. En d'autres termes, les fluctuations autour du nombre moyen de particules, équation (13.17), sont infiniment grandes et une affirmation concernant le nombre moyen de particules n'a donc qu'une valeur limitée.

EXEMPLE ▮▮▮▮▮▮▮▮▮▮▮▮▮▮▮▮▮

13.2 Formule du rayonnement de Planck

Appliquons à présent les résultats de ce paragraphe à un gaz de photons dans une cavité résonante avec des parois parfaitement réfléchissantes à la température T.

Proposons nous en particulier de calculer la puissance radiative qui sort de la cavité à travers une petite ouverture de surface dF, ainsi que le spectre en fréquence du rayonnement. L'importance particulière de ce modèle est que la densité spectrale de rayonnement $Q(\omega, T)$ (puissance rayonnée par unité de fréquence et unité de surface) d'un radiateur thermique quelconque peut s'exprimer à l'aide de la loi de Kirchhoff (voir exemple 13.4) :

$$Q(\omega, T) = A(\omega, T) Q_{\text{noir}}(\omega, T)$$

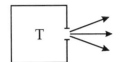

Fig. 13.8. Cavité résonante avec un gaz de photons à la température T

en fonction de celle du corps noir. Le facteur $A(\omega, T)$ est l'absorptivité du corps réel, qui dépend, comme la densité spectrale, de la pulsation ω du rayonnement et de la température. Un corps noir est donc caractérisé par une absorptivité $A_{\text{noir}}(\omega, T) \equiv 1$. Il est alors facile d'en déduire que le rayonnement qui sort d'une cavité résonante par une petite ouverture, est exactement celui d'un corps noir. Si d'autre part, un photon de fréquence quelconque frappe l'ouverture de l'extérieur, il entre dans la cavité et subit des réflexions parfaites sur les parois. La probabilité de ressortir de la cavité par la petite ouverture est quasiment nulle. L'ouverture représente donc une surface émettrice d'absorptivité $A \equiv 1$.

Puisqu'il n'existe pas dans la nature de corps d'absorptivité $A = 1$, le corps noir est un modèle de système idéalisé. Il est néanmoins très utile, car sa densité spectrale de rayonnement ne dépend pas de nombreuses propriétés de la matière, qui n'interviennent que par l'absorptivité.

On peut alors considérer le gaz de photons dans la cavité comme un gaz de bosons ultra-relativiste, puisque les photons vérifient la relation énergie–quantité de mouvement

$$\varepsilon = c\,|\boldsymbol{p}| \quad \text{avec} \quad \varepsilon = \hbar\omega\,, \quad \boldsymbol{p} = \hbar\boldsymbol{k} \tag{13.74}$$

où ω désigne la pulsation et $\boldsymbol{k}$ le vecteur d'onde des photons.

De plus les photons ont un spin de un et se comportent donc comme des bosons. Il faut tenir compte d'une particularité liée au degré de liberté de spin supplémentaire. En principe, une particule de spin s (état de quantité de mouvement $|\boldsymbol{p}\rangle$) peut avoir $2s + 1$ projections de spin différentes correspondant à la même énergie dans le cas où il n'y a pas d'interaction. Il faut donc multiplier la densité d'états à une particule (13.61) par le facteur de dégénérescence $g_s = 2s + 1$. Ceci n'est cependant pas valable pour des photons, car le champ électromagnétique est toujours transverse et ne possède donc que deux degrés de liberté possibles de polarisation. Pour des photons réels, on n'a donc que les projections de spin $s_z = \pm 1$. La projection $s_z = 0$ correspondant à des ondes longitudinales s'élimine. La densité d'états à une particules s'écrit donc pour les photons, avec le facteur de dégénérescence $g_s = 2$:

$$g(\varepsilon) = g_s \frac{4\pi V}{h^3 c^3} \varepsilon^2 , \qquad g_s = 2 . \tag{13.75}$$

Le nombre d'occupation moyen $\langle n_\varepsilon \rangle$ d'un état d'énergies pour des photons de potentiel chimique $\mu = 0$ est alors donné par

$$\langle n_\varepsilon \rangle = \frac{1}{\exp(\beta\varepsilon) - 1} . \tag{13.76}$$

Le nombre de photons dans l'intervalle d'énergie $\mathrm{d}\varepsilon$ est donc

$$\mathrm{d}N(\varepsilon) = \langle n_\varepsilon \rangle \, g(\varepsilon) \, \mathrm{d}\varepsilon = \frac{8\pi V}{h^3 c^3} \frac{\varepsilon^2 \, \mathrm{d}\varepsilon}{\exp(\beta\varepsilon) - 1}$$

ou, en le réécrivant au moyen de la pulsation avec l'équation (13.74) et si $n = N/V$ désigne la densité spatiale de photons,

$$\frac{\mathrm{d}n(\omega)}{\mathrm{d}\omega} = \frac{1}{\pi^2 c^3} \frac{\omega^2}{\exp(\beta\hbar\omega) - 1} . \tag{13.77}$$

De façon tout à fait analogue on peut trouver la densité spatiale d'énergie $u = U/V$ par unité de pulsation :

$$\frac{\mathrm{d}u(\omega)}{\mathrm{d}\omega} = \hbar\omega \frac{\mathrm{d}n(\omega)}{\mathrm{d}\omega} = \frac{\hbar}{\pi^2 c^3} \frac{\omega^3}{\exp(\beta\hbar\omega) - 1} . \tag{13.78}$$

Ces grandeurs se réfèrent néanmoins à l'intérieur de la cavité. Avec les mêmes considérations que dans l'exercice 7.6 nous pouvons aussi calculer la vitesse à laquelle les photons de pulsation ω quittent la cavité par la petite ouverture :

$$R = \frac{\mathrm{d}^2 N}{\mathrm{d}t \, \mathrm{d}F} = \frac{1}{4} \frac{N}{V} \langle v \rangle$$

ce qui donne le nombre de particules de vitesse moyenne $\langle v \rangle$ quittant la cavité au travers d'une petite ouverture par unité de surface et de temps. Dans notre cas ; N/V est donné par l'équation (13.77) (par unité de pulsation) et la vitesse moyenne des photons est $\langle v \rangle = c$:

$$R(\omega) = \frac{c}{4} \frac{\mathrm{d}n(\omega)}{\mathrm{d}\omega} = \frac{1}{4\pi^2 c^2} \frac{\omega^2}{\exp(\beta\hbar\omega) - 1} . \tag{13.79}$$

Chacun de ces photons correspond à une énergie $\hbar\omega$. Le flux énergétique par unité de surface de l'ouverture et par unité de temps et de pulsation est donc

$$\frac{\mathrm{d}^3 E}{\mathrm{d}F \, \mathrm{d}\omega \, \mathrm{d}t} = \hbar\omega R(\omega) . \tag{13.80}$$

Puisque l'énergie par unité de temps fournit la puissance rayonnée p, l'équation (13.80) est donc identique à la puissance de rayonnement par unité de surface de l'ouverture et par unité de pulsation, c'est-à-dire, est identique à la densité spectrale $Q_s(\omega, T)$. Nous avons donc

Exemple 13.2

$$Q_s(\omega, T) = \hbar\omega R(\omega) = \frac{\hbar}{4\pi^2 c^2} \frac{\omega^3}{\exp(\beta\hbar\omega) - 1} \; . \tag{13.81}$$

C'est la fameuse *loi du rayonnement de Planck* pour la densité spectrale de rayonnement du corps noir en équilibre thermique. Du point de vue historique, Planck a obtenu cette formule en 1900 d'un façon légèrement différente. Il est très instructif de mettre en parallèle sa méthode et la notre, qui est due à Bose :

Planck n'avait pas considéré un gaz *de photons indiscernables*, mais un grand nombre d'*oscillateurs discernables*, un pour chaque pulsation ω. Dans ce cas, on doit appliquer la statistique de Maxwell–Boltzmann aux oscillateurs, et non la statistique de Bose–Einstein. Cependant, Planck supposa en plus que les oscillateurs ne peuvent absorber ou émettre que certaines quantités d'énergie $\hbar\omega$. Nous avons déjà traité le problème correspondant dans l'exemple 8.1 dans la cadre de la mécanique statistique classique de Maxwell–Boltzmann. D'après celle-ci, le niveau moyen d'excitation d'un oscillateur de pulsation ω est donné par

$$\langle n_\omega \rangle = \frac{1}{\exp(\beta\hbar\omega) - 1}$$

ce qui est identique à l'équation (13.76). La densité spectrale d'énergie s'en déduit aussitôt en multipliant l'énergie moyenne $\langle \varepsilon_\omega \rangle$ d'un oscillateur de pulsation ω par le nombre d'oscillateurs par unité de pulsation (densité d'états) et de volume sous la forme

$$\frac{\mathrm{d}u(\omega)}{\mathrm{d}\omega} = \langle \varepsilon_\omega \rangle \frac{g(\omega)}{V} = \left(\frac{\hbar\omega}{\exp(\beta\hbar\omega) - 1} + \frac{\hbar\omega}{2} \right) \frac{1}{\pi^2 c^3} \omega^2 \tag{13.82}$$

où $g(\omega)$ s'obtient à partir de l'équation (13.75) en la réécrivant en fonction des pulsations (remarquons que $g(\varepsilon) = \mathrm{d}N/\mathrm{d}\varepsilon \rightarrow g(\omega) = \mathrm{d}N/\mathrm{d}\omega = \hbar g(\varepsilon)$).

L'expression (13.82) concorde alors, à l'exception de l'énergie dans l'état fondamental (qui n'était pas connue de Planck), avec l'équation (13.78). Les photons indiscernables de pulsation ω sont manifestement identiques aux intervalles d'énergie $\hbar\omega$ des oscillateurs discernables et les deux approches conduisent au même résultat. Cependant, si les photons étaient des objets ultra-relativistes classiques réels, il faudrait au lieu de l'équation (13.76) utiliser l'expression

$$\langle n \rangle^{MB} = \exp(-\beta\varepsilon) \; .$$

Tout le calcul peut aussi être fait en utilisant ce nombre moyen d'occupation et on obtient pour la densité spectrale de rayonnement

$$Q_s^{MB}(\omega, T) = \frac{\hbar}{4\pi^2 c^2} \omega^3 \exp(-\beta\hbar\omega) \; .$$

Exemple 13.2

C'est la *loi du rayonnement de Wien*, qui sans la constante de Planck, était déjà connue avant la loi du rayonnement de Planck.

Les photons, ici aussi, sont traités comme des particules ultra-relativistes, mais avec la différence qu'ils sont considérés comme discernables. La loi du rayonnement de Wien est simplement la limite classique de l'équation (13.81) pour $\hbar\omega \gg kT$, puisqu'alors l'exponentielle est le terme dominant au dénominateur. Dans ce cas, les photons se comportent pratiquement comme des particules classiques.

D'autre part, on peut aussi considérer la cas limite $kT \gg \hbar\omega$. Dans ce cas, les intervalles d'énergie $\hbar\omega$ sont très petits par rapport à l'énergie d'excitation thermique moyenne et la structure discrète du spectre énergétique des oscillateurs ne joue plus un rôle important. On peut les traiter comme des oscillateurs classiques. D'après le théorème d'équipartition, chacun de ces oscillateurs possède l'énergie d'excitation thermique $\langle \varepsilon_\omega \rangle = kT$. Cela correspond à l'image purement classique de l'onde, selon laquelle chaque degré de liberté du champ radiatif a exactement l'énergie moyenne kT à l'équilibre thermique. Si l'on reporte cette énergie moyenne classique dans l'équation (13.82) au lieu de l'énergie moyenne des oscillateurs quantiques on en déduit

$$\frac{du(\omega)}{d\omega} = \langle \varepsilon_\omega \rangle \frac{g(\omega)}{V} = kT \frac{\omega^2}{\pi^2 c^3}$$

qui conduit à la *loi du rayonnement de Rayleigh et Jeans* :

$$Q_s^{\text{cl. ondes}}(\omega, T) = \frac{\omega^2}{4\pi^2 c^2} kT .$$

Cette loi se déduit aussi de la formule générale (13.81) en faisant un développement limité dans le cas où $\hbar\omega \ll kT$. La formule de Planck constitue donc une connexion entre l'image classique d'une onde (excitations continues, loi de Rayleigh–Jeans) et l'interprétation purement particulaire des photon (particules ultra-relativistes discernables, loi de Wien). Elle renferme donc de façon remarquablement claire la dualité ondes–particules des photons. Résumons ces résultats dans un petit tableau :

Table 13.1 Les trois lois du rayonnement

Loi de Planck	$\hbar\omega \gg kT$ loi de Wien	$\hbar\omega \ll kT$ loi de Rayleigh–Jeans
particules indiscernables avec la statistique de Bose–Einstein ou oscillateurs discernables avec des niveaux d'énergie discrets	particules discernables classiques avec la statistique de Maxwell–Boltzmann	Image classique d'une onde avec une énergie d'excitation moyenne kT par degré de liberté ou champ radiatif ou oscillateurs classiques discernables avec des niveaux continus d'énergie d'excitation

La figure 13.9 représente la dépendance vis-à-vis de la pulsation ω pour les trois lois du rayonnement à une certaine température.

La loi de Rayleigh–Jeans donne des densités de rayonnement trop élevées à pulsations élevées ($Q \to \infty$ pour $\omega \to \infty$), puisque chaque degré de liberté du champ radiatif (chaque oscillateur de pulsation ω) a la même énergie moyenne. Le nombre d'oscillateurs par intervalle de pulsation augmente cependant comme ω^2, d'où l'on déduit la propriété que l'on désigne d'habitude comme la *catastrophe dans l'ultraviolet*. D'autre part, la loi de Wien reproduit au moins qualitativement la courbe de densité de rayonnement. Cependant, elle est en défaut pour des pulsations moyennes. Le maximum de la distribution de Planck se trouve en $\hbar\omega_{\max}$, et peut être calculé, avec $x = \hbar\omega$, à partir de l'équation (13.81) :

$$\frac{dQ_s(x, T)}{dx}\bigg|_{x=x_{\max}} = 0 \quad \Rightarrow \quad \exp(\beta x)(3 - \beta x) = 3 \ .$$

Il faut résoudre numériquement cette équation, on obtient

$$\beta x_{\max} = 2{,}821 \quad \text{ou} \quad \hbar\omega_{\max} = 2{,}821\,kT \ .$$

Le maximum de la distribution de rayonnement est déplacé, proportionnellement à la température, vers les pulsations élevées.

De façon analogue on a pour la loi du rayonnement de Wien $x_{\max} = 3kT$ ou $\beta x_{\max} = 3$. Le déplacement linéaire du maximum de la distribution avec la température est connu sous le nom de *loi du déplacement de Wien*. La figure 13.10 donne une représentation de la loi de Planck pour différentes températures. On remarque, que pour des températures allant jusqu'à 2000 K une faible fraction de la puissance de rayonnement seulement se trouve dans le domaine visible du spectre. La plus grande part du rayonnement se situe dans le domaine infrarouge (rayonnement thermique).

C'est, par exemple, une raison de la faible efficacité des lampes à filaments vis-à-vis de la transformation de l'énergie électrique en lumière visible. La température du filament ne peut excéder le point de fusion du matériau, T_{fus}(tungstène) = 3683 K. Au contraire, une grande partie du rayonnement solaire, dont la température de surface est d'environ 5800 K se situe dans le visible.

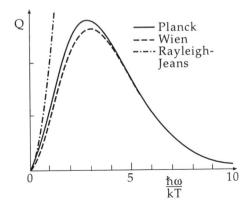

Fig. 13.9. Les trois lois du rayonnement

Fig. 13.10. Loi du rayonnement de Planck à différentes températures

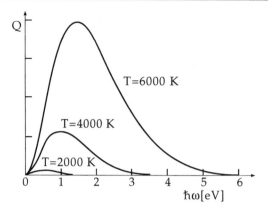

Calculons enfin l'émittance totale du corps noir $Q(T)$ à partir de

$$Q_{\text{tot}}(T) = \int\limits_0^\infty d\omega Q_s(\omega, T) = \frac{(kT)^4}{4\pi^2\hbar^3 c^2} \int\limits_0^\infty dx \frac{x^3}{e^x - 1}$$

où nous avons effectué la substitution $x = \beta\hbar\omega$. L'intégrale vaut $\Gamma(4)g_4(1) = 6\zeta(4) = \pi^4/15$ d'après l'équation (13.9) et on obtient

$$Q_{\text{tot}}(T) = \sigma T^4 \quad \text{avec} \quad \sigma = \frac{\pi^2 k^4}{60\hbar^3 c^2} = 5{,}67 \cdot 10^{-8} \, \text{W m}^{-2} \, \text{K}^{-4}$$

qui est connu sous le nom de loi de Stefan-Boltzmann.

EXEMPLE

13.3 Rayonnement de fond cosmique à 3 K

Comme nous l'avons vu, le maximum de la distribution de Planck est uniquement fonction de la température, ou du paramètre $\beta = 1/kT$ (loi du déplacement de Wien). On peut donc tirer des conclusions sur la température d'un corps noir à partir du spectre en fréquences de son rayonnement électromagnétique.

En 1964 Penzias et Wilson[1] ont découvert un rayonnement cosmique isotrope, dont le spectre en fréquence correspond à une température d'environ 3 K (voir figure 13.11). Les contraintes expérimentales pour mesurer ce rayonnement sont énormes. En premier lieu il faut protéger l'antenne, qui sert de récepteur de rayonnement, des sources pouvant provoquer des interférences, par exemple, des dispositifs à proximité, et la refroidir jusqu'à 3 K, afin d'éliminer le maximum de rayonnement thermique du à sa propre température. D'autres

---

[1] A. A. Penzias, R. H. Wilson : Astrophys. J. **142** (1965) 419.

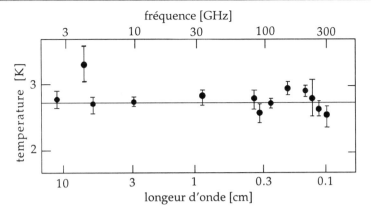

Fig. 13.11. Spectre en fréquences du rayonnement de fond cosmique

facteurs d'interférences proviennent de la terre, qui rayonne à une température de 300 K (on ne peut s'en isoler dans des expériences au sol), ainsi que des nuages de poussières interstellaires qui absorbent une partie des fréquences du rayonnement de fond. La distribution du rayonnement ne peut donc être complètement mesurée. Un autre problème des mesures est l'isotropie du rayonnement. Comme l'intensité provenant de toutes les directions du ciel est la même, on ne dispose pas de point de référence pour effectuer une comparaison différentielle avec des points voisins (une méthode qui est couramment utilisée pour déterminer les températures des sources de rayonnement). Il faut donc utiliser un radiateur calibré pour effectuer les mesures.

Le rayonnement de fond cosmique isotrope à 3 K joue un rôle important dans beaucoup de modèles cosmologiques. De nos jours l'idée que nous nous faisons de l'origine de l'univers est la suivante : peu après le Big Bang, quand la densité de la matière était encore très élevée, l'univers était principalement constitué de noyaux d'hydrogène et d'hélium, ainsi que d'électrons libres et de rayonnement. Les électrons libres, qui possèdent une section efficace grande pour les photons, provoquent un couplage fort entre le rayonnement et la matière, de telle sorte qu'il persiste une température uniforme d'environ 4200 K (température d'ionisation de H et He). On peut imaginer l'univers comme une cavité dans lequel un gaz chaud constitué des composants cités était en équilibre avec le rayonnement de la cavité.

Au cours de son expansion (adiabatique) ultérieure l'univers s'est régulièrement refroidi. En dessous de 4200 K les noyaux de H et He ont capturé les électrons (recombinaison), si bien que le rayonnement s'est découplé de la matière en raison de la réduction de section efficace de diffusion des photons par les électrons liés. La gravitation de la matière en expansion à elle seule provoqua un décalage vers le rouge du rayonnement, c'est-à-dire, une diminution de la température jusqu'à la valeur actuelle de 3 K. Puisque le libre parcours moyen des photons devint très grand après la recombinaison, il en existe encore de nos jours qui étaient présent au moment de la recombinaison, il y a environ 10–20 milliards d'années. Le rayonnement de fond cosmique contient donc des informations sur l'état de l'univers au moment de la recombinaison.

Exemple 13.3

  Cependant pour prouver l'affirmation que le rayonnement de fond cosmique à 3 K provient de la recombinaison des noyaux ionisés de H et He, il est nécessaire de faire des mesures qui excluent d'autres sources de rayonnement possibles ; par exemple, si la théorie de la recombinaison est correcte, l'interaction de photons de fréquences situées dans le domaine des lignes d'absorption de H et He aurait du durer bien plus longtemps (en raison de la grande surface efficace pour les absorptions résonantes), si bien que des écarts à la distribution de Planck devraient seulement être observées à ces fréquences. Malheureusement, les causes d'interférences déjà évoquées empêchent des mesures dans ce domaine de fréquences et il faut attendre des expériences futures effectuées par satellite.

EXEMPLE

13.4 Obtention de la loi de Kirchhoff

Pour obtenir la loi de Kirchhoff considérons un modèle constitué de deux surfaces parallèles de mêmes dimensions et même température T, qui sont isolées du milieu extérieur par des miroirs parfaitement réfléchissants, de telle sorte qu'aucun rayonnement ne peut s'en échapper (voir figure 13.12). Les deux surfaces ont des absorptivités A_1 et A_2, respectivement et des densités spectrales de rayonnement Q_1 et Q_2.

L'ensemble du dispositif peut être entouré par des parois adiabatiques, il n'y a alors pas d'échanges de chaleur avec le milieu extérieur. La surface a_1 émet la puissance radiative Q_1 vers la surface a_2, la part $A_2 Q_1$ est absorbe et la part $(1 - A_2)Q_1$ est réfléchie. Inversement, la surface a_2 émet la puissance radiative Q_2 vers la surface a_1, la part $A_1 Q_2$ est absorbée et la part $(1 - A_1)Q_2$ est réfléchie. En équilibre thermodynamique il est nécessaire que les flux effectifs d'énergie entre les deux surfaces s'annulent. Si, par exemple, le flux de a_1 vers a_2 était dominant la surface a_2 s'échaufferait par rapport à a_1, ce qui contredit le second principe de la thermodynamique. Le flux énergétique total de a_1 est donné par la part directe Q_1 et la part réfléchie $(1 - A_1)Q_2$. De façon analogue, le flux d'énergie de a_2 est la somme de Q_2 et de $(1 - A_2)Q_1$. À l'équilibre thermodynamique on doit avoir

$$Q_1 + (1 - A_1)Q_2 = Q_2 + (1 - A_2)Q_1 \quad \Leftrightarrow \quad \frac{Q_1}{Q_2} = \frac{A_1}{A_2}.$$

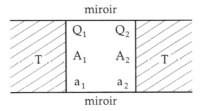

Fig. 13.12. Obtention de la loi de Kirchhoff

Les émissivités des deux surfaces doivent se comporter exactement comme les deux absorptivités. Si, par exemple, maintenant, la surface a_1 est noire ($A_1 = 1$ et $Q_1 = Q_{\text{noir}}$), la densité spectrale de rayonnement de la surface a_2 est

$$Q_2 = A_2 Q_{\text{noir}}$$

ce qui correspond exactement à la *loi de Kirchhoff*.

EXEMPLE

13.5 Oscillations d'un réseau dans un solide : modèle d'Einstein et de Debye

Le potentiel d'interaction entre deux atomes d'un solide cristallin a approximativement la forme présentée sur la figure 13.13. La position d'équilibre est caractérisée par la distance d. Naturellement il s'agit d'une approximation grossière de la situation réelle dans un solide, dans lequel l'énergie potentielle peut aussi dépendre de la direction spatiale de l'élongation. La propriété essentielle d'une position d'équilibre stable pour une distance d, qui est de l'ordre de grandeur du pas du réseau, est cependant bien représentée par ce potentiel.

Si l'on se restreint à de petits déplacements des atomes par rapport à leurs positions d'équilibre, on peut faire un développement du potentiel au voisinage de la position d'équilibre et arrêter le développement après les termes du second ordre,

$$V(x_1, \ldots, x_N) = V(\overline{x_1}, \ldots, \overline{x_N}) + \sum_i \left. \frac{\partial V}{\partial x_i} \right|_{\overline{x_1}, \ldots, \overline{x_N}} (x_i - \overline{x_i})$$
$$+ \frac{1}{2} \sum_{i,k} \left. \frac{\partial^2 V}{\partial x_i \partial x_k} \right|_{\overline{x_1}, \ldots, \overline{x_N}} (x_i - \overline{x_i})(x_k - \overline{x_k}) + \cdots .$$

Mais si, $\overline{x_1}, \ldots, \overline{x_N}$ sont les positions d'équilibre des particules, les coefficients de $\partial V / \partial x_i$ du terme linéaire doivent s'annuler. Si l'on désigne par α_{ik} les coefficients des termes quadratiques et que l'on ne considère que les écarts par rapport

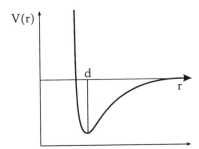

Fig. 13.13. Potentiel d'interaction entre deux atomes d'un solide (schématique)

Exemple 13.5

à la position d'équilibre $\xi_i = x_i - \overline{x_i}$, on obtient, en négligeant le terme constant,

$$V(\xi_i) = \sum_{i,k=1}^{N} \alpha_{ik}\xi_i\xi_k \;.$$

Le hamiltonien correspondant est

$$H(\xi_i) = \sum_{i=1}^{N} \frac{1}{2}m\dot{\xi}_i^2 + \sum_{i,k=1}^{N} \alpha_{ik}\xi_i\xi_k \;.$$

On sait en mécanique classique qu'il existe une transformation canonique des ξ_i en de nouvelles coordonnées généralisées q_i, de façon que H s'écrive sous la forme

$$H(q_i) = \sum_{i=1}^{3N} \frac{1}{2}m_i \left(\dot{q}_i^2 + \omega_i^2 q_i^2 \right)$$

en fonction des nouvelles coordonnées. Les nouvelles coordonnées correspondent aux oscillations propres du solide avec les pulsations propres ω_i et les masses effectives m_i.

Nous n'allons pas ici discuter plus en détail le problème classique correspondant. Pour notre propos, il suffit de savoir que le hamiltonien a la forme de celui de $3N$ oscillateurs harmoniques de pulsations différentes ω_i. Les pulsations propres ω_i et les masses effectives se déduisent des éléments matriciels α_{ik} et de la masse des particules m. (Pour un solide de dimension finie, 6 des degrés de liberté des «oscillations propres» décrivent en fait les translations et rotations du solide dans son ensemble, mais nous admettrons que $N \gg 1$.) Par ailleurs, nous ne voulons même pas calculer en détail les pulsations propres ω_i pour un solide de structure de réseau déterminée, mais au lieu de cela nous ferons des hypothèses aussi simples et claires que possible sur le spectre en fréquences.

La possibilité la plus simple fut proposée par Einstein. Il a supposé que les $3N$ pulsations propres des oscillations normales sont identiques et de valeur fixée ω. Notre modèle de solide correspond alors à un ensemble de $3N$ oscillateurs discernables de pulsation ω, qu'il nous faut néanmoins traiter dans le cadre quantique (niveaux d'énergie discrets). Le problème statistique correspondant a déjà été traité dans l'exemple 8.1 en utilisant la statistique de Maxwell-Boltzmann et nous pouvons donner directement les propriétés thermodynamiques de notre modèle. L'énergie interne vaut par exemple

$$U(N, V, T) = 3N\hbar\omega \left(\frac{1}{2} + \frac{1}{\exp(\beta\hbar\omega) - 1} \right) \;. \tag{13.83}$$

On a de nouveau

$$\langle n \rangle = \frac{1}{\exp(\beta\hbar\omega) - 1} \tag{13.84}$$

pour le niveau moyen d'excitation d'un oscillateur de pulsation ω à la température T. L'énergie moyenne d'un tel oscillateur est alors $\langle \varepsilon \rangle = \hbar\omega(1/2 + \langle n \rangle)$, de laquelle on déduit immédiatement l'équation (13.83). Mais on peut aussi interpréter un peu autrement l'équation (13.83), si l'on n'interprète pas $\langle n \rangle$ comme le niveau moyen d'excitation d'un oscillateur, mais comme le nombre de quanta d'excitation indiscernables par oscillateur, que l'on nomme *phonons*, qui ont pour valeur $\hbar\omega$. Tout comme les photons sont les quanta d'énergie du champ électromagnétique, les phonons sont les quanta d'énergie des modes normaux d'oscillations d'un solide. Comme les photons, les phonons sont manifestement des bosons ayant la relation énergie–quantité de mouvement

$$\varepsilon = c_s \, |\boldsymbol{p}| \,, \quad \text{avec} \quad \varepsilon = \hbar\omega \,, \quad \boldsymbol{p} = \hbar\boldsymbol{k}$$

si ω désigne la pulsation des modes normaux et $\boldsymbol{k}$ les vecteurs d'ondes. Mais ici, s_s, n'est pas la vitesse de la lumière, comme pour les photons, mais la vitesse de propagation des oscillations dans le solide, c'est-à-dire, la *vitesse du son*. De la même façon que le nombre de photons dans le champ rayonné, le nombre de phonons dans un solide est également indéterminé ; le potentiel chimique est donc nul. Mais alors qu'il y a seulement un oscillateur pour chaque fréquence dans le champ électromagnétique et que leur nombre total est infini (même une infinité continue, si le champ n'est pas limité dans une boite avec des parois parfaitement conductrices), nous n'avons qu'une seule fréquence dans le cas du champ sonore dans le solide et $3N$ oscillateurs, à condition d'avoir à faire au modèle d'Einstein.

Mais on peut pousser plus loin l'analogie entre les ondes électromagnétiques et les ondes dans un solide. L'onde électromagnétique est décrite par les amplitudes du champ $\boldsymbol{E}$ ou $\boldsymbol{B}$. Celles-ci sont constamment perpendiculaires à la direction de propagation $\boldsymbol{k}$, que nous prendrons pour axe des z. La position du vecteur champ dans le plan xy correspond aux deux degrés de liberté de la polarisation (projections du spin).

De façon analogue le champ sonore est décrit par le déplacement des atomes individuels (figure 13.14). En dehors des deux possibilités de déplacements transverses suivant les directions x ou y perpendiculaires à la direction de propagation $\boldsymbol{k}$, il est possible à présent d'avoir aussi des ondes longitudinales, avec des déplacements suivant la direction de $\boldsymbol{k}$. En général, les vitesses de propagation (vitesse du son) pour des ondes longitudinales et transverses, c_{sl} ou c_{st}, respectivement, sont différentes. Manifestement, les phonons, comme les photons ont un spin égal à 1. Les deux projections du spin $s_z = \pm 1$ correspondent aux modes transverses et $s_z = 0$ correspond au mode longitudinal, qui n'existe pas dans le cas électromagnétique.

Une propriété thermodynamique particulièrement intéressante est la capacité thermique des solides, que nous allons calculer maintenant à partir du modèle d'Einstein :

$$C_V = \left.\frac{\partial U}{\partial T}\right|_{V,N} = 3Nk(\beta\hbar\omega)^2 \frac{\exp(\beta\hbar\omega)}{(\exp(\beta\hbar\omega) - 1)^2} \,. \tag{13.85}$$

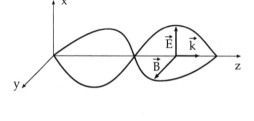

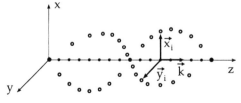

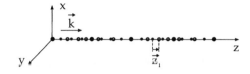

La fonction

$$E(x) = \frac{x^2 \, e^x}{(e^x - 1)^2}$$

s'appelle la *fonction d'Einstein.*

L'équation (13.85) fournit effectivement qualitativement l'allure de la capacité thermique des solides (figure 13.15). Pour des températures élevées on retrouve la loi de Dulong et Petit ; c'est-à-dire, $C_V = 3Nk$ pour la limite classique ($kT \gg \hbar\omega$) ; pour des températures basses la capacité thermique tend vers zéro comme $C_V \propto x^2 e^{-x}$ dans le modèle d'Einstein. Mais des mesures précises ont montré que C_V ne tend pas vers zéro exponentiellement, mais seulement comme T^3.

Manifestement l'hypothèse d'une seule fréquence oscillatoire est trop imprécise pour obtenir des résultats quantitatifs conformes à l'expérience. Améliorons à présent le modèle simple d'Einstein en permettant tout un spectre de fréquences. Dans la limite thermodynamique ($V \to \infty$, $N \to \infty$, $N/V = $ cste) les fréquences des modes normaux sont infiniment voisines et nous allons calculer ce nombre par intervalle de fréquence comme pour les photons. Les phonons se comportent aussi comme des particules libres ultra-relativistes. D'après l'équation (13.61) la densité d'états vaut :

$$g(\varepsilon) = \frac{\partial \Sigma}{\partial \varepsilon} = \frac{4\pi V}{h^3 c^3} \varepsilon^2$$

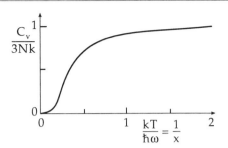

Fig. 13.15. Capacité thermique des solides d'après l'équation (13.85)

ou

$$g(\omega) = \frac{\partial \Sigma}{\partial \omega} = \frac{V}{2\pi^2 c^3}\omega^2 .$$

Le nombre total d'oscillateurs par intervalle de fréquences se déduit des modes transverses et du mode longitudinal comme étant

$$g(\omega) = V\left(\frac{\omega^2}{2\pi^2 c_l^3} + \frac{\omega^2}{\pi^2 c_c^3}\right) . \tag{13.86}$$

Mais le nombre total des modes oscillatoires dans un solide fini est $3N$ et n'est pas infini comme pour le champ électromagnétique. La raison en est que le solide n'est pas un milieu continu, mais possède une structure discrète avec un paramètre de réseau d. Donc aucune onde de longueur d'onde inférieure au pas du réseau ne peut se propager dans le solide. La densité d'états $g(\omega)$ doit donc être tronquée pour une longueur d'onde minimum, ou puisque $\lambda \propto \omega^{-1}$, pour une pulsation maximum ω_c, que l'on nomme *«pulsation de coupure»*. Déterminons ω_c à partir de la condition

$$\int\limits_0^{\omega_c} g(\omega)\,\mathrm{d}\omega = 3N \quad \text{ou} \quad \omega_c^3 = 18\pi^2\frac{N}{V}\left(\frac{1}{c_l^3} + \frac{2}{c_t^3}\right)^{-1} . \tag{13.87}$$

Le modèle des oscillation d'un réseau correspondant aux équations (13.86) et (13.87) est du à Debye. La densité d'énergie dans l'intervalle de pulsations $\mathrm{d}\omega$ se déduit exactement maintenant comme dans l'exemple 13.2

$$\frac{\mathrm{d}u(\omega)}{\mathrm{d}\omega} = \langle\varepsilon\rangle\frac{g(\omega)}{V} = \left(\frac{1}{\exp(\beta\hbar\omega) - 1} + \frac{1}{2}\right)\hbar\omega\, 9\frac{N}{V}\frac{\omega^2}{\omega_c^3} , \qquad \omega \le \omega_c \tag{13.88}$$

où nous avons exprimé la densité d'états en fonction de ω_c,

$$g(\omega) = \begin{cases} 9N\dfrac{\omega^2}{\omega_c^3} , & \omega \le \omega_c , \\ 0 , & \omega > \omega_c . \end{cases}$$

L'énergie interne s'en déduit en intégrant l'équation (13.88) jusqu'à la pulsation de coupure et en multipliant le résultat par V :

$$U(T, V, N) = \frac{9N\hbar}{\omega_c^3} \int\limits_0^{\omega_c} d\omega \left(\frac{1}{\exp(\beta\hbar\omega) - 1} + \frac{1}{2} \right) \omega^3 .$$

On en déduit la capacité thermique

$$C_V = \left. \frac{\partial U}{\partial T} \right|_{V,N} = \frac{9N\hbar^2}{\omega_c^3 kT^2} \int\limits_0^{\omega_c} d\omega \frac{\omega^4 \exp(\beta\hbar\omega)}{(\exp(\beta\hbar\omega) - 1)^2}$$

ou, après la substitution $x = \beta\hbar\omega$,

$$C_V = 9Nk \left(\frac{kT}{\hbar\omega_c} \right)^3 \int\limits_0^{x_0} dx \frac{x^4 e^x}{(e^x - 1)^2} .$$

Par analogie avec la fonction d'Einstein on appelle

$$\mathcal{D}(x_0) = \frac{3}{x_0^3} \int\limits_0^{x_0} dx \frac{x^4 e^x}{(e^x - 1)^2} \quad \text{avec} \quad x_0 = \frac{\hbar\omega_c}{kT} \tag{13.89}$$

la fonction de Debye et l'on a $C_V = 3Nk\mathcal{D}(x_0)$. Dans le modèle d'Einstein, les grandeurs thermodynamiques dépendent de la fréquence des oscillateurs. Dans le modèle de Debye, c'est la pulsation de coupure ω_c qui joue ce rôle. Le paramètre $\Theta = \hbar\omega_c/k$ a la dimension d'une température. On l'appelle *température de Debye*. On peut en principe calculer cette température (ou ω_c respectivement) en mesurant les vitesses du son, mais il s'agit là d'un procédé très approximatif. Il vaut mieux déterminer le paramètre Θ (ou ω_c) directement à partir de la courbe des capacités thermiques.

Avant de comparer la théorie à l'expérience, étudions les cas limites $x_0 \ll 1$ (limite classique) et $x_0 \gg 1$. Pour $x_0 \to 0$, en obtient après une intégration par parties du terme $e^x/(e^x - 1)^2$ dans l'équation (13.89),

$$\mathcal{D}(x_0) = \frac{3}{x_0^3} \left(- \left. \frac{x^4}{e^x - 1} \right|_0^{x_0} + \int\limits_0^{x_0} dx \frac{4x^3}{e^x - 1} \right)$$

$$= -\frac{3x_0}{e^{x_0} - 1} + \frac{12}{x_0^3} \int\limits_0^{x_0} \frac{x^3}{e^x - 1} dx . \tag{13.90}$$

Faisons maintenant un développement limité de $(e^x - 1)^{-1}$ pour x petit, on a

$$\frac{1}{e^x - 1} = \frac{1}{x + x^2/2 + x^3/6 + \cdots} = \frac{1}{x} \frac{1}{1 + x/2 + x^2/6 + \cdots} .$$

On peut développer le dernier terme pour $x \ll 1$ d'après la formule

$$\frac{1}{f(x)} = 1 - a_1 x - (a_2 - a_1^2)x^2 - \cdots \quad \text{pour} \quad f(x) = 1 + a_1 x + a_2 x^2 + \cdots$$

donc

$$\frac{1}{e^x - 1} = \frac{1}{x}\left(1 - \frac{1}{2}x + \frac{1}{12}x^2 + \cdots\right).$$

Si l'on reporte ce résultat dans l'équation (13.90), on en déduit pour $x_0 \ll 1$ que

$$\mathcal{D}(x_0) \approx -3\left(1 - \frac{1}{2}x_0 + \frac{1}{12}x_0^2 + \cdots\right)$$

$$+ \frac{12}{x_0^3}\int_0^{x_0} x^2\left(1 - \frac{1}{2}x + \frac{1}{12}x^2 + \cdots\right)\mathrm{d}x$$

$$\approx -3 + \frac{3}{2}x_0 - \frac{1}{4}x_0^2 + \cdots + 4 - \frac{3}{2}x_0 + \frac{1}{5}x_0^2 + \cdots$$

$$\approx 1 - \frac{x_0^2}{20} + \cdots.$$

La capacité thermique devient donc constante dans la limite classique $x_0 \to 0$, $C_V = 3Nk$, comme on pouvait s'y attendre et décroît pour des températures plus faibles. Pour le cas limite $x_0 \to \infty$ on trouve à partir de l'équation (13.90) :

$$\mathcal{D}(x_0) \approx -3x_0 \exp(-x_0) + \frac{12}{x_0^3}\int_0^\infty \frac{x^3}{e^x - 1}\,\mathrm{d}x$$

$$\approx \frac{12}{x_0^3}6g_4(1) = \frac{4}{5}\frac{\pi^4}{x_0^3} = \frac{4}{5}\pi^4\left(\frac{kT}{\hbar\omega_c}\right)^3$$

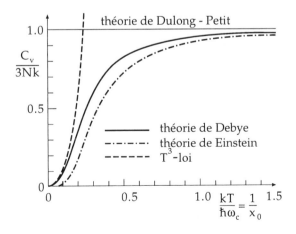

Fig. 13.16. Capacité thermique des solides

Exemple 13.5

puisque le terme proportionnel à $\exp(-x_0)$ décroît exponentiellement et que l'intégrale vaut $\Gamma(4)g_4(1)$ d'après l'équation (13.9). Nous trouvons donc ainsi une capacité thermique qui croit comme T^3 pour les faibles températures.

La figure 13.16 représente la capacité thermique selon le modèle de Debye (courbe en trait plein) en comparaison de la capacité thermique du modèle d'Einstein (courbe en tiret et pointillé), ainsi que la loi en T^3 pour les basses températures.

Dans la table 13.2 on donne quelques températures de Debye pour différents matériaux. Pour pouvoir comparer, on donne non seulement les valeurs obtenues pour une coïncidence optimale entre les capacités thermiques théoriques et les valeurs expérimentales mais également les valeurs déterminées à partir des constantes élastiques du solide (vitesses du son).

Table 13.2 Températures de Debye

Cristal	Pb	Ag	Zn	Cu	Al	C	NaCl	KCl	MgO
$\Theta^{\text{spec.h.}}$ [K]	88	215	308	345	398	1850	308	233	850
Θ^{elast} [K]	73	214	305	332	402	–	320	240	950

La température de Debye extrêmement élevée du diamant est particulièrement intéressante. La pulsation de coupure très élevée qui lui correspond peut s'interpréter par le fait que le diamant est un cristal très peu compressible (rigide), dont les oscillations du réseau nécessitent des énergies d'excitations élevées. La capacité thermique du diamant ne vérifie pas la loi de Dulong et Petit à température ambiante, mais dépend encore de la température et est bien plus faible que celle des métaux.

On peut directement comparer la distribution des pulsations $g(\omega)$ du modèle de Debye avec les résultats expérimentaux qui sont obtenus par diffraction des rayons X (Walker 1956)[2], ces résultats sont représentés sur la figure 13.17. On remarque que le modèle de Debye ne reproduit que très schématiquement l'allure de la courbe expérimentale. Il est étonnant que ce modèle grossier décrit si bien la capacité thermique des solides.

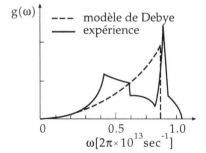

Fig. 13.17. Distribution des pulsations pour les oscillations d'un réseau

---

[2] C. B. Walker : *Phys. Rev.* **103** (1956) 547.

14. Le gaz parfait de Fermi

Un autre modèle très intéressant est celui d'un gaz de particules non relativistes de Fermi sans interaction. On peut considérer qu'en première approximation les nucléons des noyaux atomiques ainsi que les électrons dans les métaux constituent des gaz parfaits de Fermi. Le cas $T \to 0$ a ici une importance toute particulière. Les propriétés thermodynamiques du gaz parfait de Fermi résultent directement du logarithme de la fonction de partition grand-canonique (voir (12.37))

$$q(T, V, z) = \ln \mathcal{Z} = \sum_k \ln[1 + z \exp(-\beta \varepsilon_k)] \tag{14.1}$$

où la somme s'étend sur tous les états propres d'énergie à une particule. Il faut déterminer la fugacité $z = \exp(\mu/kT)$ pour un nombre donné de particules à partir de

$$N(T, V, z) = \sum_k \langle n_k \rangle = \sum_k \frac{1}{z^{-1} \exp(\beta \varepsilon_k) + 1} \; . \tag{14.2}$$

À présent toutes les valeurs de μ sont possibles, donc $0 \leq z \leq \infty$. Puisque le potentiel chimique représente l'énergie moyenne nécessaire pour ajouter une particule au système, μ doit augmenter avec le nombre de particules à volume constant. Le principe de Pauli exige en effet un état d'énergie plus élevé pour chaque nouvelle particule. Réécrivons, comme au début du chapitre 13, sous formes d'intégrales les sommes dans les équations (14.1) et (14.2), puisque dans un grand volume les états propres d'énergie sont aussi proches que l'on veut les uns des autres :

$$q(T, V, z) = \int_0^\infty \mathrm{d}\varepsilon \, g(\varepsilon) \ln[1 + z \exp(-\beta \varepsilon)] \, , \tag{14.3}$$

$$N(T, V, z) = \int_0^\infty \mathrm{d}\varepsilon \, g(\varepsilon) \frac{1}{z^{-1} \exp(\beta \varepsilon) + 1} \; . \tag{14.4}$$

Nous pouvons, en principe, prendre directement dans l'équation (13.6) la densité d'états à une particule $g(\varepsilon)$. Mais puisque les particules possèdent

$2s+1$ différentes orientations de spin qui sont énergétiquement dégénérées en énergie pour des particules sans interaction, l'équation (13.6) doit être multipliée par le facteur de dégénérescence $g = 2s+1$:

$$g(\varepsilon) = g\frac{2\pi V}{h^3}(2m)^{3/2}\varepsilon^{1/2} \, . \tag{14.5}$$

Si l'on reporte ce résultat dans l'équation (14.3) et que l'on intègre le terme $\varepsilon^{1/2}$ par parties, on en déduit que

$$q(T, V, z) = g\frac{2\pi V}{h^3}(2m)^{3/2}\int_0^\infty \mathrm{d}\varepsilon\,\varepsilon^{1/2}\ln[1 + z\exp(-\beta\varepsilon)]$$

$$= g\frac{2\pi V}{h^3}(2m)^{3/2}\frac{2}{3}\beta\int_0^\infty \mathrm{d}\varepsilon\frac{\varepsilon^{3/2}}{z^{-1}\exp(\beta\varepsilon)+1} \, , \tag{14.6}$$

$$N(T, V, z) = g\frac{2\pi V}{h^3}(2m)^{3/2}\int_0^\infty \mathrm{d}\varepsilon\frac{\varepsilon^{1/2}}{z^{-1}\exp(\beta\varepsilon)+1} \, . \tag{14.7}$$

De façon tout à fait analogue au cas du gaz parfait de Bose, on peut exprimer ces intégrales à l'aide de fonctions standards avec la substitution $x = \beta\varepsilon$. Définissons

$$f_n(z) = \frac{1}{\Gamma(n)}\int_0^\infty \frac{x^{n-1}\mathrm{d}x}{z^{-1}\mathrm{e}^x+1} \, , \qquad 0 \le z \le \infty \tag{14.8}$$

avec la fonction gamma définie dans l'exemple 1.2, on obtient alors pour les équations (14.6) et (14.7)

$$q(T, V, z) = \frac{pV}{kT} = \frac{gV}{\lambda^3}f_{5/2}(z) \, , \tag{14.9}$$

$$N(T, V, z) = \frac{gV}{\lambda^3}f_{3/2}(z) \, . \tag{14.10}$$

Commençons de nouveau par étudier les propriétés de la fonction $f_n(z)$. Pour $z < 1$ on peut donner le développement en série :

$$\frac{1}{z^{-1}\mathrm{e}^x+1} = z\mathrm{e}^{-x}\frac{1}{1+z\mathrm{e}^{-x}} = z\mathrm{e}^{-x}\sum_{k=0}^\infty(-z\mathrm{e}^{-x})^k = \sum_{k=1}^\infty(-1)^{k-1}z^k\mathrm{e}^{-kx} \, . \tag{14.11}$$

En le reportant dans l'équation (14.8), on obtient

$$f_n(z) = \frac{1}{\Gamma(n)}\sum_{k=1}^\infty(-1)^{k-1}\frac{z^k}{k^n}\int_0^\infty \mathrm{d}y\,y^{n-1}\mathrm{e}^{-y} = \sum_{k=1}^\infty(-1)^{k-1}\frac{z^k}{k^n} \tag{14.12}$$

où l'on a posé $y = kx$ et utilisé la définition de la fonction Γ dans le calcul de l'intégrale. La seule différence, mais essentielle, avec les fonctions $g_n(z)$ dans le cas de Bose (voir (13.14)) est l'alternance des signes de la série (4.12). Pour les dérivées des $f_n(z)$ par rapport à l'argument on a la formule de récurrence,

$$\frac{\partial}{\partial z} f_n(z) = \frac{1}{z} f_{n-1}(z) \tag{14.13}$$

que l'on trouve facilement avec le développement en série (14.12). L'équation (14.13) n'est pas seulement valable pour $z < 1$, mais aussi en général comme on peut s'en rendre compte facilement :

$$z\frac{\partial}{\partial z} f_n(z) = \frac{1}{\Gamma(n)} \int\limits_0^\infty \frac{x^{n-1} z^{-1} e^x}{(z^{-1} e^x + 1)^2} \, dx$$

$$= \frac{1}{\Gamma(n)} \left(-\frac{x^{n-1}}{z^{-1} e^x + 1} \bigg|_0^\infty + (n-1) \int\limits_0^\infty \frac{x^{n-2}}{z^{-1} e^x + 1} \, dx \right) . \tag{14.14}$$

Le premier terme dans les crochets droits, disparaît pour $n > 1$. L'équation (14.13) découle alors de $\Gamma(n) = (n-1)\Gamma(n-1)$.

Pour de grandes valeurs de z il est utile de poser $z = e^y$, avec $y = \beta\mu$, et de considérer que $y \to \infty$. Le facteur $(e^{x-y} + 1)^{-1}$ est alors prépondérant dans la fonction sous l'intégrale de l'équation (14.8). Pour $x < y$ et $y \to \infty$ il vaut 1 et pour $x > y$ et $y \to \infty$ il vaut 0. Dans ce cas on obtient donc une fonction en escalier, ce que nous avions déjà remarqué en parlant des nombres d'occupation dans la limite $T \to 0$ ($y \to \infty$). Pour de grandes valeurs de y, il est donc judicieux de développer par rapport à de petits écarts par rapport à la fonction en escalier. Pour abréger, posons $F_n(y) = \Gamma(n) f_n(z)$, avec $z = e^y$, on obtient alors

$$F_n(y) = \int\limits_0^\infty \frac{x^{n-1} \, dx}{e^{x-y} + 1} = \int\limits_0^\infty dx \, x^{n-1} \left[\Theta(y-x) + \left(\frac{1}{e^{x-y} + 1} - \Theta(y-x) \right) \right]$$

$$= \frac{y^n}{n} + \int\limits_0^\infty dx \, x^{n-1} \left(\frac{1}{e^{x-y} + 1} - \Theta(y-x) \right) \tag{14.15}$$

où l'intégrale est maintenant une petite quantité. Effectuons l'intégrale comme suit :

$$I = \int\limits_0^\infty dx \, x^{n-1} \left(\frac{1}{e^{x-y} + 1} - \Theta(y-x) \right)$$

$$= \int\limits_0^y dx \, x^{n-1} \left(\frac{1}{e^{x-y} + 1} - 1 \right) + \int\limits_y^\infty x^{n-1} \, dx \, \frac{1}{e^{x-y} + 1}$$

$$= -\int\limits_0^y dx \, \frac{x^{n-1}}{1 + e^{y-x}} + \int\limits_y^\infty dx \, \frac{x^{n-1}}{e^{x-y} + 1} . \tag{14.16}$$

Faisons à présent la substitution $y - x = u$ dans la première intégrale et $x - y = v$ dans la seconde :

$$I = \int_y^0 \mathrm{d}u \frac{(y-u)^{n-1}}{1+\mathrm{e}^u} + \int_0^\infty \mathrm{d}v \frac{(y+v)^{n-1}}{1+\mathrm{e}^v} \; . \tag{14.17}$$

Puisque $y \gg 1$ on peut aussi prendre $y \to \infty$ pour borne supérieure de la première intégrale. On peut ensuite réunir les deux intégrales en une seule en posant $u = v$:

$$I \approx \int_0^\infty \mathrm{d}u \frac{(y+u)^{n-1} - (y-u)^{n-1}}{1+\mathrm{e}^u} \; . \tag{14.18}$$

En développe alors les deux fonctions puissances au dénominateur suivant la loi du binôme (pour des réels quelconques $(n-1)$) en fonction de u/y $(y \gg 1)$. Tous les termes pairs disparaissent :

$$F_n(y) = \frac{y^n}{n} + 2 \sum_{j=0}^\infty {}'\binom{n-1}{2j+1} y^{n-1-(2j+1)} \int_0^\infty \frac{u^{2j+1}}{\mathrm{e}^u+1} \,\mathrm{d}u \; . \tag{14.19}$$

Ces intégrales peuvent être évaluées à l'aide de la fonction ζ de Riemann. On a puisque $\mathrm{e}^{-u} < 1$ sur tout le domaine d'intégration et que

$$\frac{1}{\mathrm{e}^u+1} = \frac{\mathrm{e}^{-u}}{1+\mathrm{e}^{-u}} = \mathrm{e}^{-u} \sum_{k=0}^\infty (-1)^k \exp(-ku) \; , \tag{14.20}$$

$$\int_0^\infty \frac{u^{2j+1}}{\mathrm{e}^u+1} \,\mathrm{d}u = \int_0^\infty \mathrm{d}u \, u^{2j+1} \mathrm{e}^{-u} \sum_{k=0}^\infty (-1)^k \exp(-ku)$$

$$= \int_0^\infty \mathrm{d}u \, u^{2j+1} \sum_{k=1}^\infty (-1)^{k-1} \exp(-ku)$$

$$= \sum_{k=1}^\infty \frac{(-1)^{k-1}}{k^{2j+2}} \int_0^\infty \mathrm{d}w \, w^{2j+1} \mathrm{e}^{-w}$$

$$= \Gamma(2j+2) \sum_{k=1}^\infty \frac{(-1)^{k-1}}{k^{2j+2}} \; . \tag{14.21}$$

Dans la dernière étape nous avons fait la substitution $w = ku$ et calculé l'intégrale à l'aide des fonctions Γ. La somme dans l'équation (14.21) serait exactement la fonction ζ si les termes pairs n'avaient pas le mauvais signe. Ajoutons simplement les termes pairs et soustrayons les à nouveau deux fois :

$$
\sum_{k=1}^{\infty} \frac{(-1)^{k-1}}{k^l} = \sum_{k=1}^{\infty} \frac{1}{k^l} - 2 \sum_{k=1}^{\infty} \frac{1}{(2k)^l}
$$
$$
= \sum_{k=1}^{\infty} \frac{1}{k^l} \left(1 - \frac{2}{2^l} \right)
$$
$$
= \zeta(l) \left(1 - \frac{1}{2^{l-1}} \right) . \tag{14.22}
$$

On a donc le développement en série

$$
F_n(y) = \frac{y^n}{n} + 2 \sum_{j=0}^{\infty} \binom{n-1}{2j+1} y^{n-(2j+2)} \Gamma(2j+2)\zeta(2j+2) \left(1 - \frac{1}{2^{2j+1}} \right) \tag{14.23}
$$

et finalement

$$
f_n(y) = \frac{y^n}{\Gamma(n+1)} \left[1 + \sum_{j=1}^{\infty} 2 \binom{n}{2j-1} n\, y^{-2j} \Gamma(2j)\zeta(2j) \left(1 - \frac{1}{2^{2j-1}} \right) \right] . \tag{14.24}
$$

On remarque que y^n est le terme dominant et que la somme entre crochets ne représente qu'une faible correction pour $y \gg 1$. Cette formule fut donnée pour la première fois par Sommerfeld en 1928. Remarquons que la fonction ζ avec des arguments pairs est analytiquement connue.

Ajoutons encore une remarque. Dans la seconde étape de la formule (14.16) nous avons fait l'approximation $y \to \infty$ pour la limite d'intégration. L'équation (14.24) n'est donc pas un développement au sens mathématique strict de $f_n(z)$. Mais les termes négligés décroissent de façon exponentielle : une analyse détaillée[1] montre qu'il ne manque qu'un terme $\cos[(n-1)\pi] f_n(-y)$ dans l'équation (14.24). Puisque $f_n(-y) = f_n(1/z)$, ce terme décroît exponentiellement pour $y \gg 1$. Pour $n = 1/2, 3/2, 5/2, \dots$ le développement est toujours valable, car alors le second terme proportionnel à $\cos[(n-1)\pi]$ disparaît.

Nous avons à présent une bonne idée de l'allure de $f_n(z)$. En raison de l'équation (14.13) on a

$$
f_n(z) \approx z , \qquad z \ll 1 \tag{14.25}
$$

et à cause de l'équation (14.24) on a,

$$
f_n(z) \approx \frac{(\ln z)^n}{n!} , \qquad z \gg 1 . \tag{14.26}
$$

---

[1] P. Rhodes : Proc. Roy. Soc. London A **204** (1950) 396 ; R. B. Dingle : J. App. Res. B **6** (1956) 225.

Fig. 14.1. Les fonctions $f_n(z)$

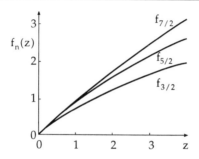

Pour $z = 1$, on peut donner des valeurs ; avec les équations (14.12) et (14.22) on obtient

$$f_n(1) = \left(1 - \frac{1}{2^{n-1}}\right) \zeta(n) \tag{14.27}$$

par exemple, $f_{3/2}(1) = 0{,}765$, $f_{5/2}(1) = 0{,}866$ et $f_{7/2}(1) = 0{,}9277$. Puisque $f_n(z) > 0$ et $\partial f_n(z)/\partial z = f_{n-1}(z)/z > 0$, les $f_n(z)$ sont des fonctions strictement monotones et inversibles de façon univoque.

Revenons maintenant aux propriétés thermodynamiques du gaz de Fermi. Calculons tout d'abord l'énergie interne du système selon

$$U = -\frac{\partial}{\partial \beta} \ln \mathcal{Z} \bigg|_{z,V} = kT^2 \frac{\partial}{\partial T} \ln \mathcal{Z} \bigg|_{z,V} = \frac{3}{2} kT \frac{gV}{\lambda^3} f_{5/2}(z) \ . \tag{14.28}$$

Avec l'équation (14.10) le terme gV/λ^3 peut s'éliminer et on obtient

$$U = \frac{3}{2} NkT \frac{f_{5/2}(z)}{f_{3/2}(z)} \tag{14.29}$$

qui est entièrement analogue à l'équation (13.48) pour le gaz de Bose. On en déduit en particulier la limite classique pour $N\lambda^3/(gV) \ll 1$ (faibles densités, températures élevées). À partir de l'équation (14.10) on a alors immédiatement $z \ll 1$ et en raison de l'équation (14.25), $U = 3NkT/2$. Une comparaison entre les équations (14.28) et (14.9) fournit

$$p = \frac{2}{3} \frac{U}{V} \ . \tag{14.30}$$

Exactement comme pour le gaz parfait classique de Maxwell–Boltzmann et pour le gaz parfait de Bose, la pression vaut également les 2/3 de la densité d'énergie. Cette formule est donc générale pour des gaz parfaits non relativistes.

On peut obtenir les capacités thermiques en dérivant l'énergie interne par rapport à la température. Pour cela, cependant, nous avons besoin (règle des dérivations composées) de la dérivée de z par rapport à T. Nous procédons exactement comme dans l'équation (13.52). Avec l'équation (14.10) nous trouvons

$$\frac{\partial}{\partial T} f_{3/2}(z) = \frac{\partial}{\partial T} \left(\frac{N\lambda^3}{Vg} \right) ,$$

$$\frac{\partial z}{\partial T} \frac{1}{z} f_{1/2}(z) = -\frac{3}{2T} \left(\frac{N\lambda^3}{Vg} \right) = -\frac{3}{2T} f_{3/2}(z) \tag{14.31}$$

ou

$$\left. \frac{\partial z}{\partial T} \right|_{V,N} = -\frac{3}{2} \frac{z}{T} \frac{f_{3/2}(z)}{f_{1/2}(z)} . \tag{14.32}$$

En utilisant l'équation (14.13) la capacité thermique devient

$$C_V = \frac{\partial U}{\partial T} = \frac{3}{2} Nk \frac{f_{5/2}(z)}{f_{3/2}(z)} + \frac{3}{2} NkT \left(1 - \frac{f_{5/2}(z) f_{1/2}(z)}{(f_{3/2}(z))^2} \right) \left(-\frac{3}{2T} \frac{f_{3/2}(z)}{f_{1/2}(z)} \right) ,$$

$$\frac{C_V}{Nk} = \frac{15}{4} \frac{f_{5/2}(z)}{f_{3/2}(z)} - \frac{9}{4} \frac{f_{3/2}(z)}{f_{1/2}(z)} \tag{14.33}$$

ce qui est encore tout à fait semblable au gaz de Bose (13.53). Pour $z \to 0$, l'équation (14.33) donne la valeur classique $C_V = 3Nk/2$. L'énergie libre $F = U - TS = N\mu - pV$ se calcule facilement en se servant de $\mu = kT \ln z$ et de p à partir des équations (14.9) et (14.10) :

$$F = N\mu - pV = NkT \left(\ln z - \frac{f_{5/2}(z)}{f_{3/2}(z)} \right) . \tag{14.34}$$

Pour l'entropie on obtient

$$S = \frac{1}{T} (U - F) = Nk \left(\frac{5}{2} \frac{f_{5/2}(z)}{f_{3/2}(z)} - \ln z \right) . \tag{14.35}$$

Une comparaison avec les résultats de l'exemple 9.1 montre que ces résultats redonnent le cas classique pour $z \ll 1$. Comme pour le gaz de Bose, la limite classique est atteinte si

$$f_{3/2}(z) = \frac{N}{gV} \left(\frac{h^2}{2\pi mkT} \right)^{3/2} \ll 1 \Rightarrow f_{3/2}(z) \approx z , \qquad z \ll 1 . \tag{14.36}$$

Si l'expression $N\lambda^3/(gV)$ est petite, mais pas très petite, on peut éliminer successivement la fugacité des développements en série de $f_n(z)$ dans les équations (14.9) et (14.10) et l'on obtient de façon analogue à l'équation (13.42), un *développement en coefficients du viriel de l'équation d'état du gaz de Fermi* :

$$\frac{pV}{NkT} = \sum_{l=1}^{\infty} (-1)^{l-1} a_l x^{l-1} \quad \text{avec} \quad x = \frac{\lambda^3}{gv} = \frac{N\lambda^3}{gV} . \tag{14.37}$$

Les coefficients ici sont les mêmes que dans l'équation (13.43), seuls les signes sont changés.

14.1 Le gaz de Fermi dégénéré

Etudions maintenant l'autre cas limite, lorsque les températures sont basses et les densités élevées. Le cas extrême $T = 0$ est à présent d'un intérêt particulier, car dans beaucoup de systèmes quantiques (par exemple atomiques) les énergies d'excitations typiques sont supérieures à quelques dixièmes d'eV. L'énergie thermique moyenne à température ambiante n'est cependant que de $1/40$ eV environ ; c'est-à-dire, bien moins que ce qui est requis pour l'excitation, si bien que pour de tels systèmes (par exemple, un gaz d'électrons dans un métal) la température ambiante correspond sensiblement à $T = 0$.

Dans ce cas, le nombre d'occupation moyen $\langle n_k \rangle^{\mathrm{FD}}$ est décrit avec une bonne approximation par une fonction en escalier $\Theta(\mu - \varepsilon)$. On peut alors faire l'approximation de l'équation (14.26) pour les fonctions $f_n(z)$. Pour les équations (14.9) et (14.10) on a donc

$$\frac{p}{kT} \approx \frac{g}{\lambda^3} \left(\frac{\mu}{kT} \right)^{5/2} \frac{1}{\Gamma(7/2)} \quad \text{ou} \quad p \approx g \left(\frac{2\pi m}{h^2} \right)^{3/2} \mu^{5/2} \frac{8}{15\sqrt{\pi}} \ , \quad (14.38)$$

$$\frac{N}{V} \approx \frac{g}{\lambda^3} \left(\frac{\mu}{kT} \right)^{3/2} \frac{1}{\Gamma(5/2)} \quad \text{ou} \quad \frac{N}{V} \approx g \left(\frac{2\pi m}{h^2} \right)^{3/2} \mu^{3/2} \frac{4}{3\sqrt{\pi}} \ . \quad (14.39)$$

Le cas limite s'obtient directement. Lorsque $T = 0$, le nombre d'occupation moyen $\langle n_\varepsilon \rangle^{\mathrm{FD}}$ est donné par

$$\langle n_\varepsilon \rangle^{\mathrm{FD}}_{T=0} = \Theta(\mu - \varepsilon) = \begin{cases} 1 \ , & \text{si } \varepsilon \leq \mu \ , \\ 0 \ , & \text{si } \varepsilon > \mu \ . \end{cases} \quad (14.40)$$

Pour $T = 0$ le potentiel chimique μ doit s'identifier à l'énergie de Fermi ε_{F} du système (l'énergie de l'état occupé le plus élevé). Le nombre de particules et l'énergie interne se calculent directement en utilisant l'équation (14.10) :

$$N = \int_0^\infty \mathrm{d}\varepsilon \, g(\varepsilon) \Theta(\mu - \varepsilon) = g \frac{2\pi V}{h^3} (2m)^{3/2} \int_0^\mu \varepsilon^{1/2} \, \mathrm{d}\varepsilon$$

$$= g V \left(\frac{2\pi m}{h^2} \right)^{3/2} \frac{4}{3\sqrt{\pi}} \mu^{3/2} \ , \quad (14.41)$$

$$U = \int_0^\infty \mathrm{d}\varepsilon \, g(\varepsilon) \Theta(\mu - \varepsilon) \varepsilon = g \frac{2\pi V}{h^3} (2m)^{3/2} \int_0^\mu \varepsilon^{3/2} \, \mathrm{d}\varepsilon$$

$$= g V \left(\frac{2\pi m}{h^2} \right)^{3/2} \frac{4}{5\sqrt{\pi}} \mu^{5/2} \quad (14.42)$$

ce qui concorde parfaitement avec les équations (14.38) et (14.39) en raison de l'équation (14.30). En divisant l'équation (14.42) par l'équation (14.41), on obtient

$$\frac{U}{N} = \frac{3}{5} \mu \ , \quad \text{avec} \quad \mu = \varepsilon_{\mathrm{F}} \quad \text{pour} \quad T = 0 \ . \quad (14.43)$$

L'énergie moyenne par particule est égale au 3/5 de l'énergie de Fermi. À partir de l'équation (14.41) on calcule

$$\varepsilon_{\mathrm{F}} = \mu = \frac{\hbar^2}{2m} \left(\frac{6\pi^2}{g} \frac{N}{V} \right)^{2/3}$$

et

$$\frac{U}{V} = \frac{3}{2} p = \frac{3}{5} \left(\frac{6\pi^2}{g} \right)^{2/3} \frac{\hbar^2}{2m} \left(\frac{N}{V} \right)^{5/3} , \qquad (14.44)$$

c'est-à-dire, la densité d'énergie est proportionnelle à la puissance cinq tiers de la densité de particules. Dans ce qui suit calculons les corrections à apporter à cette limite pour des températures faibles mais non nulles. Pour cela, nous prendrons les termes suivants dans les développements de $f_n(z)$ pour $z \gg 1$:

$$f_{5/2}(z) \approx \frac{8}{15\sqrt{\pi}} (\ln z)^{5/2} \left(1 + \frac{5\pi^2}{8} (\ln z)^{-2} + \cdots \right) ,$$

$$f_{3/2}(z) \approx \frac{4}{3\sqrt{\pi}} (\ln z)^{3/2} \left(1 + \frac{\pi^2}{8} (\ln z)^{-2} + \cdots \right) ,$$

$$f_{1/2}(z) \approx \frac{2}{\sqrt{\pi}} (\ln z)^{1/2} \left(1 - \frac{\pi^2}{24} (\ln z)^{-2} + \cdots \right) . \qquad (14.45)$$

En premier il nous faut d'abord déterminer z à partir de l'équation (14.10) :

$$\frac{N}{V} = \frac{4\pi g}{3} \left(\frac{2m}{h^2} \right)^{3/2} (kT \ln z)^{3/2} \left(1 + \frac{\pi^2}{8} (\ln z)^{-2} + \cdots \right) . \qquad (14.46)$$

Il faut maintenant tirer (approximativement) z de cette expression. Nous utiliserons avantageusement le fait ici que le second terme dans la dernière parenthèse est déjà petit. On peut donc reporter ce terme dans l'approximation d'ordre zéro de z, qui était

$$kT \ln z = \mu = \left(\frac{3N}{4\pi g V} \right)^{2/3} \frac{h^2}{2m} = \varepsilon_{\mathrm{F}} \qquad (14.47)$$

et on obtient une meilleure approximation :

$$kT \ln z = \mu \approx \varepsilon_{\mathrm{F}} \left[1 - \frac{\pi^2}{12} \left(\frac{kT}{\varepsilon_f} \right)^2 \right] . \qquad (14.48)$$

Lorsque la température augmente le potentiel chimique diminue. Le paramètre du développement étant ici le rapport de l'énergie d'excitation thermique à l'énergie de Fermi du système. On trouve à présent pour l'énergie interne

$$\frac{U}{N} = \frac{3}{2} kT \frac{f_{5/2}(z)}{f_{3/2}(z)} \approx \frac{3}{2} kT \frac{2}{5} \ln z \frac{\left(1 + 5\pi^2/8 \, (\ln z)^{-2} + \cdots \right)}{\left(1 + \pi^2/8 \, (\ln z)^{-2} + \cdots \right)} . \qquad (14.49)$$

Si l'on développe le dénominateur sous la forme $(1+\alpha)^{-1} \approx 1-\alpha$, on en déduit que

$$\frac{U}{N} \approx \frac{3}{5}kT \ln z \left(1 + \frac{\pi^2}{2}(\ln z)^{-2} + \cdots\right) . \tag{14.50}$$

Enfin on peut reporter l'équation (14.48) pour $\ln z$:

$$\frac{U}{N} \approx \frac{3}{5}\varepsilon_F \left[1 + \frac{5\pi^2}{12}\left(\frac{kT}{\varepsilon_F}\right)^2 + \cdots\right] . \tag{14.51}$$

L'énergie interne d'un système de Fermi ne tend pas vers zéro pour des températures basses, comme le fait un gaz parfait classique ou le gaz parfait de Bose ; elle converge au contraire vers une valeur finie, qui est donnée par l'énergie totale des états occupés à $T = 0$, (qui est finie, en raison du principe de Pauli). À l'aide de l'équation (14.51) on peut immédiatement calculer la capacité thermique :

$$\frac{C_V}{Nk} = \frac{1}{Nk} \left.\frac{\partial U}{\partial T}\right|_{V,N} = \frac{\pi^2}{2}\frac{kT}{\varepsilon_F} + \cdots . \tag{14.52}$$

La capacité thermique du gaz de Fermi est représentée sur la figure 14.2. L'équation (14.52) signifie en particulier que pour $kT \ll \varepsilon_F$ la capacité thermique croit linéairement et qu'elle s'annule pour $T = 0$. On peut donc comprendre à présent pourquoi les électrons dans les métaux ou les solides ne contribuent pas à la capacité thermique à température ambiante, ce qui constituait un problème important en mécanique statistique classique.

D'après la théorie classique, tous les degrés de liberté d'un système doivent contribuer en moyenne, pour $kT/2$ à l'énergie interne et $k/2$ à la capacité thermique.

Nous avons pu le démontrer pour les rotations et vibrations des molécules polyatomiques (du moins pour des températures élevées). Mais les électrons et même les constituants des noyaux ne contribuent pas à la capacité thermique car leurs énergies de Fermi sont très élevées. On ne rencontre donc pas d'excitations électroniques pour des températures inférieures à quelques centaines voir milliers de K, alors que les excitations nucléaires nécessitent des températures encore plus élevées.

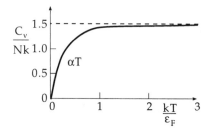

Fig. 14.2. Capacité thermique du gaz de Fermi

Cette affirmation générale nécessite cependant certaines précautions. À très basses températures la capacité thermique est très faible ($C_V \to 0$), mais la contribution des électrons croit linéairement avec la température, alors que l'autre contribution dominante des phonons tend vers zéro comme T^3. À très basses températures la contribution dominante à la capacité thermique provient néanmoins des électrons et non des phonons. Pour des températures basses la capacité thermique sera donc la superposition d'une dépendance en T et d'une dépendance en T^3,

$$C_V \approx \alpha T + \gamma T^3 . \qquad (14.53)$$

Cette prédiction peut être comparée à l'expérience. Pour cela on reporte les valeurs mesurées de C_V/T en fonction de T^2 et on doit obtenir une droite pour $T \to 0$. Comme on peut le voir sur la figure 14.3, la prédiction est en accord parfait avec l'expérience. La contribution des électrons se voit directement en extrapolant la droite jusqu'à $T = 0$.

Pour les métaux, α est de l'ordre de $0,8 \, \mathrm{mJ \, mol^{-1} \, K^{-2}}$. Pour des sels comme KCl, α est cependant bien plus faible, puisque les électrons dans les sels ne peuvent pas être représentés par un gaz d'électrons libres. Beaucoup d'autres propriétés des métaux ne furent seulement comprises qu'après avoir réalisé que les électrons dans un métal se comportent approximativement comme un gaz libre de Fermi à la température $T = 0$ (on appelle aussi cela un gaz de *Fermi dégénéré*). De telles propriétés incluent la bonne conductibilité thermique et électrique ainsi que la dépendance vis à vis de la température de ces grandeurs.

Le gaz de Fermi dégénéré joue également un rôle important en physique nucléaire et en astronomie ; nous nous familiariserons plus tard avec des exemples correspondants.

Enfin, pour être complet donnons les développements de l'énergie libre $F = \mu N - pV$ et de l'entropie $S = (U - F)/T$ dans le cas où $kT \ll \varepsilon_{\mathrm{F}}$:

$$\frac{F}{N} = \frac{3}{5}\varepsilon_{\mathrm{F}} \left(1 - \frac{5\pi^2}{12} \left(\frac{kT}{\varepsilon_{\mathrm{F}}} \right)^2 + \cdots \right) , \qquad (14.54)$$

$$\frac{S}{Nk} = \frac{\pi^2}{2} \frac{kT}{\varepsilon_{\mathrm{F}}} . \qquad (14.55)$$

En particulier $S \to 0$ lorsque $T \to 0$. Le gaz de Fermi dégénéré à $T = 0$, tout comme le condensat de Bose, représente l'état ayant le degré d'ordre le plus élevé d'un système.

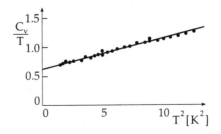

Fig. 14.3. Capacité thermique du cuivre

EXEMPLE ▮▮▮▮▮▮▮▮

14.1 Effet Richardson, émission thermoïonique

Fig. 14.4. Représentation du potentiel

Le modèle de gaz parfait de Fermi pour les électrons dans la bande de conduction des métaux nous permet de calculer certaines grandeurs mesurables intéressantes, par exemple, la dépendance de la densité de courant d'émission d'une cathode chaude vis-à-vis de la température et du travail d'extraction. Ce dernier est défini comme la quantité d'énergie nécessaire pour extraire un électron du métal. On peut imaginer le métal comme une barrière de potentiel de profondeur W, à l'intérieur de laquelle les électrons peuvent se déplacer librement (voir figure 14.4). La différence entre le sommet de la barrière et l'énergie de Fermi à $T = 0$ constitue le travail d'extraction ϕ. Si l'on chauffe le gaz, celui-ci occupera des états plus élevés d'après la distribution de Fermi-Dirac du nombre d'occupation moyen.

Nous admettrons en particulier que tous les électrons qui frappent un élément de surface dA_z avec une quantité de mouvement p_z et qui vérifient la condition $\varepsilon_z = p_z^2/2m \geq W$ peuvent quitter le métal indépendamment des composantes de leurs quantités de mouvement parallèles à l'élément de surface. De manière analogue à l'exercice 7.6, le nombre d'électrons émis par unité de surface et de temps, R, est donné par

$$R = \frac{\mathrm{d}^2 N}{\mathrm{d}A\,\mathrm{d}t} = \frac{2}{h^3} \int_{-\infty}^{+\infty} \mathrm{d}p_x \int_{-\infty}^{+\infty} \mathrm{d}p_y \int_{\sqrt{2mW}}^{\infty} \mathrm{d}p_z \frac{p_z}{m} \langle n_p \rangle^{\mathrm{FD}} \qquad (14.56)$$

où nous avons utilisé le nombre d'occupation moyen des états de quantités de mouvement $\langle n_p \rangle$ au lieu de la distribution des vitesses. Celui-ci est normalisé à N et non à 1, comme $f(\boldsymbol{v})$.

Par ailleurs, le nombre d'états quantiques de quantités de mouvement comprises dans l'intervalle de quantités de mouvement $\mathrm{d}^3\boldsymbol{p}$ est, pour de grands volumes, donné par

$$\frac{2}{h^3} \mathrm{d}^3\boldsymbol{p} \int \mathrm{d}^3x = \frac{2V}{h^3} \mathrm{d}^3\boldsymbol{p}$$

où le facteur 2 tient compte de la dégénérescence des états de quantités de mouvement vis à vis du spin des électrons. Si l'on rassemble tout, l'équation (14.56) découle de l'équation (7.68). La distribution de Fermi–Dirac s'écrit

$$\langle n_p \rangle^{\mathrm{FD}} = \frac{1}{\exp[\beta(p^2/2m - \mu)] + 1} \,.$$

Les intégrales sur p_x et p_y dans l'équation (14.56) peuvent se faire en introduisent les coordonnées polaires planes $p_x = p\cos\phi$, $p_y = p\sin\phi$ et $\mathrm{d}p_x\,\mathrm{d}p_y = p\,\mathrm{d}p\,\mathrm{d}\phi$ (remarquons que $p \neq |\boldsymbol{p}| = \sqrt{p_x^2 + p_y^2 + p_z^2}$, mais que $p = \sqrt{p_x^2 + p_y^2}$).

L'intégrale angulaire donne simplement le facteur 2π, et on obtient

$$R = \frac{4\pi}{mh^3} \int\limits_{\sqrt{2mW}}^{\infty} \mathrm{d}p_z \int\limits_{0}^{\infty} p\,\mathrm{d}p \frac{p_z}{\exp(p^2/(2mkT) + p_z^2/(2mkT) - \mu/(kT)) + 1}$$

$$= \frac{4\pi kT}{h^3} \int\limits_{\sqrt{2mW}}^{\infty} \mathrm{d}p_z\, p_z \ln\left[1 + \exp\left(-\frac{p_z^2}{2mkT} + \frac{\mu}{kT}\right)\right] \qquad (14.57)$$

où nous nous sommes aussi servi de

$$\frac{\mathrm{d}}{\mathrm{d}x} \ln(1 + \mathrm{e}^x) = \frac{\mathrm{e}^x}{1 + \mathrm{e}^x} = \frac{1}{\mathrm{e}^{-x} + 1}$$

avec $x = -(p^2/2m + p_z^2/2m - \mu/kT)$. Si l'on reporte $\varepsilon = p_z^2/2m$ dans l'équation (14.57), il s'en suit que

$$R = \frac{4\pi mkT}{h^3} \int\limits_{W}^{\infty} \mathrm{d}\varepsilon \ln\left[1 + \exp\left(\frac{\mu - \varepsilon}{kT}\right)\right]. \qquad (14.58)$$

Montrons maintenant que le terme $\exp[(\mu - \varepsilon)/kT]$ est très petit pour le gaz d'électrons dans les métaux pour des températures allant jusqu'à 2000 K. La différence $\mu - \varepsilon$ vaut au plus $\varepsilon_K - W = -\phi$. En général, $(-\phi)$ est négatif et de l'ordre de grandeur de l'eV, ce qui est plausible, puisque $k \approx 1\,\mathrm{eV}/12\,000\,\mathrm{K}$ jusqu'à des températures de $12\,000\,\mathrm{K}$. On peut alors dans tous les cas faire un développement du logarithme dans l'équation (14.58) $(\ln(1 + x) \approx x)$ et l'on trouve

$$R = \frac{4\pi mkT}{h^3} \int\limits_{W}^{\infty} \mathrm{d}\varepsilon \exp\left(\frac{\mu - \varepsilon}{kT}\right) = \frac{4\pi m(kT)^2}{h^3} \exp\left(\frac{\mu - W}{kT}\right). \qquad (14.59)$$

De la même façon, on démontre aisément que ce résultat pour R est en accord avec la limite classique, si l'on reporte la distribution de Maxwell–Boltzmann au lieu de la distribution de Fermi–Dirac dans l'équation (14.56). La raison en est que l'approximation (14.58) $\rightarrow$ (14.59) correspond à la limite de Boltzmann. Il y a néanmoins une différence pour les densités de courant. Dans la limite classique de Boltzmann la dépendance du potentiel chimique vis-à-vis de la température était

$$z = \exp\left(\frac{\mu}{kT}\right) = \frac{n\lambda^3}{g} = \frac{N}{gV} \frac{h^3}{(2\pi mkT)^{3/2}}, \qquad (kT \gg \varepsilon_F)$$

où nous avons supposé $kT \gg \varepsilon_F$, alors que dans le cas quantique correct $\mu \approx \varepsilon_F$ est pratiquement indépendant de la température à cause de la dégénérescence du gaz d'électrons de Fermi $(kT \ll \varepsilon_F)$,

$$z = \exp\left(\frac{\mu}{kT}\right) = \exp\left(\frac{\varepsilon_F}{kT}\right), \qquad (kT \ll \varepsilon_F).$$

Exemple 14.1

La densité de courant classique (pour des électrons avec $g = 2$) s'écrit donc

$$J_{\text{class}} = eR = \frac{N}{V}e\left(\frac{kT}{2\pi m}\right)^{1/2}\exp\left(-\frac{W}{kT}\right) \tag{14.60}$$

et le travail d'extraction ϕ correspond au sommet du puits de potentiel dans le cas classique. D'autre part, avec la valeur correcte du potentiel chimique, $\mu = \varepsilon_{\text{F}}$, il s'en suit que

$$J_{\text{qm}} = eR = \frac{4\pi me}{h^3}(kT)^2\exp\left(-\frac{\phi}{kT}\right) \ , \tag{14.61}$$

c'est-à-dire, la valeur correcte pour la fonction travail, $\phi = W - \varepsilon_{\text{F}}$. La dépendance par rapport à la température est en particulier différente dans les deux cas. Si l'on trace $\ln(J/T^2)$ en fonction de $1/T$, d'après l'équation (14.61), on devrait obtenir une droite, ce que confirme l'expérience, en contradiction avec l'équation (14.60) (voir figure 14.5). Il est très intéressant qu'on ne puisse pas traiter «l'effusion» des électrons d'un métal dans l'approximation de Boltzmann (même si les expressions de R concordent formellement dans les deux cas, mais pas le potentiel chimique), mais qu'à l'équilibre (sans potentiel extérieur, qui fasse sortir les électrons) un nuage électronique se forme autour du métal que l'on peut traiter de façon classique, puisque la densité électronique à l'intérieur de celui-ci sera en général très faible.

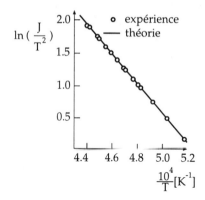

Fig. 14.5. Comparaison entre l'expérience et la théorie pour l'effet Richardson

La proportion des électrons retournant dans le métal sera alors (comme dans l'exercice 7.6) :

$$R' = \frac{1}{4}\frac{N}{V}\langle v\rangle = \frac{1}{4}\frac{p}{kT}\left(\frac{8kT}{\pi m}\right)^{1/2} = \frac{p}{(2\pi mkT)^{1/2}} \tag{14.62}$$

où le nuage des charges peut maintenant être traité comme un gaz parfait classique.

D'autre part, la pression p d'un gaz parfait classique d'électrons vaut d'après l'exemple 9.1,

$$p = 2kT\left(\frac{2\pi mkT}{h^2}\right)^{3/2}\exp\left(\frac{\mu'}{kT}\right) \tag{14.63}$$

où le terme 2 additionnel provient de la dégénérescence des électrons (voir aussi l'équation (14.9) pour $z \ll 1$). Le potentiel chimique μ' du nuage de charges est cependant déplacé de W par rapport à celui des électrons dans le métal, puisque l'origine de l'échelle des énergies est translatée de cette quantité. Avec $\mu' = \mu - W$ on en déduit des équations (14.62) et (14.63) que

$$R' = \frac{4\pi m}{h^3}(kT)^2 \exp\left(\frac{\mu - W}{kT}\right) . \tag{14.64}$$

Les nombres d'électrons par unité de surface et de temps quittant (14.59) et retournant (14.64) sur le métal concordent donc, ainsi qu'il se doit à l'équilibre thermodynamique. Cependant, alors que les électrons à l'intérieur du métal sont fortement dégénérés et doivent obéir à la statistique de Fermi–Dirac, le nuage de charges autour du métal peut être traité dans la limite de Boltzmann.

EXERCICE

14.2 Effet Hallwachs, émission photoélectrique

Problème. Calculons la densité de courant d'électrons qui quittent un métal à la température T, qui est éclairé par un rayonnement de courte longueur d'onde. Utilisons le même modèle pour le métal que dans l'exemple précédent et admettons que lors de la diffusion d'un photon d'énergie $\hbar\omega$ par un électron, ce dernier acquiert cette énergie sous forme d'énergie cinétique supplémentaire.

Solution. Un électron du métal, par diffusion avec un photon incident, peut absorber toute l'énergie du photon, puisqu'il y a suffisamment d'autres particules présentes, par exemple, des atomes, pour absorber l'énergie de recul (conservation de la quantité de mouvement). Un tel électron pourra quitter le métal suivant la direction z à condition que

$$\frac{p_z^2}{2m} + \hbar\omega > W \quad \text{ou} \quad \frac{p_z^2}{2m} > W - \hbar\omega$$

soit vérifié. Nous pouvons donc poursuivre, comme pour l'effet Richardson, en utilisant un potentiel dont la profondeur est réduite de $\hbar\omega$. L'équation (14.58) devient alors

$$R = \frac{4\pi mkT}{h^3} \int\limits_{W-\hbar\omega}^{\infty} d\varepsilon \ln\left[1 + \exp\left(\frac{\mu - \varepsilon}{kT}\right)\right] \tag{14.65}$$

mais R ne représente plus maintenant que la proportion des électrons participant à la diffusion qui peuvent quitter le métal. Les diffusions par unité de temps croissent proportionnellement à l'intensité du rayonnement incident.

Il ne faut plus supposer à présent que $\exp[\beta(\mu - \varepsilon)] \ll 1$, puisque $W - \hbar\omega$ peut maintenant être de l'ordre de $\mu = \varepsilon_F$. Pour évaluer l'intégrale, nous faisons la substitution $x = \beta(\varepsilon - W - \hbar\omega)$ et obtenons

$$R = \frac{4\pi m}{h^3}(kT)^2 \int\limits_0^\infty dx \ln\left[1 + \exp\left(\beta\hbar(\omega - \omega_0) - x\right)\right].$$

L'expression $\hbar\omega_0 = W - \mu \approx W - \varepsilon_F = \phi$ fournit la fréquence du rayonnement correspondant au travail d'extraction ϕ. La densité de courant devient, en notant $\delta = \beta\hbar(\omega - \omega_0)$,

$$J = eR = \frac{4\pi m e}{h^3}(kT)^2 \int\limits_0^\infty dx \ln[1 + \exp(\delta - x)].$$

On intègre par parties et on obtient

$$J = eR = \frac{4\pi m e}{h^3}(kT)^2 \int\limits_0^\infty dx \frac{x}{\exp(x - \delta) + 1}.$$

Cette intégrale est simplement la fonction standard $f_2(e^\delta)$,

$$J - eR = \frac{4\pi m e}{h^3}(kT)^2 f_2(e^\delta). \tag{14.66}$$

Comme nous l'avons déjà signalé, la densité de courant totale est proportionnelle à l'intensité du rayonnement, le coefficient de réflexion de la surface du métal et la section efficace du processus de diffusion entrant dans cette constante de proportionnalité.

Etudions tout d'abord l'équation (14.66) dans la limite $\hbar(\omega - \omega_0) \gg kT$ (ultraviolet, rayons X). Dans ce cas $e^\delta \gg 1$ et on peut remplacer la fonction $f_2(e^\delta)$ pour des arguments élevés par $f_2(e^\delta) \approx \delta/2$. On obtient donc

$$J \approx \frac{m e}{2\pi h}(\omega - \omega_0)^2 \quad \text{pour} \quad \hbar(\omega - \omega_0) \gg kT.$$

Ce résultat est indépendant de la température, puisque l'excitation thermique ne contribue pas à l'émission aux basses températures.

On peut aussi évaluer l'équation (14.66) pour de grandes longueurs d'ondes $\omega < \omega_0$ avec $\hbar|\omega - \omega_0| \gg kT$. Alors $e^\delta \ll 1$ et $f_2(e^\delta) \approx e^\delta$. On en déduit que

$$J \approx \frac{4\pi m e}{h^3}(kT)^2 \exp\left(\frac{\hbar\omega - \phi}{kT}\right).$$

Cela correspond à une émission thermique pure avec un travail d'extraction réduit de $\hbar\omega$. Considérons pour terminer le cas particulier $\hbar\omega = \hbar\omega_0$, c'est-à-dire, le cas où le rayonnement fournit juste le travail d'extraction. Avec $e^\delta = 1$ on trouve $f_2(1) = \zeta(2)/2 = \pi^2/12$ et alors

$$J_0 = \frac{\pi^3 m e}{3h^3}(kT)^2$$

c'est-à-dire, même au niveau de «l'énergie de seuil» $\hbar\omega = \hbar\omega_0 = \phi$ le courant est notablement différent de zéro en raison de l'agitation thermique.

EXERCICE

14.3 Effet Schottky

Problème. Estimons l'influence d'un champ électrique constant (perpendiculaire à la surface du métal) sur l'émission thermoionique et calculons la diminution effective du travail d'extraction (de façon classique).

Indication : La différence d'énergie potentielle entre un électron à la distance z de la surface du métal et un électron à l'intérieur du métal est (figure 14.6) :

$$\Delta V(z) = W - e\,|\boldsymbol{E}|\,z - \frac{e^2}{4z}\ . \qquad (14.67)$$

(pourquoi?)

Solution. En raison du champ électrique extérieur la barrière à franchir par les électrons est effectivement diminuée. Le champ électrique constant $\boldsymbol{E}$ dans la direction $-z$ correspond à un potentiel $-e|\boldsymbol{E}|z$, qui agit également sur l'électron (mais seulement à l'extérieur du métal). De plus il faut tenir compte de la force d'attraction entre les électrons ayant quitté le métal et les charges positives restantes dans le métal. Dans une approximation très grossière on peut supposer que ces charges résiduelles sont situées en $-z$ à l'intérieur du métal, si l'électron se trouve en $+z$ (charge image induite). Cela entraîne une force de Coulomb $-e^2/(2z)^2$ avec un potentiel associé $e^2/4z$. À l'extérieur du métal un électron a un potentiel $-e|\boldsymbol{E}|z - e^2/4z$. Cependant, un électron à l'intérieur du métal qui se trouve dans un puits de potentiel de profondeur W, a une énergie potentielle $-W$. Cela donne la différence de potentiel (14.67). Elle est plus petite que la différence de potentiel initiale en l'absence de champ.

Pour extraire un électron du métal nous devons maintenant apporter juste suffisamment d'énergie pour franchir la barrière de potentiel (14.67). Pour cela, déterminons la hauteur maximale :

$$\left.\frac{\partial \Delta V}{\partial z}\right|_{z_{\max}} = 0 \quad \Rightarrow \quad -e\,|\boldsymbol{E}| + \frac{e^2}{4z_{\max}^2} = 0$$

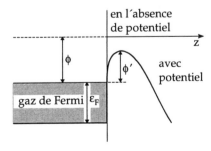

Fig. 14.6. Potentiel au voisinage de la surface d'un métal (schématique). La surface du métal se trouve en $z = 0$

ou

$$z_{\max} = \sqrt{\frac{e}{4|\boldsymbol{E}|}}$$

par conséquent,

$$\Delta V_{\max} = W - e^{3/2}\,|\boldsymbol{E}|^{1/2} \quad \text{et} \quad \phi' = \Delta V_{\max} - \varepsilon_{\mathrm{F}} = \phi - e^{3/2}\,|\boldsymbol{E}|^{1/2}$$

représente le travail d'extraction effectif, qui est diminué par rapport à ϕ. En reportant ce résultat dans la densité de courant (14.61), on a

$$J_E = \frac{4\pi m e}{h^2}(kT)^2 \exp[-\beta(\phi - e^{3/2}\,|\boldsymbol{E}|^{1/2})] \tag{14.68}$$

ou

$$J_E = J_0 \exp[\beta e^{3/2}\,|\boldsymbol{E}|^{1/2}]\,.$$

Cette dépendance de la densité de courant vis-à-vis d'un champ extérieur est bien confirmée par l'expérience, bien que nous n'ayons utilisé qu'un modèle sommaire (pas d'effet tunnel). La formule (14.68) ne doit pas être utilisée pour des champs très intenses $|\boldsymbol{E}| > 10^8$ V m^{-1}, car dans ce cas l'émission froide et l'effet tunnel des électrons prennent de plus en plus d'importance.

EXEMPLE

14.4 Gaz relativiste de Fermi à $T = 0$

Nous voulons obtenir les propriétés thermodynamiques d'un gaz de Fermi relativiste à $T = 0$ K. Comme d'habitude, nous partons du logarithme de la fonction de partition grand-canonique :

$$\ln \mathcal{Z} = \sum_k \ln[1 + z\exp(-\beta\varepsilon_k)]\,.$$

Les énergies à une particule ε_k dans l'état de quantité de mouvement k sont à présent relativistes et nous soustrayons la masse au repos des particules (voir chapitre 8), pour pouvoir comparer plus simplement avec la limite non relativiste,

$$\varepsilon = mc^2\left[\sqrt{1 + \left(\frac{p}{mc}\right)^2} - 1\right]\,. \tag{14.69}$$

Ecrivons maintenant la somme sur tous les états à une particule sous la forme d'une intégrale sur l'ensemble des quantités de mouvement (voir. (13.5), grand volume)

$$\ln \mathcal{Z} = g\frac{4\pi V}{h^3}\int_0^\infty p^2\,\mathrm{d}p \,\ln[1 + z\exp(-\beta\varepsilon)]\,.$$

On peut enlever le logarithme en intégrant par parties,

$$\ln Z = g\frac{4\pi V}{h^3}\frac{\beta}{3}\int\limits_0^\infty p^3\,\mathrm{d}p\frac{\mathrm{d}\varepsilon}{\mathrm{d}p}\frac{1}{z^{-1}\exp(\beta\varepsilon)+1}\;.$$

La fugacité $z = \exp(\beta\mu)$ se détermine à nombre de particules donné selon

$$N(T,V,z) = \sum_k \langle n_k\rangle^{\mathrm{FD}} = g\frac{4\pi V}{h^3}\int\limits_0^\infty p^2\,\mathrm{d}p\frac{1}{z^{-1}\exp(\beta\varepsilon)+1}\;.$$

Considérons maintenant les cas $T = 0$. Le nombre d'occupation moyen prend alors une forme simple, $\langle n_\varepsilon\rangle^{\mathrm{FD}} = \Theta(\varepsilon_{\mathrm{F}} - \varepsilon)$ et on a donc

$$\ln Z = g\frac{4\pi V}{h^3}\frac{\beta}{3}\int\limits_0^{p_{\mathrm{F}}} p^3\,\mathrm{d}p\frac{\mathrm{d}\varepsilon}{\mathrm{d}p}\;, \tag{14.70}$$

$$N(T,V,z) = g\frac{4\pi V}{h^3}\int\limits_0^{p_{\mathrm{F}}} p^2\,\mathrm{d}p = g\frac{4\pi V}{3h^3}p_{\mathrm{F}}^3\;. \tag{14.71}$$

Ici p_{F} est la quantité de mouvement correspondant à l'énergie de Fermi ε_{F} d'après l'équation (14.69), et elle peut être déterminée à partir de la densité de particules à l'aide de l'équation (14.71) :

$$p_{\mathrm{F}} = \left(\frac{3}{4\pi}\frac{Nh^3}{Vg}\right)^{1/3}\;. \tag{14.72}$$

p_{F} est donc proportionnel à $n^{1/3}$ ($n = N/V$). Cela correspond, évidemment, à la détermination du potentiel chimique $\mu = \varepsilon_{\mathrm{F}} = \varepsilon_{\mathrm{F}}(p_{\mathrm{F}})$ à partir du nombre de particules et du volume à $T = 0$. Dans l'équation (14.70) il nous faut maintenant $\mathrm{d}\varepsilon/\mathrm{d}p$:

$$\frac{\mathrm{d}\varepsilon}{\mathrm{d}p} = c\frac{(p/mc)}{[1+(p/mc)^2]^{1/2}}\;.$$

Si l'on reporte cela dans l'équation (14.70) en prenant $\ln Z = PV/kT$, il s'en suit que (on utilise ici la notation P pour la pression afin d'éviter une confusion avec la quantité de mouvement)

$$\mathscr{P} = \frac{4\pi g}{3h^3}\int\limits_0^{p_{\mathrm{F}}} mc^2\frac{(p/mc)^2}{[1+(p/mc)^2]^{1/2}}p^2\,\mathrm{d}p\;. \tag{14.73}$$

Avant d'évaluer cette intégrale, donnons aussi une expression explicite de l'énergie. Cela est plus simple que de dériver ensuite la fonction de partition :

$$U = \sum_k \varepsilon_k\langle n_k\rangle$$

$$= \frac{4\pi gV}{h^3}\int\limits_0^{p_{\mathrm{F}}} p^2\,\mathrm{d}p\,mc^2\left\{\left[1+\left(\frac{p}{mc}\right)^2\right]^{1/2}-1\right\}\quad \text{pour}\quad T=0\,. \tag{14.74}$$

Pour calculer les intégrales (14.73) et (14.74), utilisons une substitution (changement de variables) qui est souvent utile en relativité, $p = mc \sinh x$. On a alors $\varepsilon = mc^2(\cosh x - 1)$ et $d\varepsilon/dp = c \tanh x$. Finalement en posant $p_F = mc \sinh x_F$, il reste à déterminer les intégrales suivantes

$$\mathscr{P} = \frac{4\pi g m^4 c^5}{3h^3} \int\limits_0^{x_F} \sinh^4 x \, dx \, , \tag{14.75}$$

$$U = \frac{4\pi g V m^4 c^5}{h^3} \int\limits_0^{x_F} (\cosh x - 1) \sinh^2 x \cosh x \, dx \, . \tag{14.76}$$

Ces intégrales sont très simples si l'on utilise les propriétés des fonctions hyperboliques :

$$\cosh^2 x - \sinh^2 x = 1 \, ,$$
$$\cosh 2x = \cosh^2 x + \sinh^2 x \, ,$$
$$\sinh 2x = 2 \sinh x \cosh x \, ,$$
$$\frac{d}{dx} \sinh x = \cosh x \, ,$$
$$\frac{d}{dx} \cosh x = \sinh x \, .$$

On a, par exemple

$$\sinh^4 x = \sinh^2 x (\cosh^2 x - 1) = \frac{1}{4} \sinh^2 2x - \sinh^2 x$$
$$= \frac{1}{8} \cosh 4x - \frac{1}{2} \cosh 2x + \frac{3}{8}$$
$$= \frac{d}{dx} \left(\frac{1}{32} \sinh 4x - \frac{1}{4} \sinh 2x + \frac{3}{8} x \right) \, .$$

Cela permet immédiatement d'intégrer l'équation (14.75). De façon analogue, on trouve

$$\cosh^2 x \sinh^2 x - \sinh^2 x \cosh x = \frac{1}{4} \sinh^2 2x - \sinh^2 x \cosh x$$
$$= \frac{1}{8} \cosh 4x - \frac{1}{8} - \sinh^2 x \frac{d \sinh x}{dx}$$
$$= \frac{d}{dx} \left(\frac{1}{32} \sinh 4x - \frac{x}{8} - \frac{1}{3} \sinh^3 x \right)$$

ce qui correspond exactement à l'équation (14.76). On peut de nouveau transformer le résultat de l'intégration (fonctions hyperboliques de l'argument multiple) en fonction hyperboliques de l'argument simple :

$$\int\limits_0^{x_F} \sinh^4 x \, dx = \frac{1}{8} \left(3x_F - 3 \sinh x_F \cosh x_F + 2 \sinh^3 x_F \cosh x_F \right) \tag{14.77}$$

$$\int_0^{x_F} (\cosh x - 1) \sinh^2 x \cosh x \, dx \qquad (14.78)$$

$$= \frac{1}{8} \left(-x_F \sinh x_F \cosh x_F + 2 \sinh^3 x_F \cosh x_F - \frac{8}{3} \sinh^3 x_F \right) .$$

Pour abréger l'écriture, introduisons à présent deux fonctions $A(y)$ et $B(y)$ (figure 14.7) :

$$y = \sinh x = \frac{p}{mc} \quad \text{et} \quad y_F = \sinh x_F = \frac{p_F}{mc} , \qquad (14.79)$$

$$A(y) = \sqrt{1 + y^2}(2y^3 - 3y) + 3 \, \text{Arcsinh} \, y ,$$

$$B(y) = 8y^3 \left(\sqrt{1 + y^2} - 1 \right) - A(y) .$$

Les équations (14.77) et (14.78) s'expriment maintenant plus simplement sous la forme :

$$\int_0^{x_F} \sinh^4 x \, dx = \frac{1}{8} A(y_F) ,$$

$$\int_0^{x_F} (\cosh x - 1) \sinh^2 x \cosh x \, dx = \frac{1}{24} B(y_F) .$$

On obtient donc les résultats clairs

$$\mathscr{P} = \frac{g\pi m^4 c^5}{6h^3} A(y_F) , \qquad (14.80)$$

$$U = \frac{g\pi V m^4 c^5}{6h^3} B(y_F) \qquad (14.81)$$

avec le facteur sans dimension y_F de l'équation (14.79).

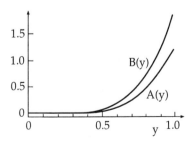

Fig. 14.7. Les fonctions $A(y)$ et $B(y)$

Il est intéressant d'étudier la limite non relativiste $y_F \ll 1$ et la limite ultrarelativiste $y_F \gg 1$. Pour cela il nous suffit d'avoir les développements en série des fonctions $A(y)$ et $B(y)$.

Avec Arcsinh $y = \ln(y + \sqrt{1 + y^2})$ on obtient

$$A(y) \approx \frac{8}{5}y^5 - \frac{4}{7}y^7 + \cdots, \qquad y \ll 1, \tag{14.82}$$

$$B(y) \approx \frac{12}{5}y^5 - \frac{3}{7}y^7 + \cdots, \qquad y \ll 1. \tag{14.83}$$

On peut également écrire un développement en série pour des arguments élevés, si l'on écrit $A(y) = 2y^4\sqrt{1 + y^{-2}} - 3y^2\sqrt{1 - y^{-2}} + 3\ln[y(1 + \sqrt{1 + y^{-2}})]$ et que l'on considère que y^{-2} est une petite quantité,

$$A(y) \approx 2y^4 - 2y^2 + 3\ln 2y - \frac{7}{4} + \frac{5}{4}y^{-2} + \cdots \quad \text{pour} y \gg 1, \tag{14.84}$$

$$B(y) \approx 6y^4 - 8y^3 + 6y^2 - 3\ln 2y + \frac{3}{4} - \frac{3}{4}y^{-2} + \cdots \quad \text{pour } y \gg 1 \tag{14.85}$$

dans le cas non relativiste $y_F \ll 1$ les équations (14.80) et (14.81) redonnent exactement les résultats (14.30) et (14.44) du gaz parfait de Fermi, si l'on se restreint à la plus faible approximation dans les équations (14.82) et (14.83) :

$$\mathscr{P} = \frac{g\pi m^4 c^5}{6h^3} \frac{8}{5}\left(\frac{p_F}{mc}\right)^5 = \frac{2}{3}\left(\frac{2\pi g}{5h^3 m}p_f^5\right) = \frac{2}{3}\frac{U}{V}$$

puisque

$$U = \frac{g\pi V m^4 c^5}{6h^3} \frac{12}{5}\left(\frac{p_F}{mc}\right)^5 = \frac{2\pi g V}{5h^3 m}p_F^5.$$

Mais dans le cas ultrarelativiste on obtient

$$\mathscr{P} = \frac{g\pi m^4 c^5}{6h^3} 2\left(\frac{p_F}{mc}\right)^4 = \frac{1}{3}\left(\frac{g\pi c}{h^3}p_F^4\right) = \frac{1}{3}\frac{U}{V}$$

puisque

$$U = \frac{g\pi V m^4 c^5}{6h^3} 6\left(\frac{p_F}{mc}\right)^4 = \frac{g\pi V c}{h^3}p_F^4$$

que l'on pourra vérifier ultérieurement dans l'exemple 14.11.

Une des applications essentielle du gaz froid de Fermi relativiste survient en astrophysique. En 1930 Chandrasekhar a trouvé que les étoiles que l'on nomme naines blanches sont très bien décrites dans le cadre de ce modèle pour les électrons. Etudions cela plus précisément dans l'exemple qui suit.

EXERCICE ■■■■■■■■■■■■■■■■■■■■■■■■■■■■■■■■■■■■■■

14.5 Naines blanches, supernovae, étoiles à neutrons et trous noirs

Problème. Considérons pour une naine blanche le modèle suivant : une sphère gazeuse constituée d'hélium, de masse $M \approx 10^{30}$ kg, ayant une densité de $\varrho = 10^{10}$ kg m^{-3} et une température (au centre) de $T = 10^7$ K (à ces températures les atomes d'hélium sont pratiquement complètement ionisés).

(a) Montrons qu'en dépit d'une température élevée le gaz d'électrons peut être considéré comme froid ($kT \ll \varepsilon_F$), mais que par ailleurs des effets relativistes deviennent importants.

(b) Montrons que les électrons libres constituent la contribution principale à la pression totale, alors que la contribution des noyaux d'hélium est très faible. Montrons en particulier que les noyaux d'hélium se comportent comme un gaz parfait classique.

(c) Calculons le rayon d'équilibre d'une naine blanche sous l'hypothèse qu'à l'équilibre la pression électronique compense exactement la pression gravitationnelle. Nous négligerons les variations radiales de densité et de pression. Montrons qu'il existe une relation entre la masse et le rayon de l'étoile, et étudions les limites de cette relation.

(d) Que se passe-t-il si la masse d'une étoile est 10 à 20 fois plus grande?

Solution. Commençons par estimer l'énergie de Fermi ainsi que la quantité de mouvement de Fermi des électrons dans le gaz à l'aide de la masse volumique ϱ. Chaque atome d'hélium ionisé contribue pour deux électrons et quatre nucléons à la masse totale. On peut traiter les noyaux d'hélium de manière non relativiste, puisque leur énergie cinétique moyenne, due à l'agitation thermique $kT \approx 1$ keV, est très petite par rapport à leur masse au repos $m_{He}c^2 \approx 4$ GeV. Pour les électrons la contribution de l'énergie cinétique à la masse totale est également plutôt faible ($m_e c^2 \approx 511$ keV), si bien que l'on peut écrire (si N désigne le nombre d'électrons dans l'étoile),

$$M \approx N(m_e + 2m_e) \approx 2m_n N$$

puisque $m_e \ll m_n$ et par ce qu'il y a deux masses de nucléons pour un électron. À partir de cela, la densité électronique dans l'étoile s'estime de la façon suivante

$$n = \frac{N}{V} \approx \frac{M/2m_n}{M/\varrho} \approx \frac{\varrho}{2m_n} \approx 3 \cdot 10^{36} \frac{\text{electrons}}{\text{m}^3} \approx 3 \cdot 10^{-9} \frac{\text{electrons}}{\text{fm}^3}$$

(1 fm $= 10^{-15}$ m). À partir de cette densité on peut calculer la quantité de mouvement de Fermi des électrons avec l'équation (14.72) :

$$p_F = \left(\frac{3n}{4\pi g} \right)^{1/3} h \approx 5 \cdot 10^{-22} \frac{\text{kg m}}{\text{s}} \approx 0{,}9 \frac{\text{MeV}}{c} \ .$$

Exercice 14.5

Si on reporte ce résultat dans la relation énergie – quantité de mouvement relativiste, on obtient pour l'énergie (cinétique) de Fermi, sans la masse au repos des électrons, $\varepsilon_F \approx 0,5$ MeV. Les effets relativistes deviennent donc importants, mais comme $kT \approx 1$ keV $\ll \varepsilon_F$, le gaz d'électrons peut être considérés comme froid.

En second lieu, calculons le paramètre $n\lambda^3$ pour les noyaux d'hélium, qui nous dira si les effets quantiques sont importants (voir chapitre 13) :

$$\lambda_{He} = \left(\frac{h^2}{2\pi mkT} \right)^{1/2} \approx 247 \, \text{fm} \, .$$

Puisque la densité de particules pour les noyaux d'hélium est la moitié de celle pour les électrons, on en déduit que $n\lambda_{He}^3 \approx 2,27 \cdot 10^{-2}$, ce qui est petit devant 1. On peut donc se placer dans la limite de Boltzmann. Les noyaux d'hélium contribuent donc à la pression selon

$$p_{He} = n_{He}kT \approx 1,5 \cdot 10^{-12} \frac{\text{MeV}}{\text{fm}^3} \, .$$

D'autre part, d'après l'équation (14.80) on trouve pour la pression de Fermi des électrons, avec $y_F = p_F/mc \approx 2$ et la fonction $A(y)$ introduite dans l'exemple précédent (que nous remplacerons par son développement pour $y \gg 1$, c'est-à-dire, $A(y_F) \approx A(2) \approx 26,7$) :

$$p_e = \frac{1}{24\pi^2} \frac{(mc^2)^4}{(\hbar c)^3} \times 26,7 \approx 10^{-9} \frac{\text{MeV}}{\text{fm}^3}$$

qui est 1000 fois supérieure à la pression des noyaux d'hélium.

Jusqu'à présent nous avons considéré que le gaz était enfermé dans une boite. Ce n'est bien sur pas le cas, mais la gravité empêche le gaz de s'échapper. Si la gaz se dilate d'un volume dV pendant que la sphère gazeuse a son rayon qui augmente de dR, on aura un gain d'énergie

$$dE_p = -p \, dV = -p(R)4\pi R^2 \, dR \, .$$

Mais la pression est une fonction de la quantité de mouvement de Fermi (voir (14.80)) et cette dernière dépend à son tour du volume ou du rayon (à nombre de particules donné). Par ailleurs, lorsque la sphère s'accroît l'énergie potentielle augmente de la quantité

$$dE_g = \frac{dE_g(R)}{dR} dR = \alpha \frac{GM^2}{R^2} dR \quad \text{où} \quad E_g(R) = -\alpha \frac{GM^2}{R} \, . \tag{14.86}$$

Le facteur additionnel α tient compte d'éventuelles inhomogénéités dans la distribution de densité. Mais dans notre cas il est de l'ordre de 1. À l'équilibre thermodynamique l'énergie libre doit être minimale ; c'est-à-dire, $dF = 0$. Puisque l'on considère que le système se trouve à $T = 0$, on trouve, avec $F = E - TS = E$, que

$$dF = dE_g + dE_p = 0 = \alpha \frac{GM^2}{R^2} - p(R)4\pi R^2$$

ou

$$p(R) = \frac{\alpha}{4\pi} \frac{GM^2}{R^4} .$$ (14.87)

De cette expression on peut déduire une relation entre la masse et le rayon de l'étoile. Si l'on reporte l'équation (14.80) pour la pression et l'équation (14.72) pour la quantité de mouvement de Fermi, l'équation (14.87) devient

$$A \left(\left(\frac{9\pi M}{8 m_n} \right)^{1/3} \frac{\hbar c}{m_e c^2} \frac{1}{R} \right) = 6\pi\alpha \left(\frac{\hbar c}{m_e c^2} \frac{1}{R} \right)^3 \frac{1}{m_e c^2} \frac{GM^2}{R} .$$ (14.88)

Les unités dans cette équation pour $R(M)$ sont remarquables, la masse M de l'étoile est mesurée en unités de masse des nucléons m_n et le rayon est mesuré en unités de longueur d'onde de Compton pour les électrons $\hbar c / m_e c^2$. Enfin, il apparaît dans le membre de droite l'énergie gravitationnelle GM^2/R, mesurée en unités de masse de l'électron $m_e c^2$. L'équation (14.88) relie donc la mécanique quantique, la relativité restreinte et la théorie classique de la gravitation. On ne peut malheureusement la résoudre ni pour $R(M)$ ni pour $M(R)$. Cependant, les cas limites, lorsque l'argument de la fonction A est soit très grand soit très petit, ont une solution analytique. Remarquons tout d'abord qu'avec $M \approx 10^{30}$ kg, $m_n \approx 1,6 \cdot 10^{-27}$ kg fm, et $\hbar c = 197$ MeV, l'argument de la fonction A vaut 1 si $R \approx 5 \cdot 10^6$ m. Pour des arguments petits $y_F = p_F / mc \ll 1$, on a donc $R \gg 10^6$ m et l'équation (14.88) devient, avec $A(y) \approx 8 y^5 / 5$:

$$R \approx \frac{3(9\pi)^{2/3}}{40\alpha} \frac{\hbar^2}{G m_n^{5/3} m_e} M^{-1/3} .$$

Pour des arguments élevés $y \gg 1$ (ou $R \ll 10^6$ m), $A(y) \approx 2y^4 - 2y^2$ et on obtient

$$R \approx \frac{(9\pi)^{1/3}}{2} \frac{\hbar c}{m_e c^2} \left(\frac{M}{m_n} \right)^{1/3} \left(1 - \left(\frac{M}{M_0} \right)^{2/3} \right)^{1/2}$$

où nous avons utilisé l'abréviation

$$M_0 = \frac{9}{64} \left(\frac{3\pi}{\alpha^3} \right)^{1/2} \left(\frac{\hbar c}{G m_n^2} \right)^{3/2} m_n$$

et également tenu compte du second terme dans $A(y)$. Pour $M_0 < M$ il n'y a pas de solutions réelle pour R. On remarque que le rayon de l'étoile tend vers zéro si la masse M de l'étoile tend vers la masse (finie) M_0. Il n'existe donc pas de naines blanches ayant une masse supérieure à M_0. On appelle M_0 la *limite de Chandrasekhar*. Manifestement, la pression de Fermi ne peut plus compenser la pression gravitationnelle de l'étoile pour $M > M_0$, et la conséquence en est le collapse de l'étoile. Mais, pour des masses M proches de M_0, qui donnent des naines blanches très petites, il se produit des effets importants liés à la relativité générale. Ceux-ci ne sont plus négligeables si le rayon de l'étoile est de l'ordre de grandeur du rayon de Schwarzschild $R_S = 2GM/c^2$.

Exercice 14.5

Les considérations précédentes ont été étudiées en détail par Chandrasekhar dans les années 1931–1935. Les premières études concernant ce sujet furent faites par Fowler (1926), qui réalisa que le gaz de Fermi dans une naine blanche était complètement dégénéré (par analogie avec le gaz d'électrons dans les métaux), alors que la perception de la nécessité d'un traitement relativiste est due à Anderson (1929) et Stoner (1929–1930). Numériquement la masse de Chandrasekhar vaut $M_0 \approx 10^{30}$ kg.

L'étude détaillée de Chandrasekhar a donné

$$M_0 = \frac{5,75}{\mu_e^2} M_{\text{soleil}}$$

où μ_e^2 tient compte du degré d'ionisation des atomes d'hélium (le nombre d'électrons libres par noyau d'hélium). On a avec une bonne approximation, $\mu_e \approx 2$, d'où l'on peut déduire $M_0 \approx 1,44\, M_{\text{soleil}}$.

Notre soleil se trouve donc dans le domaine des naines blanches potentielles. S'il brûle ses réserves d'hydrogène en hélium, il peut se transformer en naine blanche de rayon 2700 km. Mais avant ce stade, l'étoile doit passer par d'autres stades de son développement (par exemple géante rouge). Il faut comparer le rayon d'une naine blanche au rayon de Schwarzschild de 3 km. La figure 14.8 montre un graphique liant R et M/M_0. Le rayon est donné en unités d'une longueur caractéristique, 3860 km et les cercles sont tracés pour pouvoir comparer les dimensions des étoiles correspondantes.

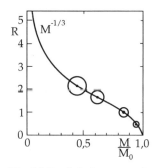

Fig. 14.8. Solution numérique de l'équation (14.88)

Si le soleil était significativement plus lourd, par exemple, $M \geq 10\, M_0 -$ 20 M_0, le scénario suivant se produirait : après avoir brûlé l'hydrogène en ^{4}He un autre stade de combustion prendrait place, au cours duquel se formeraient successivement des noyaux de plus en plus lourds (^{8}Be, ^{12}C, ^{16}O, ^{20}Ne, ... , Si, ... ,Fe) avec des énergies de liaisons par nucléon croissantes. Mais, si le noyau du soleil était constitué de fer, les réserves d'énergie (de liaison) nucléaire seraient épuisées : de tous les noyaux, c'est dans le fer que les nucléons sont le plus fortement liés.[2]

Il se produit une *explosion de supernova* quand l'intérieur d'une étoile subit tout d'abord un collapse jusqu'à atteindre des densités élevées $\varrho \approx 10^{17}$ kg m^{-3}, comparables à celles des noyaux atomiques. Ce collapse se produit en un temps très court (environ 1 milliseconde). Il produit une onde de choc qui se propage vers l'extérieur, en répandant une partie de l'enveloppe de l'étoile dans l'espace – une telle supernova a été récemment observée à l'œil nu sous la forme d'une nouvelle étoile très brillante dans le ciel (dans le grand nuage de Magellan) en février 1987.

À l'intérieur d'une telle étoile, à des densités très élevées, la plupart des protons des noyaux de fer sont transformés en neutrons et en électrons sous l'influence d'interactions faibles. Il se forme un gaz de neutrons (pratiquement) dégénéré, dans lequel la pression de Fermi ($\approx$ GeV/c) compense maintenant la pression gravitationnelle : il s'est formé une étoile à neutrons.

---

[2] Voir, par exemple, J. M. Eisenberg, W. Greiner : *Nuclear theory*. Volume 1 : *Nuclear models*, 3rd ed. (North-Holland, Amsterdam 1988).

Exercice 14.5

Des étoiles à neutrons ont déjà été découvertes expérimentalement ; on les nomme des *pulsars*. Il existe cependant une masse maximale analogue à la masse de Chandrasekhar, au dessus de laquelle la pression gravitationnelle l'emporte, cette masse est d'environ $1,8\,M_0$.

Si l'étoile telle qu'elle existe avant l'explosion de la supernova, que l'on désigne sous le nom de soleil «géniteur», est trop lourde, la pression de Fermi (et à ces densités, $> 10^{-17}\,\text{kg m}^{-3}$, la pression due à l'interaction forte entre les neutrons) n'est pas suffisante pour stabiliser le noyau de l'étoile à neutrons, alors le collapse gravitationnel reprend et la matière de l'étoile est comprimée par les forces gravitationnelles dans une région de l'espace plus petite que le rayon de Schwarzschild et s'annule au delà de ce que l'on nomme «l'événement horizon». Même les photons ne peuvent pas s'échapper de l'étoile effondrée, il s'est formé un trou noir qu'un observateur lointain ne peut détecter que par ses interactions gravitationnelles (par exemple la déviation de la lumière d'autres étoiles).

Il existe des spéculations selon lesquelles la masse limite d'une étoile à neutrons pourrait même être plus grande s'il se forme une matière constituée de quarks à des densités suffisamment élevées. On sait très peu de choses au sujet de l'existence de ces *étoiles à quarks*.

EXEMPLE

14.6 Le paramagnétisme de Pauli

Dans cet exemple nous allons calculer la susceptibilité d'un gaz parfait de Fermi de N électrons (c'est-à-dire, un gaz d'électrons dans un métal) de moment magnétique $d_z = \gamma \mu_B m$, $m = \pm 1/2$, $\gamma = 2$, dans un champ magnétique externe pour des températures faibles ($kT \ll \varepsilon_F$). Nous utilisons ici la lettre d pour noter le moment magnétique pour éviter la confusion avec le potentiel chimique μ ; $\mu_B = e\hbar/(2mc)$ est la magnéton de Bohr. Nous nous intéresserons particulièrement aux écarts du comportement paramagnétique par rapport à la limite classique de Maxwell-Boltzmann (voir. chapitre 8).

Pour rendre le calcul aussi simple que possible nous négligerons l'influence du champ externe sur la fonction d'onde des électrons (voir l'exemple qui suit). Alors l'énergie des électrons libres change selon

$$\varepsilon = \frac{p^2}{2m} - d_z B$$

(le champ magnétique est dirigé suivant la direction des z). Si le spin des électrons est parallèle au champ magnétique ($m = +1/2$), l'énergie diminue de $\mu_B B$; s'il est antiparallèle ($m = -1/2$) l'énergie augmente de $\mu_B B$. La dégénérescence des états d'énergie de projections de spin différentes, qui existe si le champ externe est nul, se trouve donc levée. On peut considérer le système comme un mélange de deux gaz de Fermi avec $d_z = +\mu_B$ et $d_z = -\mu_B$, où N_+ électrons ont $m = +1/2$ et N_- ont $m = -1/2$ ($N_+ + N_- = N$). D'une

Exemple 14.6

certaine manière ces deux gaz peuvent réagir chimiquement entre eux. En fait, le spin d'un électron peut s'inverser, ce qui correspond à la réaction

$$e_\downarrow \rightleftharpoons e_\uparrow + \Delta E$$

si $\Delta E = 2\mu_B B$ représente l'énergie absorbée ou émise. Avec cela on obtient, d'après l'équation (3.10), une condition sur les potentiels chimiques μ_+ et μ_- des deux gaz, qui dépend du nombre respectif de particules N_+ et N_- (ainsi que de T et V) :

$$\mu_+(N_+) = \mu_-(N_-) \,. \tag{14.89}$$

Par ailleurs, au décalage d'énergie près ces deux gaz sont identiques au gaz parfait de Fermi introduit au début de ce chapitre (la dégénérescence vaut à présent $g = 1$, puisque le champ magnétique lève la dégénérescence de spin des électrons). Les potentiels chimiques $\mu_\pm$ peuvent donc s'exprimer en fonction du potentiel chimique μ d'un gaz de Fermi libre :

$$\mu_+(N_+) = \mu(N_+) - \mu_B B$$
$$\mu_-(N_-) = \mu(N_-) + \mu_B B$$

puisque l'échelle des énergies des deux gaz est simplement translatée de $\pm\mu_B B$. La condition (14.89) peut donc être remplacée par une condition sur les potentiels chimiques de deux gaz de Fermi libres (avec un facteur de dégénérescence $g = 1$ et des nombres de particules N_+, N_-),

$$\mu(N_+) - \mu(N_-) = 2\mu_B B \,. \tag{14.90}$$

Cette réinterprétation (figure 14.9 et 14.10) a l'avantage que nous connaissons déjà les potentiels chimiques en l'absence de champ. Il faut les déterminer à partir de l'équation générale ($g = 1$) :

$$f_{3/2}(z) = \frac{N}{V}\lambda^3$$

avec $z = \exp(\beta\mu)$, ce qui fournit les fonctions $\mu(N_+)$ et $\mu(N_-)$, si l'on remplace n par N_+ ou par N_- respectivement. Comme $\mu_B = 0{,}578 \cdot 10^{-4}\,\text{eV}\,\text{T}^{-1}$,

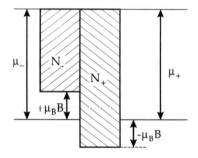

Fig. 14.9. Gaz de Fermi avec $B \neq 0$

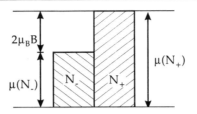

Fig. 14.10. Gaz de Fermi avec $B = 0$

donc même pour des champs magnétiques intenses (plusieurs dizaines de milliers de Gauss ou plusieurs Tesla) l'énergie magnétique $\mu_B B$ est petite devant l'énergie de Fermi d'un gaz d'électrons dans des métaux (plusieurs eV). D'après les figures, les nombres N_+ et N_- ne diffèrent alors que très peu de $N/2$ en l'absence de champ. On pose donc

$$N_+ = \frac{N}{2}(1 + r) ,$$
$$N_- = \frac{N}{2}(1 - r)$$

et on considère que r est un paramètre très petit par rapport auquel on peut développer les potentiels chimiques $\mu(N_+)$ et $\mu(N_-)$. La condition (14.90) devient alors en développant par rapport à r,

$$\mu\left(\frac{N}{2}(1+r)\right) - \mu\left(\frac{N}{2}(1-r)\right) \approx \left.\frac{\partial \mu(Nx)}{\partial x}\right|_{x=1/2} r = 2\mu_B B .$$

Cette équation permet de déterminer la fraction r et les nombres de particules N_+ et N_- s'en déduisent immédiatement. Il ne s'agit évidemment que de nombres de particules moyens, puisque les nombre réels de particules fluctuent en raison du processus continu d'inversion de spins dans le thermostat.

Le moment magnétique total moyen s'obtient en écrivant

$$\langle D_z \rangle = \mu_B(N_+ - N_-) = \mu_B N r = \frac{2\mu_B^2 B}{\mu'(N/2)} \tag{14.91}$$

puisque

$$\left.\frac{\partial \mu(Nx)}{\partial x}\right|_{x=1/2} = \mu'\left(\frac{N}{2}\right)\frac{\partial(Nx)}{\partial x} = \mu'\left(\frac{N}{2}\right)N .$$

Les moments magnétiques moyens suivants les directions x et y s'annulent. De l'équation (14.91) on peut en déduire l'expression de la susceptibilité

$$\chi = \lim_{B \to 0} \frac{\partial \langle D_z \rangle}{\partial B} = \frac{2\mu_B^2 N}{\mu'(N/2)N} = \frac{2\mu_B^2}{\mu'(N/2)} . \tag{14.92}$$

Il nous suffit donc de déterminer $\mu'(N/2)$. Malheureusement on ne peut le faire de façon analytique que dans les cas limites $kT \gg \varepsilon_F$ (limite classique) et $kT \ll \varepsilon_F$. Pour $T \to \infty$ on peut se servir de l'approximation $f_{3/2}(z) \approx z - z^2/2^{3/2} + \cdots$. Pour les approximations du premier ou du second ordre on obtient respectivement,

$$z \approx \frac{N}{V}\lambda^3 \quad \text{ou} \quad z \approx \frac{N}{V}\lambda^3 \left(1 + \frac{N}{V}\frac{\lambda^3}{2^{3/2}}\right) \quad \text{pour} \quad kT \gg \varepsilon_F. \qquad (14.93)$$

Si l'on résout par rapport $\mu(N)$ et que l'on remplace N par Nx, on peut calculer la dérivée de (14.92),

$$\mu'\left(\frac{N}{2}\right)N = 2kT\left(1 + \frac{N}{V}\frac{\lambda^3}{2^{5/2}}\right) \quad \text{pour} \quad kT \gg \varepsilon_F.$$

La susceptibilité devient alors

$$\chi \approx \chi_\infty\left(1 - \frac{n\lambda^3}{2^{5/2}}\right) \quad \text{avec} \quad \chi_\infty = \frac{\mu_B^2 N}{kT} \quad \text{pour} \quad kT \gg \varepsilon_F$$

où $n = N/V$. La valeur de χ_∞ correspond exactement à l'équation (8.52), pour $j = 1/2$ (loi de Curie), qui fut déduite précédemment de la statistique classique de Maxwell–Boltzmann. Pour $kT \ll \varepsilon_F$ on obtient, avec l'équation (14.48),

$$\mu(N) \approx \varepsilon_F(N)\left(1 - \frac{\pi^2}{12}\left(\frac{kT}{\varepsilon_F(N)}\right)^2\right),$$

$$\varepsilon_F(N) = \left(\frac{3}{4\pi}\frac{N}{V}\right)^{2/3}\frac{h^2}{2m}.$$

Pour calculer l'énergie de Fermi nous devons poser $g = 1$, puisqu'il nous faut $\varepsilon_F(N)$ pour le système partiel (N_+, N_-) non dégénéré. Pour calculer la dérivée (14.92), considérons

$$\left.\frac{\partial\varepsilon_F(Nx)}{\partial x}\right|_{x=1/2} = \left.\frac{\partial}{\partial x}\left(\frac{3}{4\pi}\frac{Nx}{V}\right)^{2/3}\frac{h^2}{2m}\right|_{x=1/2} = \frac{4}{3}\varepsilon_F\left(\frac{N}{2}\right)$$

alors

$$\begin{aligned}
\mu'\left(\frac{N}{2}\right)N &= \left.\frac{\partial}{\partial x}\mu(Nx)\right|_{x=1/2} \\
&\approx \frac{4}{3}\varepsilon_F\left(\frac{N}{2}\right)\left(1 - \frac{\pi^2}{12}\left(\frac{kT}{\varepsilon_F(N/2)}\right)^2\right) \\
&\quad + \frac{8}{3}\varepsilon_F\left(\frac{N}{2}\right)\frac{\pi^2}{12}\left(\frac{kT}{\varepsilon_F(N/2)}\right)^2 \\
&\approx \frac{4}{3}\varepsilon_F\left(\frac{N}{2}\right)\left(1 + \frac{\pi^2}{12}\left(\frac{kT}{\varepsilon_F(N/2)}\right)^2\right).
\end{aligned} \qquad (14.94)$$

Cependant, l'énergie de Fermi ε_F d'un gaz de Fermi avec $g = 1$ est simplement l'énergie de Fermi du système réel de N particules en l'absence de champ externe ($g = 2$), puisque

$$\varepsilon_F\left(\frac{N}{2}\right) = \left(\frac{3}{4\pi}\frac{N}{2V}\right)^{2/3}\frac{h^2}{2m} = \left(\frac{3}{4\pi}\frac{N}{gV}\right)^{2/3}\frac{h^2}{2m} \quad \text{avec} \quad g = 2\,.$$

Nous pouvons donc identifier $\varepsilon_F(N/2)$ à l'énergie de Fermi du système total en l'absence de champ. Si l'on reporte l'équation (14.94) dans l'expression de la susceptibilité (14.92), il s'en suit que

$$\chi \approx \frac{3}{2}\frac{\mu_B^2 N}{\varepsilon_F}\left(1 + \frac{\pi^2}{12}\left(\frac{kT}{\varepsilon_F}\right)^2\right)^{-1}$$

$$\approx \chi_0\left(1 - \frac{\pi^2}{12}\left(\frac{kT}{\varepsilon_F}\right)^2\right) \quad \text{pour} \quad kT \ll \varepsilon_F\,. \tag{14.95}$$

La quantité χ_0 est la susceptibilité dans la limite $T = 0$,

$$\chi_0 = \frac{3}{2}\frac{\mu_B^2 N}{\varepsilon_F} \quad \text{pour} \quad T = 0\,. \tag{14.96}$$

Le comportement paramagnétique d'un gaz d'électrons de Fermi est donné par la loi de Curie pour des températures élevées ou de petites énergies de Fermi, respectivement (limite classique). Cependant, pour des électrons dans la bande de conduction des métaux cela n'est plus vrai puisque $kT \ll \varepsilon_F$. Pour ces électrons les équations (14.95) ou (14.96) sont alors valables ; la susceptibilité des métaux paramagnétiques ne dépend donc que très peu de la température. Pauli comprit vers 1927 que le fait que la susceptibilité des métaux alcalins ne dépendait pas de la température était dû à la dégénérescence du gaz d'électrons dans ces matériaux.

D'autre part, la loi classique de Curie constituait une bonne approximation pour de nombreuses substances paramagnétiques non métalliques, si leurs atomes possédaient un spin total demi-entier. L'énergie de Fermi des atomes de spins demi-entiers, est en raison de leurs masses plus élevées (pour une même densité de particules) bien plus petite que celle des électrons et l'approximation classique $kT \gg \varepsilon_F$ est donc valable.

EXEMPLE ████████████████████████

14.7 Diamagnétisme de Landau

Alors que le comportement paramagnétique est du à l'alignement des dipôles magnétiques permanents dans la direction du champ, le comportement diamagnétique est du à l'induction de courants circulaires dans la substance, qui induisent, d'après la loi de Lenz, des moments dipolaires opposés à la direction du champ. Les matériaux paramagnétiques renforcent donc le champ magnétique extérieur et les matériaux diamagnétiques l'affaiblissent. Dans le cas extrême d'un matériau diamagnétique idéal, les courants circulaires induits compensent complètement le champ magnétique extérieur et l'intérieur du matériau est absolument libre de tous champs. Le déplacement du champ vers l'extérieur d'un matériau diamagnétique a été observé dans les matériaux supraconducteurs et est connu sous le nom d'*effet Meissner–Ochsenfeld*.

Nous ne nous intéresserons pas ici à ce cas particulier. Nous nous proposons plutôt de développer un modèle simple pour décrire le comportement des substances diamagnétiques. Pour ce faire, partons de nouveau du gaz parfait de Fermi dans la bande de conduction. Ignorons le moment dipolaire permanent des électrons et ne tenons compte que de l'influence du champ magnétique sur les électrons. Il est possible de résoudre exactement l'équation de Schrödinger pour un électron se déplaçant dans un champ magnétique homogène, mais nous ne le ferons pas ici. Nous voulons plutôt déterminer les énergies pour une particule à l'aide d'arguments simples et plausibles.

Si l'on oriente le champ magnétique dans la direction des z, l'électron continue à se déplacer librement dans cette direction (avec l'énergie cinétique correspondante $p_z^2/2m$), puisque la force de Lorentz est toujours perpendiculaire au champ magnétique. D'autre part, l'électron décrit des orbites circulaires (dans le cas classique) dans le plan xy. Pour des orbites circulaires, la force centrifuge et la force de Lorentz se compensent exactement (la charge de l'électron est $-e$) :

$$\frac{mv^2}{r}\boldsymbol{e}_r - \frac{e}{c}(\boldsymbol{v}\times\boldsymbol{B}) = 0 \ .$$

Multiplions scalairement par $\boldsymbol{r}$ et utilisons $\boldsymbol{r}\cdot(\boldsymbol{v}\times\boldsymbol{B}) = (\boldsymbol{r}\times\boldsymbol{v})\cdot\boldsymbol{B}$, on obtient

$$\frac{1}{2}m\boldsymbol{v}^2 = \frac{e}{2mc}(\boldsymbol{r}\times\boldsymbol{p})\cdot\boldsymbol{B} = \frac{eB}{2mc}L_z \ . \tag{14.97}$$

Si l'on interprète maintenant l'énergie cinétique classique comme la valeur espérée de l'énergie cinétique quantique et que l'on tient compte du fait que L_z ne peut prendre que les valeurs discrètes $j_z\hbar$, l'énergie cinétique moyenne dans le traitement quantique du problème s'écrit alors

$$\langle T\rangle = \frac{e\hbar B}{2mc}j_z \ .$$

De façon analogue on peut en déduire l'énergie potentielle moyenne à partir du potentiel d'une particule dans un champ magnétique homogène (charge de l'électron $q = -e$) :

$$V = \frac{e}{mc}\boldsymbol{A}\cdot\boldsymbol{p} + \frac{e^2}{2mc^2}\boldsymbol{A}^2 \quad \text{avec} \quad \boldsymbol{A} = -\frac{1}{2}(\boldsymbol{r}\times\boldsymbol{B}) \ .$$

Si l'on néglige le terme carré qui ne représente qu'une légère correction relativiste on a

$$\langle V\rangle = -\frac{e}{2mc}(\boldsymbol{r}\times\boldsymbol{B})\cdot\boldsymbol{p} = \frac{e}{2mc}(\boldsymbol{r}\times\boldsymbol{p})\cdot\boldsymbol{B} = \frac{eB}{2mc}L_z \ .$$

L'énergie potentielle moyenne est juste égale à l'énergie cinétique moyenne et l'énergie à une particule s'en déduit simplement par addition. Dans le calcul exact, il apparaît cependant aussi l'énergie résiduelle. On obtient finalement

$$\varepsilon = \varepsilon_j + \varepsilon_z \quad \text{avec} \quad \varepsilon_j = \frac{e\hbar B}{mc}\left(j + \frac{1}{2}\right),$$

$$j = 0, 1, 2, \ldots \quad \text{et} \quad \varepsilon_z = \frac{p_z^2}{2m}. \tag{14.98}$$

La restriction à des composantes positives, $L_z > 0$, provient du fait que la direction de rotation des électrons chargés négativement est fixée : vu de la direction des z ils tournent dans le sens des aiguilles d'une montre. Les niveaux d'énergie (14.98) sont dégénérés ; c'est-à-dire, plusieurs états correspondent à la même énergie pour une particule ε_j.

Cela se comprend facilement à l'aide de la figure 14.11. D'après celle-ci, chaque niveau discret ($j = 0, 1, 2, \ldots$) en présence du champ magnétique résulte de la superposition d'un grand nombre de niveaux du spectre quasi-continu en l'absence de champ. En fait, les niveaux qui se superposent en l'absence de champ ont une énergie $\varepsilon = (p_x^2 + p_y^2)/2m$ qui se trouve entre les énergies (à présent discrètes) $2\mu_B B j$ et $2\mu_B B(j+1)$.

Le nombre d'états g_j appartenant au niveau discret j se calcule donc de la façon suivante

$$g_j = \frac{1}{h^2} \int\limits_{2\mu_B B j \leq \varepsilon < 2\mu_B B(j+1)} \mathrm{d}p_x\,\mathrm{d}p_y\,\mathrm{d}x\,\mathrm{d}y$$

$$\text{avec} \quad \varepsilon = \frac{1}{2m}(p_x^2 + p_y^2) \quad \text{et} \quad \mu_B = \frac{e\hbar}{2mc}. \tag{14.99}$$

Les intégrales sur x et y donnent simplement la surface de base du récipient, $V^{2/3}$. Les intégrales sur les quantités de mouvement s'obtiennent en passant aux coordonnées polaires planes, si nous posons $p_j = (4m\mu_B B j)^{1/2}$,

$$g_j = \frac{V^{2/3}}{h^2} 2\pi \int\limits_{p_j}^{p_{j+1}} p\,\mathrm{d}p = \frac{V^{2/3}}{h^2}\pi(p_{j+1}^2 - p_j^2) = \frac{V^{2/3}}{h^2}\pi\, 4m\mu_B B,$$

$$g_j = V^{2/3}\frac{eB}{hc}. \tag{14.100}$$

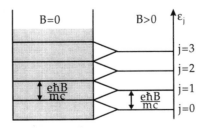

Fig. 14.11. Niveaux d'énergies en présence et en l'absence de champ magnétique

Le facteur de dégénérescence g_j est indépendant de j. Il s'annule lorsque $B \to 0$, ce qui n'est pas surprenant, puisque nous avons envisagé le cas limite d'un spectre continu dans l'équation (14.99).

Une remarque s'impose : on pourrait affirmer que la dégénérescence (14.100) de l'état j contredit le principe de Pauli, puisque les fermions ne peuvent occuper l'état de moment cinétique j que s'il diffèrent par un autre nombre quantique et celui-ci ne peut être qu'un petit nombre, qui ne peut en aucune façon être proportionnel à $V^{2/3}$. Il nous faut cependant remarquer que B induit de nombreux courants circulaires microscopiques, strictement séparés spatialement. Pour chaque courant l'argument du principe de Pauli doit s'appliquer, mais globalement, chaque courant circulaire avec un électron dont la projection du moment cinétique vaut j dans la direction des z contribue au facteur de dégénérescence g_j. Le principe de Pauli n'est pas violé, puisque chaque courant circulaire est spatialement très limité et peut être localisé (auparavant un électron ne pouvait pas être localisé plus précisément que dans le domaine spatial V, c'est-à-dire, le volume total du métal). De nombreux électrons peuvent donc avoir la même projection de moment cinétique j, tant qu'ils se trouvent sur des courants circulaires séparés spatialement.

On ne peut espérer pouvoir calculer le nombre de courants circulaires. On peut cependant exploiter le fait que le nombre d'électrons dans un métal est constant et que par conséquent les électrons qui auparavant se trouvaient dans un état $\{p_x, p_y, p_z\}$ dans le volume total V se trouvent maintenant dans les courants circulaires localisés avec un projection de moment cinétique j dans la direction des z. Dans l'équation (14.97) nous avons relié l'énergie cinétique avec l'énergie du moment cinétique et le nombre respectif de courants circulaires a été calculé (indirectement) à l'aide de g_j dans l'équation (14.100).

Après ces remarques préliminaires nous pouvons à présent écrire explicitement la somme sur tous les états dans le logarithme de la fonction de partition grand-canonique. Nous devons intégrer sur toutes les quantités de mouvement p_z et sommer sur toutes les valeurs de j, de plus $V^{1/3} \, dp_z/h$, p_z états propres se trouvent dans l'intervalle de quantités de mouvement dp_z,

$$\ln \mathcal{Z} = \frac{V^{1/3}}{h} \int_{-\infty}^{+\infty} dp_z \sum_{j=0}^{\infty} g_j \ln \left[1 + z \exp \left\{ -\beta \left[\frac{p_z^2}{2m} + 2\mu_B B \left(j + \frac{1}{2} \right) \right] \right\} \right].$$

(14.101)

Le potentiel chimique se détermine pour un nombre fixé (en moyenne) de particules à partir de

$$N = \frac{V^{1/3}}{h} \int_{-\infty}^{+\infty} dp_z \sum_{j=0}^{\infty} g_j \frac{1}{z^{-1} \exp \left\{ \beta \left[p_z^2/2m + 2\mu_B B \left(j + 1/2 \right) \right] \right\} + 1}.$$

(14.102)

Malheureusement, la détermination des équations (14.101) et (14.102) n'est pas triviale. Limitons nous donc tout d'abord aux cas limites les plus simples.

Pour cela, considérons les ordres de grandeurs des énergies caractéristiques ε_F, kT et $\mu_B B$ du système. L'énergie de Fermi du gaz d'électrons dans les métaux est de l'ordre de grandeur de quelques électrons volts. L'énergie thermique moyenne kT à température ambiante vaut approximativement $1/40$ eV et l'énergie des dipôles induits est encore très faible pour un champ magnétique de 1 T, $\mu_B B \approx 10^{-4}$ eV. Nous supposerons donc que $\varepsilon_F \gg kT \gg \mu_B B$. Les niveaux d'énergie ε_j sont très rapprochés pour des champs peu intenses et l'on peut alors calculer approximativement la somme sur les j dans l'équation (14.101) à l'aide de la formule d'Euler–MacLaurin :

$$\sum_{j=0}^{\infty} f\left(j + \frac{1}{2}\right) \approx \int_0^{\infty} f(x)\, dx + \frac{1}{24} f'(0) + \cdots . \tag{14.103}$$

Avec $f(x) = \ln\left\{1 + z \exp\left[-\beta\left(p_z^2/2m + 2\mu_B Bx\right)\right]\right\}$ on obtient pour l'équation (14.101)

$$\ln \mathcal{Z} \approx \frac{VeB}{h^2 c}\left(\int_0^{\infty} dx \int_{-\infty}^{+\infty} dp_z \ln\left[1 + z \exp\left(-2\beta\mu_B Bx - \frac{\beta p_z^2}{2m}\right)\right]\right.$$

$$\left. - \frac{1}{12}\beta\mu_B B \int_{-\infty}^{+\infty} dp_z \frac{1}{z^{-1}\exp(\beta p_z^2/2m) + 1}\right) . \tag{14.104}$$

Au lieu de $\int_{-\infty}^{+\infty} dp_z$ nous pouvons aussi écrire $2\int_0^{\infty} dp_z$, puisque seul p_z^2 apparaît dans la fonction à intégrer. Dans l'étape suivante on utilise la nouvelle variable $\varepsilon = 2\mu_B Bx + p_z^2/2m$ dans la première intégrale. Au lieu d'intégrer par rapport à x on intègre par rapport à ε de 0 l'infini. Effectuons tout d'abord l'intégration par rapport à p_z pour ε fixé. Pour ε fixé le minimum de p_z vaut zéro (si $x = \varepsilon/2\mu_B B$) et le maximum vaut $\sqrt{2m\varepsilon}$ (si $x = 0$). De cette façon, on peut se rendre compte à l'aide d'une petite figure illustrant le plan p_z–x que l'intégration par rapport à ε et p_z (au lieu de x et p_z) avec les indications que l'on vient de donner recouvre le même domaine d'intégration et que le changement de variable est régulier. Si nous désignons par $\ln \mathcal{Z}_0$ le premier terme dans l'équation (14.104), il s'en suit que

$$\ln \mathcal{Z}_0 = \frac{VeB}{h^2 c}\frac{1}{\mu_B B}\int_0^{\infty} d\varepsilon \int_0^{\sqrt{2m\varepsilon}} dp_z \ln[1 + z\exp(-\beta\varepsilon)]$$

$$= \frac{2\pi V(2m)^{3/2}}{h^3}\int_0^{\infty} d\varepsilon\, \varepsilon^{1/2} \ln[1 + z\exp(-\beta\varepsilon)] .$$

Ceci représente simplement la fonction de partition d'un gaz de Fermi libre en l'absence de champ magnétique. Comme on peut le remarquer, le premier terme dans l'équation (14.103) correspond au cas limite $B \to 0$. Les termes d'ordre supérieur constituent donc les corrections vis à vis du système libre. Si l'on note $\ln \mathcal{Z}_1$ le second terme de l'équation (14.104) et si l'on fait le changement de variable $y = \beta p_z^2 / 2m$, l'intégrale devient

$$\ln \mathcal{Z}_1 = -\frac{\pi V (2m)^{3/2}}{6h^3} (\mu_B B)^2 \beta^{1/2} \int\limits_0^\infty \frac{y^{-1/2} \, \mathrm{d}y}{z^{-1} \mathrm{e}^y + 1}$$

$$= -\frac{\pi V (2m)^{3/2}}{6h^3} (\mu_B B)^2 \beta^{1/2} \sqrt{\pi} f_{1/2}(z) \, .$$

Puisque $z \gg 1$ ($\varepsilon_F \gg kT$), la fonction $f_{1/2}(z) \approx (\ln z)^{1/2}/\Gamma(3/2) \approx 2/\sqrt{\pi}$ $(\varepsilon_F/kT)^{-1/2}$ peut être approchée (voir (14.26)). De plus, les facteurs multiplicatifs s'expriment plus clairement à l'aide de l'énergie de Fermi (14.44) :

$$\ln \mathcal{Z}_1 \approx -\frac{N}{4} \frac{(\mu_B B)^2}{\varepsilon_F kT} \, .$$

Dans ce cas $g = 1$, puisque le champ magnétique lève la dégénérescence du spin. À partir de $\ln \mathcal{Z}_1$ on peut immédiatement en déduire le moment magnétique moyen puisque $\ln \mathcal{Z}_0$ ne dépend pas de B,

$$\langle D_z \rangle = \frac{1}{\beta} \frac{\partial}{\partial B} \ln \mathcal{Z}_1 \bigg|_{z, V, T} = -\frac{1}{2} N \mu_B \left(\frac{\mu_B B}{\varepsilon_F} \right) \quad \text{pour} \quad \varepsilon_F \gg kT \gg \mu_B B \, .$$

$$(14.105)$$

En fin de compte on obtient pour la susceptibilité

$$\chi_0 = \lim_{B \to 0} \frac{\partial \langle D_z \rangle}{\partial B} = -\frac{1}{2} \frac{N \mu_B^2}{\varepsilon_F} \, .$$

Nous avions obtenu des résultats similaires pour un système paramagnétique (exemple 14.6), avec un facteur 3 supplémentaire et un signe opposé. Ce dernier résulte évidemment du moment magnétique moyen de direction opposée à celle du champ, ce qui est typique pour des dipôles induits. La susceptibilité diamagnétique du gaz d'électrons ne dépend pas de la température lorsque $kT \ll \varepsilon_F$, de la même façon que pour la susceptibilité paramagnétique. Dans les métaux, les moments paramagnétique et diamagnétique se superposent pour donner une susceptibilité effective

$$\chi_0^{\mathrm{eff}} = \chi_0^{\mathrm{dia}} + \chi_0^{\mathrm{para}} = \frac{1}{2} \frac{N}{\varepsilon_F} (3\mu_B^2 - \mu_B'^2) \tag{14.106}$$

qui correspond à un comportement paramagnétique. Dans cette formule nous avons noté $\mu_B' = e\hbar/(2m'c)$ la part diamagnétique. Les électrons des métaux peuvent approximativement se déplacer librement, mais en raison d'une interaction résiduelle (entre eux et avec les ions) il possèdent une masse effective m', qui est plus ou moins différente de la masse libre m. Puisque le moment diamagnétique résulte des mouvements circulaires induits des électrons avec cette masse effective, le magnéton, que l'on doit reporter dans l'équation (14.106) diffère de la valeur usuelle μ_B. Pour la contribution paramagnétique cette considération n'est cependant pas valable, puisque dans ce cas le moment magnétique est du au spin dont la valeur absolue ne change pas avec les interactions.

Calculons à présent, en premier pour un champ magnétique arbitraire, la limite de Boltzmann $kT \gg \varepsilon_F$ de l'équation (14.101). Dans ce cas $z \ll 1$ et l'on peut reporter la statistique de Boltzmann dans l'équation (14.101) ($\ln(1 + az) \approx az$) :

$$\ln \mathcal{Z} = \frac{zVeB}{h^2 c} \int\limits_{-\infty}^{+\infty} dp_z \exp\left(-\beta \frac{p_z^2}{2m}\right) \sum_{j=0}^{\infty} \exp\left[-\beta 2\mu_B B \left(j + \frac{1}{2}\right)\right] .$$

L'intégrale de moment est déjà connue et nous avons déjà rencontré la somme sur j dans un contexte différent (exemple 8.1) :

$$\ln \mathcal{Z} = \frac{zVeB}{h^2 c} \left(\frac{2\pi m}{\beta}\right)^{1/2} [2\sinh(\beta\mu_B B)]^{-1} \quad \text{pour} \quad kT \gg \varepsilon_F . \tag{14.107}$$

Il nous faut ici déterminer le potentiel chimique à partir de l'équation (14.102) dans la limite de Boltzmann $z \ll 1$. Au lieu d'effectuer ce calcul il est plus simple de dériver $\ln \mathcal{Z}$:

$$N = z \frac{\partial}{\partial z} \ln \mathcal{Z} \bigg|_{B,V,T} = \frac{zV}{\lambda^3} \frac{x}{\sinh x} \quad \text{avec} \quad x = \beta\mu_B B \tag{14.108}$$

on peut alors facilement en déduire z. Pour des températures élevées, $T \to \infty$, $x \approx 0$ et $(\sinh x)/x \approx 1$. Le potentiel chimique (ou la fugacité) tend alors vers la valeur classique du gaz parfait $z \approx n\lambda^3$.

Le moment magnétique moyen est donné par

$$\langle D_z \rangle = \frac{1}{\beta} \frac{\partial}{\partial B} \ln \mathcal{Z} \bigg|_{z,V,T} = \frac{zV}{\lambda^3} \mu_B \frac{x}{\sinh x} \left(\frac{1}{x} - \coth x\right) \quad \text{pour} \quad kT \gg \varepsilon_F .$$

Si l'on reporte l'équation (14.108) et que l'on utilise la définition de la fonction de Langevin (voir chapitre 8), on a

$$\langle D_z \rangle = -N\mu_B L(x) . \tag{14.109}$$

Cette expression a au signe près la même forme que pour le cas paramagnétique dans la limite de Boltzmann au chapitre 8. De nouveau le signe moins dans l'équation (14.109) provient de l'orientation opposée des dipôles induits à celle du champ. Remarquons cependant que nous obtenons ici à la limite un dipôle d'orientation arbitraire. Dans l'exemple précédent la limite de Boltzmann avait donné le cas des dipôles quantiques avec $j = 1/2$ et seulement deux orientations (voir exemple 14.6, chapitre 8). La raison en est que les moments paramagnétiques des électrons libres sont dus au spin, qui possède la valeur fixe $j = 1/2$. Par ailleurs, le moment diamagnétique d'un électron sur une orbite circulaire ne dépend pas du moment cinétique total de l'électron, mais seulement de la composante z, j_z. Cependant, des valeurs arbitrairement grandes du moment cinétique contribuent également à une composante j_z donnée.

EXEMPLE ■■■

14.8 L'effet De Haas–van Alphen

Jusqu'à présent nous n'avons évalué l'équation (14.101) que dans les cas $\varepsilon_F \gg kT \gg \mu_B B$ et $kT \gg \varepsilon_F$. Le premier cas est tout à fait réaliste à température ambiante, puisque l'énergie de Fermi des électrons d'un métal est grande par rapport à l'énergie thermique kT. La condition $kT \gg \mu_B B$ était cependant aussi nécessaire, car seulement alors les niveaux discrets ε_j étaient suffisamment rapprochés pour pouvoir arrêter la formule d'Euler–MacLaurin à l'ordre deux.

Etudions à présent le cas de températures très basses et comparativement de champs magnétiques élevés $kT \approx \mu_B B \ll \varepsilon_F$. Montrons qu'il apparaît alors un effet intéressant nouveau relié à la dégénérescence du gaz d'électrons. Dans ce cas il apparaît des termes oscillatoires de la variable caractéristique $\varepsilon_F/\mu_B B$ dans le potentiel grand-canonique. Il serait très difficile d'essayer de calculer complètement la somme de la série d'Euler–MacLaurin dans l'équation (14.103). Cherchons donc une autre façon de procéder. Ecrivons de nouveau l'expression pour le calcul de $\ln \mathcal{Z}$:

$$\ln \mathcal{Z} = \sum_k \ln[+z \exp(-\beta \varepsilon_k)] = \int\limits_0^\infty d\varepsilon\, g_1(\varepsilon) \ln[1 + z \exp(-\beta \varepsilon)] \,. \quad (14.110)$$

La densité d'états à une particule $g_1(\varepsilon)$ apparaît dans la formulation utilisant des énergies continues à une particule. Déterminons la explicitement. Pour cela utilisons les résultats du chapitre 7, d'après ceux-ci $g_1(\varepsilon)$ est la transformée de Laplace de la fonction de partition canonique dans la limite de Boltzmann,

$$g_1(\varepsilon) = \frac{1}{2\pi i} \int\limits_{\beta'-i\infty}^{\beta'+i\infty} \exp(\beta \varepsilon) Z_1^B(\beta)\, d\beta \,, \qquad \beta' > 0 \,. \quad (14.111)$$

Nous pouvons facilement écrire la fonction de partition canonique $Z_1^B(\beta)$, puisque nous avons déjà calculé la fonction de partition correspondante dans l'équation (14.107). En général, pour des systèmes sans interaction on a

$$\ln \mathcal{Z} = z Z_1^B(\beta) \,.$$

Avec l'équation (14.107) on obtient pour $\ln \mathcal{Z}$

$$Z_1^B(\beta) = \frac{VeB}{h^2 c} \left(\frac{2\pi m}{\beta}\right)^{1/2} [2 \sinh(\alpha \beta)]^{-1} \quad \text{avec} \quad \alpha = \mu_B B \,. \quad (14.112)$$

Remarquons que le calcul de $g_1(\varepsilon)$ à l'aide de $Z_1^B(\beta)$ dans la limite de Boltzmann ($kT \gg \varepsilon_F$) ne correspond pas aux températures envisagées, qui vérifient au contraire $kT \ll \varepsilon_F$. Il nous faut simplement déterminer d'une façon ou d'une autre $g_1(\varepsilon)$ pour évaluer (correctement en statistique quantique) la fonction de partition grand-canonique, dont nous avons besoin dans l'équation (14.110). Une façon de calculer $g_1(\varepsilon)$ est d'utiliser la définition de la fonction de partition canonique dans la limite de Boltzmann d'après l'équation (14.111). Il faut alors calculer l'intégrale sur le contour complexe (14.111) en utilisant l'équation (14.112),

$$g_1(\varepsilon) = \frac{VeB}{2h^2c}(2\pi m)^{1/2} \frac{1}{2\pi i} \int\limits_{\beta'-i\infty}^{\beta'+i\infty} \frac{\exp(\beta\varepsilon)\, d\beta}{\beta^{1/2}\sinh(\alpha\beta)} \cdot$$

Le calcul de cette intégrale sera fait dans l'exercice qui suit. Le résultat est

$$g_1(\varepsilon) = 2\pi V\left(\frac{2m}{h^2}\right)^{3/2}\left[\varepsilon^{1/2} + \alpha^{1/2}\sum_{l=1}^{\infty}\frac{(-1)^l}{l^{1/2}}\cos\left(\frac{l\pi\varepsilon}{\alpha} - \frac{\pi}{4}\right)\right]$$

ou si l'on exprime le facteur multiplicatif en fonction de l'énergie de Fermi ε_F du gaz d'électrons avec le facteur de dégénérescence $g = 1$ (pas de dégénérescence de spin),

$$g_1(\varepsilon) = \frac{3}{2}N\varepsilon_F^{-3/2}\left[\varepsilon^{1/2} + \alpha^{1/2}\sum_{l=1}^{\infty}\frac{(-1)^l}{l^{1/2}}\cos\left(\frac{l\pi\varepsilon}{\alpha} - \frac{\pi}{4}\right)\right] \cdot$$

On remarque immédiatement que le premier terme entre crochets fournit la densité d'états du gaz parfait de Fermi en l'absence de champ magnétique. Cette partie ne donne le potentiel grand canonique du gaz parfait de Fermi que dans le cas $\beta \to 0$ ($\alpha \to 0$) et nous écrirons de façon abrégée

$$\ln \mathcal{Z} = \ln \mathcal{Z}_0 + \ln \mathcal{Z}_B$$

où $\ln \mathcal{Z}_0$ a déjà été étudié en détail pour le gaz parfait de Fermi et ne nous intéressera plus ici. Le second terme comporte l'indice B pour illustrer l'influence du champ magnétique et s'écrit

$$\ln \mathcal{Z}_B = \int\limits_0^\infty g_B(\varepsilon)\, d\varepsilon \ln[1 + z\exp(-\beta\varepsilon)] \tag{14.113}$$

avec

$$g_B(\varepsilon) = \frac{3}{2}\frac{N}{\varepsilon_F}\left(\frac{\alpha}{\varepsilon_F}\right)^{1/2}\sum_{l=1}^{\infty}\frac{(-1)^l}{l^{1/2}}\cos\left(\frac{l\pi\varepsilon}{\alpha} - \frac{\pi}{4}\right) \cdot$$

Cette partie de la densité d'états décrit le conglomérat d'états selon la figure 14.11. La fonction $g_B(\varepsilon)$ est une fonction périodique de la variable $x = \varepsilon/\alpha$, de période $\Delta x = 2$. En particulier $g_B(\varepsilon)$ diverge au points $x = 1, 3, 5, \ldots$. Pour $x = (2n+1)$, $n = 0, 1, 2, \ldots$ nous avons en effet

$$\cos\left(l\pi(2n+1) - \frac{\pi}{4}\right) = \cos\left(l\pi - \frac{\pi}{4}\right) = \frac{1}{\sqrt{2}}(-1)^l$$

et $g_B(\varepsilon)$ devient proportionnel à

$$\sum_{l=1}^{\infty} \frac{1}{l^{1/2}} \to \infty \; .$$

Les points $x = 2n + 1$ correspondent au états discrets, car $\varepsilon = (2n + 1)\alpha = 2\mu_B(n + 1/2)$. Seul le logarithme dans la fonction à intégrer pose encore un problème pour poursuivre l'évaluation de l'équation (14.113). Nous savons d'autre part que la dérivée de ce terme par rapport à l'énergie est proportionnelle au nombre d'occupation moyen $\langle n_\varepsilon \rangle^{\mathrm{FD}}$. En particulier pour de faibles températures cette quantité a la forme d'une fonction Θ $(\Theta(\varepsilon_F - \varepsilon))$. La dérivée du nombre d'occupation présente donc un maximum très étroit pour l'énergie de Fermi dans le cas qui nous intéresse. Il est donc pratique d'intégrer par parties (deux fois) dans l'équation (14.113) :

$$\ln Z_B = \left[G(\varepsilon) \ln \left(1 + z \exp(-\beta\varepsilon) \right) \right]_0^\infty + \beta \int\limits_0^\infty \mathrm{d}\varepsilon G(\varepsilon) \frac{1}{z^{-1} \exp(\beta\varepsilon) + 1}$$

$$= \left[G(\varepsilon) \ln \left(1 + z \exp(-\beta\varepsilon) \right) \right]_0^\infty + \left[\frac{\beta \mathcal{G}(\varepsilon)}{z^{-1} \exp(\beta\varepsilon) + 1} \right]_0^\infty$$

$$- \beta \int\limits_0^\infty \mathrm{d}\varepsilon \mathcal{G}(\varepsilon) \frac{\partial}{\partial\varepsilon} \frac{1}{z^{-1} \exp(\beta\varepsilon) + 1} \; . \tag{14.114}$$

Les fonctions $G(\varepsilon)$ et $\mathcal{G}(\varepsilon)$ s'expriment immédiatement

$$G(\varepsilon) = \frac{3}{2\pi} N \left(\frac{\alpha}{\varepsilon_F} \right)^{3/2} \sum_{l=1}^{\infty} \frac{(-1)^l}{l^{3/2}} \sin \left(\frac{l\pi\varepsilon}{\alpha} - \frac{\pi}{4} \right) \; , \tag{14.115}$$

$$\mathcal{G}(\varepsilon) = -\frac{3}{2\pi^2} N\alpha \left(\frac{\alpha}{\varepsilon_F} \right)^{3/2} \sum_{l=1}^{\infty} \frac{(-1)^l}{l^{5/2}} \cos \left(\frac{l\pi\varepsilon}{\alpha} - \frac{\pi}{4} \right) \; . \tag{14.116}$$

Ce calcul a pour avantage que la fonction à intégrer dans la dernière intégrale de l'équation (14.114) n'apporte pratiquement une contribution qu'au voisinage de l'énergie de Fermi.

Considérons en premier les termes de l'intégration par parties. Il doivent s'annuler pour la borne supérieure, puisque $G(\varepsilon)$ ainsi que $\mathcal{G}(\varepsilon)$ sont des fonctions périodiques bornées et que $\exp(-\beta\varepsilon) \to 0$ pour $\varepsilon \to \infty$. Pour la borne inférieure ces termes fournissent les contributions $G(0) \ln(1 + z)$ et $\beta\mathcal{G}(0)(z^{-1} + 1)^{-1}$, qui ne s'annulent pas. On peut bien sur calculer ces termes en utilisant les équations (14.115) et (14.116) et $z \approx \exp(\varepsilon_F/kT) \gg 1$. Elles fournissent une contribution qui dépend de B et de N, mais le comportement en B n'est pas oscillatoire. Etudions à présent les termes oscillatoires. La partie oscillatoire de la fonction de partition s'écrit

$$\ln Z_{\mathrm{osc}} \approx -\beta \int\limits_0^\infty \mathcal{G}(\varepsilon) \, \mathrm{d}\varepsilon \frac{\partial}{\partial\varepsilon} \frac{1}{z^{-1} \exp(\beta\varepsilon) + 1} \; . \tag{14.117}$$

Nous avons alors

$$\frac{\partial}{\partial \varepsilon} \frac{1}{z^{-1} \exp(\beta \varepsilon) + 1} = -\beta \frac{z^{-1} \exp(\beta \varepsilon)}{[z^{-1} \exp(\beta \varepsilon) + 1]^2} = -\frac{\beta}{4} \cosh^{-2}\left(\frac{\beta}{2}(\varepsilon - \mu)\right) \tag{14.118}$$

où nous pouvons poser $\mu \approx \varepsilon_{\mathrm{F}}$ car $kT \ll \varepsilon_{\mathrm{F}}$. Si l'on reporte l'équation (14.118) dans l'équation (14.117) nous devons calculer

$$\ln \mathcal{Z}_{\mathrm{osc}} \approx -\frac{3}{8\pi^2} N\alpha\beta^2 \left(\frac{\alpha}{\varepsilon_{\mathrm{F}}}\right)^{3/2} \sum_{l=1}^{\infty} \frac{(-1)^l}{l^{5/2}} \int_0^{\infty} d\varepsilon \frac{\cos\left(l\pi\varepsilon/\alpha - \pi/4\right)}{\cosh^2\left(\beta(\varepsilon - \varepsilon_{\mathrm{F}})/2\right)} \,.$$

Cette intégrale vaut

$$\int_0^{\infty} d\varepsilon \frac{\cos\left(l\pi\varepsilon/\alpha - \pi/4\right)}{\cosh^2\left(\beta(\varepsilon - \varepsilon_{\mathrm{F}})/2\right)} \approx \frac{4}{\beta} \cos\left(\frac{l\pi\varepsilon_{\mathrm{F}}}{\alpha} - \frac{\pi}{4}\right) \frac{l\pi^2/(\alpha\beta)}{\sinh[l\pi^2/(\alpha\beta)]} \tag{14.119}$$

(voir exercice 14.10) le résultat est intuitivement évident, puisque le dénominateur du terme à intégrer possède un maximum aigu en ε_{F} lorsque $\beta \to \infty$ et à la limite, se comporte même comme une fonction δ. On obtient donc le numérateur en ε_{F} multiplié par des facteurs correctifs pour des températures finies. Le résultat final s'écrit

$$\ln \mathcal{Z}_{\mathrm{osc}} \approx -\frac{3}{2} N \left(\frac{\alpha}{\varepsilon_{\mathrm{F}}}\right)^{3/2} \sum_{l=1}^{\infty} \frac{(-1)^l}{l^{3/2}} \frac{\cos\left(l\pi\varepsilon_{\mathrm{F}}/\alpha - \pi/4\right)}{\sinh\left[l\pi^2/(\alpha\beta)\right]} \,. \tag{14.120}$$

Comme on peut le voir, le potentiel grand-canonique contient des termes oscillatoires de la variable $\varepsilon_{\mathrm{F}}/\mu_{\mathrm{B}} B$. Pour des températures élevées ($kT \gg \mu_{\mathrm{B}} B$) ces termes sont cependant peu perceptibles car alors les sinus hyperboliques au dénominateur deviennent très grands et amortissent toutes les oscillations. D'autre part si kT est de l'ordre de $\mu_{\mathrm{B}} B$, alors $\alpha\beta \approx 1$. Alors seul le terme $l = 1$ dans l'équation (14.102) contribue de manière notable, puisque pour les autres termes le sinh augmente de nouveau de façon exponentielle. Si l'on se restreint à ce terme on obtient une contribution oscillatoire pour le moment magnétique,

$$\langle D_z \rangle_{\mathrm{osc}} = \frac{1}{\beta} \frac{\partial}{\partial B} \ln \mathcal{Z}_{\mathrm{osc}}$$

$$= \frac{3}{2} \frac{N\mu_{\mathrm{B}}}{\beta \varepsilon_{\mathrm{F}}^{3/2}} \frac{\partial}{\partial \alpha} \left[\alpha^{3/2} \frac{\cos\left(\pi\varepsilon_{\mathrm{F}}/\alpha - \pi/4\right)}{\sinh[\pi^2/(\alpha\beta)]} \right]$$

$$\approx \frac{3\pi}{2} \frac{N\mu_{\mathrm{B}}}{\varepsilon_{\mathrm{F}}} \frac{1}{\beta} \left(\frac{\varepsilon_{\mathrm{F}}}{\alpha}\right)^{1/2} \frac{\sin\left(\pi\varepsilon_{\mathrm{F}}/\alpha - \pi/4\right)}{\sinh[\pi^2/(\alpha\beta)]} + \cdots$$

où nous n'avons conservé que le terme prépondérant (en fait le terme proportionnel à ε_{F}, puisque $\varepsilon_{\mathrm{F}} \gg \alpha$). Calculons la susceptibilité correspondante

Exemple 14.8

d'après $\chi = \langle D_z \rangle / B$, puisque la limite $B \to 0$ n'intervient pas pour les champs élevés considérés ici :

$$\chi_{\text{osc}} \approx \frac{3\pi}{2} \frac{N\mu_{\text{B}}^2}{\varepsilon_{\text{F}}} \frac{kT\varepsilon_{\text{F}}^{1/2}}{(\mu_{\text{B}}B)^{3/2}} \frac{\sin\left[\pi\varepsilon_{\text{F}}/(\mu_{\text{B}}B) - \pi/4\right]}{\sinh[\pi^2 kT/(\mu_{\text{B}}B)]} \quad \text{pour } \mu_{\text{B}}B \approx kT \ll \varepsilon_{\text{F}} .$$

(14.121)

Cette expression peut directement être comparée aux contributions diamagnétique et paramagnétique régulières. D'après l'équation (14.121) la susceptibilité possède également une contribution oscillatoire de la variable $\varepsilon_{\text{F}}/\mu_{\text{B}}B$ pour des champs magnétiques élevés et des températures faibles. Si l'on mesure la susceptibilité d'un métal en fonction du champ B à de très basses températures on peut directement déterminer l'énergie de Fermi du métal à partir de ses variations périodiques. Mais les mesures ne sont pas simples, car comme indiqué les champs magnétiques doivent être très intenses et la température très basse. Même dans ces conditions les contributions diamagnétique et paramagnétique régulières à la susceptibilité sont encore relativement importantes vis-à-vis de l'effet considéré.

Le conglomérat d'états dans la région des orbites circulaires quantifiées est bien sur à l'origine de ces oscillations. À très basse température, en l'absence de champ magnétique, l'occupation de Fermi des états est pratiquement rectangulaire et seul quelques électrons dans le domaine kT autour de l'énergie de Fermi sont excités. Si maintenant on augment le champ, il se forme des niveaux discrets avec la dégénérescence (densité d'états élevée) g_j dont on a parlé dans l'exemple précédent. Si l'on augmente encore B, la différence entre les niveaux d'énergie s'accroît et la dégénérescence augmente, puisqu'il faut placer plus d'états continus de quantités de mouvement sur chaque niveau du moment cinétique. S'il arrive qu'un tel encombrement se situe près du niveau de Fermi, bien plus d'électrons pourront être excités et cela change la susceptibilité. Si l'on augmente continûment B les encombrements dépasseront le niveau de Fermi l'un après l'autre ce qui entraîne une variation périodique de χ. Pour des champs faibles les encombrements sont proches les uns des autres et ont une dégénérescence faible. L'effet disparaît donc pour $\mu_{\text{B}}B \ll kT \ll \varepsilon_{\text{F}}$. La même chose se produit pour des températures plus élevées, puisque le domaine d'énergie kT autour du niveau de Fermi où les électrons sont excités devient plus grand que la distance entre les encombrements.

La dépendance périodique da la susceptibilité des métaux à basses température et pour des champs magnétiques élevés s'appelle *effet Haas–van Alphen*.

EXERCICE ████████████████████████

14.9 Calcul de la densité d'états pour le diamagnétisme de Landau

Problème. Calculons la densité d'états

$$g_1(\varepsilon) = \frac{VeB}{2h^2c}(2\pi m)^{1/2}\frac{1}{2\pi i}\int_{\beta'-i\infty}^{\beta'+i\infty}\frac{\exp(\beta\varepsilon)\,d\beta}{\beta^{1/2}\sinh(\alpha\beta)}. \tag{14.122}$$

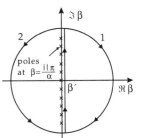

Fig. 14.12. Intégrale de contour dans le plan β complexe

Solution. La fonction à intégrer possède des pôles en $\beta = 0$ et là où le sinh s'annule. C'est le cas le long de l'axe imaginaire β pour $\alpha\beta = il\pi$, avec $l = 0, \pm1, \pm2, \ldots$. Comme dans l'exemple 7.11 on peut refermer le contour d'intégration dans le plan complexe β. Pour $\varepsilon > 0$ ceci se fait à l'aide du contour 2 (voir figure 14.12), puisque le dénominateur s'annule pour $|\beta| \to \infty$. Pour $|\beta| \to \infty$ et $\varepsilon > 0$ le demi-cercle 2 ne contribue pas à l'intégrale de contour à l'infini. De façon analogue, il faut choisir le contour 1 pour $\varepsilon < 0$. Puisqu'aucun pôle ne se trouve à l'intérieur du contour pour le circuit 1, l'intégrale de contour et donc la densité d'états s'annulent pour $\varepsilon < 0$.

Cependant pour $\varepsilon > 0$, les pôles sur l'axe imaginaire sont dans le contour et l'équation (14.122) doit être calculée en utilisant le théorème des résidus.

D'après les règles de calcul des intégrales pour des contours complexes le contour 1 est équivalent à la somme des contours montrés sur la figure 14.13, où nous intégrons sur de petits cercles autour des pôles $\beta = il\pi/\alpha$. Ce n'est en fait que la méthode des résidus.

Considérons tout d'abord le pôle $\beta = 0$. En intégrant sur un petit cercle autour de $\beta = 0$ on peut poser $\sinh(\alpha\beta) \approx \alpha\beta$ et la contribution de ce pôle à l'intégrale complète devient

$$\frac{1}{2\pi i}\oint_{\beta=0}\frac{\exp(\beta\varepsilon)\,d\beta}{\beta^{1/2}\sinh(\alpha\beta)} = \frac{1}{2\pi i\alpha}\oint\frac{\exp(\beta\varepsilon)}{\beta^{3/2}}\,d\beta = \frac{1}{\alpha}\frac{\varepsilon^{1/2}}{\Gamma(3/2)}$$

où nous avons utilisés des résultats de l'exemple 7.11.

Pour calculer les résultats aux pôles restants nous utilisons la formule générale

$$\frac{1}{2\pi i}\oint_{z_0}\frac{f(z)}{z-z_0}\,dz = f(z_0)\frac{1}{2\pi i}\oint_{z_0}\frac{dz}{z-z_0} = f(z_0) \tag{14.123}$$

pour $f(z)$ holomorphe en z_0 et un contour fermé simple autour de z_0 et orienté positivement. Puisque les cercles autour des pôles peuvent être arbitrairement petits, on peut développer le sinh au dénominateur au voisinage du pôle correspondant :

$$\sinh(\alpha\beta) \approx \sinh(il\pi) + \cosh(il\pi)(\alpha\beta - il\pi) + \cdots$$
$$\approx (-1)^l(\alpha\beta - il\pi) + \cdots. \tag{14.124}$$

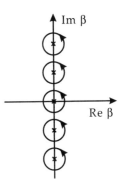

Fig. 14.13. Contours d'intégrations autour des pôles

Exercice 14.9   Les intégrales s'évaluent immédiatement à l'aide des équations (14.123) et (14.124) :

$$\frac{1}{2\pi i} \oint_{\beta = il\pi/\alpha} \frac{\exp(\beta\varepsilon)\, d\beta}{\beta^{1/2} \sinh(\alpha\beta)}$$

$$= \left(\frac{il\pi}{\alpha}\right)^{-1/2} \exp\left(i\frac{l\pi\varepsilon}{\alpha}\right) \frac{(-1)^l}{\alpha} \frac{1}{2\pi i} \oint \frac{d\beta}{\beta - il\pi/\alpha}$$

$$= \left(\frac{il\pi}{\alpha}\right)^{-1/2} \exp\left(i\frac{l\pi\varepsilon}{\alpha}\right) \frac{(-1)^l}{\alpha}\,. \tag{14.125}$$

L'intégrale dans l'équation (14.122) vaut donc

$$\frac{1}{2\pi i} \int_{\beta'-i\infty}^{\beta'+i\infty} \frac{\exp(\beta\varepsilon)\, d\beta}{\beta^{1/2} \sinh(\alpha\beta)}$$

$$= \frac{1}{\alpha} \left[\frac{2}{\sqrt{\pi}} \varepsilon^{1/2} + \sum_{l=-\infty, l\neq 0}^{\infty} (-1)^l \left(\frac{il\pi}{\alpha}\right)^{-1/2} \exp\left(i\frac{l\pi\varepsilon}{\alpha}\right) \right].$$

On peut regrouper les termes en $\pm l$, car

$$\frac{1}{i^{1/2}} \exp\left(i\frac{l\pi\varepsilon}{\alpha}\right) + \frac{1}{(-i)^{1/2}} \exp\left(-i\frac{l\pi\varepsilon}{\alpha}\right)$$

$$= \exp\left[i\left(\frac{l\pi\varepsilon}{\alpha} - \frac{\pi}{4}\right)\right] + \exp\left[-i\left(\frac{l\pi\varepsilon}{\alpha} - \frac{\pi}{4}\right)\right]$$

$$= 2\cos\left(\frac{l\pi\varepsilon}{\alpha} - \frac{\pi}{4}\right)\,.$$

La densité d'états pour une particule s'écrit donc

$$g_1(\varepsilon) = \frac{VeB}{2h^2c} (2\pi m)^{1/2}$$

$$\times \frac{1}{\alpha} \left[\frac{2}{\sqrt{\pi}} \varepsilon^{1/2} + 2\left(\frac{\alpha}{\pi}\right)^{1/2} \sum_{l=1}^{\infty} \frac{(-1)^l}{l^{1/2}} \cos\left(\frac{l\pi\varepsilon}{\alpha} - \frac{\pi}{4}\right) \right].$$

Avec $\alpha = \mu_B B$ cela peut s'écrire simplement :

$$g_1(\varepsilon) = 2\pi V \left(\frac{2m}{h^2}\right)^{3/2} \left[\varepsilon^{1/2} + \alpha^{1/2} \sum_{l=1}^{\infty} \frac{(-1)^l}{l^{1/2}} \cos\left(\frac{l\pi\varepsilon}{\alpha} - \frac{\pi}{4}\right) \right].$$

EXERCICE

14.10 Calcul de l'intégrale (14.119) de l'exemple 14.8

Problème. Calculons l'intégrale

$$I = \int\limits_0^\infty \mathrm{d}\varepsilon \, \frac{\cos\left(l\pi\varepsilon/\alpha - \pi/4\right)}{\cosh^2[\beta(\varepsilon - \varepsilon_\mathrm{F})/2]} \, .$$

Solution. On peut utiliser la nouvelle variable $x = \beta(\varepsilon - \varepsilon_\mathrm{F})/2$:

$$I = \frac{2}{\beta} \int\limits_{-\beta\varepsilon_\mathrm{F}/2}^\infty \frac{\cos\left(2l\pi x/\alpha\beta + l\pi\varepsilon_\mathrm{F}/\alpha - \pi/4\right)}{\cosh^2 x} \, \mathrm{d}x \, .$$

Pour des températures basses $kT \ll \varepsilon_\mathrm{F}$ on a $\beta\varepsilon_\mathrm{F}/2 \gg 1$, et on peut remplacer la borne inférieure de l'intégrale par $-\infty$. L'erreur introduite diminue exponentiellement, puisque $\cosh^{-2} x$ s'annule exponentiellement lorsque $x \to \pm\infty$. Par ailleurs, le numérateur se décompose en utilisant les relations d'addition des lignes trigonométriques,

$$I = \frac{2}{\beta} \left[\cos\left(\frac{l\pi}{\alpha}\varepsilon_\mathrm{F} - \frac{\pi}{4}\right) \int\limits_{-\infty}^{+\infty} \mathrm{d}x \, \frac{\cos(2l\pi x/\alpha\beta)}{\cosh^2 x} \right.$$
$$\left. - \sin\left(\frac{l\pi}{\alpha}\varepsilon_\mathrm{F} - \frac{\pi}{4}\right) \int\limits_{-\infty}^{+\infty} \mathrm{d}x \, \frac{\sin\left(2l\pi x/\alpha\beta\right)}{\cosh^2 x} \right] \, .$$

La seconde intégrale s'annule car la fonction à intégrer est impaire. En utilisant l'abréviation $\gamma = 2\pi/\alpha\beta$ il nous suffit de calculer

$$\int\limits_{-\infty}^{+\infty} \mathrm{d}x \, \frac{\cos \gamma x}{\cosh^2 x} = \int\limits_{-\infty}^{+\infty} \mathrm{d}x \, \frac{\exp(\mathrm{i}\gamma x)}{\cosh^2 x} \, . \tag{14.126}$$

Dans la seconde étape nous avons ajouté une intégrale de même type avec un sinus au numérateur, celle-ci est nulle (la fonction à intégrer est impaire).

L'intégrale dans l'équation (14.126) peut cependant de nouveau être calculée en utilisant un contour dans le plan x complexe (voir figure 14.14). Le contour se referme dans le demi-plan $\Im x > 0$ entre $+\infty$ et $-\infty$, puisque pour $\gamma > 0$ le numérateur s'annule exponentiellement pour $\Im x \to \infty$, alors que le dénominateur converge au moins quadratiquement vers zéro (pour $\Re x = 0$ et $\Re x = \pi/2$ mod π). La contribution du demi-cercle s'annule donc pour l'intégrale. La valeur de cette intégrale est de nouveau donnée par les somme des résidus de la fonction à intégrer (les pôles de $\cosh^{-2} x$).

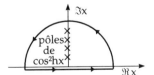

Fig. 14.14. Contour d'intégration dans le plan x complexe

Ceux-ci valent $x_n = i\pi(n + 1/2)$ avec $n = 0, 1, 2, \ldots$ et comme dans l'exercice précédent nous faisons la somme d'intégrales sur de petits cercles entourant les pôles,

$$\int\limits_{-\infty}^{+\infty} dx \frac{\cos \gamma x}{\cosh^2 x} = \sum_{n=0}^{\infty} \oint\limits_{i\pi(n+1/2)} \frac{\exp(i\gamma x)}{\cosh^2 x} dx \ .$$

Utilisons maintenant la nouvelle variable complexe $y = x - i\pi(n + 1/2)$, et avec $\cosh^2(y + i\pi(n + 1/2)) = -\sinh^2 y$ nous obtenons,

$$\int\limits_{-\infty}^{+\infty} dx \frac{\cos \gamma x}{\cosh^2 x} = -\sum_{n=0}^{\infty} \exp\left[-\gamma\pi\left(n + \frac{1}{2}\right)\right] \oint\limits_{y=0} \frac{\exp(i\gamma y)}{\sinh^2 y} dy \ . \qquad (14.127)$$

Dans la dernière intégrale on n'intègre qu'autour du pôle en $y = 0$. Pour déterminer le résidu on développe la fonction à intégrer en série de Laurent autour de $y = 0$. On sait alors que le résidu est simplement le coefficient a_{-1} de y^{-1}, et que l'intégrale vaut $2\pi i a_{-1}$. On a

$$\begin{aligned} \frac{\exp(i\gamma y)}{\sinh^2 y} &= \frac{(1 + i\gamma y + \cdots)}{(y + y^2/6 + \cdots)^2} \\ &= \frac{(1 + i\gamma y + \cdots)}{y^2}\left(1 - \frac{y^2}{3} + \cdots\right) = \frac{1}{y^2} + i\gamma\frac{1}{y} + \cdots \end{aligned}$$

donc $a_{-1} = i\gamma$. Avec ce résultat on trouve pour l'équation (14.126)

$$\int\limits_{-\infty}^{+\infty} dx \frac{\cos \gamma x}{\cosh^2 x} = 2\pi\gamma \sum_{n=0}^{\infty} \exp\left[-\gamma\pi\left(n + \frac{1}{2}\right)\right] = 2\frac{\pi\gamma/2}{\sinh(\pi\gamma/2)} \ .$$

Le calcul de la série géométrique est tout à fait analogue à la procédure utilisée dans l'exemple 8.1. On obtient donc le résultat

$$I = \frac{4}{\beta} \cos\left(\frac{l\pi}{\alpha}\varepsilon_F - \frac{\pi}{4}\right) \frac{l\pi^2/(\alpha\beta)}{\sinh[l\pi^2/(\alpha\beta)]} \ .$$

EXEMPLE

14.11 Gaz de Fermi ultra-relativiste

Etudions les propriétés thermodynamiques d'un gaz de Fermi ultra-relativiste. Des particules ultra-relativistes vérifient la relation énergie – quantité de mouvement $\varepsilon = |\boldsymbol{p}|c$, qui se déduit de la relation générale $\varepsilon = (p^2c^2 + m^2c^4)^{1/2}$ avec une masse au repos nulle.

Alors que l'on trouve certains bosons possédant cette relation énergie
– quantité de mouvement (par exemple photons, phonons, et plasmons), le
nombre de fermions ayant une masse au repos nulle semble plutôt faible. On ne
sait encore pas s'il existe des fermions de masse au repos nulle. On ne peut, par
exemple, que donner une borne supérieure à la masse au repos du neutrino avec
une erreur de mesure relativement importante, $m_\nu \leq 8$ eV. D'autre part, le gaz
de Fermi ultra-relativiste peut servir de modèle pour des systèmes de gaz chauds
de fermions avec une masse au repos non nulle, si les quantités de mouvement
moyennes dans le gaz sont grandes par rapport à mc ; c'est-à-dire, si l'énergie
thermique moyenne kT est grande vis-à-vis de la masse au repos mc^2.

La mécanique quantique relativiste nous apprend que l'on peut créer des
paires de particules et d'antiparticules (par exemple e$^-$ et e$^+$) à partir du vide
en dépensant l'énergie $2mc^2$. Ces processus de créations (annihilations) joue-
ront un rôle essentiel dans un gaz de Fermi ultra-relativiste ($kT \gg mc^2$). Nous
ne devons donc pas simplement considérer un gaz de particules de Fermi, mais il
nous faut aussi ajouter les antiparticules correspondantes. Le vide représente le
réservoir de particules de l'ensemble grand-canonique, et il y a un échange permanent de particules et d'antiparticules avec ce réservoir au cours de processus
de créations et d'annihilations.

Nous avons donc affaire à un mélange de deux gaz parfaits de Fermi,
entre lesquels des réactions «chimiques» sont possibles. Dans le cas du gaz
ultra-relativiste de Bose il n'était pas nécessaire de considérer explicitement
les antiparticules, puisque particules et antiparticules sont identiques dans les
applications les plus importantes (photons et phonons).

À titre d'exemple concret considérons un gaz chaud d'électrons et de positrons. Le logarithme de la fonction de partition grand-canonique consiste en
deux parties,

$$\ln[\mathcal{Z}(T, V, z_+, z_-)] = \sum_{\varepsilon_+} \ln[1 + z_+ \exp(-\beta\varepsilon_+)]$$
$$+ \sum_{\varepsilon_-} \ln[1 + z_- \exp(-\beta\varepsilon_-)] \, .$$

Les sommes s'étendent sur les états à une particule des électrons et des positrons libres. Le terme $\ln \mathcal{Z}$ dépend maintenant de deux fugacités z_+ et z_-
ou de deux potentiels chimiques μ_+ et μ_-, respectivement, qui sont reliés au
nombre moyen de particules N_+ et N_- pour les particules et antiparticules par
les relations

$$N_+ = \sum_{\varepsilon_+} \frac{1}{z_+^{-1} \exp(\beta\varepsilon_+) + 1} \, , \qquad N_- = \sum_{\varepsilon_-} \frac{1}{z_-^{-1} \exp(\beta\varepsilon_-) + 1} \, . \quad (14.128)$$

Physiquement, cela n'aurait pas de sens de fixer tous les nombres de particules N_+ et N_- séparément puis de déterminer les potentiels chimiques μ_+
et μ_-. À l'équilibre thermodynamique les nombres moyens de particules changent en raison des processus de créations et d'annihilations permanents. De
plus, il peuvent fluctuer fortement.

Exemple 14.11   Les variations dN_+ et dN_- des deux nombres de particules sont reliés par l'équation

$$dN_+ = dN_- \,.$$

Si l'on écrit l'équation de la réaction sous la forme (pour les électrons et les positrons)

$$e^+ + e^- \rightleftharpoons \text{produits de la réaction} + \Delta E \qquad (14.129)$$

nous remarquons qu'une antiparticule est aussi créée et annihilée avec chaque particule. Les produits de la réaction (par exemple photons) ne jouent ici aucun rôle, tant que nous n'en tenons pas compte explicitement dans le gaz. On déduit de l'équation (14.129) que les potentiels chimiques des particules et antiparticules doivent être égaux (avec des signes opposés, voir chapitre 3), puisque les produits de la réaction tels que les photons n'ont pas de potentiel chimique,

$$\mu_+ + \mu_- = 0 \,, \qquad z_+ z_- = 1 \,. \qquad (14.130)$$

Les nombres de particules N_+ et N_- ne sont évidemment pas indépendants l'un de l'autre, et il n'y a pas deux fugacités indépendantes, mais en fait une seule. Au lieu de N_+ et N_- on peut cependant se fixer la différence $N = N_+ - N_-$, le surplus de particules, puisqu'il n'est pas influencé par les processus de créations et d'annihilations :

$$N = N_+ - N_- = \sum_{\varepsilon_+ > 0} \frac{1}{z_+^{-1} \exp(\beta \varepsilon_+) + 1} - \sum_{\varepsilon_- > 0} \frac{1}{z_-^{-1} \exp(\beta \varepsilon_-) + 1} \,. \qquad (14.131)$$

Il nous faut déterminer la fugacité z à partir de cette équation, en tenant compte de l'équation (14.130). On peut fournir au système un certain surplus N de particules, qui ne change pas par création et annihilation de paires, mais on ne peut pas contrôler les nombres moyens de particules N_+ et N_-.

Développons le résultat (14.130) et en même temps expliquons le dans le cadre de la mécanique quantique

Pour cela, considérons le spectre d'énergie de l'équation de Dirac libre (voir figure 14.15). Dans le cas ultra-relativiste il nous faut prendre $m \to 0$. Comme on le sait, dans ce spectre il y a aussi des états d'énergies négatives $\varepsilon \leq -mc^2$ à coté des états d'énergies positives $\varepsilon \geq mc^2$. On peut alors décrire simultanément dans le spectre les particules et les antiparticules, si l'on admet que dans le vide sans particules, tous les états du continuum d'énergie négative sont occupés par des électrons (inobservables).

Avec cette approche il faut interpréter des électrons manquant dans le continuum négatif (trous) comme des positrons (antiparticules). Considérons maintenant l'expression générale du nombre d'occupation moyen pour des particules de Fermi :

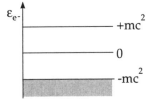

Fig. 14.15. Spectre d'énergie de l'équation de Dirac libre

$$\langle n_\varepsilon \rangle = \frac{1}{\exp[\beta(\varepsilon - \mu)] + 1} \,. \qquad (14.132)$$

Lors de l'obtention de ce nombre d'occupation moyen nous n'avons imposé aucune restriction aux énergies accessibles pour une particule, et nous pouvons donc nous attendre à ce que l'équation (14.132) représente correctement l'occupation de tous les états d'électrons. Pour $T = 0$ et $\mu = +mc^2$ nous avons exactement la distribution représentée sur la figure 14.16, puisqu'alors l'expression (14.132) a la forme $\Theta(mc^2 - \varepsilon)$. L'équation de Dirac libre n'a pas de solution dans le domaine $-mc^2 \leq \varepsilon \leq +mc^2$, et il n'y a donc pas d'états occupés dans cet intervalle. L'énergie minimale que doit posséder un électron observable (réel) est donc $\varepsilon = \mu = +mc^2$.

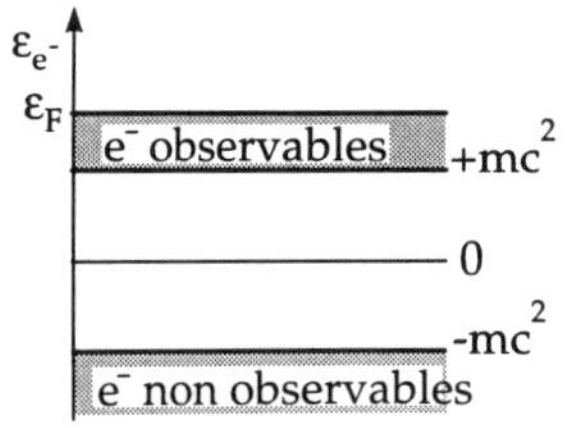

Si l'équation de Dirac avec un potentiel extérieur possède des solutions bornées dans l'intervalle $-mc^2 \leq \varepsilon \leq +mc^2$, les états liés au dessus du continuum inférieur se remplissent successivement avec des électrons observables. Le potentiel chimique à $T = 0$ est juste égal à l'énergie de l'état occupé le plus élevé.

Même dans ce cas, l'équatio (14.132) décrit correctement la situation physique. S'il y a d'autres états inoccupés au dessus de l'état occupé le plus élevé, le système peut capturer un électron libre sans énergie cinétique ($\varepsilon = +mc^2$), car $\mu < mc^2$. La différence d'énergie $mc^2 - \mu$ est libérée.

La figure 14.17 montre la cas d'un gaz d'électrons avec N_+ et une énergie $\varepsilon_{\mathrm{F}} > mc^2$ à $T = 0$. L'équation (14.132) décrit correctement cette occupation des états d'électrons, si l'on remplace μ par l'énergie de Fermi ε_{F} des électrons.

Si maintenant on augmente la température du gaz d'électrons, en premier lieu des électrons proches de l'énergie de Fermi seront excités vers des états d'énergies supérieures $\varepsilon > \varepsilon_{\mathrm{F}}$. Cela se produit pour un intervalle d'énergie de largeur approximative kT autour de l'énergie de Fermi.

Cependant, si la température est de l'ordre de $2mc^2$, de plus en plus d'électrons du continuum inférieur pourront être excités vers des états libres $\varepsilon > \varepsilon_{\mathrm{F}}$. Ces électrons laissent des trous dans le continuum inférieur, qui sont observables en tant que positrons. Le nombre d'électrons observables a aussi augmenté. La différence $N_+ - N_-$, est cependant la même que précédemment. L'énergie négative des trous $\varepsilon_{\mathrm{trous}} < -mc^2$ est reliée simplement à l'énergie positive des positrons correspondants selon $\varepsilon_{\mathrm{e+}} = \varepsilon_{\mathrm{trou}}$.

Le nombre d'électrons et de positons observables se calcule de la façon suivante :

$$N_+ = \sum_{\varepsilon > 0} \langle n_\varepsilon \rangle \ , \qquad N_- = \sum_{\varepsilon < 0} (1 - \langle n_\varepsilon \rangle) \tag{14.133}$$

Fig. 14.16. Spectre d'un gaz d'électrons à $T = 0$

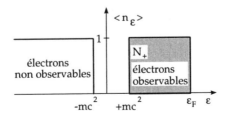

Fig. 14.17. $\langle n_\varepsilon \rangle$ pour un gaz d'électrons à $T = 0$

Exemple 14.11

où $\langle n_\varepsilon \rangle$ est donné par l'équation (14.132) et $\mu = \mu_+$ comme le potentiel chimique des électrons (particules). Comme on le remarque, dans cette interprétation des particules et antiparticules due à Dirac, seul le potentiel chimique des électrons (particules) apparaît. D'autre part, en comparant les équations (14.133) et (14.129) on peut établir une correspondance avec le modèle des deux gaz de Fermi, entre lesquels des réactions chimiques sont possibles. Manifestement, les états positifs des électrons correspondent exactement aux états des électrons libres ε_+ dans l'équation (14.129). Les états d'électrons inoccupés d'énergies négatives $\varepsilon < 0$ doivent être identifiés avec les états occupés des positrons d'énergies positives $\varepsilon_- > 0$. On peut alors transformer l'expression de N_- :

$$N_- = \sum_{\varepsilon < 0} \left(1 - \frac{1}{z^{-1}\exp(\beta\varepsilon) + 1} \right) = \sum_{\varepsilon < 0} \frac{z^{-1}\exp(\beta\varepsilon)}{z^{-1}\exp(\beta\varepsilon) + 1}$$

$$= \sum_{\varepsilon < 0} \frac{1}{z\exp(-\beta\varepsilon) + 1} \;. \tag{14.134}$$

De plus, le spectre énergétique de l'équation de Dirac libre est symétrique autour de $\varepsilon = 0$. On peut donc faire la substitution $\varepsilon \to -\varepsilon_-$ dans l'équation (14.134) et au lieu de compter des électrons avec une énergie négative on compte les positrons présents avec une énergie positive,

$$N_- = \sum_{\varepsilon_- > 0} \frac{1}{z\exp(\beta\varepsilon_-) + 1} \;.$$

Une comparaison avec l'équation (14.129) donne alors en fait $z = z_-^{-1}$; c'est-à-dire, $\mu_+ = -\mu_-$, en accord avec l'équation (14.131). Les deux interprétations donnent les mêmes résultats, mais dans certains cas le modèle particule – trou de Dirac est plus pratique. L'excès de particules, est par exemple, simplement dans ce modèle

$$N = N_+ - N_- = \sum_{\varepsilon > 0} \langle n_\varepsilon \rangle - \sum_{\varepsilon < 0} (1 - \langle n_\varepsilon \rangle)$$

$$= \sum_{\varepsilon} \langle n_\varepsilon \rangle - \sum_{\varepsilon < 0} 1 = \sum_{\varepsilon} \langle n_\varepsilon \rangle - \sum_{\varepsilon} \langle n_\varepsilon \rangle^{\text{vac}} \;.$$

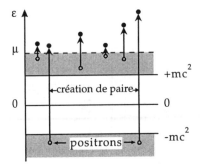

Fig. 14.18. Processus possibles pour un gaz d'électrons lorsque $kt \approx 2mc^2$

L'excès de particules est donc toujours donné par la différence entre le nombre total de tous les électrons (observables et inobservables) et l'état du vide. Le rôle du vide sans particule observable devient ici particulièrement évident. Seuls sont observables les écarts par rapport à l'état du vide.

Ajoutons un commentaire à ce niveau. Toutes ces considérations peuvent aussi être effectuées dans le modèle particules – trous de Dirac, si les rôles des particules et antiparticules sont inversés. Il faut alors par exemple identifier les électrons aux trous dans le continuum d'énergie négative des positrons. La raison en est l'invariance de l'équation de Dirac libre par conjugaison de charge, tant qu'il n'y a pas de champ électromagnétique. Pour être complet écrivons explicitement ces deux possibilités :

particules = électrons (indice +), antiparticules = positrons (indice −) :

$$N_+ = \sum_{\varepsilon > 0} \frac{1}{\exp[\beta(\varepsilon - \mu_+)] + 1} \ ,$$

$$N_- = \sum_{\varepsilon < 0} \left(1 - \frac{1}{\exp[\beta(\varepsilon - \mu_+)] + 1} \right) \ ; \tag{14.135}$$

particules = positrons (indice −), antiparticules = électrons (indice +) :

$$N_+ = \sum_{\varepsilon < 0} \left(1 - \frac{1}{\exp[\beta(\varepsilon - \mu_-)] + 1} \right) \ ,$$

$$N_- = \sum_{\varepsilon > 0} \frac{1}{\exp[\beta(\varepsilon - \mu_-)] + 1} \ . \tag{14.136}$$

Evidemment, les équations (14.135) et (14.136) sont identiques avec $\mu+ = \mu_-$.

Le modèle particule – trou de Dirac a cependant un inconvénient tel qu'il a été présenté ici, que nous allons mentionner. En considérant les électrons comme des particules (ou les positrons comme des particules, respectivement) la symétrie de la théorie vis-à-vis de la conjugaison de charge s'en trouve quelque peu obscurcie. Dans le modèle particule – trou les antiparticules n'apparaissent pas explicitement, mais sont remplacées par des états inoccupés d'énergies négatives. D'autre part, notre idée initiale de deux gaz de Fermi indépendants qui réagissent chimiquement, est complètement symétrique pour les particules et les antiparticules.

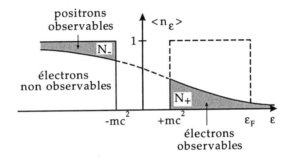

Fig. 14.19. $\langle n_k \rangle$ pour un gaz d'électrons à $kT \approx 2mc^2$

Exemple 14.11

Pour les fermions peu importe quelle représentation on utilise, tant que l'on s'y tient conséquemment. Pour les bosons, qui possèdent le même spectre d'énergie que les fermions, un modèle consistant particule – trou n'est pas possible, puisque le principe de Fermi ne s'applique pas. Dans la cas des fermions (gaz d'électrons) les électrons (inobservables) du continuum d'énergie négative évitent une «chute» des électrons d'énergie positive vers des énergies infiniment négatives par accroissement continu d'énergie. Pour des bosons, cependant, on ne peut éviter ce processus, et il faut se référer au modèle initial des deux gaz. L'équation (14.130) est encore valable pour des bosons si le $+1$ du dénominateur est remplacé par -1.

Effectuons maintenant le calcul. Commençons par réécrire les sommes des équations (14.125) et (14.131) sous forme d'intégrales, qui nécessitent la densité d'états $g(\varepsilon)$ des particules ultra-relativistes (voir (13.6), avec le facteur de dégénérescence g),

$$g(\varepsilon) = g \frac{4\pi V}{h^3 c^3} \varepsilon^2 ,$$

$$\ln Z = g \frac{4\pi V}{h^3 c^3} \int_0^\infty \varepsilon^2 \, d\varepsilon \Big(\ln \big[1 + \exp[-\beta(\varepsilon - \mu)] \big] + \ln \big[1 + \exp[-\beta(\varepsilon + \mu)] \big] \Big)$$

ou après intégration par parties,

$$\ln Z = g \frac{4\pi V}{h^3 c^3} \frac{\beta}{3} \int_0^\infty \varepsilon^3 \, d\varepsilon \left(\frac{1}{\exp[\beta(\varepsilon - \mu)] + 1} + \frac{1}{\exp[\beta(\varepsilon + \mu)] + 1} \right) ,$$

(14.137)

$$N = N_+ - N_- ,$$

$$= g \frac{4\pi V}{h^3 c^3} \int_0^\infty \varepsilon^2 \, d\varepsilon \left(\frac{1}{\exp[\beta(\varepsilon - \mu)] + 1} - \frac{1}{\exp[\beta(\varepsilon + \mu)] + 1} \right) \quad (14.138)$$

où nous avons simplement écrit μ pour le potentiel chimique μ_+ des particules et μ_- pour les antiparticules. Heureusement les intégrales dans les équations (14.137) et (14.138) peuvent être déterminées analytiquement, sans utiliser la fonction spéciale $f_n(z)$. Faisons la substitution $x = \beta(\varepsilon - \mu)$ dans le premier terme et $y = \beta(\varepsilon + \mu)$ dans le second. On obtient alors pour l'équation (14.137)

$$\ln Z = \frac{g 4\pi V}{c^3 h^3} \frac{\beta}{3} \left(\beta^{-1} \int_{-\beta\mu}^\infty dx \frac{(x/\beta + \mu)^3}{e^x + 1} + \beta^{-1} \int_{\beta\mu}^\infty dy \frac{(y/\beta \quad \mu)^3}{e^y + 1} \right) .$$

Réécrivons les intégrales de façon à pouvoir intégrer de 0 à ∞,

$$\ln \mathcal{Z} = \frac{g4\pi V}{c^3 h^3} \frac{\beta^{-3}}{3} \left(\int_0^\infty dx \frac{(x+\beta\mu)^3}{e^x+1} + \int_0^\infty dy \frac{(y-\beta\mu)^3}{e^y+1} \right.$$

$$\left. + \int_{-\beta\mu}^0 dx \frac{(x+\beta\mu)^3}{e^x+1} - \int_0^{\beta\mu} dy \frac{(y-\beta\mu)^3}{e^y+1} \right).$$

Les deux premières intégrales peuvent être directement combinées, les deux dernières après avoir posé $y = -x$:

$$\ln \mathcal{Z} = \frac{g4\pi V}{c^3 h^3} \frac{\beta^{-3}}{3} \left[\int_0^\infty dx \frac{2x^3 + 6x(\beta\mu)^2}{e^x+1} \right.$$

$$\left. + \int_{-\beta\mu}^0 dx (x+\beta\mu)^3 \left(\frac{1}{e^x+1} + \frac{1}{e^{-x}+1} \right) \right].$$

Si l'on utilise alors le fait que $(e^x+1)^{-1} + (e^{-x}+1)^{-1} = 1$, on trouve

$$\ln \mathcal{Z} = \frac{g4\pi V}{c^3 h^3} \frac{\beta^{-3}}{3} \left(2 \int_0^\infty dx \frac{x^3}{e^x+1} + 6(\beta\mu)^2 \int_0^\infty dx \frac{x}{e^x+1} + \int_0^{\beta\mu} dz z^3 \right).$$

$$(14.139)$$

Dans la dernière intégrale nous avons posé $z = x + \beta\mu$. Traitons à présent de façon analogue l'équation (14.138) :

$$N = \frac{g4\pi V}{c^3 h^3} \left(\beta^{-1} \int_{-\beta\mu}^\infty dx \frac{(x/\beta+\mu)^2}{e^x+1} - \beta^{-1} \int_{\beta\mu}^\infty dy \frac{(y/\beta-\mu)^2}{e^y+1} \right)$$

$$= \frac{g4\pi V}{c^3 h^3} \beta^{-3} \left(\int_0^\infty dx \frac{(x+\beta\mu)^2}{e^x+1} - \int_0^\infty dy \frac{(y-\beta\mu)^2}{e^y+1} \right.$$

$$\left. + \int_{-\beta\mu}^0 dx \frac{(x+\beta\mu)^2}{e^x+1} + \int_0^{\beta\mu} dy \frac{(y-\beta\mu)^2}{e^y+1} \right)$$

$$= \frac{g4\pi V}{c^3 h^3} \beta^{-3} \left(4\beta\mu \int_0^\infty dx \frac{x}{e^x+1} + \int_0^{\beta\mu} dz z^2 \right). \qquad (14.140)$$

Dans la dernière ligne nous avons de nouveau combiné les deux dernières intégrales de la ligne précédente et posé $z = x + \beta\mu$. Remarquons que ce n'est possible que pour $N_+ - N_-$ mais pas pour $N_+ + N_-$.

Exemple 14.11   Pour le nombre total de particules il n'y a pas de solution analytique simple, comme c'est le cas pour N_+ et N_- séparément. Ces quantités peuvent se calculer à l'aide des fonctions $f_n(z)$.

Les intégrales qui apparaissent dans les équations (14.139) et (14.140) peuvent s'exprimer à l'aide de l'équation (14.27) :

$$\int_0^\infty dx \frac{x^3}{e^x + 1} = \Gamma(4) f_4(1) = 6\left(1 - \frac{1}{2^3}\right)\zeta(4) = \frac{7\pi^4}{120},$$

$$\int_0^\infty dx \frac{x}{e^x + 1} = \Gamma(2) f_2(1) = 1\left(1 - \frac{1}{2}\right)\zeta(2) = \frac{\pi^2}{12}. \tag{14.141}$$

Avec ceci on obtient les résultats

$$\begin{aligned}
\ln \mathcal{Z}(T, V, \mu) &= \frac{g4\pi V}{h^3 c^3} \frac{\beta^{-3}}{3}\left(2\frac{7\pi^4}{120} + 6(\beta\mu)^2\frac{\pi^2}{12} + \frac{1}{4}(\beta\mu)^4\right) \\
&= \frac{gV}{h^3 c^3}\frac{4\pi}{3}(kT)^3\left(\frac{7\pi^4}{60} + \left(\frac{\mu}{kT}\right)^2\frac{\pi^2}{2} + \left(\frac{\mu}{kT}\right)^4\frac{1}{4}\right), \\
N(T, V, \mu) &= \frac{g4\pi V}{h^3 c^3}\beta^{-3}\left(4\beta\mu\frac{\pi^2}{12} + \frac{1}{3}(\beta\mu)^3\right) \\
&= \frac{g4\pi V}{h^3 c^3}(kT)^3\left[\left(\frac{\mu}{kT}\right)\frac{\pi^2}{3} + \frac{1}{3}\left(\frac{\mu}{kT}\right)^3\right].
\end{aligned}$$

À partir de l'équation (14.141) il est en principe possible de calculer l'énergie interne en utilisant $U = -\partial(\ln \mathcal{Z})/\partial\beta$, mais le procédé suivant est plus simple :

$$\begin{aligned}
U = U_+ + U_- &= \sum_{\varepsilon_+} \langle n_\varepsilon \rangle_+ \varepsilon_+ + \sum_{\varepsilon_-} \langle n_\varepsilon \rangle_- \varepsilon_- \\
&= \frac{g4\pi V}{h^3 c^3}\int_0^\infty \varepsilon^3 d\varepsilon \left(\frac{1}{\exp[\beta(\varepsilon - \mu)] + 1} + \frac{1}{\exp[\beta(\varepsilon + \mu)] + 1}\right).
\end{aligned}$$

Au facteur $\beta/3$ près ce résultat est identique à l'équation (14.137), donc

$$\ln \mathcal{Z} = \frac{pV}{kT} = \frac{\beta}{3}U$$

ou

$$p = \frac{1}{3}\frac{U}{V} = g\frac{(kT)^4}{(\hbar c)^3}\frac{1}{3}\left(\frac{7\pi^2}{120} + \left(\frac{\mu}{kT}\right)^2\frac{1}{4} + \left(\frac{\mu}{kT}\right)^4\frac{1}{8\pi^2}\right). \tag{14.142}$$

De la même manière, le premier terme dans l'équation (14.142) est tout à fait semblable à la loi de Stefan–Boltzmann pour le gaz de photons ultra-relativistes ($\mu = 0$).

La densité du surplus de particules vaut

$$\frac{N}{V} = \frac{N_+ - N_-}{V} = \frac{g}{6}\left(\frac{kT}{\hbar c}\right)^3\left[\left(\frac{\mu}{kT}\right) + \left(\frac{\mu}{kT}\right)^3\frac{1}{\pi^2}\right].$$

On en déduit immédiatement la densité d'énergie libre à partir de $F/V = N\mu/V - p$ sous la forme

$$\frac{F}{V} = g\frac{(kT)^4}{(\hbar c)^3}\left(\frac{1}{8\pi^2}\left(\frac{\mu}{kT}\right)^4 + \frac{1}{12}\left(\frac{\mu}{kT}\right)^2 - \frac{1}{3}\frac{7\pi^2}{120}\right).$$

Ceci nous permet de calculer la densité d'entropie $S/V = (1/T)(U/V - F/V)$:

$$\frac{S}{V} = gk\left(\frac{kT}{\hbar c}\right)^3\left[\frac{7\pi^2}{90} + \frac{1}{6}\left(\frac{\mu}{kT}\right)^2\right].$$

14.2 Supplément : unités naturelles

À ce point, ajoutons quelques remarques au sujet d'un système d'unités fréquemment utilisé en physique. Les unités dites naturelles sont déterminées par la définition

$$\hbar = c = k = 1. \tag{14.143}$$

Ce système possède de nombreux avantages d'un point de vue théorique. Il recouvre la formulation covariante relativiste des théories et évite de traîner les facteurs constants $\hbar$, c, et k, qui apparaissent fréquemment en mécanique quantique relativiste et en statistiques quantiques. Il est particulièrement utile pour des systèmes très petits ($x \approx$ fm), très énergétiques ($E/N \approx$ GeV) et relativistes ($v \approx c$). Comme désavantage il faut noter que des quantités physiques très différentes (par exemple masse et température, ou moment cinétique et vitesse) ont la même unité et possèdent des valeurs vraiment peu commodes pour des grandeurs familières.

Dans le système d'unités internationales SI (unités de base: mètre, kilogramme, Ampère, Kelvin, candela, mol), ou dans le système pratique d'unités de physique nucléaire (1 eV = $1{,}6022 \cdot 10^{-19}$ J, 1 fm = 10^{-15} m), la constante de Planck, la vitesse de la lumière et la constante de Boltzmann ont respectivement les valeurs,

$$\hbar = h/2\pi = 1{,}0546 \cdot 10^{-34}\,\text{Js} = 6{,}5821 \cdot 10^{-16}\,\text{eV s},$$
$$c = 2{,}9979 \cdot 10^8\,\text{m s}^{-1} = 2{,}9979 \cdot 10^{23}\,\text{fm s}^{-1},$$
$$k = 1{,}3807 \cdot 10^{-23}\,\text{J K}^{-1} = 0{,}86174 \cdot 10^{-4}\,\text{eV K}^{-1}. \tag{14.144}$$

Les trois constantes contiennent quatre unités différentes, nommément eV, s, fm et K. Trois de ces unités peuvent être éliminées à l'aide de l'équation (14.143).

Comme variable indépendante on choisit généralement eV (ou mieux MeV) ou fm. Ces deux unités sont reliées par la relation

$$\hbar c = 197\,327\,\text{MeV fm} = 1 \tag{14.145}$$

qui est très importante pour convertir les unités. Il suffit généralement de se souvenir de la valeur approchée $\hbar c \approx 200\,\text{MeV fm}$.

Avec la définition $c = 1$, les longueurs et les temps acquièrent la même dimension, nommément fm (ou MeV^{-1}). La quantité $t = 1\,\text{fm}$ correspond au temps que met la lumière pour parcourir une distance de 1 fm. Le vitesses n'ont donc plus de dimension et sont données en fractions de c. Il est clair que cela renforce la formulation relativiste à l'aide de quadri-vecteurs, puisque maintenant toutes les composantes $x^\mu = (ct, \boldsymbol{r})$ sont mesurées avec la même unité et le facteur supplémentaire c disparaît partout. De la même façon, la définition $\hbar = 1$ entraîne la même unité pour les énergies et les pulsations ($E = \hbar\omega$), ainsi que pour les quantités de mouvement et les vecteurs d'onde (qui s'expriment en MeV ou en fm^{-1}). Les composantes du quadri-vecteur quantité de mouvement $p^\mu = (E/c, \boldsymbol{p})$ ont alors la même unité, fm^{-1} (ou MeV) et le produit scalaire $x_\mu p^\mu$, qui apparaît souvent comme argument des ondes planes est sans dimension, ainsi que le moment cinétique qui est mesuré en multiples de $\hbar$.

Ce système d'unités peut être introduit en électromagnétisme. Pour cela, il faut cependant commencer par fixer les unités électromagnétiques elles mêmes. Dans le système de Gauss, le carré de la charge élémentaire s'écrit

$$e^2 = 1{,}44\,\text{MeV fm} = \frac{1}{137} \quad \text{ou} \quad \alpha = \frac{e^2}{\hbar c} = \frac{1}{137}\,. \tag{14.146}$$

Par conséquent, en unités naturelles e^2 est identique à la constante de structure fine α (qui est indépendante du système d'unités). Remarquons qu'en électromagnétisme (particulièrement dans la formulation covariante) on se sert souvent du système de Heaviside–Lorentz. Dans ce système on a $e_{\text{HL}}^2 = 4\pi e^2|_{\text{Gauss}}$, et l'on trouve souvent le facteur additionnel 4π dans l'équation (14.146), $\alpha = (e^2/4\pi)|_{\text{HL}} = 1/137$ avec $\hbar c = 1$. L'avantage du système de Heaviside–Lorentz est que les équations du potentiel

$$\Box A^\mu = 4\pi\, j^\mu\big|_{\text{Gauss}} \tag{14.147}$$

ne contiennent plus le facteur 4π ;

$$\Box A^\mu = j^\mu\big|_{\text{HL}}\,. \tag{14.148}$$

D'autre part, le potentiel de Coulomb s'écrit

$$e^2/r\Big|_{\text{Gauss}} \to e^2/4\pi r\Big|_{\text{HL}}\,. \tag{14.149}$$

Dans la théorie quantique des champs moderne (QED, QCD) on se réfère presque exclusivement au système de Heaviside–Lorentz.

Finalement, la définition $k = 1$ permet d'éliminer l'unité de température Kelvin. En unités naturelles les températures se mesurent comme des énergies ($E = kT$). L'entropie et la capacité thermique, qui ont la même dimension que la constante de Boltzmann, sont sans dimension en unités naturelles et mesurées comme multiples de k.

15. Applications des gaz relativistes de Bose et de Fermi

15.1 Plasma quark-gluon pendant le big-bang et les collisions d'ions lourds

En physique des particules élémentaire on pense de nos jours que la chromo-dynamique quantique (QCD) est la théorie fondamentale pour les interactions fortes[1]. Dans cette théorie tous les hadrons (particules interagissant fortement comme les neutrons et les protons) sont constitués de quarks élémentaires. À coté de la charge électrique (multiples de $e/3$), les quarks possèdent aussi ce que l'on appelle une charge de couleur (du grec chroma ($\chi\varrho\tilde{\omega}\mu\alpha$), qui signifie couleur). Les charges de couleur sont les sources du champ de couleur, de la même façon que les charges électriques sont les sources du champ électrique. Les quarks interagissent au travers du champ de couleur. La différence essentielle entre le champ électrique et le champ de couleur est que ce dernier est une grandeur vectorielle avec trois composantes que l'on nomme habituellement *rouge*, *verte* et *bleue*.

En termes mathématiques, l'électrodynamique quantique (QED) est une théorie de jauge basée sur le groupe de jauge U(1) (groupe unitaire à une dimension[2]), et QCD est une théorie de jauge basée sur le groupe SU(3) (groupe unitaire spécial à trois dimensions). Les quanta du champ de couleur s'appellent les *gluons*, par analogie aux photons en QED. Cependant, alors que les photons (ou le champ électromagnétique) ne portent aucune charge, les gluons (ou le champ de couleur) portent une charge de couleur (ou plus précisément, une charge de transition colorée). Par exemple, un quark rouge peut se transformer en quark vert en émettant un gluon avec une certaine charge de couleur, alors que la charge électrique d'une particule ne change pas même par émission d'un photon.

En QCD il se produit une foule de singularités qui ne sont pas connues en QED. Malheureusement, une solution des équations fondamentales en QCD n'a toujours pas été trouvée. Il faut donc se raccrocher à des modèles, que l'on peut cependant confirmer partiellement par des simulations informatiques

---

[1] W. Greiner, A. Schäfer : *Quantum Chromodynamics* (Springer, Berlin, Heidelberg 1994).

[2] W. Greiner, B. Müller : *Gauge Theory of Weak Interactions*, 2nd ed. (Springer, Berlin, Heidelberg 1996).

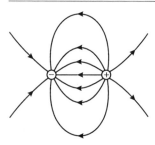

Fig. 15.1. Champ électrique

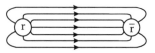

Fig. 15.2. Champ de couleur

(théorie de jauge des réseaux). Une différence essentielle par rapport à l'électrodynamique est, par exemple, l'apparition d'un potentiel de couleur entre deux charges de couleur proportionnel à une certaine puissance de la distance mutuelle, $\propto r^\alpha$, alors que le potentiel de Coulomb correspondant décroît en $1/r$ (voir figure 15.1). Cela signifie qu'il faudrait une quantité d'énergie infinie pour séparer complètement deux charges (classiques) de couleur. En mécanique quantique, il se produit cependant des paires quark-antiquark à partir du vide, si la distance est de l'ordre de quelques fm. À de telles distances l'énergie du champ est supérieure à celle de deux masses au repos du quark, et il est du point de vue énergétique plus favorable de créer une paire quark–antiquark que de maintenir le champ.

Cela implique que le champ de couleur entre charges de couleur reste confiné dans de petits tubes de champ, car les gluons (réels ou virtuels) ne peuvent se déplacer loin des charges de couleur puisqu'ils sont également chargés (voir figure 15.2). En d'autres termes, les champs de couleur ne peuvent pénétrer le vide. Pour les champs de couleur, le vide constitue un matériau diélectrique idéal, dans lequel des charges opposées sont induites par la polarisation (du vide), qui à leur tour empêchent la pénétration du champ de couleur.

Le petit canal entre deux charges colorées se nomme usuellement un *tube de champ de couleur*.

Une considération simple montre que de tels tubes se comportent comme un ruban de scotch. Pour éloigner les deux charges il faut une force constante indépendante de la distance, ce qui correspond à un potentiel linéaire de la forme $V \propto r$.

Une conséquence importante de cette propriété est qu'il n'existe que des objets de couleur neutre (blanche) dans la nature, et que l'on ne peut observer (*confinement*) une charge de couleur unique (quarks ou gluons). Puisqu'il n'existe manifestement pas de quarks libres, la théorie des perturbations, qui utilise des ondes planes comme états de base et qui est très performante en QED, devient inapplicable en QCD. Ce n'est que pour des énergies très élevées (très faibles distances) que la théorie des perturbations donne des résultats utiles en QCD que l'on peut vérifier expérimentalement. Aux très faibles distances, le potentiel de confinement devient petit, et les quarks se comportent approximativement comme des particules libres. Cette propriété se nomme la *liberté asymptotique* des quarks.

Un modèle simple mais néanmoins performant des hadrons est basé sur le modèle du «sac» du MIT (MIT bag model) (figure 15.3). D'après une idée originale de Bogolyubov, ce modèle fut développé par un groupe de physiciens au Massachusetts Institute of Technology (MIT) dans les années 1970. Dans ce modèle, les hadrons sont des «sacs» dans le vide, à l'intérieur desquels les quarks se meuvent librement mais ne peuvent pénétrer le vide en raison de certaines conditions aux limites.

Pour obtenir un proton ou un neutron de couleur neutre, le sac contient trois quarks (rouge, vert, bleu), qui ensemble donnent une couleur neutre (blanc). On peut cependant montrer qu'il est nécessaire d'introduire différents types de quarks (*saveurs*) pour décrire la variété des hadrons. On est sur de nos jours de l'existence d'au moins cinq sortes de quarks, pour un sixième il existe de

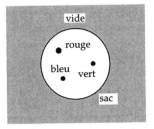

Fig. 15.3. Modèle du «sac» du MIT

fortes présomptions théoriques[3]. On les nomme u (up), d (down), s (strange), c (charm), b (bottom) ou b (beauty), et t (top) ou t (truth), respectivement.

Un neutron, par exemple, contient les quarks (udd) et un proton (uud). Les masses du neutron et du proton ($m \approx 1$ GeV) ne proviennent cependant que pour une faible part des masses des quarks, qui sont supposées relativement faibles, $m_u \approx 5$ MeV, $m_d \approx 10$ MeV. La plus grande part provient de l'énergie cinétique des quarks dans le «sac».

D'autre part, le libre mouvement des quarks sensiblement sans masse provoque une pression de Fermi, dont nous avons déjà parlé en relation avec le gaz parfait de Fermi. Un «sac» ne serait donc pas stable, mais aurait tendance à se dilater. On suppose donc en plus que le vide exerce à l'extérieur une *pression sur le «sac»* que l'on nomme pression du «sac» et que l'on note de façon abrégée par la lettre B. Une telle pression externe introduite opportunément, n'est évidemment nécessaire que par ce qu'on ne sait pas traiter exactement QCD ; sinon le champ de couleur assurerait le confinement.

Ce modèle très rudimentaire permet déjà d'expliquer l'existence de familles bien définies de hadrons (multiplets de masse[4]). Avec quelques améliorations supplémentaires (champ de couleur en théorie des perturbations) on peut même reproduire de façon assez satisfaisante la répartition de masse à l'intérieur d'un multiplet.

Dans un noyau atomique à des densités nucléaires normales ($\varrho_0 \approx 0,17$ fm^{-3}), les nucléons individuels (sacs) de rayon $R \approx 1$ fm sont bien séparés. Il est cependant raisonnable de supposer que pour de fortes densités et des températures élevées les sacs se recouvrent et se fondent en une région plus grande, dans laquelle les quarks et les gluons peuvent se mouvoir presque librement. Un tel état de quarks et de gluons pratiquement libres en équilibre thermodynamique se nomme un *plasma quark–gluon*. De nos jours on admet communément qu'un tel état de la matière existait dans les premières millisecondes qui ont suivies le big-bang, et peut également exister à l'intérieur des quasars ou des étoiles à neutrons très massives. Récemment certains ont essayé de créer un plasma quark-gluon dans des laboratoires au cours de collisions noyau-noyau très énergétiques. Pour ce faire, il faut cependant disposer de faisceaux d'ions lourds très énergétiques. Ce n'est que depuis 1986 que de tels faisceaux sont disponibles à l'accélérateur SPS du centre européen de recherche nucléaire de Genève CERN.

Nous ne voulons pas rentrer dans les détails des nombreux problèmes qu'il reste à résoudre dans ce contexte, par exemple, quelle fraction de l'énergie cinétique du noyau se transforme en énergie thermique ou en énergie de compression, respectivement, quelles sont les signatures expérimentales pour la formation du plasma, ou comment il se décompose finalement en hadrons. Avec cependant quelques considérations simples dans le cadre des statistiques quan-

---

[3] Remarque : Tous les quarks excepté le quark top ont été détectés sans ambiguïté au Fermilab : F. Abe et al. : Phys. Rev. Lett. **73** 225 (1994).

[4] W. Greiner, B. Müller : *Mécanique Quantique – Symétries* (Springer, Berlin, Heidelberg 1999).

tiques on peut obtenir une vue d'ensemble des principales propriétés du plasma quark–gluon.

Pour ce faire, nous allons traiter les quarks et les gluons comme un gaz de fermions et de bosons ultrarelativistes, respectivement. Cela n'est évidemment qu'une approximation grossière, puisque les quarks interagissent fortement même dans le plasma. On trouve pour la contribution des gluons à la pression ou à la densité d'énergie, respectivement, en utilisant l'équation (13.66), en unités naturelles

$$p_G = \frac{1}{3} \left. \frac{U}{V} \right|_G = g_G \frac{\pi^2}{90} T^4 \, . \tag{15.1}$$

Dans cette expression g_G représente le facteur de dégénérescence des gluons. Les gluons possèdent deux projections de spin (comme les photons). Cependant, puisqu'il y a trois composantes indépendantes de la charge de couleur, et par conséquent $3 \times 3 - 1$ générateurs de SU(3) (8 couleurs différentes de transitions de charges[5]), on a $g_G = 2 \times 8 = 16$. La densité d'entropie se calcule immédiatement à l'aide de l'équation (13.68) :

$$s_G = \frac{S_G}{V} = g_G \frac{4\pi^2}{90} T^3 \, . \tag{15.2}$$

De façon analogue, l'exemple 14.11 donne la contributions des quarks et des antiquarks à la pression (en unités naturelles) :

$$p_Q = \frac{1}{3} \left. \frac{U}{V} \right|_Q = \frac{g_Q}{3} T^4 \left[\frac{7\pi^2}{120} + \frac{1}{4} \left(\frac{\mu}{T} \right)^2 + \frac{1}{8\pi^2} \left(\frac{\mu}{T} \right)^4 \right] \, . \tag{15.3}$$

Le facteur de dégénérescence des quarks est constitué par le produit des deux projections du spin, des trois couleurs et des deux saveurs des quarks u et d considérés (pour de la matière nucléaire ordinaire ne contenant pas de particules exotiques tels que les quarks étrangeté, les quarks charme, etc.) ; c'est-à-dire, $g_Q = 2 \times 3 \times 2 = 12$. La densité d'entropie vaut

$$s_Q = \frac{S_Q}{V} = g_Q T^3 \left[\frac{7\pi^2}{90} + \frac{1}{6} \left(\frac{\mu}{T} \right)^2 \right] \, . \tag{15.4}$$

La détermination du potentiel chimique μ des quarks nécessite l'équation

$$n = \frac{N}{V} = \frac{g_Q}{6} T^3 \left[\frac{\mu}{T} + \frac{1}{\pi^2} \left(\frac{\mu}{T} \right)^3 \right] \, . \tag{15.5}$$

Cette relation relie l'excès de quarks $n = n_Q - n_{\overline{Q}}$ au potentiel chimique. En ce qui concerne la création d'un plasma quark–gluon dans les collisions à hautes énergies d'ions lourds il est pratique d'écrire l'excès de densité des quarks en fonction de la densité des nucléons. Cependant, la densité des nucléons est

---

[5] W. Greiner, A. Schäfer : *Quantum Chromodynamics* (Springer, Berlin, Heidelberg, 1994).

juste le tiers de la densité de quarks, puisqu'il faut trois quarks pour former un nucléon. On a donc

$$n_{\text{nuc}} = \frac{1}{3}n \,. \tag{15.6}$$

En définissant les quantités sans dimensions $x = \mu/T$ et $y = (18/g_{\text{Q}})n_{\text{nuc}}/T^3$, l'équation (15.5) devient

$$y = x + \frac{x^3}{\pi^2} \,. \tag{15.7}$$

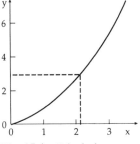

Fig. 15.4. Résolution graphique de l'équation (15.7)

On espère pouvoir atteindre 5 fois la densité nucléaire $n_{\text{nuc}} \approx 0{,}85\,\text{fm}^{-3}$ et des températures de l'ordre de $T \approx 150\,\text{MeV}$ dans les collisions d'ions lourds. Cela correspond à $y \approx 2{,}9$. A l'aide de la figure 15.4 on peut résoudre graphiquement l'équation (15.7), on obtient $x \approx 2{,}05$. Le potentiel chimique des quarks vaut donc approximativement $\mu \approx 2{,}05T \approx 300\,\text{MeV}$.

Nous pouvons cependant encore aller plus loin et déterminer l'interface du plasma quark–gluon dans le diagramme μT. Le plasma doit être stable tant que la pression totale $p = p_{\text{Q}} + p_{\text{G}}$ l'emporte sur la pression externe du vide, représentée par la constante du sac. Cela fournit l'estimation

$$B = p_{\text{Q}} + p_{\text{G}} = T_{\text{c}}^4 \left[\frac{37\pi^2}{90} + \left(\frac{\mu_{\text{c}}}{T_{\text{c}}}\right)^2 + \frac{1}{2\pi^2}\left(\frac{\mu_{\text{c}}}{T_{\text{c}}}\right)^4 \right] \tag{15.8}$$

pour l'interface $T_{\text{c}}(\mu_{\text{c}})$ dans le diagramme μT (voir figure 15.5). Pour $\mu_{\text{c}} = 0$, on a, par exemple, $T_{\text{c}} = 0{,}7B^{1/4} \approx 102\,\text{MeV}$, pour une valeur $B^{1/4} = 145\,\text{MeV}$ (en unités naturelles) estimée à l'aide du modèle du MIT, et pour $T_{\text{c}} = 0$ on en déduit $\mu_{\text{c}} = 2{,}1B^{1/4} \approx 305\,\text{MeV}$.

Cette estimation de l'interface est naturellement très grossière et on devrait prévoir un facteur d'incertitude de l'ordre de 2.

On observe néanmoins qu'un potentiel chimique de 300 MeV et une température de 150 MeV devraient être suffisantes pour obtenir un état de plasma avec les quarks et les gluons. Des expériences pour créer un tel plasma quark–gluon sont couramment effectuées au CERN.

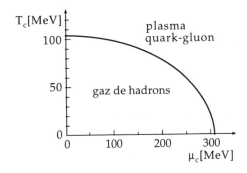

Fig. 15.5. Interface dans le diagramme μT

EXERCICE

15.1 Gaz quantiques en interaction

Problème. Comme l'on sait, un état quantique R d'un gaz quantique sans interaction est entièrement déterminé par la donnée des nombres d'occupation $\{n_1, n_2, \ldots, n_r, \ldots\}$ des états quantiques discrets r d'énergies ε_r. Son énergie est la somme de toutes les énergies ε_r, des particules dans l'état quantique r,

$$E_R^{\text{libre}} = \sum_r n_r \varepsilon_r$$

où $\varepsilon_r = \sqrt{p_r^2 + m^2}$ (en unités naturelles) est l'énergie relativiste de la particule de masse m dans l'état de quantité de mouvement $\boldsymbol{p}_r$.

a) Cherchons l'expression de la fonction de partition grand-canonique $\mathcal{Z}(T, V, z)$ pour un gaz quantique en interaction en supposant que l'énergie totale peut être écrite sous la forme

$$U(V, n) = Vu(n)$$

($n = N/V$ est la densité de particules). De telles interactions dépendant de la densité ont des applications en physique nucléaire et physique des particules élémentaires (voir l'exemple suivant).

L'énergie de l'état quantique R s'écrit alors

$$\begin{aligned} E_R &= \sum_r n_r \varepsilon_r + U \\ &= \sum_r n_r \varepsilon_r + Vu(n) \end{aligned} \tag{15.9}$$

où ε_r ne représente que l'énergie cinétique et la masse au repos d'une particule individuelle. Par ailleurs, son énergie potentielle est contenue dans le terme $Vu(n)$.

b) Déterminons les grandeurs thermodynamiques

$$\overline{N} = -\left.\frac{\partial \Phi}{\partial \mu}\right|_{T,V} , \qquad \text{nombre moyen de particules} ,$$

$$S = -\left.\frac{\partial \Phi}{\partial T}\right|_{\mu,V} , \qquad \text{entropie} ,$$

$$\overline{E} = +\left.\frac{\partial (\Phi\beta)}{\partial \beta}\right|_{z,V} , \qquad \text{énergie totale moyenne} ,$$

$$p = -\left.\frac{\partial \Phi}{\partial V}\right|_{\mu,T} , \qquad \text{pression} ,$$

en dérivant le potentiel grand-canonique $\Phi = -T \ln \mathcal{Z}(T, V, z)$, et en comparant à l'équation d'Euler

$$\overline{E} - TS + pV - \mu\overline{N} = 0 . \tag{15.10}$$

Solution. a) La fonction de partition grand-canonique s'écrit   *Exercice 15.1*

$$\mathcal{Z}(T, V, z) = \sum_{N=0}^{\infty} z^N Z(T, V, N) \tag{15.11}$$

en fonction de la fugacité $z = \exp(\beta\mu)$ et de la fonction de partition canonique

$$Z(T, V, N) = \sum_R{}' \exp(-\beta E_R) \tag{15.12}$$

où le prime sur la somme indique qu'il faut sommer sur tous les états quantiques avec la condition

$$\sum_r n_r = N \, . \tag{15.13}$$

Cette condition s'élimine dans la fonction de partition grand-canonique, puisque nous sommons sur tous les N, et on obtient après avoir reporté l'équation (15.9) dans (15.12), puis reporté le résultat dans l'équation (15.11) :

$$\mathcal{Z}(T, V, \mu) = \sum_{n_1, n_2, \ldots = 0}^{\infty/1} \exp\left[-\beta \left(\sum_r{}' n_r (\varepsilon_r - \mu) + V u(n) \right) \right] \tag{15.14}$$

où d'après l'équation (15.13) nous avons utilisé

$$z^N = \exp(N\beta\mu) = \exp\left(\beta \sum_r n_r \mu \right) \, .$$

L'indice de sommation supérieur dans l'équation (15.14) indique qu'il peut y avoir une infinité de bosons dans l'état quantique r, mais seulement un fermion, d'après le principe de Pauli. Pour les bosons il faut donc prendre l'indice ∞, et pour les fermions l'indice 1. Nous traiterons ici les deux cas simultanément.

Pour pouvoir évaluer plus avant l'équation (15.14) il est nécessaire que la fonction exponentielle se factorise en facteurs de la forme $\exp[-\beta n_r(\ldots)]$. Cela n'est possible que si le terme $Vu(n)$ est linéaire en $N = \sum_r n_r$. En général ce n'est pas le cas ; $Vu(n)$ est une fonction compliquée de N, qu'il faut déterminer après avoir spécifié l'interaction. La seule possibilité consiste donc à linéariser $Vu(n)$ en fonction de N, ce qui peut être fait à l'aide d'un développement en série de Taylor de $u(n)$ au voisinage de la valeur moyenne de la densité de particules $\overline{n}$:

$$u(n) = u(\overline{n}) + u'(\overline{n})(n - \overline{n}) + \cdots \tag{15.15}$$

Les termes d'ordre supérieur seront négligés en suivant l'argument que les fluctuations $n - \overline{n}$ autour de la valeur moyenne de la densité de particules sont petites dans la limite thermodynamique.

Nous avons, en fait, maintenant décomposé $U(V, n)$ en deux termes constants, $U(V, \overline{n}) = Vu(\overline{n})$ et $Vu'(\overline{n})\overline{n} = u'(\overline{n})\overline{N}$, qui ne dépendent que du nombre moyen de particules $\overline{N}$, et d'un terme $V u'(\overline{n}) n = u'(\overline{n}) N$, qui est linéaire en $N = \sum_r n_r$. Nous pouvons désormais écrire l'énergie totale de l'état quantique R sous la forme

$$E_R = \sum_r n_r(\varepsilon_r + u'(\overline{n})) + U(V, \overline{n}) - u'(\overline{n})\overline{N} \ . \tag{15.16}$$

À l'exception des deux derniers termes (constants), l'énergie d'une particule individuelle dans l'état quantique r est simplement $\varepsilon_r + u'(\overline{n})$. Chaque particule possède donc une énergie potentielle moyenne $u'(\overline{n})$, qui résulte de l'interaction avec les autres particules. On peut également imaginer cette énergie potentielle moyenne comme étant due au champ moyen à l'endroit où se trouve la particule, c'est la raison pour laquelle l'hypothèse (15.15) correspond exactement à ce que l'on nomme *l'approximation du champ moléculaire* (approximation du champ moyen, voir chapitre 18).

L'équation (15.14) se détermine facilement à présent, puisque l'on peut sortir de la somme les termes constants de l'équation (15.16) (ils ne dépendent pas des nombres d'occupation $n_1, n_2, \ldots$) :

$$
\begin{aligned}
\mathcal{Z}(T, V, \mu) &= \exp\left[-\beta\left(U(V, \overline{n}) - u'(\overline{n})\overline{N}\right)\right] \\
&\quad \times \sum_{n_1, n_2, \ldots = 0}^{\infty/1} \exp\left[-\beta\left(\sum_r{}' (\varepsilon_r + u'(\overline{n}) - \mu) n_r\right)\right] \\
&= \exp\left[-\beta\left(U(V, \overline{n}) - u'(\overline{n})\overline{N}\right)\right] \\
&\quad \times \prod_{r=1}^{\infty}\left\{\sum_{n_r=0}^{\infty/1} \exp\left[-\beta\left(\varepsilon_r + u'(\overline{n}) - \mu\right) n_r\right]\right\}
\end{aligned}
\tag{15.17}
$$

puisqu'on peut mettre en facteur la fonction exponentielle dans la première ligne de l'équation (15.16). La somme entre crochets dans la dernière ligne de l'équation (15.17) est simplement une série géométrique dans le cas des bosons, et se réduit même à deux termes ($n_r = 0, 1$) dans le cas des fermions. Notre résultat final s'écrit

$$
\begin{aligned}
\mathcal{Z}(T, V, \mu) &= \exp\left[-\beta\left(U(V, \overline{n}) - u'(\overline{n})\overline{N}\right)\right] \\
&\quad \times \prod_{r=1}^{\infty}
\begin{cases}
\{1 + \exp[-\beta(\varepsilon_r + u'(\overline{n}) - \mu)]\} \ , & \text{fermions} \ , \\
\{1 - \exp[-\beta(\varepsilon_r + u'(\overline{n}) - \mu)]\}^{-1} \ , & \text{bosons} \ .
\end{cases}
\end{aligned}
$$

En notant de façon abrégée $a = +1$ pour les fermions et $a = -1$ pour les bosons le potentiel grand-canonique peut s'écrire

$$
\begin{aligned}
\Phi &= -T \ln \mathcal{Z} \tag{15.18} \\
&= -T a \sum_r \ln\{1 + a \exp[-\beta(\varepsilon_r + u'(\overline{n}) - \mu)]\} + U(V, \overline{n}) - \overline{N} u'(\overline{n}) \ .
\end{aligned}
$$

Remarquons les deux termes «supplémentaires». Il vont jouer un rôle important dans la suite de l'exercice.

b) On a

$$\overline{N} = -\left.\frac{\partial \Phi}{\partial \mu}\right|_{T,V}$$

$$= -V \left.\frac{\partial u(\overline{n})}{\partial \mu}\right|_{T,V}$$

$$+ \overline{N} \left.\frac{\partial u'(\overline{n})}{\partial \mu}\right|_{T,V} + u'(\overline{n}) \left.\frac{\partial \overline{N}}{\partial \mu}\right|_{T,V}$$

$$+ Ta \sum_r \frac{a \exp[-\beta(\varepsilon_r + u'(\overline{n}) - \mu)]}{1 + a \exp[-\beta(\varepsilon_r + u'(\overline{n}) - \mu)]} \left(\beta - \beta \left.\frac{\partial u'(\overline{n})}{\partial \mu}\right|_{T,V}\right).$$

On en déduit

$$\overline{N}\left(1 - \left.\frac{\partial u'(\overline{n})}{\partial \mu}\right|_{T,V}\right) = -V \left.\frac{\partial u(\overline{n})}{\partial \mu}\right|_{T,V}$$

$$+ u'(\overline{n}) \left.\frac{\partial \overline{N}}{\partial \mu}\right|_{T,V}$$

$$+ a^2 \beta T \left(1 - \left.\frac{\partial u'(\overline{n})}{\partial \mu}\right|_{T,V}\right)$$

$$\times \sum_r \frac{1}{\exp[\beta(\varepsilon_r + u'(\overline{n}) - \mu)] + a}. \qquad (15.19)$$

Tenons compte maintenant du fait que $du = (du/dn)\, dn$, puisque u ne dépend que de la densité de particules. On a alors

$$\left.\frac{\partial u(\overline{n})}{\partial \mu}\right|_{T,V} = u'(\overline{n}) \left.\frac{\partial \overline{n}}{\partial \mu}\right|_{T,V} = u'(\overline{n}) \frac{1}{V} \left.\frac{\partial \overline{N}}{\partial \mu}\right|_{T,V} \qquad (15.20)$$

et les deux premiers termes dans l'équation (15.19) s'éliminent. Avec $a^2 = 1$ et $\beta T = 1$ (en unités naturelles), on obtient donc

$$\overline{N} = \sum_r \frac{1}{\exp[\beta(\varepsilon_r + u'(\overline{n}) - \mu)] + a} \qquad (15.21)$$

puisqu'en général les crochets dans l'équation (15.19) ne s'annulent pas, car $u(n)$ peut être une fonction arbitraire. Le nombre moyen d'occupation s'en déduit immédiatement en raison de $\overline{N} = \sum_r \overline{n}_r$:

$$\overline{n}_r = \frac{1}{\exp[\beta(\varepsilon_r + u'(\overline{n}) - \mu)] + a}. \qquad (15.22)$$

Par rapport au cas sans interaction, seule l'énergie d'une particule a été modifiée dans l'approximation du champ moyen : $\varepsilon_r \to \varepsilon_r + u'(\overline{n})$.

Exercice 15.1   L'entropie s'écrit

$$S = -\left.\frac{\partial \Phi}{\partial T}\right|_{\mu,V} = -V\left.\frac{\partial u(\overline{n})}{\partial T}\right|_{\mu,V} + \overline{N}\left.\frac{\partial u'(\overline{n})}{\partial T}\right|_{\mu,V} + u'(\overline{n})\left.\frac{\partial \overline{N}}{\partial T}\right|_{\mu,V}$$

$$+ a \sum_{r=1}^{\infty} \ln\{1 + a\exp[-\beta(\varepsilon_r + u'(\overline{n}) - \mu)]\}$$

$$+ a^2 T \sum_{r=1}^{\infty} \frac{(\varepsilon_r + u'(\overline{n}) - \mu)(-\mathrm{d}\beta/\mathrm{d}T) - \beta\,\partial u'(\overline{n})/\partial T|_{\mu,V}}{\exp[\beta(\varepsilon_r + u'(\overline{n}) - \mu)] + a}.$$

Comme pour l'équation (15.20), on peut montrer que le premier et le troisième terme s'éliminent. L'équation (15.21) permet de plus de montrer que le deuxième terme se compense avec le dernier terme dans le numérateur de la dernière somme. Avec $-\mathrm{d}\beta/\mathrm{d}T = 1/T^2$, le résultat s'écrit

$$S = a\sum_r \ln\{1 + a\exp[-\beta(\varepsilon_r + u'(\overline{n}) - \mu)]\} + \frac{1}{T}\sum_r \overline{n}_r(\varepsilon_r + u'(\overline{n}) - \mu).$$

$$(15.23)$$

On en déduit l'énergie moyenne

$$\overline{E} = \left.\frac{\partial(\Phi\beta)}{\partial\beta}\right|_{z,V}$$

$$= \left.\frac{\partial}{\partial\beta}(\beta V u(\overline{n}) - \beta\overline{N}u'(\overline{n}))\right|_{z,V}$$

$$- a\sum_r \frac{az\exp\{-\beta[\varepsilon_r + u'(\overline{n})]\}}{1 + az\exp\{-\beta[\varepsilon_r + u'(\overline{n})]\}}\left(-\varepsilon_r - \left.\frac{\partial}{\partial\beta}[\beta u'(\overline{n})]\right|_{z,V}\right)$$

$$= U(V,\overline{n}) + \beta V\left.\frac{\partial u(\overline{n})}{\partial\beta}\right|_{z,V} - \overline{N}\left.\frac{\partial[\beta u'(\overline{n})]}{\partial\beta}\right|_{z,V} - \beta u'(\overline{n})\left.\frac{\partial\overline{N}}{\partial\beta}\right|_{z,V}$$

$$+ \sum_r \frac{\varepsilon_r}{\exp\{\beta[\varepsilon_r + u'(\overline{n})]\}z^{-1} + a} + \overline{N}\left.\frac{\partial(\beta u'(\overline{n}))}{\partial\beta}\right|_{z,V}.$$

En raison de

$$\left.\frac{\partial u(\overline{n})}{\partial\beta}\right|_{z,V} = u'(\overline{n})\left.\frac{\partial\overline{n}}{\partial\beta}\right|_{z,V} = \frac{1}{V}u'(\overline{n})\left.\frac{\partial\overline{N}}{\partial\beta}\right|_{z,V}$$

le second terme se compense avec le quatrième. Il reste

$$\overline{E} = \sum_r \overline{n}_r\varepsilon_r + U(V,\overline{n}) = \sum_r \overline{n}_r\varepsilon_r + V u(\overline{n})$$

$$(15.24)$$

comme on pouvait le supposer d'après l'équation (15.9).

Le terme supplémentaire dans l'équation (15.18) sert à éliminer des dérivées partielles dans $u'(\overline{n})$, qui apparaissent en dérivant $\ln\{1 + a\exp[-\beta(\varepsilon_r + u'(\overline{n}) - \mu)]\}$, il en résulte les termes (15.21), (15.22), et (15.24) qui sont immédiatement plausibles physiquement.

Avant de calculer la pression, vérifions la validité des relations obtenues dans la limite thermodynamique. Dans la limite thermodynamique, $N \to \infty$, $V \to \infty$, $N/V =$ constante, le nombre moyen de particules, l'entropie, et l'énergie sont des grandeurs d'état extensives ; c'est-à-dire, toutes les trois sont *proportionnelles au volume*. En raison de la substitution

$$\sum_r \longrightarrow \frac{gV}{(2\pi)^3} \int \mathrm{d}^3 p$$

dans la limite thermodynamique (g est le facteur de dégénérescence) cela n'est vrai que si $u'(\overline{n})$ *ne dépend pas du volume* (voir (15.21) et (15.23)), *et de plus* $u(\overline{n})$ *ne dépend pas du volume* (voir (15.24)). Cela entraîne que la densité de particules $\overline{n} = \overline{N}/V$ ne doit pas dépendre du volume. Vérifions le de la façon suivante. On a

$$\frac{\partial \overline{n}}{\partial V}\bigg|_{\mu,T} = \frac{\partial}{\partial V}\left(\frac{\overline{N}}{V}\right)\bigg|_{\mu,T} = \frac{1}{V}\left(\frac{\partial \overline{N}}{\partial V}\bigg|_{\mu,T} - \frac{\overline{N}}{V}\right).$$

Maintenant

$$\frac{\partial \overline{N}}{\partial V}\bigg|_{\mu,T} = \frac{g}{(2\pi)^3}\int \mathrm{d}^3 p \, \frac{1}{\exp[\beta(\varepsilon(p) + u'(\overline{n}) - \mu)] + a}$$

$$+ \frac{gV}{(2\pi)^3}\int \mathrm{d}^3 p \left[-\left(\frac{1}{\exp[\beta(\varepsilon(p) + u'(\overline{n}) - \mu)] + a}\right)^2\right]$$

$$\times \exp[\beta(\varepsilon(p) + u'(\overline{n}) - \mu)]\beta \, \frac{\partial u'(\overline{n})}{\partial V}\bigg|_{\mu,T}.$$

Pour le premier terme on écrit $\overline{N}/V$; on réécrit le second en se servant de $\partial u'(\overline{n})/\partial V|_{\mu,T} = u''(\overline{n}) \, \partial \overline{n}/\partial V|_{\mu,T} = u''(\overline{n})(1/V)(\partial \overline{N}/\partial V|_{\mu,T} - \overline{N}/V)$ sous la forme

$$-\sum_r \overline{n}_r^2 \frac{\beta}{V} u''(\overline{n})\left(\frac{\partial \overline{N}}{\partial V}\bigg|_{\mu,T} - \frac{\overline{N}}{V}\right)\exp[\beta(\varepsilon_r + u'(\overline{n}) - \mu)].$$

On obtient donc

$$\frac{\partial \overline{n}}{\partial V}\bigg|_{\mu,T} = \frac{1}{V}\left(\frac{\partial \overline{N}}{\partial V}\bigg|_{\mu,T} - \frac{\overline{N}}{V}\right)$$

$$= \frac{1}{V}\left(-\sum_r \overline{n}_r^2 \frac{\beta}{V} u''(\overline{n})\exp[\beta(\varepsilon_r + u'(\overline{n}) - \mu)]\right)\left(\frac{\partial \overline{N}}{\partial V}\bigg|_{\mu,T} - \frac{\overline{N}}{V}\right).$$

Cette relation est vraie si

$$1 = -\sum_r \overline{n}_r^2 \frac{\beta}{V} \exp[\beta(\varepsilon_r + u'(\overline{n}) - \mu)]u''(\overline{n}) .$$

Cela n'est cependant pas vrai en général, car $u(n)$ est une densité de potentiel d'interaction complètement arbitraire. On doit donc avoir

$$\frac{\partial \overline{N}}{\partial V}\bigg|_{\mu,T} = \frac{\overline{N}}{V} , \tag{15.25}$$

c'est-à-dire, $\partial \overline{n}/\partial V|_{\mu,T}$ s'annule.

Après ces remarques préliminaires on peut déduire la pression :

$$\begin{aligned} p = -\frac{\partial \Phi}{\partial V}\bigg|_{\mu,T} &= -u(\overline{n}) + u'(\overline{n})\,\frac{\partial \overline{N}}{\partial V}\bigg|_{\mu,T} \\ &\quad + \frac{Ta}{V}\sum_r \ln\{1 + a\exp[-\beta(\varepsilon_r + u'(\overline{n}) - \mu)]\} \\ &= -\frac{\Phi}{V} \end{aligned} \tag{15.26}$$

où nous avons utilisé l'équation (15.21) et le fait que la densité de particules ne dépend pas du volume ; par conséquent $u(\overline{n})$ et $u'(\overline{n})$ sont également indépendants du volume. Nous avons déjà obtenu le résultat (15.26) dans le cas où il n'y a pas d'interaction, en reportant l'équation d'Euler (15.10) dans la définition de $\Phi = \overline{E} - TS - \mu\overline{N}$. Dans le cas présent, l'équation (15.10) est donc aussi vérifiée. On peut également s'en rendre compte autrement, et montrer que $\Phi = -T\ln\mathcal{Z}$ est encore défini par $\overline{E} - TS - \mu\overline{N}$, en utilisant les équations (15.21), (15.23), et (15.24) :

$$\begin{aligned} \overline{E} - TS - \mu\overline{N} &= \sum_r \overline{n}_r\varepsilon_r + Vu(\overline{n}) \\ &\quad - Ta\sum_r \ln\{1 + a\exp[-\beta(\varepsilon_r + u'(\overline{n}) - \mu)]\} \\ &\quad - \sum_r \overline{n}_r(\varepsilon_r + u'(\overline{n}) - \mu) - \mu\sum_r \overline{n}_r \\ &= Vu(\overline{n}) - u'(\overline{n})\overline{N} - Ta\sum_r \ln\{1 + a\exp[-\beta(\varepsilon_r + u'(\overline{n}) - \mu)]\} \\ &= \Phi . \end{aligned}$$

On en déduit l'équation d'Euler (15.10), en utilisant l'équation (15.26).

EXEMPLE ██████████████████████████████ *Exercice 15.1*

15.2 Transition de phase entre le plasma quark–gluon et le gaz de hadrons au cours des collisions entre ions lourds

Le gaz quantique en interaction traité dans l'exemple précédent est important, par exemple, pour la description thermodynamique de la transition de phase entre un plasma quark–gluon (PQG) et la matière hadronique au cours de collisions entre ions lourds.

Dans l'exemple précédent nous avons vu qu'un critère simple était la condition de stabilité pour la transition entre un PQG et la matière nucléaire confinée, normale, de couleur neutre : si la pression du « sac » est plus grande que la pression exercée par les gluons et les quarks, le plasma est instable et se décompose en « sacs » de quarks distincts, les nucléons. Cet argument très simple donne l'ordre de grandeur des quantités μ_c et T_c caractérisant la transition de phase. Il faut cependant tenir compte du fait que le plasma ne se forme pas instantanément au cours des collisions d'ions lourds, mais se forme à partir d'une matière nucléaire fortement comprimée et chauffée. Nous avons donc un système à deux phases pendant la transition. Pour une description complète du système (en supposant réalisé l'équilibre thermodynamique), il nous faut utiliser les relations de coexistence des phases de Gibbs,

$$T_{QGP} = T_{Nuc} \,,$$

$$\mu_{QGP} = \mu_{Nuc} \,,$$

$$p_{QGP} = p_{Nuc} \,.$$

Pour ce faire, il nous faut les équations d'état du PQG et de la phase hadronique. Alors que les relations trouvées dans l'exemple précédent pour un gaz de quarks et de gluons ultrarelativiste peuvent être utilisées pour un PQG, nous admettrons que la phase de nucléons est un mélange de gaz quantiques en interaction, constitué de nucléons et de leurs résonances, ainsi que de mésons[6]. Le terme d'interaction $U(V, n)$ est une fonction complètement arbitraire, à l'exception du fait qu'on peut l'écrire sous la forme $Vu(n)$. En général, on la construit de telle manière que l'énergie totale de la matière nucléaire soit minimale dans l'état fondamental (à $T = 0$, la densité mesurée de l'état fondamental est $n_0 = 0,17 \, \text{fm}^{-3}$, l'énergie de liaison de l'état fondamental est $B_0 = -16 \, \text{MeV}$ pour de la matière nucléaire infinie, et la compressibilité de l'état fondamental est $K \simeq 210 \, \text{MeV}$, et sont déterminées par les résonances d'un monopole géant), c'est-à-dire simplement la valeur B_0. Pour des densités élevées, $U(V, n)$ augmente fortement pour décrire la répulsion des nucléons.

L'hypothèse

$$U(V, n) = V \left(\frac{K}{18 n_0} (n - n_0)^2 - B_0 n + f(n) \right)$$

---

[6] Voir W. Greiner, B. Müller : *Mécanique Quantique – Symétries* (Springer, Berlin, Heidelberg 1999).

Exemple 15.2

représente un exemple dans lequel la première partie représente l'*énergie de compression* de la matière nucléaire. La seconde partie $f(n)$ est nécessaire pour compenser l'énergie de Fermi des nucléons dans l'état fondamental, qui est par définition comprise dans l'énergie de compression. L'énergie de Fermi dans l'état fondamental entre déjà sous forme d'énergie cinétique dans l' énergie totale.

IV Gaz réels et transitions de phase

16. Gaz réels

Nous allons montrer dans les paragraphes suivants comment on peut déterminer approximativement les propriétés d'un gaz réel dont les constituants interagissent par l'intermédiaire d'un potentiel U_{ik} à deux particules. Le hamiltonien s'écrit

$$H = \sum_{i=1}^{N} \frac{\boldsymbol{p}_i^2}{2m} + \sum_{i,k,i<k} U_{ik}\left(|\boldsymbol{r}_i - \boldsymbol{r}_k|\right) \tag{16.1}$$

à condition que U_{ik} ne dépende que de la distance $|\boldsymbol{r}_i - \boldsymbol{r}_k|$ entre les particules. Il nous faut maintenant évaluer la fonction de partition

$$Z(T, V, N) = \frac{1}{N! h^{3N}} \int d^{3N}p \exp\left(-\frac{\beta}{2m} \sum_{i=1}^{N} \boldsymbol{p}_i^2\right)$$

$$\times \int d^{3N}r \exp\left(-\beta \sum_{i,k,i<k} U_{ik}\right) . \tag{16.2}$$

Les intégrales sur les quantités de mouvement ne posent pas de problème :

$$Z(T, V, N) = \frac{1}{N! h^{3N}} \left(\frac{2\pi m}{\beta}\right)^{3N/2} \int d^{3N}r \exp\left(-\beta \sum_{i,k,i<k} U_{ik}\right)$$

$$= \frac{1}{N!} \left(\frac{2\pi m kT}{h^2}\right)^{3N/2} \int d^{3N}r \prod_{i,k,i<k} \exp\left(-\beta U_{ik}\right) . \tag{16.3}$$

Il reste à déterminer

$$Q_N(V, T) = \int d^{3N}r \prod_{i,k,i<k} \exp\left(-\beta U_{ik}\right) . \tag{16.4}$$

Si $U_{ik} = 0$, alors $Q_N = V^N$, et on retrouve le cas du gaz parfait.

Pour pouvoir donner une valeur approchée de Z dans le cas où $U_{ik} \neq 0$, voyons les propriétés principales du potentiel. Il est fortement répulsif pour de très petites distances et attractif pour de plus grandes distances entre les particules. Il s'annule lorsque $r_{ik} \to \infty$. Pour de faibles densités de gaz, la distance

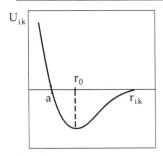

Fig. 16.1.

moyenne entre deux particules est très élevée, si bien que le gaz se comporte sensiblement comme un gaz parfait. La même chose est valable pour des températures élevées, car alors l'énergie potentielle des particules est petite devant leurs énergies cinétiques moyennes kT.

Il est donc logique de développer Z autour du cas limite du gaz parfait. Alors si $\beta U_{ik} \ll 1$, $\exp(-\beta U_{ik}) \approx 1$, et par conséquent

$$f_{ik} = \left[\exp\left(-\beta U_{ik}\right) - 1\right], \qquad f_{ik} \ll 1, \tag{16.5}$$

est un paramètre adapté pour ce développement, puisque $f_{ik} \to 0$ lorsque $\langle r_{ik} \rangle \to \infty$ ou $T \to \infty$. Il nous faut alors calculer les produits suivants :

$$\prod_{i,k;\, i<k} (1 + f_{ik}) = 1 + \sum_{i,k;\, i<k} f_{ik} + \sum_{i,k,l,m}' f_{ik} f_{lm} + \cdots . \tag{16.6}$$

Dans le paragraphe suivant on étudiera plus précisément des termes d'ordre plus élevé de cette série. Pour l'instant nous nous limiterons aux deux premiers termes. En reportant l'équation (16.6) dans (16.4) on obtient

$$
\begin{aligned}
Q_N(V, T) &= \int \mathrm{d}^{3N} r \left(1 + \sum_{i,k;\, i<k} f_{ik} + \cdots \right) \\
&= V^N + V^{N-2} \sum_{i,k;\, i<k} \int \mathrm{d}^3 r_i \int \mathrm{d}^3 r_k \left[\exp\left(-\beta U_{ik}\right) - 1\right] \\
&\quad + \cdots .
\end{aligned} \tag{16.7}
$$

Le terme prépondérant V^N est identique au résultat pour Q_N dans le cas du gaz parfait. Les termes suivants représentent les corrections dues à l'interaction U_{ik}. En utilisant les coordonnées du centre de masse $\boldsymbol{R} = (\boldsymbol{r}_i + \boldsymbol{r}_k)/2$ et les coordonnées relatives $\boldsymbol{r} = (\boldsymbol{r}_i - \boldsymbol{r}_k)$ dans l'intégrale on est conduit à

$$Q_N(V, T) - V^N + V^{N-1} \frac{N(N-1)}{2} \int \mathrm{d}^3 r \{\exp[-\beta U(r)] - 1\} + \cdots \tag{16.8}$$

car il y a $N(N-1)/2$ paires avec $i < k$ qui donnent toutes la même contribution pour Z. Définissons

$$a(T) = \int \mathrm{d}^3 r \{\exp[-\beta U(r)] - 1\} = 4\pi \int_0^\infty r^2 \, \mathrm{d}r \{\exp[-\beta U(r)] - 1\} \tag{16.9}$$

à partir de l'équation (16.3), avec $N \gg 1$, $N(N-1)/2 \approx N^2/2$ on obtient,

$$
\begin{aligned}
Z(T, V, N) &= \frac{1}{N!} \left(\frac{2\pi m k T}{h^2}\right)^{3N/2} \left[V^N + V^{N-1} \frac{N^2}{2} a(T) + \cdots\right] \\
&= \frac{1}{N!} \frac{V^N}{\lambda^{3N}} \left[1 + \frac{N^2 a(T)}{2V} + \cdots\right].
\end{aligned} \tag{16.10}
$$

On peut alors calculer l'équation d'état thermique du gaz à partir de l'énergie libre :

$$p(T, V, N) = - \frac{\partial F}{\partial V}\bigg|_{T,N} = \frac{\partial}{\partial V}(kT \ln Z) = \frac{NkT}{V} - kT \frac{aN^2/2V^2}{1 + aN^2/2V} \quad (16.11)$$

$$p \approx \frac{NkT}{V}\left(1 - \frac{a}{2}\frac{N}{V}\right) . \quad (16.12)$$

Nous n'avons ici tenu compte que des deux termes prépondérants dans l'équation (16.10), et dans l'équation (16.12) nous avons utilisé le fait que $a(T)$ représente simplement une légère correction.

EXEMPLE

16.1 Le potentiel de Sutherland

Evaluons l'équation (16.12) dans un cas réaliste. Pour cela, il faut se donner le potentiel d'interaction entre particules, par exemple, le potentiel de Lennard–Jones, appelé également le potentiel 12/6,

$$U(r) = U_0\left(\left(\frac{r_0}{r}\right)^{12} - 2\left(\frac{r_0}{r}\right)^6\right) .$$

Ce potentiel passe par un minimum de valeur $-U_0$ en $r = r_0$ et est fortement répulsif pour r petit. Bien qu'il soit très réaliste nous ne l'étudierons pas ici, car l'évaluation de l'équation (16.9) n'est alors pas très commode. Utilisons plutôt le *potentiel de Sutherland*,

$$U(r) = \begin{cases} +\infty , & r < r_0 , \\ -U_0 \, (r_0/r)^6 , & r \geq r_0 . \end{cases}$$

On considère ici que les atomes sont des sphères solides de rayon $r_0/2$. (r désigne la distance relative $|\mathbf{r}_i - \mathbf{r}_k|$. La distance minimale r_0 entre les sphères

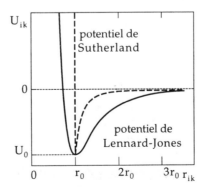

Fig. 16.2. Potentiels de Sutherland et de Lennard–Jones

solides est simplement deux fois le rayon d'une des sphères.) Pour $r > r_0$, le potentiel est attractif et proportionnel à r^{-6}. L'équation (16.9) s'écrit alors

$$a(T) = 4\pi \int_0^{r_0} r^2 \, dr(-1) + 4\pi \int_{r_0}^{\infty} r^2 \, dr \left\{ \exp\left[\beta U_0 \left(\frac{r_0}{r}\right)^6 \right] - 1 \right\} .$$

Comme par hypothèse, on a $\beta U_0 \ll 1$, on en déduit

$$\exp\left[\beta U_0 \left(\frac{r_0}{r}\right)^6 \right] \approx 1 + \beta U_0 \left(\frac{r_0}{r}\right)^6 + \cdots$$

$$a(T) \approx -\frac{4\pi}{3} r_0^3 + 4\pi \beta U_0 \int_{r_0}^{\infty} r^2 \, dr \left(\frac{r_0}{r}\right)^6$$

$$\approx -\frac{4\pi}{3} r_0^3 \left(1 - \beta U_0\right) .$$

Avec cette expression on obtient

$$p = \frac{NkT}{V} \left[1 + \frac{2\pi r_0^3}{3v} \left(1 - \frac{U_0}{kT} \right) \right]$$

en posant $v = V/N$. Ou

$$\left(p + \frac{2\pi r_0^3 U_0}{3v^2} \right) = \frac{kT}{v} \left(1 + \frac{2\pi r_0^3}{3v} \right) \approx \frac{kT}{v} \left(1 - \frac{2\pi r_0^3}{3v} \right)^{-1} . \tag{16.13}$$

Dans cette dernière approximation nous avons utilisé le fait que le volume propre d'un atome $4\pi r_0^3/3$ est petit par rapport au volume v par particule, à condition que la densité ne soit pas trop élevée (gaz raréfié). Comme on le voit, l'équation (16.13) correspond exactement à l'équation d'état de van der Waals

$$\left(p + \frac{a}{v^2} \right) (v - b) = kT$$

et nous avons donc calculé par une approche microscopique les paramètres de van der Waals a et b (ne pas confondre a avec celui de l'équation (16.9)!) :

$$a = \frac{2\pi}{3} r_0^3 U_0 ,$$

$$b = \frac{2\pi}{3} r_0^3 .$$

Le paramètre a dépend de la profondeur U_0 du potentiel et mesure l'intensité de la force d'attraction entre les particules, alors que b s'appelle le covolume. Ce dernier n'est pas entièrement identique au volume des particules car leur distance minimale d'approche est r_0, alors que le rayon vaut $r_0/2$.

16.1 Développement en «agrégats» de Mayer

Nous avons obtenu la fonction de partition d'un gaz réel au début du chapitre :

$$Z(T, V, N) = \frac{1}{N! \lambda^{3N}} Q_N(V, T) \tag{16.14}$$

avec

$$
\begin{aligned}
Q_N(V, T) &= \int d^{3N}r \prod_{i,k;\, i<k}^{N} \exp\left(-\beta U_{ik}\right) \\
&= \int d^{3N}r \prod_{i,k;\, i<k}^{N} (1 + f_{ik}) \; .
\end{aligned} \tag{16.15}
$$

Le produit dans la dernière expression peut se calculer de manière générale. Il y a exactement $p = N(N-1)/2$ facteurs $(1 + f_{ik})$ (nombre de paires (i, k) avec $i < k$). Le terme prépondérant est bien sur simplement $1^p = 1$. Le second terme s'obtient en remplaçant un des p facteurs par un facteur f_{ik} et en sommant sur toutes les combinaisons possibles. De façon analogue, dans le troisième terme il y a deux facteurs f_{ik}, etc. :

$$
\begin{aligned}
\prod_{i,k;\, i<k}^{N} (1 + f_{ik}) = 1 &+ \sum_{i,k;\, i<k} f_{ik} + {\sum_{i_1, i_2, k_1, k_2}}' f_{i_1 k_1} f_{i_2 k_2} \\
&+ {\sum_{i_1, \ldots, i_p, k_1, \ldots, k_p}}' f_{i_1 k_1} \cdots f_{i_p k_p} \; .
\end{aligned} \tag{16.16}
$$

Les primes affectés aux sommes indiquent que celles-ci doivent vérifier certaines conditions. On doit naturellement avoir $i_1 < k_1, i_2 < k_2, \ldots, i_p < k_p$. Mais il y a une autre condition, que l'on comprend facilement en ordonnant les facteurs $(1 + f_{ik})$ suivant les paires (i, k). À cet effet on fait correspondre un numéro compris entre 1 et p à chaque paire (i, k) d'une manière définie, appelons num (i, k) ce nombre (l'ordre lexicographique permet une bonne vue d'ensemble : on ordonne d'abord les paires d'après leur premier indice, puis pour un même premier indice d'après le second indice). Si l'on réordonne maintenant les facteurs du membre de gauche de l'équation (16.15) suivant les nombres num (i, k) croissants, et que l'on préserve cet ordre en les multipliant, alors les facteurs $f_{i_1 k_1}, f_{i_2 k_2}, \ldots$, dans les sommes à droite devront également être ordonnés de façon croissantes par rapport aux numéros correspondants aux paires $(i_1, k_1), (i_2, k_2), \ldots$. La seconde condition imposée aux sommes est donc num $(i_1, k_1) < $ num $(i_2, k_2) < \cdots$. Cela implique que la dernière somme dans l'équation (16.16) ne contient qu'un seul terme, car il n'existe qu'une seule possibilité si toutes les p paires sont présentes et qu'il faut les ordonner suivants leurs numéros.

Il nous faut donc calculer maintenant

$$Q_N(V,T) = \int d^{3N}r \left(1 + \sum_{i,k;\, i<k} f_{ik} + \sum_{i_1,i_2,k_1,k_2}{}' f_{i_1k_1} f_{i_2k_2} \right.$$
$$\left. + \sum_{i_1,\ldots,i_p,k_1,\ldots,k_p}{}' f_{i_1k_1} \cdots f_{i_pk_p} \right). \tag{16.17}$$

À première vue cela semble impossible de manière générale. Mais on s'aperçoit immédiatement que l'équation (16.17) contient de nombreux termes qui donnent la même valeur à l'intégrale, par exemple,

$$\int d^{3N}r[\cdots f_{12} + f_{24} + \cdots] = \int d^{3N}r[\cdots 2f_{12} \cdots] \tag{16.18}$$

puisque nous pouvons renuméroter arbitrairement les variables d'intégration. Par ailleurs, on s'aperçoit qu'il est possible de décomposer et réarranger systématiquement les termes dans l'équation (16.17) en se basant sur l'exemple suivant : soit $N = 14$ termes et

$$I = \int d^3r_1 \cdots d^3r_{14} f_{12} f_{14} f_{67} f_{89} f_{9,11} f_{12,13} \tag{16.19}$$

un terme de l'équation (16.17). On peut manifestement réarranger l'équation (16.19) :

$$I = \int d^3r_8 d^3r_9 d^3r_{11} f_{89} f_{9,11} \int d^3r_1 d^3r_2 d^3r_4 f_{12} f_{14} \int d^3r_6 d^3r_7 f_{67}$$
$$\times \int d^3r_{12} d^3r_{13} f_{12,13} \int d^3r_3 \int d^3r_5 \int d^3r_{10} \int d^3r_{14} \tag{16.20}$$

c'est-à-dire l'équation (16.19) peut être décomposée en deux facteurs, qui représentent des intégrales sur les coordonnées de deux ou trois particules en interaction respectivement, ainsi que des intégrales triviales sur les coordonnées d'une particule unique.

En raison de la possibilité, énoncée pour l'équation (16.18), de renuméroter les variables d'intégration, tous les facteurs pour lesquels on intègre sur le même nombre de coordonnées ont même valeur dans l'équation (16.20), c'est le cas des deux premiers termes, des troisième et quatrième termes, et des quatre derniers termes.

Cela ne se laisse cependant pas généraliser. Par exemple, il aurait pu y avoir un facteur $f_{8,11}$ supplémentaire dans l'équation (16.19), qu'il aurait alors fallu écrire dans la fonction à intégrer de la première intégrale de l'équation (16.20). Bien que les deux premières termes de l'équation (16.20) soient des intégrales sur un même nombre de coordonnées, leurs valeurs auraient été complètement différentes, car dans un cas la fonction à intégrer aurait été un produit de seulement deux f_{ik}, mais dans l'autre cas un produit de trois.

Pour des valeurs de N élevées et des expressions avec une structure encore plus compliquée que celle de l'équation (16.19), il pourrait y avoir plus de facteurs représentant des intégrales sur une, deux, trois ou plus de coordonnées des particules. Les termes les plus compliqués dans l'équation (16.17) sont naturellement ceux qui ne se laissent pas décomposer en facteurs, c'est-à-dire ceux qui contiennent des produits des f_{ik} où i ou k prennent toutes les valeurs possibles entre 1 et N.

Après ces remarques introductives, nous voyons que de nombreux termes dans l'équation (16.17) ont la même valeur, et que d'autres présentent au moins une structure commune. On peut alors penser qu'il ne sera pas nécessaire de calculer un à un tous les termes de l'équation (16.17), mais seulement certains représentants d'une classe. Il suffit alors de compter le nombre de termes appartenant à une classe.

La méthode que nous allons introduire par la suite fut développée par Mayer et ses collaborateurs en 1937. Elle devient particulièrement claire si l'on représente graphiquement les termes dans l'équation (16.17)

À chaque terme dans l'équation (16.17) nous faisons correspondre un graphe à N-particules, en représentant chaque particule par un cercle numéroté et chaque facteur f_{ik} par un trait de liaison entre les particules i et k. La façon d'ordonner les cercles et les traits n'a aucune importance. On peut les décaler arbitrairement les uns par rapport aux autres ce qui rend le graphe plus lisible. Les traits peuvent donc se couper. Deux graphes à N-particules doivent être considérés comme identiques, si l'un se transforme en l'autre en déplaçant les particules avec toutes les lignes qui leurs sont attachées. On peut alors interpréter l'équation (16.17) de la façon suivante :

$$Q_N(V, T) = \text{somme de tous les graphes à } N\text{-particules différents} . \quad (16.21)$$

D'après cette procédure, le premier terme de l'équation (16.17) est un graphe sans aucun trait

$$\left(\text{①} \quad \text{②} \quad \text{③} \quad \cdots \quad \text{Ⓝ} \right) = \int d^{3N}r\, 1 = V^N . \quad (16.22)$$

Dans le second terme apparaît une somme de tous les graphes, pour lesquels chaque particule est exactement reliée à une autre particule, par exemple,

$$\left(\text{①—②} \quad \text{③} \quad \cdots \quad \text{Ⓝ} \right) = \int d^{3N}r\, f_{12} ,$$

$$\left(\text{①} \quad \text{②⌢③} \quad \text{④} \quad \cdots \quad \text{Ⓝ} \right) = \int d^{3N}r\, f_{24} . \quad (16.23)$$

Comme déjà indiqué, toutes ces sommes ont la même valeur. De façon analogue, ont peut représenter l'expression (16.19) pour $N = 14$ par un graphe à 14-particules :

$$I = \begin{smallmatrix} \text{①—②} \\ \diagdown \\ \text{④} \end{smallmatrix} \quad \text{③} \; \text{⑤} \quad \text{⑥—⑦} \quad \begin{smallmatrix} \text{⑧—⑨} \\ \diagdown \\ \text{⑪} \end{smallmatrix} \quad \text{⑩} \quad \text{⑫—⑬} \quad \text{⑭}$$

$$= \left[\begin{smallmatrix} \text{①—②} \\ \diagdown \\ \text{④} \end{smallmatrix} \right] \left[\begin{smallmatrix} \text{⑧—⑨} \\ \diagdown \\ \text{⑪} \end{smallmatrix} \right] (\text{⑥—⑦}) \, (\text{⑫—⑬}) \, (\text{③}) \, (\text{⑤}) \, (\text{⑩}) \, (\text{⑭}) , \quad (16.24)$$

dans lequel nous avons réarrangés les cercles dans la dernière ligne et mis entre crochets les parties connectées du graphe. Manifestement chaque facteur dans l'équation (16.20) correspond à un crochet droit dans l'équation (16.24). Les parties connectées d'un graphe s'appellent des *agrégats*. Dans l'équation (16.24) il y a donc, deux agrégats à 3-particules, ou plus simplement 3-agrégat, deux 2-agrégats et quatre 1-agrégats.

Ainsi que nous l'avons déjà dit, ces deux 3-agrégats, ainsi que les deux 2-agrégats et les quatre 1-agrégats ont la même valeur dans cet exemple. Nous avons déjà précisé que ce n'était pas toujours le cas pour des agrégats de 3 ou plus de particules. Cela se comprend très bien graphiquement, par exemple, les 3-agrégats

$$\text{(16.25)}$$

ont des valeurs différentes en raison de la liaison supplémentaire (interaction) entre les particules 8 et 11 (le facteur supplémentaire $f_{8,11}$) dans le second agrégat de l'équation (16.25).

Chaque graphe à N-particules se laisse mettre en facteur en fonction de tels agrégats, il existe néanmoins des graphes à N-particules qui sont constitués d'un seul agrégat (N-agrégat). Nous pourrons donc construire un graphe quelconque à partir de tels agrégats. En général un tel graphe sera constitué de m_1 1-agrégats, m_2 2-agrégats, ..., m_N N-agrégats. Pour le graphe à 14-particules (16.24), on a par exemple, $m_1 = 4$, $m_2 = 2$, $m_3 = 2$, $m_4 = m_5 = \cdots = m_{14} = 0$. Les nombres m_l doivent vérifier la condition

$$\sum_{l=1}^{N} m_l l = N \tag{16.26}$$

puisque la somme de toutes les particules dans les agrégats individuels donne évidemment le nombre total de particules.

On peut alors classifier chaque graphe à N-particules par la donnée de l'ensemble $\{m_1, \ldots, m_N\}$. La somme de tous les graphes à N-particules appartenant à un ensemble donné $\{m_1, \ldots, m_N\}$ sera noté $S\{m_1, \ldots, m_N\}$. Si maintenant nous effectuons la somme de tous les $S\{m_1, \ldots, m_N\}$ sur tous les ensembles $\{m_1, \ldots, m_N\}$, vérifiant la condition (16.26), nous englobons tous les graphes à N-particules ; c'est-à-dire les équations (16.17) ou (16.22) peuvent s'écrire sous la forme

$$Q_N(V, T) = \sideset{}{'}\sum_{\{m_1,\ldots,m_N\}} S\{m_1, \ldots, m_N\}, \tag{16.27}$$

où le prime dans la somme indique que la condition (16.26) doit être vérifiée. Pour 3 particules, l'équation (16.27) s'écrit par exemple,

$$Q_3(V, T) = S\{3, 0, 0\} + S\{1, 1, 0\} + S\{0, 0, 1\} \tag{16.28}$$

puisque pour $N = 3$ il n'y a que trois ensembles $\{m_1, m_2, m_3\}$ qui vérifient la condition (16.26). Les graphes correspondants sont

$$S\{3, 0, 0\} = \big(\, \textcircled{1}\, ,\, \textcircled{2}\, ,\, \textcircled{3}\, \big)\,,$$

$$S\{1, 1, 0\} = \left[\begin{array}{c} \textcircled{1} \\ \textcircled{2}\ \textcircled{3} \end{array}\right] + \left[\begin{array}{c} \textcircled{1} \\ \textcircled{2}\ \textcircled{3} \end{array}\right] + \left[\begin{array}{c} \textcircled{1} \\ \textcircled{2}-\textcircled{3} \end{array}\right],$$

$$S\{0, 0, 1\} = \left[\begin{array}{c} \textcircled{1} \\ \textcircled{2}\ \textcircled{3} \end{array}\right] + \left[\begin{array}{c} \textcircled{1} \\ \textcircled{2}-\textcircled{3} \end{array}\right] + \left[\begin{array}{c} \textcircled{1} \\ \textcircled{2}\ \textcircled{3} \end{array}\right] + \left[\begin{array}{c} \textcircled{1} \\ \textcircled{2}-\textcircled{3} \end{array}\right]. \tag{16.29}$$

D'après l'équation (16.27) notre problème se réduit maintenant à déterminer les sommes $S\{m_1, \ldots , m_N\}$ pour des nombres $\{m_1, \ldots , m_N\}$ fixés.

Les nombres $m_1, \ldots , m_N$ déterminent le nombre de 1-agrégats, 2-agrégats, ..., N-agrégats que contient le graphe à N-particules. Donc $S\{m_1, \ldots , m_N\}$ contient *tous* les graphes avec m_1 1-agrégats, ..., m_N N-agrégats. La structure de tous ces graphes est identique tant que pour chaque graphe il y a m_1 cercles seuls, $2\,m_2$ cercles reliés par un trait pour former un 2-agrégat, $3\,m_3$ cercles reliés par deux ou trois lignes pour former un 3-agrégat, etc. Manifestement il existe différents types de l-agrégats avec un certain nombre l de particules, par exemple, les deux 3-agrégats de l'équation (16.25) (nous allons encore préciser ce que nous appelons un type). Il est essentiel de constater que l'ensemble $\{m_1, \ldots , m_N\}$ ne fixe pas la numérotation des cercles. Si l'on considère un graphe de $S\{m_1, \ldots , m_N\}$ avec une certaine structure pour les cercles et des liens, et une numérotation fixée des cercles, on peut également trouver des graphes dans $S\{m_1, \ldots , m_N\}$ qui se déduisent du premier par une permutation des numéros des particules. Toute permutation ne donne néanmoins pas un nouveau graphe (voir par exemple, le second graphe dans l'équation (16.25)). On peut y permuter les numéros de particules 8, 9 et 11 sans obtenir un nouveau graphe ; un nouveau graphe n'apparaît que si un nouveau numéro de particule apparaît). Il apparaît bien sur aussi dans $S\{m_1, \ldots , m_N\}$ tous les graphes qui contiennent différents types d'agrégats et qui ne se transforment pas l'un en l'autre par permutation des numéros des particules.

La structure des termes dans $S\{m_1, \ldots , m_N\}$ est toujours la même. Chaque terme de la somme se factorise selon

$$\text{terme de la } S\{m_1, \ldots , m_N\} = \big[m_1 \text{ 1-agrégats}\big] \cdots \big[m_N \text{ } N\text{-agrégats}\big]\,. \tag{16.30}$$

Par conséquent si tous les m_l l-agrégats ont la même valeur, un graphe à N-particules caractérisé par l'équation (16.30) pourrait s'écrire sous la forme $\prod_{l=1}^{N} (l\text{-agrégat})^{m_l}$. Mais ce n'est pas correct, puisque différents types de l-agrégats peuvent avoir des valeurs différentes. Nous devons donc préciser maintenant ce que nous entendons par *type d'agrégat*. Pour ce faire, il suffit de définir quand deux agrégats de mêmes numéros de particules sont du même type. En premier lieu, les deux agrégats à comparer ne possèdent pas nécessairement les mêmes numéros de particules. Puisque la valeur d'un agrégat ne change pas en changent les numéros, nous pouvons changer les numéros de particules dans un agrégat, de façon qu'ils coïncident avec les numéros de l'autre agrégat. Mais l'ordre croissant des numéros ne doit pas être changé. Par exemple, si un 3-agrégat contient les numéros 1, 2, 3 et l'autre les numéros 8, 9, 11, il faut changer 8, 9, 11 en 1, 2, 3 ou 1, 2, 3 en 8, 9, 11; tout autre changement modifierait l'ordre. Si deux agrégats contiennent les mêmes numéros de particules ont peut directement les comparer. Ils sont identiques (c'est-à-dire du même type), s'ils se transforment l'un en l'autre par déplacements des particules avec leurs liens respectifs, après quoi les numéros doivent coïncider. D'après cette règle, les deux agrégats dans l'équation (16.25) sont d'un type différent, des 3-agrégats du même type seraient de la forme

$$\qquad\qquad\qquad\qquad\qquad\qquad\qquad\qquad (16.31)$$

Dans la dernière ligne de l'équation (16.29) on montre quatre types différents de 3-agrégats. Il ne peuvent se transformer l'un en l'autre par des déplacements. Un 3-agrégat arbitraire avec d'autres numéros de particules est représenté de façon unique par l'un de ces types d'après notre définition.

Il est évident qu'il n'y a qu'un seul type de 1-agrégat et seulement un type de 2-agrégat, mais il y a quatre types différents de 3-agrégats, etc. Différents types de l-agrégats n'ont pas nécessairement des valeurs différentes. Par exemple, tous les graphes de l-agrégats qui proviennent d'une permutation des particules, ont la même valeur (par exemple les trois premiers 3-agrégats de la dernière ligne de l'équation (16.29)).

Soit K_l le nombre de types de l-agrégats. On peut alors classifier chaque facteur dans l'équation (16.30) suivant ces types. Les m_l l-agrégats peuvent consister en n_1 l-agrégats de type 1, n_2 l-agrégats de type 2, ... , n_{K_l} l-agrégats de type K_l :

$$[m_l\,l\text{-agrégats}] = [n_1\,l\text{-agrégats de type 1}][n_2\,l\text{-agrégats de type 2}]$$
$$\cdots [n_{K_l}\,l\text{-agrégats de type } K_l]\,. \qquad (16.32)$$

Les nombres $n_1, \ldots, n_{K_l}$ doivent vérifier la condition

$$\sum_{i=1}^{K_l} n_i = m_l \qquad\qquad\qquad\qquad\qquad (16.33)$$

puisqu'il y a exactement m_l l-agrégats. Par exemple, le graphe à 14-particules (16.24) se décompose suivant les facteurs

$$[2\ 3\text{-agrégats}][2\ 2\text{-agrégats}][4\ 1\text{-agrégats}] \qquad\qquad (16.34)$$

d'après l'équation (16.30), et le premier de ces facteurs peut s'écrire sous la forme

$$[2\ 3\text{-agrégats}] = [1\ 3\text{-agrégat de type 1}][1\ 3\text{-agrégat de type 2}] \qquad (16.35)$$

où l'énumération des types, est bien sur arbitraire. Puisque tous les l-agrégats d'un même type ont même valeur, l'équation (16.32) s'identifie à

$$\big[m_l l\text{-agrégats}\big] = \big[\text{type 1}\big]^{n_1} \big[\text{type 2}\big]^{n_2} \cdots \big[\text{type } K_l\big]^{n_{K_l}}\,. \qquad (16.36)$$

Nous avons à présent décomposé chaque graphe à N-particules qui contribue à $S\{m_1, \ldots, m_N\}$ en ses plus petites parties (on ne peut pas réduire plus). Il nous faut encore rassembler les termes dans la somme.

Considérons tout d'abord tous les termes de $S\{m_1, \ldots, m_N\}$, pour lesquels tous les graphes partiels sont fixés (incluant numéros des particules, position des liens, etc.) à l'exception du facteur [m_l l-agrégats], qui parcourt l'ensemble des graphes partiels possibles. Tous les termes dans la somme possèdent les mêmes facteurs [m_1 1-agrégats] $\cdots$ [m_{l-1} $(l-1)$-agrégats][m_{l+1} $(l+1)$-agrégats] $\cdots$ [m_N N-agrégats], et diffèrent simplement par le facteur [m_l l-agrégats].

Les numéros des particules dans les m_l l-agrégats sont fixés, puisque qu'il ne faut pas changer les numéros des particules dans les facteurs fixés. Cependant, les m_l l-agrégats dans chaque terme de la somme peuvent être constitués de l-agrégats de types très différents, et les lm_l particules disponibles peuvent être distribuées de différentes manières dans les types d'agrégats.

L'ensemble de ces termes est plutôt complexe. C'est pourquoi, nous considérons d'abord un sous-ensemble de tous les termes considérés, nommément ceux pour lesquels chaque l-agrégat est formé de numéros de particules fixés. Puisque maintenant les numéros de particules sont fixés dans chaque m_l l-agrégat, deux graphes considérés ne peuvent différer que par leur composition de types de l-agrégats particuliers ; c'est-à-dire s'ils ont des ensembles de numéros $\{n_1, \ldots, n_{K_l}\}$ différents qui doivent vérifier la condition (16.33). On parcourt donc l'ensemble des termes du sous- ensemble considéré si l'on somme sur ces ensembles de numéros. Le facteur [m_l l-agrégats] appartenant à ce sous-ensemble de graphes s'écrit donc

$$
\left[m_l l\text{-agrégats}\right] = \sum_{\substack{n_1, \ldots, n_{K_l} = 0 \\ n_1 + \cdots + n_{K_l} = m_l}}^{m_l} \left[\text{type } 1\right]^{n_1} \left[\text{type } 2\right]^{n_2} \cdots \left[\text{type } K_l\right]^{n_{K_l}} .
$$

$$(16.37)$$

Des considérations analogues s'appliquent pour tout l. On obtient donc pour la somme des graphes de N-particules différents qui contribuent à $S\{m_1, \ldots, m_N\}$ et pour lesquels les numéros des particules qui forment les agrégats particuliers sont fixés :

$$
\left[m_l\, l\text{-agrégats}\right]
$$

$$
= \prod_{l=1}^{N} \left(\sum_{\substack{n_1, \ldots, n_{K_l} = 0 \\ n_1 + \cdots + n_{K_l} = m_l}}^{m_l} \left[\text{type } 1\right]^{n_1} \left[\text{type } 2\right]^{n_2} \cdots \left[\text{type } K_l\right]^{n_{K_l}} \right) .
$$

$$(16.38)$$

Remarquons que l'équation (16.38) contient implicitement les permutations des numéros des particules *à l'intérieur* d'un agrégat. De telles permutations, ainsi que nous l'avons déjà vu, donnent soit un autre type d'agrégat et donc un autre ensemble de numéros $n_1, \dots, n_{K_l}$, ou elles ne changent pas le type d'agrégat, mais alors nous n'avons pas un graphe à N-particules différent.

Nous devons maintenant tenir compte du fait qu'il y a des graphes qui contribuent à $S\{m_1, \dots, m_N\}$ et qui correspondent à des distributions différentes de numéros des particules sur les agrégats respectifs. Nous n'en avons pas tenu compte jusqu'à présent. Il n'existe pas d'autres types de graphes, puisque tous les graphes distincts que l'on peut former avec des numéros de particules donnés pour les agrégats sont contenus dans l'équation (16.38). Tous les graphes non encore considérés jusqu'à présent se déduisent de ceux déjà considérés , par permutations des numéros des particules. Puisque de telles permutations correspondent à renuméroter les variables d'intégration, et que par conséquent tous ces graphes ont la même valeur, il nous suffit de multiplier l'équation (16.38) par le facteur correct. Il y a en tout $N!$ permutations entre les numéros des particules. Mais il ne faut pas tenir compte des permutations à l'intérieur d'un agrégat, puisqu'elles font déjà partie de l'équation (16.38). Le facteur devrait donc valoir

$$w\{m_1, \dots, m_N\} = \frac{N!}{\prod_{l=1}^{N} (l!)^{m_l}} \,. \tag{16.39}$$

Cela n'est cependant pas correct. Avec ce facteur nous prenons également en compte des permutations qui n'échangent que toutes les particules entre deux l-agrégats du même type. Un tel échange ne correspond pas à un nouveau graphe mais simplement à un réarrangement de deux facteurs, comme on s'en rend compte facilement pour l'exemple à deux 3-agrégats du même type :

$$\left[\begin{smallmatrix} & 1 & \\ 2 & & 3 \end{smallmatrix}\right] \times \left[\begin{smallmatrix} & 4 & \\ 5 & & 6 \end{smallmatrix}\right] \quad \text{et} \quad \left[\begin{smallmatrix} & 4 & \\ 5 & & 6 \end{smallmatrix}\right] \times \left[\begin{smallmatrix} & 1 & \\ 2 & & 3 \end{smallmatrix}\right]. \tag{16.40}$$

Il y a exactement $n_j!$ permutations possibles de tous les l-agrégats de type j. Le facteur général [m_l l-agrégats] contient donc $n_1!n_2!\cdots n_{K_l}!$ tels réarrangements pour un ensemble donné de numéros $n_1 \cdots n_{K_l}$. Si nous voulons utiliser le facteur (16.39), il nous faut diviser la somme dans (16.38) par le facteur $n_1!n_2!\cdots n_{K_l}!$. Le résultat final s'écrit donc

$$S\{m_1, \dots, m_N\} = N! \prod_{l=1}^{N} \frac{1}{(l!)^{m_l}} \tag{16.41}$$

$$\times \left(\sum_{\substack{n_1,\dots,n_{K_l}=0 \\ n_1+\cdots+n_{K_l}=m_l}}^{m_l} \frac{[\text{type } 1]^{n_1}}{n_1!} \frac{[\text{type } 2]^{n_2}}{n_2!} \cdots \frac{[\text{type } K_l]^{n_{K_l}}}{n_{K_l}!} \right).$$

Cette équation peut être simplifiée en utilisant le théorème du polynôme :

$$\sum_{\substack{n_1,\dots,n_{K_l}=0 \\ n_1+\cdots+n_{K_l}=m_l}}^{m_l} \frac{1}{n_1!\cdots n_{K_l}!} [\text{type } 1]^{n_1} \cdots [\text{type } K_l]^{n_{K_l}}$$

$$= \frac{1}{m_l!}(\text{type } 1 + \text{type } 2 + \cdots + \text{type } K_l)^{m_l} \,. \tag{16.42}$$

En d'autres termes : la somme $S\{m_l\}$ s'exprime comme la somme de tous les types de l-agrégats pour des numéros de particules fixés :

$$S\{m_1, \ldots, m_N\} \tag{16.43}$$

$$= N! \prod_{l=1}^{N} \frac{1}{(l!)^{m_l} \, m_l!} \; (\text{somme de tous les types de } l\text{-agrégats})^{m_l} \; .$$

La principale simplification que nous avons obtenue est que désormais il nous suffit d'évaluer les intégrales pour les types d'agrégats simples avec une énumération fixée pour les particules, et plus pour l'ensemble du graphe à N-particules. Définissons alors la notation abrégée

$$b_l(V, T) = \frac{1}{l! \lambda^{3(l-1)} V} \; (\text{somme de tous les types de } l\text{-agrégats}) \; . \tag{16.44}$$

Nous interpréterons plus tard ces nombres (16.44) sans dimension. Le facteur $l!^{-1}$ pour chaque l-agrégat résulte du facteur correspondant dans l'équation (16.43). Le premier facteur $\lambda^{-3(l-1)} V^{-1}$ en fait une expression sans dimension et nous donne une manière d'exprimer (16.43) d'une façon aussi simple que possible en fonction des b_l :

$$S\{m_1, \ldots, m_N\} = N! \lambda^{3N} \prod_{l=1}^{N} \frac{1}{m_l!} \left(b_l \frac{V}{\lambda^3} \right)^{m_l} \; . \tag{16.45}$$

Le facteur $Q_N(V, T)$ dans la fonction de partition vaut donc

$$Q_N(V, T) = N! \lambda^{3N} \sum_{\{m_1, \ldots, m_N\}}' \prod_{l=1}^{N} \frac{1}{m_l!} \left(b_l \frac{V}{\lambda^3} \right)^{m_l} \; . \tag{16.46}$$

Maintenant la fonction de partition canonique s'écrit

$$Z(T, V, N) = \sum_{\{m_1, \ldots, m_N\}}' \prod_{l=1}^{N} \frac{1}{m_l!} \left(b_l \frac{V}{\lambda^3} \right)^{m_l} \tag{16.47}$$

où le prime sur la somme indique qu'on ne somme que sur les ensembles $\{m_1, \ldots, \}$ qui vérifient la condition (16.26). Cette condition peu pratique s'élimine, si l'on considère la fonction de partition grand-canonique

$$\mathcal{Z}(T, V, z) = \sum_{N=0}^{\infty} z^N Z(T, V, N) \; . \tag{16.48}$$

On écrit

$$z^N = z^{\sum_l l m_l} = \prod_{l=1}^{N} \left(z^l \right)^{m_l} \tag{16.49}$$

et il s'en suit que

$$\mathcal{Z}(T, V, N) = \sum_{N=0}^{\infty} \sideset{}{'}\sum_{\{m_1,\dots,m_N\}} \prod_{l=1}^{\infty} \frac{1}{m_l!} \left(b_l z^l \frac{V}{\lambda^3} \right)^{m_l} . \tag{16.50}$$

La seconde somme est encore astreinte à la condition $\sum_l m_l = N$. Mais comme on somme sur l'ensemble des numéros de particules N, cela équivaut à

$$\begin{aligned}
\mathcal{Z}(T, V, N) &= \sum_{m_1, m_2, \dots, = 0}^{\infty} \prod_{l=1}^{\infty} \frac{1}{m_l!} \left(b_l z^l \frac{V}{\lambda^3} \right)^{m_l} \\
&= \prod_{l=1}^{\infty} \left[\sum_{m_l=0}^{\infty} \frac{1}{m_l!} \left(b_l z^l \frac{V}{\lambda^3} \right)^{m_l} \right] \\
&= \prod_{l=1}^{\infty} \exp\left(b_l z^l \frac{V}{\lambda^3} \right) = \exp\left(\frac{V}{\lambda^3} \sum_{l=1}^{\infty} b_l z^l \right) .
\end{aligned} \tag{16.51}$$

À l'aide de cela le potentiel grand-canonique peut immédiatement être calculé :

$$\phi = -kT \ln \mathcal{Z} = -kT \frac{V}{\lambda^3} \sum_{l=1}^{\infty} b_l z^l . \tag{16.52}$$

Intéressons nous maintenant plus précisément aux b_l et à la signification des préfacteurs dans l'équation (16.44). Pour ce faire, nous allons écrire explicitement les b_l pour les plus petits agrégats $l = 1, 2$:

$$b_1 = \frac{1}{V} \textcircled{1} = \frac{1}{V} \int d^3 r_1 = 1 , \tag{16.53}$$

$$\begin{aligned}
b_2 &= \frac{1}{2\lambda^3 V} \left(\textcircled{1}\!\!-\!\!\textcircled{2} \right) = \frac{1}{2\lambda^3 V} \int d^3 r_1 \, d^3 r_2 \, f_{12} \\
&= \frac{1}{2\lambda^3} \int d^3 r_{12} \, f_{12} = \frac{2\pi}{\lambda^3} \int_0^{\infty} f(r) r^2 \, dr \\
&= \frac{2\pi}{\lambda^3} \int_0^{\infty} \left[\exp\left(-\frac{U(r)}{kT} \right) - 1 \right] r^2 \, dr .
\end{aligned} \tag{16.54}$$

Dans le calcul des intégrales d'agrégats nous avons ici utilisé les nouvelles coordonnées $\boldsymbol{R} = (\boldsymbol{r}_1 + \boldsymbol{r}_2)/2$ et $\boldsymbol{r}_{12} = \boldsymbol{r}_1 - \boldsymbol{r}_2$. L'intégration par rapport aux coordonnées du centre de masse $\boldsymbol{R}$ d'un agrégat donne simplement un facteur V. On peut utiliser une substitution analogue pour tous les l-agrégats, et on obtient à chaque fois le même facteur V. Il est donc avantageux de multiplier toutes les intégrales d'agrégats par $1/V$. Après avoir mis de coté la part du centre de masse, les intégrales d'agrégats ne dépendent plus du volume (si celui-ci est suffisamment grand), mais seulement de la portée du potentiel (tant que celle-ci reste beaucoup plus petite que la dimension du récipient). Les fonctions à intégrer présentent une décroissance exponentielle avec la distance entre particules, si bien que les intégrations sur les coordonnées relatives peuvent être étendues jusqu'à des distances infinies sans risque d'erreur. Nous avons donc

$$\lim_{V \to \infty} b_l(V, T) = b_l(T) \,. \tag{16.55}$$

Pour b_3 nous avons quatre contributions provenant des différents types de 3-agrégats,

$$b_3 = \frac{1}{6\lambda^6 V}\Big[\,\text{⟨①②③⟩}\,\Big] + \Big[\,\text{⟨①②—③⟩}\,\Big] + \Big[\,\text{⟨①②—③⟩}\,\Big] + \Big[\,\text{⟨①②—③⟩}\,\Big] \tag{16.56}$$

$$= \frac{1}{6\lambda^6 V} \int d^3r_1 \, d^3r_2 \, d^3r_3 \, [f_{12}f_{13} + f_{13}f_{23} + f_{12}f_{23} + f_{12}f_{13}f_{23}] \,.$$

Nous avons déjà remarqué que les trois premiers termes ont la même valeur, puisque les variables d'intégration peuvent être nommées arbitrairement et utiliser le fait que $f_{ik} = f_{ki}$. Si dans le résultat final on remplace $\boldsymbol{R} = (\boldsymbol{r}_1 + \boldsymbol{r}_2 + \boldsymbol{r}_3)/3$ et $\boldsymbol{r}_{ij} = \boldsymbol{r}_i - \boldsymbol{r}_j$, on obtient

$$b_3 = \frac{1}{6\lambda^6 V}\left[3V \int d^3r_{12} f_{12} \int d^3r_{13} f_{13} + V \int d^3r_{12} \, d^3r_{13} f_{12} f_{13} f_{23}\right]$$

$$= 2b_2^2 + \frac{1}{6\lambda^6} \int d^3r_{12} \, d^3r_{13} f_{12} f_{13} f_{23} \,. \tag{16.57}$$

La première intégrale dans l'équation (16.57) se factorise et peut donc être exprimée en fonction du coefficient b_2, que nous avons déjà évalué. Il n'est donc même pas nécessaire de calculer en fait tous les l-agrégats, mais seulement certains types. On désigne par l-*agrégats irréductibles* ces types.

Les $b_l(V, T)$ sont des nombres sans dimension qui ne dépendent pas du volume dans la limite thermodynamique, mais seulement de la température, et qui se laissent déterminer facilement les uns après les autres. Toutes les propriétés thermodynamiques des gaz réels peuvent alors être déterminées à partir des intégrales d'agrégats $b_l(T)$. Il suffit souvent de ne considérer que le plus petit agrégat : en effet pour de faibles densités gazeuses la fugacité $z = \exp(\mu/kT)$ est également petite ($z \ll 1$). On peut alors négliger la contribution d'agrégats plus grands. De plus, pour de faibles densités il est très improbable que de nombreuses particules s'assemblent pour former un l-agrégat plus grand. Cela n'est néanmoins plus vrai au voisinage des transitions de phase. Dans ce cas de nombreuses particules peuvent s'assembler en gouttelettes plus grandes. Près des transitions de phase il faut donc calculer explicitement de nombreux termes. À partir de l'équation (16.52) on obtient directement pour la pression du gaz réel

$$\frac{p}{kT} = \frac{1}{V}\ln \mathbb{Z} = \frac{1}{\lambda^3}\sum_{l=1}^{\infty} b_l z^l \,. \tag{16.58}$$

Si au lieu du potentiel chimique (ou de z) on fixe la densité de particules, il faut déterminer z à partir de la condition (9.64) :

$$\frac{N}{V} = \frac{kT}{V} \left.\frac{\partial}{\partial \mu} \ln \mathcal{Z}\right|_{T,V} = \frac{z}{V} \left.\frac{\partial}{\partial z} \ln \mathcal{Z}\right|_{T,V} = \frac{1}{\lambda^3} \sum_{l=1}^{\infty} l b_l z^l . \qquad (16.59)$$

Les équations (16.58) et (16.59) constituent les fameux développements en agrégats de Mayer (1937).

16.2 Développements du viriel

Les équations (16.58) et (16.59) contiennent implicitement l'équation d'état thermique des gaz réels ; il est néanmoins utile de chercher un développement explicite de cette équation d'état, qui correspond au développement phéno-ménologique en coefficients du viriel qui a été présenté dans la partie thermodynamique de ce livre. Pour cela il nous faut éliminer la fugacité z des équations (16.58) et (16.59). L'équation (16.59) nous montre que z ne peut dépendre que du paramètre $N\lambda^3/V$. Il existe donc un développement en série

$$z = \sum_{l=1}^{\infty} c_l \left(\frac{\lambda^3}{v}\right)^l \qquad (16.60)$$

avec $v = V/N$. Les coefficients c_l ne peuvent dépendre que des b_l. Si l'on reporte l'équation (16.60) dans (16.58), on obtient, après avoir ordonné les puissances de λ^3/v, un développement en série de l'équation d'état analogue à l'équation (16.52), le *développement en coefficients du viriel*

$$\frac{pV}{NkT} = \sum_{l=1}^{\infty} a_l \left(\frac{\lambda^3}{v}\right)^{l-1} . \qquad (16.61)$$

Dans ce cas également, les coefficients a_l ne peuvent dépendre que des b_l. En particulier pour un gaz parfait, $b_1 = 1$ et $b_l = 0$ pour $l \geq 2$, et de manière correspondante $a_1 = 1$ et $a_l = 0$ pour $l \geq 2$. Déterminons les coefficients a_l à partir des b_l. Pour ce faire, multiplions l'équation (16.61) par λ^3/v et reportons la série (16.58) dans le membre de droite :

$$\frac{p\lambda^3}{kT} = \sum_{l=1}^{\infty} a_l \left[\sum_{n=1}^{\infty} n b_n z^n\right]^l = \sum_{l=1}^{\infty} b_l z^l . \qquad (16.62)$$

Si l'on ordonne la première somme suivant les puissances croissantes de z, une comparaison entre les coefficients donne immédiatement les équations vérifiées par les a_l :

$$b_1 = a_1 b_1 ,$$

$$b_2 = a_1 2b_2 + a_2 b_1^2 \,,$$
$$b_3 = a_1 3b_3 + a_2 4b_1 b_2 + a_3 b_1^3 \,,$$
$$b_4 = a_1 4b_4 + a_2 \left(4b_2^2 + 6b_1 b_3 \right) + a_3 6b_1^2 b_2 + a_4 b_1^4 \,, \tag{16.63}$$

$$\vdots$$

On peut résoudre successivement ces équations pour la détermination des a_l :

$$a_1 = b_1 = 1 \,,$$

$$a_2 = -b_2 = -\frac{2\pi}{\lambda^3} \int_0^\infty \left[\exp\left(-\frac{U(r)}{kT} \right) - 1 \right] r^2 \, dr \,,$$

$$a_3 = 4b_2^2 - 2b_3 \,,$$

$$a_4 = -20b_2^3 + 18b_2 b_3 - 3b_4 \,, \tag{16.64}$$

$$\vdots$$

Pour être complet, donnons une expression générale pour les a_l sans la démontrer :

$$a_l = -\frac{l-1}{l} \sum_{\{m_i\}}' (-1)^{\sum_i m_i - 1} \frac{(l - 2 + \sum_i m_i)!}{(l-1)!} \prod_i \frac{(ib_i)^{m_i}}{m_i!} \,. \tag{16.65}$$

La somme dans l'équation (16.65) parcourt tous les ensembles $\{m_i\}$ vérifiant

$$\sum_{i=2}^l (i-1)m_i = l-1 \,, \qquad m_i = 0, 1, 2, \ldots \tag{16.66}$$

l'équation (16.65) est vraie pour $l \geq 2$, puisque de façon évidente $a_1 = b_1 = 1$. Si l'on se restreint aux deux premiers termes, le développement en coefficients du viriel s'écrit

$$\frac{pV}{NkT} = 1 - b_2(T) \left(\frac{\lambda^3}{v} \right) \,. \tag{16.67}$$

Cela correspond exactement à l'équation (16.12), que nous avions obtenue auparavant à l'aide d'un raisonnement bien plus simple ($a = 2b_2 \lambda^3$). Si l'on calcule le second coefficient du viriel $b_2(T)$ avec le potentiel réaliste de Lennard–Jones, exemple 16.1, on obtient

$$b_2(T) = \frac{2\pi}{\lambda^3} \int_0^\infty \left[\exp\left\{ -\frac{U_0}{kT} \left[\left(\frac{r_0}{r} \right)^{12} - 2 \left(\frac{r_0}{r} \right)^6 \right] \right\} - 1 \right] r^2 \, dr \,. \tag{16.68}$$

En posant $r' = r_0/r$, on obtient

$$b_2(T)\lambda^3 = 2\pi r_0^3 \int\limits_0^\infty \left[\exp\left\{ -\frac{U_0}{kT} \left[\left(\frac{1}{r'}\right)^{12} - 2\left(\frac{1}{r'}\right)^6 \right] \right\} - 1 \right] r'^2\, dr'\,.$$

(16.69)

La quantité $B_2(T) = -b_2(T)\lambda^3/r_0^3$ est donc un nombre sans dimension qui ne dépend que du paramètre kT/U_0. Si l'on détermine les paramètres optimaux U_0 et r_0 pour différents gaz, à l'aide de l'équation (16.67), et que l'on trace $B_2(T)$ en fonction de kT/U_0, on devrait obtenir approximativement la même courbe pour tous les gaz, ce que l'on pourrait également obtenir par une résolution numérique de l'équation (16.69). Cette courbe a déjà été présentée dans la partie thermodynamique de ce livre : en comparant les valeurs expérimentales de $B_2(T)$ et les valeurs théoriques, on observe une concordance étonnante. Par exemple, pour l'argon on obtient les valeurs $r_0 = 3,82 \cdot 10^{-10}$ et $U_0/k = 120\,\mathrm{K}$ (figure 1.7).

17. Classification des transitions de phase

Dans ce chapitre, nous donnerons une vue d'ensemble d'un domaine de recherche très récent en physique statistique : la physique des transitions de phase. Dans la première partie de ce livre nous avons déjà mentionné les transitions de phase entre solides, liquides et gaz. Dans ce qui suit nous présenterons également d'autres transitions de phase, et nous discuterons de méthodes élaborées pour les décrire théoriquement. Cela devrait permettre au lecteur de comprendre la littérature originale récente dans des branches très différentes de ce domaine de recherche.

Résumons tout d'abord les acquis sur les transitions de phase que nous avons obtenus dans la partie thermodynamique de ce livre. D'après le règle des phases de Gibbs (3.4) une phase homogène possède deux degrés de liberté intensifs (tant que d'autres degrés de liberté, comme les moments dipolaires électriques ou magnétiques, ne jouent aucun rôle). La plupart du temps, on choisit la température et la pression (parfois aussi T et μ). La troisième variable intensive est donnée par la relation de Gibbs–Duhem (2.74).

En raison du postulat de la coexistence de deux phases (solide–liqide, solide–gaz ou liquide–gaz) 3 des 6 paramètres intensifs initiaux s'éliminent à l'aide des relations de Gibbs des phases en équilibre. En raison des relations de Gibbs-Duhem (une pour chaque phase), subsiste 1 variable intensive, que l'on peut fixer indépendamment (par exemple T). On peut alors calculer, par exemple, la pression p en fonction de T, ce qui conduit à la courbe de fusion, de sublimation et d'évaporation dans le diagramme pT. Les trois phases coexistent à l'intersection de ces trois courbes, le point triple. En ce point toutes les variables intensives (T, p, μ) du système sont fixées. Il y a 9 variables intensives, mais également 6 relations de Gibbs pour la coexistence des phases, et de plus 3 relations de Gibbs-Duhem, si bien que le système d'équations des variables μ_i, T_i, et p_i, $i = 1, 2, 3$ possède une solution unique (qui correspond au point triple).

Il est évident que les transitions de phase particulières s'accompagnent d'une modification de structure, par exemple, dans l'eau. Par exemple, dans des cristaux de glace il existe un ordre à grandes distances pour les molécules d'eau, alors que cet ordre est perdu dans la phase liquide. Il existe cependant un certain ordre dans les liquides, puisque les molécules d'eau (qui sont des dipôles électriques) interagissent. Ce n'est que dans la phase gazeuse que la distance moyenne entre les molécules est si grande que cette interaction ne joue aucun rôle, et le mouvement des particules est quasiment libre.

On peut montrer que la plupart des réarrangements de structure au cours des transitions de phase peuvent être décrites par un paramètre que l'on nomme *paramètre d'ordre* (Landau, 1937). Ce paramètre d'ordre, que nous noterons généralement Ψ dans la suite, représente la différence qualitative essentielle entre les différentes phases. Cela signifie en particulier qu'il doit s'annuler pour la transition de phase liquide–gaz au point critique, puisqu'une distinction entre les deux phases n'y est plus possible. Dans ce cas, par exemple, la différence de masse volumique $\Psi = \Delta\varrho = \varrho_1 - \varrho_g$ constitue un paramètre d'ordre adapté, ainsi que (pour un nombre fixé de particules) la différence de volume $V_g - V_l$ ou la différence d'entropie.

Il est souvent difficile de trouver un paramètre d'ordre adapté pour certaines transitions de phase. Ainsi que nous le verrons bientôt, pour une compréhension qualitative de nombreuses transitions de phase il suffit de savoir qu'un tel Ψ existe. En particulier, au voisinage du point critique le paramètre d'ordre est petit et peut donc servir de variable pour un développement dans la description des phénomènes critiques.

À température donnée, les transitions de phase se produisent pour des changements de paramètres externes comme le volume, le champ magnétique, etc. C'est pourquoi on décrit souvent les transitions de phases à l'aide de diagrammes, où l'on trace le paramètre externe concerné en fonction du paramètre d'ordre.

L'étude expérimentale, par exemple, des transitions de phase liquide–gaz ne se fait pas sans problème : au point critique (ou dans le domaine de coexistence) la compressibilité ainsi que la capacité thermique et le coefficient de dilatation thermique divergent ; de plus la différence de masse volumique entre les phases gazeuse et liquide s'annule. En raison de la divergence de la capacité thermique il est difficile d'atteindre l'équilibre thermique au voisinage du point critique. De petites fluctuations de température entraînent des changements d'états importants. Il faut contrôler très précisément la température, au moins à $\Delta T/T \approx 10^{-2}$ ou 10^{-3} près pour avoir des erreurs de mesures acceptables.

Des variations de température entraînent de grandes variations de volume, c'est-à-dire de fortes fluctuations de densité, en raison de la divergence du coefficient de dilatation. Au niveau microscopique, il se forme sans cesse de petites gouttes qui s'évaporent aussitôt après. Puisque la dimension de ces gouttes est de l'ordre de la longueur d'onde de la lumière visible, il y a une forte diffusion de la lumière au point critique (opalescence critique).

Les transitions de phase se manifestent abruptement dans beaucoup de grandeurs thermodynamiques sous forme de discontinuités. Par exemple, les entropies des phases liquide et gazeuse sont très différentes (degré d'ordre différents) dans l'évaporation à pression et à température constante (par exemple eau : $p = 1{,}01325 \cdot 10^5\,\mathrm{Pa}$, $T_d = 100\,^\circ\mathrm{C}$), qui a leur tour entraînent une discontinuité de l'entropie à la température d'évaporation $T_d(p)$ (voir figure 17.1).

La différence d'entropie $S_g - S_l$ correspond, d'après

$$\Delta Q = T_d(S_g - S_l) \qquad (17.1)$$

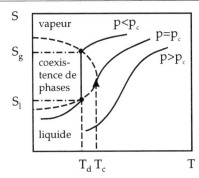

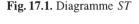

Fig. 17.1. Diagramme ST

à une quantité de chaleur ΔQ, qui doit être fournie au système à la température d'évaporation $T_d(p)$ pour provoquer l'évaporation. ΔQ s'appelle la *chaleur latente d'évaporation*. Si l'on fournit par exemple de la chaleur à de l'eau à la pression atmosphérique, la température commence d'abord par augmenter d'après $\Delta Q = C_p^l \Delta T$, jusqu'à ce que la température d'évaporation soit atteinte (par exemple $T_d = 100\,^\circ\mathrm{C}$). Mais un apport supplémentaire de chaleur ne provoque plus d'élévation de température, tant que tout le liquide ne s'est pas évaporé. L'énergie supplémentaire sert à briser les liens restants entre les molécules d'eau et à accroître l'entropie de S_l à S_g. Lorsque tout le liquide s'est évaporé, un apport supplémentaire de chaleur produit de nouveau une élévation de température. Cela correspond à une capacité thermique $C_p = T\partial S/\partial T|_p$ infinie à la température d'évaporation.

Des transitions de phase qui s'accompagnent d'une discontinuité de l'entropie sont appelées discontinues ou *transitions de phase du premier ordre*. Au contraire, des transitions de phase pour lesquelles l'entropie est continue sont appelées continues du *second ordre* ou *d'ordre plus élevé*.

Pour obtenir une classification plus générale et unitaire des transitions de phase, on part de l'enthalpie libre de Gibbs G (dans la littérature on utilise aussi souvent le potentiel grand-canonique Φ). Il est utile de considérer l'enthalpie libre comme une fonction des variables naturelles, par exemple, $G(N, T, p, \boldsymbol{H}, \boldsymbol{E}, \ldots)$. À coté du nombre de particules et de la température, il apparaît d'autres variables de champ intensives comme la pression, le champ magnétique, le champ électrique, etc. qui représentent les variables d'état que l'on peut contrôler de l'extérieur. Les variables extensives conjuguées comme l'entropie, le volume, les moments dipolaires magnétiques et électriques prennent alors des valeurs correspondant à

$$\Psi = \pm \left.\frac{\partial G}{\partial h}\right|_{N,\ldots} \tag{17.2}$$

où nous utilisons la lettre h pour la variable de champ considérée et Ψ pour la grandeur d'état conjuguée. Celle-ci, est en général reliée de façon simple au paramètre d'ordre correspondant, c'est la raison pour laquelle nous avons utilisé la même notation (par exemple pression $\to$ volume, température $\to$ entropie, champ magnétique $\to$ moment dipolaire magnétique, etc.).

Fig. 17.2. Enthalpie libre, entropie, et capacité thermique en fonction de la température pour une transition de phase du premier ordre

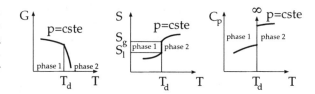

Pour une transition du premier ordre, une des dérivées premières de l'enthalpie libre par rapport aux champs externes est discontinue :

$$S = -\left.\frac{\partial G}{\partial T}\right|_{N,p,\ldots} \,, \qquad V = \left.\frac{\partial G}{\partial p}\right|_{N,T,\ldots} \,, \qquad d_z = -\left.\frac{\partial G}{\partial H}\right|_{N,T,\ldots} \,. \qquad (17.3)$$

Cette discontinuité produit une divergence pour les dérivées supérieures telles que la capacité thermique C_p, la compressibilité κ, le coefficient de dilatation α, ou la susceptibilité χ (voir figure 17.2) :

$$C_p = T \left.\frac{\partial S}{\partial T}\right|_p = -T \left.\frac{\partial^2 G}{\partial T^2}\right|_p \,,$$

$$\kappa = \frac{1}{V} \left.\frac{\partial V}{\partial p}\right|_T = -\frac{1}{V} \left.\frac{\partial^2 G}{\partial p^2}\right|_T \,,$$

$$\alpha = \frac{1}{V} \left.\frac{\partial V}{\partial T}\right|_p = \frac{1}{V} \frac{\partial^2 G}{\partial p \partial T} \,,$$

$$\chi = \left.\frac{\partial D_z}{\partial H}\right|_T = -\left.\frac{\partial^2 G}{\partial H^2}\right|_T \,. \qquad (17.4)$$

Par exemple, dans la transition de phase liquide–gaz, C_p (ainsi que κ et α) diverge. Cela se comprend immédiatement sans faire de calcul si l'on considère que lorsque le liquide et la vapeur coexistent la pression de vapeur est une fonction de la température, et que pour $T = \text{cste}$ on doit avoir $dp = 0$, ou pour $p = \text{cste}$, $dT = 0$.

Comme l'évaporation, la fusion et la sublimation sont également des transitions de phase du premier ordre, puisqu'elles nécessitent une chaleur latente. Remarquons, cependant, que certains processus que l'on appelle fusion ne sont pas des transitions de phase pour notre définition. Le verre, par exemple, devient visqueux si on le chauffe puis devient liquide. Cela s'accompagne d'une variation continue de viscosité, au cours de laquelle aucune discontinuité n'apparaît. De plus, le verre n'est pas un cristal à l'état solide, mais présente une structure amorphe qui ne change pas brusquement lorsqu'on la chauffe. Par conséquent, même à température ambiante il faut considérer que le verre est un liquide (mais un liquide avec une viscosité extrêmement élevée). À l'inverse de la transition de phase solide–liquide de l'eau, le degré d'ordre du verre ne change pas (de la même manière, des arguments similaires s'appliquent à de nombreuses graisses et autres matériaux organiques).

Pour une transition de phase du second ou n-ième ordre les dérivées premières de l'enthalpie sont continues ; cependant, les dérivées secondes comme

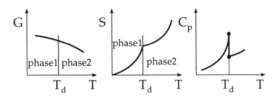

Fig. 17.3. Enthalpie libre, entropie, et capacité thermique en fonction de la température pour une transition de phase du second ordre

la capacité thermique ou la susceptibilité, ou les dérivées n-ièmes sont discontinues ou divergentes. Dans la figure 17.3 la discontinuité de la capacité thermique à T_d est due à un point anguleux de l'entropie.

La transition supraconductive sans champ extérieur est un exemple de transition de phase de cette nature. Pour la plupart les transitions de phase du second ordre ne sont pas dues à des points anguleux de l'entropie, mais à une tangente verticale en $T = T_d$.

En raison de la forme particulière de la courbe de la capacité thermique, de telles transitions de phase sont appelées transitions λ (voir figure 17.4). Un exemple particulièrement intéressant est la transition superfluide dans ^{4}He (voir exemple 13.1). D'autres exemples en sont les transitions de phase ordre-désordre dans les alliages, la transition ferroélectrique dans certains matériaux, et les réarrangements d'orientation dans les réseaux cristallins.

Une comparaison des figures montre une différence caractéristique entre les transitions de phase du premier et second ordre et les transitions λ. Pour cette dernière, l'apparition de la transition de phase se remarque auparavant par une forte augmentation de la capacité thermique C_p, alors que pour des transitions de phase du premier ordre C_p ne diverge que lorsque les deux phases coexistent. Remarquons, cependant, que des transitions de phase du premier ordre peuvent se transformer en transitions de phase du second ordre si l'on s'approche de la température critique. Par exemple, pour $T > T_c$ l'entropie est discontinue pour la transition de phase liquide–vapeur, mais la discontinuité diminue si l'on s'approche de T_c. Finalement, pour $T = T_c$ ou $p = p_c$ la discontinuité de l'entropie disparaît, et à la place on obtient une tangente verticale, qui correspond à une transition λ.

L'ordre d'une transition de phase peut donc dépendre des conditions spécifiques sous lesquelles on l'étudie. Dans tous les cas une transition de phase est reliée à un comportement non analytique de l'enthalpie libre. On peut donc classifier les transitions de phase, si l'on trouve les points où l'enthalpie libre ou

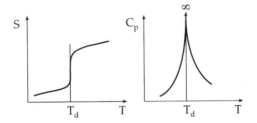

Fig. 17.4. Entropie et capacité thermique en fonction de la température pour une transition λ

le potentiel grand-canonique n'est plus analytique. Mais cela peut se calculer à partir de

$$\phi = -pV = -kT \ln \mathcal{Z} \quad \text{avec} \quad \mathcal{Z}(z, V, T) = \sum_{N=0}^{\infty} z^N Z(N, V, T) . \quad (17.5)$$

Malheureusement, dans ce cadre on n'a pu traiter explicitement que peu de modèles de systèmes avec interactions.

Mais, à l'aide d'une méthode développée par Yang et Lee (1952) nous pouvons avoir une vue d'ensemble de la façon dont apparaissent ces non-analycités. Pour ce faire, considérons en particulier la transition de phase liquide–vapeur. Le potentiel d'interaction entre les particules a essentiellement la forme d'un potentiel de Lennard–Jones ou d'un potentiel de Sutherland (voir exemple 16.1). Pour des densités élevées, on en déduit que la fonction de partition canonique

$$Z(T, V, N) = \frac{\lambda^{3N}}{N!} \int d^3r_1 \cdots d^3r_N \exp\left(-\beta \sum_{i<k} U_{ik}\right) \quad (17.6)$$

(pour un volume donné et un très grand nombre de particules) doit toujours s'annuler. En effet, lorsque le nombre de particules augmente la distance moyenne entre les particules devient de plus en plus petite, et dans $\sum_{i<k} U_{ik}$ il y a de plus en plus de termes pour lesquels la distance entre particules est petite. Cela signifie que les U_{ik} correspondants sont grands, et le facteur exponentiel dans l'intégrale devient négligeable. Les fonctions de partition (17.6) ne fournissent donc une contribution à (17.5) que si $N \leq N_{\max}(V) \approx V r_0^{-3}$, en appelant r_0 le rayon d'action du fort potentiel répulsif. Dans ce cas, on peut considérer que la fonction de partition est un polynôme d'ordre $N_{\max}$ de la variable z. On sait qu'un tel polynôme se décompose en produit selon

$$\mathcal{Z}(z, V, T) = \sum_{N=0}^{N_{\max}} Z(N, V, T) z^N = \prod_{k=1}^{N_{\max}} \left(1 - \frac{z}{z_k}\right) \quad (17.7)$$

si les z_k sont les racines complexes (figure 17.5) de

$$\sum_{N=0}^{N_{\max}} Z(N, V, T) z^N = 0 . \quad (17.8)$$

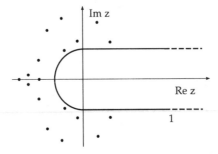

Fig. 17.5. Distribution des z_k dans le plan z complexe

Elles doivent bien sur être complexes conjuguées par paires, puisque les coefficients de $Z(N, V, T)$ sont réels. Les racines $z_k(V, T)$ sont des fonctions de V et T, et leur nombre $N_{max}(V)$ augmente proportionnellement au volume. De plus, les solutions de l'équation (17.8) ne peuvent se trouver sur la partie positive de l'axe des z réels, puisque tous les $Z(N, V, T)$ sont positifs. Cela nous montre que pour des volumes finis ou des $N_{max}(V)$ finis, respectivement, le potentiel grand-canonique (17.5) ou la pression doivent avoir un comportement analytique sur l'axe des réels. La fonction

$$-\frac{\phi}{V} = p = \frac{kT}{V} \ln \mathcal{Z} = \frac{kT}{V} \sum_{k=1}^{N_{max}} \ln\left(1 - \frac{z}{z_k}\right) \tag{17.9}$$

est holomorphe pour tout $z_k \neq z$, donc en particulier sur l'axe des réels. Mais, dans la limite thermodynamique, $V \to \infty$, $N \to \infty$, $N/V = \text{cste}(N_{max} \to \infty)$, le nombre de z_k devient infini, ils peuvent donc être arbitrairement proches de l'axe des réels (voir figure 17.6). Le potentiel grand-canonique n'est alors analytique que par morceaux sur l'axe des réels (une fonction est analytique en z si on peut la développer en série autour de z), et des transitions de phase peuvent se produire en certains points.

Remarquons que d'après ces considérations, de véritables non-analycités (mathématiques) ne sont possibles que dans la limite thermodynamique.

Cela signifie en particulier qu'il ne peut *à proprement parler* pas y avoir de transitions de phase dans de petits systèmes (quelques particules), mais pour de très petits systèmes un traitement statistique constitue néanmoins une approche grossière.

Toutefois, même pour un nombre fini de particules il peut y avoir des changements si abrupts des grandeurs thermodynamiques, qu'on ne peut pas les distinguer expérimentalement des véritables non-analycités. D'après Yang et Lee la fonction limite

$$F(z, T) = \lim_{V \to \infty}\left(\frac{1}{V} \ln \mathcal{Z}\right) = \frac{p(z, T)}{kT} \tag{17.10}$$

possède les propriétés importantes suivantes :

(a) Elle est bien définie pour tout réel z positif.
(b) C'est une fonction continue, monotone croissante de z.

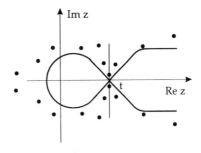

Fig. 17.6. Distribution des z_k à la limite thermodynamique pour une transition de phase

(c) Elle ne dépend pas de la forme du volume, tant qu'il n'est pas formé de manière si «pathologique» que sa surface augmente plus vite que $V^{2/3}$.

(d) La quantité $(1/V) \ln \mathcal{Z}$ converge uniformément pour $V \to \infty$ vers la fonction limite $F(z)$ dans tout domaine où elle est analytique.

(e) Les dérivées $\partial/\partial(\ln z) F(z)$ ($\equiv 1/v$, ce que le lecteur pourra vérifier à titre d'exercice) sont également analytiques dans les domaines où $F(z)$ l'est.

Dans les domaines où $F(z)$ est analytique, le système se comporte comme une phase homogène unique. Les «équations d'état» $p = kTF(z, T)$ (voir (17.10)) et $1/v = \partial F(z)/\partial \ln z$ sont analytiques et sans discontinuités, comme cela vient d'être dit. Si l'on entre dans des domaines où les racines z_k s'approchent de l'axe des réels, les équations d'état deviennent instables, ce qui annonce une transition vers une autre phase. La coexistence des phases n'est possible que sur la frontière des domaines analytiques. En particulier, la région autour de $z = 0$ doit être identifiée avec la phase gazeuse (pour un gaz parfait classique, $z = N\lambda^3/V \ll 1$).

On peut d'ailleurs en déduire une relation intéressante entre les racines z_k et les intégrales sur des agrégats $b_l(V, T)$ du développement en agrégats de Mayer (voir chapitre 16). Si l'on développe dans l'équation (17.9) le logarithme autour de $z = 0$ dans la région $|z/z_k| < 1$ pour tout k,

$$\frac{p}{kT} = \frac{1}{V} \sum_{k=1}^{N_{\max}} \left(-\sum_{l=1}^{\infty} \frac{1}{l} \left(\frac{z}{z_k} \right)^l \right) = \sum_{l=1}^{\infty} \left(-\frac{1}{Vl} \sum_{k=1}^{N_{\max}} \left(\frac{1}{z_k} \right)^l \right) z^l \qquad (17.11)$$

on obtient en comparant à l'équation (16.62),

$$b_l(V, T) = -\frac{\lambda^3}{Vl} \sum_{k=1}^{N_{\max}} \left(\frac{1}{z_k} \right)^l . \qquad (17.12)$$

Il devient évident que le développement en agrégats décrira correctement la phase gazeuse dans un certain domaine autour de $z = 0$; mais ne marchera plus au voisinage d'une transition de phase, puisqu'un développement en série en z (comme dans l'équation (17.12)) n'est plus possible.

17.1 Théorème des états correspondants

Dans le paragraphe sur la construction de Maxwell nous avons déjà vu que la transition de phase liquide–vapeur peut être décrite à l'aide de l'équation de van der Waals. Si l'on écrit cette équation d'état en fonction des variables réduites (voir (2.25–27)) :

$$\overline{p} = \frac{p}{p_c} , \qquad \overline{v} = \frac{v}{v_c} , \qquad \overline{T} = \frac{T}{T_c} , \qquad (17.13)$$

on obtient l'équation sans dimension suivante :

$$\left(\overline{p} + \frac{3}{\overline{v}}\right)(3\overline{v} - 1) = 8\overline{T} . \tag{17.14}$$

On remarque qu'il ne reste aucun paramètre dépendant de la nature de la substance. Par conséquent, tous les gaz réels «simples», qui sont suffisamment bien décrits par l'équation de van der Waals, vérifient la même équation d'état (17.14) en variables réduites. Des gaz simples sont, par exemple, les gaz rares, N_2, O_2, H_2, CO, CH_4, etc. ; c'est-à-dire, des gaz qui ne possèdent pas de moment dipolaire électrique et dont les atomes ou les molécules ne sont pas fortement corrélés même dans la phase liquide. Ce résultat qui fut trouvé en premier par van der Waals s'appelle le théorème des états correspondants.

De manière intéressante, de tels résultats sont vrais pour beaucoup d'autres propriétés des gaz. Si l'on trace, par exemple, la chaleur d'évaporation réduite $\Delta Q/T_c$ en fonction de $p(v_g - v_l)/T$, on trouve expérimentalement une courbe qui est commune à tous les gaz simples et qui est avec une bonne approximation une droite de pente 5,4 (figure 17.7) :

$$\frac{\Delta Q/T_c}{p(v_g - v_l)/T} = 5,4 , \tag{17.15}$$

pour $0,5 < T/T_c < 1$.

Avec ce résultat l'équation de Clausius–Clapeyron donnant la dépendance de la pression de vapeur avec la température peut s'écrire sous la forme

$$\frac{\mathrm{d}p}{\mathrm{d}T} = \frac{s_g - s_l}{v_g - v_l} = \frac{\Delta Q/T}{v_g - v_l} , \tag{17.16}$$

$$\frac{\mathrm{d}p/p}{\mathrm{d}T/T^2} = \frac{\Delta Q}{p(v_g - v_l)/T} = \frac{(\Delta Q/T_c)T_c}{p(v_g - v_l)/T} = 5,4\, T_c . \tag{17.17}$$

Si l'on intègre de T à T_c ou de p à p_c, on obtient

$$\ln\frac{p}{p_c} = 5,4\left(1 - \frac{T_c}{T}\right) \quad \text{pour} \quad 0,5 < \frac{T}{T_c} < 1 . \tag{17.18}$$

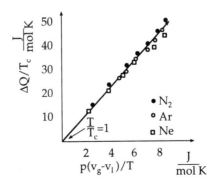

Fig. 17.7. Chaleur d'évaporation réduite

Fig. 17.8. Pression d'évaporation pour des liquides
simples

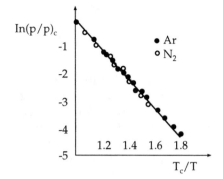

La pression de vapeur a donc aussi la même forme en variables réduites pour
des gaz ou des liquides simples, ce qui est confirmé de manière excellente par
l'expérience (voir figure 17.8). En comparant avec l'exemple 3.2, on obtient,
pour une mole,

$$\frac{\Delta Q}{RT_c} = 5{,}4 \, . \tag{17.19}$$

Mais, cette relation approchée entre la chaleur d'évaporation et la température critique n'est valable que suffisamment loin du point critique
$(0{,}5 < T/T_c < 0{,}7)$, puisque nous avons supposé $v_g \gg v_l$ dans l'exemple 3.2.

17.2 Exposants critiques

Un problème fondamental dans la théorie des transitions de phase est le comportement d'un système au voisinage du point critique. Comme on l'a déjà vu,
de nombreuses grandeurs thermodynamiques commencent à diverger au point
critique, et le paramètre d'ordre s'annule. Mais on peut préciser ces résultats si
l'on détermine le comportement des grandeurs thermodynamiques les plus importantes au voisinage du point critique en fonction de la température. À cet
effet on utilise des lois en puissances, dont les exposants s'appellent les *exposants critiques*. Pour la transition de phase liquide–vapeur, il faut six exposants
critiques, que l'on note habituellement $\alpha, \alpha', \beta, \gamma, \gamma', \delta$. Le paramètre d'ordre
$\varrho_l - \varrho_g$ s'annule lorsque $T \to T_c$ comme

$$\Psi = \varrho_l - \varrho_g \propto \left(1 - \frac{T}{T_c}\right)^\beta \, . \tag{17.20}$$

Au volume critique la capacité thermique $C_{V=V_c}$ peut diverger de différentes façons pour $T \to T_c$ suivant le coté par lequel on s'approche de la température

critique :

$$C_{V=V_c} \propto \begin{cases} (T/T_c - 1)^{-\alpha} & \text{si} \quad T|_{\varrho \approx \varrho_c} \geq T_c \,, \\ (1 - T/T_c)^{-\alpha'} & \text{si} \quad T|_{\varrho \approx \varrho_c} \leq T_c \,. \end{cases} \tag{17.21}$$

Un comportement analogue se trouve pour la compressibilité,

$$\kappa \propto \begin{cases} (T/T_c - 1)^{-\gamma} & \text{si} \quad T \geq T_c \,, \\ (1 - T/T_c)^{-\gamma'} & \text{si} \quad T \leq T_c \,. \end{cases} \tag{17.22}$$

Le dernier exposant décrit l'isotherme critique

$$p - p_c \propto |\varrho - \varrho_c|^{\delta} \quad \text{pour} \quad T = T_c \,. \tag{17.23}$$

Le table qui suit contient quelques résultats expérimentaux pour les exposants critiques de gaz simples.

Exponent	Ar	Xe	CO_2	^{3}He	^{4}He
α'	< 0,25	< 0,2	0,124	0,105	0,017
α	< 0,40	–	0,124	0,105	0,017
β	0,362	0,35	0,34	0,361	0,354
γ'	1,20	–	1,1	1,17	1,24
γ	1,20	1,3	1,35	1,17	1,24
δ	–	4,4	5,0	4,21	4,00

Dans ce cas également, les gaz simples présentent un comportement très similaire, en accord avec le théorème des états correspondants (seuls les indices α, α' de ^{4}He présentent des écarts importants, ce qui indique que ^{4}He n'est en aucune manière un gaz simple en dessous de la température critique $T_c \approx 5,2$ K). Signalons que la détermination des exposants critiques est très difficile, et peut entraîner de grandes erreurs.

On peut définir de façon tout à fait analogue les exposants critiques pour d'autres transitions de phase. On peut montrer que beaucoup de transitions de phase du second ordre peuvent être décrites par les mêmes exposants critiques. Dans ce qui suit, nous allons commencer par donner une large vue d'ensemble des transitions de phase à l'aide de nombreux exemples.

17.3 Exemples de transitions de phase

17.3.1 Transitions de phase magnétiques

Certains matériaux comme le fer, le cobalt, et le nickel présentent des propriétés ferromagnétiques en dessous d'une température de transition T_c (température de Curie). La même chose est valable pour certains alliages d'éléments qui ne sont pas eux mêmes magnétiques (Cu$_2$MnAl, Cu$_2$MnSn). En comparaison du comportement paramagnétique, que l'on observera au dessus de la température de Curie, les matériaux ferromagnétiques sont caractérisés par un ensemble de particularités. Alors qu'il faut des intensités de champ de l'ordre de 10^9 Am^{-1} pour atteindre la saturation dans les matériaux paramagnétiques, il suffit de quelques 10^5 Am^{-1} pour atteindre le même résultat dans les matériaux ferromagnétiques. La susceptibilité initiale des matériaux ferromagnétiques est environ neuf ordres de grandeur fois plus grande que celle des matériaux paramagnétiques. Après suppression du champ extérieur, il reste un moment dipolaire permanent dans les matériaux ferromagnétiques qui dépend énormément des traitements mécanique et thermique préalables du matériau. On ne trouve le ferromagnétisme que dans des solides avec une structure cristalline bien définie.

D'après P. A. Weiss (1907), les particularités ferromagnétiques sont reliées au fait que même dans un matériau ferromagnétique non aimanté les dipôles atomiques ne sont pas distribués statistiquement, mais alignés dans des domaines plus ou moins grands de l'ordre du dixième de millimètre (Domaines de Weiss, voir figure 17.9)

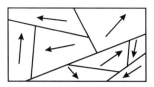

Fig. 17.9. Domaines de Weiss (représentation schématique)

Ces domaines de Weiss présentent donc un moment dipolaire macroscopique spontané. Mais pour un matériau ferromagnétique non aimanté, les moments magnétiques spontanés individuels des domaines de Weiss sont encore orientés aléatoirement, c'est pourquoi le matériau n'apparaît pas aimanté dans son ensemble.

L'alignement spontané des dipôles atomiques est du à une interaction d'échange entre les électrons, qui couplent mutuellement leurs moments magnétiques. Dans l'étude da paramagnétisme nous avons pu négliger cette interaction.

L'aimantation spontanée ne change pas de façon abrupte entre les domaines de Weiss individuels mais continûment sur une étendue d'environ 300 atomes (parois de Bloch). Si l'on soumet une substance ferromagnétique initialement non aimantée à un champ magnétique, les dipôles individuels ne s'alignent pas indépendamment les uns des autres en s'opposant à l'agitation thermique, mais les domaines de Weiss alignés avec le champ croissent au détriment des domaines non alignés par des mouvements des parois de Bloch. Dans des champs externes élevés des domaines entiers peuvent inverser leur moment dipolaire total. Ceci explique la susceptibilité notablement plus élevée des matériaux ferromagnétiques et les champs peu intenses qui sont nécessaires pour produire la saturation magnétique.

Le mouvement des parois de Bloch peu être fortement influencé par des défauts de la structure, des impuretés, des joints de grains, etc. Le traitement initial du matériau joue donc un rôle important.

Après suppression du champ externe, il subsiste une aimantation rémanente $d_{m,r}$ du matériau en raison du couplage entre les dipôles atomiques. Pour la supprimer, il faut appliquer un certain champ coercitif H_c. L'aimantation présente une forte hystérésis en fonction du champ externe (voir figure 17.10).

L'énergie de couplage entre les dipôles atomiques est de l'ordre de 0,1 eV. Si la température s'élève au dessus d'une valeur correspondant à une énergie thermique kT_c, les liens sont rompus et les dipôles deviennent statistiquement

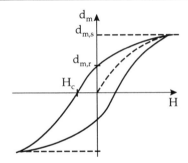

Fig. 17.10. Hystérésis (La courbe en pointillé représente la courbe de première aimantation)

indépendants, ce qui conduit à un comportement paramagnétique au dessus de T_c. La loi de Curie–Weiss s'applique alors à la susceptibilité,

$$\chi = \left.\frac{\mathrm{d}d_m}{\mathrm{d}H}\right|_T = \frac{C}{T - T_c'}, \qquad T \gg T_c . \tag{17.24}$$

La température T_c' qu'il faut reporter dans l'équation (17.24) est bien plus élevée que la température de Curie de la transition de phase dans la plupart des cas (par exemple nickel $T_c = 631$ K, voir figure 17.11).

Au voisinage de la température critique T_c, la susceptibilité peut aussi être décrite en fonction des exposants critiques,

$$\chi \propto \begin{cases} |1 - T/T_c|^{-\gamma} & \text{avec } \gamma \approx 1{,}33 \quad \text{pour} \quad T \geq T_c , \\ (1 - T/T_c)^{-\gamma'} & \text{avec } \gamma' \approx 1{,}33 \quad \text{pour} \quad T \leq T_c . \end{cases} \tag{17.25}$$

En dessous de la température de Curie T_c, il se produit une aimantation spontanée des domaines de Weiss sans champ externe (voir figure 17.12). Pour de faibles champs positifs ($H \to 0^+$), l'aimantation spontanée est le paramètre d'ordre de la transition de phase. Pour $T \to T_c$ il s'annule comme

$$d_m(T, H \to 0^+) \propto \left(1 - \frac{T}{T_c}\right)^\beta , \qquad \text{avec } \beta \approx 0{,}33 . \tag{17.26}$$

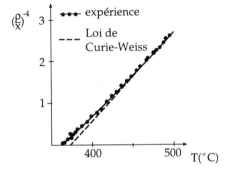

Fig. 17.11. Inverse de la susceptibilité massique du nickel au voisinage de $T_c = 357\,°\text{C}$, $T_c' = 385\,°\text{C}$. ϱ est la masse volumique

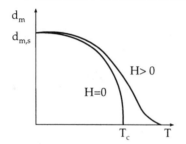

Fig. 17.12. Aimantation spontanée des domaines de Weiss en dessous de la température de Curie en l'absence ($H = 0$) et en présence d'un champ magnétique ($H > 0$)

L'exposant critique β du paramètre d'ordre a sensiblement la même valeur que pour la transition de phase liquide–vapeur, et les valeurs de γ et γ' sont aussi de l'ordre des valeurs trouvées précédemment.

Pour $T = T_c$, le paramètre d'ordre et la transition de phase sont continus. Pour $T < T_c$, l'aimantation fait un bond en fonction du champ externe, et la transition de phase est du premier ordre.

Si l'on trace l'aimantation d_m en fonction de l'intensité du champ magnétique à température constante, on obtient schématiquement (sans les branches d'hystérésis) la figure 17.13, qui est tout à fait analogue au diagramme de la transition de phase liquide–vapeur.

À partir des deux dernières figures, il est possible de construire le diagramme de phase schématique pour un matériau ferromagnétique idéal (figure 17.14). L'isotherme critique peut être décrite à l'aide de

$$H \propto |d_m|^{\delta} \quad \text{pour} \quad T = T_c, \quad d_m \approx 0, \quad \text{avec} \quad \delta \approx 4{,}2, \tag{17.27}$$

par analogie avec l'équation (17.23). Cet exposant critique concorde également bien avec l'exposant correspondant pour la transition de phase liquide-vapeur. On trouve que cette concordance (approchée) des exposants critiques a lieu pour de nombreuses transitions de phase du second ordre (pour $T = T_c$, la transition liquide-vapeur, ainsi que la transition paramagnétique–ferromagnétique, sont du second ordre).

Par conséquent, les transitions de phase du second ordre présentent approximativement un comportement universel qui ne dépend pas des détails des

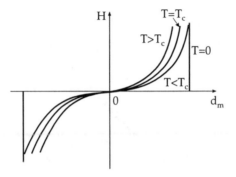

Fig. 17.13. Isothermes d'un matériau ferromagnétique idéal

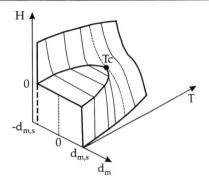

Fig. 17.14. Diagramme de phase pour un matériau ferromagnétique idéal

interactions considérées, mais seulement de quelques propriétés globales du système, comme la dimension, le nombre de constituants, et la portée de l'interaction. Ce n'est qu'après le développement de la théorie des groupes de renormalisation (K. Wilson 1971), qui ont également acquis une grande importance dans la théorie quantique du champ, qu'il a été possible d'émettre cette hypothèse universelle (Fischer 1966, Griffiths 1971) à partir du point de vue théorique.

Dans ce qui suit nous allons étudier quelques propriétés microscopiques importantes des transitions de phase magnétiques.

D'après l'équation (8.40), le moment magnétique atomique est proportionnel au moment cinétique total. Si un morceau de fer magnétisé est placé dans un champ magnétique coercitif intense, cela entraîne une variation du moment cinétique du fer. Si la tige de fer est placée de telle sorte qu'elle puisse tourner librement, le moment du couple correspondant à la variation du moment cinétique fait tourner la tige.

Cet effet, qui fut d'abord étudié par Einstein et De Haas (1915), permet une détermination du facteur gyromagnétique g (figure 17.15). La valeur expérimentale trouvée $g \approx 2$ confirme, d'après l'équation (8.40), que les moments atomiques qui contribuent au magnétisme sont uniquement dus au spin des électrons ($j = s$, $l = 0$). Il n'y a manifestement qu'une interaction entre les spins des électrons qui soit suffisamment forte pour entraîner un alignement spontané des moments. Cette interaction n'est cependant pas l'interaction magnétique dipôle–dipôle classique, qui est bien trop faible, mais plutôt une interaction d'échange quantique. L'énergie d'interaction de deux électrons comporte deux parts en raison du fait que *la fonction d'onde à deux particules est antisymétrique*, l'interaction directe et l'interaction d'échange[1] :

$$K_{ij} = \int \Psi_i^*(1)\Psi_j^*(2)U_{ij}\Psi_j(2)\Psi_i(1)\,\mathrm{d}^3\boldsymbol{r}_1\,\mathrm{d}^3\boldsymbol{r}_2 \;, \quad \text{directe} \;,$$

$$I_{ij} = \int \Psi_j^*(1)\Psi_i^*(2)U_{ij}\Psi_j(2)\Psi_i(1)\,\mathrm{d}^3\boldsymbol{r}_1\,\mathrm{d}^3\boldsymbol{r}_2 \;, \quad \text{échange} \;. \quad (17.28)$$

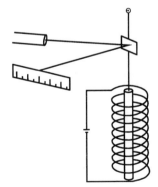

Fig. 17.15. Expérience d'Einstein et De Haas

---

[1] W. Greiner : *Mécanique Quantique – Une Introduction* (Springer, Berlin, Heidelberg 1999).

Fig. 17.16. Représentation schématique des différents systèmes magnétiques

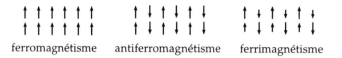

ferromagnétisme   antiferromagnétisme   ferrimagnétisme

L'énergie d'interaction vaut $K_{ij} \pm I_{ij}$, où on prend le signe $+$ pour des spins antiparallèles et le signe $-$ pour des spins parallèles. La différence d'énergie entre les configurations à spins parallèles et antiparallèles vaut

$$\varepsilon_{\uparrow\uparrow} - \varepsilon_{\uparrow\downarrow} = -2I_{ij} \ . \tag{17.29}$$

Si $I_{ij} > 0$, un alignement parallèle des spins est avantagé, et pour $I_{ij} < 0$ c'est le cas de l'alignement antiparallèle (figure 17.16). Il devient alors évident que le ferromagnétisme ne peut se produire que dans des matériaux ayant un nombre suffisant d'électrons de spins non appariés, dont les contributions ne se compensent pas. De plus, le recouvrement des fonctions d'ondes doit être assez grand afin que I_{ij} ait des valeurs suffisamment grandes. L'interaction d'échange décroît très rapidement lorsque la distance entre les électrons augmente ; en pratique donc seuls les plus proches voisins d'un certain atome du réseau cristallin contribuent à l'interaction.

Dans le fer, le nickel, et le cobalt les électrons 3d non appariés sont responsables du comportement ferromagnétique. Le manganèse possède même 5 électrons 3d non appariés ; il n'est cependant pas ferromagnétique ; néanmoins, de nombreux alliages à base de manganèse comme MnAs, MnBi, et MnSb sont ferromagnétiques.

La mesure de l'aimantation de saturation du fer, qui possède quatre électrons 3d non appariés, donne un moment magnétique moyen de $2,2\mu_B$ par atome. En moyenne donc, il y a $2,2$ électrons par atome qui contribuent à l'aimantation.

La structure en domaines des matériaux ferromagnétiques se comprend si l'on considère que le système tend à minimiser son énergie libre à température donnée ; c'est-à-dire, il veut minimiser l'énergie et rendre maximum l'entropie. Cependant, il n'y a pas que l'énergie d'échange qui contribue à l'énergie libre, mais aussi l'énergie du champ magnétique. Si le matériau était uniformément aimanté dans son ensemble, cette dernière serait très importante, et pourrait annuler la minimisation de l'énergie due à l'alignement parallèle des spins. D'autre part, si le matériau est séparé en nombreuses régions spontanément aimantées, non seulement l'énergie magnétique s'en trouve réduite, mais l'entropie est également plus élevée.

Tout comme une forte valeur positive de l'intégrale d'échange I_{ij} produit un alignement parallèle des spins, une forte valeur négative entraîne un alignement antiparallèle. Des matériaux avec un alignement antiparallèle spontané des moments magnétiques sont appelés des matériaux *antiferromagnétiques*. On n'observe l'antiferromagnétisme que jusqu'à une température analogue à la température de Curie, on l'appelle *température de Néel*.

À la température de Néel il se produit une transition de phase vers un comportement paramagnétique. Bien sur, les matériaux antiferromagnétiques ne présent pas d'aimantation spontanée ; cependant la transition de phase se manifeste par un point anguleux dans la susceptibilité (figure 17.17). Au dessus de la température de Néel le comportement est analogue à celui de la loi de Curie–Weiss,

$$\chi = \frac{C}{T+\Theta} \quad \text{pour} \quad T \gg T_N. \tag{17.30}$$

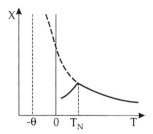

Fig. 17.17. Susceptibilité d'un matériau antiferromagnétique

Si les moments dipolaires antiparallèles des atomes voisins (par exemple atomes différents dans des alliages) ont des valeurs différentes, il peut se produire une aimantation spontanée. De tels matériaux sont appelés ferrimagnétiques. Ils possèdent une aimantation de saturation bien plus faible que les matériaux ferromagnétiques. Leurs courbes d'hystérésis peut être grandement modifiée par l'ajout d'atomes différents. De plus, de nombreux matériaux ferrimagnétiques sont pratiquement isolants. On les utilise donc dans les transformateurs et les solénoïdes, puisqu'ils ne produisent pas de pertes dues à des courants induits.

17.3.2 Transitions de phase ordre-désordre

Pour des transitions de phase de cette nature, la phase correspondant à la température basse possède un certain ordre atomique ou moléculaire qui disparaît au dessus de la température de transition. L'ordre se réfère à celui des atomes ou des molécules dans un réseau cristallin (ordre de position), ou à l'orientation relative de certaines molécules (ordre d'orientation). En principe, les transitions solide-liquide et solide–vapeur font également partie de ces transitions. Il est cependant conventionnel de ne considérer que des transitions de phase solide-solide dans cette catégorie (sinon presque toutes les transitions de phase en feraient partie).

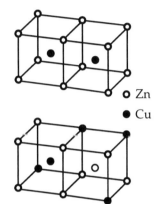

Fig. 17.18. Structures du laiton β ; au dessus ordonné ; en dessous distribution aléatoire

○ Zn
● Cu

Ordre de position

En plus des nombreux réarrangements de la structure cristalline, des changements d'ordre des atomes sur les sites du réseau se produisent dans certains alliages, par exemple de type AB (CuZn) ou A_3B (Cu_3Au). La transition de phase dans β le laiton (CuZn) à 465 °C est connue depuis longtemps. La phase à basse température possède la structure de CsCl, pour laquelle les atomes de cuivre et de zinc sont placés de manière bien ordonnée dans différents sous-réseaux (figure 17.18).

Mais au dessus de la température de transition, le laiton β devient cubique centré avec des atomes de Cu et de Zn distribués au hasard. La forme caractéristique de la capacité thermique du laiton β au voisinage de la transition indique une transition λ (second ordre) (figure 17.20). Le paramètre d'ordre est ici relié à l'occupation de chacun des sous-réseaux (figure 17.19). Plus précisément : soit N atomes A et N atomes B dans l'alliage, le nombre d'atomes A dans le sous-réseau 1 est $1/2(1+r)N$; par conséquent il doit y avoir $1/2(1-r)N$ atomes A dans le sous-réseau 2.

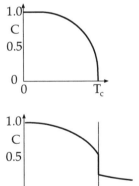

Fig. 17.19. Dépendance vis à vis de la température du paramètre d'ordre pour, a) laiton β b) alliages du type AB_3

Fig. 17.20. Capacité thermique du laiton-β

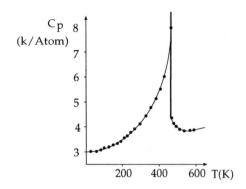

Les sites libres restants des deux sous-réseaux sont alors occupés par des atomes B, par exemple, $1/2(1-r)N$ atomes B dans le sous-réseau 1 et $1/2(1+r)N$ dans le sous-réseau 2. La quantité r s'annule justement, si les atomes A et B sont distribués au hasard sur les deux sous-réseaux de manière uniforme, et on a $r = \pm 1$, si le sous-réseau 1 ne contient que des atomes A ou B respectivement.

À l'inverse des alliages du type AB, les transitions de phase dans les alliages du type AB_3 sont du premier ordre. Le paramètre d'ordre a une discontinuité T_c, et la transition de phase est reliée à une chaleur latente.

Ordre d'orientation

Un exemple typique d'ordre d'orientation se trouve dans $NaNO_2$. Dans la phase à basse température ($T_c = 163\,°C$), les molécules NO_2^- sont alignées par rapport au plan de la molécule. Mais pour $T > T_c$ elles peuvent tourner librement autour de l'axe de l'oxygène et sont orientées aléatoirement. Puisque la molécule NO_2^- possède un fort moment dipolaire électrique, il apparaît un moment dipolaire électrique (macroscopique) spontané dans la phase à basse température (figure 17.21). Par analogie avec les milieux ferromagnétiques on appelle *matériaux ferroélectriques* ceux avec une orientation spontanée des moments dipolaires permanents. Le paramètre d'ordre est l'orientation moyenne des molécules NO_2^-.

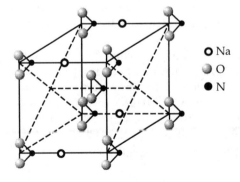

Fig. 17.21. Cellule de base orthorhombique de $NaNO_2$ dans la phase ferroélectrique

D'autres exemples d'ordre d'orientation sont les halogénures d'ammonium NH_4Cl, NH_4Br, et NH_4I.

Le tétraèdre NH_4^+ peut avoir deux orientations différentes dans le réseau cristallin (voir figure 17.22). Au dessus de la température critique, les deux sont distribuées aléatoirement, alors que dans $T_c = 256\,K$ les tétraèdres alternent leurs orientations en dessous de T_c.

• H   ○ N   ◎ Cl

Fig. 17.22. Orientations possibles des tétraèdres de NH_4^+ dans NH_4Cl

17.3.3 Dislocations et transitions de phase ferroélectriques

Ce type de transition de phase est un déplacement mutuel des atomes ou des molécules d'un réseau cristallin. Ces déplacements se produisent dans la direction du vecteur propre d'un mode normal d'oscillation (la coordonnée généralisée correspondantes est q), dont le potentiel varie avec la température (voir figure 17.23). On parle aussi "d'adoucissement" des oscillations de réseau ou de *condensation des phonons correspondants*. A T_c la dérivée seconde de l'énergie potentielle s'annule en $q = 0$. Pour $T < T_c$, il y a de nouveaux équilibres stables pour les particules respectives. L'élongation correspondante q_0 peut être reliée à un moment dipolaire électrique (phonon optique polaire).

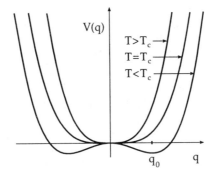

Fig. 17.23. Potentiel anharmonique dépendant de la température

Dans ce cas, il se produit une polarisation électrique spontanée en dessous de la température de transition, c'est-à-dire, comportement ferroélectrique ou antiferroélectrique, dépendant du fait que les moments dipolaires soient alignés de façon parallèle ou antiparallèle d'une cellule élémentaire à la suivante. Pour $T > T_c$, la constante diélectrique chute avec la température, de façon analogue à la susceptibilité magnétique (phase paraélectrique).

Un exemple de transition de phase par dislocation possédant des propriétés ferroélectriques est le titanate de baryum ($BaTiO_3$). L'élongation des ions pour $T < T_c$ est illustrée dans la figure 17.24. Le moment dipolaire par cellule élémentaire est de l'ordre de $D_e \approx 1{,}04 \cdot 10^{-10}\,e\,m$, ce qui correspond à un déplacement des ions Ba^{2+} et Ti^{4+} par rapport aux ions O^{2-} d'environ $0{,}15 \cdot 10^{-10}\,m$.

Des exemples de matériaux antiferroélectriques sont les perovskites $PbZrO_3$ et $PbHfO_3$. Des transitions de phase dislocation pure et ordre-désordre pur sont

Fig. 17.24. Déplacement des ions dans $BaTiO_3$

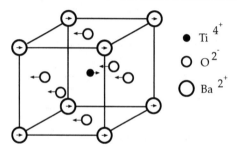

$\bullet$ Ti $^{4+}$

$\circ$ O $^{2-}$

$\bigcirc$ Ba $^{2+}$

des cas limites. On rencontre fréquemment des transitions de phase de types mixtes, où plusieurs atomes sont déplacés et d'autres possèdent un ordre de position ou d'orientation.

17.3.4 Réarrangements de la structure cristalline

Les phases cristallines de nombreux matériaux peuvent avoir différentes structures cristallines, qui dépendent de la pression ou de la température (pour des alliages elles dépendant aussi de la composition).

Par exemple, pour la glace on dénombre six modifications différentes pour des pressions allant jusqu'à 8000 bar (glace I ... glace VI), parmi lesquelles la glace usuelle existant à $p \approx 1$ bar n'est qu'une forme parmi d'autres.

Certains non-métaux peuvent même se transformer en une phase métallique à des pressions extrêmement élevées. Si aucun catalyseur n'est présent, ces transformations de phase solide-solide peuvent être extrêmement lentes. Ainsi par exemple le diamant n'est pas stable à la pression atmosphérique (voir figure 17.25). De la même façon en dessous de 13,2 °C l'étain passe d'une phase métallique à symétrie tétragonale (β-Sn) à une phase semi-conductrice à structure diamant (α-Sn), mais cette transformation se fait très lentement (peste du zinc).

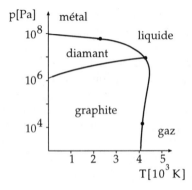

Fig. 17.25. Diagramme de phases pour ^{12}C

17.3.5 Cristaux liquides

Dans certains matériaux organiques de poids moléculaire élevé et possédant des molécules allongées, l'ordre à longue distance ne se perd pas au cours de la fusion. Même dans la phase liquide les molécules possèdent un certain ordre, que l'on peut décrire à l'aide d'un vecteur $n(x, y, z)$ dépendant de l'orientation. À l'inverse des liquides classiques les cristaux liquides ne sont donc pas isotropes. Suivant la nature de l'orientation on distingue des formes différentes (figure 17.26). Dans la phase nématique les molécules possèdent une certaine direction privilégiée, par exemple la direction des z, mais il n'y a aucune corrélation suivant les directions x et y.

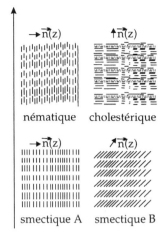

Fig. 17.26. Structures des cristaux liquides

Au contraire, les phases smectiques forment des couches avec des directions préférentielles pour les molécules, dans lesquelles peuvent apparaître de nombreuses autres sous-structures. Les couches peuvent glisser les unes par rapport aux autres. À l'intérieur d'une couche les molécules peuvent se répartir arbitrairement sans corrélation dans la direction xy (smectique A), ce qui donne un liquide bidimensionnel, ou bien elles peuvent former des lignes avec une certaine corrélation dans la direction xy (smectique B), ce qui correspond à un cristal bidimensionnel. Dans les cristaux cholestériques les cristaux s'ordonnent suivant une hélice. La dépendance spatiale du vecteur orientation n est de la forme

$$n_x = \cos\left(\frac{2\pi}{L}z + \phi\right) , \quad n_y = \sin\left(\frac{2\pi}{L}z + \phi\right) , \quad n_z = 0 . \qquad (17.31)$$

La période L de l'hélice dépend fortement de la température et de champs électrique ou magnétique extérieurs. À la température critique ou à l'intensité de champ critique, L devient infini. La réflexion de Bragg sur les couches individuelles produit des effets de couleurs brillantes très impressionnants dans les substances cholestériques.

Certaines substances peuvent former différentes formes de cristaux liquides lorsque la température augmente. Ils possèdent alors plusieurs températures de transitions.

En général seules des substances organiques complexes peuvent former des cristaux liquides, beaucoup d'entre elles possèdent des températures de transition ou de fusion autour de 100 °C. À température ambiante elles possèdent plus la consistance de graisses visqueuses que de solides cristallins.

Ce n'est qu'après avoir trouvé des substances possédant des températures de transitions de quelques degrés, que les cristaux liquides ont acquis une importance technique. L'anisotropie optique des cristaux liquides nématiques entraîne une forte réflexion de la lumière. Au cours de la transition de phase vers le liquide isotrope cette réflexion disparaît. Dans des cristaux liquides possédant un moment dipolaire électrique suffisamment grand la transparence ou la réflexion peuvent être contrôlées à l'aide d'un champ électrique en ne consommant pratiquement aucune puissance. Ces substances ont acquises une importance technique considérable dans les afficheurs à cristaux liquides (LCD).

Effets quantiques macroscopiques : supraconductivité et superfluidité

Donnons à présent une vue d'ensemble de la supraconductivité qui existe dans certains métaux en dessous de la température critique T_c et de la transition vers la phase superfluide dans ^{4}He liquide au point λ. Cette dernière est probablement un des meilleurs exemples pour une transition λ du second ordre. Remarquons la forme caractéristique de la capacité thermique au point λ présentée sur la figure 17.27. Dans les trois figures la résolution en température augmente à chaque fois progressivement de trois puissances de dix. Dans ce cas le paramètre d'ordre est la moyenne thermodynamique de la fonction d'onde du condensat de la phase superfluide. La densité de cette phase est reliée au paramètre d'ordre selon $\varrho_s \propto |\Psi|^2$. En s'approchant du point λ du coté des basses températures le paramètre d'ordre devrait s'annuler par analogie avec l'équation (17.20) comme $(1 - T/T_\lambda)^\beta$.

Expérimentalement on trouve $\beta \approx 0,33$, ce qui confirme de nouveau le caractère universel des transitions de phases du second ordre. En particulier on peut s'apercevoir ici, que c'est bien la fonction d'onde et pas la densité qui est le paramètre d'ordre. Pour cette dernière en effet on obtiendrait $\beta = 0,66$.

Nos considérations sur la condensation d'un gaz parfait de Bose nous permettent d'obtenir une estimation du paramètre β, on a

$$\varrho_s \propto 1 - (T/T_\lambda)^{3/2}$$
$$\propto 1 - (1 + (T - T_\lambda)/T_\lambda)^{3/2} \approx \frac{3}{2}(1 - T/T_\lambda) \qquad (17.32)$$

ce qui implique $\beta \approx 0,5 (\Psi \propto \varrho_s^{1/2})$.

De façon tout à fait analogue, pour la supraconductivité le paramètre d'ordre est donné par la moyenne thermodynamique de la fonction d'onde des paires de Cooper supraconductrices. Elles résultent de l'interaction (relativement faible) des électrons du métal avec les phonons des oscillations du réseau. Dans la phases conductrice normale, les processus de diffusion des électrons avec les phonons (ou avec les ions qui oscillent, respectivement) sont responsables de la valeur non nulle de la résistance des métaux. Au cours de ces processus l'énergie cinétique ordonnée du courant d'électrons se transforme en une excitation aléatoire des oscillations du réseau (chaleur). À basses températures, l'échange de phonons entre deux électrons, peut cependant aussi conduire à

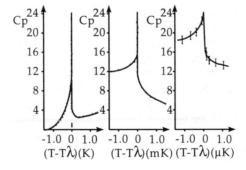

Fig. 17.27. Capacité thermique de ^{4}He au point λ? $T_\lambda = 2,171$ K, d'après Fairbank (1957)

un état lié (paires de Cooper). Un des électrons déforme le réseau des ions, et l'autre électron exploite l'attraction des ions (positifs) qui sont déplacés de leurs positions d'équilibre. Il apparaît que cette interaction est particulièrement forte pour des électrons de quantités de mouvement opposées et de spins antiparallèles.

Les états liés sont séparés des états libres d'une particule par une bande d'énergie interdite (gap). Même avec une certaine énergie cinétique, une paire de Cooper peut encore se trouver à des énergies inférieures à celle de deux électrons libres sans énergie cinétique. Dans ce cas la rupture de la paire de Cooper par diffusion d'un électron avec un phonon libre entraînerait une augmentation d'énergie, et n'aurait donc pas lieu. Ce n'est que lorsque l'énergie cinétique, qui correspond au «gap», est dépassée, que des diffusions à une particule deviennent possibles, et l'état supraconducteur s'effondre.

C'est pour cette raison, que des matériaux qui conduisent mal dans l'état conducteur normal, comme le plomb présentent des températures de transitions particulièrement élevées. Dans ces matériaux la forte interaction électron-phonon entraîne un «gap» élevé, si bien que la phase supraconductrice reste stable à des températures plus élevées.

Cette explication qualitative de l'état supraconducteur est fondée rigoureusement par la mécanique quantique dans la théorie de Bardeen, Cooper, et Schrieffer (théorie BCS), ainsi que par Bogolyubov.

Les supraconducteurs ne sont pas seulement des conducteurs avec une résistance électrique nulle. Jusqu'à une certaine intensité limite du champ magnétique H_c il se comportent comme un diamagnétique idéal : un champ magnétique extérieur se trouve totalement écranté par l'induction d'un champ magnétique opposé à l'intérieur du supraconducteur. Cet écrantage se produit aussi lorsqu'un champ magnétique pénètre un matériau dans l'état conducteur normal, et si ensuite on refroidit le matériau en dessous de la température de transition (*effet Meissner–Ochsenfeld*).

On distingue deux espèces de supraconducteurs suivant leurs comportements dans un champ magnétique extérieur (voir figure 17.28). Les supraconducteurs de première espèce possèdent la courbe de magnétisation suivante : l'état supraconducteur disparaît brusquement lorsqu'on atteint l'intensité de champ limite H_c, et le paramètre d'ordre est une fonction discontinue de H pour $T < T_c$.

Pour des supraconducteurs de seconde espèce (principalement des alliages ou des métaux de transition avec des résistances élevées dans l'état normal), le champ magnétique commence à pénétrer le matériau à partir du champ critique H_{c1}. Toutes les paires de Cooper ne se brisent pas soudainement, mais leur nombre décroît lorsque l'intensité du champ augmente, jusqu'à ce que pour une intensité de champ H_{c2} on se trouve dans l'état conducteur normal.

Si l'on a un supraconducteur de première espèce (par exemple du plomb) et qu'on l'allie, par exemple, avec de l'indium, on obtient un supraconducteur de seconde espèce. L'intensité du champ critique H_{c1} diminue avec la teneur en indium, et H_{c2} augmente. Mais, la surface sous la courbe d'aimantation ne change pas. La dépendance des intensités critiques H_{c1} et H_{c2}, respectivement, pour les deux espèces de supraconducteurs est représentée sur la figure 17.29.

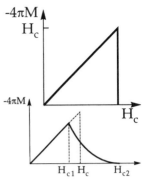

Fig. 17.28. Courbes d'aimantation pour des supraconducteurs de première et de seconde espèce

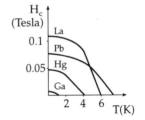

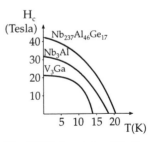

Fig. 17.29. Les intensités limites du champ en fonction de la température pour des supraconducteurs de première et de seconde espèce

Fig. 17.30. Entropie des supraconducteurs

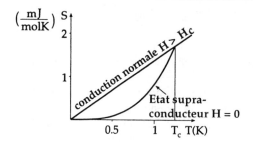

L'entropie des supraconducteurs est plus faible que celle des mêmes matériaux dans l'état conducteur normal, que l'on peut obtenir en dessous de la température de transition en présence d'un champ magnétique $H > H_c(T)$. À $T = T_c$ l'entropie présente un point anguleux qui correspond à une discontinuité de la capacité thermique (figure 17.30).

La transition vers l'état supraconducteur est donc une transition de phase de seconde espèce, qui n'est cependant pas une transition λ.

18. Les modèles d'Ising et de Heisenberg

La description théorique des transitions de phase est très compliquée. Nous en avons déjà donné certaines raisons dans la chapitre précédent. On ne peut traiter que quelques modèles dans le cadre de la mécanique statistique sans calculs numériques excessifs. Un de ces modèles est du à Lenz (1920), et fut traité en détail plus tard par son élève Ising (1925). Au départ, il fut inventé pour les transitions de phase dans les substances ferromagnétiques à la température de Curie ; cependant avec le temps on s'aperçut qu'avec seulement quelques légers changements le modèle pouvait être appliqué à d'autres transitions de phase, comme les transitions ordre-désordre dans les alliages binaires. De plus, le modèle pouvait s'appliquer à de nombreux problèmes modernes en physique des particules, par exemple pour décrire ce que l'on nomme les verres de spins. Il existe des métaux qui ont des structure amorphes et non cristallines, possédant la propriété intéressante d'avoir une entropie non nulle à $T = 0$. Récemment, on s'est aperçu que les idées d'Ising (sous une forme modifiée) pouvait expliquer la reconnaissance des formes dans les réseaux de neurones schématiques. Ce modèle prend donc de plus en plus d'importance pour le développement des modèles du cerveau humain.

Le modèle d'Ising comporte pour l'essentiel un réseau de spins (moments magnétiques), qui ne peuvent avoir que deux orientations, $\sigma = \pm 1$ par rapport à l'axe des z. D'après l'équation (17.29) il y a une interaction entre spins voisins, à l'inverse d'un système paramagnétique, et l'interaction est telle qu'à des spins parallèles corresponde une énergie $-I$ et à des spins antiparallèles une énergie $+I$. Puisque l'interaction d'échange décroît rapidement avec la distance, il nous suffit de considérer les plus proches voisins dans le réseau. Puisque l'alignement parallèle des spins est énergétiquement favorable, cette interaction entraîne un accroissement de l'alignement parallèle des spins. Au contraire, si la valeur de l'intégrale d'échange I est négative, l'alignement antiparallèle sera favorisé.

Le hamiltonien s'écrit donc, tout d'abord sans champ magnétique extérieur :

$$H(\sigma_1, \dots, \sigma_N) = -I \sum_{\text{n.n.}} \sigma_i \sigma_k \qquad \sigma = \pm 1 \tag{18.1}$$

où l'on somme sur toutes les paires de plus proches voisins. Il est évident que la structure du hamiltonien dépend du nombre de coordonnées q du réseau (le nombre de plus proches voisins).

À $T = 0$ tous les spins auront un alignement parallèle, ce qui donne un moment dipolaire magnétique $D = N\mu$, si chaque spin possède un moment dipolaire μ. Au contraire, pour des températures élevées $kT \gg I$, l'interaction ne joue aucun rôle, et en raison de l'entropie plus élevée une orientation aléatoire des spins aura la préférence. Il n'est cependant pas évident qu'un tel modèle présentera vraiment une transition de phase à une certaine température T_c (qui dépend de I), puisque l'aimantation pourrait aussi s'annuler continûment à température croissante.

Pour trancher cette question, il suffit «simplement» de calculer la fonction de partition correspondant à l'équation (18.1). On trouve cependant que ce calcul est très difficile, même pour les réseaux à trois dimensions les plus simples. De nos jours, il n'existe pas encore de solution analytique pour les réseaux d'Ising à trois dimensions, mais simplement des simulations informatiques ainsi que certaines bonnes procédures d'approximations basées sur la théorie des groupes de renormalisation développée par K. Wilson (1971). Cependant, dans le cas unidimensionnel la solution est relativement simple, et fut calculée par Ising. Mais il est intéressant de constater, que le modèle unidimensionnel ne présente pas de transitions de phase pour le comportement ferromagnétique (c'est-à-dire $T_c = 0$), comme on le verra sur l'exemple suivant. Pour cette raison, Ising considéra tout d'abord que ses modèles étaient sans intérêt pour décrire les matériaux ferromagnétiques. Heisenberg proposa un modèle amélioré (1928) entièrement basée sur la mécanique quantique développée jusqu'à cette époque. Le hamiltonien du modèle de Heisenberg s'écrit

$$\hat{H}(s_1, \ldots, s_N) = -2I \sum_{\text{n.n.}} \hat{s}_i \cdot \hat{s}_k. \tag{18.2}$$

À l'inverse de l'équation (18.1), il contient tous les vecteurs de spin des électrons en interaction d'atomes voisins. Le facteur 2 permet de conserver la même signification pour I dans les deux modèles. En général on a

$$2s_i \cdot s_k = \mathbf{S}^2 - s_i^2 - s_k^2 = S(S+1) - 2s(s+1)$$
$$= S(S+1) - \frac{3}{2} \tag{18.3}$$

si $s = 1/2$ est le spin des électrons qui se combinent pour former un spin total $S = 0, 1$. Pour des spins parallèles ($S = 1$), on obtient alors $H_{ik} = -I/2$, et pour des spins antiparallèles ($S = 0$), $H_{ik} = 3I/2$. La différence d'énergie $H_{\uparrow\uparrow} - H_{\uparrow\downarrow} = -2I$ est donc la même que dans le modèle d'Ising.

Si l'on néglige les composantes x et y des vecteurs de spin dans l'équation (18.2), dont les valeurs espérées s'annulent de toutes façons, on obtient le modèle d'Ising, avec cependant les composantes z des opérateurs de spin comme variables, ce qui entraîne un facteur $1/2$ additionnel car $|s_z| = 1/2$ et $|s_{iz}s_{kz}| = 1/4$.

Après que le modèle d'Ising fut mieux confirmé, des chercheurs essayèrent plus intensivement de résoudre ce modèle pour des réseaux avec des nombres de coordination plus élevés. En 1936, Peierls put montrer que le modèle d'Ising révélait des propriétés ferromagnétiques à basses températures pour des dimensions plus élevées, alors que ces propriétés disparaissent dans le cas unidimensionnel même pour des températures arbitrairement basses. Par la suite Kramers et Wannier développèrent une méthode élégante pour résoudre le modèle d'Ising (1941), qui leur permit également d'obtenir quelques résultats initiaux dans le cas bidimensionnel, Onsager réussit à calculer la fonction de partition exacte du modèle d'Ising à deux dimensions en l'absence de champ magnétique extérieur (1944).

Cette solution est d'une grande importance, car elle représente l'un des rares cas où une solution exacte est possible et qui présente une transition de phase.

Pendant ce temps, un grand nombre de méthodes approchées furent testées, qui permirent d'obtenir des solutions simples dans le cas tridimensionnel. Pierre Weiss postula l'existence d'un champ moléculaire qui pouvait être responsable de l'alignement des moments magnétiques, mais dont l'origine était totalement inconnue, dans ses études sur le ferromagnétisme (1907). Ce fut le point de départ de l'approximation du champ moléculaire (ou approximation de champ moyen). On remplace l'influence de tous les spins voisins d'un certain spin par un champ moyen qui résulte de l'orientation moyenne des spins voisins.

Cette approximation est par ailleurs bien connue dans beaucoup d'autres domaines de la physique. Elle correspond, par exemple, à l'approximation de Hartree–Fock dans le problème à plusieurs corps, et par le remplacement des opérateurs de champ par leurs valeurs espérées en théorie quantique des champs. Une approximation équivalente à celle du champ moyen est due à Bragg et Williams (1934, 1935). Ils étudiaient les transitions ordre-désordre dans les alliages binaires. Ils réalisèrent que l'énergie d'un certain atome ne dépend pas tant des détails de son environnement actuel dans le réseau mais plus du degré d'ordre moyen du cristal. Le degré d'ordre moyen joue ici le même rôle que le champ moyen de Weiss.

D'après ces idées, Bethe (1935) et Rushbrooks (1938) purent trouver une meilleure approximation pour la solution du problème d'Ising. On traite exactement l'interaction d'un spin central avec ses plus proches voisins, et ce n'est que l'interaction des spins voisins avec des spins plus éloignés qui est traitée par l'approximation de champ moyen.

Du point de vue actuel, le modèle d'Ising n'est qu'une approximation schématique et très grossière pour l'interaction complexe des ondes de spins, qui sont le fondement des théories modernes du ferromagnétisme. Mais, il est d'une grande importance pour la compréhension qualitative des transitions de phase.

EXEMPLE

18.1 Modèle d'Ising à une dimension

Le problème se simplifie notablement si l'on suppose des conditions aux limites périodiques ; c'est-à-dire en reliant les extrémités du réseau linéaire pour obtenir un cercle fermé avec N spins (voir figure 18.1). Cela correspond, par exemple, aux conditions aux limites périodiques d'une particule libre dans une boite. Le

Fig. 18.1. Réseau d'Ising fermé à une dimension

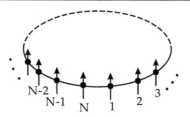

hamiltonien, englobant le champ magnétique extérieur s'écrit,

$$H_N(\sigma_1, \ldots, \sigma_N) = -I \sum_{\text{n.n.}} \sigma_i \sigma_k - \mu B \sum_{i=1}^{N} \sigma_i$$

si μ désigne le moment magnétique des spins. En tenant compte de la structure infinie de la chaîne d'Ising, on peut écrire les sommes un peu plus symétriquement ($\sigma_{N+1} = \sigma_1$) :

$$H_N(\sigma_1, \ldots, \sigma_N) = -I \sum_{i=1}^{N} \sigma_i \sigma_{i+1} - \frac{1}{2}\mu B \sum_{i=1}^{N} (\sigma_i + \sigma_{i+1}) \, .$$

Chaque état du système est déterminé par l'ensemble $\sigma_1, \ldots, \sigma_i, \ldots, \sigma_N$, où σ_i ne peut prendre que les valeurs $+1$ (spin vers le haut) ou -1 (spin vers le bas). La fonction de partition devient alors

$$Z_N(B, T) = \sum_{\sigma_1 = \pm 1} \cdots \sum_{\sigma_N = \pm 1} \exp\left[\beta \sum_{i=1}^{N} \left(I\sigma_i\sigma_{i+1} + \frac{1}{2}\mu B(\sigma_i + \sigma_{i+1}) \right) \right] \, .$$

(18.4)

À l'origine, Ising avait utilisé une méthode combinatoire pour évaluer la fonction de partition. La méthode matricielle de Kramers et Wannier est cependant plus simple et plus élégante. Définissons un opérateur $\hat{P}$ dans l'espace des spins (matrice 2×2) par les éléments matriciels

$$\langle \sigma_i | \, \hat{P} \, | \sigma_{i+1} \rangle = \exp\left[\beta \left(I\sigma_i\sigma_{i+1} + \frac{1}{2}\mu B(\sigma_i + \sigma_{i+1}) \right) \right] \, .$$

(18.5)

Si un spin $\sigma_k = +1$ correspond au vecteur unitaire $\binom{1}{0}$ et un spin $\sigma_k = -1$ au vecteur unitaire $\binom{0}{1}$, on trouve immédiatement que la matrice 2×2, $\hat{P}$ doit être de la forme

$$\hat{P} = \begin{pmatrix} \exp[\beta(I + \mu B)] & \exp(-\beta I) \\ \exp(-\beta I) & \exp[\beta(I - \mu B)] \end{pmatrix}$$

pour vérifier l'équation (18.5). Pour l'équation (18.4) on obtient alors :

$$Z_N(B, T) = \sum_{\sigma_1 = \pm 1} \cdots \sum_{\sigma_N = \pm 1} \langle \sigma_1 | \, \hat{P} \, | \sigma_2 \rangle \langle \sigma_2 | \, \hat{P} \, | \sigma_3 \rangle \cdots \langle \sigma_N | \, \hat{P} \, | \sigma_1 \rangle \, .$$

Puisque les états $|\pm 1\rangle$ forment un ensemble complet, la relation de fermeture $\sum_{\sigma=\pm 1} |\sigma\rangle\langle\sigma| = 1$ est vérifiée, et par conséquent

Exemple 18.1

$$Z_N(B, T) = \sum_{\sigma_1 = \pm 1} \langle \sigma_1| \, \hat{P}^N \, |\sigma_1\rangle = \text{Tr} \, \hat{P}^N \,. \tag{18.6}$$

La trace se calcule facilement si l'on met $\hat{P}$ sous forme diagonale (c'est toujours possible, puisque $\hat{P}$ est symétrique). Les valeurs propres de $\hat{P}$ apparaissent alors sur la diagonale. Celles-ci se déduisent de l'équation séculaire

$$\begin{vmatrix} \exp[\beta(I + \mu B)] - \lambda & \exp(-\beta I) \\ \exp(-\beta I) & \exp[\beta(I - \mu B)] - \lambda \end{vmatrix} = 0 \,,$$

$$\lambda^2 - 2\lambda \exp(\beta I) \cosh(\beta \mu B) + 2 \sinh(2\beta I) = 0 \,.$$

Les valeurs propres λ_1, λ_2 sont les solutions de cette équation :

$$\lambda_{1,2} = \exp(\beta I) \cosh(\beta \mu B) \pm \left[\exp(-2\beta I) + \exp(2\beta I) \sinh^2(\beta \mu B) \right]^{1/2} \,.$$

On obtient donc dans l'équation (18.6) en raison de l'invariance de la trace par des transformations orthogonales :

$$Z_N(B, T) = \text{Tr} \, \hat{P}^N = \text{Tr} \begin{pmatrix} \lambda_1 & 0 \\ 0 & \lambda_2 \end{pmatrix}^N = \lambda_1^N + \lambda_2^N \,.$$

La fonction de partition, ainsi que l'énergie libre, ont donc pu être exactement calculées :

$$F(N, B, T) = -kT \ln Z_N(B, T) = -kT \ln(\lambda_1^N + \lambda_2^N) \,.$$

Les propriétés thermodynamiques du système se déduisent alors d'une manière bien connue en dérivant l'énergie libre. Pour alléger l'écriture nous introduirons deux abréviations utiles :

$$x = \beta \mu B \,, \qquad y = \beta I \,.$$

Les valeurs propres λ_1 et λ_2 s'écrivent alors

$$\lambda_{1,2}(x, y) = e^y \cosh x \pm (e^{-2y} + e^{2y} \sinh^2 x)^{1/2} \,. \tag{18.7}$$

Vérifions tout d'abord que la chaîne présente un comportement paramagnétique s'il n'y a pas d'interaction entre les spins :

$$\lambda_{1,2}(x, 0) = \cosh x \pm (1 + \sinh^2 x)^{1/2}$$

$$= \begin{cases} 2 \cosh x \\ 0 \end{cases} \,. \tag{18.8}$$

L'énergie libre coïncide exactement avec l'équation (8.55). Il est alors particulièrement intéressant de voir si la chaîne possède une aimantation rémanente

Exemple 18.1   spontanée en l'absence de champ externe (limite $x \rightarrow 0^+$), mais avec des spins en interaction mutuelle, comme cela doit être le cas pour un comportement ferromagnétique. Pour répondre à cette question calculons le moment magnétique total :

$$
\begin{aligned}
D_z(N, B, T) &= -\left.\frac{\partial F}{\partial B}\right|_{N,T} \\
&= -\beta\mu\frac{\partial F}{\partial x} = \mu\frac{\partial}{\partial x}\ln(\lambda_1^N + \lambda_2^N)\Big|_{N,T} \\
&= N\mu\frac{\lambda_1^{N-1}\partial\lambda_1/\partial x + \lambda_2^{N-1}\partial\lambda_2/\partial x}{\lambda_1^N + \lambda_2^N} .
\end{aligned}
$$

(18.9)

À l'aide de l'équation (18.7), on trouve

$$
\begin{aligned}
\frac{\partial}{\partial x}\lambda_{1,2} &= \frac{e^y \sinh x}{(e^{-2y} + e^{2y}\sinh^2 x)^{1/2}}\left[(e^{-2y} + e^{2y}\sinh^2 x)^{1/2} \pm e^y\cosh x\right] \\
&= \frac{e^y \sinh x}{(e^{-2y} + e^{2y}\sinh^2 x)^{1/2}}(\pm\lambda_{1,2}) .
\end{aligned}
$$

En reportant ce résultat dans l'équation (18.9), on en déduit que

$$
D_z(x, y) = N\mu\frac{\sinh x}{[\exp(-4y) + \sinh^2 x]^{1/2}}\frac{\lambda_1^N - \lambda_2^N}{\lambda_1^N + \lambda_2^N} .
$$

(18.10)

On constate aussitôt que l'on a toujours $\lim_{x\rightarrow 0} D_z(x, y) = 0$, puisque le sinh apparaît en facteur et que les fonctions $\lambda_{1,2}(x, y)$ sont toujours finies lorsque $x \rightarrow 0$. Lorsque le champ s'annule, le moment magnétique de la chaîne s'annule aussi.

La fonction $D_z(x, y)$ est représentée sur la figure 18.2. Pour $y = 0$ elle vaut

$$
D_z(x, 0) = N\mu\tanh x
$$

ce qui correspond au comportement paramagnétique. Pour $y > 0$ les spins peuvent être plus facilement alignés par le champ externe, c'est pourquoi les courbes deviennent plus raides ; ce n'est toutefois pas suffisant pour produire une aimantation finie en l'absence de champ externe.

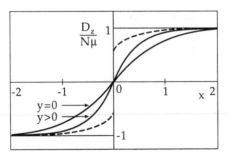

Fig. 18.2. La fonction $D_z(x)$

Si l'interaction devient très forte par rapport à kT ($y \to \infty$), alors

$$\lambda_{1,2}(x, y \gg 1) \approx \exp(y \pm x) \tag{18.11}$$

et par conséquent

$$D(x, y \gg 1) \approx N\mu \tanh Nx .$$

La pente de la courbe en $x = 0$ est directement donnée par le carré du nombre de spins. Si ce nombre est très grand, pour une forte interaction spin-spin ou pour des températures basses ($T \to 0$), des champs bien plus faibles que dans le cas paramagnétique ($y = 0$) suffisent pour atteindre la saturation magnétique, puisque dans le cas paramagnétique la pente de D_z varie linéairement avec N. On dit par conséquent que dans le modèle d'Ising unidimensionnel ($N \gg 1$) la transition de phase vers le ferromagnétisme se produit à $T_c = 0$.

Nous sommes à présent en mesure de calculer plus explicitement la corrélation entre spins en calculant les nombres moyens de spins haut et bas (N_+ et N_- respectivement), ainsi que les nombres moyens des plus proches voisins parallèles et antiparallèles (N_{++}, N_{--}, et N_{+-} respectivement). Pour ce faire, écrivons

$$N_\pm - \frac{1}{2}N(1 \pm r) , \qquad D_z = \mu(N_+ - N_-) = N\mu r .$$

Puisque le moment magnétique est donné par l'équation (18.10), on obtient

$$N_\pm = \frac{1}{2}N\left(1 \pm \frac{\sinh x}{[\exp(-4y) + \sinh^2 x]^{1/2}} \frac{\lambda_1^N - \lambda_2^N}{\lambda_1^N + \lambda_2^N}\right) .$$

Dans la limite $x \to 0$ ($B \to 0$, $T \neq 0$) on a toujours $N_\pm = N/2$; c'est-à-dire qu'il autant de spins vers le haut que vers le bas, alors que pour $x \to \infty$ ($B \to \infty$, $T \neq \infty$), tous les spins sont alignés : $N_+ = N$, $N_- = 0$. Mais nous allons voir tout de suite que l'interaction produit une corrélation positive des spins même dans la limite $x \to 0$. Cette corrélation peut être mesurée par la valeur moyenne des quantités $\sigma_i \sigma_{i+1}$, c'est-à-dire, l'orientation mutuelle relative des plus proches voisins. Si les spins $i, i+1$ sont alignés parallèlement (peu importe qu'ils soient vers le haut ou le bas), $\sigma_i \sigma_{i+1} = +1$; s'ils sont antiparallèles, $\sigma_i \sigma_{i+1} = -1$. La relation entre la valeur moyenne $\langle \sigma_i \sigma_{i+1} \rangle$ et les nombres N_{++}, N_{--}, et N_{+-} résulte d'une considération simple, que l'on peut même faire pour un réseau avec un nombre de coordination q arbitraire (q plus proches voisins). Dans un réseau avec un nombre de coordination q pair il y a exactement $qN/2$ paires différentes de plus proches voisins. Si elles sont toutes orientées vers le haut ($N_{++} = qN/2$, $N_{--} = N_{+-} = 0$), ou vers le bas ($N_{--} = qN/2$, $N_{++} = N_{+-} = 0$), on doit avoir $\sum_{\text{n.n.}} \sigma_i \sigma_k = qN/2$. Cependant, si tous les plus proches voisins sont antiparallèles ($N_{+-} = qN/2$, $N_{++} = N_{--} = 0$), on doit avoir $\sum_{\text{n.n.}} \sigma_i \sigma_k = -qN/2$. La relation cherchée s'écrit donc manifestement

$$\left\langle \sum_{\text{n.n.}} \sigma_i \sigma_k \right\rangle = N_{++} + N_{--} - N_{+-} . \tag{18.12}$$

Exemple 18.1   Nous pouvons encore éliminer les nombres N_{++} et N_{--} à l'aide de N_+ et N_-. Admettons tout d'abord que chacune des différentes paires N_{++} de spins parallèles vers le haut contribue dans N_+ pour deux spins et que chacune des paires antiparallèles N_{+-} contribue exactement pour un spin. Le nombre de spins vers le haut sera alors $2N_{++} + N_{+-}$. Un raisonnement analogue est bien sur valable pour les spins orientés vers le bas. Maintenant il y a au total $qN/2$ paires différentes, ce qui nous amène à compter chaque spin q fois avec ce raisonnement ; les relations entre N_{++}, N_{--} et N_+, N_- s'écrivent donc finalement

$$qN_+ = 2N_{++} + N_{+-} \, ,$$
$$qN_- = 2N_{--} + N_{+-} \, .$$

Si avec ce résultat on élimine N_{++} et N_{--} de l'équation (18.12), les trois nombres N_{++}, N_{--}, et N_{+-} peuvent être calculés à partir des quantités N_+, N_-, et $\left\langle \sum_{\text{n.n.}} \sigma_i \sigma_k \right\rangle (q = 2)$:

$$\frac{N_{+-}}{N} = \frac{1}{2}\left(1 - \frac{1}{N}\left\langle \sum_{i=1}^{N} \sigma_i \sigma_{i+1} \right\rangle \right) \, ,$$
$$\frac{N_{++}}{N} = \frac{N_+}{N} - \frac{1}{2}\frac{N_{+-}}{N} \, ,$$
$$\frac{N_{--}}{N} = \frac{N_-}{N} - \frac{1}{2}\frac{N_{+-}}{N} \, . \tag{18.13}$$

Notons enfin que la valeur moyenne $\langle \sigma_i \sigma_{i+1} \rangle$ pour une certaine paire ne dépend pas de l'indice, en raison de l'invariance par translation du réseau, et par conséquent $N\langle \sigma_i \sigma_{i+1} \rangle = \left\langle \sum_{i=1}^{N} \sigma_i \sigma_{i+1} \right\rangle$. D'après la procédure générale pour le calcul des valeurs moyennes en mécanique statistique on a

$$\left\langle \sum_{i=1}^{N} \sigma_i \sigma_{i+1} \right\rangle =$$

$$\frac{\displaystyle\sum_{\sigma_1 = \pm 1} \cdots \sum_{\sigma_N = \pm 1} \left(\sum_{i=1}^{N} \sigma_i \sigma_{i+1} \right) \exp\left\{ \beta \sum_{i=1}^{N} \left[I\sigma_i\sigma_{i+1} + \tfrac{1}{2}\mu B(\sigma_i + \sigma_{i+1}) \right] \right\}}{\displaystyle\sum_{\sigma_1 = \pm 1} \cdots \sum_{\sigma_N = \pm 1} \exp\left\{ \beta \sum_{i=1}^{N} \left[I\sigma_i\sigma_{i+1} + \tfrac{1}{2}\mu B(\sigma_i + \sigma_{i+1}) \right] \right\}} \, .$$

On reconnaît immédiatement que cette moyenne doit aussi s'obtenir en dérivant $\ln Z$ par rapport à la quantité $y = \beta I$, puisque la règle des dérivations composées fournit la somme $\sum_{i=1}^{N} \sigma_i \sigma_{i+1}$ comme facteur additionnel au numérateur :

$$\left\langle \sum_{i=1}^{N} \sigma_i \sigma_{i+1} \right\rangle = \frac{\partial}{\partial y} \ln Z = \frac{\partial}{\partial y} \ln(\lambda_1^N + \lambda_2^N) \, . \tag{18.14}$$

Nous avons besoin ici de la dérivée de $\lambda_{1,2}$ par rapport à y :

$$\frac{\partial}{\partial y}\lambda_{1,2} = \mathrm{e}^y \cosh x \pm \frac{\mathrm{e}^{2y} \sinh^2 x - \mathrm{e}^{-2y}}{(\mathrm{e}^{-2y} + \mathrm{e}^{2y}\sinh^2 x)^{1/2}}$$

$$= e^y \cosh x \pm [e^{2y} \sinh^2 x + e^{-2y}]^{1/2}$$

$$\mp \frac{2e^{-2y}}{(e^{-2y} + e^{2y} \sinh^2 x)^{1/2}}$$

$$= \lambda_{1,2} \mp \frac{2e^{-2y}}{(e^{-2y} + e^{2y} \sinh^2 x)^{1/2}} \; .$$

L'équation (18.14) devient donc

$$\left\langle \sum_{i=1}^{N} \sigma_i \sigma_{i+1} \right\rangle = N \left(1 - \frac{2e^{-2y}}{(e^{-2y} + e^{2y} \sinh^2 x)^{1/2}} \frac{\lambda_1^{N-1} - \lambda_2^{N-1}}{\lambda_1^N + \lambda_2^N} \right) \; .$$

D'après l'équation (18.13), le nombre de paires antiparallèles vaut

$$\frac{N_{+-}}{N} = \frac{e^{-3y}}{(e^{-4y} + \sinh^2 x)^{1/2}} \frac{\lambda_1^{N-1} - \lambda_2^{N-1}}{\lambda_1^N + \lambda_2^N} \; . \tag{18.15}$$

Si l'interaction est supprimée ($y = 0$) (c'est-à-dire dans le cas paramagnétique) cela donne, avec l'équation (18.8) :

$$\frac{N_{+-}}{N}(y = 0) = \frac{1}{2} \cosh^{-2} x \; . \tag{18.16}$$

Pour $x = 0$, par conséquent, $N_{+-} = N/2$, et en raison de $N_+ = N_- = N/2$, on déduit de l'équation (18.12) que $N_{++} = N_{--} = N/4$; c'est-à-dire la moitié de toutes les paires sont antiparallèles, un quart sont parallèles vers le haut, et un quart parallèles vers le bas. Si l'on applique un champ magnétique, le nombre de paires antiparallèles diminue rapidement d'après l'équation (18.16), et en conséquence, le nombre N_{++} augmente.

Si d'autre part, nous considérons le cas d'une interaction forte entre les spins ($y \gg 1$), l'équation (18.15) devient, à l'aide de l'équation (18.11) :

$$\frac{N_{+-}}{N}(y \gg 1) \approx e^{-4y} \frac{\sinh(N-1)x}{\sinh x \cosh Nx} \; .$$

Le nombre de paires antiparallèles décroît donc exponentiellement avec l'interaction croissante ; c'est-à-dire une structure en blocs s'impose dans la chaîne, les spins dans chaque bloc étant alignés parallèlement. Puisqu'il y a un même nombre de blocs vers le haut et vers le bas pour un champ qui tend vers zéro, l'aimantation totale disparaît.

EXEMPLE ▆▆▆▆▆▆▆▆▆▆

18.2 Modèle d'Ising dans l'approximation de champ moyen

Dans l'approximation de champ moyen du modèle d'Ising, on admet que chaque spin n'interagit pas directement avec ses plus proches voisins, mais avec un champ moyen, qui résulte de l'orientation moyenne des spins voisins. On remplace l'interaction exacte $-I \sum_{\text{n.n.}} \sigma_i \sigma_k$ par l'approximation $-Iq \langle \sigma \rangle \sum_i \sigma_i$, où les q plus proches voisins sont remplacés par le spin moyen $q \langle \sigma \rangle$. Pour étudier plus précisément cette approximation considérons l'identité

$$\sigma_i \sigma_k = \sigma_i \langle \sigma_k \rangle + \langle \sigma_i \rangle \sigma_k - \langle \sigma_i \rangle \langle \sigma_k \rangle + (\sigma_i - \langle \sigma_i \rangle)(\sigma_k - \langle \sigma_k \rangle) \tag{18.17}$$

où la valeur moyenne $\langle \sigma_i \rangle$ ne dépend pas de l'indice i à cause de l'invariance par translation. L'interaction exacte s'écrit donc

$$H_I(\sigma_1, \ldots, \sigma_N)$$
$$= -I \sum_{\text{n.n.}} \left[\sigma_i \langle \sigma \rangle + \langle \sigma \rangle \sigma_k - \langle \sigma \rangle^2 + (\sigma_i - \langle \sigma \rangle)(\sigma_k - \langle \sigma \rangle) \right] . \tag{18.18}$$

Puisque chaque spin central σ_i de voisin σ_k est également un voisin du spin central σ_k, les valeurs des deux premières sommes sont identiques. D'autre part, il y a exactement $qN/2$ paires différentes : $q/2$ paires différentes pour chaque spin σ_i, $i = 1, \ldots, N$, $q/2$. L'équation (18.18) devient donc

$$H_I(\sigma_1, \ldots, \sigma_N) = -Iq \langle \sigma \rangle \sum_{i=1}^{N} \sigma_i + I\frac{q}{2} N \langle \sigma \rangle^2 - I \sum_{\text{n.n.}} (\sigma_i - \langle \sigma \rangle)(\sigma_k - \langle \sigma \rangle) .$$

Jusqu'à présent l'expression est encore exacte. Le premier terme a simplement la forme indiquée au début, alors que le second terme représente une valeur espérée constante qui ne dépend plus d'une orientation particulière des spins. Enfin, le dernier terme contient les fluctuations du spin, c'est-à-dire les déviations d'un spin particulier par rapport à son orientation moyenne. L'approximation de champ moyen revient à négliger ce terme. Nous avons donc pour l'interaction effective

$$H_I^{\text{c.m.}}(\sigma_1, \ldots, \sigma_N) = -Iq \langle \sigma \rangle \sum_{i=1}^{N} \sigma_i + I\frac{q}{2} N \langle \sigma \rangle^2 . \tag{18.19}$$

Si l'on calcule la valeur moyenne

$$U = \langle H_I^{\text{c.m.}} \rangle = -IqN \langle \sigma \rangle^2 + I\frac{q}{2} N \langle \sigma \rangle^2 = -I\frac{q}{2} N \langle \sigma \rangle^2 \tag{18.20}$$

on trouve dans le cas d'un alignement complet, $\langle \sigma \rangle = 1$, la valeur $U = -qNI/2$, comme il se doit, puisque chacune des $qN/2$ paires différentes contribue pour la valeur $-I$. Puisque le hamiltonien (18.19) contient la moyenne statistique $\langle \sigma \rangle$, qui a été en principe calculée en premier, on obtient un problème self-consistant pour déterminer $\langle \sigma \rangle$.

La moyenne du moment magnétique dipolaire vaut

$$D = \mu \left\langle \sum_{i=1}^{N} \sigma_i \right\rangle = N\mu \langle \sigma \rangle \qquad (18.21)$$

si chaque spin possède le moment magnétique μ. Cela équivaut à déterminer le moment magnétique à partir de la formule générale

$$D = -\frac{\partial}{\partial B} F(N, B, T, \langle \sigma \rangle) \Big|_{N, T, \langle \sigma \rangle} \qquad (18.22)$$

dans laquelle l'énergie libre dépend elle même de la moyenne $\langle \sigma \rangle$. L'identité des équations (18.21) et (18.22) se voit plus facilement si l'on reporte la définition de $Z = \sum_{\sigma_1 = \pm 1} \cdots \sum_{\sigma_N = \pm 1} \exp(-\beta H)$ avec l'énergie $H^{\text{c.m.}} = H_I^{\text{c.m.}} - \mu B \sum_{i=1}^{N} \sigma_i$ ($H_I^{\text{c.m.}}$ à partir de l'équation (18.19)) dans $F = -kT \ln Z(N, B, T, \langle \sigma \rangle)$ et que l'on effectue la dérivée (18.22).

En combinant les équations (18.21) et (18.22), on obtient une équation implicite pour $\langle \sigma \rangle$. En fait, dans l'équation (18.22) on dérive à $\langle \sigma \rangle$ constant, bien que cette valeur moyenne dépende des variables thermodynamiques N, B, et T. La seule raison en est qu'il faut mettre en accord la prescription générale (18.22) avec la «définition» physiquement raisonnable du moment dipolaire magnétique (18.21).

Le hamiltonien complet en présence d'un champ magnétique externe s'écrit, comme indiqué plus haut, dans l'approximation du champ moyen,

$$H^{\text{c.m.}}(\sigma_1, \dots, \sigma_N) = I \frac{q}{2} N \langle \sigma \rangle^2 - \mu(B^{\text{c.m.}} + B) \sum_{i=1}^{N} \sigma_i \qquad (18.23)$$

avec le champ magnétique moyen additionnel résultant des spins

$$B^{\text{c.m.}} = q \frac{I \langle \sigma \rangle}{\mu} .$$

Formellement, $H^{\text{c.m.}}$ est à un terme constant près identique à l'expression paramagnétique correspondante (8.41). En particulier, l'équation (18.23) est la somme des hamiltoniens pour une particule, ce qui en simplifie considérablement l'évaluation. La fonction de partition vaut

$$\begin{aligned}
Z(N, T, B, \langle \sigma \rangle) &= \sum_{\sigma_1 = \pm 1} \cdots \sum_{\sigma_N = \pm 1} \exp\left(-\frac{1}{2}\beta q N I \langle \sigma \rangle^2\right) \\
&\quad \times \exp\left(\beta\mu(B^{\text{c.m.}} + B) \sum_{i=1}^{N} \sigma_i\right) \\
&= \exp\left(-\frac{1}{2}\beta q N I \langle \sigma \rangle^2\right) \left[\sum_{\sigma = \pm 1} \exp\left(\beta\mu(B^{\text{c.m.}} + B)\sigma\right)\right]^N \\
&= \exp\left(-\frac{1}{2}\beta q N I \langle \sigma \rangle^2\right) \left\{2\cosh\left[\beta\mu(B^{\text{c.m.}} + B)\right]\right\}^N
\end{aligned}$$

Exemple 18.2

avec l'énergie libre correspondante

$$F(N, T, B, \langle\sigma\rangle) = \frac{1}{2}qNI\langle\sigma\rangle^2 - NkT\ln\left\{2\cosh\left[\beta\mu(B^{\text{c.m.}} + B)\right]\right\}.$$

On peut en déduire d'après l'équation (18.22) l'équation suivante pour $\langle\sigma\rangle$:

$$\langle\sigma\rangle = \tanh\left[\beta\mu\left(\frac{qI}{\mu}\langle\sigma\rangle + B\right)\right]. \tag{18.24}$$

Pour mettre cette équation sous une forme pratique faisons le changement de variables

$$x = \beta qI\langle\sigma\rangle + \beta\mu B \tag{18.25}$$

et nous obtenons

$$\frac{1}{\beta qI}(x - \beta\mu B) = \tanh x, \quad \text{ou} \quad \frac{1}{\beta qI}x = \tanh x \quad \text{pour} \quad B = 0. \tag{18.26}$$

La détermination de $\langle\sigma\rangle$ à partir de l'équation (18.24) est bien sur identique à la détermination de x à partir de l'équation (18.26). Les solutions de l'équation (18.26) sont les intersections d'une droite $ax + b$ avec la fonction $\tanh x$. Commençons par étudier le cas particulièrement intéressant d'un champ magnétique nul ($B = 0$). La droite passe par l'origine $x = 0$ et possède la pente $1/(\beta qI)$ (figure 18.3).

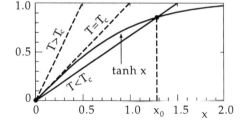

Fig. 18.3. Au sujet de la solution de l'équation (18.26), $B = 0$

Si l'on pose

$$T_c = \frac{qI}{k} \quad \frac{T}{T_c} = \frac{1}{\beta qI} \tag{18.27}$$

on constate que pour $T > T_c$ il n'y a que la solution triviale $x = 0$ et par conséquent $\langle\sigma\rangle = 0$ existe. Les spins sont orientés complètement aléatoirement pour $T > T_c$ en l'absence de champ magnétique externe.

Pour $T = T_c$, la pente de la droite vaut 1, comme celle de $\tanh x$ pour $x = 0$.

Pour $T < T_c$ il y a également une solution non-triviale x_0 différente de $x = 0$. Cela correspond à une orientation non nulle $\langle\sigma\rangle \neq 0$, et par conséquent à une aimantation spontanée du réseau. Il se produit donc effectivement une transition vers un état ferromagnétique à la température critique T_c. Cela reste cependant vrai même pour $q = 2$, bien que nous sachions par la solution exacte (exemple précédent) qu'il n'y a pas de transition de phase dans ce cas. L'approximation de champ moyen ne peut donc être valable que pour des valeurs de q élevées (par exemple $q = 12$ pour un réseau cubique faces centrées). Au voisinage de $T = T_c$ on peut trouver une solution approchée de l'équation (18.26) en développant $\tanh x$ pour des x petits ($B = 0$) :

Exemple 18.2

$$\frac{T}{T_c} x = x - \frac{1}{3} x^3 + \cdots \quad \text{ou} \quad x_0 = \left[3 \left(1 - \frac{T}{T_c} \right) \right]^{1/2} \quad \text{pour } T \leq T_c \ . \quad (18.28)$$

Puisque $x_0 = \langle \sigma \rangle T_c / T$ l'exposant critique de la transition de phase pour le paramètre d'ordre $\langle \sigma \rangle$ vaut exactement $\beta = 1/2$, qui se trouve au moins au voisinage de la valeur expérimentale $\beta \approx 0.33$.

Si l'on trace les valeurs de x_0 ou de $\langle \sigma \rangle$ en fonction de la température réduite T/T_c on obtient le comportement ferromagnétique typique d'une aimantation spontanée (voir figure 17.12). Pour pouvoir comparer, nous avons également reporté des valeurs expérimentales sur la figure 18.4. Pour des températures basses ($T \to 0$), la pente de la droite est très petite, et l'intersection a lieu pour des x élevés. On peut alors développer $\tanh x$ pour des valeurs de x élevées, et l'équation (18.26) devient

$$\frac{T}{T_c} x = 1 - 2 \exp(-2x) + \cdots \ .$$

Cette équation peut être résolue par une méthode itérative. L'approximation d'ordre zéro est $x_0 = T_c / T$. Si l'on reporte ce résultat à droite, on obtient la première approximation

$$\langle \sigma \rangle = \frac{T}{T_c} x_0 \approx 1 - 2 \exp \left(-2 \frac{T_c}{T} \right) \quad \text{pour} \quad \frac{T}{T_c} \ll 1 \ .$$

Pour de basses températures, ce modèle prédit une déviation qui s'annule exponentiellement par rapport à l'aimantation de saturation $\langle \sigma \rangle = 1$. Des mesures expérimentales précises, donnent cependant

$$\langle \sigma \rangle \approx 1 - \text{cste } T^{3/2} \ .$$

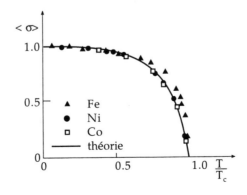

Fig. 18.4. Paramètre d'ordre $\langle \sigma \rangle$ du modèle d'Ising

Exemple 18.2

Ceci est une première indication de l'insuffisance de l'approximation de champ moyen ou du modèle d'Ising. Manifestement le système peut être bien plus excité à basses températures que ne le prédit notre modèle, puisque les écarts de l'aimantation de saturation augmentent comme $T^{3/2}$. La raison en est que le modèle d'Ising ne tient compte que des composantes z des vecteurs de spin. Cependant, à basses températures un renversement complet du spin devient vite très improbable ($\propto \exp(-\Delta\varepsilon/kT)$). Dans l'interprétation classique les vecteurs de spin peuvent également effectuer un mouvement de précession autour de l'axe des z. Il se produit alors des excitations collectives de la précession (voir figure 18.5), dont les quanta se nomment des *magnons* (par analogie avec les phonons des oscillations du réseau). Si le déphasage de la précession reste constant entre spins individuels, il se forment des ondes de spin. Puisque les magnons possèdent une relation énergie–quantité de mouvement $\varepsilon \propto p$, comme celle des phonons, leur excitation conduit à un comportement en $T^{3/2}$, comme dans le modèle de Debye des oscillations du réseau.

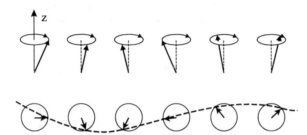

Fig. 18.5. Précession collective des spins (onde de spin)

L'énergie interne du modèle d'Ising se calcule à partir des équations (18.20) ou (18.23). Pour $B = 0$ on a

$$U_0 = -\frac{1}{2}qNI \langle\sigma\rangle^2 \ . \tag{18.29}$$

Par conséquent, pour $B = 0$ la capacité thermique du système est donnée par

$$C_0 = -qNI \langle\sigma\rangle \frac{\mathrm{d}\langle\sigma\rangle}{\mathrm{d}T} = -NkT_\mathrm{c} \langle\sigma\rangle \frac{\mathrm{d}\langle\sigma\rangle}{\mathrm{d}T}$$

où nous avons utilisé l'équation (18.27). La dérivée de $\langle\sigma\rangle$ se calcule à partir de l'équation (18.26). On a

$$\langle\sigma\rangle = \tanh\left(\frac{T_\mathrm{c}}{T} \langle\sigma\rangle\right)$$

et par conséquent

$$\frac{\mathrm{d}\langle\sigma\rangle}{\mathrm{d}T} = \left[1 - \tanh^2\left(\frac{T_\mathrm{c}}{T} \langle\sigma\rangle\right)\right]\left(-\frac{T_\mathrm{c} \langle\sigma\rangle}{T^2} + \frac{T_\mathrm{c}}{T}\frac{\mathrm{d}\langle\sigma\rangle}{\mathrm{d}T}\right)$$

$$= \left(1 - \langle\sigma\rangle^2\right)\left(-\frac{T_\mathrm{c} \langle\sigma\rangle}{T^2} + \frac{T_\mathrm{c}}{T}\frac{\mathrm{d}\langle\sigma\rangle}{\mathrm{d}T}\right) \ . \tag{18.30}$$

L'équation (18.30) donne alors l'expression de $\mathrm{d}\langle\sigma\rangle/\mathrm{d}T$ *Exemple 18.2*

$$\frac{\mathrm{d}\langle\sigma\rangle}{\mathrm{d}T} = \frac{\left(1-\langle\sigma\rangle^2\right)\left(T_c\langle\sigma\rangle/T^2\right)}{\left(1-\langle\sigma\rangle^2\right)\left(T_c/T\right)-1}\ . \tag{18.31}$$

Le comportement au voisinage de $T=T_c$, est bien sûr particulièrement intéressant. L'énergie interne croit avec le paramètre d'ordre $\langle\sigma\rangle$, jusqu'à s'annuler à la température critique $T=T_c$, pour laquelle $\langle\sigma\rangle=0$. Pour $T>T_c$, $\langle\sigma\rangle=0$ et on a aussi $U_0=0$. Puisque $\langle\sigma\rangle$ présente un pli pour $T=T_c$, la capacité thermique doit être discontinue. Au dessus de T_c on doit avoir $C_0=0$, puisqu'on a aussi $U_0=0$. Pour $T<T_c$, on a

$$C_0(T) = -Nk\frac{T_c}{T}\langle\sigma\rangle^2\frac{1-\langle\sigma\rangle^2}{1-\langle\sigma\rangle^2-T/T_c}\ . \tag{18.32}$$

Au voisinage de la température critique on peut se servir de l'approximation (voir (18.28))

$$\langle\sigma\rangle^2 = \left(\frac{T}{T_c}\right)^2 3\left(1-\frac{T}{T_c}\right)\ .$$

Par conséquent

$$\begin{aligned}
C_0(T\le T_c) &\approx -Nk\left(\frac{T}{T_c}\right)3\left(1-\frac{T}{T_c}\right)\frac{1-3(T/T_c)^2+3(T/T_c)^3}{(1-T/T_c)\left(1-3(T/T_c)^2\right)} \\
&\approx 3Nk\frac{T}{T_c}\frac{1-3(T/T_c)^2+3(T/T_c)^3}{3(T/T_c)^2-1}\ .
\end{aligned}$$

À la limite $T\to T_c$, on a donc

$$C_0(T_c) = \frac{3}{2}Nk\ .$$

La capacité thermique à une discontinuité de $3Nk/2$ en $T=T_c$ (figure 18.6).

Examinons brièvement le cas $B\ne 0$. Puisqui les droites $ax+b$ sont à présent translatées vers la droite, il existe toujours une solution non-triviale $\langle\sigma\rangle\ne 0$ pour l'équation (18.26) (voir figure 18.7).

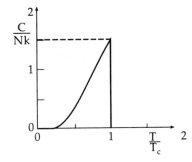

Fig. 18.6. Capacité thermique dans le modèle d'Ising

Exemple 18.2   Si l'on se limite à des températures élevées $T \gg T_c$, $\beta\mu B \ll 1$ et les pentes des droites deviennent très grandes. Les intersections x_0 sont alors très proches de $x = 0$, et on peut développer $\tanh x$ dans l'équation (18.26) pour de faibles valeurs de x

$$\frac{T}{T_c}(x - \beta\mu B) \approx x$$

ou, avec l'équation (18.25),

$$\langle\sigma\rangle = \frac{\mu B}{k(T - T_c)} \quad \text{pour} \quad T \gg T_c \, .$$

Le moment magnétique total s'écrit alors

$$D = N\mu \langle\sigma\rangle = \frac{N\mu^2 B}{k(T - T_c)} \quad \text{pour} \quad T \gg T_c$$

et la susceptibilité obéit à la loi de Curie–Weiss,

$$\chi = \frac{D}{B} = \frac{N\mu^2/k}{T - T_c} \quad \text{pour} \quad T \gg T_c \, .$$

Il est très utile d'étudier l'approximation de champ moyen d'un point de vue différent. Pour ce faire, nous utiliserons les notations de l'exemple 18.1. En particulier, soient N_+ et N_- les nombres de spins hauts et bas, et N_{++}, N_{--}, et N_{+-} les nombres de paires de spins parallèles vers le haut et vers le bas, et de spins antiparallèles, respectivement.

Avec

$$N_\pm = \frac{N}{2}(1 \pm r) \, , \qquad D = N\mu r \tag{18.33}$$

on en déduit que $r = \langle\sigma\rangle$. Nous pouvons alors facilement calculer le nombre d'états (microcanoniques) correspondant à un certain nombre de spins vers le haut et vers le bas,

$$\Omega = \frac{N!}{N_+!N_-!} \, , \qquad N = N_+ + N_- \, . \tag{18.34}$$

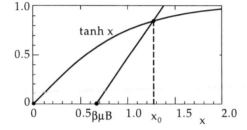

Fig. 18.7. Au sujet de la solution de l'équation (18.26), $B \neq 0$

Il y a exactement $N!$ façons de permuter les spins ; cependant $N_\pm!$ permutations des spins de mêmes orientations ne correspondent pas à une situation nouvelle. L'entropie, en utilisant la formule de Stirling $\ln N! \approx N \ln N - N$, s'écrit donc :

$$S = k \ln \Omega = -k \left(N_+ \ln \frac{N_+}{N} + N_- \ln \frac{N_-}{N} \right)$$

ou avec l'équation (18.33) :

$$S = -kN \left[\frac{1}{2}(1+r) \ln \left(\frac{1}{2}(1+r) \right) + \frac{1}{2}(1-r) \ln \left(\frac{1}{2}(1-r) \right) \right] . \qquad (18.35)$$

L'énergie totale (18.29) peut s'exprimer en fonction des nombres N_{++}, N_{--}, et N_{+-}, où des paires parallèles contribuent pour une énergie $-I$ et des paires antiparallèles pour une énergie $+I$,

$$U = -I(N_{++} + N_{--} - N_{+-}) . \qquad (18.36)$$

Essayons à présent de relier les nombres N_{++}, N_{--}, et N_{+-}, à N_+ et N_- à l'aide d'une approximation plausible. Celle-ci ne peut bien sur pas être exacte, puisque nous savons déjà de l'équation (18.12) de l'exemple précédent qu'à l'aide de N_+ et N_- on ne peut éliminer que deux de ces nombres.

Prenons $p_+ = N_+/N$ comme la probabilité de trouver un spin vers le haut en un point arbitraire du réseau, et $p_- = N_-/N$ comme la probabilité qu'il soit vers le bas. Au total, il y a $qN/2$ paires différentes. Si nous admettons maintenant que la probabilité de trouver deux spins voisins vers le haut est proportionnelle à p_+^2, le nombre moyen de spins parallèles vers le haut serait $\overline{N_{++}} = qNp_+^2/2$, et de façon analogue, le nombre moyen de spins parallèles vers le bas serait $\overline{N_{--}} = qNp_+^2/2$. On a alors nécessairement $\overline{N_{+-}} = qN(1 - p_+^2 - p_-^2)/2$, puisqu'on a toujours $\overline{N_{++}} + \overline{N_{--}} + \overline{N_{+-}} = qN/2$.

On aboutit donc au schéma suivant :

$$\overline{N_{++}} = \frac{q}{2}Np_+^2 = \frac{q}{8}N(1+r)^2 ,$$

$$\overline{N_{--}} = \frac{q}{2}Np_-^2 = \frac{q}{8}N(1-r)^2 ,$$

$$\overline{N_{+-}} = \frac{q}{2}N(1 - p_-^2 - p_+^2) = \frac{q}{4}N(1-r^2) . \qquad (18.37)$$

L'énergie totale (18.36) peut aussi maintenant être exprimée à l'aide du paramètre d'ordre r, en remplaçant les nombres N_{++}, N_{--}, et N_{+-} par leurs valeurs moyennes (18.37) :

$$U = -\frac{q}{2}NIr^2 \qquad (18.38)$$

ce qui concorde avec l'équation (18.20). À partir des équations (18.38) et (18.35) on peut déduire l'énergie libre en fonction de r,

$$F = U - TS$$

$$= -\frac{1}{2}qNIr^2 + NkT\left[\frac{1}{2}(1+r)\ln\left(\frac{1}{2}(1+r)\right)\right.$$
$$\left. +\frac{1}{2}(1-r)\ln\left(\frac{1}{2}(1-r)\right)\right].$$

À l'équilibre thermodynamique F est minimale. La valeur la plus probable de r s'obtient donc par

$$\frac{\partial F}{\partial r} = 0.$$

Cette condition

$$qNIr = \frac{1}{2}NkT\ln\frac{1+r}{1-r}$$

équivaut exactement à l'équation (18.25), si l'on se sert de $[\ln(1+r)/(1-r)]^{1/2}$ $= \text{Arctanh}\,x$,

$$\tanh\left(\frac{qI}{kT}r\right) = r.$$

L'approximation du champ moyen peut donc être interprétée de manière très claire par le schéma approximatif (18.37). Ce schéma revient à prendre la moyenne sur toutes les configurations possibles du réseau, où chaque configuration a la même probabilité. Ce n'est bien sur pas rigoureusement exact, puisque au voisinage de spins vers le haut, d'autres spins vers la haut vont se rassembler. Ces corrélations sont négligées dans l'équation (18.37).

EXERCICE ███████████

18.3 Modèle de Heisenberg dans l'approximation de champ moyen

Problème. Etudions le hamiltonien généralisé suivant :

$$\hat{H} = -\sum_{l,m=1}^{N} I_{lm}\hat{s}_l \cdot \hat{s}_m - g\mu_\text{B}\boldsymbol{H}\cdot\sum_l \hat{s}_l \tag{18.39}$$

dans l'approximation de champ moyen. Les I_{lm} représentent les intégrales d'échange, $\hat{s}_l$ les opérateurs de spin (nombre quantique de spin s), et $\boldsymbol{H}$ est l'intensité du champ magnétique extérieur. Montrons que l'approximation de champ moyen donne le même résultat pour le modèle de Heisenberg que pour le modèle correspondant d'Ising. Cherchons une équation pour calculer le champ moyen, et déterminons la température critique de la transition de phase en l'absence de champ. Calculons la susceptibilité dans la limite $T \gg T_\text{c}$.

Quels sont les changements si les intégrales d'échanges deviennent négatives (antiferromagnétisme)?

Solution. Pour obtenir $\hat{H}$ dans l'approximation de champ moyen, on utilise une identité analogue à l'équation (18.17) :

$$s_l \cdot s_m = s_l \cdot \langle s_m \rangle + \langle s_l \rangle \cdot s_m - \langle s_l \rangle \cdot \langle s_m \rangle + (s_l - \langle s_l \rangle) \cdot (s_m - \langle s_m \rangle) \ .$$

En négligeant les fluctuations (le dernier terme), on obtient

$$\hat{H}^{\text{c.m.}} = - \sum_{l=1}^{N} \left\{ 2 \sum_{m=1}^{N} I_{lm} \langle s_m \rangle + g\mu_{\text{B}} \boldsymbol{H} \right\} \cdot s_l + \sum_{l,m=1}^{N} I_{lm} \langle s_l \rangle \cdot \langle s_m \rangle \ . \tag{18.40}$$

Puisque les valeurs moyennes des composantes x et y des vecteurs de spin s'annulent (champ magnétique dans la direction des z), l'équation (18.40) est entièrement équivalente à l'approximation du champ moyen du modèle d'Ising, dans lequel on n'a tenu compte à priori que de la composante suivant z des spins. En comparant les deux modèles il faut toutefois faire attention au fait que les I_{lm} sont plus grands d'un facteur 2 que les I de l'exemple précédent. On peut s'en rendre compte immédiatement, si l'on tient compte de la valeur espérée de l'énergie en l'absence de champ et que l'on suppose que les I_{lm} sont nuls sauf pour les plus proches voisins, et que pour ceux-ci ils ont tous la même valeur I',

$$U_0(H=0) = \langle \hat{H}^{\text{c.m.}}(H=0) \rangle = - \sum_{l,m=1}^{N} I_{lm} \langle s_l \rangle \cdot \langle s_l \rangle$$

$$= - \langle s_z \rangle^2 \sum_{l=1}^{N} \sum_{m=\text{n.n.}} I_{lm} = -NqI' \langle s_z \rangle^2$$

où seules les composantes z des opérateurs de spin possèdent une valeur moyenne non nulle, qui de plus ne dépendent pas des indices l ou m, respectivement. On s'aperçoit en particulier pour $s = 1/2$, $s_z = \pm 1/2$, ou $\langle s_z \rangle = \langle \sigma \rangle /2$ en comparant avec l'équation (18.20) qu'ici $I'/2$ doit être identifié à I.

Le champ magnétique moyen agissant sur le spin l est donné par

$$g\mu_{\text{B}} \boldsymbol{H}_l^{\text{c.m.}} = 2 \sum_m I_{lm} \langle s_m \rangle + g\mu_{\text{B}} \boldsymbol{H} \ .$$

Le hamiltonien s'écrit alors simplement

$$\hat{H}^{\text{c.m.}} = -g\mu_{\text{B}} \sum_{l=1}^{N} \boldsymbol{H}_l^{\text{c.m.}} \cdot s_l + E_0 \quad \text{avec} \quad E_0 = \sum_{l,m=1}^{N} I_{lm} \langle s_l \rangle \cdot \langle s_m \rangle \ .$$

De nos réflexions dans le chapitre 8, nous savons comment le spin l se comporte dans le champ moyen $H_l^{\text{c.m.}}$. Ainsi par exemple son moment magnétique moyen est donné par (nous ne considérons que le spin particulier N^o l) :

$$\langle D_{lz} \rangle = g\mu_{\text{B}} s B_s (\beta g\mu_{\text{B}} H_l^{\text{c.m.}} s)$$

où $B_s(x)$ est la fonction de Brillouin pour l'indice s. D'autre part, on a $D_{lz} = g\mu_B \langle s_{lz} \rangle$, et nous obtenons les équations self-consistantes

$$\langle s_{lz} \rangle = s B_s(\beta g \mu_B H_l^{c.m.} s),$$

$$= s B_s \left[s \beta \left(2 \sum_m I_{lm} \langle s_{mz} \rangle + g \mu_B H \right) \right], \quad l = 1, \dots, N, \qquad (18.41)$$

pour la détermination des valeurs escomptées $\langle s_{lz} \rangle$. L'équation (18.41) est maintenant en général un système de N équations pour la détermination de N valeurs espérées. L'avantage de ce formalisme général est que l'on peut étudier simultanément le comportement antiferromagnétique. Dans ce cas, puisque $I_{lm} < 0$, les spins on tendance à s'orienter de façon antiparallèle. L'orientation moyenne $\langle s_{lz} \rangle$ des spins changera donc de signe d'une position du réseau à l'autre. D'autre part, les contributions $|\langle s_{lz} \rangle|$ ne devraient plus dépendre de la position l du réseau, puisque le réseau est invariant par translation et a même aspect si on l'observe de n'importe quelle position l. Nous pouvons donc poser

$$\langle s_{lz} \rangle = C_l |\langle s_z \rangle| \qquad \begin{cases} C_l = 1, & \text{ferromagnétisme}, \\ C_l = \pm 1, & \text{antiferromagnétisme}. \end{cases}$$

Il ne reste alors plus qu'une seule équation qui détermine la valeur absolue de l'orientation moyenne,

$$|\langle s_z \rangle| = s B_s \left[s \beta \left(2 \sum_m C_m I_{lm} |\langle s_z \rangle| + g \mu_B H \right) \right]. \qquad (18.42)$$

L'expression $\sum_m C_m I_{lm}$ ne peut également plus dépendre de l'indice l. Cette équation pour $|\langle s_z \rangle|$ est, pour $s = 1/2$, entièrement équivalente à l'équation (18.24), puisque dans ce cas on a $B_{1/2} = \tanh x$. Si l'on pose

$$x = 2 s \beta \sum_m C_m I_{lm} |\langle s_z \rangle| + \beta g \mu_B H s$$

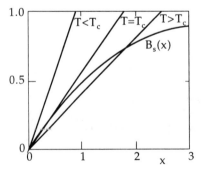

Fig. 18.8. Au sujet de la solution de l'équation (18.43)

l'équation (18.42) devient

Exercice 18.3

$$\left(2s\beta \sum_m C_m I_{lm}\right)^{-1} (x - \beta g\mu_B H s) = s B_s(x) \,. \tag{18.43}$$

Pour $H = 0$ on détermine la température critique de la même façon que dans l'exemple précédent. La pente de la fonction de Brillouin en $x = 0$ est donnée par l'équation (8.51). La température critique se déduit donc de

$$\left(2s\beta \sum_m C_m I_{lm}\right)^{-1} x \approx \frac{1}{3}(s+1)x + \cdots$$

c'est-à-dire

$$kT_c = \frac{2}{3}s(s+1) \sum_m C_m I_{lm} \,. \tag{18.44}$$

Dans le cas d'un matériau ferromagnétique nous devons pour l'interaction entre plus proches voisins poser $\sum_m C_m I_{lm} = qI'$, et pour $s = 1/2$ il s'en suit que $kT_c(s = 1/2) = qI'/2$, ce qui est en accord avec l'équation (18.27), car $I'/2 = I$.

Si l'on trace l'aimantation spontanée déduite de l'équation (18.43) pour différentes valeurs de s, de façon analogue à la figure 18.4, la comparaison avec l'expérience montre que le comportement ferromagnétique est effectivement dû aux spins $s = 1/2$ (figure 18.9). Cela ne s'applique pas cependant à quelques matériaux ferromagnétiques de la série des électrons $4f$, par exemple, gadolinium. Dans ces éléments les moments cinétiques orbitaux peuvent également contribuer au moment magnétique.

Il nous faut enfin déterminer la susceptibilité dans la phase paramagnétique. Pour $T \gg T_c$ l'orientation moyenne $\langle s_{lz} \rangle$ pointe aussi dans la direction du champ dans la cas antiferromagnétique $I_{lm} < 0$, et les coefficients C_m peuvent en général être posés égaux à un : $C_m = 1$.

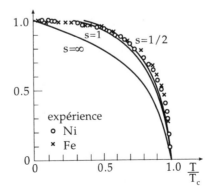

Fig. 18.9. Aimantation spontanée

Exercice 18.3   Pour $T \to \infty$ l'intersection x_0 se trouve de nouveau en $x \approx 0$ et on peut développer la fonction de Brillouin dans (18.43) pour de petites valeurs de x :

$$\left(2s\beta \sum_m I_{lm} \right)^{-1} (x - \beta g \mu_B H s) \approx \frac{1}{3}(s+1)x$$

ou, d'après l'équation (18.42),

$$\langle s_z \rangle = \frac{\beta}{3} s(s+1) \left(2 \sum_m I_{lm} \langle s_z \rangle + g\mu_B H \right) .$$

Si l'on résout par rapport à $\langle s_z \rangle$, on obtient

$$\langle s_z \rangle = \frac{(1/3)s(s+1)g\mu_B H}{k(T - T_c')} \quad \text{avec} \quad kT_c' = \frac{2}{3} s(s+1) \sum_m I_{lm} .$$

La susceptibilité vaut donc

$$\chi = \frac{D_z}{H} = \frac{N g \mu_B \langle s_z \rangle}{H} = \frac{C}{T - T_c'}$$

avec

$$C = \frac{g^2 \mu_B^2 N s(s+1)}{3k} .$$

Dans le cas ferromagnétique T_c' concorde avec la température de transition de phase (18.44), $T_c' = T_c$.

Dans le cas antiferromagnétique, cependant, $T_c' < 0$ car $I_{lm} < 0$ et $T_c' \neq T_c$, comme le montre la comparaison avec (18.44). On se rend compte à présent que dans l'équation (17.30) le paramètre Θ est égal à $-T_c'$.

EXEMPLE ▬▬▬▬▬▬

18.4 Transitions ordre–désordre dans le modèle d'Ising

Dans cet exemple nous allons montrer, que les conséquences du modèle d'Ising s'appliquent simplement à d'autres transitions de phase. Nous utiliserons l'approximation de champ moyen telle qu'elle a été présentée dans les derniers exemples, dans la formulation de Bragg et Williams. Comme modèle pour le système nous allons considérer un alliage de type AB avec N_A atomes A et N_B atomes B, c'est-à-dire avec les concentrations $x_A = N_A/N$ et $x_B = N_B/N$. En dessous de la température critique, les atomes sont ordonnés sur deux sous-réseaux distincts, que nous appellerons réseau a et réseau b. Au dessus de T_c, les atomes sont répartis aléatoirement sur les deux sous-réseaux (voir chapitre 17).

Si l'on désigne par $\begin{bmatrix} A \\ a \end{bmatrix}$ le nombre d'atomes A sur le réseau a, par $\begin{bmatrix} A \\ b \end{bmatrix}$ ceux des atomes A sur le réseau b, et de façon analogue pour les atomes B, on peut écrire

$$\begin{bmatrix} A \\ a \end{bmatrix} = \frac{N}{2} x_A (1 + r), \qquad \begin{bmatrix} B \\ a \end{bmatrix} = \frac{N}{2}(x_B - x_A r),$$

$$\begin{bmatrix} A \\ b \end{bmatrix} = \frac{N}{2} x_A (1 - r), \qquad \begin{bmatrix} B \\ b \end{bmatrix} = \frac{N}{2}(x_B + x_A r). \qquad (18.45)$$

Le paramètre d'ordre r possède une signification analogue à celle d'un réseau de spins. Si $r = 1$ tous les atomes A sont sur le réseau a et aucun sur le réseau b ; toutes les autres positions libres doivent être occupées par des atomes B. La seconde ligne dans l'équation (18.45) provient du fait que les réseaux a et b possèdent chacun $N/2$ positions, alors

$$\begin{bmatrix} A \\ a \end{bmatrix} + \begin{bmatrix} B \\ a \end{bmatrix} = \frac{1}{2}N \quad \text{et} \quad \begin{bmatrix} A \\ b \end{bmatrix} + \begin{bmatrix} B \\ b \end{bmatrix} = \frac{1}{2}N \, .$$

Maintenant les atomes des deux réseaux vont interagir. Le plus proche voisin d'un atome du réseau a est toujours un atome du réseau b, et inversement. Il y a essentiellement quatre énergies d'interaction différentes, nommément ε_{AA} pour l'interaction d'un atome A sur un réseau a avec un atome A voisin sur le réseau b, ainsi que ε_{AB}, ε_{BA}, et ε_{BB}. Nous pourrons ici supposer que l'énergie ε_{AB} d'interaction d'un atome A sur le réseau a avec un atome B du réseau b est identique à l'énergie ε_{BA}. Introduisons à présent les notations

$$\begin{bmatrix} A & A \\ a & b \end{bmatrix}, \quad \begin{bmatrix} A & B \\ a & b \end{bmatrix}, \quad \begin{bmatrix} B & A \\ a & b \end{bmatrix}, \quad \begin{bmatrix} B & B \\ a & b \end{bmatrix} \qquad (18.46)$$

pour les nombres de paires respectives de plus proches voisins.

Soit

$$\begin{bmatrix} A & A \\ a & b \end{bmatrix}$$

le nombre de paires de plus proches voisins avec un atome A sur le réseau a et un atome A sur le réseau b, etc. Si le réseau a le nombre de coordination q, il y a, bien sur, au total de nouveau $qN/2$ paires. L'énergie totale s'écrit donc comme suit :

$$E = \varepsilon_{AA} \begin{bmatrix} A & A \\ a & b \end{bmatrix} + \varepsilon_{AB} \left(\begin{bmatrix} A & B \\ a & b \end{bmatrix} + \begin{bmatrix} B & A \\ a & b \end{bmatrix} \right) + \varepsilon_{BB} \begin{bmatrix} B & B \\ a & b \end{bmatrix} . \qquad (18.47)$$

Pour les nombres dans l'équation (18.46) nous faisons maintenant une approximation tout à fait analogue à celle de l'équation (18.35). La probabilité p_{Aa} de trouver un atome A sur une certaine position du réseau a, est

$$p_{Aa} = \frac{2}{N} \begin{bmatrix} A \\ a \end{bmatrix} = x_A (1 + r)$$

Exemple 18.4

puisqu'il y a exactement $N/2$ sites du réseau accessibles pour les atomes $\begin{bmatrix} A \\ a \end{bmatrix}$ du réseau a. De façon analogue, on a les autres probabilités

$$p_{Ab} = \frac{2}{N}\begin{bmatrix} A \\ b \end{bmatrix} = x_A(1-r)\,,$$

$$p_{Ba} = \frac{2}{N}\begin{bmatrix} B \\ a \end{bmatrix} = (x_B - x_A r)\,,$$

$$p_{Bb} = \frac{2}{N}\begin{bmatrix} B \\ b \end{bmatrix} = (x_B + x_A r)\,.$$

Puisqu'il y a $qN/2$ paires de plus proches voisins, on peut pour les nombres moyens dans l'équation (18.46) faire l'approximation suivante (approximation de Bragg–Williams) :

$$\begin{bmatrix} A & A \\ a & b \end{bmatrix} = \frac{1}{2}qNp_{Aa}p_{Ab} = \frac{1}{2}qNx_A^2(1-r^2)\,,$$

$$\begin{bmatrix} A & B \\ a & b \end{bmatrix} = \frac{1}{2}qNp_{Aa}p_{Bb} = \frac{1}{2}qNx_A(1+r)(x_B + x_A r)\,,$$

$$\begin{bmatrix} B & A \\ a & b \end{bmatrix} = \frac{1}{2}qNp_{Ba}p_{Ab} = \frac{1}{2}qNx_A(1-r)(x_B - x_A r)\,,$$

$$\begin{bmatrix} B & B \\ a & b \end{bmatrix} = \frac{1}{2}qNp_{Ba}p_{Bb} = \frac{1}{2}qN(x_B - x_A r)(x_B + x_A r)\,. \tag{18.48}$$

On peut se rendre compte que la somme des nombres dans l'équation (18.48) est exactement $qN(p_{Aa} + p_{Ba})(p_{Ab} + p_{Bb})/2 = qN/2$; c'est-à-dire le nombre total de toutes les paires de voisins. Si l'on reporte l'équation (18.48) dans (18.47), on en déduit pour la dépendance de l'énergie totale vis à vis du paramètre d'ordre r que

$$E = \frac{1}{2}qN\big(\varepsilon_{AA}x_A^2 + 2\varepsilon_{AB}x_A x_B + \varepsilon_{BB}x_B^2\big) - qNx_A^2\varepsilon r^2$$

où $\varepsilon = (\varepsilon_{AA} + \varepsilon_{BB})/2 - \varepsilon_{AB}$. Cette expression correspond à l'équation (18.38).

Nous pouvons aussi à présent calculer l'entropie du système, ou le nombre d'états pour r donné :

$$S = k\ln\left(\frac{(N/2)!}{\begin{bmatrix} A \\ a \end{bmatrix}!\begin{bmatrix} B \\ a \end{bmatrix}!}\cdot\frac{(N/2)!}{\begin{bmatrix} A \\ b \end{bmatrix}!\begin{bmatrix} B \\ b \end{bmatrix}!}\right)\,.$$

Cette expression correspond aussi à l'équation (18.34) mais à présent les deux sous-réseaux doivent être traités séparément. Si l'on reporte ici les expressions (18.45) et que l'on se sert de l'approximation de Stirling, on obtient

$$S = -\frac{1}{2}Nk\big[x_A(1+r)\ln[x_A(1+r)] + (x_B - x_A r)\ln(x_B - x_A r)$$

$$+ x_A(1-r)\ln[x_A(1-r)] + (x_B + x_A r)\ln(x_B + x_A r)\big]\,.$$

Cherchons maintenant le minimum de l'énergie libre par rapport au paramètre d'ordre r, puisque c'est l'état le plus probable du système (état d'équilibre) :

$$\frac{\partial F}{\partial r} = \frac{\partial}{\partial r}(E - TS) = 0 \ .$$

Exemple 18.4

Cela nécessite que

$$\frac{qx_A\varepsilon}{kT}r = \frac{1}{4}\ln\left(\frac{1+r}{1-r}\frac{x_B + x_A r}{x_B - x_A r}\right)$$
$$= \frac{1}{4}\ln\left(\frac{1+y}{1-y}\right) \quad \text{avec} \quad y = \frac{r}{x_B + x_A r^2} \ . \tag{18.49}$$

La dernière égalité découle de $x_A + x_B = 1$. En utilisant la définition de la fonction Arctanh,

$$\text{Arctanh}\, x = \frac{1}{2}\ln\left(\frac{1+x}{1-x}\right)$$

on peut écrire l'équation (18.49) sous une forme plus commode :

$$\frac{r}{x_B + x_A r^2} = \tanh\left(\frac{2qx_A\varepsilon}{kT}r\right) \ .$$

Nous avons de nouveau obtenu une équation self-consistante pour la détermination du paramètre d'ordre r. Il doit s'annuler au voisinage de la transition de phase ($r \to 0$), nous pouvons donc développer $\tanh x$ pour des arguments faibles de manière bien connue, tandis que dans le membre de gauche le terme quadratique peut être négligé au dénominateur,

$$\frac{r}{x_B} \approx \frac{2qx_A\varepsilon}{kT}r \ .$$

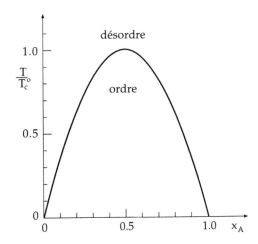

Fig. 18.10. Dépendance de la température critique vis-à-vis de la concentration en atomes A

La température critique dépend de la concentration en atomes (figure 18.10),

$$kT_c = 2q\varepsilon x_A x_B = 2q\varepsilon x_A(1 - x_A) \,.$$

On obtient une dépendance parabolique de la température critique vis-à-vis de la concentration. La température critique la plus élevée étant obtenue pour des concentrations égales $x_A = x_B = 1/2$. Elle vaut $T_c^0 = q\varepsilon/2k$.

Index

Impression: Saladruck, Berlin
Relieur: Lüderitz & Bauer, Berlin